U0258929

「十三五」国家重点出版物出版规划项目
微分几何与拓扑学

# 微分拓扑

徐森林 胡自胜 薛春华 著

中国科学技术大学出版社

## 内容简介

本书主要介绍微分拓扑中的一些重要定理：映射的逼近定理、映射和流形的光滑化定理；Morse-Sard 定理、Whitney 嵌入定理、Thom 横截性定理；管状邻域定理、Brouwer 度的同伦不变性定理、Hopf 分类定理；Morse 理论、用临界值刻画流形的同伦型和 Morse 不等式以及 Poincaré-Hopf 指数定理；de Rham 同构定理. 这些定理在微分拓扑、微分几何、微分方程和理论物理等学科中都有广泛的应用. 无疑，阅读本书可使读者具有良好的近代数学修养并增强独立研究的能力.

本书可作为理科大学数学系本科生、研究生的教科书或物理系研究生相关课程的教科书和自学参考书.

**图书在版编目(CIP)数据**

微分拓扑/徐森林，胡自胜，薛春华著. —合肥：中国科学技术大学出版社，2019.6 (2020.4 重印)

(微分几何与拓扑学)

国家出版基金项目

“十三五”国家重点出版物出版规划项目

ISBN 978-7-312-04574-5

Ⅰ. 微…　Ⅱ. ①徐… ②胡… ③薛…　Ⅲ. 微分拓扑　Ⅳ. O189.3

中国版本图书馆 CIP 数据核字(2018)第 229961 号

**出版**　中国科学技术大学出版社
安徽省合肥市金寨路 96 号，230026
http://press.ustc.edu.cn
https://zgkxjsdxcbs.tmall.com

**印刷**　合肥华苑印刷包装有限公司

**发行**　中国科学技术大学出版社

**经销**　全国新华书店

**开本**　787 mm×1092 mm　1/16

**印张**　21.5

**字数**　483 千

**版次**　2019 年 6 月第 1 版

**印次**　2020 年 4 月第 2 次印刷

**定价**　178.00 元

# 序　言

微分几何学、代数拓扑学和微分拓扑学都是基础数学中的核心学科，三者的结合产生了整体微分几何，而点集拓扑则渗透于众多的数学分支中.

中国科学技术大学出版社出版的这套图书，把微分几何学与拓扑学整合在一起，并且前后呼应，强调了相关学科之间的联系.其目的是让使用这套图书的学生和科研工作者能够更加清晰地把握微分几何学与拓扑学之间的连贯性与统一性.我相信这套图书不仅能够帮助读者理解微分几何学和拓扑学，还能让读者凭借这套图书所搭成的“梯子”进入科研的前沿.

这套图书分为微分几何学与拓扑学两部分，包括《古典微分几何》《近代微分几何》《点集拓扑》《微分拓扑》《代数拓扑：同调论》《代数拓扑：同伦论》六本.这套图书系统地梳理了微分几何学与拓扑学的基本理论和方法，内容囊括了古典的曲线论与曲面论（包括曲线和曲面的局部几何、整体几何）、黎曼几何（包括子流形几何、谱几何、比较几何、曲率与拓扑不变量之间的关系）、拓扑空间理论（包括拓扑空间与拓扑不变量、拓扑空间的构造、基本群）、微分流形理论（包括微分流形、映射空间及其拓扑、微分拓扑三大定理、映射度理论、Morse 理论、de Rham 理论等）、同调论（包括单纯同调、奇异同调的性质、计算以及应用）以及同伦论简介（包括同伦群的概念、同伦正合列以及 Hurewicz 定理）.这套图书是对微分几何学与拓扑学的理论及应用的一个全方位的、系统的、清晰的、具体的阐释，具有很强的可读性，笔者相信其对国内高校几何学与拓扑学的教学和科研将产生良好的促进作用.

本套图书的作者徐森林教授是著名的几何与拓扑学家，退休前长期担任中国科学技术大学（以下简称“科大”）教授并被华中师范大学聘为特聘教授，多年来一直奋战在教学与科研的第一线.他 1965 年毕业于科大数学系几何拓扑学专业，跟笔者一起师从数学大师吴文俊院士，是科大“吴龙”的杰出代表.和“华龙”“关龙”并称为科大“三龙”的“吴龙”的意思是，科大数学系 1960 年入学的同学（共 80 名），从一年级至五年级，由吴文俊老师主持并亲自授课形成的一条龙教学.在一年级和二年级上学期教微积分，在二年级下学期教微分几何.四年级分专业后，吴老师主持几何拓扑专业.该专业共有 9 名学生：徐森林、王启明、邹协成、王曼莉（后名王炜）、王中良、薛春华、任南衡、刘书麟、李邦河.专业课由吴老师讲代数几何，辅导老师是李乔和邓诗涛；岳景中老师讲代数拓扑，辅导老师是熊金城;李培信老师讲微分拓扑.笔者有幸与徐森林同学在一入学时就同住一室,在四、五年级时又同住一室,对他的数学才华非常佩服.

徐森林教授曾先后在国内外重要数学杂志上发表数十篇有关几何与拓扑学的科研论文,并多次主持国家自然科学基金项目.而更令人津津乐道的是,他的教学工作成果也非常突出,在教学上有一套行之有效的方法,曾培养出一大批知名数学家,也曾获得过包括宝钢教学奖在内的多个奖项.他所编著的图书均内容严谨、观点新颖、取材前沿,深受读者喜爱.

这套图书是作者多年以来在科大以及华中师范大学教授几何与拓扑学课程的经验总结,内容充实,特点鲜明.除了大量的例题和习题外,书中还收录了作者本人的部分研究工作成果.希望读者通过这套图书,不仅可以知晓前人走过的路,领略前人见过的风景,更可以继续向前,走出自己的路.

是为序!

中国科学院院士

李邦河

2018年11月

# 前　言

微分拓扑学是研究微分流形在微分同胚下保持不变的各种性质的学科.它的最初思想归于 H. Poincaré，当时他所谓的拓扑学就是现在的微分拓扑学这一分支.由于 H. Whitney，S. S. Cairns，J. H. C. Whitehead 等人的工作，微分拓扑学理论在 20 世纪 30 年代得到了迅速的发展.接着，在 J. W. Milnor，R. Thom，S. Smale 和 M. Kervaire 等著名数学家的努力下，又有了新的进展.一方面，有新理论的创立，如 Milnor 的微观丛理论、Thom 的配边理论等.另一方面，一些看来高不可攀的著名古典问题得到了解决.例如，球面可以具有许多不同的微分构造，而且在许多场合，我们能够计算它们的种数（Milnor-Smale）.Milnor 于 1959 年发表了一篇论文，给出了一个与 7 维标准球面同胚但不微分同胚的微分流形（Milnor 怪球，参阅文献[10]），引起了人们巨大的惊讶.更进一步，Kervaire 和 Milnor 于 1963 年证明了 $S^7$ 上共有 28 种不微分同胚的微分构造（参阅文献[8]）；Kervaire 于 1960 年证明了有这样的拓扑流形，它根本没有微分构造（参阅文献[7]）；Haupt-Vermutung 的主要猜测已被否定（Mazur-Milnor），等等.

本书 1.1 节和 1.2 节是预备知识，介绍了 $C^r$ 微分流形、$C^r$ 映射、$C^r$ 单位分解、切丛、张量丛、外形式丛、外微分形式的积分以及著名的 Stokes 定理；为了刻画映射的逼近，描述映射和流形的光滑化，1.3 节和 1.4 节引入了弱与强 $C^r$ 拓扑（$C^r_W(M,N)$和 $C^r_S(M,N)$）；1.5节和 1.6 节关于映射和流形的光滑化定理以及扰动定理，使这一章的许多结果若对 $C^\infty$ 流形和 $C^\infty$ 映射成立，则实际上对 $C^r$ 流形和$C^r$，$r\geqslant1$ 映射也成立.

第 2 章证明了著名的 Morse-Sard 定理，并应用 Sard 定理证明了 Whitney 嵌入定理、Thom 横截性定理.

3.1 节应用 Grassmann 流形证明了管状邻域定理；3.2 节在 $C^r$ 定向（不可定向）流形上引入了 $C^r$ 映射的 Brouwer 度（模 2 度），并证明了 Brouwer 度（模 2 度）的同伦不变性，给出了 Brouwer 度（模 2 度）的许多应用的实例；3.3 节证明了 Hopf 分类定理.

4.1 节证明了 Morse 引理和 Poincaré-Hopf 指数定理；4.2 节反复应用 Morse 引理，用临界值刻画了 $M^a=\{p\in M\mid f(p)\leqslant a\}$的同伦型，从而论证了 $C^\infty$ 流形具有 CW 复形的同伦型；4.3 节讨论了 Morse 不等式.

5.1 节引入了 de Rham 上同调群，给出了大量 $C^\infty$ 流形的 de Rham 上同调群的具体例子，论述了 de Rham 上同调群的 Mayer-Vietoris 序列，并应用它计算了 $S^m$ 的 de

Rham 上同调群;5.2 节给出了整奇异同调群和实奇异上同调群,还给出了整小奇异同调群和实小奇异上同调群;5.3 节借助系数在顶层中的上同调理论,建立了著名的 de Rham 同构定理.

微分拓扑学是 20 世纪发展起来的近代数学的重要一支.许多著名数学家在这个方向上做出了杰出的贡献.以上诸定理的结果和论证方法不仅有很重要的理论价值,而且有很重要的应用价值,对微分几何、微分方程和其他数学分支以及理论物理等产生了深远的影响.此外,想从事与近代数学有关工作的研究人员就必须精通微分拓扑的知识和方法.没有这些,就难以进入 20 世纪后的数学研究领域.

此书能顺利完成,完全应该归功于 20 世纪 60 年代教导我们的老师吴文俊教授和李培信教授,没有他们的精心培育就没有今天这本《微分拓扑》的出版.

全书内容在中国科学技术大学数学系研究生和高年级优秀本科生中共讲授 8 届.每届训练两学期,学生的数学修养和独立研究能力都有很大提高.其中有 6 位研究生在全国研究生暑期训练班中获奖.特别是 1998 年在南京大学举办的研究生暑期训练班中,几何拓扑方向获第一名、第二名的是我的学生梅加强、倪轶龙;2003 年在山东威海举办的研究生训练班中,微分拓扑、近代微分几何两门课获第一名的还是我的一位学生.一系列近代数学课程的讲授、训练使中国科学技术大学出了一批有能力、有成就的年轻数学家.

感谢中国科学技术大学数学系领导与老师的支持.感谢中国科学技术大学出版社真诚的帮助和热心的鼓励.

徐森林

2018 年 1 月 2 日

# 目 次

# 第1章

# 映射空间 $C^r(M,N)$ 的强 $C^r$ 拓扑下映射的逼近与光滑化、流形的光滑化

在研究 Euclid 空间中大量的曲线、曲面的基础上，1.1 节引入了局部坐标和微分流形，并介绍了微分流形之间的映射的可微性和浸入、浸没、微分同胚等重要概念，还证明了微分流形上单位分解和广义单位分解的存在性定理. 1.2 节介绍了切丛、余切丛、张量丛和外形式丛等重要的向量丛. $C^\infty$ 张量场有两个特别重要的例子：一个是(0,2)型对称正定 $C^\infty$ 协变张量场，即 $C^\infty$ Riemann 度量，不难证明，$C^\infty$ 向量丛上存在 $C^\infty$ Riemann 度量；另一个是 $C^\infty$ 反称协变张量场，即 $C^\infty$ 外微分形式 $\omega$. 在 $m$ 维定向 $C^\infty$ 流形 $\vec{M}$ 上，对 $m$ 阶微分形式 $\omega$ 引入积分 $\int_{\vec{M}}\omega$. 进而，还证明了著名的 Stokes 定理 $\int_{\vec{M}}\mathrm{d}\omega = \int_{\partial\vec{M}}\omega$. 这些重要内容作为全书的预备知识，目的是让读者不必查阅大量参考资料而能顺利和熟练地掌握微分拓扑的基本方法.

1.3 节与 1.4 节在 $C^r$ 流形的 $C^r$ 映射空间 $C^r(M,N)$ 上引入了弱与强 $C^r$, $r=0,1,2,\cdots,\infty$ 拓扑，用以刻画 $C^r$ 映射的逼近.

1.5 节证明了 $C^r$ 浸入的集合 $\mathrm{Imm}^r(M,N)$, $C^r$ 浸没的集合 $\mathrm{Subm}^r(M,N)$, $C^r$ 嵌入的集合 $\mathrm{Emb}^r(M,N)$, $C^r$ 正常映射的集合 $\mathrm{Prop}^r(M,N)$ 以及 $C^r$ 微分同胚的集合 $\mathrm{Diff}^r(M,N)$ 都是强 $C^r$ 拓扑 $C^r_S(M,N)$ 下的开集. 这是引入强 $C^r$ 拓扑的优点所在. 进一步，还证明了应用广泛的映射逼近定理.

在 1.5 节的基础上，1.6 节给出了映射光滑化逼近定理、流形光滑定理、扰动定理以及 $C^0$ 同伦的 $C^r(r\geqslant 1)$ 映射 $f_0$ 与 $f_1$ 之间的 $C^r$ 微分同伦定理. 这些定理，无论是结果还是证明的方法和技巧都是微分拓扑的精华.

## 1.1 微分流形、微分映射、单位分解

设 $\mathbf{R}$ 为实数域，$\mathbf{N}=\{1,2,\cdots,n,\cdots\}$ 为自然数集. $m\in\mathbf{N}$，考虑 $m$ 维 Euclid 空间

$$\mathbf{R}^m = \{x = (x^1,x^2,\cdots,x^m) \mid x^i \in \mathbf{R}, i = 1,2,\cdots,m\},$$

其中 $x^i$ 为点 $x$ 的第 $i$ 个坐标. 如果 $x,y\in\mathbf{R}^m$,我们用

$$\langle x,y\rangle=\sum_{i=1}^{m}x^iy^i,\quad \|x\|=\langle x,x\rangle^{\frac{1}{2}},$$

$$\rho(x,y)=\left(\sum_{i=1}^{m}(x^i-y^i)^2\right)^{\frac{1}{2}}$$

分别表示 $x,y$ 的**内积**,$x$ 的**模**和 $x,y$ 的**距离**.

设 $U\subset\mathbf{R}^m$ 为开集,如果函数 $f:U\to\mathbf{R}$ 连续,则称 $f$ 是 $\boldsymbol{C^0}$ **类**的;如果 $f$ 有 $r$ 阶连续偏导数,则称 $f$ 是 $\boldsymbol{C^r}$ **类**的($r\in\mathbf{N}$);如果 $f$ 有任意阶连续偏导数,则称 $f$ 是 $\boldsymbol{C^\infty}$ **类**的;如果 $f$ 是实解析函数($f$ 在 $U$ 的每一点的某个开邻域里可展开成 $m$ 元收敛的幂级数),则称 $f$ 是 $\boldsymbol{C^\omega}$ **类**的.

设 $f=(f_1,f_2,\cdots,f_n):U\to\mathbf{R}^n$ 为映射,如果 $f_1,f_2,\cdots,f_n$ 都是 $C^r$ 类的,则称映射 $f$ 是 $\boldsymbol{C^r}$ **类**的,其中 $r\in\{0,1,\cdots,\infty,\omega\}$. 记 $C^r(U,\mathbf{R}^n)=\{f\mid f:U\to\mathbf{R}^n$ 是 $C^r$ 类的$\}$,并规定 $0<1<2<3<\cdots<\infty<\omega$.

在研究 Euclid 空间中大量的光滑曲线、曲面的基础上,引入局部坐标,就产生了流形这个近代数学中极其重要和基本的概念.

**定义 1.1.1** 设 $M$ 为非空集合,$\mathcal{T}$ 为 $M$ 的一个子集族,满足:

(1) $\varnothing,M\in\mathcal{T}$;

(2) 若 $U_1,U_2\in\mathcal{T}$,则 $U_1\cap U_2\in\mathcal{T}$;

(3) 若 $U_\alpha\in\mathcal{T},\alpha\in\Gamma$(指标集),则 $\bigcup\limits_{\alpha\in\Gamma}U_\alpha\in\mathcal{T}$,或者,如果 $\mathcal{T}_1\subset\mathcal{T}$,则 $\bigcup\limits_{U\in\mathcal{T}_1}U\in\mathcal{T}$.

我们称 $\mathcal{T}$ 为 $M$ 上的一个**拓扑**,而 $(M,\mathcal{T})$ 称为 $M$ 上的一个**拓扑空间**.

如果对 $\forall\, p,q\in M,p\neq q$,必有 $p$ 的开邻域 $U_p$ 和 $q$ 的开邻域 $U_q$,使得 $U_p\cap U_q=\varnothing$,则称 $(M,\mathcal{T})$ 为 $\boldsymbol{T_2}$ **空间或 Hausdorff 空间**.

如果有可数子集族 $\mathcal{T}_0\subset\mathcal{T}$,使得对 $\forall\, U\in\mathcal{T}$,必有 $\mathcal{T}_1\subset\mathcal{T}_0$,满足 $U=\bigcup\limits_{B\in\mathcal{T}_1}B$(等价地,$\forall\, x\in M$,必 $\exists\, B\in\mathcal{T}_1$,使 $x\in B\subset U$),则称 $(M,\mathcal{T})$ 为 $\boldsymbol{A_2}$ **空间**或**具有第二可数性公理**的拓扑空间,称 $\mathcal{T}_0$ 为 $(M,\mathcal{T})$ 的**可数拓扑基**.

**例 1.1.1** (1) 设 $M$ 为非空集合,$\mathcal{T}_{平庸}=\{\varnothing,M\}$,则 $(M,\mathcal{T}_{平庸})$ 为拓扑空间,称 $(M,\mathcal{T}_{平庸})$ 为**平庸拓扑空间**. 显然,$(M;\mathcal{T}_{平庸})$ 为 $A_2$ 空间. 而多于两点的平庸拓扑空间为非 $T_2$ 空间.

(2) 设 $M$ 为非空集合,$\mathcal{T}_{离散}=\{U\mid U$ 为 $M$ 的子集$\}$,则 $(M,\mathcal{T}_{离散})$ 为拓扑空间. 称 $(M,\mathcal{T}_{离散})$ 为**离散拓扑空间**. 显然,独点集为开集,故 $(M,\mathcal{T}_{离散})$ 为 $T_2$ 空间. 当 $M$ 可数时,$\mathcal{T}_0=\{\{x\}\mid x\in M\}$ 为 $(M,\mathcal{T}_{离散})$ 的可数拓扑基,因而 $(M,\mathcal{T}_{离散})$ 为 $A_2$ 空间;当 $M$ 不可数时,$(M,\mathcal{T}_{离散})$ 为非 $A_2$ 空间.(反证)假设 $(M,\mathcal{T}_{离散})$ 为 $A_2$ 空间,故存在可数拓扑基 $\mathcal{T}_0$. 因

为 $\{x\}\in\mathcal{T}_{离散}$，所以 $\exists\, U_x\in\mathcal{T}_0$，使得

$$x\in U_x\subset\{x\},$$

从而，$U_x=\{x\}$. 这就推得 $\{\{x\}\mid x\in M\}\subset\mathcal{T}_0$，$\mathcal{T}_0$ 为不可数子集族，它与 $\mathcal{T}_0$ 为可数拓扑基相矛盾.

(3) 设 $(M,\mathcal{T})$ 为拓扑空间，$X\subset M$，则 $X$ 的子集族 $\mathcal{T}_X=\{U\cap X\mid U\in\mathcal{T}\}$ 为 $X$ 的一个拓扑，称 $(X,\mathcal{T}_X)$ 为 $(M,\mathcal{T})$ 的**子拓扑空间**.

(4) 设 $\rho: M\times M\to\mathbf{R}$ 满足：

① $\rho(x,y)\geqslant 0$，$\rho(x,y)=0\Leftrightarrow x=y$（正定性）.

② $\rho(x,y)=\rho(y,x)$（对称性）.

③ $\rho(x,y)\leqslant\rho(x,z)+\rho(z,y)$（三点（角）不等式）.

则称 $\rho$ 为 $M$ 上的一个**度量或距离**，称 $(M,\rho)$ 为 $M$ 上的一个**度量（或距离）空间**.

读者容易验证：

$$\mathcal{T}_\rho=\{U\mid\forall x\in U,\exists\,\delta>0,\text{使开球 }B(x;\delta)\subset U\}$$

为 $M$ 上的一个拓扑，$(M,\mathcal{T}_\rho)$ 为由度量（或距离）$\rho$ 诱导的拓扑空间. 其中

$$B(x;\delta)=\{y\in M\mid\rho(y,x)<\delta\}.$$

对 $\forall\, p,q\in M$，$p\neq q$，因为

$$B\left(p;\frac{\rho(p,q)}{2}\right)\cap B\left(q;\frac{\rho(p,q)}{2}\right)=\varnothing,$$

$p\in B\left(p;\frac{\rho(p,q)}{2}\right)$，$q\in B\left(q;\frac{\rho(p,q)}{2}\right)$，所以 $(M,\mathcal{T}_\rho)$ 为 $T_2$ 空间.

在 Euclid 空间 $(\mathbf{R}^m,\rho)$ 中，$\rho(x,y)=\left(\sum\limits_{i=1}^m(x^i-y^i)^2\right)^{\frac{1}{2}}$，易见

$$\mathcal{T}_0=\left\{B\left(x;\frac{1}{n}\right)\middle|\, x\in\mathbf{Q}^n,n\in\mathbf{N}\right\}\subset\mathcal{T}_\rho$$

为 $(\mathbf{R}^m,\mathcal{T}_\rho)$ 的可数拓扑基，从而 $(\mathbf{R}^m,\mathcal{T}_\rho)$ 为 $A_2$ 空间.

(5) 设 $M$ 为不可数集，令

$$\rho: M\times M\to\mathbf{R},$$

$$(x,y)\mapsto\rho(x,y)=\begin{cases}1, & x\neq y,\\ 0, & x=y,\end{cases}$$

则 $\rho$ 为 $M$ 上的一个度量，且

$$B(x;\delta)=\begin{cases}M, & \delta>1,\\ \{x\}, & 0<\delta\leqslant 1.\end{cases}$$

由此知，$\mathcal{T}_\rho=\mathcal{T}_{离散}$. 根据(2)，$(M,\mathcal{T}_\rho)=(M,\mathcal{T}_{离散})$ 为非 $A_2$ 空间.

**定义 1.1.2** 设 $M$ 为 $T_2$(Hausdorff)、$A_2$（具有第二可数性公理）空间. 如果对 $\forall\, p\in$

$M$,都存在 $p$ 在 $M$ 中的开邻域 $U$ 和同胚 $\varphi: U \to \varphi(U)$,其中 $\varphi(U) \subset \mathbf{R}^m$ 为开集(**局部欧**),则称 $M$ 为 **$m$ 维拓扑流形**或 **$C^0$ 流形**.

$(U,\varphi)$称为**局部坐标系**(坐标卡、图片),$U$ 称为**局部坐标邻域**,$\varphi$ 称为**局部坐标映射**. $x^i(p)=(\varphi(p))^i$, $i=1,2,\cdots,m$ 为 $p \in U$ 的**局部坐标**,简记为$\{x^i\}$,有时也称它为局部坐标系.如果记 $\mathscr{D}^0$ 为局部坐标系的全体,那么拓扑流形就是由 $\mathscr{D}^0$ 中的图片粘成的图册.如果 $p \in U$,则称$(U,\varphi)$为 **$p$ 的局部坐标系**.

**定义 1.1.3** 设$(M,\mathscr{D}^0)$为 $m$ 维拓扑流形,$\Gamma$ 为指标集,如果 $\mathscr{D}=\{(U_\alpha,\varphi_\alpha) \mid \alpha \in \Gamma\} \subset \mathscr{D}^0$ 满足:

(1) $\bigcup\limits_{\alpha \in \Gamma} U_\alpha = M$;

(2) $C^r$ 相容性:如果$(U_\alpha,\varphi_\alpha),(U_\beta,\varphi_\beta) \in \mathscr{D}$, $U_\alpha \cap U_\beta \neq \varnothing$,则

$$\varphi_\beta \circ \varphi_\alpha^{-1}; \varphi_\alpha(U_\alpha \cap U_\beta) \to \varphi_\beta(U_\alpha \cap U_\beta)$$

是 $C^r$ 类的,$r \in \{1,2,\cdots,\infty,\omega\}$(由对称性,当然 $\varphi_\alpha \cdot \varphi_\beta^{-1}$ 也是$C^r$ 类的),即

$$\begin{cases} y^1 = (\varphi_\beta \circ \varphi_\alpha^{-1})_1(x^1,x^2,\cdots,x^m), \\ \vdots \\ y^m = (\varphi_\beta \circ \varphi_\alpha^{-1})_m(x^1,x^2,\cdots,x^m) \end{cases}$$

是 $C^r$ 类的.

(3) 最大性:$\mathscr{D}$ 关于(2)是最大的,也就是说,如果$(U,\varphi) \in \mathscr{D}^0$,且它和任何$(U_\alpha,\varphi_\alpha) \in \mathscr{D}$ 是 $C^r$ 相容的,则$(U,\varphi) \in \mathscr{D}$.它等价于:如果$(U,\varphi) \notin \mathscr{D}$,则$(U,\varphi)$必与某个$(U_\alpha,\varphi_\alpha) \in \mathscr{D}$ 不是 $C^r$ 相容的.

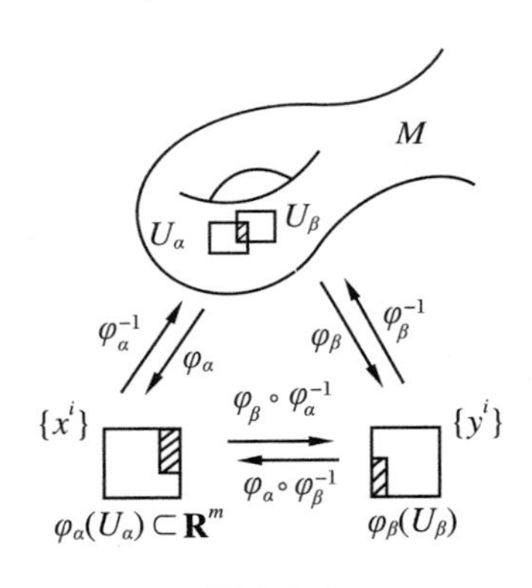

图 1.1.1

我们称 $\mathscr{D}$ 为 $M$ 上的 **$C^r$ 微分构造**或 **$C^r$ 构造**,$(M,\mathscr{D})$为 $M$ 上的 **$C^r$ 微分流形**或 **$C^r$ 流形**.当 $r=\omega$ 时,称$(M,\mathscr{D})$为**实解析流形**(图 1.1.1).

类似于拓扑流形,$C^r$ 微分流形就是 $\mathscr{D}$ 中的图片光滑($C^r$, $r \geqslant 1$)粘成的图册.

如果$(U_\alpha,\varphi_\alpha)$,$\{x^i\} \in \mathscr{D}$ 和$(U_\beta,\varphi_\beta)$,$\{y^i\} \in \mathscr{D}$ 为 $p$ 的两个局部坐标系,$U_\alpha \cap U_\beta \neq \varnothing$,则由 Jacobi 行列式

$$1 = \frac{\partial(y^1,y^2,\cdots,y^m)}{\partial(y^1,y^2,\cdots,y^m)} = \frac{\partial(y^1,y^2,\cdots,y^m)}{\partial(x^1,x^2,\cdots,x^m)} \cdot \frac{\partial(x^1,x^2,\cdots,x^m)}{\partial(y^1,y^2,\cdots,y^m)}$$

可知,在 $\varphi_\alpha(U_\alpha \cap U_\beta)$中,

$$\frac{\partial(y^1,y^2,\cdots,y^m)}{\partial(x^1,x^2,\cdots,x^m)} \neq 0.$$

一般来说,要得到 $\mathscr{D}$ 中所有的图片是困难的.下面的定理指出,只要得到满足定义

1.1.3 中条件(1)和条件(2)的 $\mathscr{D}'$就可唯一确定 $\mathscr{D}$ 了.我们称 $\mathscr{D}'$为微分构造 $\mathscr{D}$ 的一个**基**.这就给出了具体构造微分流形的方法.它与线性代数中由基生成向量空间以及点集拓扑中由拓扑基生成拓扑的思想是完全相似的.

**定理 1.1.1** (1) 设 $\mathscr{D}'\subset\mathscr{D}^0$ 满足定义 1.1.3 中的条件(1)和条件(2),则它唯一确定了一个 $C^r$, $r\geqslant 1$ 微分构造

$$\mathscr{D}=\{(U,\varphi)\in\mathscr{D}^0\mid(U,\varphi)\text{ 与 }\mathscr{D}'C^r\text{ 相容}\};$$

(2) 设 $\mathscr{D}_1',\mathscr{D}_2'\subset\mathscr{D}^0$ 满足定义 1.1.3 中的条件(1)和条件(2)且彼此的元素 $C^r$ 相容,则它们确定的 $C^r$ 微分构造 $\mathscr{D}_1,\mathscr{D}_2$ 是相同的,即 $\mathscr{D}_1=\mathscr{D}_2$.

**证明** (1) 由条件(2)和 $\mathscr{D}$ 的定义,$\mathscr{D}'\subset\mathscr{D}$,故 $\mathscr{D}$ 满足条件(1).

设$(U,\varphi),(V,\psi)\in\mathscr{D}$,若 $p\in U\cap V$,则存在 $p$ 的局部坐标系$(W,\theta)\in\mathscr{D}'$,使在 $U\cap V\cap W$中,

$$\psi\circ\varphi^{-1}=(\psi\circ\theta^{-1})\circ(\theta\circ\varphi^{-1})$$

是 $C^r$ 类的.因此,$\mathscr{D}$ 满足条件(2).

设$(U,\varphi)$与 $\mathscr{D}$ $C^r$ 相容,由 $\mathscr{D}'\subset\mathscr{D}$ 可知$(U,\varphi)$与 $\mathscr{D}'$ $C^r$ 相容,即$(U,\varphi)\in\mathscr{D}$.因此,$\mathscr{D}$ 满足条件(3).

综上所述,$\mathscr{D}$ 为 $C^r$ 微分构造.

(2) 设$(U,\varphi)\in\mathscr{D}_1$,对 $\forall(V,\varphi)\in\mathscr{D}_2'$,若 $p\in U\cap V$,则存在 $p$ 的局部坐标系$(W,\theta)\in\mathscr{D}_1'$,使在 $U\cap V\cap W$ 中,

$$\psi\circ\varphi^{-1}=(\psi\circ\theta^{-1})\circ(\theta\circ\varphi^{-1})$$

和

$$\varphi\circ\psi^{-1}=(\varphi\circ\theta^{-1})\circ(\theta\circ\psi^{-1})$$

是 $C^r$ 类的,所以$(U,\varphi)\in\mathscr{D}_2$,$\mathscr{D}_1\subset\mathscr{D}_2$.同理,$\mathscr{D}_2\subset\mathscr{D}_1$.这就证明了 $\mathscr{D}_1=\mathscr{D}_2$. □

**引理 1.1.1** 设 $k,r\in\{0,1,2,\cdots,\infty,\omega\}$,$k<r$,则 $\exists f:\mathbf{R}\to\mathbf{R}$,s.t. $f$ 是$C^k$ 类但非 $C^r$ 类的($\exists$表示"存在";s.t.为 such that 的缩写,表示"使得").

**证明** 如果 $0\leqslant k<r$,则

$$f(x)=\begin{cases}x^{2k+1}\sin\dfrac{1}{x}, & x\neq 0,\\[2mm] 0, & x=0\end{cases}$$

为所求函数.

如果 $k=\infty$,$r=\omega$,则

$$f(x)=\begin{cases}\mathrm{e}^{-\frac{1}{x}}, & x>0,\\ 0, & x\leqslant 0\end{cases}$$

为所求函数.事实上,由归纳法和 L'Hospital 法则可知

$$f^{(n)}(x)=\begin{cases}P_n\left(\dfrac{1}{x}\right)e^{-\frac{1}{x}}, & x>0,\\ 0, & x\leqslant 0,\end{cases}$$

其中 $P_n(u)$ 为 $u$ 的多项式.这就证明了 $f$ 是 $C^\infty$ 类的,但不是 $C^\omega$ 类的.(反证)假设 $f$ 是 $C^\omega$ 类的,则 $\exists\,\delta>0$,使

$$f(x)=\sum_{n=0}^{\infty}\frac{f^{(n)}(0)}{n!}x^n=0,\quad x\in(-\delta,\delta),$$

这与 $f(x)=e^{-\frac{1}{x}}>0, x\in(0,\delta)$ 相矛盾. □

**定理 1.1.2** 设 $k,r\in\{0,1,2,\cdots,\infty,\omega\}$,$k<r$,$\mathscr{D}'\subset\mathscr{D}^0$ 满足定义 1.1.3 中的条件(1)和条件(2).由 $\mathscr{D}'$ 唯一确定的 $C^r$ 微分构造

$$\mathscr{D}^r=\{(U,\varphi)\in\mathscr{D}^0\mid(U,\varphi)\text{ 与 }\mathscr{D}'\ C^r\text{ 相容}\}.$$

如果将与 $\mathscr{D}'$ 的 $C^r$ 相容自然视作 $C^k$ 相容,而由 $\mathscr{D}'$ 唯一确定的 $C^k$ 构造

$$\mathscr{D}^k=\{(U,\varphi)\in\mathscr{D}^0\mid(U,\varphi)\text{ 与 }\mathscr{D}'\ C^k\text{ 相容}\},$$

则

$$\mathscr{D}^r\subsetneqq\mathscr{D}^k.$$

**证明** 因 $k<r$,故 $(U,\varphi)$ 与 $\mathscr{D}'$ $C^r$ 相容也 $C^k$ 相容,这就推出了 $\mathscr{D}^r\subset\mathscr{D}^k$.

再证 $\mathscr{D}^r\neq\mathscr{D}^k$.设 $f$ 为引理 1.1.1 中的 $f$.如果 $k>0$,令

$$g(x)=x+f(x),$$

则 $g'(0)=1+f'(0)=1$;如果 $k=0$,令

$$g(x)=x^{\frac{1}{3}}.$$

于是,$\exists\,\delta>0$,使 $g$ 在 $(-\delta,\delta)$ 内严格递增.

设 $(U,\varphi)\in\mathscr{D}^r$,$p\in U$,令

$$\theta(x)=x-\varphi(p)$$

为平移;

$$(-\delta,\delta)^m=\{x=(x^1,x^2,\cdots,x^m)\in\mathbf{R}^m\mid |x^i|<\delta\},$$

$$\eta:(-\delta,\delta)^m\to\mathbf{R}^m,\quad \eta(x)=(g(x^1),x^2,\cdots,x^m).$$

则存在 $p$ 的开邻域 $V\subset U$,且 $0\in\theta\circ\varphi(V)\subset(-\delta,\delta)^m$.于是

$$(\eta\circ\theta\circ\varphi)\circ\varphi^{-1}=\eta\circ\theta$$

是 $C^k$ 类的但不是 $C^r$ 类的.这就证明了 $(V,\eta\circ\theta\circ\varphi)$ 和 $(U,\varphi)$ 是 $C^k$ 相容但不是 $C^r$ 相容的,即

$$(V,\eta\circ\theta\circ\varphi)\in\mathscr{D}^k,$$

但

$$(V,\eta\circ\theta\circ\varphi)\notin\mathscr{D}^r.$$

□

从这个定理可知，当 $k<r$ 时，如果加进与 $C^r$ 流形 $(M,\mathscr{D}^r)$ $C^k$ 相容的所有图片，它就可成为一个 $C^k$ 流形 $(M,\mathscr{D}^k)$. 此时，$\mathscr{D}^k$ 的图片确实比 $\mathscr{D}^r$ 的图片严格增多了. 以后，当 $k<r$ 时，凡是 $C^r$ 流形，总是按上述理解，它也是一个 $C^k$ 流形.

有了上述这些定理，我们就可以构造各种各样的流形了.

**例 1.1.2** 设 $M\subset\mathbf{R}^m$ 为开集，$\mathscr{D}'=\{(M,\mathrm{Id}_M)\mid \mathrm{Id}_M:M\to M,\mathrm{Id}_M(p)=p,p\in M$ 为恒同映射$\}$，则由 $\mathscr{D}'$ 唯一确定了一个 $C^\omega$ 流形. 由定理 1.1.2，它也唯一确定了一个 $C^r(r\in\{0,1,2,\cdots,\infty\})$ 流形，但当 $r$ 增大时，图片严格减少.

**例 1.1.3** 设 $(M,\mathscr{D}_M)$ 为 $m$ 维 $C^r$ 流形，$U\subset M$ 为开集，$\mathscr{D}_M=\{(U_\alpha,\varphi_\alpha)\mid\alpha\in\Gamma\}$，令

$$\mathscr{D}_U=\{(U\cap U_\alpha,\varphi_\alpha\big|_{U\cap U_\alpha})\mid U\cap U_\alpha\neq\varnothing,\alpha\in\Gamma\}.$$

易证 $(U,\mathscr{D}_U)$ 也为一个 $m$ 维 $C^r$ 流形，称为 $(M,\mathscr{D}_M)$ 的 **$C^r$ 开子流形**.

**例 1.1.4** 单位球面 $S^m=\left\{x=(x^1,x^2,\cdots,x^{m+1})\in\mathbf{R}^{m+1}\,\middle|\,\sum\limits_{i=1}^{m+1}(x^i)^2=1\right\}$ 为 $m$ 维 $C^\omega$ 流形.

**证明** 设 $p\in S^m\subset\mathbf{R}^{m+1}$，它的直角坐标为 $(x^1,x^2,\cdots,x^{m+1})$. 如果将

$$\mathbf{R}^m=\{(x^1,x^2,\cdots,x^m,0)\mid x^i\in\mathbf{R},i=1,2,\cdots,m\}\subset\mathbf{R}^{m+1}$$

与

$$\{(x^1,x^2,\cdots,x^m)\mid x^i\in\mathbf{R},i=1,2,\cdots,m\}$$

视作相同，则从图 1.1.2 容易算出：

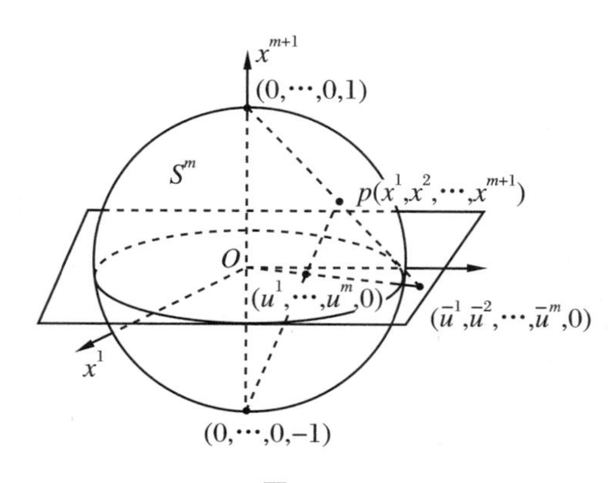


图 1.1.2

$\varphi_{南}:U_{南}\to\mathbf{R}^m$ （南极投影），

$$(u^1,u^2,\cdots,u^m)=\varphi_{南}(x^1,x^2,\cdots,x^{m+1})=\left(\frac{x^1}{1+x^{m+1}},\frac{x^2}{1+x^{m+1}},\cdots,\frac{x^m}{1+x^{m+1}}\right),$$

$$(x^1,x^2,\cdots,x^{m+1})=\varphi_{南}^{-1}(u^1,u^2,\cdots,u^m)$$

$$= \left( \frac{2u^1}{1+\sum_{i=1}^m (u^i)^2}, \cdots, \frac{2u^m}{1+\sum_{i=1}^m (u^i)^2}, \frac{1-\sum_{i=1}^m (u^i)^2}{1+\sum_{i=1}^m (u^i)^2} \right);$$

$\varphi_{北}: U_{北} \to \mathbf{R}^m$ （北极投影），

$$(\bar{u}^1, \bar{u}^2, \cdots, \bar{u}^m) = \varphi_{北}(x^1, x^2, \cdots, x^{m+1}) = \left( \frac{x^1}{1-x^{m+1}}, \frac{x^2}{1-x^{m+1}}, \cdots, \frac{x^m}{1-x^{m+1}} \right),$$

$$(x^1, x^2, \cdots, x^{m+1}) = \varphi_{北}^{-1}(\bar{u}^1, \bar{u}^2, \cdots, \bar{u}^m)$$

$$= \left( \frac{2\bar{u}^1}{1+\sum_{i=1}^m (\bar{u}^i)^2}, \cdots, \frac{2\bar{u}^m}{1+\sum_{i=1}^m (\bar{u}^i)^2}, \frac{\sum_{i=1}^m (\bar{u}^i)^2 - 1}{1+\sum_{i=1}^m (\bar{u}^i)^2} \right),$$

且

$$(\bar{u}^1, \bar{u}^2, \cdots, \bar{u}^m) = \left( \frac{u^1}{\sum_{i=1}^m (u^i)^2}, \cdots, \frac{u^m}{\sum_{i=1}^m (u^i)^2} \right),$$

$$(u^1, u^2, \cdots, u^m) = \left( \frac{\bar{u}^1}{\sum_{i=1}^m (\bar{u}^i)^2}, \cdots, \frac{\bar{u}^m}{\sum_{i=1}^m (\bar{u}^i)^2} \right),$$

于是

$$\mathscr{D}_1' = \{(U_{南}, \varphi_{南}), (U_{北}, \varphi_{北})\}$$

满足定义 1.1.3 中的条件：

（1）$S^m = U_{南} \cup U_{北}$；

（2）$\mathscr{D}_1'$中的元素是 $C^\omega$ 相容的，即$\{u^i\}$与$\{\bar{u}^i\}$彼此可表示为实有理函数，由于实变量的有理函数可自然延拓为复变量的有理函数，再由求导的加减乘除法则，后者关于复变量是可导的，故是复解析的. 于是它在每一点的一个开邻域内可展开为复的收敛的幂级数. 如果再限制到实变量，它在每一实点的一个实开邻域内可展开为收敛的幂级数. 因此，实有理函数是实解析的. 应用文献[27]445 页的方法也可证明上述结论.

根据定理 1.1.1(1)，$\mathscr{D}_1'$确定了 $S^m$ 上的一个 $C^\omega$ 微分构造

$$\mathscr{D}_1 = \{(U, \varphi) \mid (U, \varphi) \text{ 与 } \mathscr{D}_1' \ C^\omega \text{ 相容}\}.$$

而 $\mathscr{D}_1'$是 $C^\omega$ 微分构造 $\mathscr{D}_1$ 的一个基. 通过计算得到 Jacobi 行列式为

$$J_{\varphi_{北} \circ \varphi_{南}^{-1}} = -\frac{1}{\left(\sum_{i=1}^m (u^i)^2\right)^m}.$$

如果将局部坐标$\{\bar{u}^1, \bar{u}^2, \bar{u}^3, \cdots, \bar{u}^m\}$换成$\{\bar{u}^2, \bar{u}^1, \bar{u}^3, \cdots, \bar{u}^m\}$，则相应的 Jacobi 行

列式就大于 0.

下面我们换一种方式来给出 $S^m$ 的 $C^\omega$ 微分构造的另一个基. 为此,对 $\forall\, i=1,2,\cdots,m+1$,令

$$U_i^+ = \{(x^1,x^2,\cdots,x^{m+1}) \in S^m \mid x^i > 0\},$$
$$U_i^- = \{(x^1,x^2,\cdots,x^{m+1}) \in S^m \mid x^i < 0\},$$
$$\varphi_i^\pm : U_i^\pm \to \varphi_i^\pm(U_i^\pm) = \left\{(x^1,\cdots,\hat{x}^i,\cdots,x^{m+1}) \,\middle|\, \sum_{i\neq j}(x^i)^2 < 1\right\},$$
$$\varphi_i^\pm(x^1,x^2,\cdots,x^{m+1}) = (x^1,\cdots,\hat{x}^i,\cdots,x^{m+1}),$$

称 $(x^1,\cdots,\hat{x}^i,\cdots,x^{m+1})$ 为 $U_i^\pm$ 中的局部坐标,其中 $\hat{x}^i$ 表示删去 $x^i$.

容易看出

$$\mathscr{D}_2' = \{(U_i^\pm,\varphi_i^\pm) \mid i = 1,2,\cdots,m+1\}$$

满足定义 1.1.3 中的条件:

(1) $S^m = \bigcup\limits_{i=1}^{m+1}(U_i^+ \cup U_i^-)$;

(2) $\mathscr{D}_2'$ 中的元素是 $C^\omega$ 相容的. 例如

$$\begin{aligned}
&\varphi_2^+ \circ (\varphi_1^-)^{-1}(x^2,x^3,\cdots,x^{m+1})\\
&= \varphi_2^+(x^1,x^2,\cdots,x^{m+1}) = (x^1,x^3,\cdots,x^{m+1})\\
&= \left(-\left(1-\sum_{i=2}^{m+1}(x^i)^2\right)^{\frac{1}{2}},x^3,\cdots,x^{m+1}\right)
\end{aligned}$$

是 $C^\omega$ 类的(利用 $\sqrt{1-u}$ 在 0 的开邻域 $(-1,1)$ 中可展开为收敛的幂级数和文献[27]438 页的证明或直接用 $\varepsilon$-$N$ 方法证明). 根据定理 1.1.1(1), $\mathscr{D}_2'$ 确定了 $S^m$ 上的一个 $C^\omega$ 微分构造

$$\mathscr{D}_2 = \{(U,\varphi) \mid (U,\varphi) \text{ 与 } \mathscr{D}_2' C^\omega \text{ 相容}\},$$

而 $\mathscr{D}_2'$ 是 $C^\omega$ 微分构造 $\mathscr{D}_2$ 的一个基. 通过计算得到 Jacobi 行列式为

$$J_{\varphi_j^\pm \circ (\varphi_i^\pm)^{-1}} = (-1)^{i+j}\frac{x^j}{x^i}.$$

如果取

$$(-1)^{i+1}\{x^1,\cdots,\hat{x}^i,\cdots,x^{m+1}\}$$

为 $U_i^+$ 的局部坐标($(-1)^{i+1}\{x^1,\cdots,\hat{x}^i,\cdots,x^{m+1}\}$ 表示将坐标 $\{x^1,\cdots,\hat{x}^i,\cdots,x^{m+1}\}$ 做 $i+1$ 次对换),取

$$(-1)^i\{x^1,\cdots,\hat{x}^i,\cdots,x^{m+1}\}$$

为 $U_i^-$ 的局部坐标,则相应的 Jacobi 行列式就大于 0.

因为 $\{x^1,x^2,\cdots,x^{m+1}\}$ 与 $\{u^1,u^2,\cdots,u^m\}$(或 $\{\bar{u}^1,\bar{u}^2,\cdots,\bar{u}^m\}$)彼此可 $C^\omega$ 表示出

来，且 $\mathscr{D}_1'$ 与 $\mathscr{D}_2'$ 中的元素是 $C^\omega$ 相容的，由定理 1.1.1(2)可知，$\mathscr{D}_1=\mathscr{D}_2$. □

应该指出的是，紧致集 $S^m$ 不能与 $\mathbf{R}^m$ 中的开集同胚，所以 $S^m$ 不是局部坐标邻域.

**例 1.1.5** $m$ 维实射(投)影空间 $P^m(\mathbf{R})$ 为 $m$ 维 $C^\omega$ 流形.

**证明** 设 $x=(x^1,x^2,\cdots,x^{m+1})$，$y=(y^1,y^2,\cdots,y^{m+1})\in\mathbf{R}^{m+1}-\{0\}$，

$$x\sim y\Leftrightarrow x=\lambda y,\quad \lambda\neq 0.$$

$x\in\mathbf{R}^{m+1}-\{0\}$ 的等价类 $[x]=\{y\in\mathbf{R}^{m+1}-\{0\}\mid y\sim x\}$，等价类的全体为

$$P^m(\mathbf{R})=(\mathbf{R}^{m+1}-\{0\})/\sim=\{[x]\mid x\in\mathbf{R}^{m+1}-\{0\}\}.$$

投影

$$\pi:\mathbf{R}^{m+1}-\{0\}\to P^m(\mathbf{R}),$$
$$x\mapsto\pi(x)=[x].$$

设 $\mathbf{R}^{m+1}-\{0\}$ 的拓扑为 $\mathcal{T}$. 易证

$$\mathcal{T}'=\{U\mid\pi^{-1}(U)\in\mathcal{T}\}$$

为 $P^m(\mathbf{R})$ 上的一个拓扑. 于是，$(P^m(\mathbf{R}),\mathcal{T}')$ 为 $(\mathbf{R}^{m+1}-\{0\},\mathcal{T})$ 的商拓扑空间，称为 ***m* 维实射(投)影空间**.

下面我们来证明 $P^m(\mathbf{R})$ 为 $m$ 维 $C^\omega$ 流形. 首先，对 $\forall[x],[y]\in P^m(\mathbf{R})$，$[x]\neq[y]$，则存在含 $\pi^{-1}([x])$ 的以原点为中心的去心开锥体 $V_x$ 和含 $\pi^{-1}([y])$ 的以原点为中心的去心开锥体 $V_y$，使得 $V_x\cap V_y=\varnothing$. 因而，$\pi(V_x)$ 和 $\pi(V_y)$ 分别是含 $[x]$ 和 $[y]$ 的不相交的开邻域，故 $(P^m(\mathbf{R}),\mathcal{T}')$ 为 $T_2$ 空间.

其次，令

$$U_k=\{[x]\in P^m(\mathbf{R})\mid x=(x^1,x^2,\cdots,x^{m+1}),x^k\neq 0\},$$

$$\varphi_k:U_k\to\mathbf{R}^m,$$

$$\varphi_k([x])=\left(\frac{x^1}{x^k},\cdots,\frac{x^{k-1}}{x^k},\frac{x^{k+1}}{x^k},\cdots,\frac{x^{m+1}}{x^k}\right)=({}_k\xi^1,\cdots,{}_k\xi^{k-1},{}_k\xi^{k+1},\cdots,{}_k\xi^{m+1}).$$

我们称 $\{x^1,x^2,\cdots,x^{m+1}\}$ 为 $[x]$ 的齐次坐标，$\{{}_k\xi^1,\cdots,{}_k\xi^{k-1},{}_k\xi^{k+1},\cdots,{}_k\xi^{m+1}\}$ 为 $[x]$ 关于 $U_k$ 的非齐次坐标.

显然，$\bigcup\limits_{k=1}^{m}U_k=P^m(\mathbf{R})$，且当 $U_k\cap U_l\neq\varnothing$，$k\neq l$ 时，

$$\varphi_l\circ\varphi_k^{-1}:\varphi_k(U_k\cap U_l)\to\varphi_l(U_k\cap U_l),$$

$$\varphi_l\circ\varphi_k^{-1}({}_k\xi^1,\cdots,{}_k\xi^{k-1},{}_k\xi^{k+1},\cdots,{}_k\xi^{m+1})=\varphi_l([x])=({}_l\xi^1,\cdots,{}_l\xi^{l-1},{}_l\xi^{l+1},\cdots,{}_l\xi^{m+1}),$$

$$\begin{cases}{}_l\xi^h=\dfrac{x^h}{x^l}=\dfrac{x^h}{x^k}\Big/\dfrac{x^l}{x^k}=\dfrac{{}_k\xi^h}{{}_k\xi^l},\quad h\neq l,k,\\[2ex]{}_l\xi^k=\dfrac{x^k}{x^l}=1\Big/\dfrac{x^l}{x^k}=\dfrac{1}{{}_k\xi^l}\end{cases}$$

为有理函数，因而它是 $C^\omega$ 函数，由定理 1.1.1 可知

$$\mathscr{D}' = \{(U_k,\varphi_k) \mid k = 1,2,\cdots,m+1\}$$

确定了 $P^m(\mathbf{R})$ 上的一个 $C^\omega$ 微分构造 $\mathscr{D}$,使($P^m(\mathbf{R}),\mathscr{D}$)成为 $C^\omega$ 流形.

通过计算得到Jacobi行列式为

$$J_{\varphi_l\circ\varphi_k^{-1}} = \frac{\partial({}_l\xi^1,\cdots,{}_l\xi^{l-1},{}_l\xi^{l+1},\cdots,{}_l\xi^{m+1})}{\partial({}_k\xi^1,\cdots,{}_k\xi^{k-1},{}_k\xi^{k+1},\cdots,{}_k\xi^{m+1})} = (-1)^{l+k}\frac{1}{({}_k\xi^l)^{m+1}}.$$

当 $m$ 为奇数时,$({}_k\xi^l)^{m+1}>0$.如果 $k$ 为奇数,则相应的局部坐标不变;如果 $k$ 为偶数,则相应的局部坐标只改变一个,即 ${}_k\xi^s$ 变为 $-{}_k\xi^s$,而其余的不变.显然,局部坐标改变后的Jacobi行列式大于0.当 $m$ 为偶数时,由于 ${}_k\xi^l$ 有正有负,故 $J_{\varphi_l\circ\varphi_k^{-1}}$ 也有正有负.

我们再用另一观点来研究 $P^m(\mathbf{R})$.设

$$x = (x^1,x^2,\cdots,x^{m+1}),\quad y = (y^1,y^2,\cdots,y^{m+1}) \in S^m,$$

$$x \sim y \Leftrightarrow x = -y;\quad [x] = \{x,-x\},$$

$$P^m(\mathbf{R}) = S^m/\sim = \{[x] \mid x \in S^m\}.$$

令

$$U_k = \{[x] \in P^m(\mathbf{R}) \mid x^k \neq 0\},$$

$$\varphi_k: U_k \to \left\{\xi_k = (\xi_k^1,\xi_k^2,\cdots,\xi_k^m) \,\middle|\, \sum_{j=1}^m (\xi_k^j)^2 < 1\right\},$$

$$\varphi_k([x]) = x^k\cdot|x^k|^{-1}(x^1,x^2,\cdots,x^{k-1},x^{k+1},\cdots,x^{m+1})$$

$$= (\xi_k^1,\xi_k^2,\cdots,\xi_k^m) = \xi_k.$$

类似例1.1.4可以证明

$$\mathscr{D}' = \{(U_k,\varphi_k) \mid k = 1,2,\cdots,m+1\}$$

满足定义1.1.3中的条件(1)和条件(2),从而它确定了 $P^m(\mathbf{R})$ 上的一个 $C^\omega$ 微分构造. □

**例1.1.6** $m$ 维复解析流形为 $2m$ 维实解析流形.

如果定义1.1.3中,用 $\mathbf{C}^m=\{z=(z^1,z^2,\cdots,z^m)\mid z^j\in\mathbf{C}(\text{复数域})\}$ 代替 $\mathbf{R}^m$,复解析(复函数在每一点的一个开邻域中可以展开成复的收敛幂级数)代替实解析,则称($M,\mathscr{D}$)为 **$m$ 维复解析流形**.

设($U_\alpha,\varphi_\alpha$),$\{z^j\}$ 和($U_\beta,\varphi_\beta$),$\{w^j\}$ 为局部坐标系,$U_\alpha\cap U_\beta\neq\varnothing$,

$$\varphi_\alpha(p) = (z^1,z^2,\cdots,z^m) = z \in \mathbf{C}^m,\quad \varphi_\beta(p) = (w^1,w^2,\cdots,w^m) = w \in \mathbf{C}^m,$$

$$z^j = x^j + \mathrm{i}y^j,\quad w^j = u^j + \mathrm{i}v^j,\quad x^j,y^j,u^j,v^j \in \mathbf{R},\quad j = 1,2,\cdots,m,$$

其中 $\mathrm{i}^2=-1$.于是

$$u + \mathrm{i}v = w = \varphi_\beta\circ\varphi_\alpha^{-1}(z) = f_{\alpha\beta}(x,y) + \mathrm{i}g_{\alpha\beta}(x,y).$$

利用实和复幂级数的Cauchy收敛原理以及

$$\max\{|a|,|b|\} \leqslant (a^2+b^2)^{1/2} = |a+\mathrm{i}b|,\quad a,b\in\mathbf{R}$$

可知,$u=f_{\alpha\beta}(x,y)$,$v=g_{\alpha\beta}(x,y)$ 为实解析函数.如果将 $\{x^1,x^2,\cdots,x^m,y^1,y^2,\cdots,y^m\}$

和$\{u^1,u^2,\cdots,u^m,v^1,v^2,\cdots,v^m\}$分别视作 $p$ 点的实局部坐标，则$(M,\mathscr{D})$自然可视作 $2m$ 维实解析流形. 此外，由 Cauchy-Riemann 条件：

$$\begin{cases}\dfrac{\partial u^j}{\partial x^l}=\dfrac{\partial v^j}{\partial y^l},\\[2mm] \dfrac{\partial u^j}{\partial y^l}=-\dfrac{\partial v^j}{\partial x^l},\end{cases}$$

我们得到 Jacobi 行列式为

$$\begin{aligned}&\frac{\partial(u^1,u^2,\cdots,u^m,v^1,v^2,\cdots,v^m)}{\partial(x^1,x^2,\cdots,x^m,y^1,y^2,\cdots,y^m)}\\ &=\det\begin{pmatrix}\dfrac{\partial u}{\partial x} & \dfrac{\partial u}{\partial y}\\[2mm] \dfrac{\partial v}{\partial x} & \dfrac{\partial v}{\partial y}\end{pmatrix}=\det\begin{pmatrix}\dfrac{\partial u}{\partial x} & -\dfrac{\partial v}{\partial x}\\[2mm] \dfrac{\partial v}{\partial x} & \dfrac{\partial u}{\partial x}\end{pmatrix}=\det\begin{pmatrix}\dfrac{\partial u}{\partial x}+\mathrm{i}\dfrac{\partial v}{\partial x} & -\dfrac{\partial v}{\partial x}+\mathrm{i}\dfrac{\partial u}{\partial x}\\[2mm] \dfrac{\partial v}{\partial x} & \dfrac{\partial u}{\partial x}\end{pmatrix}\\ &=\det\begin{pmatrix}\dfrac{\partial u}{\partial x}+\mathrm{i}\dfrac{\partial v}{\partial x} & 0\\[2mm] \dfrac{\partial v}{\partial x} & \dfrac{\partial u}{\partial x}-\mathrm{i}\dfrac{\partial v}{\partial x}\end{pmatrix}=\det\left(\frac{\partial u}{\partial x}+\mathrm{i}\frac{\partial v}{\partial x}\right)\cdot\overline{\det\left(\frac{\partial u}{\partial x}+\mathrm{i}\frac{\partial v}{\partial x}\right)}\\ &=\left|\frac{\partial(w^1,w^2,\cdots,w^m)}{\partial(z^1,z^2,\cdots,z^m)}\right|^2>0,\end{aligned}$$

其中

$$\frac{\partial u}{\partial x}=\begin{pmatrix}\dfrac{\partial u^1}{\partial x^1} & \cdots & \dfrac{\partial u^1}{\partial x^m}\\ \vdots & & \vdots\\ \dfrac{\partial u^m}{\partial x^1} & \cdots & \dfrac{\partial u^m}{\partial x^m}\end{pmatrix}.$$

显然，$\mathscr{D}'=\{(\mathbf{C}^m,\mathrm{Id}_{\mathbf{C}^m})\mid \mathrm{Id}_{\mathbf{C}^m}:\mathbf{C}^m\to\mathbf{C}^m,\mathrm{Id}_{\mathbf{C}^m}(z)=z\}$唯一确定了 $\mathbf{C}^m$ 上的一个复解析流形$(\mathbf{C}^m,\mathscr{D})$.

考虑另一个典型例子. 设

$$z=(z^1,z^2,\cdots,z^{m+1}),\quad w=(w^1,w^2,\cdots,w^{m+1})\in\mathbf{C}^{m+1}-\{0\}.$$

$$z\sim w\Leftrightarrow z=\lambda w,\quad \lambda\in\mathbf{C},\quad \lambda\neq 0.$$

$$[z]=\{w\in\mathbf{C}^{m+1}-\{0\}\mid w\sim z\},$$

$$P^m(\mathbf{C})=(\mathbf{C}^{m+1}-\{0\})/\sim=\{[z]\mid z\in\mathbf{C}^{m+1}-\{0\}\}.$$

类似于实射(投)影空间可以证明 $P^m(\mathbf{C})$为 $m$ 维复解析流形，并称它为 **$m$ 维复射(投)影空间**.

用另一观点表示 $P^m(\mathbf{C})$. 设

$$S^{2m+1}=\left\{z=(z^1,z^2,\cdots,z^{m+1})\in\mathbf{C}^{m+1}\;\middle|\;\sum_{j=1}^{m+1}z^j\overline{z^j}=1\right\},$$

$$z \sim w(z,w \in S^{2m+1}) \Leftrightarrow z = \lambda w, \quad \lambda = e^{i\theta},$$
$$[z] = \{w \in S^{2m+1} \mid w \sim z\},$$

则

$$P^m(\mathbf{C}) = S^{2m+1}/\sim = \{[z] \mid z \in S^{2m+1}\}.$$

易证它为 $m$ 维复解析流形.

**例 1.1.7** 设 $T(m,n)=\{X \mid X$ 为 $m\times n$ 实矩阵$\}=\mathbf{R}^{mn}$($X$ 中元素按

$$(x_{11},\cdots,x_{1n},x_{21},\cdots,x_{2n},\cdots,x_{m1},\cdots,x_{mn})$$

次序排列,视它为 $\mathbf{R}^{mn}$ 中的一点),则它自然确定了一个 $C^\omega$流形.

下面可证 $T(m,n)$的子拓扑空间

$$T(m,n;k) = \{X \in T(m,n) \mid \operatorname{rank} X = k\}$$

为一个 $k(m+n-k)$维 $C^\omega$ 流形($k\in\mathbf{N},0<k\leqslant\min\{m,n\}$).

**证明** 设 $X_0\in T(m,n;k)$,则存在可逆矩阵 $P_0$ 和 $Q_0$ 使得

$$P_0X_0Q_0 = \begin{pmatrix} A_0 & B_0 \\ C_0 & D_0 \end{pmatrix}.$$

这里 $A_0$ 为 $k\times k$ 的非奇异矩阵.记 $A=(a_{ij}),A_0=(a_{ij}^0)$,则 $\exists\,\varepsilon>0$,当 $\max\limits_{1\leqslant i,j\leqslant k}|a_{ij}-a_{ij}^0|<\varepsilon$ 时,$A$ 为非奇异矩阵.易见

$$U_{X_0}^* = \left\{X \in T(m,n) \,\middle|\, P_0XQ_0 = \begin{pmatrix} A & B \\ C & D \end{pmatrix}, \max_{1\leqslant i,j\leqslant k} |a_{ij} - a_{ij}^0| < \varepsilon\right\} \subset T(m,n)$$

为开集.如果 $X\in U_{X_0}^*$,则

$$X \in T(m,n;k) \Leftrightarrow D = CA^{-1}B.$$

事实上,因为($I_k$ 为 $k\times k$ 单位矩阵)

$$\begin{pmatrix} I_k & 0 \\ -CA^{-1} & I_{m-k} \end{pmatrix}\begin{pmatrix} A & B \\ C & D \end{pmatrix} = \begin{pmatrix} A & B \\ 0 & -CA^{-1}B+D \end{pmatrix},$$

所以

$$\operatorname{rank}\begin{pmatrix} A & B \\ 0 & -CA^{-1}B+D \end{pmatrix} = \operatorname{rank}\begin{pmatrix} A & B \\ C & D \end{pmatrix} = k \Leftrightarrow -CA^{-1}B+D = 0 \Leftrightarrow D = CA^{-1}B.$$

我们取 $T(m,n)$的子拓扑空间 $T(m,n;k)$的开集

$$U_{X_0} = U_{X_0}^* \cap T(m,n;k)$$

为 $X_0\in T(m,n;k)$的局部坐标邻域,相应的坐标映射为

$$\varphi_{X_0}: U_{X_0} \to \varphi_{X_0}(U_{X_0}) \subset \mathbf{R}^{mn-(m-k)(n-k)} = \mathbf{R}^{k(m+n-k)},$$
$$\varphi_{X_0}(X) = \begin{pmatrix} A & B \\ C & 0 \end{pmatrix},$$

它以 $A,B,C$ 的元素为其局部坐标，则

$$\varphi_{X_0}^{-1}\left(\begin{pmatrix} A & B \\ C & 0 \end{pmatrix}\right) = X = P_0^{-1}\begin{pmatrix} A & B \\ C & D \end{pmatrix}Q_0^{-1} = P_0^{-1}\begin{pmatrix} A & B \\ C & CA^{-1}B \end{pmatrix}Q_0^{-1}.$$

如果$(U_{X_0},\varphi_{X_0})$和$(U_{X_1},\varphi_{X_1})$为两个局部坐标系，$U_{X_0}\cap U_{X_1}\neq\varnothing$，则

$$\varphi_{X_0}\varphi_{X_0}^{-1}\begin{pmatrix} A & B \\ C & 0 \end{pmatrix} = \begin{pmatrix} A_1 & B_1 \\ C_1 & 0 \end{pmatrix},$$

$$P_1 P_0^{-1}\begin{pmatrix} A & B \\ C & CA^{-1}B \end{pmatrix}Q_0^{-1}Q_1 = \begin{pmatrix} A_1 & B_1 \\ C_1 & C_1 A_1^{-1} B_1 \end{pmatrix}.$$

因为此等式右边的 $A_1,B_1,C_1$ 中的每个元素都是 $A,B,C$ 的元素的有理函数，故是 $C^\omega$ 类的. 于是

$$\mathscr{D}' = \{(U_{X_0},\varphi_{X_0}) \mid X_0 \in T(m,n;k)\}$$

唯一确定了一个 $k(m+n-k)$维的 $C^\omega$ 流形$(T(m,n;k),\mathscr{D})$.

特别地，$\mathbf{R}^n$ 中的$m$-标架空间 $T(m,n;m)$为 $T(m,n)=\mathbf{R}^{mn}$中的开子流形. □

**例 1.1.8** 设$(M_i,\mathscr{D}_i)$为 $m_i$ 维 $C^r$ 流形，$\mathscr{D}_i=\{(U_{\alpha_i},\varphi_{\alpha_i})\mid\alpha_i\in\Gamma_i\}$，$i=1,2,\cdots,k$. 令

$$\mathscr{D}' = \{(U_{\alpha_1}\times U_{\alpha_2}\times\cdots\times U_{\alpha_k},\varphi_{\alpha_1\alpha_2\cdots\alpha_k}) \mid (U_{\alpha_j},\varphi_{\alpha_j})\in\mathscr{D}_j, j=1,2,\cdots,k\},$$

其中 $U_{\alpha_1}\times U_{\alpha_2}\times\cdots\times U_{\alpha_k}$ 为拓扑积(参阅文献[26]165 页)，而

$$\varphi_{\alpha_1\alpha_2\cdots\alpha_k}: U_{\alpha_1}\times U_{\alpha_2}\times\cdots\times U_{\alpha_k} \to \varphi_{\alpha_1}(U_{\alpha_1})\times\varphi_{\alpha_2}(U_{\alpha_2})\times\cdots\times\varphi_{\alpha_k}(U_{\alpha_k})$$
$$\subset \mathbf{R}^{m_1}\times\mathbf{R}^{m_2}\times\cdots\times\mathbf{R}^{m_k} = \mathbf{R}^{m_1+m_2+\cdots+m_k},$$

$$\varphi_{\alpha_1\alpha_2\cdots\alpha_k}(p_1,p_2,\cdots,p_k) = (\varphi_{\alpha_1}(p_1),\varphi_{\alpha_2}(p_2),\cdots,\varphi_{\alpha_k}(p_k))$$

为同胚映射. 显然，$\mathscr{D}'$满足定义 1.1.3 中的条件(1)和条件(2). 因此，它唯一确定了拓扑积 $M_1\times M_2\times\cdots\times M_k$ 上的$C^r$ 构造

$$\mathscr{D} = \mathscr{D}_1\times\mathscr{D}_2\times\cdots\times\mathscr{D}_k.$$

我们称 $m_1+m_2+\cdots+m_k$ 维 $C^r$ 流形$(M_1\times M_2\times\cdots\times M_k,\mathscr{D}_1\times\mathscr{D}_2\times\cdots\times\mathscr{D}_k)$为 $C^r$ 流形$(M_i,\mathscr{D}_i)$，$i=1,2,\cdots,k$ 的 **$C^r$ 积流形**.

如 $m$ 维环面 $T^m=\underbrace{S^1\times\cdots\times S^1}_{m个}$为$m$ 个$S^1$ 的 $m$ 维$C^\omega$ 积流形. $\mathbf{R}^{m_1+m_2+\cdots+m_k}=\mathbf{R}^{m_1}\times\mathbf{R}^{m_2}\times\cdots\times\mathbf{R}^{m_k}$为 $\mathbf{R}^{m_1},\mathbf{R}^{m_2},\cdots,\mathbf{R}^{m_k}$的$C^\omega$ 积流形.

现在我们证明流形上连通和道路连通是等价的.

**定理 1.1.3** 设$(M,\mathscr{D})$为 $m$ 维拓扑流形，则

$$M \text{ 连通} \Leftrightarrow M \text{ 道路连通}.$$

**证明** ($\Leftarrow$)(反证)假设 $M$ 不连通，则存在不相交的非空开集 $U,V$，使 $M=U\cup V$. 设 $p\in U$，$q\in V$. 因为 $M$ 道路连通，故$\exists\, C^0$ 道路 $\sigma:[0,1]\to M$，s. t. $\sigma(0)=p$，$\sigma(1)=q$.

显然，$0\in\sigma^{-1}(U)$，$1\in\sigma^{-1}(V)$，故 $\sigma^{-1}(U)$ 与 $\sigma^{-1}(V)$ 为$[0,1]$的两个不相交的非空开集，且

$$[0,1]=\sigma^{-1}(M)=\sigma^{-1}(U)\cup\sigma^{-1}(V).$$

这与熟知的$[0,1]$连通相矛盾.

($\Rightarrow$)对 $\forall\, p\in M$，令

$$C_p=\{q\in M\mid 存在\ C^0\ 道路将\ p\ 与\ q\ 相连\}.$$

设 $q\in C_p$，因为 $M$ 为拓扑流形，故存在 $q$ 的局部坐标系$(U,\varphi)$，使

$$\varphi(U)=\left\{x\in\mathbf{R}^m\,\middle|\,\sum_{i=1}^m(x^i)^2<1\right\}\subset\mathbf{R}^m.$$

由于 $\varphi(U)$ 中任两点有一条直线道路相连，所以 $U$ 中任一点必与 $q$ 道路相连，从而 $U$ 中任一点必与 $p$ 相连且 $U\subset C_p$. 这就证明了 $C_p$ 为 $M$ 中的开集. 显然，当 $p\in M$ 时，$C_p$ 彼此不相交或重合. 因为

$$M=C_p\cup\Big(\bigcup_{s\in M-C_p}C_s\Big)$$

连通且 $C_p\neq\varnothing$，所以 $\bigcup\limits_{s\in M-C_p}C_s=\varnothing$，从而 $M=C_p$. 这就证明了 $M$ 是道路连通的. $\square$

在微分拓扑中有时会涉及带边流形. 显然，从下面的定义立即知道，定理 1.1.3 的结论与证明对带边流形仍成立.

**定义 1.1.4** 设 $M$ 为 $T_2$(Hausdorff)、$A_2$(满足第二可数性公理)空间. 又对于 $\forall\, p\in M$，都存在 $p$ 在 $M$ 中的开邻域 $U$ 和同胚 $\varphi:U\to\varphi(U)$，其中 $\varphi(U)\subset H^m=\{x\in\mathbf{R}^m\mid x=(x^1,x^2,\cdots,x^m),x^m\geqslant 0\}$ 为开集(局部欧). 如果在同胚 $\varphi:U\to\varphi(U)\subset H^m$ 下，将 $p\in U$ 映为 $\varphi(p)\in\mathbf{R}^{m-1}=\{x=(x^1,x^2,\cdots,x^{m-1},0)\}\subset\mathbf{R}^m$，则称点 $p\in M$ 为 $M$ 的**边界点**(见图 1.1.3).

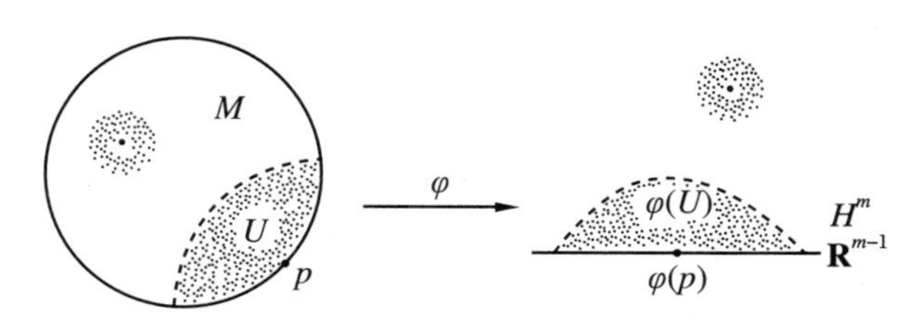


**图 1.1.3**

根据 Brouwer 区域不变性定理，$p$ 为边界点与同胚 $\varphi$ 和选取无关！因此，在 $M$ 中有两类点：一类是边界点；另一类是非边界点. 记边界点集为 $\mathrm{Bd}M=\partial M$，则非边界点集为 $M-\partial M$.

若 $\partial M=\varnothing$，则 $M$ 无边界点，这就是定义 1.1.2 与定义 1.1.3 中的流形；若 $\partial M\neq\varnothing$，则称 $M$ 为**带边流形**. 有时，为描述的完善和统一，带边流形也包括 $\partial M=\varnothing$ 的情形. 若

$\partial M=\varnothing$，则称 $M$ 为**无边流形**.

显然，设 $M$ 为 $m$ 维带边流形，则 $\partial M=\varnothing$ 或为 $m-1$ 维无边流形.

设 $M$ 为 $m$ 维带边流形，$M_0=M\times 0$，$M_1=M\times 1$. 对于 $\forall\, p\in\partial M$，在 $M_0\cup M_1$ 中将点 $(p,0)$ 和 $(p,1)$ 粘起来得到的商拓扑空间，称为 $M$ 的**倍流形**，记作 $D(M)$（$D$ 表示 double，双倍）. 易证 $D(M)$ 为 $m$ 维无边流形. 因此，倍流形是将带边流形化为无边流形的重要工具.

关于带边流形的光滑化可参阅文献[25]302～311 页.

现在考虑两个 $C^r$ 流形之间的 $C^k$ 映射、$C^k$ 浸入、$C^k$ 浸没、$C^k$ 嵌入和 $C^k$ 微分同胚等重要概念.

**定义 1.1.5** 设 $(M_i,\mathscr{D}_i)$ 为 $m_i$ 维 $C^r$ 流形，$i=1,2$；$k,r\in\{0,1,\cdots,\infty,\omega\}$，$k\leqslant r$. 如果映射 $f:M_1\to M_2$，对 $\forall\, p\in M_1$ 和 $q=f(p)$ 的任意局部坐标系 $(V,\psi)$，必有 $p$ 的局部坐标系 $(U,\varphi)$，使 $f(U)\subset V$（等价于 $f$ 是连续的），且

$$\psi\circ f\circ\varphi^{-1}:\varphi(U)\to\psi(V)$$

是 $C^k$ 类的，即

$$\begin{cases}y^1=(\psi\circ f\circ\varphi^{-1})_1(x^1,x^2,\cdots,x^{m_1}),\\ \vdots\\ y^{m_2}=(\psi\circ f\circ\varphi^{-1})_{m_2}(x^1,x^2,\cdots,x^{m_1})\end{cases}$$

是 $C^k$ 类的，则称 $f$ 为从 $M_1$ 到 $M_2$ 的 **$C^k$ 映射**，记作 $f\in C^k(M_1,M_2)$，其中 $C^k(M_1,M_2)$ 为从 $M_1$ 到 $M_2$ 的 $C^k$ 映射的全体（图 1.1.4）.

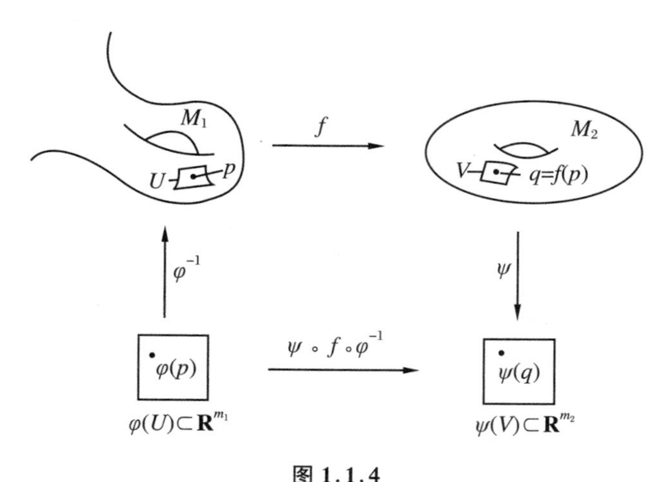


图 1.1.4

**定理 1.1.4** 设 $(M_i,\mathscr{D}_i)(i=1,2)$ 为 $m_i$ 维 $C^r$ 流形，$\mathscr{D}_i'$ 为 $\mathscr{D}_i$ 的基. 如果映射 $f:M_1\to M_2$ 关于 $\mathscr{D}_1'$ 和 $\mathscr{D}_2'$ 满足定义 1.1.5 中的条件，则 $f$ 是 $C^k(k\leqslant r)$ 类的.

**证明** 设 $p\in M_1$，$q=f(p)$，$(V,\psi)\in\mathscr{D}_2$ 为 $q$ 的任意局部坐标系. 取 $(V_1,\psi_1)\in\mathscr{D}_2'$ 也

为 $q$ 的局部坐标系.由题设,必有 $p$ 的局部坐标系$(U_1,\varphi_1)\in\mathscr{D}_1'$,使 $f(U_1)\subset V_1$,且

$$\psi_1\circ f\circ\varphi_1^{-1}:\varphi_1(U_1)\to\psi_1(V_1)$$

是 $C^k$ 类的.于是,存在 $p$ 的局部坐标系$(U,\varphi_1|_U)\in\mathscr{D}_1$,使 $U\subset U_1$,$f(U)\subset V\cap V_1\subset V$.显然

$$\psi\circ f\circ(\varphi_1|_U)^{-1}=(\psi\circ\psi_1^{-1})\circ(\psi_1\circ f\circ(\varphi_1|_U)^{-1}):\varphi_1(U)\to\psi(V)$$

是 $C^k$ 映射.因而 $f$ 是$C^k$ 类的. □

**引理 1.1.2** 设$(U,\varphi)$和$(U_1,\varphi_1)$为 $p$ 的局部坐标系,$(V,\psi)$和$(V_1,\psi_1)$为 $f(p)$的局部坐标系.与$(U,\varphi)$和$(V,\psi)$相应的局部坐标分别为$\{x^i\}$和$\{y^j\}$.而

$$D(\psi\circ f\circ\varphi^{-1})_{\varphi(p)}=\left(\frac{\partial y^j}{\partial x^i}\right)_{\varphi(p)}$$

为 $C^k(k\geqslant1)$映射 $f$ 在$p$ 点处关于$\{x^i\}$和$\{y^j\}$的 Jacobi 矩阵,则

$$\mathrm{rank}D(\psi\circ f\circ\varphi^{-1})_{\varphi(p)}=\mathrm{rank}D(\psi_1\circ f\circ\varphi_1^{-1})_{\varphi_1(p)}.$$

**证明** 因为

$$D(\psi_1\circ f\circ\varphi_1^{-1})_{\varphi_1(p)}=D(\psi_1\circ\psi^{-1})_{\psi(f(p))}D(\psi\circ f\circ\varphi^{-1})_{\varphi(p)}D(\varphi\circ\varphi_1^{-1})_{\varphi_1(p)},$$

而 $\mathrm{rank}D(\varphi\circ\varphi_1^{-1})_{\varphi_1(p)}=m_1$,$\mathrm{rank}D(\psi_1\circ\psi^{-1})_{\psi(f(p))}=m_2$,所以

$$\mathrm{rank}D(\psi_1\circ f\circ\varphi_1^{-1})_{\varphi_1(p)}=\mathrm{rank}D(\psi\circ f\circ\varphi^{-1})_{\varphi(p)}.$$ □

由引理 1.1.2,我们给出下面定义.

**定义 1.1.6** $\mathrm{rank}D(\psi\circ f\circ\varphi^{-1})_{\varphi(p)}$与局部坐标系的选取无关(引理 1.1.2),被称为$C^k(k\geqslant1)$映射 $f$ 在$p$ 点的**秩**,记作

$$(\mathrm{rank}f)_p=\mathrm{rank}D(\psi\circ f\circ\varphi^{-1})_{\varphi(p)}.$$

引入 $C^k$ 映射$f$ 在$p$ 点的秩后,就可介绍 $C^k$ 浸入、$C^k$ 浸没、$C^k$ 嵌入和$C^k$ 微分同胚等概念了.

**定义 1.1.7** 设$(M_i,\mathscr{D}_i)(i=1,2)$为 $m_i$ 维 $C^r$ 流形.如果 $C^k(1\leqslant k\leqslant r)$映射

$$f:M_1\to M_2$$

对$\forall\, p\in M_1$,有$(\mathrm{rank}f)_p=m_1$(因而 $m_1\leqslant m_2$),则称 $f$ 为一个 **$C^k$ 浸入**;如果对$\forall\, p\in M_1$,有$(\mathrm{rank}f)_p=m_2$(因而 $m_1\geqslant m_2$),则称 $f$ 为一个 **$C^k$ 浸没**.

如果 $f$ 为$C^k$ 浸入,且

$$f:M_1\to f(M_1)\subset M_2$$

为同胚映射,则称 $f$ 为一个 **$C^k$ 嵌入**.

如果 $f$ 为$C^k$ 浸入,且

$$f:M_1\to M_2$$

为同胚映射,则称 $f$ 为一个 **$C^k$(微分)同胚**.

由数学分析知识不难证明 $m_1=m_2$.再由逆射(反函数)定理,$f^{-1}$也是一个 $C^k$ 微分

同胚.

**例 1.1.9** 设

$$f:\mathbf{R}^m \to \left\{x=(x^1,x^2,\cdots,x^m)\ \middle|\ \sum_{i=1}^{m}(x^i)^2<1\right\},$$

$$x\mapsto y=f(x)=\frac{x}{\sqrt{1+\|x\|^2}},$$

则

$$x=f^{-1}(y)=\frac{y}{\sqrt{1-\|y\|^2}}.$$

显然,$f$ 为 $C^\omega$ 同胚.

**例 1.1.10** 在例 1.1.5 中,用第二种观点.令

$$\pi:S^m\to P^m(\mathbf{R}),$$

$$x\mapsto \pi(x)=[x].$$

不妨设 $x=(x^1,x^2,\cdots,x^{m+1})$,$x^l<0$,$x^k\neq 0$.于是,由

$$\begin{aligned}&\varphi_k\circ\pi\circ\varphi_l^{-1}(x^1,x^2,\cdots,x^{l-1},x^{l+1},\cdots,x^{m+1})\\&\quad=\varphi_k\circ\pi(x)=\varphi_k([x])=x^k\cdot|x^k|^{-1}(x^1,x^2,\cdots,x^{k-1},x^{k+1},\cdots,x^{m+1})\\&\quad=(\xi_k^1,\xi_k^2,\cdots,\xi_k^m).\end{aligned}$$

由 $x^l=-\left(1-\sum\limits_{i\neq l}(x^i)^2\right)^{\frac{1}{2}}$ 可知,$\xi_k^1,\xi_k^2,\cdots,\xi_k^m$ 为$x^1,x^2,\cdots,x^{l-1},x^{l+1},\cdots,x^{m+1}$ 的 $C^\omega$ 函数,故 $\pi$ 为 $C^\omega$ 映射.易证 $\pi$ 为局部(而不是整体(因 $\pi(-x)=\pi(x)$))$C^\omega$ 微分同胚.

**例 1.1.11** 设 $g,h:\mathbf{R}^m\to\mathbf{R}^m$ 为同胚,则

$$\mathscr{D}_g'=\{(\mathbf{R}^m,g)\}$$

确定了一个 $C^r(r\geqslant 1)$微分构造 $\mathscr{D}_g$.同理

$$\mathscr{D}_h'=\{(\mathbf{R}^m,h)\}$$

也确定了一个 $C^r$ 微分构造 $\mathscr{D}_h$.

如果 $g\circ h^{-1}\notin C^r(\mathbf{R}^m,\mathbf{R}^m)$,则 $\mathscr{D}_g'$与 $\mathscr{D}_h'$不$C^r$ 相容,所以 $\mathscr{D}_g\neq\mathscr{D}_h$.但由

$$g\circ(g^{-1}\circ h)\circ h^{-1}=\mathrm{Id}_{\mathbf{R}^m}\in C^r(\mathbf{R}^m,\mathbf{R}^m),\quad \mathrm{rank}\ \mathrm{Id}_{\mathbf{R}^m}=m$$

得到

$$g^{-1}\circ h:(\mathbf{R}^m,\mathscr{D}_h)\to(\mathbf{R}^m,\mathscr{D}_g)$$

为 $C^r$ 微分同胚.

特别地,因 $g,h:\mathbf{R}^1\to\mathbf{R}^1$,$g(x)=x$,$h(x)=x^3$,$y=g\circ h^{-1}(x)=g(x^{\frac{1}{3}})=x^{\frac{1}{3}}$在 $x=0$ 处不可导,故 $g\circ h^{-1}\notin C^1(\mathbf{R}^1,\mathbf{R}^1)$,且 $\mathscr{D}_g\neq\mathscr{D}_h$.

在初等微分几何中,$\mathbf{R}^m$ 中的大量光滑曲线、光滑曲面就是下面引入的微分流形上的

正则子流形的具体例子.

**定义 1.1.8**　设 $(M_i,\mathscr{D}_i)(i=1,2)$ 为 $m_i$ 维 $C^r(r\geqslant 1)$ 流形, $M_1\subset M_2$ ($M_1$ 的拓扑称为 $M_2$ 的内部拓扑,它不必为 $M_1$ 作为 $M_2$ 的子拓扑空间的诱导拓扑).

如果包含映射 $i:M_1\to M_2$, $i(p)=p$ 为 $C^r$ 浸入,则称 $(M_1,\mathscr{D}_1)$ 为 $(M_2,\mathscr{D}_2)$ 的 **$C^r$ 子流形**;如果包含映射 $i$ 为 $C^r$ 嵌入,则称 $(M_1,\mathscr{D}_1)$ 为 $(M_2,\mathscr{D}_2)$ 的 **$C^r$ 正则子流形**. 此时, $i:M_1\to M_1\subset M_2$ 为同胚映射,即 $M_1$ 的内部拓扑与诱导拓扑是相同的.

**定理 1.1.5**　设 $(M_i,\mathscr{D}_i)(i=1,2)$ 为 $m_i$ 维 $C^r(r\geqslant 1)$ 流形.

(1) 如果 $f:M_1\to M_2$ 为 $C^r$ 单浸入(单射且为浸入),则 $(f(M_1),\widetilde{\mathscr{D}}_1)$ 为 $(M_2,\mathscr{D}_2)$ 的 $C^r$ 子流形,其中

$$\widetilde{\mathscr{D}}_1=\{(f(U),\varphi\circ f^{-1})\mid (U,\varphi)\in\mathscr{D}_1\},$$

$f^{-1}:f(M_1)\to M_1$ 为 $f$ 的逆映射.

(2) 如果 $f:M_1\to M_2$ 为 $C^r$ 嵌入,则 $(f(M_1),\widetilde{\mathscr{D}}_1)$ 为 $(M_2,\mathscr{D}_2)$ 的 $C^r$ 正则子流形.

**证明**　(1) 设 $i:f(M_1)\to M_2$ 为包含映射,则对 $\forall\,(f(U),\varphi\circ f^{-1})\in\widetilde{\mathscr{D}}_1$ 和 $\forall\,(V,\varphi)\in\mathscr{D}_2$,

$$\psi\circ i\circ(\varphi\circ f^{-1})^{-1}=\psi\circ i\circ(f^{-1})^{-1}\circ\varphi^{-1}=\psi\circ f\circ\varphi^{-1}$$

是 $C^r$ 类的,且 $\mathrm{rank}\,i=\mathrm{rank}\,f=m_1$,所以 $i$ 为 $C^r$ 浸入,从而 $(f(M_1),\widetilde{\mathscr{D}}_1)$ 为 $(M_2,\mathscr{D}_2)$ 的 $C^r$ 子流形.

(2) 如果 $f$ 为 $C^r$ 嵌入,显然 $f(M_1)$ 的内部拓扑和由 $M_2$ 得到的诱导拓扑是相同的. 再由(1)可知, $(f(M_1),\widetilde{\mathscr{D}}_1)$ 为 $(M_2,\mathscr{D}_2)$ 的 $C^r$ 正则子流形. □

**例 1.1.12**　设

$$f_1:\mathbf{R}^1\to\mathbf{R}^2,\quad f_1(t)=(x(t),y(t))=\left(\frac{t(t^2+1)}{t^4+1},\frac{t(t^2-1)}{t^4+1}\right).$$

显然,它的像是双纽线

$$(x^2+y^2)=x^2-y^2.$$

容易验证 $f_1$ 为单射,且 $\mathrm{rank}f_1=\mathrm{rank}(x'(t),y'(t))=1$,所以 $f_1$ 为 $C^\omega$ 单浸入. 因为

$$\lim_{n\to+\infty}f_1(n)=(0,0)=f_1(0),$$

而 $\lim\limits_{n\to+\infty}f_1^{-1}(f_1(n))=\lim\limits_{n\to+\infty}n\neq 0$,故 $f_1^{-1}:f_1(\mathbf{R}^1)\to\mathbf{R}^1$ 在 $(0,0)$ 不连续,从而 $f_1:\mathbf{R}^1\to f_1(\mathbf{R}^1)$ 不为同胚,即 $f_1:\mathbf{R}^1\to\mathbf{R}^2$ 不为嵌入. 由定理 1.1.5(1), $f_1(\mathbf{R}^1)$ 为 $\mathbf{R}^2$ 的一维 $C^\omega$ 子流形;而作为子拓扑空间不为流形,故更不为 $C^\omega$ 正则子流形(图 1.1.5). (反证)假设双纽线 $f_1(\mathbf{R}^1)$ 为一维流形,则存在 $(0,0)\in f_1(\mathbf{R}^1)$ 的开邻域 $U$ 及同胚 $\theta:U\to\theta(U)=(-1,1)$, $\theta((0,0))=0$. 于是,同胚 $\theta:U-\{(0,0)\}\to(-1,1)-\{0\}$ 将至少 4 个连通分支的拓扑空间映为 2 个连通分支的拓扑空间,矛盾.

类似地，

$$f_2:\mathbf{R}^1 \to \mathbf{R}^2,\quad f_2(t) = (\tilde{x}(t),\tilde{y}(t)) = \left(\frac{t(t^2+1)}{t^4+1}, -\frac{t(t^2-1)}{t^4+1}\right)$$

也为 $C^\omega$ 单浸入而不为嵌入.由定理 1.1.5(1)，$f_2(\mathbf{R}^1)$为 $\mathbf{R}^2$ 的一维 $C^\omega$ 子流形，同理，它不为流形，故更不为 $C^\omega$ 正则子流形(图 1.1.6).

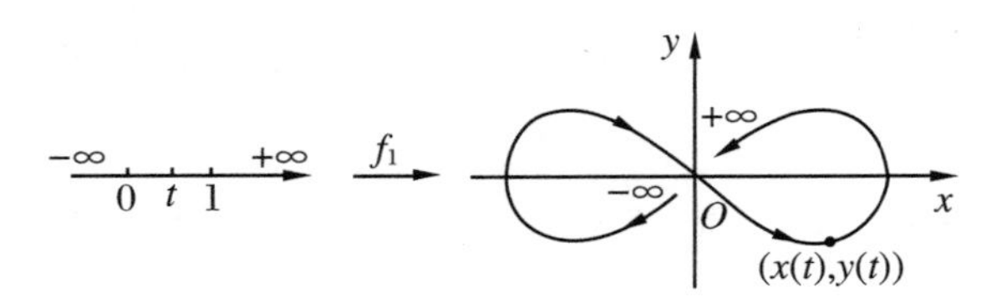


图 1.1.5

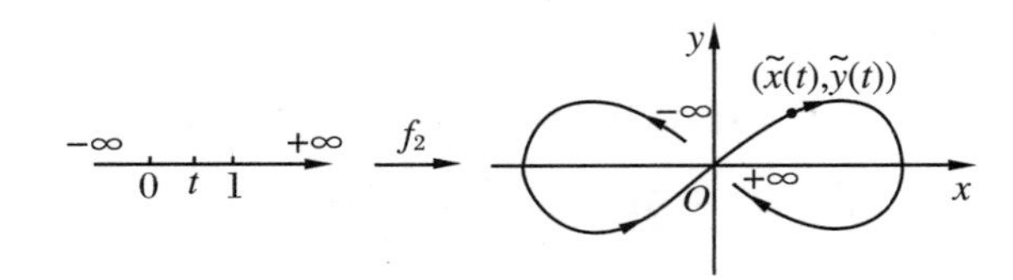


图 1.1.6

为了给出正则子流形几何上的充要条件，先证明一个引理.

**引理 1.1.3** 设$(M_i,\mathscr{D}_i)(i=1,2)$为 $m_i$ 维 $C^r(r\geqslant 1)$流形，如果 $f:M_1\to M_2$ 为 $C^r$ 映射，且$(\mathrm{rank}f)_p = m_1(m_1\leqslant m_2)$，则：

(1) 对于 $q=f(p)$的任意局部坐标系$\{y^1,y^2,\cdots,y^{m_2}\}$，当 $y^i$ 适当地交换次序后，$\{y^1\circ f,y^2\circ f,\cdots,y^{m_1}\circ f\}$为 $p$ 的局部坐标系.

(2) 对于 $p$ 的任意局部坐标系$\{x^1,x^2,\cdots,x^{m_1}\}$，可在 $q=f(p)$适当选取局部坐标系$\{z^1,z^2,\cdots,z^{m_2}\}$使得

$$x^i = z^i\circ f,\quad i = 1,2,\cdots,m_1$$

在 $p$ 的充分小邻域内成立.

**证明** (1) 在 $p$ 点任意取定一个局部坐标系$(U,\varphi)$，$\{x^i\}$. 因为$(\mathrm{rank}f)_p = m_1$，所以

$$\mathrm{rank}\left(\frac{\partial(y^i\circ f)}{\partial x^j}\right)_{\varphi(p)} = m_1.$$

当$\{y^1,y^2,\cdots,y^{m_2}\}$适当交换次序后，可以使

$$\left.\frac{\partial(y^1\circ f,y^2\circ f,\cdots,y^{m_1}\circ f)}{\partial(x^1,x^2,\cdots,x^{m_1})}\right|_{\varphi(p)} \neq 0.$$

由 $y^i\circ f$ 关于$x^1,x^2,\cdots,x^{m_1}$有连续偏导数及逆射(反函数)定理可推出

$$\{y^1\circ f,y^2\circ f,\cdots,y^{m_1}\circ f\}$$

为 $p$ 的局部坐标系.

(2) 在 $q=f(p)$ 点任意取定一个局部坐标系 $(V,\psi)$，$\{y^1,y^2,\cdots,y^{m_2}\}$. 由(1)可使 $\{y^1\circ f,y^2\circ f,\cdots,y^{m_1}\circ f\}$ 为 $p$ 的局部坐标系，故

$$x^i = \varphi^i(y^1\circ f,y^2\circ f,\cdots,y^{m_1}\circ f),\quad i=1,2,\cdots,m_1,$$

其中 $\varphi^i$ 为 $C^r$ 函数. 再设

$$z^j = \begin{cases}\varphi^j(y^1,y^2,\cdots,y^{m_1}), & j=1,2,\cdots,m_1,\\ y^j, & j=m_1+1,m_1+2,\cdots,m_2,\end{cases}$$

则

$$\left.\frac{\partial(z^1,z^2,\cdots,z^{m_2})}{\partial(y^1,y^2,\cdots,y^{m_2})}\right|_{\psi(q)} = \left.\frac{\partial(z^1,z^2,\cdots,z^{m_1})}{\partial(y^1,y^2,\cdots,y^{m_1})}\right|_{\psi(q)} = \left.\frac{\partial(\varphi^1,\varphi^2,\cdots,\varphi^{m_1})}{\partial(y^1,y^2,\cdots,y^{m_1})}\right|_{\psi(q)} \neq 0.$$

由 $z^j$ 关于 $y^1,y^2,\cdots,y^{m_2}$ 有连续偏导数及逆射(反函数)定理推出 $\{z^j\}$ 为 $q$ 的局部坐标系，且有

$$x^i = z^i\circ f,\quad i=1,2,\cdots,m_1. \qquad\square$$

**定理 1.1.6**(正则子流形的充要条件) 设 $N$ 为 $n$ 维 $C^r(r\geqslant 1)$ 流形，则 $M$ 为 $N$ 的 $C^r$ 正则子流形 $\Leftrightarrow M\subset N$ 为子拓扑空间，且对 $\forall p\in M$，存在 $N$ 的含 $p$ 的局部坐标系 $\{x^1,x^2,\cdots,x^n\}$ 及其局部坐标邻域 $U$，使得

$$M\cap U = \{q\in U \mid x^j(q)=0, j=m+1,m+2,\cdots,n\}.$$

称此局部坐标系 $\{x^1,x^2,\cdots,x^n\}$ 为 $N$ 关于正则子流形 $M$ 的**佳坐标系**.

**证明** ($\Leftarrow$)设 $M\subset N$ 为子拓扑空间. 对 $\forall p\in M$，$(U_p,\varphi_p)$，$\{x^1,x^2,\cdots,x^n\}$ 为满足右边条件的 $p$ 点的关于 $N$ 的局部坐标系. 记

$$\mathbf{R}^m = \{(x^1,x^2,\cdots,x^m,0,\cdots,0)\}\subset \mathbf{R}^n,$$

则

$$\varphi_p(M\cap U_p) = \varphi_p(U_p)\cap \mathbf{R}^m.$$

由 $\varphi_p(U_p)$ 为 $\mathbf{R}^n$ 的开集，故 $\varphi_p(M\cap U_p)$ 为 $\mathbf{R}^m$ 的开集. 显然

$$\varphi_p|_{M\cap U_p}: M\cap U_p\to \varphi_p(M\cap U_p)\subset \mathbf{R}^m$$

为拓扑映射. 于是:

(1) $\displaystyle\bigcup_{p\in M}(M\cap U_p) = M\cap\Big(\bigcup_{p\in M}U_p\Big) = M$;

(2) 当 $(M\cap U_p)\cap(M\cap U_q)\neq\varnothing$ 时 $(p,q\in M)$，映射

$$\varphi_q|_{M\cap U_q}\circ\varphi_p|_{M\cap U_p}^{-1}:\varphi_p(M\cap U_p\cap U_q)\to\varphi_q(M\cap U_p\cap U_q),$$

$$(x^1,x^2,\cdots,x^m,0,\cdots,0)\mapsto(y^1,y^2,\cdots,y^m,0,\cdots,0),$$

$$\begin{cases}y^1 = (\varphi_q\circ\varphi_p^{-1})_1(x^1,x^2,\cdots,x^m,0,\cdots,0),\\ \vdots\\ y^m = (\varphi_q\circ\varphi_p^{-1})_m(x^1,x^2,\cdots,x^m,0,\cdots,0)\end{cases}$$

是 $C^r$ 类的;同理 $\varphi_p\big|_{M\cap U_p}\circ\varphi_q\big|^{-1}_{M\cap U_q}$ 也是 $C^r$ 类的.这表明

$$\mathscr{D}'_M=\{(M\cap U_p,\varphi_p|_{M\cap U_p})\mid p\in M\}$$

满足定义 1.1.3 中的条件(1)和条件(2).根据定理 1.1.1(1),$\mathscr{D}'_M$唯一确定了$M$上的一个 $C^r$ 微分构造 $\mathscr{D}_M$,使$(M,\mathscr{D}_M)$成为一个 $m$ 维$C^r$ 微分流形.

再由

$$\varphi_p\circ i\circ\varphi_p\big|^{-1}_{M\cap U_p}:\varphi_p(M\cap U_p)\to\varphi_p(U_p),$$

$$(x^1,x^2,\cdots,x^m,0,\cdots,0)\mapsto(x^1,x^2,\cdots,x^m,0,\cdots,0)$$

可看出包含映射 $i:M\to N$ 为$C^r$ 嵌入.这就证明了 $M$ 为$N$的$C^r$ 正则子流形(图 1.1.7).

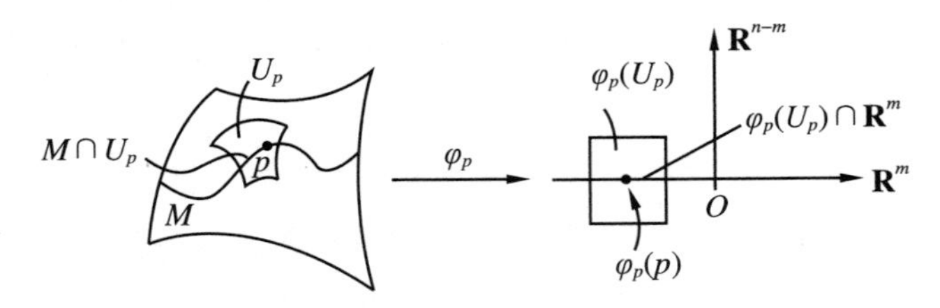


**图 1.1.7**

$(\Rightarrow)$因为 $M$ 为 $N$ 的正则子流形,所以包含映射 $i:M\to N$ 为一个嵌入.由引理 1.1.3(1),在 $p$ 点可取关于 $N$ 的局部坐标系$(U,\varphi)$,$\{x^1,x^2,\cdots,x^n\}$,使得$\{x^1\circ i,x^2\circ i,\cdots,x^m\circ i\}$为 $p$ 点关于$M$ 的局部坐标系.设$\{x^1,x^2,\cdots,x^n\}$和$\{x^1\circ i,x^2\circ i,\cdots,x^m\circ i\}$的局部坐标邻域分别为 $U_1$ 和 $V$.因为 $M$ 为$N$ 的正则子流形,所以可取 $p$ 点关于$N$ 的开邻域$U_2$,使得 $U_2\subset U_1$,$M\cap U_2\subset V$.显然

$$x^k\circ i=g^k(x^1\circ i,x^2\circ i,\cdots,x^m\circ i),\quad k=m+1,m+2,\cdots,n$$

是定义在 $M\cap U_2$ 上的 $C^r$ 函数.这里 $g^k$ 的定义域叙述如下.设

$$\varphi_1:U_2\to\mathbf{R}^m,\quad \varphi_1(q)=(x^1(q),x^2(q),\cdots,x^m(q)),\quad q\in U_2,$$

其中$(x^1(q),x^2(q),\cdots,x^n(q))=\varphi(q)$.因此,$g^k$ 是定义在$\mathbf{R}^m$ 中的开集$\varphi_1(M\cap U_2)$上的 $C^r$ 函数.

首先,容易看出,若 $q\in U_2$ 的局部坐标为

$$\{a^1,a^2,\cdots,a^n\}=\{x^1(q),x^2(q),\cdots,x^n(q)\},$$

则

$$q\in M\cap U_2\Leftrightarrow q\in U_2,\quad a^k=g^k(a^1,a^2,\cdots,a^m),\quad k=m+1,m+2,\cdots,n.$$

其次,在 $p$ 点关于$N$ 的开邻域$U=\varphi_1^{-1}(\varphi_1(M\cap U_2))$上定义 $n$ 个$C^r$ 函数:

$$\begin{cases} y^1 = x^1, \\ \vdots \\ y^m = x^m, \\ y^{m+1} = x^{m+1} - g^{m+1}(x^1, x^2, \cdots, x^m), \\ \vdots \\ y^n = x^n - g^n(x^1, x^2, \cdots, x^m). \end{cases}$$

令映射 $\psi: U \to \mathbf{R}^n$ 为

$$\psi(q) = (y^1(q), y^2(q), \cdots, y^n(q)), \quad q \in U.$$

显然，$\psi: U \to \psi(U)$ 为一对一的 $C^r$ 映射，且

$$\left.\frac{\partial(y^1, y^2, \cdots, y^n)}{\partial(x^1, x^2, \cdots, x^n)}\right|_{\varphi(q)} = \det\begin{pmatrix} I_m & 0 \\ * & I_{n-m} \end{pmatrix} = 1.$$

由逆射(反函数)定理可知，$\psi^{-1}$ 也是 $C^r$ 的，故 $\psi$ 为 $C^r$ 微分同胚且 $\{y^1, y^2, \cdots, y^n\}$ 是以 $U$ 为坐标邻域的关于 $N$ 的局部坐标系．于是

$$\begin{aligned} &\{q \in U \mid y^j(q) = 0, j = m+1, m+2, \cdots, n\} \\ &= \{q \in U_2 \mid \varphi_1(q) \in \varphi_1(M \cap U_2), x^j(q)\} \\ &= \{g^j(x^1(q), x^2(q), \cdots, x^m(q)), j = m+1, m+2, \cdots, n\} \\ &= M \cap U_2 = M \cap U, \end{aligned}$$

其中最后一个等式是因为 $U_2$ 为 $\varphi_1$ 的定义域，故

$$U = \varphi_1^{-1}(\varphi_1(M \cap U_2)) \subset U_2, \quad M \cap U \subset M \cap U_2;$$

另外，由 $M \cap U_2 \subset U$ 可知，$M \cap U_2 \subset M \cap U$．从而

$$M \cap U_2 = M \cap U.$$

□

下面的定理说明秩为定值 $l$ 的 $C^r(r \geqslant 1)$ 映射 $f: M_1 \to M_2$ 在某点 $q$ 的非空逆像 $f^{-1}(q)$ 是一个 $\dim M_1 - l$ 维的 $C^r$ 正则子流形($\dim M_1$ 表示 $M_1$ 的维数)．由此可构造出大量的正则子流形．

**定理 1.1.7**　设 $M_i(i=1,2)$ 为 $m_i$ 维 $C^r(r \geqslant 1)$ 流形，$f: M_1 \to M_2$ 为 $C^r$ 映射．如果对 $\forall\, p \in M_1$ 有

$$(\mathrm{rank} f)_p = l(\text{定值}),$$

则对 $\forall\, q \in M_2$，逆像

$$f^{-1}(q) = \{p \in M_1 \mid f(p) = q\}$$

为空集或为 $M_1$ 的 $m_1 - l$ 维的 $C^r$ 正则子流形．

**证明**　设 $M = f^{-1}(q) \neq \varnothing$，$p \in M$．记 $p, q$ 处关于 $M_1, M_2$ 的局部坐标系分别为 $(U, \varphi), \{x^i\}$ 和 $(V, \psi), \{y^j\}$．在 $p$ 的一个开邻域内，令

$$\theta^j = y^j \circ f, \quad j = 1,2,\cdots,m_2.$$

显然,$\theta^1,\theta^2,\cdots,\theta^{m_2}$ 为 $C^r$ 函数.由于 $\operatorname{rank}\left(\frac{\partial\theta^j}{\partial x^i}\right)_{\varphi(p)} = l$,所以可以适当改变局部坐标的次序,使

$$\left.\frac{\partial(\theta^1,\theta^2,\cdots,\theta^l)}{\partial(x^1,x^2,\cdots,x^l)}\right|_{\varphi(p)} \neq 0.$$

于是,$\{\theta^1,\theta^2,\cdots,\theta^l,x^{l+1},x^{l+2},\cdots,x^{m_1}\}$就成为 $p$ 关于 $M_1$ 的局部坐标系.用它代替 $\{x^i\}$,则有 $\theta^i = x^i$,$i=1,2,\cdots,l$.由于在点 $p$ 的某个凸开邻域 $U_0$ 上,$\operatorname{rank}\left(\frac{\partial\theta^j}{\partial x^i}\right)_{\varphi(p)} = l$,所以

$$0 = \frac{\partial(\theta^1,\theta^2,\cdots,\theta^l,\theta^j)}{\partial(x^1,x^2,\cdots,x^l,x^i)} = \det\begin{pmatrix} I_l & 0 \\ * & \frac{\partial\theta^j}{\partial x^i}\end{pmatrix} = \frac{\partial\theta^j}{\partial x^i},$$

$$i = l+1,l+2,\cdots,m_1;j = l+1,l+2,\cdots,m_2.$$

根据数学分析知识,$\theta^{l+1},\theta^{l+2},\cdots,\theta^{m_2}$ 仅是 $x^1,x^2,\cdots,x^l$ 的函数.设 $y^j(q) = a^j$,$j=1,2,\cdots,m_2$,并可假定 $a^j=0$(否则用 $y^j - a^j$ 代替 $y^j$).于是

$$\begin{aligned} M \cap U_0 &= \{p' \in U_0 \mid f(p') = q\} = \{p' \in U_0 \mid \theta^j(p') = 0, j = 1,2,\cdots,m_2\} \\ &= \{p' \in U_0 \mid x^i(p') = 0, i = 1,2,\cdots,l\}. \end{aligned}$$

因此,由定理1.1.6在 $M$ 上可以引入 $C^r$ 流形构造,使 $M$ 成为 $M_1$ 的 $m_1 - l$ 维 $C^r$ 正则子流形. □

**例 1.1.13** 设 $f:\mathbf{R}^{m+1}-\{0\}\to\mathbf{R}^1$,$f(x)=\sum_{i=1}^{m+1}(x^i)^2$,其中 $x=(x^1,x^2,\cdots,x^{m+1})$,则

$$(\operatorname{rank} f)_x = \operatorname{rank}(2x^1,2x^2,\cdots,2x^{m+1}) = 1, \quad x \in \mathbf{R}^{m+1} - \{0\}.$$

因此

$$S^m = \left\{x \in \mathbf{R}^{m+1} \,\middle|\, f(x) = \sum_{i=1}^{m+1}(x^i)^2 = 1\right\} = f^{-1}(1)$$

为 $\mathbf{R}^{m+1}-\{0\}$(从而也为 $\mathbf{R}^{m+1}$)的 $m$ 维 $C^\omega$ 正则子流形.

**注 1.1.1** 从定理1.1.7的证明可看出,如果 $\operatorname{rank} f$ 在含 $M=f^{-1}(q)\neq\varnothing$ 的某开集中为常值 $l$,则 $M=f^{-1}(q)$ 仍是 $M_1$ 的 $m_1 - l$ 维 $C^r$ 正则子流形.

但是,如果 $\operatorname{rank} f$ 仅在 $M=f^{-1}(q)$ 上为常值 $l$,并不能推出它为 $M_1$ 的 $m_1 - l$ 维 $C^r$ 正则子流形.例如

$$f:\mathbf{R}^1 \to \mathbf{R}^1, \quad f(x) = x^3,$$

$$M = f^{-1}(0) = \{x \in \mathbf{R}^1 \mid f(x) = x^3 = 0\} = \{0\}, \quad f'(x) = 3x^2,$$

$$(\operatorname{rank} f)|_M = (\operatorname{rank} f)|_{\{0\}} = 0,$$

但 $M$ 不为 $\mathbf{R}^1$ 的 $1-0=1$ 维 $C^r$ 正则子流形.

流形上积分的定义、Stokes 定理和向量丛上 Riemann 度量的存在性定理的证明等都需要用到单位分解存在性定理.因此,它是近代数学中化整为零、聚零为整的重要工具.下面介绍单位分解的概念和有关的定理.

先给出单位分解中非常有用的引理.

**引理 1.1.4** 设

$$C^m(r)=\{x\in\mathbf{R}^m \mid |x^i|<r,i=1,2,\cdots,m\},$$

则存在 $C^\infty$ 函数 $f:\mathbf{R}^m\to\mathbf{R}$,使得(图 1.1.8)

$$\begin{cases} f\Big|_{C^m(\frac{1}{2})}=1,\\ 0<f|_{C^m(1)}\leqslant 1,\\ f\Big|_{\mathbf{R}^m-C^m(1)}=0. \end{cases}$$

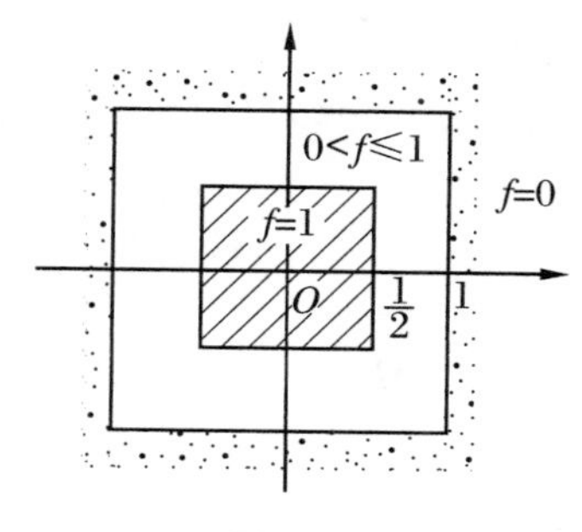

图 1.1.8

**证明** 由引理 1.1.1 可知

$$\varphi(t)=\begin{cases} \mathrm{e}^{-\frac{1}{t}}, & t>0,\\ 0 & t\leqslant 0 \end{cases}$$

为 $C^\infty$ 类函数(图 1.1.9(a)).令

$$g(t)=\frac{\varphi(t)}{\varphi(t)+\varphi(1-t)}\begin{cases} =0, & t\leqslant 0,\\ >0, & 0<t<1,\\ =1, & t\geqslant 1, \end{cases}$$

且当 $0<t<1$ 时,$g'(t)>0$(图 1.1.9(b)).再令(图 1.1.9(c))

$$h(t)=g(2t+2)g(-2t+2)\begin{cases} =0, & |t|\geqslant 1,\\ >0, & |t|<1,\\ =1, & |t|\leqslant\frac{1}{2}. \end{cases}$$

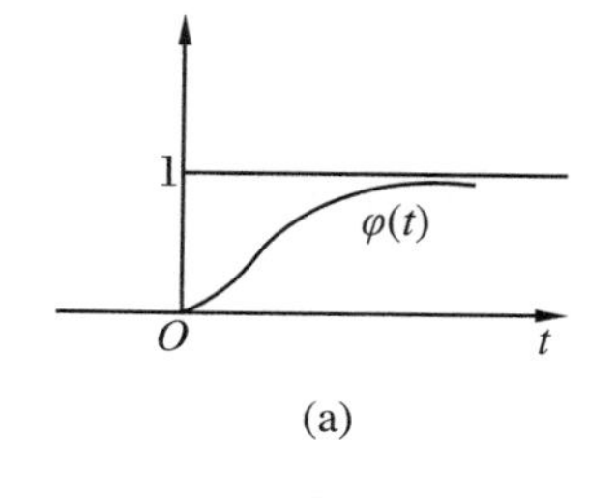

(a)

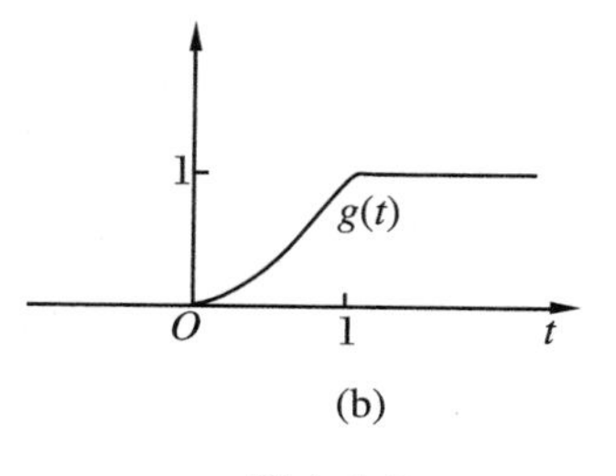

(b)

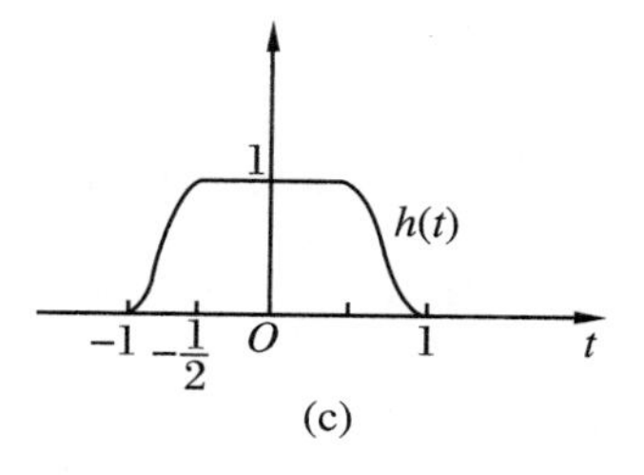

(c)

图 1.1.9

于是

$$f(x^1,x^2,\cdots,x^m)=h(x^1)h(x^2)\cdots h(x^m)$$

为所求的 $C^\infty$ 函数(图 1.1.9(c)和图 1.1.8). □

**引理 1.1.5** 设 $U$ 为 $m$ 维 $C^r(r\in\{1,2,\cdots,+\infty\})$流形$(M,\mathscr{D})$的开子集,$A$ 为 $M$ 的紧致子集,且 $A\subset U$,则存在 $C^r$ 函数

$$\psi: M\to \mathbf{R},$$

s.t. $\psi|_M\geqslant 0,\psi|_A>0$,且在含 $M-U$ 的某开邻域内为 0.

**证明** 对 $\forall p\in A$,选 $p$ 的局部坐标系$(U_p,\varphi_p)$,s.t. $\overline{U}_p\subset U$ 且 $\varphi_p(p)=0,\overline{C^m(1)}\subset\varphi_p(U_p)$(至多再做一个线性变换).应用引理 1.1.4 中的 $f$,令

$$\psi_p(q)=\begin{cases}f(\varphi_p(q)), & q\in U_p,\\ 0, & q\in M-\overline{\varphi_p^{-1}(C^m(1))},\end{cases}$$

显然,$\psi_p: M\to\mathbf{R}$ 是 $C^r$ 类的,且

$$\psi_p(p)=f(\varphi_p(p))=f(0)=1.$$

此外,设 $V_p=\varphi_p^{-1}\left(C^m\left(\frac{1}{2}\right)\right)$,因为 $A$ 紧致,$A\subset\bigcup\limits_{p\in A}V_p$,所以存在 $V_{p_1},V_{p_2},\cdots,V_{p_k}$ 使 $A\subset\bigcup\limits_{i=1}^{k}V_{p_i}$. 于是

$$\psi: M\to\mathbf{R},\quad \psi=\psi_{p_1}+\psi_{p_2}+\cdots+\psi_{p_k}$$

是 $C^r$ 类的,$\psi|_M\geqslant 0,\psi(q)=\sum\limits_{i=1}^{k}\psi_{p_i}(q)>0(q\in A)$,且 $\psi$ 在含 $M-U$ 的开邻域 $M-\bigcup\limits_{i=1}^{k}\overline{U}_{p_i}$ 内为 0. □

**定义 1.1.9** 设$\{U_\alpha|\alpha\in\Gamma\}$为 $M$ 的一个子集族.如果 $A\subset\bigcup\limits_{\alpha\in\Gamma}U_\alpha$,则称$\{U_\alpha|\alpha\in\Gamma\}$为 $A$ 的一个**覆盖**.如果 $\Gamma'\subset\Gamma$,且 $A\subset\bigcup\limits_{\alpha\in\Gamma'}U_\alpha$,则称$\{U_\alpha|\alpha\in\Gamma'\}$为$\{U_\alpha|\alpha\in\Gamma\}$的一个**子覆盖**.

设$\{U_\alpha|\alpha\in\Gamma\}$和$\{V_\beta|\beta\in\Lambda\}$为 $A\subset M$ 的覆盖,如果对 $\forall\beta\in\Lambda$,存在 $\alpha\in\Gamma$,使 $V_\beta\subset U_\alpha$,则称$\{V_\beta|\beta\in\Lambda\}$为$\{U_\alpha|\alpha\in\Gamma\}$的一个**精致**.

设$(M,\mathcal{T})$为拓扑空间,$\{U_\alpha|\alpha\in\Gamma\}$为 $M$ 的一个子集族.如果对 $\forall p\in M$,有 $p$ 的一个开邻域 $W_p$,使除有限个 $\alpha$ 外,$W_p\cap U_\alpha=\varnothing$,则称$\{U_\alpha|\alpha\in\Gamma\}$是**局部有限**的.

设$(M,\mathcal{T})$为拓扑空间,如果对 $M$ 的每个开覆盖$\{U_\alpha|\alpha\in\Gamma\}$($U_\alpha$ 为开集)都有局部有限的开精致$\{V_\beta|\beta\in\Lambda\}$($V_\beta$ 为开集),则称$(M,\mathcal{T})$为**仿紧空间**.

设$(M,\mathcal{T})$为拓扑空间,如果 $G_k\in\mathcal{T}$,闭包$\overline{G}_k$是紧致的,且$\overline{G}_k\subset G_{k+1},k\in\mathbf{N},M=\bigcup\limits_{k=1}^{\infty}G_k$,则称 $M$ 是**$\boldsymbol{\sigma}$ 紧**的.

**例 1.1.14** 紧致的拓扑空间$(X,\mathcal{T})$既是 $\sigma$ 紧的,又是仿紧的.

**证明**　取 $G_k=M$,则证明了$(X,\mathcal{T})$是 $\sigma$ 紧的.

因为 $M$ 的任何开覆盖必有有限的子覆盖,所以这子覆盖就是原开覆盖的局部有限的开精致.这就证明了$(M,\mathcal{T})$是仿紧的.　□

**定理 1.1.8**　(1) $\sigma$ 紧的拓扑空间$(X,\mathcal{T})$必是仿紧的;

(2) $m$ 维拓扑流形$(M,\mathscr{D}^0)$必是 $\sigma$ 紧的,因而,它也是仿紧的.

**证明**　(1) 设$\{U_\alpha\mid\alpha\in\Gamma\}$为 $M$ 的任何开覆盖,对$\forall\, k\in\{0,1,2,\cdots\}$,考虑开集

$$(G_{k+2}-\overline{G}_{k-1})\cap U_\alpha,\quad G_0=G_{-1}=\varnothing.$$

这些集合覆盖了紧致集$\overline{G}_{k+1}-G_k$.因此,我们可以选有限子开覆盖$\{V_1^k,V_2^k,\cdots,V_{n(k)}^k\}$.因为

$$\bigcup_{k=0}^{\infty}(\overline{G}_{k+1}-G_k)=M,$$

所以,$\{V_1^k,V_2^k,\cdots,V_{n(k)}^k\mid k=0,1,2,\cdots\}$为 $M$ 的开覆盖,且明显地它是$\{U_\alpha\mid\alpha\in\Gamma\}$的开精致.

对$\forall\, x\in M$,设 $G_{k+1}$为 $x$ 的一个开邻域,显然

$$G_{k+1}\cap V_s^j=\varnothing,\quad j>k+1.$$

于是

$$\{V_1^k,V_2^k,\cdots,V_{n(k)}^k\mid k=0,1,2,\cdots\}$$

是局部有限的.这就证明了$(M,\mathcal{T})$为仿紧空间.

(2) 对$\forall\, p\in M$,取 $p$ 的局部坐标系$(W_p,\varphi_p)$,使得

$$\varphi_p(W_p)=\left\{x\in\mathbf{R}^m\,\middle|\,\sum_{i=1}^m(x^i)^2<1\right\}.$$

由拓扑流形 $M$ 为 $T_2$ 空间,故开集

$$U_p=\varphi_p^{-1}\left(\left\{x\in\mathbf{R}^m\,\middle|\,\sum_{i=1}^m(x^i)^2<\frac{1}{2}\right\}\right)$$

的闭包

$$\overline{U}_p=\varphi_p^{-1}\left(\left\{x\in\mathbf{R}^m\,\middle|\,\sum_{i=1}^m(x^i)^2\leqslant\frac{1}{2}\right\}\right)$$

是紧致的.这就推出了 $M$ 是局部紧的.

由于 $M$ 为 $A_2$ 空间,根据 Lindelöf 定理(参阅文献[26]80 页)推出 $M$ 的开覆盖$\{U_p\mid p\in M\}$有可数的子覆盖$\{U_i=U_{p_i}\mid i=1,2,\cdots\}$.应用归纳定义 $G_k$ 如下:

令 $G_1=U_1$,则$\overline{G}_1=\overline{U}_1$ 是紧致的.

假设 $G_k$ 已被定义,取 $j>k$,并使

$$\overline{G}_k\subset\bigcup_{i=1}^{j}U_i,$$

令

$$G_{k+1}=\bigcup_{i=1}^{j}U_i,$$

它是开集,且$\overline{G}_{k+1}=\bigcup_{i=1}^{j}\overline{U}_i$是紧致的.显然

$$\overline{G}_k\subset G_{k+1},\quad \bigcup_{k=1}^{\infty}G_k=\bigcup_{i=1}^{\infty}U_i=M.$$

这就证明了 $M$ 是$\sigma$紧的. □

**定义 1.1.10** 如果定义 1.1.2 中的"$A_2$"改为"$\sigma$ 紧"(或"仿紧"),则称 $M$ 为$m$ 维**$\sigma$ 紧(或仿紧)流形**.显然,$A_2$ 流形⇒$\sigma$ 紧流形⇒仿紧流形.

**定义 1.1.11** 设$\{g_\alpha\mid\alpha\in\Gamma\}$为 $m$ 维$C^r(r\in\{1,2,\cdots,+\infty\})$流形$(M,\mathscr{D})$上的一族 $C^r$ 函数($\Gamma$ 为指标集,但不必为至多可数集).如果它满足:

(1) $g_\alpha$ 的支集

$$\mathrm{supp}g_\alpha=\overline{\{x\in M\mid g_\alpha(x)\neq 0\}}$$

是紧致的;

(2) $\{\mathrm{supp}g_\alpha\mid\alpha\in\Gamma\}$是局部有限的;

(3) $\sum\limits_{\alpha\in\Gamma}g_\alpha(x)=1,g_\alpha(x)\geqslant 0,x\in M,\alpha\in\Gamma$.

则称$\{g_\alpha\mid\alpha\in\Gamma\}$为$(M,\mathscr{D})$的一个 **$C^r$ 单位(1 的)分解**.

设$\{U_\alpha\mid\alpha\in\Gamma\}$为 $m$ 维$C^r(r\in\{1,2,\cdots,+\infty\})$流形$(M,\mathscr{D})$上的一个局部有限的开覆盖,$\{g_\alpha\mid\alpha\in\Gamma\}$为$(M,\mathscr{D})$的一个 $C^r$ 单位分解.如果

$$\mathrm{supp}g_\alpha\subset U_\alpha,\quad \forall\,\alpha\in\Gamma,$$

则称$\{g_\alpha\mid\alpha\in\Gamma\}$为**从属于$\{U_\alpha\mid\alpha\in\Gamma\}$的一个 $C^r$ 单位分解**.

如果上述定义中删去 $\mathrm{supp}g_\alpha(\alpha\in\Gamma)$紧致,则称$\{g_\alpha\mid\alpha\in\Gamma\}$为**广义 $C^r$ 单位(1 的)分解**.

**定理 1.1.9** $m$ 维$\sigma$ 紧的$C^r(r\in\{1,2,\cdots,+\infty\})$流形$(M,\mathscr{D})$上存在一个 $C^r$ 单位分解$\{g_i\mid i=1,2,\cdots\}$.

**证明** 因为$(M,\mathscr{D})$是 $\sigma$ 紧的,所以存在$\{G_k\mid k=1,2,\cdots\}$,使 $G_k$ 为开集,$\overline{G}_k$ 紧致,且

$$G_1\subset\overline{G}_1\subset G_2\subset\overline{G}_2\subset\cdots\subset G_k\subset\overline{G}_k\subset\cdots$$

对$\forall\,k$ 及$p\in G_{k+2}-\overline{G}_{k-1}$,必有 $p$ 的局部坐标系$(U_{p,k},\varphi_{p,k})$,s.t. $U_{p,k}\subset G_{k+2}-\overline{G}_{k-1}$,$\overline{C^m(1)}\subset\varphi_{p,k}(U_{p,k})$.选有限个$\left\{\varphi_{p,k}^{-1}\left(C^m\left(\frac{1}{2}\right)\right)\,\middle|\, i=1,2,\cdots,n(k)\right\}$覆盖紧致集$\overline{G}_{k+1}-G_k$.类似定理 1.1.8(1)的证明可知,$\{U_{p_i,k}\mid k=1,2,\cdots;i=1,2,\cdots,n(k)\}$和

$\left\{\varphi_{p_i,k}^{-1}\left(C^m\left(\frac{1}{2}\right)\right)\Big|\, k=1,2,\cdots;i=1,2,\cdots,n(k)\right\}$都是 $M$ 的局部有限的开覆盖. 为了方便,记前者为$\{(U_i,\varphi_i)\mid i=1,2,\cdots\}$,并令 $V_i=\varphi_i^{-1}\left(C^m\left(\frac{1}{2}\right)\right)$, $i=1,2,\cdots$. 作函数

$$\psi_i:M\to\mathbf{R},$$

$$\psi_i(x)=\begin{cases}f\circ\varphi_i(x), & x\in U_i,\\ 0, & x\in M-\overline{\varphi_i^{-1}(C^m(1))},\end{cases}$$

其中 $f$ 为引理 1.1.4 中的函数. 易见 $\psi_i$ 是$C^r$ 的,且

$$\psi_i(x)\begin{cases}>0, & x\in V_i,\\ =0, & x\in M-\overline{\varphi_i^{-1}(C^m(1))}.\end{cases}$$

由上述构造法可知,对$\forall\, p\in M$, $\exists\, p$ 的开邻域 $W_p$,使除有限个 $U_i$ 外,有 $\psi_i|_{W_p}\equiv 0$. 因此

$$\sum_{i=1}^{\infty}\psi_i(x)$$

为 $C^r$ 函数. 此外,因为$\{V_i\mid i=1,2,\cdots\}$为 $M$ 的一个开覆盖,故对$\forall\, p\in M$,至少有一个含 $p$ 的 $V_{i_0}$. 于是 $\psi_{i_0}(p)>0$. 这就推出了

$$0<\sum_{i=1}^{\infty}\psi_i(x)<+\infty.$$

我们令

$$g_i(x)=\frac{\psi_i(x)}{\sum_{j=1}^{\infty}\psi_j(x)}\begin{cases}>0, & x\in V_i,\\ =0, & x\in M-\overline{\varphi_i^{-1}(C^m(1))},\end{cases}$$

则$\{g_i(x)\mid i=1,2,\cdots\}$为从属于$\{U_i\mid i=1,2,\cdots\}$的一个 $C^r$ 单位分解. □

**定理 1.1.10**(单位分解存在性定理) (1) 设$\{U_\alpha\mid\alpha\in\Gamma\}$为 $m$ 维 $C^r$($r\in\{1,2,\cdots,+\infty\}$)仿紧流形$(M,\mathscr{D})$的一个局部有限的开覆盖,且$\overline{U}_\alpha$ 是紧致的,则存在一个从属于$\{U_\alpha\mid\alpha\in\Gamma\}$的 $C^r$ 单位分解$\{g_\alpha\mid\alpha\in\Gamma\}$.

(2) $m$ 维 $C^r$($r\in\{1,2,\cdots,+\infty\}$)仿紧流形$(M,\mathscr{D})$具有 $C^r$ 单位分解.

**证明** (1) 对$\forall\, x\in M$,存在 $x$ 的一个局部坐标邻域 $U_x$,使得$\overline{U}_x\subset U_{\alpha_0}$(某个 $\alpha_0\in\Gamma$). 因为 $M$ 仿紧,所以 $M$ 的开覆盖$\{U_x\mid x\in M\}$有一个局部有限的开精致$\{W_\beta\mid\beta\in\Lambda\}$. 于是,对$\forall\,\alpha\in\Gamma$,令

$$V_\alpha^*=\bigcup_{\overline{W}_\beta\subset U_\alpha}W_\beta\quad(\text{如果不存在 }\overline{W}_\beta\subset U_\alpha,\text{令 }V_\alpha^*=\varnothing),$$

因为$\{W_\beta\mid\beta\in\Lambda\}$是局部有限的,故

$$\overline{V}_\alpha^*=\overline{\bigcup_{\overline{W}_\beta\subset U_\alpha}W_\beta}=\bigcup_{\overline{W}_\beta\subset U_\alpha}\overline{W}_\beta\subset U_\alpha\subset\overline{U}_\alpha.$$

显然，$\{V_\alpha^* \mid \alpha\in\Gamma\}$也是 $M$ 的一个局部有限的开覆盖，且$\overline{V}_\alpha^*$ 是紧致的. 同时，可得到 $M$ 的局部有限的开覆盖$\{V_\alpha \mid \alpha\in\Gamma\}$，使得$\overline{V}_\alpha$ 是紧致的，且

$$V_\alpha \subset \overline{V}_\alpha \subset V_\alpha^* \subset \overline{V}_\alpha^* \subset U_\alpha \subset \overline{U}_\alpha.$$

由引理 1.1.5 知，对 $\forall\,\alpha\in\Gamma$，存在 $M$ 上的 $C^r$ 函数 $\psi_\alpha\geqslant 0$，且在紧致集 $\overline{V}_\alpha$ 上 $\psi_\alpha>0$，在 $M-V_\alpha^*$ 上 $\psi_\alpha=0$. 因为

$$\overline{V}_\alpha \subset \mathrm{supp}\psi_\alpha \subset \overline{V}_\alpha^* \subset U_\alpha$$

和$\{U_\alpha \mid \alpha\in\Gamma\}$是局部有限的，故类似于定理 1.1.9 最后的证明可知，$\sum\limits_{\alpha\in\Gamma}\psi_\alpha(x)$是 $C^r$ 类的，且

$$0<\sum_{\alpha\in\Gamma}\psi_\alpha(x)<+\infty.$$

令

$$g_\alpha(x)=\frac{\psi_\alpha(x)}{\sum\limits_{\delta\in\Gamma}\psi_\delta(x)},$$

则$\{g_\alpha \mid \alpha\in\Gamma\}$为从属于$\{U_\alpha \mid \alpha\in\Gamma\}$的一个 $C^r$ 单位分解.

(2) 对 $\forall\,x\in M$，由$(M,\mathscr{D})$为流形，故存在 $x$ 的一个坐标邻域 $U_x$，使得$\overline{U}_x$ 是紧致的. 因为$(M,\mathscr{D})$是仿紧的，所以 $M$ 的开覆盖$\{U_x \mid x\in M\}$必有一个局部有限的开精致$\{U_\alpha \mid \alpha\in\Gamma\}$. 显然，$\overline{U}_\alpha\subset\overline{U}_x$（某个 $x$），因而$\overline{U}_\alpha$ 是紧致的. 再由(1)，存在一个从属于$\{U_\alpha \mid \alpha\in\Gamma\}$的 $C^r$ 单位分解$\{g_\alpha \mid \alpha\in\Gamma\}$. □

**定理 1.1.11**（广义单位分解的存在性定理） 设$\{U_\alpha \mid \alpha\in\Gamma\}$为 $m$ 维 $C^r$ ($r\in\{1,2,\cdots,+\infty\}$) 仿紧流形$(M,\mathscr{D})$的一个开覆盖，则存在一个从属于它的广义 $C^r$ 单位分解$\{g_\alpha \mid \alpha\in\Gamma\}$，即

(1) $g_\alpha\in C^r(M,\mathbf{R})$，$\mathrm{supp}g_\alpha\subset U_\alpha$；

(2) $\{\mathrm{supp}g_\alpha \mid \alpha\in\Gamma\}$是局部有限的；

(3) $\sum\limits_{\alpha\in\Gamma}g_\alpha(x)=1, g_\alpha(x)\geqslant 0, x\in M, \alpha\in\Gamma$.

注意：$\overline{U}_\alpha$ 和 $\mathrm{supp}g_\alpha$ 未必紧致.

**证明** 因为$\{U_\alpha \mid \alpha\in\Gamma\}$为 $M$ 的开覆盖，则对 $\forall\,x\in M$，$\exists\,\alpha\in\Gamma$，使 $x\in U_\alpha$. 取 $x$ 的开邻域 $V_x$，使$\overline{V}_x$ 紧致，且$\overline{V}_x\subset U_\alpha$. 显然，$\{V_x \mid x\in M\}$为$\{U_\alpha \mid \alpha\in\Gamma\}$的一个开精致. 因为$(M,\mathscr{D})$仿紧，所以存在$\{V_x \mid x\in M\}$的（因而也是$\{U_\alpha \mid \alpha\in\Gamma\}$的）局部有限的开精致$\{W_\beta \mid \beta\in\Lambda\}$，且显然 $\overline{W}_\beta\subset\overline{V}_x$ 紧致，取

$$\theta:\Lambda\to\Gamma,$$

s.t. 对 $\forall\,\beta\in\Lambda$，唯一对应一个 $\theta(\beta)\in\Gamma$，且 $\overline{W}_\beta\subset U_{\theta(\beta)}$. 根据定理 1.1.10 可知，存在一个

从属于 $\{W_\beta \mid \beta\in\Lambda\}$ 的 $C^r$ 单位分解 $\{\varphi_\beta \mid \beta\in\Lambda\}$.

对 $\forall\,\alpha\in\Gamma$,令

$$g_\alpha(x)=\sum_{\theta(\beta)=\alpha}\varphi_\beta(x),\quad x\in M$$

(如果 $\alpha\notin\theta(\Lambda)$,令 $g_\alpha(x)=0$).由于 $\{\mathrm{supp}\varphi_\beta \mid \beta\in\Lambda\}$ 局部有限,故 $g_\alpha\in C^r(M,\mathbf{R})$,且

$$\mathrm{supp}g_\alpha=\bigcup_{\theta(\beta)=\alpha}\mathrm{supp}\varphi_\beta\subset U_\alpha$$

以及 $\{\mathrm{supp}g_\alpha \mid \alpha\in\Gamma\}$ 也是局部有限的.此外,显然,$g_\alpha(x)\geqslant 0$,

$$\sum_{\alpha\in\Gamma}g_\alpha(x)=\sum_{\alpha\in\Gamma}\sum_{\theta(\beta)=\alpha}\varphi_\beta(x)=\sum_{\beta\in\Lambda}\varphi_\beta(x)=1,\quad x\in M,\alpha\in\Gamma.$$

这就证明了 $\{g_\alpha \mid \alpha\in\Gamma\}$ 为从属于 $\{U_\alpha \mid \alpha\in\Gamma\}$ 的 $C^r$ 广义单位分解. □

**注 1.1.2** 如果定理 1.1.11 中的"仿紧"改为"$\sigma$ 紧",可以不用定理 1.1.10 的结论而直接用定理 1.1.9 和定理 1.1.11 的方法完成相应结果的证明.

**推论 1.1.1** 设 $(M,\mathscr{D})$ 为 $m$ 维 $C^r(r\in\{1,2,\cdots,+\infty\})$ 仿紧流形,$A\subset U\subset M$,$A$ 为闭集,$U$ 为开集.

(1) 证明存在 $C^r$ 函数 $\varphi:M\to\mathbf{R}$,使其满足:

① $0\leqslant\varphi(x)\leqslant 1,x\in M$;

② $\varphi(x)=1,x\in A$;

③ $\mathrm{supp}\varphi\subset U$.

(2) 如果 $F:U\to\mathbf{R}^n$ 为 $C^r$ 映射,则存在 $C^r$ 映射 $G:M\to\mathbf{R}^n$,使得 $G|_A=F|_A$.

**证明** (1) 由于 $A\subset U\subset M$,$A$ 为闭集,$U$ 为开集,故 $\{U,M-A\}$ 为 $M$ 的二元开覆盖.因 $M$ 仿紧,根据定理 1.1.11 可知,存在从属于开覆盖 $\{U,M-A\}$ 的广义 $C^r$ 单位分解 $\{\varphi,\psi\}$,使

$$\mathrm{supp}\varphi\subset U,\quad \mathrm{supp}\psi\subset M-A,$$
$$\varphi+\psi=1,\quad \varphi,\psi\geqslant 0.$$

于是,$\psi|_A=0$,因而 $\varphi|_A=1$,且显然 $0\leqslant\varphi\leqslant 1$.这就证明了 $\varphi$ 为所求函数.

(2) 设 $\varphi$ 为(1)中所述函数.令

$$G(x)=\begin{cases}\varphi(x)F(x), & x\in U,\\ 0, & x\notin\mathrm{supp}\varphi.\end{cases}$$

由于 $\varphi\in C^r(M,\mathbf{R})$,$0\leqslant\varphi\leqslant 1$,$\varphi|_A=1$,故 $G\in C^r(M,\mathbf{R})$,且

$$G|_A=F|_A.$$ □

**推论 1.1.2** 设 $A_0$ 和 $A_1$ 为 $m$ 维 $C^r(r\in\{1,2,\cdots,+\infty\})$ 仿紧流形 $(M,\mathscr{D})$ 的不相交的闭集,则存在一个 $C^r$ 函数 $\varphi:M\to\mathbf{R}$,使得

$$0\leqslant\varphi\leqslant 1,\quad \varphi|_{A_0}=0,\quad \varphi|_{A_1}=1.$$

**证明** 由于 $A_0$ 和 $A_1$ 为 $M$ 上的不相交的闭集，故 $\{M-A_0, M-A_1\}$ 为 $M$ 的二元开覆盖. 根据定理 1.1.11 可知，存在从属于 $\{M-A_0, M-A_1\}$ 的广义 $C^r$ 单位分解 $\{\varphi,\psi\}$，使 $\varphi,\psi\in C^r(M,\mathbf{R})$，$\varphi,\psi\geqslant 0$，$\varphi+\psi=1$，$\mathrm{supp}\varphi\subset M-A_0$，$\mathrm{supp}\psi\subset M-A_1$. 于是

$$0\leqslant\varphi\leqslant 1,\quad \varphi|_{A_0}=0,\quad \psi|_{A_1}=0,\quad \varphi|_{A_1}=1.$$

这就证明了 $\varphi$ 为所求函数. □

**定义 1.1.12** 设 $(M,\mathscr{D})$ 为 $m$ 维 $C^r(r\in\{1,2,\cdots,+\infty\})$ 流形，$A\subset M$，$f:A\to\mathbf{R}$ 为函数. 如果对 $\forall p\in A$，存在 $p$ 的一个开邻域 $U_p$ 和一个 $C^r$ 函数 $f_p:U_p\to\mathbf{R}$，使得

$$f_p|_{A\cap U_p}=f|_{A\cap U_p},$$

**则称 $f$ 在 $A$ 上是 $C^r$ 的.**

**推论 1.1.3** 设 $A$ 为 $m$ 维 $C^r(r\in\{1,2,\cdots,+\infty\})$ 仿紧流形 $(M,\mathscr{D})$ 的闭集，则 $A$ 上的任一 $C^r$ 函数 $f$ 可以延拓为 $M$ 上的一个 $C^r$ 函数 $\tilde{f}$.

**证明** 由于 $f$ 在 $A$ 上是 $C^r$ 的，故对 $\forall p\in A$，存在 $p$ 的开邻域 $U_p$ 及 $C^r$ 函数 $f_p:U_p\to\mathbf{R}$，使

$$f_p|_{A\cap U_p}=f|_{A\cap U_p}.$$

因为 $A$ 为闭集，故 $\{U_p\mid p\in A\}\cup\{M-A\}$ 为 $M$ 的开覆盖. 再由 $M$ 仿紧，故有从属于它的广义 $C^r$ 单位分解 $\{\varphi_p\mid p\in A\}\cup\{\varphi_A\}\subset C^r(M,R)$，其中

$$\{\mathrm{supp}\varphi_p\mid p\in A\}\cup\{\mathrm{supp}\varphi_A\}$$

局部有限，$\varphi_p\geqslant 0$，$\varphi_A\geqslant 0$，

$$\sum_{p\in A}\varphi_p+\varphi_A=1,$$

且

$$\mathrm{supp}\varphi_p\subset U_p,\quad \mathrm{supp}\varphi_A\subset M-A.$$

令

$$\tilde{f}_p:M\to\mathbf{R},\quad \tilde{f}_p(x)=\begin{cases}\varphi_p(x)f_p(x), & x\in U_p,\\ 0, & x\notin\mathrm{supp}\varphi_p.\end{cases}$$

显然，$\mathrm{supp}\tilde{f}_p\subset\mathrm{supp}\varphi_p$，从而 $\{\mathrm{supp}\tilde{f}_p\mid p\in A\}$ 局部有限，并且

$$\tilde{f}=\sum_{p\in A}\tilde{f}_p\in C^r(M,\mathbf{R})$$

为 $f$ 的延拓. □

## 1.2 切丛、张量丛、外形式丛、外微分形式的积分、Stokes 定理

Lie 群具有两种构造:一种是流形;另一种是与流形相容的群的构造.它的确切定义如下.

**定义 1.2.1** 设集合 $G$ 满足:

(1) $G$ 为拓扑空间;

(2) $G$ 为群;

(3) 群运算是 $C^0$ 类(连续)的,即乘法

$$\cdot : G \times G \to G, \quad (a,b) \mapsto a \cdot b$$

和逆元运算

$$J : G \to G, \quad a \mapsto a^{-1}$$

是 $C^0$ 类(连续)的,则称 $G$ 为**拓扑群**.

如果集合 $G$ 满足:

(1) $G$ 为 $m$ 维 $C^r(r \in \{0,1,\cdots,\infty,\omega\})$ 流形;

(2) $G$ 为群;

(3) 群运算是 $C^r$ 类的(群与流形 $C^r$ 相容),即乘法

$$\cdot : G \times G \to G, \quad (a,b) \mapsto a \cdot b$$

和逆元运算

$$J : G \to G, \quad a \mapsto a^{-1}$$

是 $C^r$ 类的,则称 $G$ 为 **$m$ 维 $C^r$ 群**.如果 $r \geqslant 1$,则称 $G$ 为 **$m$ 维 $C^r$ Lie 群**;如果 $r = \omega$,则称 $G$ 为 **$m$ 维 $C^\omega$ Lie 群或实解析 Lie 群**.

类似可定义 **$m$ 维复解析 Lie 群**.

**例 1.2.1** 从定义 1.2.1 还可看出,$C^r$ 群 $G$ 为拓扑群,但拓扑群可以不是 $C^r$ 群.

例如:有理数加群 $Q$ 是拓扑群,但它不是流形,从而不是 $C^r$ 群.含单位元素(即 0 元素)的连通分支为 $\{0\}$.注意,子群 $\{0\}$ 不是 $Q$ 的开集.

**例 1.2.2** $C^0$ 群但非 $C^r(r \geqslant 1)$ 群的例子叙述如下:设 $\mathbf{R}^1$ 为一维 Euclid 空间的通常 $C^r(r \geqslant 1)$ 流形.

$x, y \in \mathbf{R}^1$,定义 $x$ 与 $y$ 的和

$$\dot{+} : \mathbf{R}^1 \times \mathbf{R}^1 \to \mathbf{R}^1$$

$$(x,y) \mapsto z = x \dot{+} y = (x^3 + y^3)^{\frac{1}{3}}.$$

显然,$\mathbf{R}^1$ 在此加法下为 $C^0$ 群.因为 $z=(x^3+y^3)^{\frac{1}{3}}$ 的一阶偏导数在(0,0)不连续,故它不为 $C^r(r\geqslant 1)$Lie 群.

**定义 1.2.2** 设 $H$ 为 $C^r(r\geqslant 1)$Lie 群 $G$ 的子群,给 $H$ 一个 $C^r$ 流形的构造,关于这个构造,如果 $H$ 为 $C^r$ 流形 $G$ 的 $C^r$ 子流形,并且它本身也是一个 $C^r$ 群,则称 $H$ 为 $G$ 的 **$C^r$Lie 子群**.

**定理 1.2.1** 设 $H$ 为 $C^r(r\geqslant 1)$Lie 群 $G$ 的 $C^r$ 正则子流形,而且作为抽象群是 $G$ 的子群,则 $H$ 为 $G$ 的 $C^r$Lie 子群.

**证明** 因为 $H\times H\to G\times G,(h_1,h_2)\mapsto(h_1,h_2)$ 和 $G\times G\to G,(h_1,h_2)\mapsto h_1\cdot h_2$ 都是 $C^r$ 映射,所以 $H\times H\to G,(h_1,h_2)\mapsto h_1\cdot h_2$ 也是 $C^r$ 映射.又因为 $H$ 为 $G$ 的 $C^r$ 正则子流形,由定理 1.1.6 可知

$$H\times H\to H,\quad (h_1,h_2)\mapsto h_1\cdot h_2$$

也为 $C^r$ 映射.同理可证

$$H\to H,\quad h\mapsto h^{-1}$$

为 $C^r$ 映射,这就证明了 $H$ 为 $G$ 的 $C^r$Lie 子群. □

**例 1.2.3** $\mathbf{R}^m$ 为 $C^\omega$ 流形.群运算取作加法,即对

$$x=(x^1,x^2,\cdots,x^m),\quad y=(y^1,y^2,\cdots,y^m),$$

定义

$$x+y=(x^1+y^1,x^2+y^2,\cdots,x^m+y^m),$$

单位元素(即零元素)为 $0=(0,0,\cdots,0)$,$x$ 的逆元素(即 $x$ 的负元素)为

$$-x=(-x^1,-x^2,\cdots,-x^m).$$

显然,群运算是 $C^\omega$ 类的.于是,$\mathbf{R}^m$ 就成为 $C^\omega$Lie 群,称为 ***m* 维向量群**.

**例 1.2.4** $T^m=\underbrace{S^1\times\cdots\times S^1}_{m\text{个}}=\{(\mathrm{e}^{2\pi\mathrm{i}u^1},\mathrm{e}^{2\pi\mathrm{i}u^2},\cdots,\mathrm{e}^{2\pi\mathrm{i}u^m})\mid u^j\in\mathbf{R},j=1,2,\cdots,m\}$ 为 $C^\omega$ 流形.群的乘法运算为

$$\begin{aligned}&(\mathrm{e}^{2\pi\mathrm{i}u^1},\mathrm{e}^{2\pi\mathrm{i}u^2},\cdots,\mathrm{e}^{2\pi\mathrm{i}u^m})\cdot(\mathrm{e}^{2\pi\mathrm{i}v^1},\mathrm{e}^{2\pi\mathrm{i}v^2},\cdots,\mathrm{e}^{2\pi\mathrm{i}v^m})\\&=(\mathrm{e}^{2\pi\mathrm{i}(u^1+v^1)},\mathrm{e}^{2\pi\mathrm{i}(u^2+v^2)},\cdots,\mathrm{e}^{2\pi\mathrm{i}(u^m+v^m)}).\end{aligned}$$

单位元素为 $(\mathrm{e}^{2\pi\mathrm{i}0},\mathrm{e}^{2\pi\mathrm{i}0},\cdots,\mathrm{e}^{2\pi\mathrm{i}0})$,$(\mathrm{e}^{2\pi\mathrm{i}u^1},\mathrm{e}^{2\pi\mathrm{i}u^2},\cdots,\mathrm{e}^{2\pi\mathrm{i}u^m})$ 的逆元素为 $(\mathrm{e}^{-2\pi\mathrm{i}u^1},\mathrm{e}^{-2\pi\mathrm{i}u^2},\cdots,\mathrm{e}^{-2\pi\mathrm{i}u^m})$.显然,群运算是 $C^\omega$ 类的.于是,$T^m$ 就成为 $C^\omega$Lie 群,称为 ***m* 维圆环群**.特别地,$T^1=S^1$ 为一维 $C^\omega$Lie 群.

**例 1.2.5**

$$\begin{aligned}S^3&=\left\{\boldsymbol{x}=(x_1,x_2,x_3,x_4)\,\middle|\,x_l\in\mathbf{R},l=1,2,3,4;\sum_{l=1}^4 x_l^2=1\right\}\\&=\left\{x_1\boldsymbol{I}+x_2\boldsymbol{i}+x_3\boldsymbol{j}+x_4\boldsymbol{k}\,\middle|\,x_l\in\mathbf{R},l=1,2,3,4;\sum_{l=1}^4 x_l^2=1,\right.\end{aligned}$$

$$\left.\boldsymbol{i}^2 = \boldsymbol{j}^2 = \boldsymbol{k}^2 = -1, \boldsymbol{ij} = -\boldsymbol{ji} = \boldsymbol{k}, \boldsymbol{jk} = -\boldsymbol{kj} = \boldsymbol{i}, \boldsymbol{ki} = -\boldsymbol{ik} = \boldsymbol{j}\right\}$$

为 $C^\omega$ 流形. 群的乘法运算为**四元数广域**(或**体**)的乘法.

设 $\boldsymbol{x} = x_1\boldsymbol{I} + x_2\boldsymbol{i} + x_3\boldsymbol{j} + x_4\boldsymbol{k}$, $\boldsymbol{y} = y_1\boldsymbol{I} + y_2\boldsymbol{i} + y_3\boldsymbol{j} + y_4\boldsymbol{k}$, $\|\boldsymbol{x}\|^2 = x_1^2 + x_2^2 + x_3^2 + x_4^2$.

易证

$$\begin{aligned}\boldsymbol{x}\cdot\boldsymbol{y} = &(x_1y_1 - x_2y_2 - x_3y_3 - x_4y_4)\boldsymbol{i} + (x_1y_2 + x_2y_1 + x_3y_4 - x_4y_3)\boldsymbol{i} \\ &+ (x_1y_3 + x_3y_1 + x_4y_2 - x_2y_4)\boldsymbol{j} + (x_1y_4 + x_2y_3 + x_4y_1 - x_3y_2)\boldsymbol{k},\end{aligned}$$

$$\|\boldsymbol{x}\cdot\boldsymbol{y}\| = \|\boldsymbol{x}\|\cdot\|\boldsymbol{y}\|.$$

$$\boldsymbol{x}^{-1} = \frac{1}{\|\boldsymbol{x}\|^2}(x_1\boldsymbol{I} - x_2\boldsymbol{i} - x_3\boldsymbol{j} - x_4\boldsymbol{k}), \quad x \neq 0.$$

由此可知,如果 $\boldsymbol{x},\boldsymbol{y}\in S^3$,则 $\boldsymbol{x}\cdot\boldsymbol{y}\in S^3$,且 $\boldsymbol{x}^{-1} = x_1\boldsymbol{I} - x_2\boldsymbol{i} - x_3\boldsymbol{j} - x_4\boldsymbol{k}\in S^3$. 为验证 $S^3$ 上群运算的 $C^\omega$ 性,不失一般性,可设 $x_4>0$, $y_4<0$,则

$$x_4 = (1 - x_1^2 - x_2^2 - x_3^2)^{\frac{1}{2}}, \quad y_4 = -(1 - y_1^2 - y_2^2 - y_3^2)^{\frac{1}{2}}.$$

于是,$(\boldsymbol{x}\cdot\boldsymbol{y})_l$ 为 $x_1,x_2,x_3,y_1,y_2,y_3$ 的 $C^\infty$ 函数;$(\boldsymbol{x}^{-1})_l$ 为 $x_1,x_2,x_3$ 的 $C^\omega$ 函数. 因而,群运算是 $C^\omega$ 类的. 这就证明了 $S^3$ 为三维 $C^\omega$ Lie 群.

更一般地,$S^m(m=0,1,2,3,\cdots)$ 为 $C^\omega$ Lie 群 $\Leftrightarrow m=0,1,3$. 详细内容可参阅文献[20]、[23].

**例 1.2.6** 设 $\mathrm{GL}(m,\mathbf{R}) = \{A\mid A$ 为 $m\times m$ 实矩阵,$\det A\neq 0\}$. 如果 $A=(a_{ij})$ 看作 $\mathbf{R}^{m^2}$ 中的点 $(a_{11},a_{12},\cdots,a_{1m},a_{21},a_{22},\cdots,a_{2m},\cdots,a_{m1},a_{m2},\cdots,a_{mm})$,因为 $A\mapsto\det A$ 为 $C^\omega$ 映射(当然是连续映射),故

$$\mathrm{GL}(m,\mathbf{R}) = \det{}^{-1}(\mathbf{R} - \{0\})$$

为 $\mathbf{R}^{m^2}$ 中的 $C^\omega$ 开子流形. 根据矩阵的乘法,$\mathrm{GL}(m,\mathbf{R})$ 构成一个群. 显然,单位元素是单位矩阵

$$I_m = (\delta_{ij}), \quad \delta_{ij} = \begin{cases}1, & i=j,\\ 0, & i\neq j;\end{cases}$$

$A$ 的逆元素为逆矩阵 $A^{-1}$. 容易证明群运算是 $C^\omega$ 类的. 事实上,设 $A=(a_{ij})$, $B=(b_{ij})\in\mathrm{GL}(m,\mathbf{R})$,令 $AB=(c_{ij})$, $A^{-1}=(d_{ij})$,则由

$$c_{ij} = \sum_{k=1}^{m} a_{ik}b_{kj}$$

为 $a_{ik}$ 和 $b_{kj}$ 的多项式函数,故乘法运算 $(A,B)\mapsto AB$ 为 $C^\omega$ 映射. 因为 $d_{ij}=A_{ij}/\det A$ 是 $a_{kl}$ 的有理函数($A_{ij}$ 为 $a_{ij}$ 的代数余子式),所以逆运算 $A\mapsto A^{-1}$ 也为 $C^\omega$ 映射. 由此可知,$\mathrm{GL}(m,\mathbf{R})$ 成为一个 $m^2$ 维的 $C^\omega$ Lie 群,称它为 **$m$ 次实一般线性群**.

类似地,可以证明:

$$\mathrm{GL}(m,\mathbf{C}) = \{A \mid A\text{ 为 } m\times m\text{ 复矩阵}, \det A \neq 0\}$$

为 $m^2$ 维复 $C^\omega$ Lie 群,称它为 **$m$ 次复一般线性群**.

**例 1.2.7**　设 $G_i(i=1,2,\cdots,l)$ 为 $m_i$ 维 $C^r(r\in\{0,1,\cdots,\infty,\omega\})$ 群.一方面将 $G_1\times G_2\times\cdots\times G_l$ 作为 $C^r$ 积流形,另一方面将 $G_1\times G_2\times\cdots\times G_l$ 作为群的直积.此时,

$$(g_1,g_2,\cdots,g_l)\cdot(h_1,h_2,\cdots,h_l) = (g_1\cdot h_1,g_2\cdot h_2,\cdots,g_l\cdot h_l).$$

容易验证 $G_1\times G_2\times\cdots\times G_l$ 也是 $C^r$ 群,称为 $C^r$ 群 $G_1,G_2,\cdots,G_l$ 的**直积**.如

$$\mathbf{R}^l = \underbrace{\mathbf{R}^1\times\cdots\times\mathbf{R}^1}_{l\text{个}}$$

为 $l$ 个 $\mathbf{R}^1$ 的直积;

$$T^l = \underbrace{S^1\times\cdots\times S^1}_{l\text{个}}$$

为 $l$ 个 $S^1$ 的直积.

**定义 1.2.3**　设 $G$ 为 $C^r(r\in\{0,1,\cdots,\infty,\omega\})$ 群,$M$ 为 $C^r$ 流形.如果 $C^r$ 映射

$$F: G\times M\to M,\quad (g,p)\mapsto F(g,p) = gp$$

满足条件:

(1) $ep=p,\forall p\in M$,$e$ 为 $G$ 的单位元素;

(2) $g_1(g_2p)=(g_1\cdot g_2)p,\forall p\in M,g_1,g_2\in G$.

则称 **$G$ 左方 $C^r$ 作用于 $M$**.

设 $g\in G$ 为一固定元素,则 $F_g: M\to M, p\mapsto F_g(p)=gp$ 为 $C^r$ 同胚.

事实上,由于 $F$ 为 $C^r$ 映射,故 $F_g$ 也为 $C^r$ 映射.又因 $F_{g^{-1}}\circ F_g(p)=F_{g^{-1}}(gp)=g^{-1}(gp)=(g^{-1}\cdot g)p=ep=p$,所以 $F_{g^{-1}}\circ F_g=\mathrm{Id}_M$;同理,$F_g\circ F_{g^{-1}}=\mathrm{Id}_M$.所以,$F_g^{-1}=F_{g^{-1}}$ 也为 $C^r$ 映射.有时,我们也称从 $M$ 到 $M$ 的 $C^r$ 同胚为 **$C^r$ 变换**.因此,$G$ 左方 $C^r$ 作用于 $M$ 时,称 $G$ 为 $M$ 的**左方 $C^r$ 变换群**.

类似地,可定义**右方 $C^r$ 变换群**.

如果对 $\forall p\in M,F(g,p)=gp=p$ 必有 $g=e$,则称 $C^r$ 群 $G$ 在 $C^r$ 流形 $M$ 上的作用是**有效**的.

**定义 1.2.4**　设 $C^r$ 群 $G$ 左方 $C^r$ 作用于 $C^r$ 流形 $M$.对于固定的 $p\in M$,显然

$$G_p = \{g\in G \mid gp = p\}$$

为 $G$ 的闭集,而且为 $G$ 的子群,称它为 $C^r$ 群 $G$ 在点 $p$ 的**固定群**(或**均等群**,或**迷向子群**).

**定义 1.2.5**　设 $C^r$ 群 $GC^r$ 作用在 $C^r$ 流形 $M$ 上,对固定的 $p\in M$,称 $M$ 中的子集

$$M_p = \{gp \mid g\in G\}$$

为通过 $p$ 点($p=ep$)的**轨道**.如果只有一个轨道,换言之,如果对 $\forall p,q\in M$,$\exists g\in G$,s.t. $gp=q$,则称 $C^r$ 群 $G$ 在 $C^r$ 流形 $M$ 上的作用是 **$C^r$ 可递**的或 **$C^r$ 可迁**的.

如果 $C^r$ 群 $GC^r$ 作用在 $C^r$ 流形 $M$ 上是 $C^r$ 可递(迁)的,则称 $M$ 为 $G$ 的 **$C^r$ 齐性流形**,简称 $C^r$ 流形 $M$ 为 **$C^r$ 齐性空间**.

**例 1.2.8** 设 $F:\mathrm{GL}(m,\mathbf{R})\times\mathbf{R}^m\to\mathbf{R}^m$,

$$y=F(A,x)=Ax,$$

即

$$\begin{pmatrix}y^1\\ \vdots\\ y^m\end{pmatrix}=\begin{pmatrix}a_{11}&\cdots&a_{1m}\\ \vdots&&\vdots\\ a_{m1}&\cdots&a_{mm}\end{pmatrix}\begin{pmatrix}x^1\\ \vdots\\ x^m\end{pmatrix}.$$

显然,$C^\omega$ Lie 群 $\mathrm{GL}(m,\mathbf{R})$左方 $C^\omega$ 作用在$C^\omega$ 流形 $\mathbf{R}^m$ 上,$\mathrm{GL}(m,\mathbf{R})$就是 $\mathbf{R}^m$ 的线性变换群.

设$\{e_i\mid i=1,2,\cdots,m\}$为 $\mathbf{R}^m$ 的标准规范正交基,$(e_1,e_2,\cdots,e_m)=I_m$(单位矩阵).如果对 $\forall x\in\mathbf{R}^m$,有 $Ax=x$,则 $A=AI_m=(Ae_1,Ae_2,\cdots,Ae_m)=(e_1,e_2,\cdots,e_m)=I_m$,故 $\mathrm{GL}(m,\mathbf{R})$左方 $C^\omega$ 有效作用于 $\mathbf{R}^m$.但不存在 $A\in\mathrm{GL}(m,\mathbf{R})$,s.t. $A0=e_1$,故 $\mathbf{R}^m$ 在 $\mathrm{GL}(m,\mathbf{R})$下不是可递的,因而它在 $\mathrm{GL}(m,\mathbf{R})$下不是齐性空间.

更一般地,我们考虑 $\mathbf{R}^m$ 上的**仿射变换群**$\widetilde{\mathrm{GL}}(m,\mathbf{R})=\{(A,a)\mid A\in\mathrm{GL}(m,\mathbf{R}),a\in\mathbf{R}^m\}$,关于乘法

$$(A,a)\cdot(B,b)=(AB,Ab+a),$$

易证它成为 $m^2+m$ 维 $C^\omega$ Lie 群.

设$\widetilde{F}:\widetilde{\mathrm{GL}}(m,\mathbf{R})\times\mathbf{R}^m\to\mathbf{R}^m$,

$$y=\widetilde{F}((A,a),x)=(A,a)x=Ax+a.$$

显然,$C^\omega$ Lie 群$\widetilde{\mathrm{GL}}(m,\mathbf{R})$左方 $C^\omega$ 作用在$C^\omega$ 流形 $\mathbf{R}^m$ 上.

如果对 $\forall x\in\mathbf{R}^m$ 有$(A,a)x=Ax+a=x$,则 $a=A0+a=0$.于是,类似于 $\mathrm{GL}(m,\mathbf{R})$可证 $A=I_m$,故$(A,a)=(I_m,0)$,它是群 $\widetilde{\mathrm{GL}}(m,\mathbf{R})$的单位元素.这就证明了$\widetilde{\mathrm{GL}}(m,\mathbf{R})C^\omega$ 有效作用于 $\mathbf{R}^m$.

此外,对 $\forall x,y\in\mathbf{R}^m$,因为

$$(I_m,y-x)x=I_mx+(y-x)=y,$$

故 $\mathbf{R}^m$ 在$\widetilde{\mathrm{GL}}(m,\mathbf{R})$下是可递的,从而它在$\widetilde{\mathrm{GL}}(m,\mathbf{R})$下为齐性空间.

**例 1.2.9** 设 $F:O(m)\times S^{m-1}\to S^{m-1}$,

$$F(A,x)=Ax.$$

易证$\dfrac{m(m-1)}{2}$维 $C^\omega$ Lie 群 $O(m)$(见例 1.2.12)$C^\omega$ 有效作用在 $m-1$ 维 $C^\omega$ 流形

$S^{m-1}$上.

对于$\forall\, x,y\in S^{m-1}$,如果 $x\neq y$,作 $xOy$ 平面内的规范正交基$\{e_1=x,e_2\}$.于是

$$y=\cos\theta\cdot e_1+\sin\theta\cdot e_2.$$

将$\{e_1,e_2\}$扩充为$\{e_1,e_2,\cdots,e_m\}$,使它为 $\mathbf{R}^m$ 中的规范正交基.于是,当 $m\geqslant 2$ 时,令

$$A=\begin{pmatrix}\cos\theta & -\sin\theta & & & \\ \sin\theta & \cos\theta & & & \\ & & 1 & & \\ & & & \ddots & \\ & & & & 1\end{pmatrix},$$

则 $A\in O(m)$,且 $Ax=y$.这就证明了 $S^{m-1}$在 $O(m)$下是可递的,从而 $S^{m-1}$在 $O(m)$下为齐性空间.

当 $m=1$ 时,$S^{m-1}=S^0=\{-1,1\}$,$O(m)=O(1)=\{-1,1\}$.如果取 $x=-1,y=1$,$A=(-1)$或 $x=1,y=-1,A=(-1)$,则 $Ax=y$,故 $S^0$ 在 $O(1)$下也是齐性空间.

**例 1.2.10** 设 $G$ 为$C^r$ 群,$M=G$,

$$F:G\times G=G\times M\to M=G,$$
$$F(g,p)=g\cdot p(\cdot\text{ 表示群的乘法}).$$

易证 $C^r$ 群$G$ 左方$C^r$ 有效作用于$C^r$ 流形$M=G$ 上.对$\forall\, p,q\in M=G$,因为

$$(q\cdot p^{-1})\cdot p=q,\quad q\cdot p^{-1}\in G,$$

故 $M=G$ 在$G$ 下是$C^r$ 可递的.从而,$M=G$ 在$G$ 下为$C^r$ 齐次空间.

**定理 1.2.2** 设 $C^r(r\geqslant 1)$Lie 群 $GC^r$ 作用于$C^r$ 流形$M$ 上,则点 $p$ 的固定群$G_p$ 为 $G$ 的$C^r$ 正则子流形,并且它是 $G$ 的闭$C^r$Lie 子群.

**证明** 对于固定的 $g\in G$,我们定义

$$L_g:G\to G,\quad L_g(a)=g\cdot a,$$
$$\eta_g:M\to M,\quad \eta_g(q)=gq,$$
$$\theta:G\to M,\quad \theta(a)=ap\quad(\text{固定 } p\in M).$$

于是

$$\theta\cdot L_g(a)=\theta(g\cdot a)=(g\cdot a)p=g(ap)=\eta_g(ap)=\eta_g\circ\theta(a),$$
$$\theta\circ L_g=\eta_g\circ\theta.$$

由于 $L_g$ 与$\eta_g$ 分别为$G$ 与$M$ 的$C^r$ 变换.因此,它们的 Jacobi 行列式在任何点上都不为 0.这就推出了

$$(\operatorname{rank}\theta)_{g\cdot a}=(\operatorname{rank}\theta)_a,$$

即 $\operatorname{rank}\theta$ 在$G$ 上为定值.根据定理 1.1.7 可知

$$G_p = \{g \in G \mid gp = p\} = \{g \in G \mid \theta(g) = p\} = \theta^{-1}(\{p\})$$

为 $G$ 的 $C^r$ 正则子流形. 再由定理 1.2.2, $G_p$ 为 $G$ 的 $C^r$ Lie 子群.

如果 $g_n \in G_p$ 且 $\lim\limits_{n\to+\infty} g_n = g \in G$, 则

$$gp = F(g,p) = \lim_{n\to+\infty} F(g_n,p) = \lim_{n\to+\infty} g_n p = \lim_{n\to+\infty} p = p,$$

故 $g \in G_p$, 从而 $G_p$ 为闭集.

或者, 设 $g_0 \in G_p^c (\Leftrightarrow g_0 \notin G_p)$, 即 $g_0 p \neq p$, 因为 $M$ 为 $T_2$ 空间, 故存在 $g_0 p$ 的开邻域 $U$ 和 $p$ 的开邻域 $V$, 使得 $U \cap V = \varnothing$. 又因为 $G$ 在 $M$ 上左方 $C^r$ 作用 $F: G\times M \to M$ 是连续的, 所以必有 $g_0$ 在 $G$ 中的开邻域 $W$, 使 $\forall g \in W$, 有 $gp \in U$, 从而 $gp \neq p$, $g \notin G_p$, $g_0 \in W \subset G - G_p = G_p^c$. 这就证明了 $G_p^c$ 为开集, 而 $G_p$ 为闭集. □

**例 1.2.11** 设 $\mathrm{gl}(m,\mathbf{R}) = \{X \mid X$ 为 $m\times m$ 的实矩阵$\}$, 令

$$F: \mathrm{GL}(m,\mathbf{R}) \times \mathrm{gl}(m,\mathbf{R}) \to \mathrm{gl}(m,\mathbf{R}),$$
$$(P,K) \mapsto F(P,K) = PKP^{\mathrm{T}},$$

$P^{\mathrm{T}}$ 为 $P$ 的转置矩阵. 固定 $K \in \mathrm{gl}(m,\mathbf{R})$, 则固定群

$$\mathrm{GL}(m,\mathbf{R})_K = \{P \in \mathrm{GL}(m,\mathbf{R}) \mid PKP^{\mathrm{T}} = F(P,K) = K\}.$$

由

$$\begin{aligned}\sum_{i,j=1}^m k_{ij}\tilde{x}^i\tilde{y}^j &= (\tilde{x}^1,\tilde{x}^2,\cdots,\tilde{x}^m)K(\tilde{y}^1,\tilde{y}^2,\cdots,\tilde{y}^m)^{\mathrm{T}} \\ &= (x^1,x^2,\cdots,x^m)PKP^{\mathrm{T}}(y^1,y^2,\cdots,y^m)^{\mathrm{T}} \\ &= (x^1,x^2,\cdots,x^m)K(y^1,y^2,\cdots,y^m)^{\mathrm{T}} \\ &= \sum_{i,j=1}^m k_{ij}x^iy^j\end{aligned}$$

可以看出, 线性变换 $\tilde{x} = xP$ 保持双线性形式不变. 所以, $\mathrm{GL}(m,\mathbf{R})_K$ 为保持双线性形式 $\sum\limits_{i,j=1}^m k_{ij}x^iy^j$ 不变的线性变换对应的矩阵 $P$ 的全体. 根据文献[25]110～111页定理16的证明, $\mathrm{GL}(m,\mathbf{R})_K$ 的 Lie 代数为

$$\mathrm{gl}(m,\mathbf{R})_K = \{X \in \mathrm{gl}(m,\mathbf{R}) \mid XK + KX^{\mathrm{T}} = 0\},$$

且 $\mathrm{GL}(m,\mathbf{R})_K$ 与 $\mathrm{gl}(m,\mathbf{R})_K$ 有相同的维数.

类似地, 设 $\mathrm{gl}(m,\mathbf{C}) = \{X \mid X$ 为 $m\times n$ 复矩阵$\}$, $k \in \mathrm{gl}(m,\mathbf{C})$, 则 $\mathrm{GL}(m,\mathbf{C})_K$ 与 $\mathrm{gl}(m,\mathbf{C})_K$ 有相同的复维数.

**例 1.2.12** ***m*** **阶(实)正交群**

$$\begin{aligned}O(m) = O(m,\mathbf{R}) &= \{P \in \mathrm{GL}(m,\mathbf{R}) \mid PP^{\mathrm{T}} = PI_mP^{\mathrm{T}} = I_m\} \\ &= \mathrm{GL}(m,\mathbf{R})I_m.\end{aligned}$$

***m*** **阶特殊正交群为**

$$O^+(m) = SO(m,\mathbf{R}) = \{P \in GL(m,\mathbf{R}) \mid PP^T = I_m, \det P = 1\}.$$

而

$$O^-(m) = \{P \in GL(m,\mathbf{R}) \mid PP^T = I_m, \det P = -1\}.$$

因为 $PP^T = I_m$，故

$$\sum_{i,j=1}^m p_{ij}^2 = \sum_{i=1}^m \left(\sum_{j=1}^m p_{ij}p_{ij}\right) = \sum_{i=1}^m \delta_{ii} = \sum_{i=1}^m 1 = m.$$

从而，$O(m) \subset \mathbf{R}^{m^2}$ 为有界集. 此外，如果 $P(n) \in O(m)$，$\lim_{n\to+\infty} P(n) = P$，则

$$PP^T = \lim_{n\to+\infty}(P(n)P(n)^T) = \lim_{n\to+\infty} I_m = I_m.$$

从而，$O(m) \subset \mathbf{R}^{m^2}$ 为闭集. 这就证明了 $O(m)$ 为紧致集.

根据文献[25]110～111 页定理 16 的证明，$O(m)$ 的 Lie 代数为

$$o(m) = gl(m,\mathbf{R})_{I_m} = \{X \in gl(m,\mathbf{R}) \mid X + X^T = 0\}.$$

由

$$x_{ij} + x_{ji} = 0,\quad 1 \leqslant i,j \leqslant m \Leftrightarrow \begin{cases} x_{ii} = 0, & 1 \leqslant i \leqslant m; \\ x_{ij} = -x_{ji}, & i > j \end{cases}$$

得到 $O(m) = GL(m,\mathbf{R})_{I_m}$ 为 $\dfrac{m^2 - m}{2} = \dfrac{(m-1)m}{2}$ 维 $C^\omega$ Lie 群.

如果记 $P \in O(m)$ 为 $P = (e_1, e_2, \cdots, e_m)$，则 $\{e_1, e_2, \cdots, e_m\}$ 为 $\mathbf{R}^m$ 的规范正交基. 由 $\| e_m \| = 1$，则 $e_m$ 有 $m-1$ 个自由度，$e_{m-1}$ 在垂直于 $e_m$ 的子空间中有 $m-2$ 个自由度，…，$e_2$ 有 1 个自由度. 当 $e_m, e_{m-1}, \cdots, e_2$ 取定时，由 $\det(e_1, e_2, \cdots, e_m) = 1$ 知，$e_1$ 完全确定，从而 $P = (e_1, e_2, \cdots, e_m)$ 恰有

$$(m-1) + (m-2) + \cdots + 2 + 1 = \frac{(m-1)m}{2}$$

个自由度，即 $O(m)$ 的维数为 $\dfrac{(m-1)m}{2}$.

$\forall P \in O^+(m)$，由线性代数知识可知，$\exists Q \in O(m)$，s. t.

$$P = Q^{-1}\begin{pmatrix} 1 & & & & & & & & \\ & \ddots & & & & & & & \\ & & 1 & & & & & & \\ & & & \cos\theta_1 & -\sin\theta_1 & & & & \\ & & & \sin\theta_1 & \cos\theta_1 & & & & \\ & & & & & \ddots & & & \\ & & & & & & \cos\theta_k & -\sin\theta_k \\ & & & & & & \sin\theta_k & \cos\theta_k \end{pmatrix} Q.$$

令 $\varphi:[0,1]\to O^+(m)$,

$$\varphi(t)=Q^{-1}\begin{pmatrix}1&&&&&&&&\\&\ddots&&&&&&&\\&&1&&&&&&\\&&&\cos t\theta_1&-\sin t\theta_1&&&&\\&&&\sin t\theta_1&\cos t\theta_1&&&&\\&&&&&\ddots&&&\\&&&&&&\cos t\theta_k&-\sin t\theta_k\\&&&&&&\sin t\theta_k&\cos t\theta_k\end{pmatrix}Q$$

为 $O^+(m)$ 中连接 $\varphi(0)=I_m$ 和 $\varphi(1)=P$ 的道路. 从而, $O^+(m)$ 是道路连通的.

$\forall P\in O^-(m)$, 由以上讨论知, 显然 $\exists Q\in O(m)$, s.t.

$$P=Q^{-1}\begin{pmatrix}-1&&&&&&&&&\\&1&&&&&&&&\\&&\ddots&&&&&&&\\&&&1&&&&&&\\&&&&\cos\theta_1&-\sin\theta_1&&&&\\&&&&\sin\theta_1&\cos\theta_1&&&&\\&&&&&&\ddots&&&\\&&&&&&&\cos\theta_k&-\sin\theta_k\\&&&&&&&\sin\theta_k&\cos\theta_k\end{pmatrix}Q.$$

类似地, $O^-(m)$ 是道路连通的. 根据反证法与连续函数的零值定理可知 $O(m)$ 不是道路连通的. 从而, $O(m)$ 恰有两个道路连通分支. 由定理 1.1.3 知, $O(m)$ 也恰有两个连通分支. □

**例 1.2.13** (1) 一般线性群 $\mathrm{GL}(m,\mathbf{R})$ 非紧致且恰有两个道路连通分支(两个连通分支).

(2) 复一般线性群 $\mathrm{GL}(m,\mathbf{C})$ 非紧致、道路连通(连通).

**证明** (1) 因为

$$\begin{pmatrix}1&&&\\&\ddots&&\\&&1&\\&&&n\end{pmatrix}\in\mathrm{GL}(m,\mathbf{R})\subset\mathbf{R}^{m^2},$$

所以 $\mathrm{GL}(m,\mathbf{R})$ 在 $\mathbf{R}^{m^2}$ 中无界,故非紧致.

对 $\forall A\in \mathrm{GL}(m,\mathbf{R})$,设 $A=(A_1,A_2,\cdots,A_m)$,则 $A_1,A_2,\cdots,A_m$ 为 $\mathbf{R}^m$ 的一个基.由 Gram-Schmidt 正交化过程得到

$$\begin{cases} B_1 = A_1, \\ B_2 = \lambda_{21}A_1 + A_2, \\ \vdots \\ B_m = \lambda_{m1}A_1 + \cdots + \lambda_{m,m-1}A_{m-1} + A_m \end{cases}$$

为 $m$ 个正交向量.令

$$B_k(t) = \frac{t(\lambda_{k1}A_1 + \cdots + \lambda_{k,k-1}A_{k-1}) + A_k}{(1-t) + t\,\| \lambda_{k1}A_1 + \cdots + \lambda_{k,k-1}A_{k-1} + A_k \|},$$

则 $B(t)=(B_1(t),B_2(t),\cdots,B_m(t))$ 是连接 $B(0)=(B_1(0),B_2(0),\cdots,B_m(0))=(A_1,A_2,\cdots,A_m)=A$ 与 $B(1)=(B_1(1),B_2(1),\cdots,B_m(1))=\left(\frac{B_1}{\|B_1\|},\frac{B_2}{\|B_2\|},\cdots,\frac{B_m}{\|B_m\|}\right)\in O(m)$ 的一条道路.

设 $\mathrm{GL}^+(m,\mathbf{R})$ 和 $\mathrm{GL}^-(m,\mathbf{R})$ 分别表示 $\mathrm{GL}(m,\mathbf{R})$ 中行列式大于 0 和小于 0 的元素组成的子群.如果 $A\in \mathrm{GL}^+(m,\mathbf{R})$,根据连续函数的零值定理,$B(1)\in O^+(m)$.由例 1.2.12,$O^+(m)$ 道路连通,故 $\mathrm{GL}^+(m,\mathbf{R})$ 道路连通.同理,$\mathrm{GL}^-(m,\mathbf{R})$ 也道路连通.再一次应用连续函数的零值定理,$\mathrm{GL}(m,\mathbf{R})$ 恰有两个道路连通分支.由定理 1.1.3,$\mathrm{GL}(m,\mathbf{R})$ 恰有两个连通分支.

(2) 因为

$$\begin{pmatrix} 1 & & & \\ & \ddots & & \\ & & 1 & \\ & & & n \end{pmatrix} \in \mathrm{GL}(m,\mathbf{C}) \subset \mathbf{C}^{m^2},$$

所以 $\mathrm{GL}(m,\mathbf{C})$ 在 $\mathbf{C}^{m^2}$ 中无界,故非紧致.

对 $\forall A\in \mathrm{GL}(m,\mathbf{C})$,由线性代数知识,$\exists P\in \mathrm{GL}(m,\mathbf{C})$,s.t.

$$A = P^{-1}\begin{pmatrix} \mathrm{e}^{\lambda_1} & & 0 \\ & \ddots & \\ * & & \mathrm{e}^{\lambda_m} \end{pmatrix} P, \quad \lambda_1,\cdots,\lambda_m \in \mathbf{C}.$$

于是,$\varphi:[0,1]\to \mathrm{GL}(m,\mathbf{C})$,

$$\varphi(t) = P^{-1}\begin{pmatrix} \mathrm{e}^{t\lambda_1} & & 0 \\ & \ddots & \\ t\,* & & \mathrm{e}^{t\lambda_m} \end{pmatrix} P$$

为 $\mathrm{GL}(m,\mathbf{C})$中连接 $\varphi(0)=I_m$ 和 $\varphi(1)=A$ 的一条道路. 因此,$\mathrm{GL}(m,\mathbf{C})$是道路连通(连通)的. □

**例 1.2.14　$m$ 阶复正交群**

$$O(m,\mathbf{C})=\{P\in \mathrm{GL}(m,\mathbf{C})\mid PP^{\mathrm{T}}=I_m\}$$

为复$\frac{(m-1)m}{2}$维 $C^\omega$ Lie 群(类似于 $O(m)$的证明).

当 $m=1$ 时,$O(1,\mathbf{C})=\{1,-1\}$是紧致的;

当 $m\geqslant 2$ 时,取

$$P(n)=\begin{pmatrix}\sqrt{1+n^2} & n\mathrm{i} & & & \\ -n\mathrm{i} & \sqrt{1+n^2} & & & \\ & & 1 & & \\ & & & \ddots & \\ & & & & 1\end{pmatrix}.$$

显然,$P(n)\in O(m,\mathbf{C})$,且 $\lim\limits_{n\to+\infty}\|P(n)\|^2=\lim\limits_{n\to+\infty}(2(1+2n^2)+(m-2))=+\infty$,故 $O(m,\mathbf{C})$无界,从而非紧致.

根据文献[24]524 页题 18,$\forall P\in O(m,\mathbf{C})$,$\exists O_1,O_2\in O(m,\mathbf{R})$,s.t.

$$P=O_1\begin{pmatrix}1 & & & & & & & & \\ & \ddots & & & & & & & \\ & & 1 & & & & & & \\ & & & \sec\theta_1 & \mathrm{i}\tan\theta_1 & & & & \\ & & & -\mathrm{i}\tan\theta_1 & \sec\theta_1 & & & & \\ & & & & & \ddots & & & \\ & & & & & & \sec\theta_k & \mathrm{i}\tan\theta_k \\ & & & & & & -\mathrm{i}\tan\theta_k & \sec\theta_k\end{pmatrix}O_2,$$

$$0\leqslant\theta_j<\frac{\pi}{2},\quad j=1,2,\cdots,k.$$

因为$(\det P)^2=\det(PP^{\mathrm{T}})=\det I_m=1$,故 $\det P=\pm 1$.

如果 $\det P=1$,则 $\det O_1=\det O_2$,不妨设 $\det O_1=\det O_2=1$. 于是,$\exists \varphi_j:[0,1]\to O^+(m)$,s.t. $\varphi_j(0)=I_m$,$\varphi_j(1)=O_j$,$j=1,2$. 令

$$\psi:[0,1]\to O(m,\mathbf{C}),$$

$$\psi(t) = \begin{pmatrix} 1 & & & & & & & \\ & \ddots & & & & & & \\ & & 1 & & & & & \\ & & & \sec t\theta_1 & \mathrm{i}\tan t\theta_1 & & & \\ & & & -\mathrm{i}\tan t\theta_1 & \sec t\theta_1 & & & \\ & & & & & \ddots & & \\ & & & & & & \sec t\theta_k & \mathrm{i}\tan t\theta_k \\ & & & & & & -\mathrm{i}\tan t\theta_k & \sec t\theta_k \end{pmatrix}.$$

于是，$\varphi:[0,1]\to O(m,\mathbf{C})$，$\varphi(t)=\varphi_1(t)\psi(t)\varphi_2(t)$，有 $\varphi(0)=I_m$，$\varphi(1)=P$，$\det\varphi(t)=1$. 这就证明了 $O^+(m,\mathbf{C})=\{P\in O(m,\mathbf{C})\mid \det P=1\}$是道路连通的. 类似例 1.2.12，$O^-(m,\mathbf{C})$也是道路连通的，而 $O(m,\mathbf{C})$恰有两个道路连通分支(两个连通分支).

**例 1.2.15　$m$ 阶酉群**

$$U(m) = \{P\in \mathrm{GL}(m,\mathbf{C})\mid P\overline{P}^{\mathrm{T}} = PI_m\overline{P}^{\mathrm{T}} = I_m\}$$

是紧致的(类似 $O(m)$紧致的证明). 由文献[24]544 页定理 5 可知，$\forall P\in U(m)$，$\exists Q\in U(m)$，s.t.

$$P = Q\begin{pmatrix} e^{\mathrm{i}\theta_1} & & & \\ & e^{\mathrm{i}\theta_2} & & \\ & & \ddots & \\ & & & e^{\mathrm{i}\theta_m}\end{pmatrix}\overline{Q}^{\mathrm{T}},$$

其中 $e^{\mathrm{i}\theta_j}(j=1,2,\cdots,m)$为 $P$ 的特征值. 令

$$\varphi:[0,1]\to U(m),$$

$$\varphi(t) = Q\begin{pmatrix} e^{\mathrm{i}t\theta_1} & & & \\ & e^{\mathrm{i}t\theta_2} & & \\ & & \ddots & \\ & & & e^{\mathrm{i}t\theta_m}\end{pmatrix}\overline{Q}^{\mathrm{T}},$$

它为 $U(m)$中连接 $\varphi(0)=I_m$ 和 $\varphi(1)=P$ 的一条道路. 因此，$U(m)$是道路连通的.

为了证明 $U(m)$为 $m^2$ 维的实 $C^\omega$ Lie 群. 我们定义

$$F:\mathrm{GL}(m,\mathbf{C})\times \mathrm{gl}(m,\mathbf{C})\to \mathrm{gl}(m,\mathbf{C})\quad(\text{视作实解析的}),$$

$$(P,K)\mapsto F(P,K) = PK\overline{P}^{\mathrm{T}}\quad(\text{左方实 } C^\omega \text{ 作用}).$$

易见

$$\mathrm{GL}(m,\mathbf{C})_K = \{P\in \mathrm{GL}(m,\mathbf{C})\mid PK\overline{P}^{\mathrm{T}} = K\}$$

为固定群，根据文献[25]，它的 Lie 代数为

$$\mathrm{gl}(m,\mathbf{C})_K = \{X \in \mathrm{gl}(m,\mathbf{C}) \mid XK + K\overline{X}^{\mathrm{T}} = 0\},$$

且 $\mathrm{GL}(m,\mathbf{C})_K$ 为实 $C^\omega$ Lie 群. 于是, $m$ 阶酉群

$$U(m) = \mathrm{GL}(m,\mathbf{C})_{I_m}$$

为实 $C^\omega$ Lie 群. 它的 Lie 代数为

$$u(m) = \{X \in \mathrm{gl}(m,\mathbf{C}) \mid X + \overline{X}^{\mathrm{T}} = 0\}.$$

令 $X = X_1 + \mathrm{i}X_2$, $X_1, X_2 \in \mathrm{gl}(m,\mathbf{R})$, 则

$$(X_1 + X_1^{\mathrm{T}}) + \mathrm{i}(X_2 - X_2^{\mathrm{T}}) = 0$$

$$\Leftrightarrow \begin{cases} X_1 + X_1^{\mathrm{T}} = 0 \\ X_2 - X_2^{\mathrm{T}} = 0 \end{cases} \Leftrightarrow \begin{cases} x_{jj}^{(1)} = 0, & x_{jl}^{(1)} = -x_{lj}^{(1)}, \\ x_{jl}^{(2)} = x_{lj}^{(2)}, & j \neq l. \end{cases}$$

因此, $U(m)$ 为 $\frac{1}{2}(m-1)m + \frac{1}{2}m(m+1) = m^2$ 维实 $C^\omega$ Lie 群.

注意: $U(m)$ 不必为复 $C^\omega$ Lie 群. 例如, 当 $m$ 为奇数时, 倘若 $U(m)$ 为复 $C^\omega$ Lie 群, 根据例 1.1.6, 它必为偶数维 $C^\omega$ 实解析流形. 但由上面的讨论知道, $U(m)$ 为 $m^2$(奇数) 维 $C^\omega$ 实解析流形, 矛盾.

现在, 我们转而讨论纤维丛、向量丛、切丛、张量丛、外形式丛、外微分形式的积分和著名的 Stokes 定理.

**定义 1.2.6** 设 $r \in \{0,1,2,\cdots,\infty,\omega\}$, $E$, $M$ 和 $F$ 为 $C^r$ 流形, $G$ 为 $C^r$ 群, 它 $C^r$ 有效作用在 $F$ 上, $\pi: E \to M$ 为 $C^r$ 满映射, 且是局部平凡的, 也就是存在 $M$ 的开覆盖 $\{U_\alpha \mid \alpha \in \Gamma\}$ 和相应的 $C^r$ 同胚族 $\{\psi_\alpha \mid \alpha \in \Gamma\}$, s. t. 对 $\forall \alpha \in \Gamma$, 图表

$$\begin{array}{ccc} E|_{U_\alpha} = \pi^{-1}(U_\alpha) & \xrightarrow{\psi_\alpha} & U_\alpha \times F \\ & \pi \searrow \quad \swarrow \pi_{1\alpha} & \\ & U_\alpha & \end{array}$$

是可交换的, 即 $\pi = \pi_{1\alpha} \circ \psi_\alpha$, 其中 $\pi_{1\alpha}(p,a) = p$. 显然

$$\psi_{\alpha p} = \psi_\alpha |_{\pi^{-1}(p)} = \psi_\alpha |_{E_p} : E_p = \pi^{-1}(p) \to \{p\} \times F$$

为 $C^r$ 同胚. 如果 $U_\alpha \cap U_\beta \neq \varnothing$, 则 $\psi_\alpha$ 与 $\psi_\beta$ 诱导 $C^r$ 同胚 $\psi_\beta \circ \varphi_\alpha^{-1}$, 且图表

$$\begin{array}{ccc} (U_\alpha \cap U_\beta) \times F & \xrightarrow{\psi_\beta \circ \psi_\alpha^{-1}} & (U_\alpha \cap U_\beta) \times F \\ & \pi_{1\alpha} \searrow \quad \swarrow \pi_{1\beta} & \\ & U_\alpha \cap U_\beta & \end{array}$$

是可交换的, 即 $\pi_{1\alpha} = \pi_{1\beta} \circ \psi_\beta \circ \psi_\alpha^{-1}$. 令

$$\psi_\beta \circ \psi_\alpha^{-1}(p,a) = (p, g_{\beta\alpha}(p)a),$$

这里 $g_{\beta\alpha}(p): F \to F$ 为 $C^r$ 同胚, 且从 $(\pi^{-1}(U_\alpha), \psi_\alpha)$ 到 $(\pi^{-1}(U_\beta), \psi_\beta)$ 的**转换映射** $g_{\beta\alpha}$: $U_\alpha \cap U_\beta \to G$ 为 $C^r$ 映射. 从定义不难得到 $g_{\alpha\alpha}(p) = e$ ($G$ 中单位元素) 和 $g_{\gamma\alpha}(p) =$

$g_{\gamma\beta}(p)\cdot g_{\beta\alpha}(p)$.

上述$(\pi^{-1}(U_\alpha),\psi_\alpha)$称为**局部平凡系**，$\pi^{-1}(U_\alpha)$称为**局部平凡邻域**，$\psi_\alpha$ 称为**局部平凡映射**. 如果 $U_\alpha\cap U_\beta=\varnothing$，或 $U_\alpha\cap U_\beta\neq\varnothing$，而 $\psi_\beta\circ\psi_\alpha^{-1}$ 和 $\psi_\alpha\circ\psi_\beta^{-1}$ 为 $C^r$ 映射，则称$(\pi^{-1}(U_\alpha),\psi_\alpha)$和$(\pi^{-1}(U_\beta),\psi_\beta)$是 **$C^r$ 相容**的. 令

$$\mathscr{E}'=\{(\pi^{-1}(U_\alpha),\psi_\alpha)\mid\alpha\in\Gamma\},$$

类似于 $C^r$ 流形的 $C^r$ 构造的基，它唯一确定了一个 $E$ 的最大局部平凡系族

$$\mathscr{E}=\{(\pi^{-1}(U),\psi)\mid(\pi^{-1}(U),\psi)\text{ 与 }\mathscr{E}'C^r\text{ 相容}\}.$$

我们称六元组

$$\xi=\{E,M,\pi,G,F,\mathscr{E}\}$$

是 **$C^r$ 纤维丛**，其中 $E$ 为**丛(全)空间**，$M$ 为**底空间**，$\pi$ 为**从 $E$ 到 $M$ 上的投影**，$G$ 为**构造群**(或**结构群**)，$F$ 为**标准纤维**，$E_p=\pi^{-1}(p)$为 **$p$ 点上的纤维**. 有时，简称 $E$ 为**纤维丛**.

$\mathscr{E}$ 中的元素称为**局部平凡系**(**丛图卡**、**丛图片**)，称 $\mathscr{E}$ 为**局部平凡系族**(**丛图册**).

如果 $M$ 为 $m$ 维 $C^r$ 流形，$F$ 为 $n$ 维 $C^r$ 流形，则 $E$ 为 $m+n$ 维 $C^r$ 流形.

定义 1.2.6 中，如果将 $C^r$ 流形、$C^r$ 群、$C^r$ 有效作用、$C^r$ 满映射、$C^r$ 同胚、$C^r$ 映射分别改为拓扑空间、扑拓群、连续有效作用、连续满映射、同胚、连续映射，则称 $\xi$ 或 $E$ 为**拓扑纤维丛**.

**定义 1.2.7** 在定义 1.2.6 中，设标准纤维 $F=\mathbf{R}^n$，构造群 $G=\mathrm{GL}(n,\mathbf{R})$(或 $\mathrm{GL}(n,\mathbf{R})$的 $C^r$ 正则 Lie 子群 $H$，如 $O(n)$)，根据例 1.2.8，$\mathrm{GL}(n,\mathbf{R})$左方 $C^\omega$(或 $HC^r$)有效作用在 $\mathbf{R}^n$ 上.

如果 $\psi_\alpha:\pi^{-1}(U_\alpha)\to U_\alpha\times\mathbf{R}^n$ 为 $C^r$ 同胚，$g_{\beta\alpha}:U_\alpha\cap U_\beta\to\mathrm{GL}(n,\mathbf{R})$为 $C^r$ 映射，而

$$\psi_\alpha\mid_{\pi^{-1}(p)}:\pi^{-1}(p)\to\{p\}\times\mathbf{R}^n,$$

$$g_{\beta\alpha}(p):\mathbf{R}^n\to\mathbf{R}^n$$

都为线性同构，则称 $C^r$ 纤维丛

$$\xi=\{E,M,\pi,\mathrm{GL}(n,\mathbf{R}),\mathbf{R}^n,\mathscr{E}\}$$

为**秩 $n$ 的 $C^r$ 实向量丛**.

显然，$p$ 点处的纤维 $E_p=\pi^{-1}(p)$为 $n$ 维实向量空间. 当 $n=1$ 时，称 $\xi$ 为**实线丛**.

实向量丛简称向量丛，它是沿 $M$ 的 $n$ 维向量空间族，局部可视为平凡积，它们是通过构造群 $\mathrm{GL}(n,\mathbf{R})$(或 $\mathrm{GL}(n,\mathbf{R})$的 $C^r$ 正则 Lie 子群 $H$)粘起来的(图 1.2.1).

**例 1.2.16** 设 $\xi=\{E,M,\pi,G,F,\mathscr{E}\}$为 $C^r$ 纤维丛，如果存在丛图卡$(E,\psi)\in\mathscr{E}$，则称 $\xi$ 为**平凡丛**. 此时

$$\psi:E=\pi^{-1}(M)\to M\times F$$

为 $C^r$ 同胚，

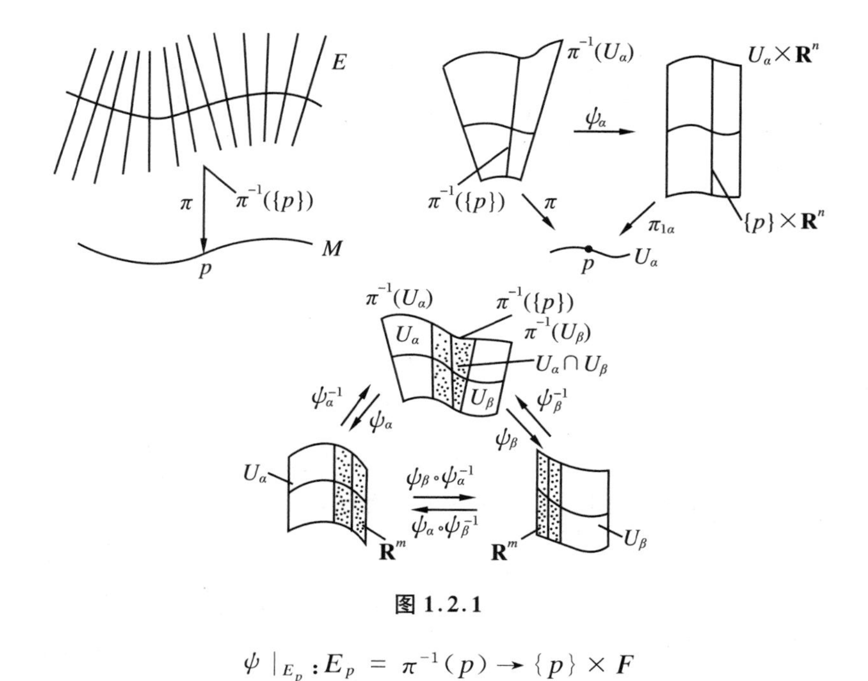


图 1.2.1

$$\psi|_{E_p}:E_p=\pi^{-1}(p)\to\{p\}\times F$$

也为 $C^r$ 同胚.

设 $\xi=\{E,M,\pi,\mathrm{GL}(n,\mathbf{R}),\mathbf{R}^n,\mathscr{E}\}$为 $C^r$ 向量丛,如果存在丛图卡$(E,\psi)\in\mathscr{E}$使

$$\psi:E=\pi^{-1}(M)\to M\times\mathbf{R}^n$$

为 $C^r$ 同胚,

$$\psi|_{E_p}:E_p=\pi^{-1}(p)\to\{p\}\times\mathbf{R}^n$$

为线性同构,则称 $\xi$ 为**平凡向量丛**.

**定义 1.2.8** 设 $\xi=\{E,M,\pi,G,F,\mathscr{E}\}$为 $C^r$(或拓扑)纤维丛.如果对 $k\in\{0,1,\cdots,r\}$存在 $C^k$(或连续)映射 $\sigma:M\to E$,使 $\sigma(p)\in E_p$, $\forall p\in M$,即 $\pi\circ\sigma=\mathrm{Id}_M$,则称 $\sigma$ 为$\xi$ 的一个 **$C^k$(或连续)截面**.记 $C^k$ 截面的全体为$C^k(\xi)$或 $C^k(E)$.

容易看出,$\sigma:M\to\sigma(M)$为 $C^k$ 同胚(或同胚).

如果 $\xi=\{E,M,\pi,\mathrm{GL}(n,\mathbf{R}),\mathbf{R}^n,\mathscr{E}\}$为秩 $n$ 的 $C^r$ 向量丛,则它有一个特殊的 **0 截面**

$$\sigma_0:M\to E,\quad \sigma_0(p)=0_p\in E_p.$$

于是

$$\sigma_0:M\to\sigma_0(M)=\{0_p\mid p\in M,0_p\text{ 为 }E_p\text{ 中的零向量}\}$$

为 $C^r$ 同胚.由此,我们将 $M$ 和 0 截面的像视作相同(图 1.2.2).

设 $C^k(\xi)=C^k(E)=\{\sigma\mid\sigma:M\to E\text{ 为}C^k\text{ 截面}\}$,对 $\sigma,\eta\in C^k(\xi)=C^k(E)$,$\lambda\in\mathbf{R}$,我们定义加法和数乘运算如下:

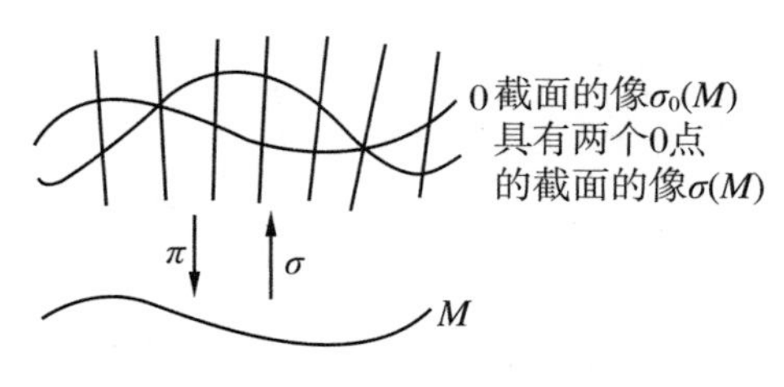


图 1.2.2

$$(\sigma+\eta)(p)=\sigma(p)+\eta(p),$$

$$(\lambda\sigma)(p)=\lambda\cdot\sigma(p),\quad p\in M.$$

容易验证 $C^k(E)$在上述加法和数乘下形成一个 $\mathbf{R}$ 上的向量空间.

如果 $n\geqslant 1$,设$(U,\varphi)$,$\{x^i\}$为 $M$ 的局部坐标系,使 $C^m(1)\subset\varphi(U)$,$(\pi^{-1}(U),\psi)$为 $E$ 的丛图卡,$f$ 为引理 1.1.4 中所述.应用 Vandermonde 行列式可以验证

$$\{(x^1)^l f\circ\varphi(p)\psi_p^{-1}(e_1)\mid l=0,1,2,\cdots\}$$

(自然可视作 $E$ 上的整体$C^k$ 截面)是线性无关的,故上述向量空间 $C^k(E)$是无限维的.

除上述加法外,对 $\lambda\in C^k(M,\mathbf{R})$,$\sigma,\eta\in C^k(E)$,我们定义:

$$(\lambda\sigma)(p)=\lambda(p)\cdot\sigma(p),\quad p\in M.$$

于是,$C^k(E)$成为 $\mathbf{R}$ 值函数的代数上的一个模(图 1.2.3).

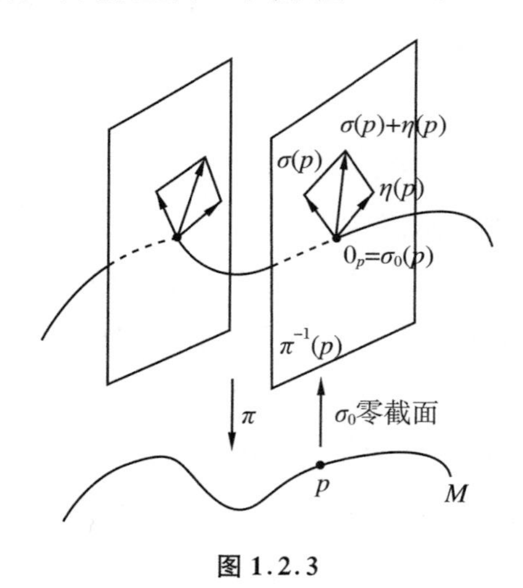


图 1.2.3

**定义 1.2.9** 设 $\xi=\{E,M,\pi,\mathrm{GL}(n,\mathbf{R}),\mathbf{R}^n,\mathscr{E}\}$为 $C^r$ 向量丛.如果$\exists\,\mathscr{E}_1'\subset\mathscr{E}$,s.t.

(1) $\displaystyle\bigcup_{(U_1,\psi)\in\mathscr{E}_1'}U=M$;

(2) $\forall\,(U_i,\psi_i)\in\mathscr{E}_1'$,$i=1,2$,如果 $U_1\cap U_2\neq\varnothing$,则对$\forall\,p\in U_1\cap U_2$,

$$\begin{pmatrix}\psi_2^{-1}(p,e_1)\\ \vdots\\ \psi_2^{-1}(p,e_n)\end{pmatrix}=\begin{pmatrix}a_{11} & \cdots & a_{1n}\\ \vdots & & \vdots\\ a_{m1} & \cdots & a_{mn}\end{pmatrix}\begin{pmatrix}\psi_1^{-1}(p,e_1)\\ \vdots\\ \psi_1^{-1}(p,e_n)\end{pmatrix}$$

中 $\det(a_{ij})>0$，即向量空间 $E_p=\pi^{-1}(p)$ 中的两个基 $\{\psi_1^{-1}(p,e_i)\mid i=1,2,\cdots,n\}$ 与 $\{\psi_2^{-1}(p,e_i)\mid i=1,2,\cdots,n\}$ 是同向的，简记为

$$\overrightarrow{(\psi_1^{-1}(p,e_1),\cdots,\psi_1^{-1}(p,e_n))}=\overrightarrow{(\psi_2^{-1}(p,e_1),\cdots,\psi_2^{-1}(p,e_n))},$$

则称 $\xi$ 或 $E$ 是**可定向**的. 设

$$\mathscr{E}_1=\{(U,\psi)\mid(U,\psi)\text{ 与 }\mathscr{E}_1'\text{ 中任一元素是同向的}\},$$

则称 $\mathscr{E}_1$ 为 $\xi$ 的一个**定向**，称 $(\xi,\mathscr{E},\mathscr{E}_1)$ 为一个**定向向量丛**.

为建立 $m_1$ 维 $C^\infty$ 流形 $(M_1,\mathscr{D}_1)$ 到 $m_2$ 维 $C^\infty$ 流形 $(M_2,\mathscr{D}_2)$ 的 $C^\infty$ 映射 $f:M_1\to M_2$ 在 $p\in M_1$ 的微分或 Jacobi 映射，必须将 $C^\infty$ 流形 $M_1$ 和 $M_2$ 分别在 $p\in M_1$ 和 $f(p)\in M_2$ 处线性化，即在相应点处引入切空间的概念. 它是 Euclid 空间中光滑曲线或光滑曲面在其每个点处的切线或切平面的推广. 为便于将 $\mathbf{R}^m$ 中切向量推广到 $C^\infty$ 流形上去，我们观察方向导数的性质，并用“映射”或“算子”的观点定义切向量，这种观点就是近代数学的观点，或称为不变观点.

设 $U_f$ 为 $\mathbf{R}^m$ 中含 $p$ 的开集，$f:U_f\to\mathbf{R}$ 为 $C^1$ 类函数，$C^1$ 曲线 $x(t)$，$x(0)=p$，$x'(0)=X_p$，则 $f$ 在 $p$ 点沿 $X_p$ 的方向导数为

$$X_pf=\left.\frac{\mathrm{d}f(x(t))}{\mathrm{d}t}\right|_{t=0}=\sum_{i=1}^m\frac{\partial f}{\partial x^i}(p)\frac{\mathrm{d}x^i}{\mathrm{d}t}(0)=\left(\sum_{i=1}^m(X_px^i)\left.\frac{\partial}{\partial x^i}\right|_p\right)f,$$

特别地，$X_px^j=\left.\frac{\mathrm{d}x^j(t)}{\mathrm{d}t}\right|_{t=0}=\frac{\mathrm{d}x^j}{\mathrm{d}t}(0)$. 容易看出

$$\{X_pf\mid f:U_f\to\mathbf{R}\text{ 为 }C^1\text{ 映射}\}$$

完全确定了 $X_p$. 事实上，$\{X_px^j\mid_{j=1,2,\cdots,m}\}$ 完全确定了 $X_p$. 此外，$X_p$ 具有以下性质：

(1) 若存在含 $p$ 的开集 $U\subset U_f\cap U_g$，s.t.

$$f|_U=g|_U$$

(称 $(f,U_f)\sim(g,U_g)$)，则 $X_pf=X_pg$；

(2) $X_p(f+g)=X_pf+X_pg$，$U_{f+g}=U_f\cap U_g$，$X_p(\lambda f)=\lambda\cdot X_pf$，$\lambda\in\mathbf{R}$，$U_{\lambda f}=U_f$；

(3) $X_p(fg)=g(p)X_pf+f(p)X_pg$，$U_{fg}=U_f\cap U_g$.

**定义 1.2.10** 设 $(M,\mathscr{D})$ 为 $m$ 维 $C^\infty$ 流形，$C^\infty(p)=\{(f,U_f)\mid p\in U_f\subset M$，$U_f$ 为 $M$ 的开集，$f:U_f\to\mathbf{R}$ 为 $C^\infty$ 函数$\}$. 如果映射 $X_p:C^\infty(p)\to\mathbf{R}$，$f\mapsto X_pf$，对 $\forall(f,U_f)$，$(g,U_g)\in C^\infty(p)$，$\lambda\in\mathbf{R}$ 满足：

(1) 若 $(f,U_f)\sim(g,U_g)$，则 $X_pf=X_pg$；

(2) $X_p(f+g)=X_pf+X_pg$, $U_{f+g}=U_f\cap U_g$, $X_p(\lambda f)=\lambda X_pf$, $U_{\lambda f}=U_f$ (线性性);

(3) $X_p(fg)=g(p)X_pf+f(p)X_pg$, $U_{fg}=U_f\cap U_g$(导性).

则称 $X_p$ 为 $p$ 点处的一个**切向量**.

**定义 1.2.11** 设

$$T_pM=\{X_p \mid X_p \text{ 为 } p \text{ 点处的切向量}\}.$$

如果 $X_p, X_{1p}, X_{2p}\in T_pM$, $\lambda\in\mathbf{R}$,则在 $T_pM$ 中定义

$$\text{加法} \quad (X_{1p}+X_{2p})f=X_{1p}f+X_{2p}f,$$

$$\text{数乘} \quad (\lambda X_p)f=\lambda\cdot X_pf.$$

易见,$X_{1p}+X_{2p}\in T_pM$, $\lambda X_p\in T_pM$,且 $T_pM$ 关于上述加法和数乘满足向量空间的各个条件,使 $T_pM$ 成为一个向量空间,称它为 $p$ 点处的**切空间**.

**定理 1.2.3** $T_pM$ 为 $m$ 维向量空间.

**证明** 设$(U,\varphi)$,$\{x^i \mid i=1,2,\cdots,m\}$为 $p$ 的局部坐标系,我们定义坐标向量 $\left.\frac{\partial}{\partial x^1}\right|_p, \left.\frac{\partial}{\partial x^2}\right|_p, \cdots, \left.\frac{\partial}{\partial x^m}\right|_p$ 如下:

$$\left.\frac{\partial}{\partial x^i}\right|_p : C^\infty(p)\to\mathbf{R},$$

$$\left.\frac{\partial}{\partial x^i}\right|_p f=\frac{\partial(f\circ\varphi^{-1})}{\partial x^i}(\varphi(p)).$$

容易验证$\left.\frac{\partial}{\partial x^i}\right|_p$ 满足定义 1.2.10 的(1)、(2)、(3),故$\left.\frac{\partial}{\partial x^i}\right|_p\in T_pM$.

如果 $\sum_{i=1}^m \lambda^i \left.\frac{\partial}{\partial x^i}\right|_p=0$(0 为零切向量,即 $0f=0$),则有

$$0=0x^j=\left(\sum_{i=1}^m \lambda^i \left.\frac{\partial}{\partial x^i}\right|_p\right)x^j=\sum_{i=1}^m \lambda^i\left(\left.\frac{\partial}{\partial x^i}\right|_p x^j\right)$$

$$=\sum_{i=1}^m \lambda^i \frac{\partial x^j}{\partial x^i}=\sum_{i=1}^m \lambda^i\delta_i^j=\lambda^j, \quad j=1,2,\cdots,m,$$

故$\left\{\left.\frac{\partial}{\partial x^1}\right|_p, \left.\frac{\partial}{\partial x^2}\right|_p, \cdots, \left.\frac{\partial}{\partial x^m}\right|_p\right\}$是线性无关的.

再证对 $\forall X_p\in T_pM$,有

$$X_p=\sum_{i=1}^m (X_px^i)\left.\frac{\partial}{\partial x^i}\right|_p.$$

于是,$\left\{\left.\frac{\partial}{\partial x^1}\right|_p, \left.\frac{\partial}{\partial x^2}\right|_p, \cdots, \left.\frac{\partial}{\partial x^m}\right|_p\right\}$为 $T_pM$ 的一个基,从而 $T_pM$ 为 $m$ 维向量空间. □

对 $\forall (f,U_f)\in C^\infty(p)$,取 $p$ 的局部坐标系$(U,\varphi)$,$\{x^i\}$,令 $\varphi(p)=a$, $\varphi(q)=x$,

则有

$$\begin{aligned}
f(q) &= f(p) + f\circ\varphi^{-1}(x) - f\circ\varphi^{-1}(a) \\
&= f(p) + \int_0^1 \frac{\mathrm{d}}{\mathrm{d}t} f\circ\varphi^{-1}(a+t(x-a))\mathrm{d}t \\
&= f(p) + \int_0^1 \sum_{i=1}^m \frac{\partial(f\circ\varphi^{-1})}{\partial x^i}(a+t(x-a))(x^i-a^i)\mathrm{d}t \\
&= f(p) + \sum_{i=1}^m (x^i-a^i)\int_0^1 \frac{\partial(f\circ\varphi^{-1})}{\partial x^i}(a+t(x-a))\mathrm{d}t \\
&= f(p) + \sum_{i=1}^m (x^i-a^i)\,\tilde{g}_i(x) \\
&= f(p) + \sum_{i=1}^m (x^i(q)-a^i)g_i(q),
\end{aligned}$$

其中 $g_i(q)=\tilde{g}_i\circ\varphi(q)=\int_0^1 \frac{\partial(f\circ\varphi^{-1})}{\partial x^i}(a+t(x-a))\mathrm{d}t$,

$$g_i(p) = \frac{\partial(f\circ\varphi^{-1})}{\partial x^i}(a).$$

由 $X_p1 = X_p(1\cdot 1) = 1\cdot X_p1 + 1\cdot X_p1 = 2X_p1$, $X_p1=0$ 立即可知 $X_p\lambda = X_p(\lambda\cdot 1)=\lambda\cdot X_p1 = \lambda\cdot 0 = 0$, $\lambda\in\mathbf{R}$. 再由定义 1.2.10 中的(2)、(3)得到

$$\begin{aligned}
X_pf &= X_pf(p) + \sum_{i=1}^m g_i(p)\cdot X_p(x^i-a^i) \\
&\quad + \sum_{i=1}^m (a^i-a^i)\cdot X_pg_i \\
&= 0 + \sum_{i=1}^m (X_px^i)\frac{\partial(f\circ\varphi^{-1})}{\partial x^i}(a) + 0 \\
&= \Big(\sum_{i=1}^m (X_px^i)\frac{\partial}{\partial x^i}\Big|_p\Big)f,
\end{aligned}$$

$$X_p = \sum_{i=1}^m (X_px^i)\frac{\partial}{\partial x^i}\Big|_p \quad (\text{图 } 1.2.4).$$

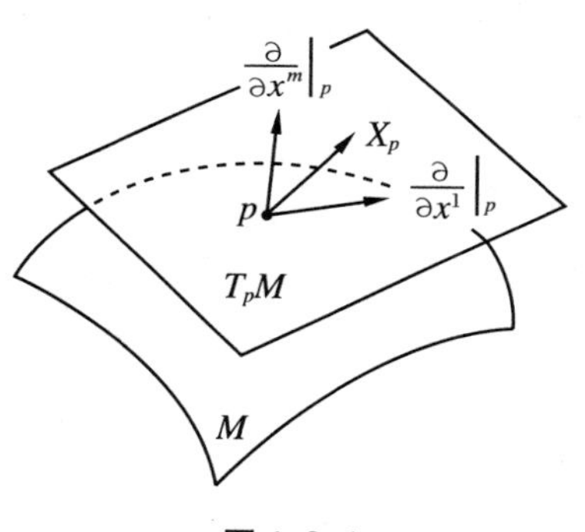


**图 1.2.4**

**注 1.2.1** 注意,由 $M$ 和 $f$ 的 $C^\infty$ 性,$g_i$ 也是 $C^\infty$ 的,故 $X_pg_i$ 有意义.但是,当 $r\in\{1,2,\cdots\}$时,$M$ 和 $f$ 是 $C^r$ 的,则 $g_i$ 是 $C^{r-1}$类的,从而 $X_pg_i$ 无定义.于是,此情形不能推得定理 1.2.3 成立.

设$(U_\alpha,\varphi_\alpha)$,$\{x^i\}$和$(U_\beta,\varphi_\beta)$,$\{y^i\}$为 $p$ 点的两个局部坐标系,由

$$\frac{\partial}{\partial y^j}\Big|_p f = \frac{\partial(f\circ\varphi_\beta^{-1})}{\partial y^j}(\varphi_\beta(p)) = \sum_{i=1}^m \frac{\partial(f\circ\varphi_\alpha^{-1})}{\partial x^i}(\varphi_\alpha(p))\frac{\partial x^i}{\partial y^j}(\varphi_\beta(p))$$

$$= \left( \sum_{i=1}^{m} \frac{\partial x^i}{\partial y^j}(\varphi_\beta(p)) \frac{\partial}{\partial x^i}\Big|_p \right) f$$

得到坐标基变换公式

$$\frac{\partial}{\partial y^j}\Big|_p = \sum_{i=1}^{m} \frac{\partial x^i}{\partial y^j}(\varphi_\beta(p)) \frac{\partial}{\partial x^i}\Big|_p$$

和

$$\begin{pmatrix} \frac{\partial}{\partial y^1} \\ \vdots \\ \frac{\partial}{\partial y^m} \end{pmatrix}_p = \begin{pmatrix} \frac{\partial x^1}{\partial y^1} & \cdots & \frac{\partial x^m}{\partial y^1} \\ \vdots & & \vdots \\ \frac{\partial x^1}{\partial y^m} & \cdots & \frac{\partial x^m}{\partial y^m} \end{pmatrix}_{\varphi_\beta(p)} = \begin{pmatrix} \frac{\partial}{\partial x^1} \\ \vdots \\ \frac{\partial}{\partial x^m} \end{pmatrix}_p .$$

再由

$$\sum_{j=1}^{m} b^j \frac{\partial}{\partial y^j}\Big|_p = X_p = \sum_{i=1}^{m} a^i \frac{\partial}{\partial x^i}\Big|_p = \sum_{i=1}^{m} a^i \sum_{j=1}^{m} \frac{\partial y^j}{\partial x^i}(\varphi_\alpha(p)) \frac{\partial}{\partial y^j}\Big|_p$$

$$= \sum_{j=1}^{m} \left( \sum_{i=1}^{m} \frac{\partial y^j}{\partial x^i}(\varphi_\alpha(p)) a^i \right) \frac{\partial}{\partial y^j}\Big|_p$$

得到切向量坐标变换公式：

$$b^j = \sum_{i=1}^{m} \frac{\partial y^j}{\partial x^i}(\varphi_\alpha(p)) a^i$$

和

$$\begin{pmatrix} b^1 \\ \vdots \\ b^m \end{pmatrix} = \begin{pmatrix} \frac{\partial y^1}{\partial x^1} & \cdots & \frac{\partial y^1}{\partial x^m} \\ \vdots & & \vdots \\ \frac{\partial y^m}{\partial x^1} & \cdots & \frac{\partial y^m}{\partial x^m} \end{pmatrix}_{\varphi_\alpha(p)} \begin{pmatrix} a^1 \\ \vdots \\ a^m \end{pmatrix},$$

其中$\{a^i\}$和$\{b^i\}$分别称为切向量 $X_p$ 关于局部坐标系$\{x^i\}$和$\{y^i\}$的**分量**.

由此可用“坐标”观点定义切向量，这就是所谓的古典观点. 通常在物理学中习惯于这种定义.

**定义 1.2.10′** 设 $L_p$ 为 $p$ 点的局部坐标系的全体. 如果映射

$$X_p : L_p \to \mathbf{R},$$

s.t. 对 $\forall (U_\alpha, \varphi_\alpha), \{x^i\} \in L_p, (U_\beta, \varphi_\beta), \{y^i\} \in L_p$,

$$X_p(\{x^i\}) = \{a^i\}, \quad X_p(\{y^i\}) = \{b^i\}$$

满足：

$$\begin{pmatrix} b^1 \\ \vdots \\ b^m \end{pmatrix} = \begin{pmatrix} \dfrac{\partial y^1}{\partial x^1} & \cdots & \dfrac{\partial y^1}{\partial x^m} \\ \vdots & & \vdots \\ \dfrac{\partial y^m}{\partial x^1} & \cdots & \dfrac{\partial y^m}{\partial x^m} \end{pmatrix}_{\varphi_\alpha(p)} \begin{pmatrix} a^1 \\ \vdots \\ a^m \end{pmatrix},$$

则称 $X_p$ 为点 $p$ 的一个**切向量**.

该定义的优点在于只要求 $M$ 为 $C^r(r\in\{1,2,\cdots\})$ 流形$\left(因为只用到\dfrac{\partial y^i}{\partial x^j}\right)$.

在每一点 $p\in M$ 有一个 $m$ 维切空间 $T_pM$，自然我们可以沿 $M$ 的这一族切空间得到一个秩 $m$ 的向量丛，称为切丛. 它是 $2m$ 维 $C^\infty$ 流形.

**定义 1.2.12** 设 $(M,\mathscr{D})$ 为 $m$ 维 $C^\infty$ 流形，我们定义 $M$ 的**切丛**

$$\xi_{切} = \{TM, M, \pi, \mathrm{GL}(m,\mathbf{R}), \mathbf{R}^m, \mathscr{E}\}$$

如下：

$$TM = \bigcup_{p\in M} T_pM, \quad \pi: TM \to M,$$

$$\pi(T_pM) = \{p\}, \quad 即\ \pi(X_p) = p, \quad \forall X_p \in T_pM.$$

$\pi^{-1}(p) = T_pM$ 为点 $p$ 处的纤维. 对 $\forall (U,\varphi),\{x^i\}\in\mathscr{D}$，定义局部平凡化为

$$\psi: \pi^{-1}(U) = \bigcup_{p\in U} T_pM \to U \times \mathbf{R}^m,$$

$$\psi(X_p) = \psi\left(\sum_{i=1}^m a^i \frac{\partial}{\partial x^i}\bigg|_p\right) = (p; a^1, a^2, \cdots, a^m),$$

而

$$\psi|_p: \pi^{-1}(p) = T_pM \to \{p\} \times \mathbf{R}^m$$

为同构. 因 $\psi$ 为一一映射，故从 $U\times\mathbf{R}^m$ 的拓扑自然导出了 $\pi^{-1}(U)$ 的拓扑，使 $\psi$ 为同胚. 显然

$$\mathcal{T}_0 = \{\pi^{-1}(U)\ 中的开集 \mid (U,\varphi) \in \mathscr{D}\}$$

为 $TM$ 的拓扑基，它唯一确定了 $TM$ 上的一个拓扑 $\mathcal{T}$. 明显地，$TM$ 为 $T_2$ 空间，$\pi^{-1}(U)$ 为其开子集，且

$$(\varphi, \mathrm{Id}_{\mathbf{R}^m}) \circ \psi: \pi^{-1}(U) \to \varphi(U) \times \mathbf{R}^m,$$

$$(\varphi, \mathrm{Id}_{\mathbf{R}^m}) \circ \psi(X_p) = (\varphi(p); a^1, a^2, \cdots, a^m) = (x^1, x^2, \cdots, x^m; a^1, a^2, \cdots, a^m)$$

为同构. 因而，$TM$ 为 $2m$ 维拓扑流形.

令

$$\mathscr{E}' = \{(\pi^{-1}(U), \psi) \mid (U,\varphi) \in \mathscr{D}\}.$$

如果 $(U_\alpha,\varphi_\alpha),\{x^i\}\in\mathscr{D}$，$(U_\beta,\varphi_\beta),\{y^i\}\in\mathscr{D}$，则当 $p\in U_\alpha\cap U_\beta$ 时，有

$$\begin{aligned}(p;b^1,b^2,\cdots,b^m) = (p;b) &= (p;g_{\beta\alpha}(p)a) \\ &= \psi_\beta \circ \psi_\alpha^{-1}(p;a^1,a^2,\cdots,a^m) \\ &= \psi_\beta\left(\sum_{i=1}^m a^i \frac{\partial}{\partial x^i}\bigg|_p\right) \\ &= \psi_\beta\left(\sum_{j=1}^m\left(\sum_{i=1}^m \frac{\partial y^j}{\partial x^i}a^i\right)\frac{\partial}{\partial y^j}\bigg|_p\right) \\ &= \left(p;\sum_{i=1}^m \frac{\partial y^1}{\partial x^i}a^i,\cdots,\sum_{i=1}^m \frac{\partial y^m}{\partial x^i}a^i\right),\end{aligned}$$

其中

$$g_{\beta\alpha}(p) = \begin{pmatrix} \dfrac{\partial y^1}{\partial x^1} & \cdots & \dfrac{\partial y^1}{\partial x^m} \\ \vdots & & \vdots \\ \dfrac{\partial y^m}{\partial x^1} & \cdots & \dfrac{\partial y^m}{\partial x^m} \end{pmatrix}_{\varphi_\alpha(p)} \in \mathrm{GL}(m,\mathbf{R}).$$

显然，$g_{\beta\alpha}: U_\alpha \cap U_\beta \to \mathrm{GL}(m,\mathbf{R})$为 $C^\infty$ 映射. 又因为

$$\begin{aligned}&(y^1,y^2,\cdots,y^m;b^1,b^2,\cdots,b^m) \\ &= ((\varphi_\beta,\mathrm{Id}_{\mathbf{R}^m})\circ\varphi_\beta)\circ((\varphi_\alpha,\mathrm{Id}_{\mathbf{R}^m})\circ\psi_\alpha)^{-1}(x^1,x^2,\cdots,x^m;a^1,a^2,\cdots,a^m) \\ &= \left(\varphi_\beta\circ\varphi_\alpha^{-1}(x^1,x^2,\cdots,x^m);\sum_{i=1}^m \frac{\partial y^1}{\partial x^i}a^i,\sum_{i=1}^m \frac{\partial y^2}{\partial x^i}a^i,\cdots,\sum_{i=1}^m \frac{\partial y^m}{\partial x^i}a^i\right),\end{aligned}$$

简记为

$$(y;b) = (\varphi_\beta\circ\varphi_\alpha^{-1}(x);g_{\beta\alpha}(p)a).$$

故 $TM$ 为 $2m$ 维 $C^\infty$ 流形，而

$$\{(\pi^{-1}(U),(\varphi,\mathrm{Id}_{\mathbf{R}^m})\circ\psi) \mid (U,\varphi)\in\mathscr{D}\}$$

为其微分构造的基. 而由

$$(x^1,x^2,\cdots,x^m) = \varphi\circ\pi\circ((\varphi,\mathrm{Id}_{\mathbf{R}^m})\circ\psi)^{-1}(x^1,x^2,\cdots,x^m;a^1,a^2,\cdots,a^m)$$

和

$$(\varphi,\mathrm{Id}_{\mathbf{R}^m})\circ\psi\circ((\varphi,\mathrm{Id}_{\mathbf{R}^m})\circ\psi)^{-1} = \mathrm{Id}_{\varphi(U)\times\mathbf{R}^m}$$

可知，$\pi$ 和 $\psi$ 分别为 $C^\infty$ 映射和 $C^\infty$ 同胚. 于是，由 $\mathscr{E}'$ 唯一确定了 $TM$ 的一个丛图册 $\mathscr{E}$，使 $\xi$ 或 $TM$ 成为 $M$ 上的一个秩 $m$ 的 $C^\infty$ 向量丛，并称它为$(M,\mathscr{D})$的 **$C^\infty$ 切丛**.

**定义 1.2.13** 设$(M,\mathscr{D})$为 $m$ 维 $C^\infty$ 流形，$TM$ 为其 $C^\infty$ 切丛，$U\subset M$，则称 $U$ 上的截面 $X: U\to TM$(即 $\pi|_U\circ X = \mathrm{Id}_U: U\to U$ 或对 $\forall\, p\in U$，在映射 $X$ 下对应于 $X_p\in T_pM$)为 $U$ 上的**切向量场**；如果 $X$ 为 $C^0$(连续)截面，则称它为 **$C^0$(即连续)切向量场**；如果 $U\subset M$ 为开集，则称 $C^k(k\in\{1,2,\cdots,+\infty\})$截面 $X$ 为 **$C^k$ 切向量场**. 记 $U$ 上的 $C^k$ 切向量场全体为 $C^k(TU)$或 $C^k(TM|_U)$.

**定理 1.2.4** 设 $(M,\mathscr{D})$ 为 $m$ 维 $C^\infty$ 流形，则：

(1) $X$ 为 $M$ 上的 $C^k(k\in\{0,1,\cdots,+\infty\})$ 切向量场 $\Leftrightarrow$ 对 $\forall(U,\varphi),\{x^i\}\in\mathscr{D}$，

$$X_p=\sum_{i=1}^m a^i(p)\frac{\partial}{\partial x^i}\bigg|_p,\quad p\in U,$$

有 $a^i\in C^k(U,\mathbf{R})$；

(2) $X$ 为 $M$ 上的 $C^\infty$ 切向量场 $\Leftrightarrow$ 对 $\forall f\in C^\infty(M,\mathbf{R})$，有 $Xf\in C^\infty(M,\mathbf{R})$.

**证明** (1) $X:M\to TM$ 为 $C^k$ 截面 $\Leftrightarrow$ 对 $\forall(U,\varphi),\{x^i\}\in\mathscr{D}$,

$$(\varphi,\mathrm{Id}_{\mathbf{R}^m})\circ\psi\circ X\circ\varphi^{-1}:\varphi(U)\to\varphi(U)\times\mathbf{R}^m,$$

$$(\varphi,\mathrm{Id}_{\mathbf{R}^m})\circ\psi\circ X\circ\varphi^{-1}(x)=(x;a^1\circ\varphi^{-1}(x),\cdots,a^m\circ\varphi^{-1}(x))$$

是 $C^k$ 类的 $\Leftrightarrow$ 对 $\forall(U,\varphi),\{x^i\}\in\mathscr{D},a^i\in C^k(U,\mathbf{R})$.

(2) $(\Rightarrow)$ 对 $\forall(U,\varphi),\{x^i\}\in\mathscr{D}$，在 $U$ 中，

$$Xf=\Big(\sum_{i=1}^m a^i\frac{\partial}{\partial x^i}\Big)f=\sum_{i=1}^m a^i\frac{\partial(f\circ\varphi^{-1})}{\partial x^i}.$$

由 $f\in C^\infty(M,\mathbf{R})$，$X$ 为 $M$ 上的 $C^\infty$ 切向量场和(1)可知 $a^i,\frac{\partial}{\partial x^i}f\in C^\infty(U,\mathbf{R})$，故 $Xf|_U\in C^\infty(U,\mathbf{R})$. 从而，$Xf\in C^\infty(M,\mathbf{R})$.

$(\Leftarrow)$ 对 $\forall p\in M$，取 $(U,\varphi),\{x^i\}\in\mathscr{D}$，s. t. $p\in U$. 由定理 1.2.3 知

$$X=\sum_{i=1}^m(Xx^i)\frac{\partial}{\partial x^i}.$$

利用引理 1.1.4 构造 $f_i\in C^\infty(M,\mathbf{R})$，s. t. $f_i|_V=x^i|_V$，其中 $V\subset U$ 为 $p$ 的开邻域. 于是

$$(Xx^i)|_V\equiv(Xf_i)|_V$$

是 $C^\infty$ 类的，故 $X|_V$，从而 $X$ 为 $C^\infty$ 类的. □

现在我们定义一个 $C^\infty$ 映射的微分或 Jacobi 映射，或切映射. 然后，证明一些有关的性质.

**定义 1.2.14** 设 $(M_i,\mathscr{D}_i)(i=1,2)$ 为 $m_i$ 维 $C^\infty$ 流形，$f:M_1\to M_2$ 为 $C^\infty$ 映射，$p\in M_1,f(p)\in M_2$. 令映射

$$f_{\#p}:T_pM_1\to T_{f(p)}M_2,$$

s. t. 对 $\forall(h,U_h)\in C^\infty(f(p))$，有

$$f_{\#p}(X_p)h=X_p(h\circ f),\quad X_p\in T_pM.$$

易见，$f_{\#p}(X_p)\in T_{f(p)}M_2$，且 $f_{\#p}$ 为线性映射，称 $f_{\#p}$ 为 $f$ 在点 $p$ 处的**微分**或 **Jacobi 映射**或**切映射**，也记作 $T_pf=(\mathrm{d}f)_p$.

特别地，在 $p$ 的局部坐标系 $(U,\varphi),\{x^i\}$ 和 $f(p)$ 的局部坐标系 $(V,\psi),\{y^j\}$ 里，有

$$f_{\#p}\Big(\frac{\partial}{\partial x^i}\bigg|_p\Big)h=\frac{\partial}{\partial x^i}\bigg|_p(h\circ f)=\frac{\partial(h\circ f\circ\varphi^{-1})}{\partial x^i}\bigg|_{\varphi(p)}$$

$$= \sum_{j=1}^{m_2} \frac{\partial(h \circ \psi^{-1})}{\partial y^j}\bigg|_{\psi(f(p))} \cdot \frac{\partial y^j}{\partial x^i}\bigg|_{\varphi(p)}$$

$$= \left(\sum_{j=1}^{m_2} \frac{\partial y^j}{\partial x^i}\bigg|_{\varphi(p)} \frac{\partial}{\partial y^j}\bigg|_{f(p)}\right) h,$$

其中 $y = \psi \circ f \circ \varphi^{-1}(x)$. 于是

$$f_{\# p}\left(\frac{\partial}{\partial x^i}\bigg|_p\right) = \sum_{j=1}^{m_2} \frac{\partial y^j}{\partial x^i}\bigg|_{\varphi(p)} \frac{\partial}{\partial y^j}\bigg|_{f(p)},$$

$$\begin{pmatrix} f_{\# p}\left(\frac{\partial}{\partial x^1}\Big|_p\right) \\ \vdots \\ f_{\# p}\left(\frac{\partial}{\partial x^{m_1}}\Big|_p\right) \end{pmatrix} = \begin{pmatrix} \frac{\partial y^1}{\partial x^1} & \cdots & \frac{\partial y^{m_2}}{\partial x^1} \\ \vdots & & \vdots \\ \frac{\partial y^1}{\partial x^{m_1}} & \cdots & \frac{\partial y^{m_2}}{\partial x^{m_1}} \end{pmatrix}_{\varphi(p)} \begin{pmatrix} \frac{\partial}{\partial y^1} \\ \vdots \\ \frac{\partial}{\partial y^{m_2}} \end{pmatrix}_{f(p)}.$$

我们称 $\left(\frac{\partial y^j}{\partial x^i}\right)_{\varphi(p)}$ 为 $f_{\# p}$ 关于局部坐标系 $\{x^i\}$, $\{y^j\}$ 的 **Jacobi 矩阵**.

设 $X_p = \sum_{i=1}^{m_1} a^i \frac{\partial}{\partial x^i}\Big|_p$, $f_{\# p}(X_p) = \sum_{j=1}^{m_2} b^j \frac{\partial}{\partial y^j}\Big|_{f(p)}$, 则

$$\sum_{j=1}^{m_2} b^j \frac{\partial}{\partial y^j}\bigg|_{f(p)} = f_{\# p}(X_p) = \sum_{i=1}^{m_1} a^i f_{\# p}\left(\frac{\partial}{\partial x^i}\bigg|_p\right) = \sum_{i=1}^{m_1} a^i \sum_{j=1}^{m_2} \frac{\partial y^j}{\partial x^i}\bigg|_{\varphi(p)} \frac{\partial}{\partial y^j}\bigg|_{f(p)}$$

$$= \sum_{j=1}^{m_2} \left(\sum_{i=1}^{m_1} \frac{\partial y^j}{\partial x^i}\bigg|_{\varphi(p)} a^i\right) \frac{\partial}{\partial y^j}\bigg|_{f(p)},$$

$$b^j = \sum_{i=1}^{m_1} \frac{\partial y^j}{\partial x^i}\bigg|_{\varphi(p)} a^i,$$

$$\begin{pmatrix} b^1 \\ \vdots \\ b^{m_2} \end{pmatrix} = \begin{pmatrix} \frac{\partial y^1}{\partial x^1} & \cdots & \frac{\partial y^1}{\partial x^{m_1}} \\ \vdots & & \vdots \\ \frac{\partial y^{m_2}}{\partial x^1} & \cdots & \frac{\partial y^{m_2}}{\partial x^{m_1}} \end{pmatrix}_{\varphi(p)} \begin{pmatrix} a^1 \\ \vdots \\ a^{m_1} \end{pmatrix}.$$

**定理 1.2.5** 设 $M, N, L$ 分别为 $m, n, l$ 维 $C^\infty$ 流形,则:

(1) $(\mathrm{Id}_M)_{\# p} = \mathrm{Id}_{T_pM}$.

(2) 若 $f: M \to N$ 和 $g: N \to L$ 为 $C^\infty$ 映射,则

$$(g \circ f)_{\# p} = g_{\# f(p)} \circ f_{\# p}.$$

(3) $f: M \to N$ 为 $C^\infty$ 浸入 $\Leftrightarrow f: M \to N$ 为 $C^\infty$ 映射,且对 $\forall p \in M$, $f_{\# p}: T_pM \to T_{f(p)}N$ 为单同态(单射且为同态).

因而, $f_{\# p}: T_pM \to f_{\# p}(T_pM) \subset T_{f(p)}N$ 为同构.

(4) 若 $f:M\to N$ 为 $C^\infty$ 同胚,则

$$f_{\#p}: T_pM \to T_{f(p)}N$$

为同构.

**证明** (1) 对 $\forall (h,U_h)\in C^\infty(p)=C^\infty(\mathrm{Id}_M(p))$, $\forall X_p\in T_pM$,因为

$$(\mathrm{Id}_M)_{\#p}(X_p)h = X_p(h\circ \mathrm{Id}_M) = X_ph = \mathrm{Id}_{T_pM}(X_p)h,$$

$$(\mathrm{Id}_M)_{\#p}(X_p) = \mathrm{Id}_{T_pM}(X_p),$$

故

$$(\mathrm{Id}_M)_{\#p} = \mathrm{Id}_{T_pM}.$$

(2) 对 $\forall (h,U_h)\in C^\infty(g\circ f(p))$, $\forall X_p\in T_pM$,因为

$$\begin{aligned}(g\circ f)_{\#p}(X_p)h &= X_p(h\circ(g\circ f)) = X_p((h\circ g)\circ f)\\ &= f_{\#p}(X_p)(h\circ g) = (g_{\#f(p)}\circ f_{\#p}(X_p))h,\end{aligned}$$

$$(g\circ f)_{\#p}(X_p) = g_{\#f(p)}\circ f_{\#p}(X_p),$$

故

$$(g\circ f)_{\#p} = g_{\#f(p)}\circ f_{\#p}.$$

(3) $f$ 为 $C^\infty$ 浸入,即 $f$ 为 $C^\infty$ 映射,且对 $\forall p\in M$, $(\mathrm{rank}f)_p=m$. 而在局部坐标系 $\{x^i\}$中,

$$(\mathrm{rank}f)_p = m \iff \mathrm{rank}\left(\frac{\partial y^j}{\partial x^i}\right)_{\varphi(p)} = m \iff f_{\#p}\text{ 为单同态}.$$

(4) 由(1),(2)知,因为 $f,f^{-1}$都为 $C^\infty$ 映射,故

$$\mathrm{Id}_{T_pM} = (\mathrm{Id}_M)_{\#p} = (f^{-1}\circ f)_{\#p} = (f^{-1})_{\#f(p)}\circ f_{\#p}.$$

同理

$$\mathrm{Id}_{T_{f(p)}N} = f_{\#p}\circ (f^{-1})_{\#f(p)}.$$

于是

$$f_{\#p}: T_pM \to T_{f(p)}N$$

为同构. □

**定义 1.2.15** 设$(M,\mathscr{D})$为 $m$ 维 $C^\infty$ 流形,$W\subset\mathbf{R}^1$ 为开集,则称 $C^r$ 映射(不是映射的像集)$\sigma: W\to M$ 为 $M$ 中的**一条 $C^r$ 曲线**.

如果 $\sigma:[a,b]\to M$ 可延拓到含$[a,b]$的开集 $W$ 上,s.t. $\tilde{\sigma}: W\to M$ 为 $C^r$ 曲线,且 $\tilde{\sigma}|_{[a,b]}=\sigma$,我们称 $\sigma$ 为 $C^r$ 曲线. 有时,仍记$\tilde{\sigma}$为 $\sigma$.

我们称

$$\frac{\mathrm{d}\sigma(t)}{\mathrm{d}t} = \sigma'(t) = \sigma_{\#}\left(\left.\frac{\mathrm{d}}{\mathrm{d}t}\right|_t\right) = \sum_{i=1}^m \frac{\mathrm{d}(x^i\circ\sigma)}{\mathrm{d}t}\left.\frac{\partial}{\partial x^i}\right|_{\sigma(t)}$$

在点 $\sigma(t)$处**切于 $\boldsymbol{\sigma}$**,$\sigma'$为**沿 $\boldsymbol{\sigma}$ 的切向量场**(图 1.2.5).

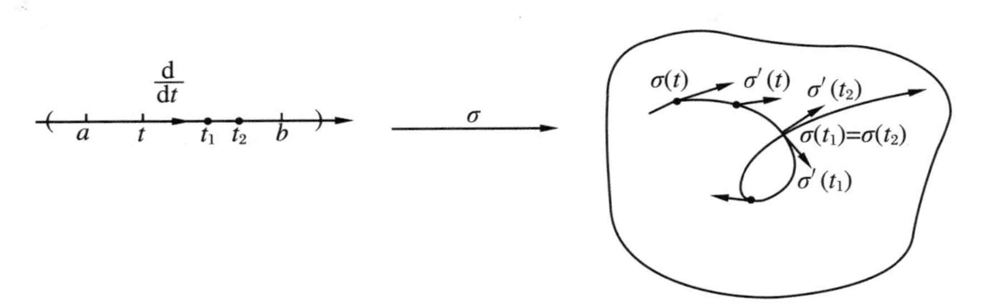


**图 1.2.5**

特别地,对坐标曲线 $\sigma_i$,即 $\varphi\circ\sigma_i(x^i)=(x_0^1,\cdots,x_0^{i-1},x^i,x_0^{i+1},\cdots,x_0^m)$,$x^i$ 为参数,则沿 $\sigma_i$ 的切向量场按上述公式应是$\left.\frac{\partial}{\partial x^i}\right|_{\sigma_i}(x^i)$,它是第 $i$ 个坐标切向量场限制在$\sigma_i$ 的像集上的值(图 1.2.6).

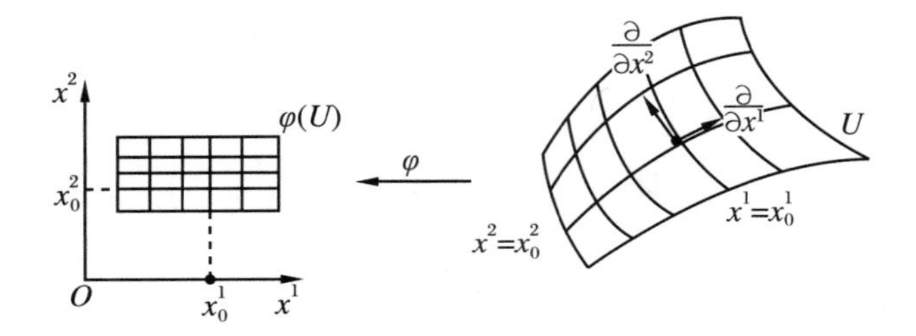


**图 1.2.6**

设 $X_p\in T_pM$,$\sigma(0)=p$,$\sigma'(0)=X_p$,

$$X_ph=\left(\sum_{i=1}^m\left.\frac{\mathrm{d}(x^i\circ\sigma)}{\mathrm{d}t}\right|_{t=0}\left.\frac{\partial}{\partial x^i}\right|_{\sigma(0)}\right)h$$

$$=\sum_{i=1}^m\left.\frac{\partial(h\circ\varphi^{-1})}{\partial x^i}\right|_p\left.\frac{\mathrm{d}x^i\circ\sigma}{\mathrm{d}t}\right|_{t=0}=\frac{\mathrm{d}h(\sigma(t))}{\mathrm{d}t}.$$

由上式就可给出切向量的几何定义.

**定义 1.2.10″** 设 $\sigma(t)$与 $\eta(t)$都是经过 $\sigma(0)=\eta(0)=p$ 的$C^\infty$曲线,如果对$\forall f\in C^\infty(p)$都有

$$\left.\frac{\mathrm{d}f(\sigma(t))}{\mathrm{d}t}\right|_{t=0}=\left.\frac{\mathrm{d}f(\eta(t))}{\mathrm{d}t}\right|_{t=0},$$

则称 $\sigma(t)$等价于 $\eta(t)$,记作

$$\sigma(t)\sim\eta(t).$$

我们定义 $\sigma(t)$的等价类

$$[\sigma(t)]=\{\eta(t)\mid\eta(x)\sim\sigma(t)\}$$

为点 $p$ 处的一个切向量 $X_p$.

现在,我们可以给出 $C^\infty$ 映射 $f:M_1\to M_2$ 的微分 $\mathrm{d}f=f_\#$ 的几何直观.设 $\sigma$ 为 $M_1$ 上的一条 $C^\infty$ 曲线,则 $f\circ\sigma$ 为 $M_2$ 上的一条 $C^\infty$ 曲线,且

$$(f\circ\sigma)'(t)=(f\circ\sigma)_\#\left(\frac{\mathrm{d}}{\mathrm{d}t}\right)=f_\#\circ\sigma_\#\left(\frac{\mathrm{d}}{\mathrm{d}t}\right)=f_\#(\sigma'(t)),$$

取 $\sigma$ 的切向量 $\sigma'(t)$ 经 $f_\#$ 变为 $f\circ\sigma$ 的切向量 $(f\circ\sigma)'(t)$(图 1.2.7).

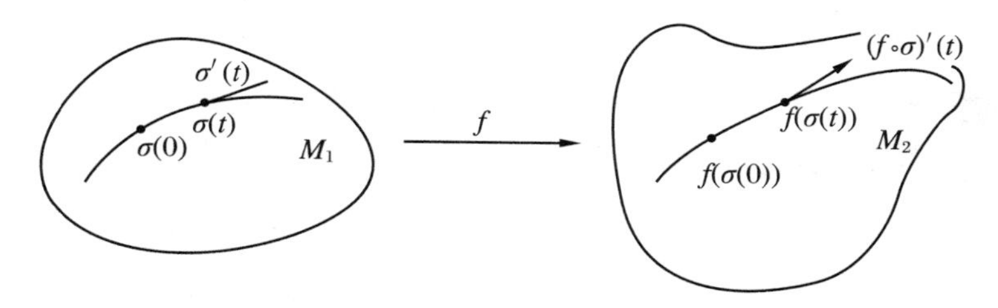


图 1.2.7

**例 1.2.17** 设 $f:\mathbf{R}^m\to\mathbf{R}$ 为 $C^\infty$ 函数,

$$\operatorname{rank}f=\operatorname{rank}\left(\frac{\partial f}{\partial x^1},\frac{\partial f}{\partial x^2},\cdots,\frac{\partial f}{\partial x^m}\right)=1,$$

则

$$f(x^1,x^2,\cdots,x^m)=0$$

确定了 $M=f^{-1}(0)$或为空集或为 $\mathbf{R}^m$ 中的 $m-1$ 维 $C^\infty$ 正则子流形.

如果 $M=f^{-1}(0)$非空.设 $\sigma$ 为 $M=f^{-1}(0)$上的任一 $C^\infty$ 曲线,沿 $i\circ\sigma$ 的切向量场($i:M\to\mathbf{R}^m$ 为包含映射)

$$(i\circ\sigma)'(t)=\sum_{j=1}^m\frac{\mathrm{d}(x^j\circ i\circ\sigma)}{\mathrm{d}t}\left.\frac{\partial}{\partial x^j}\right|_{i\circ\sigma(t)}.$$

将关于 $t$ 的恒等式

$$f(x^1(i\circ\sigma(t)),\cdots,x^m(i\circ\sigma(t)))\equiv 0$$

的两边对 $t$ 求导得到

$$\sum_{j=1}^m\frac{\partial f}{\partial x^j}\cdot\frac{\mathrm{d}(x^j\circ i\circ\sigma)}{\mathrm{d}t}=0,$$

即 $M=f^{-1}(0)$上的切向量 $\displaystyle\sum_{j=1}^m\frac{\mathrm{d}(x^j\circ i\circ\sigma)}{\mathrm{d}t}\left.\frac{\partial}{\partial x^j}\right|_{i\circ\sigma(t)}$ 与法向量 $\displaystyle\sum_{j=1}^m\frac{\partial f}{\partial x^j}\left.\frac{\partial}{\partial x^j}\right|_{i\circ\sigma(t)}$ 正交.

**定义 1.2.16** 设$(M,\mathscr{D})$为 $m$ 维 $C^\infty$ 流形,$U\subset M$ 为开集,$X$ 为 $U$ 上的 $C^\infty$ 切向量场,$\sigma:(a,b)\to M$ 为 $C^\infty$ 曲线,$\sigma((a,b))\subset U$ 且 $\sigma'(t)=X_{\sigma(t)}$,$t\in(a,b)$,则称 $\sigma$ 为 $X$ 在 $U$ 上的 **$C^\infty$ 积分曲线或流线**(图 1.2.8).

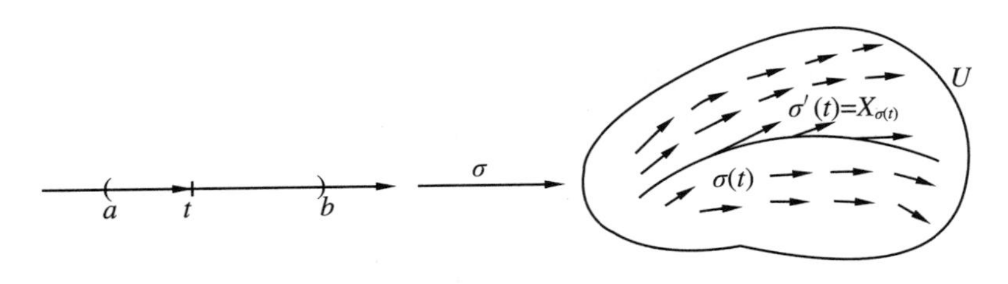


图 1.2.8

**定理 1.2.6**(积分曲线的局部存在性定理) 设 $X$ 为 $m$ 维 $C^\infty$ 流形$(M,\mathscr{D})$的某开集上的 $C^\infty$ 切向量场，$p$ 为 $X$ 的定义域中的一点，则对 $\forall\, b\in\mathbf{R}$，$\exists\,\varepsilon>0$ 和唯一的 $C^\infty$ 曲线 $\sigma:(b-\varepsilon,b+\varepsilon)\to M$，s.t. $\sigma(b)=p$ 和 $\sigma$ 为 $X$ 的 $C^\infty$ 积分曲线(图 1.2.9).

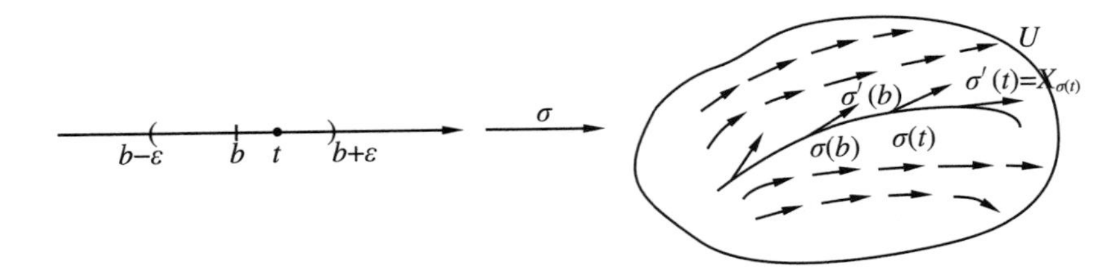


图 1.2.9

此外，$\sigma$ $C^\infty$ 依赖于初始值 $b$ 和点 $p$.

**证明** 设$(U,\varphi)$，$\{x^i\}$为 $p$ 的局部坐标系，$U$ 包含在 $X$ 的定义域中，令

$$X=\sum_{i=1}^{m}a^i\frac{\partial}{\partial x^i},$$

则由 $X$ 为 $C^\infty$ 切向量场和定理 1.2.4(1)可知，$a^i\in C^\infty(U,\mathbf{R})$.

$\sigma$ 为过点 $p$ 的 $C^\infty$ 积分曲线

$$\Leftrightarrow\ \begin{cases}\dfrac{\mathrm{d}(x^i\circ\sigma)}{\mathrm{d}t}=a^i\circ\sigma,\\ x^i\circ\sigma(b)=x^i(p),\end{cases}\quad \text{即}\begin{cases}\dfrac{\mathrm{d}(x^i\circ\sigma)}{\mathrm{d}t}=a^i(x^1\circ\sigma,\cdots,x^m\circ\sigma),\\ x^i\circ\sigma(b)=x^i(p),\end{cases}\ i=1,2,\cdots,m.$$

应用常微分方程的存在和唯一性定理，$\exists\,\varepsilon>0$ 和 $x^i\circ\sigma(t,b,p)$，s.t. 它所确定的 $C^\infty$ 曲线 $\sigma$ 在指定的范围内满足所要求的性质.

从常微分方程定理进一步知道，此解 $C^\infty$ 依赖于初始值 $b$ 和点 $p$. □

**定义 1.2.17** 如果 $C^\infty$ 映射 $h:M\times\mathbf{R}^1\to M$，$h(p,t)=h_t(p)$满足：

(1) $h_{t+s}=h_t\circ h_s$，$t,s\in\mathbf{R}^1$；

(2) $h_0=\mathrm{Id}_M$.

则显然

$$h_t\circ h_{-t}=h_{t+(-t)}=h_0=\mathrm{Id}_M,$$
$$h_{-t}\circ h_t=h_{(-t)+t}=h_0=\mathrm{Id}_M,$$

故 $h_t^{-1}=h_{-t}$. 于是

$$h_t: M \to M$$

为 $C^\infty$ 同胚或 $C^\infty$ 变换,则称 $h_t: M\to M$ 为 $M$ 上的 **$C^\infty$ 变换 1 的参数群**.

$\mathbf{R}^1$ 作为 $C^\infty$ Lie 群(关于加法)左方 $C^\infty$ 作用在 $M$ 上.

固定 $p\in M$,则 $t\mapsto h_t(p)$为一条通过 $h_0(p)=p$ 的 $C^\infty$ 曲线,称为过 $p$ 的**轨道**. 我们定义

$$X_p = \sum_{i=1}^m \frac{\mathrm{d}x^i(h_t(p))}{\mathrm{d}t}\bigg|_{t=0} \frac{\partial}{\partial x^i}\bigg|_p$$

(易见它与 $p$ 的局部坐标系的选取无关). 因为 $h$ 为 $C^\infty$ 映射,故映射 $p\mapsto X_p$ 定义了 $M$ 上的一个 $C^\infty$ 切向量场,称为 1 参数群 $h_t$ 的**无穷小变换**.

**定理 1.2.7** (1) $\{h_t(q)\mid t\in\mathbf{R}^1\}=\{h_t(p)\mid t\in\mathbf{R}^1\}\Leftrightarrow q\in\{h_t(p)\mid t\in\mathbf{R}^1\}$.

因此,$M$ 划分为彼此不相交的形如$\{h_t(p)\mid t\in\mathbf{R}^1\}$的 $C^\infty$ 曲线;

(2) $X_{h_t(p)} = \sum_{i=1}^m \frac{\mathrm{d}x^i(h_t(p))}{\mathrm{d}t} \frac{\partial}{\partial x^i}\Big|_{h_t(p)} = \frac{\mathrm{d}h_t(p)}{\mathrm{d}t}$, 且

$$(h_s)_\#(X_{h_t(p)}) = X_{h_{s+t}(p)}.$$

**证明** (1) ($\Rightarrow$)若$\{h_t(q)\mid t\in\mathbf{R}^1\}=\{h_t(p)\mid t\in\mathbf{R}^1\}$,则 $q=h_0(q)\in\{h_t(p)\mid t\in\mathbf{R}^1\}$.

($\Leftarrow$)若 $q\in\{h_t(p)\mid t\in\mathbf{R}^1\}$,令 $q=h_{t_0}(p)$,则

$$h_t(q) = h_t(h_{t_0}(p)) = h_{t+t_0}(p),$$

故$\{h_t(q)\mid t\in\mathbf{R}^1\}\subset\{h_t(p)\mid t\in\mathbf{R}^1\}$.

因为 $p=h_{t_0}^{-1}(q)=h_{-t_0}(p)$,同理有$\{h_t(q)\mid t\in\mathbf{R}^1\}\supset\{h_t(p)\mid t\in\mathbf{R}^1\}$. 于是

$$\{h_t(q)\mid t\in\mathbf{R}^1\}=\{h_t(p)\mid t\in\mathbf{R}^1\}.$$

(2)

$$\begin{aligned} X_{h_t(p)} &= \sum_{i=1}^m \frac{\mathrm{d}x^i(h_s(h_t(p)))}{\mathrm{d}s}\bigg|_{s=0} \frac{\partial}{\partial x^i}\bigg|_{h_t(p)} \\ &= \sum_{i=1}^m \frac{\mathrm{d}x^i(h_{s+t}(p))}{\mathrm{d}s}\bigg|_{s=0} \frac{\partial}{\partial x^i}\bigg|_{h_t(p)} \\ &= \sum_{i=1}^m \frac{\mathrm{d}x^i(h_t(p))}{\mathrm{d}t} \frac{\partial}{\partial x^i}\bigg|_{h_t(p)} = \frac{\mathrm{d}h_t(p)}{\mathrm{d}t}. \end{aligned}$$

因为 $h_s(h_t(p))=h_{s+t}(p)$,且 $h_s$ 为 $C^\infty$ 同胚,故

$$(h_s)_\#(X_{h_t(p)}) = (h_s)_\#\left(\frac{\mathrm{d}h_t(p)}{\mathrm{d}t}\right) = \frac{\mathrm{d}h_{s+t}(p)}{\mathrm{d}t} = X_{h_{s+t}(p)}. \qquad \square$$

**定义 1.2.18** 如果 $C^\infty$ 映射 $h: M\times(-\varepsilon,\varepsilon)\to M$,

$$h(p,t) = h_t(p)$$

（$V$ 为 $C^\infty$ 流形（$M,\mathscr{D}$）的开集）满足：

（1）$h_t:V\to h_t(V)$ 为 $C^\infty$ 同胚，$t\in(-\varepsilon,\varepsilon)$；

（2）$h_0=\mathrm{Id}_V$；

（3）当 $t,s,t+s\in(-\varepsilon,\varepsilon)$，$p,h_s(p)\in V$ 时，有

$$h_{t+s}(p)=h_t\circ h_s(p),$$

则称 $C^\infty$ 局部变换 $h_t:V\to M$ 为**局部 $C^\infty$ 1 参数群**.

**定理 1.2.8**（局部 1 参数群的存在性）　设 $X$ 为 $m$ 维 $C^\infty$ 流形（$M,\mathscr{D}$）的 $C^\infty$ 切向量场，$p_0\in M$，则存在 $p_0$ 的一个开邻域 $V$ 和 $\varepsilon>0$，使得对 $\forall\, t\in(-\varepsilon,\varepsilon)$，有一个 $C^\infty$ 局部变换 $h_t:V\to M$，且成为局部 1 参数群，它诱导出已给的切向量场 $X$.

**证明**　设（$U,\varphi$），$\{x^i\}$ 为 $p_0$ 的局部坐标系，不妨设 $x^1(p_0)=x^2(p_0)=\cdots=x^m(p_0)=0$. 在 $U$ 中，令

$$X=\sum_{i=1}^m a^i(x^1,x^2,\cdots,x^m)\frac{\partial}{\partial x^i}.$$

考虑常微分方程组

$$\frac{\mathrm{d}h^i}{\mathrm{d}t}=a^i(h^1(t),h^2(t),\cdots,h^m(t)),\quad i=1,2,\cdots,m,$$

其中 $h^1(t),h^2(t),\cdots,h^m(t)$ 为未知函数. 根据常微分方程组的基本定理，存在唯一的 $C^\infty$ 函数组：

$$h^1(x,t),h^2(x,t),\cdots,h^m(x,t),\quad |t|<\varepsilon_1,$$
$$x=(x^1,x^2,\cdots,x^m),\quad |x^j|<\delta_1,$$

它们对每个固定的 $x$ 形成了该常微分方程组的解，且满足初始条件：$h^i(x,0)=x^i$，$i=1,2,\cdots,m$. 令

$$h_t(x)=(h^1(x,t),h^2(x,t),\cdots,h^m(x,t)),\quad |t|<\varepsilon_1,$$
$$x\in V_1=\{x\,|\,|x^j|<\delta_1,j=1,2,\cdots,m\}.$$

如果 $|t|,|s|,|t+s|<\varepsilon_1$ 和 $x,h_s(x)\in V_1$，则

$$g^i(t)=h^i(x,t+s)$$

为满足初始条件 $g^i(0)=h^i(x,s)$ 的该常微分方程组的解. 根据解的唯一性定理，必须

$$g^i(t)=h^i(h_s(x),t),$$

其中

$$h_s(x)=h(x,s).$$

这就证明了

$$h_{t+s}(x)=h_t(h_s(x))=h_t\circ h_s(x).$$

由 $h^i(x,0)=x^i$，$i=1,2,\cdots,m$，有

$$h_0(x) = (h^1(x,0), h^2(x,0), \cdots, h^m(x,0)) = x,$$

即 $h_0 = \mathrm{Id}_{V_1}$,则$\exists\, \varepsilon>0$ 和 $\delta>0$,s.t.当$|t|<\varepsilon$ 时,对于

$$V = \{x \mid |x^i| < \delta, i = 1,2,\cdots,m\}$$

有 $h_t(V)\subset V$.

因此

$$h_{-t}\circ h_t(x) = h_t \circ h_{-t}(x) = h_0(x) = x, \quad |t|<\varepsilon, x\in V.$$

这就推出了当$|t|<\varepsilon$ 时,$h_t: V\to h_t(V)$为 $C^\infty$ 同胚.所以,$h_t$ 为定义在$V\times(-\varepsilon,\varepsilon)$上的局部变换的局部1参数群.从 $h_t$ 的构造可知,它显然在 $V$ 上诱导出已给的切向量场$X$.

根据常微分方程组解的唯一性定理可知,$\tilde{h}=h$ 或$\tilde{h}_t=h_t$,$t\in(-\varepsilon,\varepsilon)$. □

**定义 1.2.19** 设 $X$ 为$m$ 维$C^\infty$流形$(M,\mathscr{D})$上的 $C^\infty$ 切向量场.如果存在 $M$ 上的$C^\infty$变换的整体1参数群 $h_t$,它诱导出 $X$,则称 $X$ 为**完备的$C^\infty$切向量场**.

**定理 1.2.9** 设 $K$ 为$m$ 维$C^\infty$流形$(M,\mathscr{D})$的紧致子集,$X$ 为$M$ 上的$C^\infty$ 切向量场,且 $X|_{M-K}=0$,则 $X$ 是完备的.

特别地,紧致 $C^\infty$ 流形$(M,\mathscr{D})$上的 $C^\infty$ 切向量场 $X$ 是完备的.

**证明** 对$\forall\, p\in K$,由定理1.2.8知,存在 $p$ 的开邻域$\tilde{V}(p)$和$\tilde{\varepsilon}(p)>0$,使得向量场$X$ 在$(-\tilde{\varepsilon}(p),\tilde{\varepsilon}(p))$上产生 $C^\infty$ 局部变换的局部1参数群 $h_t$.因为 $h_0=\mathrm{Id}_{\tilde{V}(p)}$和 $h$:$\tilde{V}(p)\times(-\tilde{\varepsilon}(p),\tilde{\varepsilon}(p))\to M$ 为$C^\infty$映射,故存在 $p$ 的开邻域$V(p)\subset\tilde{V}(p)$和$0<\varepsilon(p)\leqslant\tilde{\varepsilon}(p)$,使得当 $x\in V(p)$,$|s|<\varepsilon(p)$时,$h_s(x)\in\tilde{V}(p)$.因为 $K$ 紧致,$K$ 的开覆盖$\{V(p)\mid p\in K\}$有有限子覆盖$\{V(p_i)\mid i=1,2,\cdots,k\}$.令

$$\varepsilon = \min\{\varepsilon(p_i) \mid i = 1,2,\cdots,k\},$$

则由 $X|_{M-K}=0$ 知

$$h_t(x) = h_0(x) = x, \quad x\in M-K, |t|<\varepsilon.$$

根据定理1.2.8后半部分的结论,$h_t$ 为$M\times(-\varepsilon,\varepsilon)$上的 $C^\infty$ 局部变换的局部1参数群.于是,当$|t|$,$|s|$,$|t+s|<\varepsilon$ 时,$h_t$ 为$C^\infty$ 同胚,且当 $x\in V(p_i)$时,$h_s(x)\in\tilde{V}(p_i)$,$h_{t+s}(x)=h_t\circ h_s(x)$.

设 $t\in\mathbf{R}$,$t=n\cdot\frac{\varepsilon}{2}+r$,$n\in\mathbf{Z}$,$|r|<\frac{\varepsilon}{2}$.如果 $n\geqslant0$,令

$$h_t = \underbrace{h_{\frac{\varepsilon}{2}}\circ h_{\frac{\varepsilon}{2}}\circ\cdots\circ h_{\frac{\varepsilon}{2}}}_{n\text{个}}\circ h_r;$$

如果 $n<0$,令

$$h_t = \underbrace{h_{-\frac{\varepsilon}{2}}\circ h_{-\frac{\varepsilon}{2}}\circ\cdots\circ h_{-\frac{\varepsilon}{2}}}_{n\text{个}}\circ h_r.$$

不难验证 $h_t$ 是定义确切的 $C^\infty$ 类,并且对 $\forall\, t, s\in\mathbf{R}$, $h_{t+s}=h_t\circ h_s$. 这就完成了定理的证明. □

作为定理 1.2.9 的一个重要应用,我们得到:连通的 $C^\infty$ 流形为齐性空间,甚至有更强的齐性定理. 为此,先引入 $C^r$ 同伦和 $C^r$ 同痕的概念.

**定义 1.2.20** 设$(M_i,\mathscr{D}_i)(i=1,2)$为 $m_i$ 维 $C^r(r\in\{0,1,2,\cdots,\infty,\omega\})$流形. $f,g$: $M_1\to M_2$ 为 $C^k(0\leqslant k\leqslant r)$映射. 如果存在 $C^k$ 映射

$$F: M_1\times[0,1]\to M_2$$

使得 $F(x,0)=f(x)$, $F(x,1)=g(x)$, $x\in M_1$,则称 $F$ 为连接$f$ 与 $g$ 的一个 **$C^k$ 同伦**,称 $f$ **$C^k$ 同伦于** $g$,记作 $f\simeq g$.

**定义 1.2.21** 设$(M_i,\mathscr{D}_i)(i=1,2)$为 $m_i$ 维 $C^r(r\in\{0,1,2,\cdots,\infty,\omega\})$流形. $f,g$: $M_1\to M_2$ 为 $C^k(0\leqslant k\leqslant r)$同胚. 如果存在连接 $f$ 与 $g$ 的 $C^k$ 同伦

$$F: M_1\times[0,1]\to M_2,$$

使得对 $\forall\, t\in[0,1]$, $F(\cdot,t): M_1\to M_2$, $x\mapsto F(x,t)$为 $C^k$ 同胚,则称 $F$ 为 $C^k$ 同胚$f$ 与 $g$ 的 **$C^k$ 同痕**;称 $f$ **$C^k$ 同痕于** $g$. 也记为 $f\simeq g$.

**定理 1.2.10** $C^k$ 同伦的关系是一个等价关系;类似地,$C^k$ 同痕的关系也是一个等价关系.

**证明** 只证 $C^k$ 同伦的情形.

对任何 $C^k$ 映射 $f: M_1\to M_2$,令

$$F: M_1\times[0,1]\to M_2,\quad F(x,t)=f(x),$$

则 $F$ 为连接$f$ 与 $f$ 的 $C^k$ 同伦,即 $f\simeq f$.

如果 $f\simeq g$, $F$ 为连接$f$ 与 $g$ 的 $C^k$ 同伦,则

$$G: M_1\times[0,1]\to M_2,\quad G(x,t)=F(x,1-t)$$

为连接 $g$ 与 $f$ 的 $C^k$ 同伦,即 $g\simeq f$.

设 $f\simeq g$, $g\simeq h$,而 $F$ 为连接$f$ 与 $g$ 的一个 $C^k$ 同伦;$G$ 为连接 $g$ 与 $h$ 的 $C^k$ 同伦. 令

$$\lambda(t)=\begin{cases}\mathrm{e}^{-\frac{1}{t}}, & t>0,\\ 0, & t\leqslant 0,\end{cases}$$

$$\varphi(t)=\frac{\lambda\left(t-\frac{1}{3}\right)}{\lambda\left(t-\frac{1}{3}\right)+\lambda\left(\frac{2}{3}-t\right)},$$

当 $0\leqslant t\leqslant\frac{1}{3}$时, $\varphi(t)=0$;当$\frac{2}{3}\leqslant t\leqslant 1$ 时, $\varphi(t)=1$.

$$F_1(x,t)=F(x,\varphi(t)),\quad G_1(x,t)=G(x,\varphi(t)),$$

则

$$F_1(x,t)=\begin{cases}f(x), & 0\leqslant t\leqslant \dfrac{1}{3},\\ g(x), & \dfrac{2}{3}\leqslant t\leqslant 1,\end{cases}\quad G_1(x,t)=\begin{cases}g(x), & 0\leqslant t\leqslant \dfrac{1}{3},\\ h(x), & \dfrac{2}{3}\leqslant t\leqslant 1.\end{cases}$$

显然,$F_1$ 仍为连接 $f$ 与 $g$ 的 $C^k$ 同伦;$G_1$ 仍为连接 $g$ 与 $h$ 的 $C^k$ 同伦,于是

$$H(x,t)=\begin{cases}F_1(x,2t), & 0\leqslant t\leqslant \dfrac{1}{2},\\ G_1(x,2t-1), & \dfrac{1}{2}\leqslant t\leqslant 1\end{cases}$$

为连接 $f$ 与 $h$ 的 $C^k$ 同伦,从而 $f\simeq h$. □

**注 1.2.2** 注意

$$H(x,t)=\begin{cases}F(x,2t), & 0\leqslant t\leqslant \dfrac{1}{2},\\ G(x,2t-1), & \dfrac{1}{2}\leqslant t\leqslant 1\end{cases}$$

并不是连接 $f$ 与 $h$ 的 $C^k$ 同伦,因为当 $k>1$ 时,在 $t=\dfrac{1}{2}$处破坏了 $C^k$ 性.

**例 1.2.18** 设连通 $C^\infty$ 流形 $M=\mathbf{R}^m$ 或 $S^m$,则 $M$ 上存在一个将点 $y$ 变为 $z$ 的 $C^\infty$ 同胚 $f$: $M\to M$,且 $\mathrm{Id}_M$ $C^\infty$ 同痕于 $f$.

**证明** (1) $M=\mathbf{R}^m$, $y,z\in\mathbf{R}^m$ 为任意两点.令

$$f:M\to M,\quad f(x)=x+(z-y),$$

则

$$F:\mathbf{R}^m\times[0,1]\to\mathbf{R}^m,$$
$$F(x,t)=x+t(z-y)$$

为连接 $F(\cdot,0)=\mathrm{Id}_{\mathbf{R}^m}$ 与 $F(\cdot,1)=f$ 的 $C^\infty$ 同痕.

(2) $M=S^m$, $y,z\in S^m$ 为任意两点.

如果 $y=z$,令 $f=\mathrm{Id}_{S^m}$, $F(\cdot,t)=\mathrm{Id}_{S^m}(\cdot)$.

如果 $y\neq z$,令 $e_1=y$ 且$\{e_1,e_2\}$为 $yOz$ 平面上的规范正交基.设 $z=\cos\theta\cdot e_1+\sin\theta\cdot e_2$,并将$\{e_1,e_2\}$扩充为$\{e_1,e_2,\cdots,e_{m+1}\}$使它成为 $\mathbf{R}^{m+1}$的规范正交基.取

$$A=\begin{pmatrix}\cos\theta & -\sin\theta & & & \\ \sin\theta & \cos\theta & & & \\ & & 1 & & \\ & & & \ddots & \\ & & & & 1\end{pmatrix}\in O(m+1).$$

显然,$Ay=z$.如果记

$$A(t)=\begin{pmatrix}\cos t\theta & -\sin t\theta & & & \\ \sin t\theta & \cos t\theta & & & \\ & & 1 & & \\ & & & \ddots & \\ & & & & 1\end{pmatrix},$$

$$f: S^m \to S^m,\quad f(x)=Ax,$$

$$F: S^m\times[0,1]\to S^m,\quad F(x,t)=A(t)x,$$

则 $f(y)=z$,且 $F$ 为连接 $\mathrm{Id}_{S^m}$ 与 $f$ 的 $C^\infty$ 同痕. □

为了证明连通 $C^\infty$ 流形 $M$ 上的齐性定理,先证下面的引理.

**引理 1.2.1** 对 $\forall\ y\in\{x\in\mathbf{R}^m \mid \|x\|<1\}$,存在 $C^\infty$ 映射 $F:\mathbf{R}^m\times\mathbf{R}^1\to\mathbf{R}^m$,s.t.

(1) 对 $\forall\ t\in\mathbf{R}^1$,$\mathrm{Id}_{\mathbf{R}^m}$ $C^\infty$ 同痕于 $F_t=F(\cdot,t)$;

(2) 当 $x\in\mathbf{R}^m-\overline{B(0;1)}$ 时,$F(x,t)=x$,$\forall\ t\in\mathbf{R}^1$,其中 $B(0;1)$ 为以 0 为中心、1 为半径的开单位球;

(3) $F(\cdot,0)=\mathrm{Id}_{\mathbf{R}^m}$;

(4) $\exists\ t_0\in\mathbf{R}^1$,s.t. $F_{t_0}(0)=F(0,t_0)=y$.

**证明** 设

$$\lambda(t)=\begin{cases}\mathrm{e}^{-\frac{1}{t}}, & t>0,\\ 0, & t\leqslant 0,\end{cases}$$

显然,$\lambda\in C^\infty(\mathbf{R},\mathbf{R})$.令

$$\varphi(x)=\lambda(1-\|x\|^2)\begin{cases}>0, & \text{当 } \|x\|<1,\\ =0, & \text{当 } \|x\|\geqslant 1,\end{cases}$$

其中 $\|x\|=\left(\sum\limits_{i=1}^m (x^i)^2\right)^{\frac{1}{2}}$,则 $\varphi\in C^\infty(\mathbf{R}^m,\mathbf{R})$.

取定任一单位向量 $c\in S^{m-1}$.考虑 $\mathbf{R}^m$ 上的 $C^\infty$ 切向量场 $X$,使得 $X\big|_x=\varphi(x)c$.由于 $X\big|_{\mathbf{R}^m-\overline{B(0;1)}}=0$,根据定理 1.2.9,$X$ 是完备的,故存在 $\mathbf{R}^m$ 上的 $C^\infty$ 变换的整体 1 参数群 $F_t$,使

$$F:\mathbf{R}^m\times\mathbf{R}^1\to\mathbf{R}^m,\quad F_t(x)=F(x,t)$$

为 $C^\infty$ 映射,

$$\frac{\mathrm{d}F_t(x)}{\mathrm{d}t}=X_{F_t(x)}=\varphi(F_t(x))c,$$

且满足:

(a) $F_{t+s}(x)=F_t\circ F_s(x)$,$x\in\mathbf{R}^m$,$t,s\in\mathbf{R}^1$;

(b) $F_0(x)=x$,$x\in\mathbf{R}^m$.

(1) 由(a)、(b)知,$F_t,F_t^{-1}=F_{-t}:\mathbf{R}^m\to\mathbf{R}^m$ 为 $C^\infty$ 同胚.

又因 $F(x,st)$为连接 $F_0=\mathrm{Id}_{\mathbf{R}^m}$ 与 $F_t$ 的 $C^\infty$ 同痕,故 $F_0=\mathrm{Id}_{\mathbf{R}^m}C^\infty$ 同痕于 $F_t$.

(2) 设 $x\in\mathbf{R}^m-\overline{B(0;1)}$,则 $\exists\,\varepsilon>0$,对 $\forall\,t\in(-\varepsilon,\varepsilon)$有

$$F_t(x)\in\mathbf{R}^m-\overline{B(0;1)}.$$

此时

$$\frac{\mathrm{d}F_t(x)}{\mathrm{d}t}=\varphi(F_t(x))c=0,$$

$$F_t(x)=F_0(x)=x.$$

应用性质(a)不难看出,对 $\forall\,t\in\mathbf{R}^1,F_t(x)=F(x,t)=x$.

(3) 由(b)直接得证.

(4) 如果 $y=0$,取 $F(x,t)=x,x\in\mathbf{R}^m,t\in\mathbf{R}^1$.

如果 $y\in\{x\in\mathbf{R}^m\mid\|x\|<1\}$且 $y\neq0$,取 $c=\dfrac{y}{\|y\|}$,则 $\exists\,t_0\in\mathbf{R}^1$,s. t. $F_{t_0}(0)=F(0,t_0)=y$. □

**定理 1.2.11**(齐性定理) 设 $y,z$ 为 $m$ 维 $C^\infty$ 连通流形$(M,\mathscr{D})$的任意两点,则存在 $C^\infty$ 同痕

$$F:M\times[0,1]\to M,$$

使得 $F(\cdot,0)=\mathrm{Id}_MC^\infty$ 同痕于 $F(\cdot,1)=f$,且 $f(y)=z$.

**证明** 如果存在一个 $C^\infty$ 同痕

$$F:M\times[0,1]\to M$$

使 $\mathrm{Id}_M=F(\cdot,0)C^\infty$ 同痕于 $F(\cdot,1)$,且 $F_1(y)=F(y,1)=z$,则称 $y$ 同痕于 $z$,记为 $y\sim z$.

显然,$y\sim y$,只需取 $F(x,t)=x,t\in[0,1],x\in M$.

如果 $y\sim z$,则存在上述的 $C^\infty$ 同痕 $F$.令

$$G(x,t)=F_t^{-1}(x).$$

易见,$G:M\times[0,1]\to M$ 为 $C^\infty$ 同痕,且

$$G_0(\cdot)=G(\cdot,0)=F_0^{-1}(\cdot)=\mathrm{Id}_M(\cdot),$$

$$G_1(\cdot)=G(\cdot,1)=F_1^{-1}(\cdot),$$

$$G_1(z)=F_1^{-1}(z)=y,$$

故 $z\sim y$.

如果 $y\sim z,z\sim w$,它们相应的 $C^\infty$ 同痕为

$$F:M\times[0,1]\to M$$

和

$$G: M \times [0,1] \to M,$$

且 $F(\cdot,0) = \mathrm{Id}_M, G(\cdot,0) = \mathrm{Id}_M$.

$$F(y,1) = F_1(y) = z, \quad G(z,1) = G_1(z) = w.$$

则

$$H_t(\cdot) = H(\cdot,t) = G(F(\cdot,t),t) = G_t \circ F_t(\cdot),$$

$$H_0(\cdot) = H(\cdot,0) = G(F(\cdot,0),0) = F(\cdot,0) = \mathrm{Id}_M(\cdot),$$

$$H_1(y) = G_1 \circ F_1(y) = G_1(z) = w.$$

因此，$y \sim w$.

综合以上论述，两个点的同痕关系是一个等价关系，对 $\forall x \in M$，存在一个 $C^\infty$ 同胚于 $\mathbf{R}^m$ 的开邻域，再由引理 1.2.1，有 $x$ 的开邻域 $U$，使 $xC^\infty$ 同痕于 $U$ 中的任一点 $y$. 于是，$M$ 的每个同痕类都为开集，进而，$M$ 为互不相交的开集的并. 因为 $M$ 连通，故只有一个同痕类. □

引理 1.2.1 和定理 1.2.11 可以推广到更一般的情形.

**定理 1.2.12**(一般的齐性定理)　设 $A$ 为 $m$ 维 $C^\infty$ 流形$(M,\mathscr{D})$的闭子集，$\{p_1,p_2,\cdots,p_n\}$ 和$\{q_1,q_1,\cdots,q_n\}$为连通开子流形 $M-A$ 中的两组点集，且当 $i \neq j$ 时，$p_i \neq p_j, q_i \neq q_j$，则存在 $C^\infty$ 映射

$$F: M \times \mathbf{R}^1 \to M,$$

使得：

(1) 对 $\forall t \in \mathbf{R}^1$，$\mathrm{Id}_M$ 同痕于 $F_t = F(\cdot,t)$；

(2) $F(x,t) = x, x \in A, t \in \mathbf{R}^1$；

(3) $F(\cdot,0) = \mathrm{Id}_M(\cdot)$；

(4) $\exists t_0 \in \mathbf{R}^1$，s. t.

$$F_{t_0}(p_i) = F(p_i,t_0) = q_i, \quad i = 1,2,\cdots,n$$

(当 $n \geqslant 2$ 时，$\dim M \geqslant 2$).

**证明**　$n=1$. 由定理 1.1.3 知，连通的开子流形 $M-A$ 是道路连通的，故存在道路 $\sigma:[0,1] \to M$，使 $\sigma(0)=p_1, \sigma(1)=q_1$. 再由 $\sigma([0,1])$的紧致性，反复应用引理 1.2.1 就可推出定理的结论.

当 $n \geqslant 2, \dim M \geqslant 2$ 时，应用数学归纳法证明.

上面已证命题对 $n=1$ 是正确的.

假设命题对 $n=k$ 是正确的，则对$\{p_1,p_2,\cdots,p_{k+1}\}$和$\{q_1,q_2,\cdots,q_{k+1}\}$，根据归纳假设，存在 $C^\infty$ 映射 $F: M \times \mathbf{R}^1 \to M$ 使得：

(1) 对 $\forall t \in \mathbf{R}^1$，$\mathrm{Id}_M C^\infty$ 同痕于 $F_t = F(\cdot,t)$；

(2) $F(x,t)=x, x\in A, t\in \mathbf{R}^1$;

(3) $F(\cdot,0)=\mathrm{Id}_M(\cdot)$;

(4) $\exists\, t_0\in \mathbf{R}^1$,使 $F_{t_0}(p_i)=F(p_i,t_0)=q_i, i=1,2,\cdots,k$.

设 $F_{t_0}(p_{k+1})=F(p_{k+1},t_0)=p'_{k+1}$.如果 $p'_{k+1}=q_{k+1}$,则命题对 $n=k+1$ 得证;否则记

$$A_1 = A \cup \{p_1,p_2,\cdots,p_k,q_1,q_2,\cdots,q_k\}.$$

显然,$A_1$ 仍为闭集,$M-A_1$ 仍为连通开子流形.应用齐性定理(定理 1.2.11),存在 $C^\infty$ 映射 $G: M\times \mathbf{R}^1 \to M$,使:

(1) 对 $\forall\, t\in \mathbf{R}^1$,$\mathrm{Id}_M C^\infty$ 同痕于 $G_t=G(\cdot,t)$;

(2) $G(x,t)=x, x\in A_1, t\in \mathbf{R}^1$;

(3) $G(\cdot,0)=\mathrm{Id}_M(\cdot)$;

(4) $\exists\, t_1\in \mathbf{R}^1$,使

$$G_{t_1}(p'_{k+1}) = G(p'_{k+1},t_1) = q_{k+1}.$$

则

$$\begin{aligned} H_t(\cdot) = H(\cdot,t) &= G(F(\cdot,t_0),t) = G_t(F(\cdot,t_0)) \\ &= G_t(F_{t_0}(\cdot)) = G_t\circ F_{t_0}(\cdot) \end{aligned}$$

为所求的 $C^\infty$ 映射,且

$$H_{t_1}(p_{k+1}) = G_{t_1}\circ F_{t_0}(p_{k+1}) = G_{t_1}(p'_{k+1}) = q_{k+1}.$$

这就证明了命题对 $n=k+1$ 也是正确的. □

下面主要讨论外微分形式和外微分算子 d,它们将在 $C^\infty$ 定向流形上的外微分形式的积分、Stokes 定理以及 de Rham 上同调群的理论中用到.

**定义 1.2.22** 设 $V$ 为 $n$ 维实向量空间,令

$$V^* = \{\theta \mid \theta: V\to \mathbf{R} \text{ 为线性函数}\}.$$

如果 $\theta,\eta\in V^*, \lambda\in \mathbf{R}$,我们定义

$$(\theta+\eta)(X) = \theta(X)+\eta(X),$$
$$(\lambda\theta)(X) = \lambda\cdot\theta(X),\quad X\in V.$$

显然,$\theta+\eta\in V^*$,$\lambda\theta\in V^*$.易证$\{V^*,+,\text{数乘}\}$为 $\mathbf{R}$ 上的向量空间,称为 $V$ 的**对偶空间**,称 $\theta\in V^*$ 为**协变(或余)向量**,称 $X\in V$ 为**逆变向量**.

设$\{e_i \mid i=1,2,\cdots,n\}$为 $V$ 的一个基,$e^i: V\to \mathbf{R}$, $e^i\in V^*$,且 $e^i(e_j)=\delta^i_j=\begin{cases}1, i=j,\\ 0, i\neq j.\end{cases}$ 容易验证$\{e^i \mid i=1,2,\cdots,n\}$为 $V^*$ 的一个基,称为$\{e_i \mid i=1,2,\cdots,n\}$的一个**对偶基**.

如果$\{\widetilde{e}_i \mid i=1,2,\cdots,n\}$为 $V$ 的另一基，它的对偶基为$\{\widetilde{e}^i \mid i=1,2,\cdots,n\}$，基变换公式为

$$\widetilde{e}_i = \sum_{j=1}^n c_i^j e_j, \quad e_i = \sum_{j=1}^n d_i^j \widetilde{e}_j,$$

即

$$\begin{pmatrix} \widetilde{e}_1 \\ \vdots \\ \widetilde{e}_n \end{pmatrix} = \begin{pmatrix} c_1^1 & \cdots & c_1^n \\ \vdots & & \vdots \\ c_n^1 & \cdots & c_n^n \end{pmatrix} \begin{pmatrix} e_1 \\ \vdots \\ e_n \end{pmatrix}, \quad \begin{pmatrix} e_1 \\ \vdots \\ e_n \end{pmatrix} = \begin{pmatrix} d_1^1 & \cdots & d_1^n \\ \vdots & & \vdots \\ d_n^1 & \cdots & d_n^n \end{pmatrix} \begin{pmatrix} \widetilde{e}_1 \\ \vdots \\ \widetilde{e}_n \end{pmatrix}.$$

由此可知，$(c_j^i)$与$(d_j^i)$互为逆矩阵.

设 $X \in V$，则

$$\sum_{j=1}^n \widetilde{a}^j \widetilde{e}_j = X = \sum_{i=1}^n a^i e_i = \sum_{i=1}^n a^i \left( \sum_{j=1}^n d_i^j \widetilde{e}_j \right) = \sum_{j=1}^n \left( \sum_{i=1}^n a^i d_i^j \right) \widetilde{e}_j.$$

于是得到逆变向量 $X$ 的分量$\{\widetilde{a}^j\}$与$\{a^i\}$之间的变换公式：

$$\widetilde{a}^j = \sum_{i=1}^n d_i^j a^i,$$

即

$$\begin{pmatrix} \widetilde{a}^1 \\ \vdots \\ \widetilde{a}^n \end{pmatrix} = \begin{pmatrix} d_1^1 & \cdots & d_n^1 \\ \vdots & & \vdots \\ d_1^n & \cdots & d_n^n \end{pmatrix} \begin{pmatrix} a^1 \\ \vdots \\ a^n \end{pmatrix}.$$

设对偶基变换公式为 $\widetilde{e}^i = \sum\limits_{s=1}^n \widetilde{d}_s^i e^s$，则

$$\delta_j^i = \widetilde{e}^i(\widetilde{e}_j) = \left( \sum_{s=1}^n \widetilde{d}_s^i e^s \right) \left( \sum_{l=1}^n c_j^l e_l \right) = \sum_{s,l=1}^n \widetilde{d}_s^i c_j^l \delta_l^s = \sum_{s=1}^n \widetilde{d}_s^i c_j^s.$$

于是，$(\widetilde{d}_s^i) = (c_j^s)^{-1} = (d_s^i)$，$\widetilde{e}^i = \sum\limits_{s=1}^n d_s^i e^s$，即

$$\begin{pmatrix} \widetilde{e}^1 \\ \vdots \\ \widetilde{e}^n \end{pmatrix} = \begin{pmatrix} d_1^1 & \cdots & d_n^1 \\ \vdots & & \vdots \\ d_1^n & \cdots & d_n^n \end{pmatrix} \begin{pmatrix} e^1 \\ \vdots \\ e^n \end{pmatrix}.$$

设 $\theta \in V^*$，则

$$\sum_{j=1}^n \widetilde{\theta}_j \widetilde{e}^j = \theta = \sum_{i=1}^n \theta_i e^i = \sum_{i=1}^n \theta_i \left( \sum_{j=1}^n c_j^i \widetilde{e}^j \right) = \sum_{j=1}^n \left( \sum_{i=1}^n c_j^i \theta_i \right) \widetilde{e}^j,$$

其中 $\theta_i = \theta(e_i)$，$\widetilde{\theta}_j = \theta(\widetilde{e}_j)$，

$$\widetilde{\theta}_j = \sum_{i=1}^n c_j^i \theta_i,$$

即

$$\begin{pmatrix}\tilde{\theta}^1\\ \vdots\\ \tilde{\theta}^n\end{pmatrix}=\begin{pmatrix}c_1^1 & \cdots & c_1^n\\ \vdots & & \vdots\\ c_n^1 & \cdots & c_n^n\end{pmatrix}\begin{pmatrix}\theta_1\\ \vdots\\ \theta_n\end{pmatrix}.$$

而 $\{\theta_i\}$ 和 $\{\tilde{\theta}_i\}$ 分别称为协变向量 $\theta$ 关于基 $\{e_i\}$，$\{e^i\}$ 和 $\{\tilde{e}_i\}$，$\{\tilde{e}^i\}$ 的**分量**. 由此可仿照古典切向量的定义给出协变向量的定义.

**定义 1.2.23** 设映射

$$\theta:\underbrace{V\times\cdots\times V}_{s\text{个}}\to\mathbf{R}$$

是**偏线性**的，即对 $\forall X_i, Y_i\in V$，$\forall\lambda,\mu\in\mathbf{R}$，有

$$\begin{aligned}&\theta(X_1,\cdots,X_{i-1},\lambda X_i+\mu Y_i,X_{i+1},\cdots,X_s)\\ &=\lambda\theta(X_1,\cdots,X_{i-1},X_i,X_{i+1},\cdots,X_s)\\ &\quad+\mu\theta(X_1,\cdots,X_{i-1},Y_i,X_{i+1},\cdots,X_s),\end{aligned}$$

则称 $\theta$ 为 $V$ 上的 **$s$ 阶协变张量**，1 阶协变张量就是协变向量. 为了方便和统一，规定实数为 0 阶协变张量.

设 $\{e_i\}$ 为 $V$ 的基，称 $n^s$ 个数 $\{\theta_{i_1i_2\cdots i_s}=\theta(e_{i_1},e_{i_2},\cdots,e_{i_s})\}$ 为 $\theta$ 关于基 $\{e_i\}$ 的**分量**.

设 $\otimes^{0,s}V$ 为所有 $s$ 阶协变张量的全体，而 $\otimes^{0,1}V=V^*$，$\otimes^{0,0}V=\mathbf{R}$. 对于 $s\geqslant 1$，$\forall\theta,\eta\in\otimes^{0,s}V$，$\forall\lambda\in\mathbf{R}$，我们定义

$$(\theta+\eta)(X_1,X_2,\cdots,X_s)=\theta(X_1,X_2,\cdots,X_s)+\eta(X_1,X_2,\cdots,X_s),$$

$$(\lambda\theta)(X_1,X_2,\cdots,X_s)=\lambda\cdot\theta(X_1,X_2,\cdots,X_s),$$

其中 $X_i\in V$. 显然，$\theta+\eta\in\otimes^{0,s}V$，$\lambda\theta\in\otimes^{0,s}V$，则 $\{\otimes^{0,s}V,+,\text{数乘}\}$ 形成一个向量空间，称为关于 $V$ 的**$(0,s)$型张量空间**. 易见，$\theta+\eta$ 和 $\lambda\theta$ 关于基 $\{e_i\}$ 的分量分别为 $\theta_{i_1i_2\cdots i_s}+\eta_{i_1i_2\cdots i_s}$ 和 $\lambda\theta_{i_1i_2\cdots i_s}$.

设 $\theta\in\otimes^{0,r}V$，$\eta\in\otimes^{0,s}V$，我们定义**张量积**：

$\otimes:\otimes^{0,r}V\times\otimes^{0,s}V\to\otimes^{0,r+s}V$,

$(\theta,\eta)\mapsto\theta\otimes\eta$,

$(\theta\otimes\eta)(X_1,X_2,\cdots,X_{r+s})=\theta(X_1,X_2,\cdots,X_r)\cdot\eta(X_{r+1},X_{r+2},\cdots,X_{r+s})$,

其中 $X_i\in V$. 显然，$\theta\otimes\eta\in\otimes^{0,r+s}V$，且 $\theta\otimes\eta$ 的分量为 $(\theta\otimes\eta)_{i_1i_2\cdots i_{r+s}}=\theta_{i_1i_2\cdots i_r}\cdot\eta_{i_{r+1}i_{r+2}\cdots i_{r+s}}$. 易见

$(\theta+\eta)\otimes\zeta=\theta\otimes\zeta+\eta\otimes\zeta,\quad\theta,\eta\in\otimes^{0,r}V,\zeta\in\otimes^{0,s}V$,

$\theta\otimes(\eta+\zeta)=\theta\otimes\eta+\theta\otimes\zeta,\quad\theta\in\otimes^{0,r}V,\eta,\zeta\in\otimes^{0,s}V$,

$(\lambda\theta)\otimes\eta=\theta\otimes(\lambda\eta)=\lambda(\theta\otimes\eta),\quad\lambda\in\mathbf{R},\theta\in\otimes^{0,r}V,\eta\in\otimes^{0,s}V$.

$$(\theta\otimes\eta)\otimes\zeta=\theta\otimes(\eta\otimes\zeta),\quad \theta\in\otimes^{0,r}V,\eta\in\otimes^{0,s}V,\zeta\in\otimes^{0,t}V,$$

并记作 $\theta\otimes\eta\otimes\zeta$.

注意,$\theta\otimes\eta=\eta\otimes\theta$ 不一定成立,例如:

$$\theta(e_i)=1,\quad i=1,2,\cdots,n;$$

$$\eta(e_i)=\begin{cases}1, & i=1,\\ 0, & i\geqslant 2,\end{cases}$$

则

$$\begin{aligned}(\theta\otimes\eta)(e_1,e_2)&=\theta(e_1)\eta(e_2)=1\cdot 0=0\neq 1=1\cdot 1=\eta(e_1)\theta(e_2)\\ &=(\eta\otimes\theta)(e_1,e_2).\end{aligned}$$

从而

$$\theta\otimes\eta\neq\eta\otimes\theta.$$

张量积的引入,使我们看到

$$\{e^{i_1}\otimes e^{i_2}\otimes\cdots\otimes e^{i_s}\mid 1\leqslant i_1,i_2,\cdots,i_s\leqslant n\}$$

为$\otimes^{0,s}V$ 的一个基,因而$\otimes^{0,s}V$ 为 $n^s$ 维向量空间,此外,$\theta\in\otimes^{0,s}V$ 可表示为

$$\theta=\sum_{i_1,i_2,\cdots,i_s=1}^{m}\theta_{i_1i_2\cdots i_s}e^{i_1}\otimes e^{i_2}\otimes\cdots\otimes e^{i_s},$$

$$\theta_{i_1i_2\cdots i_s}=\theta(e_{i_1},e_{i_2},\cdots,e_{i_s}).$$

如果$\{\widetilde{e}_i\}$为 $V$ 的另一个基,则分量变换公式为

$$\begin{aligned}\widetilde{\theta}_{i_1i_2\cdots i_s}&=\theta(\widetilde{e}_{i_1},\widetilde{e}_{i_2},\cdots,\widetilde{e}_{i_s})\\ &=\theta\Big(\sum_{l_1=1}^{n}c_{i_1}^{l_1}e_{l_1},\sum_{l_2=1}^{n}c_{i_2}^{l_2}e_{l_2},\cdots,\sum_{l_s=1}^{n}c_{i_s}^{l_s}e_{l_s}\Big)\\ &=\sum_{l_1,l_2,\cdots,l_s=1}^{n}c_{i_1}^{l_1}c_{i_2}^{l_2}\cdots c_{i_s}^{l_s}\theta_{l_1l_2\cdots l_s}.\end{aligned}$$

由 $s$ 阶协变张量的分量变换公式和切向量的古典定义方法立即可给出古典$s$ 阶协变张量的定义.

**定义 1.2.24** 设 $\xi=\{E,M,\pi,\mathrm{GL}(n,\mathbf{R}),\mathbf{R}^n,\mathscr{E}\}$为 $C^r$ 向量丛,且

$$x=\varphi_\alpha(p),\quad y=\varphi_\beta(p),$$

$$(y,\widetilde{a})=(\varphi_\beta\circ\varphi_\alpha^{-1}(x),g_{\beta\alpha}(p)a).$$

令

$$g_{\beta\alpha}(p)=\begin{pmatrix}d_1^1 & \cdots & d_n^1\\ \vdots & & \vdots\\ d_1^n & \cdots & d_n^n\end{pmatrix},\quad (g_{\beta\alpha}(p)')^{-1}=\begin{pmatrix}c_1^1 & \cdots & c_1^n\\ \vdots & & \vdots\\ c_n^1 & \cdots & c_n^n\end{pmatrix}.$$

则根据

$$\theta=(\theta_{i_1i_2\cdots i_s}),\quad \widetilde{\theta}=(\widetilde{\theta}_{i_1i_2\cdots i_s}),$$

$$\widetilde{\theta}_{i_1i_2\cdots i_s}=\sum_{l_1,l_2,\cdots,l_s=1}^{n}c_{i_1}^{l_1}c_{i_2}^{l_2}\cdots c_{i_s}^{l_s}\theta_{l_1l_2\cdots l_s},$$

$$(y,\widetilde{\theta})=(\varphi_\beta\circ\varphi_\alpha^{-1}(x),g_{\beta\alpha}^{0,s}(p)\theta),$$

$$\otimes^{0,s}E=\bigcup_{p\in M}\otimes^{0,s}E_p$$

可以定义 $\xi$ 的$(0,s)$型 $C^r$ **张量丛** $\otimes^{0,s}\xi$(或$\otimes^{0,s}E$).

**定义 1.2.25**　设$\otimes^{0,s}\xi$ 为$C^r$ 向量丛$\xi$ 的$(0,s)$型 $C^r$ 张量丛,$U\subset M$,称截面

$$\theta:U\to\otimes^{0,s}E=\bigcup_{p\in M}\otimes^{0,s}E_p,$$
$$p\mapsto\theta_p$$

为 $U$ **上的$(0,s)$型张量场**(或 $s$ **阶协变张量场**).如果 $\theta$ 为$C^0$(连续)截面,则称它为 $U$ **上的$(0,s)$型 $C^0$(连续)张量场**,如果 $U\subset M$ 为开集,称 $U$ 上的$C^k(1\leqslant k\leqslant r)$截面 $\theta$ 为 **$U$ 上的$(0,s)$型 $C^k$ 张量场**.

**注 1.2.3**　关于更一般的$(r,s)$型张量、$(r,s)$型张量丛和$(r,s)$型张量场的知识可参阅文献[23]131～144 页.

我们特别感兴趣的是 $m$ 维$C^\infty$ 流形$(M,\mathscr{D})$的切丛

$$\xi_{切}=\{TM,M,\pi,\mathrm{GL}(m,\mathbf{R}),\mathbf{R}^m,\mathscr{E}\}$$

的$(0,s)$型 $C^\infty$ 张量丛

$$\otimes^{0,s}\xi_{切}=\{\otimes^{0,s}TM=\bigcup_{p\in M}\otimes^{0,s}T_pM,M,\pi_{0,s},\mathrm{GL}(m^s,\mathbf{R}),\mathbf{R}^{m^s},\mathscr{E}^{0,s}\}.$$

此时

$$\otimes^{0,s}T_pM=\{\theta\mid\theta\text{ 为点 }p\text{ 的切空间 }T_pM\text{ 上的}(0,s)\text{ 型张量}\},$$

投影

$$\pi_{0,s}:\otimes^{0,s}T_pM\to M,\quad \text{s.t.}\ \pi_{0,s}\big|_{\otimes^{0,s}T_pM}=p,\quad p\in M.$$

$T_pM$ 的对偶空间 $T_p^*M=\otimes^{0,1}T_pM$ 称为点 $p$ 处的**余切空间**.它的元素称为**余切向量**,

$$\otimes^{0,1}TM=T^*M=\bigcup_{p\in M}T_p^*M$$

称为**余切丛**.

设 $\left\{\frac{\partial}{\partial x^i}\Big|_p\,\Big|\,i=1,2,\cdots,m\right\}$ 的对偶基为 $\{\mathrm{d}x^i\,|_p\mid i=1,2,\cdots,m\}$, $\left\{\frac{\partial}{\partial y^i}\Big|_p\,\Big|\,i=1,2,\cdots,m\right\}$的对偶基为$\{\mathrm{d}y^i\,|_p\mid i=1,2,\cdots,m\}$,则由

$$\begin{pmatrix} \left.\frac{\partial}{\partial y^1}\right|_p \\ \vdots \\ \left.\frac{\partial}{\partial y^m}\right|_p \end{pmatrix} = \begin{pmatrix} \frac{\partial x^1}{\partial y^1} & \cdots & \frac{\partial x^m}{\partial y^1} \\ \vdots & & \vdots \\ \frac{\partial x^1}{\partial y^m} & \cdots & \frac{\partial x^m}{\partial y^m} \end{pmatrix}_{\varphi_\beta(p)} \begin{pmatrix} \left.\frac{\partial}{\partial x^1}\right|_p \\ \vdots \\ \left.\frac{\partial}{\partial x^m}\right|_p \end{pmatrix}$$

和

$$\sum_{j=1}^m b^j \left.\frac{\partial}{\partial y^j}\right|_p = X_p = \sum_{i=1}^m a^i \left.\frac{\partial}{\partial x^i}\right|_p$$

得到

$$\begin{pmatrix} b^1 \\ \vdots \\ b^m \end{pmatrix} = \begin{pmatrix} \frac{\partial y^1}{\partial x^1} & \cdots & \frac{\partial y^1}{\partial x^m} \\ \vdots & & \vdots \\ \frac{\partial y^m}{\partial x^1} & \cdots & \frac{\partial y^m}{\partial x^m} \end{pmatrix}_{\varphi_\alpha(p)} \begin{pmatrix} a^1 \\ \vdots \\ a^m \end{pmatrix},$$

$$g_{\beta\alpha}(p) = \begin{pmatrix} \frac{\partial y^1}{\partial x^1} & \cdots & \frac{\partial y^1}{\partial x^m} \\ \vdots & & \vdots \\ \frac{\partial y^m}{\partial x^1} & \cdots & \frac{\partial y^m}{\partial x^m} \end{pmatrix}_{\varphi_\alpha(p)}.$$

$\theta \in \bigotimes^{0,s} T_pM$ 分别关于局部坐标基$\left\{\frac{\partial}{\partial x^i}\right\}$和$\left\{\frac{\partial}{\partial y^i}\right\}$的分量$\theta_{i_1 i_2 \cdots i_s}$和$\widetilde{\theta}_{i_1 i_2 \cdots i_s}$之间的变换公式为

$$\widetilde{\theta}_{i_1 i_2 \cdots i_s} = \sum_{l_1, l_2, \cdots, l_s = 1}^m \frac{\partial x^{l_1}}{\partial y^{i_1}} \frac{\partial x^{l_2}}{\partial y^{i_2}} \cdots \frac{\partial x^{l_s}}{\partial y^{i_s}} \theta_{l_1 l_2 \cdots l_s}.$$

在局部坐标系$(U_\alpha, \varphi_\alpha)$,$\{x^i\}$中,$\theta \in \bigotimes^{0,s} T_pM$ 可表示为

$$\theta = \sum_{i_1, i_2, \cdots, i_s = 1}^m \theta_{i_1 i_2 \cdots i_s} \mathrm{d}x^{i_1} \otimes \cdots \otimes \mathrm{d}x^{i_s}.$$

**定理 1.2.13** 设$(M, \mathscr{D})$为 $m$ 维 $C^\infty$ 流形,则:

(1) $\theta$ 为$M$ 上的$(0,s)$型 $C^k(0 \leqslant k \leqslant +\infty)$张量场$\Leftrightarrow$对$\forall (U, \varphi)$,$\{x^i\} \in \mathscr{D}$,

$$\theta_p = \sum_{i_1, i_2, \cdots, i_s = 1}^m \theta_{i_1 i_2 \cdots i_s}(p) \mathrm{d}x^{i_1} \otimes \cdots \otimes \mathrm{d}x^{i_s}, \quad p \in U,$$

有 $\theta_{i_1 i_2 \cdots i_s} \in C^k(U, \mathbf{R})$;

(2) $\theta$ 为$M$ 上的$(0,s)$型 $C^\infty$ 张量场$\Leftrightarrow$对 $M$ 上的任何$C^\infty$ 切向量场 $X_1, X_2, \cdots, X_s$,

$$\theta(X_1, X_2, \cdots, X_s) \in C^\infty(M, \mathbf{R}),$$

即它为 $M$ 上的$C^\infty$ 函数.

**证明** (1) $\theta: M \to \bigotimes^{0,s} TM$ 为$C^k$ 类的$\Leftrightarrow$对$\forall (U, \varphi)$,$\{x^i\} \in \mathscr{D}$,

$$x \mapsto (x;(\theta_{i_1 i_2 \cdots i_s} \circ \varphi^{-1}(x)))$$

为 $C^k$ 类的⇔对$\forall (U,\varphi),\{x^i\}\in\mathscr{D}$,$\theta_{i_1 i_2\cdots i_s}\in C^k(U,\mathbf{R})$.

(2) (⇒)对$\forall (U,\varphi),\{x^i\}\in\mathscr{D}$,在 $U$ 中,

$$\begin{aligned}\theta(X_1,X_2,\cdots,X_s) &= \theta\Big(\sum_{i_1=1}^m a^{i_1}\frac{\partial}{\partial x^{i_1}},\sum_{i_2=1}^m a^{i_2}\frac{\partial}{\partial x^{i_2}},\cdots,\sum_{i_s=1}^m a^{i_s}\frac{\partial}{\partial x^{i_s}}\Big)\\ &= \sum_{i_1,i_2,\cdots,i_s=1}^m a^{i_1}a^{i_2}\cdots a^{i_s}\cdot\theta_{i_1 i_2\cdots i_s}.\end{aligned}$$

由题设和(1)知,$a^{i_1},a^{i_2},\cdots,a^{i_s},\theta_{i_1 i_2\cdots i_s}\in C^\infty(U,\mathbf{R})$,故 $\theta(X_1,X_2,\cdots,X_s)$为 $M$ 上的$C^\infty$ 函数.

(⇐)对$\forall p\in M$ 及$p$ 的任何局部坐标系$(U,\varphi),\{x^i\}$,应用引理 1.1.4 构造 $M$ 上的 $C^\infty$ 切向量场 $X_1,X_2,\cdots,X_s$,使 $X_i|_V=\dfrac{\partial}{\partial x^i}\Big|_V$,$i=1,2,\cdots,m$,其中 $V$ 为$U$ 中的开集. 于是,在 $V$ 中,

$$\theta_{i_1 i_2\cdots i_s} = \theta\Big(\frac{\partial}{\partial x^{i_1}},\frac{\partial}{\partial x^{i_2}},\cdots,\frac{\partial}{\partial x^{i_s}}\Big) = \theta(X_{i_1},X_{i_2},\cdots,X_{i_s})$$

为 $C^\infty$ 函数. 由(1),$\theta$ 为$(0,s)$型 $C^\infty$ 张量场. □

**定义 1.2.26** 设$(M,\mathscr{D})$为 $m$ 维$C^\infty$ 流形,$C^\infty(TM)$为 $M$ 上的$C^\infty$ 切向量场的全体. 如果映射

$$\theta:\overbrace{C^\infty(TM)\times\cdots\times C^\infty(TM)}^{s\text{个}}\to C^\infty(M,\mathbf{R})$$

是**函数偏线性**的,即

$$\begin{aligned}&\theta(X_1,X_2,\cdots,X_{i-1},fX_i+gY_i,X_{i+1},X_{i+2},\cdots,X_s)\\ &\quad= f\cdot\theta(X_1,X_2,\cdots,X_{i-1},X_i,X_{i+1},X_{i+2},\cdots,X_s)\\ &\qquad+ g\cdot\theta(X_1,X_2,\cdots,X_{i-1},Y_i,X_{i+1},X_{i+2},\cdots,X_s),\end{aligned}$$

其中 $f,g\in C^\infty(M,\mathbf{R})$,$X_i,Y_i\in C^\infty(TM)$,$i=1,2,\cdots,s$,则称 $\theta$ 为**$(0,s)$型的 $C^\infty$ 场张量**.

为证明 $C^\infty$ 张量场和 $C^\infty$ 场张量在某种意义下是相同的,我们先证下面的引理.

**引理 1.2.2** 设 $X_i,Y_i\in C^\infty(TM)$,$i=1,2,\cdots,s$,$\theta$ 为$(0,s)$型 $C^\infty$ 场张量. 如果在开集 $U$ 中,$X_i=Y_i$,$i=1,2,\cdots,s$,则在 $U$ 中,有

$$\theta(X_1,X_2,\cdots,X_s) = \theta(Y_1,Y_2,\cdots,Y_s).$$

**证明** 如果在 $U$ 中,$X_1=0$,则在 $U$ 中必有

$$\theta(X_1,X_2,\cdots,X_s) = 0.$$

事实上,对$\forall y\in U$,根据推论 1.1.2,作 $M$ 上的$C^\infty$ 函数 $f$,使 $f(y)=0$ 和 $f|_{M-U}=1$,则在 $M$ 上,$X_1=fX_1$,因而

$$\theta(X_1,X_2,\cdots,X_s)\mid_y = \theta(fX_1,X_2,\cdots,X_s)\mid_y$$
$$= f(y)\theta(X_1,X_2,\cdots,X_s)\mid_y = 0\cdot\theta(X_1,X_2,\cdots,X_s)\mid_y = 0.$$

由于 $y\in U$ 任取,故在 $U$ 上有 $\theta(X_1,X_2,\cdots,X_s)=0$.

如果在 $U$ 中, $X_1=Y_1$, 则 $X_1-Y_1=0$. 于是

$$\theta(X_1,X_2,\cdots,X_s)-\theta(Y_1,X_2,\cdots,X_s)$$
$$=\theta(X_1-Y_1,X_2,\cdots,X_s)=\theta(0,X_2,\cdots,X_s)=0,$$

即

$$\theta(X_1,X_2,\cdots,X_s)=\theta(Y_1,X_2,\cdots,X_s).$$

同理

$$\theta(X_1,X_2,\cdots,X_s)=\theta(Y_1,X_2,\cdots,X_s)=\theta(Y_1,Y_2,X_3,\cdots,X_s)$$
$$=\cdots=\theta(Y_1,Y_2,\cdots,Y_s).$$

□

**定理 1.2.14**($C^\infty$ 张量场 $=C^\infty$ 场张量) 设 $(M,\mathscr{D})$ 为 $m$ 维 $C^\infty$ 流形,则 $M$ 上的一个 $(0,s)$ 型 $C^\infty$ 张量场可以视作 $(0,s)$ 型 $C^\infty$ 场张量.

反之,一个 $(0,s)$ 型 $C^\infty$ 场张量 $\theta$ 也可视作 $M$ 上的 $(0,s)$ 型 $C^\infty$ 张量场.

**证明** (1) 设 $\theta$ 为一个 $(0,s)$ 型 $C^\infty$ 张量场,

$$\theta_p:\overbrace{T_pM\times\cdots\times T_pM}^{s个}\to\mathbf{R}$$

为偏线性函数. 由定理 1.2.13 可知

$$\overbrace{C^\infty(TM)\times\cdots\times C^\infty(TM)}^{s个}\to C^\infty(M,\mathbf{R}),$$
$$(X_1,X_2,\cdots,X_s)\mapsto\theta(X_1,X_2,\cdots,X_s),$$
$$\theta(X_1,X_2,\cdots,X_s)\mid_p=\theta_p(X_{1p},X_{2p},\cdots,X_{sp})$$

为函数偏线性的,故 $\theta$ 可视作 $(0,s)$ 型 $C^\infty$ 场张量.

(2) 相反地,如果

$$\theta:\overbrace{C^\infty(TM)\times\cdots\times C^\infty(TM)}^{s个}\to C^\infty(M,\mathbf{R})$$

为 $(0,s)$ 型 $C^\infty$ 场张量.

对 $\forall p\in M$, 由 $\theta$ 诱导出一个偏线性函数

$$\theta_p:\overbrace{T_pM\times\cdots\times T_pM}^{s个}\to\mathbf{R}$$

如下:设 $e_1,e_2,\cdots,e_s\in T_pM$, 任取 $X_1,X_2,\cdots,X_s\in C^\infty(TM)$, 使得

$$X_1\mid_p=e_1,\quad X_2\mid_p=e_2,\quad \cdots,\quad X_s\mid_p=e_s.$$

令

$$\theta_p(e_1,e_2,\cdots,e_s)=\theta(X_1,X_2,\cdots,X_s)\mid_p.$$

如果能证明这个定义与上述 $X_1,X_2,\cdots,X_s$ 的选取无关,则 $\theta_p$ 是定义确切的,且明显为偏线性函数,从而它是点 $p$ 处的$(0,s)$型张量,由此,$\theta$ 可视作 $M$ 上的$(0,s)$型 $C^\infty$ 张量场.

设 $X_1|_p=0$,在 $p$ 的局部坐标系$(U,\varphi)$,$\{x^i\}$中,$X_1=\sum_{i=1}^m a^i\frac{\partial}{\partial x^i}$. 我们构造 $M$ 上的$C^\infty$向量场 $Y_i$ 和$C^\infty$函数 $f^i$,使得在 $p$ 的开邻域$V\subset U$ 中,

$$Y_i=\frac{\partial}{\partial x^i},\quad f^i=a^i,\quad i=1,2,\cdots,m,$$

则在 $V$ 中 ,$X_1=\sum_{i=1}^m f^iY_i$, 且

$$\begin{aligned}\theta(X_1,X_2,\cdots,X_s)|_p&=\theta\Big(\sum_{i=1}^m f^iY_i,X_2,\cdots,X_s\Big)\Big|_p=\sum_{i=1}^m(f^i\theta(Y_i,X_2,\cdots,X_s))|_p\\&=\sum_{i=1}^m f^i(p)\theta(Y_i,X_2,\cdots,X_s)|_p=\sum_{i=1}^m a^i(p)\cdot\theta(Y_i,X_2,\cdots,X_s)|_p\\&=\sum_{i=1}^m 0\cdot\theta(Y_i,X_2,\cdots,X_s)|_p=0.\end{aligned}$$

如果 $Y_1,Y_2,\cdots,Y_s\in C^\infty(TM)$, $Y_1|_p=e_1$, $Y_2|_p=e_2,\cdots,Y_s|_p=e_s$,则$(X_1-Y_1)|_p=0$,从而

$$\begin{aligned}&\theta(X_1,X_2,\cdots,X_s)|_p-\theta(Y_1,X_2,\cdots,X_s)|_p\\&=\theta(X_1-Y_1,X_2,\cdots,X_s)|_p=0,\end{aligned}$$

即

$$\begin{aligned}\theta(X_1,X_2,\cdots,X_s)|_p&=\theta(Y_1,X_2,\cdots,X_s)|_p\\&=\theta(Y_1,Y_2,X_3,\cdots,X_s)|_p=\cdots=\theta(Y_1,Y_2,\cdots,Y_s)|_p.\end{aligned}$$

这就证明了 $\theta_p$ 的定义与$X_1,X_2,\cdots,X_s$ 的选取无关. □

现在,讨论 $M_2$ 上的$(0,s)$型张量 $\theta$ 在$C^\infty$映射 $f:M_1\to M_2$ 下变为 $f^\#\theta$ 的一些性质.

**定义 1.2.27**　设$(M_i,\mathscr{D}_i)$为 $m_i$ 维$C^\infty$流形,$f:M_1\to M_2$ 为 $C^\infty$映射.我们定义

$$\begin{aligned}f_p^\#:&\textstyle\bigotimes^{0,s}T_{f(p)}M_2\to\bigotimes^{0,s}T_pM_1,\\&\theta\mapsto f_p^\#\theta,\end{aligned}$$

使得

$$f_p^\#\theta(X_1,X_2,\cdots,X_s)=\theta(f_{\#p}X_1,f_{\#p}X_2,\cdots,f_{\#p}X_s).$$

由 $f_{\#p}$的线性性立即知$f_p^\#\theta$ 是偏线性的,从而 $f_p^\#\theta\in\bigotimes^{0,s}T_pM_1$. 显然,$f_p^\#$ 为线性映射,即

$$f_p^\#(\lambda\theta+\mu\eta)=\lambda f_p^\#\theta+\mu f_p^\#\eta,$$

且

$$f_p^\#(\theta\otimes\eta)=f_p^\#\theta\otimes f_p^\#\eta.$$

**定理 1.2.15** 设$(M_i,\mathscr{D}_i)(i=1,2)$为 $m_i$ 维$C^\infty$流形,$f:M_1\to M_2$ 为 $C^\infty$映射,$\theta$ 为 $M_2$ 上的 $s$ 阶 $C^\infty$ 协变张量场,则 $f^\# \theta$ 为 $M_1$ 上的 $s$ 阶 $C^\infty$ 协变张量场,其中$(f^\#\theta)_p=f_p^\#\theta_{f(p)}$.

**证明** 在 $p\in M_1$ 的局部坐标系$\{x^i\}$和 $f(p)\in M_2$ 的局部坐标系$\{y^j\}$中,有

$$
\begin{aligned}
f^\# \theta &= f^\#\Big(\sum_{j_1,j_2,\cdots,j_s=1}^{m_2}\theta_{j_1j_2\cdots j_s}\mathrm{d}y^{j_1}\otimes\mathrm{d}y^{j_2}\otimes\cdots\otimes\mathrm{d}y^{j_s}\Big)\\
&=\sum_{j_1,j_2,\cdots,j_s=1}^{m_2}\theta_{j_1j_2\cdots j_s}\circ f\cdot(f^\#\mathrm{d}y^{j_1})\otimes(f^\#\mathrm{d}y^{j_2})\otimes\cdots\otimes(f^\#\mathrm{d}y^{j_s})\\
&=\sum_{j_1,j_2,\cdots,j_s=1}^{m_2}\theta_{j_1j_2\cdots j_s}\circ f\Big(\sum_{i_1=1}^{m_1}\frac{\partial(y^{j_1}\circ f)}{\partial x^{i_1}}\mathrm{d}x^{i_1}\Big)\otimes\cdots\otimes\Big(\sum_{i_s=1}^{m_1}\frac{\partial(y^{j_s}\circ f)}{\partial x^{i_s}}\mathrm{d}x^{i_s}\Big)\\
&=\sum_{i_1,i_2,\cdots,i_s=1}^{m_1}\Big(\sum_{j_1,j_2,\cdots,j_s=1}^{m_2}\frac{\partial(y^{j_1}\circ f)}{\partial x^{i_1}}\cdots\frac{\partial(y^{j_s}\circ f)}{\partial x^{i_s}}\theta_{j_1j_2\cdots j_s}\circ f\Big)\mathrm{d}x^{i_1}\otimes\cdots\otimes\mathrm{d}x^{i_s}.
\end{aligned}
$$

因为 $\theta_{j_1j_2\cdots j_s}$为$y^1,y^2,\cdots,y^{m_2}$的 $C^\infty$ 函数,而 $y^j$ 又是$x^1,x^2,\cdots,x^{m_1}$的 $C^\infty$ 函数,故

$$\sum_{j_1,j_2,\cdots,j_s=1}^{m_2}\frac{\partial(y^{j_1}\circ f)}{\partial x^{i_1}}\cdots\frac{\partial(y^{j_s}\circ f)}{\partial x^{i_s}}\theta_{j_1j_2\cdots j_s}\circ f$$

为 $x^1,x^2,\cdots,x^{m_1}$的 $C^\infty$ 函数.这就证明了 $f^\# \theta$ 为$M_1$ 上的 $s$ 阶$C^\infty$ 协变张量场. □

一个重要的例子是 $C^\infty$ 向量丛上的 2 阶对称正定 $C^\infty$ 协变张量场,即 Riemann 度量.

**定义 1.2.28** 设 $\xi=\{E,M,\pi,\mathrm{GL}(n,\mathbf{R}),\mathbf{R}^n,\mathscr{E}\}$为 $C^r(r\in\mathbf{N}\cup\{0\})$向量丛,$M$ 为 $C^r$ 流形.

$$\otimes^{0,2}\xi=\{\otimes^{0,2}E,M,\pi_{0,2},\mathrm{GL}(n^2,\mathbf{R}),\mathbf{R}^{n^2},\mathscr{E}^{0,2}\}$$

为 $\xi$ 的(0,2)型 $C^r$ 张量丛.

所谓 $C^r$ 向量丛$\xi$ 上的一个$C^r$ **Riemann 度量**或**内积**就是在每个纤维上正定和对称的 $C^r$ 截面

$$g=\langle,\rangle:M\to\otimes^{0,2}E,$$

即$\forall\, p\in M$,(0,2)型张量(双线性函数)

$$
\begin{aligned}
g_p=\langle,\rangle_p:E_p\times E_p\to\mathbf{R},\\
(X,Y)\mapsto g_p(X,Y)=\langle X,Y\rangle_p
\end{aligned}
$$

满足:

(1) $g_p(X,X)\geqslant 0,g_p(X,X)=0\Leftrightarrow X=0$(正定性);

(2) $g_p(X,Y)=g_p(Y,X)$(对称性);

(3) $g$ 为$C^r$ 张量场($C^r$ 性).

其中 $X,Y\in E_p$ 为任意向量.

我们称 $\| X_p \| = (g_p(X_p, X_p))^{\frac{1}{2}}$ 为向量 $X_p$ 的**模**.

设 $(\pi^{-1}(U_\alpha), \psi_\alpha) \in \mathscr{E}$ 为 $\xi$ 的局部平凡化，

$$X_i(p) = \varphi_\alpha^{-1}(p, e_i), \quad i = 1, 2, \cdots, n$$

为纤维 $\pi^{-1}(p)$ 的基，

$$g_{ij} = g(X_i(p), X_j(p))$$

为 $g$ 关于 $(\pi^{-1}(U_\alpha), \psi_\alpha)$ 的**分量**.

由以上讨论知，显然 $(g_{ij})$ 和它的逆矩阵 $(g^{ij})$ 都为正定矩阵，如果

$$X = \sum_{i=1}^n a^i X_i, \quad Y = \sum_{j=1}^n b^j X_j,$$

则

$$g(X, Y) = g\Big(\sum_{i=1}^n a^i X_i, \sum_{j=1}^n b^j X_j\Big) = \sum_{i,j=1}^n g_{ij} a^i b^j$$
$$= (a^1, \cdots, a^n) \begin{pmatrix} g_{11} & \cdots & g_{1n} \\ \vdots & & \vdots \\ g_{n1} & \cdots & g_{nn} \end{pmatrix} \begin{pmatrix} b^1 \\ \vdots \\ b^n \end{pmatrix}.$$

如果 $(\pi^{-1}(U_\beta), \psi_\beta) \in \mathscr{E}$ 为 $\xi$ 的另一局部平凡化，

$$\widetilde{X}_i = \psi_\beta^{-1}(p, e_i), \quad i = 1, 2, \cdots, n$$

为 $\pi^{-1}(p)$ 的另一基，

$$\widetilde{g}_{ij} = g(\widetilde{X}_i(p), \widetilde{X}_j(p))$$

为 $g$ 关于 $(\pi^{-1}(U_\beta), \psi_\beta)$ 的分量，则

$$\widetilde{g}_{ij} = g(\widetilde{X}_i(p), \widetilde{X}_j(p)) = g\Big(\sum_{k=1}^n c_i^k X_k(p), \sum_{l=1}^n c_j^l X_l(p)\Big) = \sum_{k,l=1}^n g_{kl} c_i^k c_j^l,$$

$$\begin{pmatrix} \widetilde{g}_{11} & \cdots & \widetilde{g}_{1n} \\ \vdots & & \vdots \\ \widetilde{g}_{n1} & \cdots & \widetilde{g}_{nn} \end{pmatrix} = \begin{pmatrix} c_1^1 & \cdots & c_1^n \\ \vdots & & \vdots \\ c_n^1 & \cdots & c_n^n \end{pmatrix} \begin{pmatrix} g_{11} & \cdots & g_{1n} \\ \vdots & & \vdots \\ g_{n1} & \cdots & g_{nn} \end{pmatrix} \begin{pmatrix} c_1^1 & \cdots & c_n^1 \\ \vdots & & \vdots \\ c_1^n & \cdots & c_n^n \end{pmatrix},$$

其中 $(d_j^i) = g_{\beta\alpha}(p)'$，$(c_j^i) = (g_{\beta\alpha}(p)')^{-1}$. 在上述矩阵等式两边取逆矩阵，得到

$$\begin{pmatrix} \widetilde{g}^{11} & \cdots & \widetilde{g}^{1n} \\ \vdots & & \vdots \\ \widetilde{g}^{n1} & \cdots & \widetilde{g}^{nn} \end{pmatrix} = \begin{pmatrix} d_1^1 & \cdots & d_n^1 \\ \vdots & & \vdots \\ d_1^n & \cdots & d_n^n \end{pmatrix} \begin{pmatrix} g^{11} & \cdots & g^{1n} \\ \vdots & & \vdots \\ g^{n1} & \cdots & g^{nn} \end{pmatrix} \begin{pmatrix} d_1^1 & \cdots & d_1^n \\ \vdots & & \vdots \\ d_n^1 & \cdots & d_n^n \end{pmatrix},$$

即 $\widetilde{g}^{ij} = \sum_{k,l=1}^n g^{kl} d_k^i d_l^j$.

$C^r$ 向量丛 $\xi$ 上给定一个 Riemann 度量 $g = \langle , \rangle$，直观上就是将每一点的纤维赋予内

积而 Euclid 化. 同时,要求从一点到另一点变化时保证 $C^r$ 性. 因此,它就是 Euclid 空间的推广.

**定理 1.2.16**(Riemann 度量的存在性) 设$(M,\mathscr{D})$为 $C^r(r\geqslant 1)$流形(因而 $\sigma$ 紧流形、仿紧流形),则 $C^r$ 向量丛

$$\xi = \{E, M, \pi, \mathrm{GL}(n,\mathbf{R}), \mathbf{R}^n, \mathscr{E}\}$$

上存在 $C^r$ Riemann 度量 $g=\langle,\rangle$.

**证明** 由定理 1.1.10 知,存在一个 $M$ 上的坐标邻域的局部有限的开覆盖$\{U_\alpha \mid \alpha\in\Gamma\}$以及从属于它的单位分解$\{\rho_\alpha \mid \alpha\in\Gamma\}$. 在$(\pi^{-1}(U_\alpha),\psi_\alpha)\in\mathscr{E}$中,$X_i(p)=\psi_\alpha^{-1}(p,e_i)$,令

$$\langle X_i(p), X_j(p)\rangle_\alpha = \delta_j^i,$$

则

$$\begin{cases}\rho_\alpha(p)\langle,\rangle_{\alpha p}, & p\in U_\alpha,\\ 0, & p\in M-\overline{\{q\in U_\alpha \mid \rho_\alpha(q)>0\}}\end{cases}$$

在 $M$ 上是$C^\infty$的. 为了方便,记它为 $\rho_\alpha\langle,\rangle_\alpha$. 于是,容易验证

$$g = \langle,\rangle = \sum_{\alpha\in\Gamma}\rho_\alpha\langle,\rangle_\alpha$$

为 $\xi$ 或$E$ 上的一个 $C^r$ Riemann 度量. □

**定义 1.2.29** 在定义 1.2.28 中,如果 $\xi_{切}$ 是 $m$ 维 $C^\infty$ 流形$(M,\mathscr{D})$的切丛,则 $m=n$. 我们称$(M,g)=(M,\langle,\rangle)$为 **Riemann 流形**,$g$ 为 $M$ 上的一个 **Riemann 度量**.

设$(U_\alpha,\varphi_\alpha)$,$\{x^i\}$为$(M,\mathscr{D})$的局部坐标系,则

$$X_i = \frac{\partial}{\partial x^i},\quad g_{ij} = g\left(\frac{\partial}{\partial x^i},\frac{\partial}{\partial x^j}\right),$$

$$g = \langle,\rangle = \sum_{i,j=1}^m g_{ij}\mathrm{d}x^i\otimes \mathrm{d}x^j,\quad g_{ij}=g_{ji}.$$

如果$(U_\beta,\varphi_\beta)$,$\{y^i\}$为另一个局部坐标系,

$$Y_i = \frac{\partial}{\partial y^i},\quad \tilde{g}_{ij} = g\left(\frac{\partial}{\partial y^i},\frac{\partial}{\partial y^j}\right),\quad c_j^i = \frac{\partial x^i}{\partial y^j},\quad d_j^i = \frac{\partial y^i}{\partial x^j},$$

则

$$\begin{pmatrix}\tilde{g}_{11} & \cdots & \tilde{g}_{1m}\\ \vdots & & \vdots\\ \tilde{g}_{m1} & \cdots & \tilde{g}_{mm}\end{pmatrix} = \begin{pmatrix}\frac{\partial x^1}{\partial y^1} & \cdots & \frac{\partial x^m}{\partial y^1}\\ \vdots & & \vdots\\ \frac{\partial x^1}{\partial y^m} & \cdots & \frac{\partial x^m}{\partial y^m}\end{pmatrix}\begin{pmatrix}g_{11} & \cdots & g_{1m}\\ \vdots & & \vdots\\ g_{m1} & \cdots & g_{mm}\end{pmatrix}\begin{pmatrix}\frac{\partial x^1}{\partial y^1} & \cdots & \frac{\partial x^1}{\partial y^m}\\ \vdots & & \vdots\\ \frac{\partial x^m}{\partial y^1} & \cdots & \frac{\partial x^m}{\partial y^m}\end{pmatrix},$$

$$\begin{pmatrix}\tilde{g}^{11} & \cdots & \tilde{g}^{1m}\\ \vdots & & \vdots\\ \tilde{g}^{m1} & \cdots & \tilde{g}^{mm}\end{pmatrix} = \begin{pmatrix}\frac{\partial y^1}{\partial x^1} & \cdots & \frac{\partial y^1}{\partial x^m}\\ \vdots & & \vdots\\ \frac{\partial y^m}{\partial x^1} & \cdots & \frac{\partial y^m}{\partial x^m}\end{pmatrix}\begin{pmatrix}g^{11} & \cdots & g^{1m}\\ \vdots & & \vdots\\ g^{m1} & \cdots & g^{mm}\end{pmatrix}\begin{pmatrix}\frac{\partial y^1}{\partial x^1} & \cdots & \frac{\partial y^m}{\partial x^1}\\ \vdots & & \vdots\\ \frac{\partial y^1}{\partial x^m} & \cdots & \frac{\partial y^m}{\partial x^m}\end{pmatrix}.$$

另一个重要例子是切丛上的 $s$ 阶 $C^\infty$ 反称协变张量场，即 $s$ 阶 $C^\infty$ 外微分形式.

**定义 1.2.30** 设 $V$ 为 $n$ 维向量空间，$\omega\in\bigotimes^{0,s}V$，如果对 $\forall X_i\in V, i=1,2,\cdots,s$ 和 $(1,2,\cdots,s)$的任何置换 $\mu$ 满足：

$$\omega(X_{\mu(1)},X_{\mu(2)},\cdots,X_{\mu(s)}) = (-1)^\mu\omega(X_1,X_2,\cdots,X_s),$$

其中

$$(-1)^\mu = \begin{cases}1, & \mu \text{ 为偶置换},\\ -1, & \mu \text{ 为奇置换},\end{cases}$$

则称 $\omega$ 为 **$s$ 阶反称协变张量**或 **$s$ 阶外形式**. 设 $s$ 阶反称协变张量的全体为 $\wedge^s V^*$. 显然，它是$\bigotimes^{0,s}V$ 的一个子向量空间，容易验证：

$\omega$ 是反称的$\Leftrightarrow$对$(1,2,\cdots,s)$的任一置换 $\mu$，

$$\omega_{i_{\mu(1)}i_{\mu(2)}\cdots i_{\mu(s)}} = (-1)^\mu\omega_{i_1i_2\cdots i_s},$$

其中 $\omega_{i_1i_2\cdots i_s}=\omega(e_{i_1},e_{i_2},\cdots,e_{i_s})$，而$\{e_i\mid i=1,2,\cdots,n\}$为 $V$ 的一个基. 为完全起见，0 阶和 1 阶协变张量视作反称的.

从定义可以看出，如果 $\omega\in\wedge^sV^*$，且 $X_1,X_2,\cdots,X_s$ 中有两个相等(如 $X_i=X_j$，$i\neq j$)，则 $\omega(X_1,X_2,\cdots,X_s)=0$. 事实上，由

$$\omega(X_1,\cdots,X_i,\cdots,X_j,\cdots,X_s) = -\omega(X_1,\cdots,X_j,\cdots,X_i,\cdots,X_s),$$

$$2\omega(X_1,X_2,\cdots,X_s) = 0, \quad \omega(X_1,X_2,\cdots,X_s) = 0.$$

由此还可以看出，如果 $i_1,i_2,\cdots,i_s$ 中有两个相等，则

$$\omega_{i_1i_2\cdots i_s} = 0.$$

如果 $s\geqslant n+1$，$\omega\in\wedge^sV^*$，则 $i_1,i_2,\cdots,i_s$ 中至少有两个相等，故 $\omega_{i_1i_2\cdots i_s}=0$. 从而 $\omega=0$. 于是，$\wedge^sV^*=0$.

**定义 1.2.31** 设 $\alpha\in\wedge^rV^*$，$\beta\in\wedge^sV^*$，我们定义**外积**(或**反称积**，或 **Grassmann 积**，或**楔积**)

$$\wedge: \wedge^rV^*\times\wedge^sV^*\to\wedge^{r+s}V^*,$$

$$(\alpha,\beta)\mapsto\alpha\wedge\beta,$$

$$(\alpha\wedge\beta)(X_1,X_2,\cdots,X_{r+s}) = \frac{1}{r!s!}\sum_\mu(-1)^\mu\alpha(X_{\mu(1)},X_{\mu(2)},\cdots,X_{\mu(r)})$$
$$\cdot\beta(X_{\mu(r+1)},X_{\mu(r+2)},\cdots,X_{\mu(r+s)}).$$

当 $r=s=1$ 时，

$$(\alpha\wedge\beta)(X_1,X_2) = \alpha(X_1)\beta(X_2)-\alpha(X_2)\beta(X_1).$$

可以证明(参阅文献[23]150～153 页)下面定理.

**定理 1.2.17** 如果 $\alpha,\alpha_1,\alpha_2\in\wedge^rV^*$，$\beta,\beta_1,\beta_2\in\wedge^sV^*$，$\gamma\in\wedge^tV^*$，则：

(1) $\alpha\wedge\beta\in\wedge^{r+s}V^*$.

(2) $\left.\begin{array}{l}\alpha\wedge(\beta_1+\beta_2)=\alpha\wedge\beta_1+\alpha\wedge\beta_2,\\(\alpha_1+\alpha_2)\wedge\beta=\alpha_1\wedge\beta+\alpha_2\wedge\beta;\end{array}\right\}$(双线性)

$\alpha\wedge(\lambda\beta)=(\lambda\alpha)\wedge\beta=\lambda(\alpha\wedge\beta),\lambda\in\mathbf{R}$.

(3) $\alpha\wedge\beta=(-1)^{rs}\beta\wedge\alpha$;

特别当 $r=s=1$ 时,有 $\alpha\wedge\beta=-\beta\wedge\alpha,\alpha\wedge\alpha=0$.

(4) $(\alpha\wedge\beta)\wedge\gamma=\alpha\wedge(\beta\wedge\gamma)$(结合律).

由此可知,$\alpha\wedge\beta\wedge\gamma$ 与作外积的次序无关.一般地,$\alpha_1\wedge\cdots\wedge\alpha_s$与外积的次序无关.

(5) 设$\{e_i\mid i=1,2,\cdots,n\}$为 $V$ 的一个基,$\{e^i\mid i=1,2,\cdots,n\}$为其对偶基,则

$$\{e^{i_1}\wedge\cdots\wedge e^{i_s}\mid 1\leqslant i_1<\cdots<i_s\leqslant n\}$$

为$\wedge^s V^*$的一个基,因而,$\wedge^s V^*$为 $C_n^s$ 维向量空间.

**例 1.2.19** 设 $V$ 为$n(\geqslant 4)$维向量空间,$\{e_i\mid i=1,2,\cdots,n\}$为 $V$ 的一个基,$\{e^i\mid i=1,2,\cdots,n\}$为其对偶基,

$$\alpha=e^1\wedge e^2+e^3\wedge e^4,$$

则

$$\begin{aligned}\alpha\wedge\alpha&=(e^1\wedge e^2+e^3\wedge e^4)\wedge(e^1\wedge e^2+e^3\wedge e^4)\\&=2e^1\wedge e^2\wedge e^3\wedge e^4\neq 0.\end{aligned}$$

**定义 1.2.32** 容易看出

$$\{1;e^i,i=1,2,\cdots,n;e^{i_1}\wedge e^{i_2},1\leqslant i_1<i_2\leqslant n;\cdots;e^1\wedge\cdots\wedge e^n\}$$

为$\wedge^s V^*(s=0,1,\cdots,n)$的直和

$$\wedge V^*=\bigoplus_{s=0}^{n}\wedge^s V^*$$

的一个基.$\wedge V^*$是由 1 和$\wedge^1 V^*=V^*$在 Grassmann 积$\wedge$下生成的

$$C_n^0+C_n^1+\cdots+C_n^n=(1+1)^n=2^n$$

维的向量空间,这里乘法$\wedge$可线性扩张到$\wedge V^*$上,即要求$\wedge$关于向量加法是分配的.这个乘法也是可结合的,并且关于加法和乘法$\wedge$形成一个环.从而,$\wedge V^*$是一个具有单位元 1 的代数,称为 **Grassmann 代数或外代数**.

如果$\{\tilde{e}^i\mid i=1,2,\cdots,n\}$为$\{\tilde{e}_i\mid i=1,2,\cdots,n\}$的对偶基,则

$$\begin{aligned}\tilde{\omega}_{i_1i_2\cdots i_s}&=\sum_{l_1,l_2,\cdots,l_s=1}^{n}c_{i_1}^{l_1}c_{i_2}^{l_2}\cdots c_{i_s}^{l_s}\omega_{l_1l_2\cdots l_s}\\&=\sum_{1\leqslant l_1<l_2<\cdots<l_s\leqslant n}\sum_{\mu}(-1)^{\mu}c_{i_{\mu(1)}}^{l_1}c_{i_{\mu(2)}}^{l_2}\cdots c_{i_{\mu(s)}}^{l_s}\omega_{l_1l_2\cdots l_s}\\&=\sum_{1\leqslant l_1<l_2<\cdots<l_s\leqslant n}\begin{vmatrix}c_{i_1}^{l_1}&\cdots&c_{i_1}^{l_s}\\\vdots&&\vdots\\c_{i_s}^{l_1}&\cdots&c_{i_s}^{l_s}\end{vmatrix}\omega_{l_1l_2\cdots l_s},\end{aligned}$$

$$\widetilde{\omega}_{12\cdots n} = \begin{vmatrix} c_1^1 & \cdots & c_1^n \\ \vdots & & \vdots \\ c_n^1 & \cdots & c_n^n \end{vmatrix} \omega_{12\cdots n}.$$

**定义 1.2.33** 由上述 $\widetilde{\omega}_{i_1 i_2 \cdots i_s}$ 的公式和定义 1.2.24 中 $(0,s)$ 型张量丛的定义，我们可以定义与 $C^r$ 向量丛

$$\xi = \{E, M, \pi, \mathrm{GL}(n,\mathbf{R}), \mathbf{R}^n, \mathscr{E}\}$$

相联系的 **$s$ 阶外形式丛**

$$\wedge^s \xi^* = \{\wedge^s E^* = \bigcup_{p\in M} \wedge^s E_p^*, M, \pi_s, \mathrm{GL}(C_n^s, \mathbf{R}), \mathbf{R}^{C_n^s}, \mathscr{E}^s\},$$

它是与 $\xi$ 相联系的 $(0,s)$ 型 $C^r$ 张量丛的子向量丛.

设 $U \subset M$，称截面

$$\omega: U \to \wedge^s E^* = \bigcup_{p\in M} \wedge^s E_p^*,$$

$$p \mapsto \omega_p$$

为 **$U$ 上的 $s$ 阶外形式**，$U$ 称为该外形式的定义域. 如果 $\omega$ 为 $C^0$（连续）截面，则称它为 **$U$ 上的 $s$ 阶 $C^0$（连续）外形式**；如果 $U \subset M$ 为开集，称 $C^k$ $(1 \leqslant k \leqslant r)$ 截面 $\omega$ 为 **$U$ 上的 $s$ 阶 $C^k$ 外微分形式**，其全体记为 $C^k(\wedge^s E^*|_U)$.

当 $s=0$ 时，$\omega$ 为 $U$ 上的 $C^k$ 函数；

当 $s=1$ 时，$\omega$ 为 $U$ 上的 $C^k$ Pfaff 形式；

当 $s \geqslant n+1$ 时，$\omega = 0$.

下面我们考虑与 $m$ 维 $C^\infty$ 流形 $(M, \mathscr{D})$ 的切丛

$$\xi_{切} = \left\{TM = \bigcup_{p\in M} T_p M, M, \pi, \mathrm{GL}(m,\mathbf{R}), \mathbf{R}^m, \mathscr{E}\right\}$$

相联系的 **$s$ 阶 $C^\infty$ 外形式丛**

$$\wedge^s \xi_{切}^* = \left\{\wedge^s T^* M = \bigcup_{p\in M} \wedge^s T_p^* M, M, \pi, \mathrm{GL}(C_m^s, \mathbf{R}), \mathbf{R}^{C_m^s}, \mathscr{E}^s\right\},$$

它是与切丛 $\xi$ 相联系的 $(0,s)$ 型 $C^\infty$ 张量丛的子向量丛，其中 $\wedge^s T_p^* M$ 为点 $p$ 处关于切空间 $T_p M$ 的 $s$ 阶外形式的全体，$\omega \in \wedge^s T_p^* M$ 称为 **$p$ 点处的 $s$ 阶外形式**.

设 $(U_\alpha, \varphi_\alpha)$，$\{x^i\} \in \mathscr{D}$，$(U_\beta, \varphi_\beta)$，$\{y^i\} \in \mathscr{D}$，$U_\alpha \cap U_\beta \neq \varnothing$. 因为

$$\begin{pmatrix} \dfrac{\partial}{\partial y^1} \\ \vdots \\ \dfrac{\partial}{\partial y^m} \end{pmatrix} = \begin{pmatrix} \dfrac{\partial x^1}{\partial y^1} & \cdots & \dfrac{\partial x^m}{\partial y^1} \\ \vdots & & \vdots \\ \dfrac{\partial x^1}{\partial y^m} & \cdots & \dfrac{\partial x^m}{\partial y^m} \end{pmatrix} \begin{pmatrix} \dfrac{\partial}{\partial x^1} \\ \vdots \\ \dfrac{\partial}{\partial x^m} \end{pmatrix},$$

$$\begin{pmatrix} \mathrm{d}y^1 \\ \vdots \\ \mathrm{d}y^m \end{pmatrix} = \begin{pmatrix} \frac{\partial y^1}{\partial x^1} & \cdots & \frac{\partial y^1}{\partial x^m} \\ \vdots & & \vdots \\ \frac{\partial y^m}{\partial x^1} & \cdots & \frac{\partial y^m}{\partial x^m} \end{pmatrix} \begin{pmatrix} \mathrm{d}x^1 \\ \vdots \\ \mathrm{d}x^m \end{pmatrix},$$

故

$$\begin{aligned} &\mathrm{d}y^{j_1} \wedge \mathrm{d}y^{j_2} \wedge \cdots \wedge \mathrm{d}y^{j_s} \\ &= \sum_{1 \leqslant i_1 < i_2 < \cdots < i_s \leqslant m}^{m} \frac{\partial(y^{j_1}, y^{j_2}, \cdots, y^{j_s})}{\partial(x^{i_1}, x^{i_2}, \cdots, x^{i_s})} \mathrm{d}x^{i_1} \wedge \mathrm{d}x^{i_2} \wedge \cdots \wedge \mathrm{d}x^{i_s}. \end{aligned}$$

特别当 $s = m$ 时,有

$$\mathrm{d}y^1 \wedge \mathrm{d}y^2 \wedge \cdots \wedge \mathrm{d}y^m = \frac{\partial(y^1, y^2, \cdots, y^m)}{\partial(x^1, x^2, \cdots, x^m)} \mathrm{d}x^1 \wedge \mathrm{d}x^2 \wedge \cdots \wedge \mathrm{d}x^m.$$

$$\begin{aligned} \omega &= \sum_{1 \leqslant i_1 < i_2 < \cdots < i_s \leqslant m} \omega_{i_1 i_2 \cdots i_s} \mathrm{d}x^{i_1} \wedge \mathrm{d}x^{i_2} \wedge \cdots \wedge \mathrm{d}x^{i_s} \\ &= \sum_{1 \leqslant j_1 < j_2 < \cdots < j_s \leqslant m} \widetilde{\omega}_{j_1 j_2 \cdots j_s} \mathrm{d}y^{j_1} \wedge \mathrm{d}y^{j_2} \wedge \cdots \wedge \mathrm{d}y^{j_s}, \end{aligned}$$

其中

$$\widetilde{\omega}_{j_1 j_2 \cdots j_s} = \sum_{1 \leqslant i_1 < i_2 < \cdots < i_s \leqslant m} \frac{\partial(x^{i_1}, x^{i_2}, \cdots, x^{i_s})}{\partial(y^{j_1}, y^{j_2}, \cdots, y^{j_s})} \omega_{i_1 i_2 \cdots i_s}.$$

记 $U$ 上 $s$ 阶 $C^\infty$ 外微分形式的全体为 $C^\infty(\wedge^s T^* U)$,而在5.1节中记为 $C_{\mathrm{dR}}^s(U)$.其直和为

$$C^\infty(\wedge T^* U) = C^\infty(\wedge^0 T^* U) \oplus C^\infty(\wedge^1 T^* U) \oplus \cdots \oplus C^\infty(\wedge^m T^* U).$$

如果 $\omega \in C^\infty(\wedge T^* U)$,则在局部坐标系 $(U_\alpha, \varphi_\alpha)$,$\{x^i\}$ 中,

$$\begin{aligned} \omega = \omega_0 &+ \sum_{i=1}^m \omega_i \mathrm{d}x^i + \sum_{1 \leqslant i_1 < i_2 \leqslant m} \omega_{i_1 i_2} \mathrm{d}x^{i_1} \wedge \mathrm{d}x^{i_2} + \cdots \\ &+ \sum_{1 \leqslant i_1 < i_2 < \cdots < i_s \leqslant m} \omega_{i_1 i_2 \cdots i_s} \mathrm{d}x^{i_1} \wedge \mathrm{d}x^{i_2} \wedge \cdots \wedge \mathrm{d}x^{i_s} + \cdots \\ &+ \omega_{12\cdots m} \mathrm{d}x^1 \wedge \mathrm{d}x^2 \wedge \cdots \wedge \mathrm{d}x^m, \end{aligned}$$

其中 $\omega_0, \omega_{i_1 i_2}, \cdots, \omega_{i_1 i_2 \cdots i_s}, \cdots, \omega_{12\cdots m} \in C^\infty(U_\alpha, \mathbf{R})$.

**定义 1.2.34** 设 $(M, \mathscr{D})$ 为 $m$ 维 $C^\infty$ 流形,我们定义**外微分**运算

$$\begin{aligned} &\mathrm{d}_s: C^\infty(\wedge^s T^* M) \to C^\infty(\wedge^{s+1} T^* M), \\ &\omega \mapsto \mathrm{d}_s\omega (\text{简记为 } \mathrm{d}\omega). \end{aligned}$$

如果 $s = 0$,$\omega = f \in C^\infty(\wedge^0 T^* M) = C^\infty(M, \mathbf{R})$,$X \in C^\infty(TM)$,$\mathrm{d}f(X) = Xf$;

如果 $s \geqslant 1$,$\omega \in C^\infty(\wedge^s T^* M)$,$X_i \in C^\infty(TM)$,$i = 1, 2, \cdots, s+1$,令

$$\mathrm{d}\omega(X_1, X_2, \cdots, X_{s+1})$$

$$= \sum_{i=1}^{s+1}(-1)^{i+1}X_i\omega(X_1,\cdots,X_{i-1},\hat{X}_i,X_{i+1},\cdots,X_{s+1})$$

$$+ \sum_{1\leqslant i<j<s+1}(-1)^{i+j}\omega([X_i,X_j],X_1,\cdots,X_{i-1},\hat{X}_i,X_{i+1},\cdots,X_{j-1},\hat{X}_j,X_{j+1},\cdots,X_{s+1}),$$

其中 $[X_i,X_j]f = X_i(X_jf) - X_j(X_if)$，$\forall f\in C^\infty(M,\mathbf{R})$（参阅文献[23]113 页）. $\hat{X}_i$ 表示省略 $X_i$.

可以验证 d 的定义是合理的，即 $\mathrm{d}f\in C^\infty(\wedge^1 T^*M)$，$\mathrm{d}\omega\in C^\infty(\wedge^{s+1}T^*M)$. 显然，上述定义的 d 可用自然的方法线性扩张到

$$C^\infty(\wedge\ T^*M)\to C^\infty(\wedge\ T^*M).$$

此外，还可验证在局部坐标系 $(U,\varphi)$，$\{x^i\}$ 中，若

$$\omega = \sum_{1\leqslant i_1<i_2<\cdots<i_s\leqslant m}\omega_{i_1i_2\cdots i_s}\mathrm{d}x^{i_1}\wedge \mathrm{d}x^{i_2}\wedge\cdots\wedge \mathrm{d}x^{i_s},$$

则

$$\mathrm{d}f = \sum_{i=1}^m\frac{\partial(f\circ\varphi^{-1})}{\partial x^i}\mathrm{d}x^i,$$

$$\mathrm{d}\omega = \sum_{1\leqslant i_1<i_2<\cdots<i_s\leqslant m}\mathrm{d}\omega_{i_1i_2\cdots i_s}\wedge \mathrm{d}x^{i_1}\wedge \mathrm{d}x^{i_2}\wedge\cdots\wedge \mathrm{d}x^{i_s}$$

$$= \sum_{1\leqslant i_1<i_2<\cdots<i_s\leqslant m}\sum_{i=1}^m\frac{\partial(\omega_{i_1i_2\cdots i_s}\circ\varphi^{-1})}{\partial x^i}\mathrm{d}x^i\wedge \mathrm{d}x^{i_1}\wedge\cdots\wedge \mathrm{d}x^{i_s}$$

（参阅文献[23]160～164 页）.

d 的另一定义方法是先在一个局部坐标系 $(U,\varphi)$，$\{x^i\}$ 中按上面表达式定义 $\mathrm{d}_U$；而在另一个局部坐标系 $(V,\psi)$，$\{y^i\}$ 中类似定义 $\mathrm{d}_V$. 然后，在 $U\cap V\neq\varnothing$ 中验证 $\mathrm{d}_U=\mathrm{d}_V$. 从而，可拼成 $M$ 上整体的 d.

**定理 1.2.18** 外微分运算 d 具有以下性质：

(1) $\mathrm{d}(\omega+\eta)=\mathrm{d}\omega+\mathrm{d}\eta$，$\mathrm{d}(\lambda\omega)=\lambda\mathrm{d}\omega$，$\omega,\eta\in C^\infty(\wedge^sT^*M)$，$\lambda\in\mathbf{R}$；

(2) $\mathrm{d}(\omega\wedge\eta)=\mathrm{d}\omega\wedge\eta+(-1)^r\omega\wedge\mathrm{d}\eta$，$\omega\in C^\infty(\wedge^rT^*M)$，$\eta\in C^\infty(\wedge^sT^*M)$；

(3) $\mathrm{d}^2\omega=\mathrm{d}(\mathrm{d}\omega)=0$，$\omega\in C^\infty(\wedge^sT^*M)$；

(4) 如果 $\omega_1,\omega_2,\cdots,\omega_k$ 为 $C^\infty$ Pfaff 形式，则

$$\mathrm{d}(\omega_1\wedge\cdots\wedge\omega_k) = \sum_{i=1}^k(-1)^{i-1}\omega_1\wedge\cdots\wedge\mathrm{d}\omega_i\wedge\cdots\wedge\omega_k,$$

特别地，$\mathrm{d}(\mathrm{d}f_1\wedge\cdots\wedge\mathrm{d}f_k)=0$.

**证明** (1) 由定义 1.2.34 立即得到.

(2) 由(1)知，在局部坐标系 $(U,\varphi)$，$\{x^i\}$ 中只需证明单项式

$$\omega = f\mathrm{d}x^{i_1}\wedge\cdots\wedge\mathrm{d}x^{i_r},\quad \eta = g\mathrm{d}x^{j_1}\wedge\cdots\wedge\mathrm{d}x^{j_s}$$

的情形.

$r=s=0$,

$$\begin{aligned}
\mathrm{d}(f\wedge g)=\mathrm{d}(fg)&=\sum_{i=1}^{m}\frac{\partial((fg)\circ\varphi^{-1})}{\partial x^i}\mathrm{d}x^i\\
&=g\sum_{i=1}^{m}\frac{\partial(f\circ\varphi^{-1})}{\partial x^i}\mathrm{d}x^i+f\sum_{i=1}^{m}\frac{\partial(g\circ\varphi^{-1})}{\partial x^i}\mathrm{d}x^i\\
&=\mathrm{d}f\wedge g+(-1)^0f\wedge \mathrm{d}g.
\end{aligned}$$

一般情形,

$$\begin{aligned}
\mathrm{d}(\omega\wedge\eta)&=\mathrm{d}(fg\mathrm{d}x^{i_1}\wedge\cdots\wedge \mathrm{d}x^{i_r}\wedge \mathrm{d}x^{j_1}\wedge\cdots\wedge \mathrm{d}x^{j_s})\\
&=\mathrm{d}(fg)\wedge \mathrm{d}x^{i_1}\wedge\cdots\wedge \mathrm{d}x^{i_r}\wedge \mathrm{d}x^{j_1}\wedge\cdots\wedge \mathrm{d}x^{j_s}\\
&=(g\mathrm{d}f+f\mathrm{d}g)\wedge \mathrm{d}x^{i_1}\wedge\cdots\wedge \mathrm{d}x^{i_r}\wedge \mathrm{d}x^{j_1}\wedge\cdots\wedge \mathrm{d}x^{j_s}\\
&=\mathrm{d}\omega\wedge\eta+(-1)^r\omega\wedge \mathrm{d}\eta.
\end{aligned}$$

(3) 当 $s=0,\omega=f\in C^\infty(\wedge^0T^*M)$,

$$\mathrm{d}f=\sum_{i=1}^{m}\frac{\partial(f\circ\varphi^{-1})}{\partial x^i}\mathrm{d}x^i,$$

$$\begin{aligned}
\mathrm{d}^2f=\mathrm{d}(\mathrm{d}f)&=\mathrm{d}\Big(\sum_{i=1}^{m}\frac{\partial(f\circ\varphi^{-1})}{\partial x^i}\mathrm{d}x^i\Big)=\sum_{i=1}^{m}\mathrm{d}\Big(\frac{\partial(f\circ\varphi^{-1})}{\partial x^i}\Big)\wedge \mathrm{d}x^i\\
&=\sum_{i=1}^{m}\sum_{j=1}^{m}\frac{\partial^2(f\circ\varphi^{-1})}{\partial x^j\partial x^i}\mathrm{d}x^j\wedge \mathrm{d}x^i\\
&=\sum_{i<j}\Big(\frac{\partial^2(f\circ\varphi^{-1})}{\partial x^i\partial x^j}-\frac{\partial^2(f\circ\varphi^{-1})}{\partial x^j\partial x^i}\Big)\mathrm{d}x^i\wedge \mathrm{d}x^j\\
&=0.
\end{aligned}$$

当 $s\geqslant1$ 时,由(1),只需证 $\omega=f\mathrm{d}x^{i_1}\wedge\cdots\wedge \mathrm{d}x^{i_s}$ 的情形.因为

$$\mathrm{d}\omega=\mathrm{d}f\wedge \mathrm{d}x^{i_1}\wedge\cdots\wedge \mathrm{d}x^{i_s},$$

$$\begin{aligned}
\mathrm{d}^2\omega&=\mathrm{d}\Big(\sum_{i=1}^{m}\frac{\partial(f\circ\varphi^{-1})}{\partial x^i}\mathrm{d}x^i\wedge \mathrm{d}x^{i_1}\wedge\cdots\wedge \mathrm{d}x^{i_s}\Big)\\
&=\sum_{i,j=1}^{m}\frac{\partial^2(f\circ\varphi^{-1})}{\partial x^j\partial x^i}\mathrm{d}x^j\wedge \mathrm{d}x^i\wedge \mathrm{d}x^{i_1}\wedge\cdots\wedge \mathrm{d}x^{i_s}\\
&=\sum_{i<j}\Big(\frac{\partial^2(f\circ\varphi^{-1})}{\partial x^i\partial x^j}-\frac{\partial^2(f\circ\varphi^{-1})}{\partial x^j\partial x^i}\Big)\mathrm{d}x^i\wedge \mathrm{d}x^j\wedge \mathrm{d}x^{i_1}\wedge\cdots\wedge \mathrm{d}x^{i_s}\\
&=0.
\end{aligned}$$

(4) 应用(2)和数学归纳法. □

思考题:请读者用不变观点证明 $\mathrm{d}^2=0$.

**定理 1.2.19** 设 $(M_i,\mathscr{D}_i)(i=1,2)$ 为 $m_i$ 维 $C^\infty$ 流形. $f:M_1\to M_2$ 为 $C^\infty$ 映射,$\omega$, $\omega_1,\omega_2\in C^\infty(\wedge^rT^*M_2)$,$\eta\in C^\infty(\wedge^sT^*M_2)$,$\lambda\in C^\infty(\wedge^0T^*M_2)=C^\infty(M_2,\mathbf{R})$,则:

(1) $f^{\#}\omega\in C^\infty(\wedge^r T^* M_1)$.

(2) $f^{\#}(\omega_1+\omega_2)=f^{\#}\omega_1+f^{\#}\omega_2, f^{\#}(\lambda\cdot\omega)=(\lambda\circ f)\cdot f^{\#}\omega$.

(3) $f^{\#}(\omega\wedge\eta)=f^{\#}\omega\wedge f^{\#}\eta$.

(4)

$$
\begin{aligned}
&f^{\#}\Big(\sum_{1\leqslant j_1<\cdots<j_{m_2}}\omega_{j_1j_2\cdots j_r}\mathrm{d}y^{j_1}\wedge\cdots\wedge\mathrm{d}y^{j_r}\Big)\\
&=\sum_{\substack{1\leqslant i_1<\cdots<i_r\leqslant m_1\\1\leqslant j_1<\cdots<j_r\leqslant m_2}}(\omega_{j_1j_2\cdots j_r}\circ f)\frac{\partial(y^{j_1}\circ f,y^{j_2}\circ f,\cdots,y^{j_r}\circ f)}{\partial(x^{i_1},x^{i_2},\cdots,x^{i_r})}\mathrm{d}x^{i_1}\wedge\cdots\wedge\mathrm{d}x^{i_r}.
\end{aligned}
$$

特别地

$$
f^{\#}(\mathrm{d}y^j)=\sum_{i=1}^{m_1}\frac{\partial(y^j\circ f)}{\partial x^i}\mathrm{d}x^i\quad(\text{参阅定理 }1.2.15);
$$

当 $m_1=m_2=m$ 时,

$$
\begin{aligned}
&f^{\#}(\lambda\mathrm{d}y^1\wedge\mathrm{d}y^2\wedge\cdots\wedge\mathrm{d}y^m)\\
&=(\lambda\circ f)\frac{\partial(y^1\circ f,y^2\circ f,\cdots,y^m\circ f)}{\partial(x^1,x^2,\cdots,x^m)}\mathrm{d}x^1\wedge\mathrm{d}x^2\wedge\cdots\wedge\mathrm{d}x^m.
\end{aligned}
$$

(5) $\mathrm{d}(f^{\#}\omega)=f^{\#}(\mathrm{d}\omega)$, $\mathrm{d}\circ f^{\#}=f^{\#}\circ\mathrm{d}$,即 d 与 $f^{\#}$ 可交换(称满足此条件的 $f^{\#}$ 为**链映射**).

**证明** (1) 由定理 1.2.15,$f^{\#}\omega$ 为 $r$ 阶 $C^\infty$ 协变张量场. 又由

$$
\begin{aligned}
(f^{\#}\omega)(X_{\mu(1)},X_{\mu(2)},\cdots,X_{\mu(r)})&=\omega(f_{\#}X_{\mu(1)},f_{\#}X_{\mu(2)},\cdots,f_{\#}X_{\mu(r)})\\
&=(-1)^\mu\omega(f_{\#}X_1,f_{\#}X_2,\cdots,f_{\#}X_r)\\
&=(-1)^\mu(f^{\#}\omega)(X_1,X_2,\cdots,X_r)
\end{aligned}
$$

可知,$f^{\#}\omega$ 是反称的,故 $f^{\#}\omega\in C^\infty(\wedge^r T^* M_1)$.

(2) 直接由定义得到.

(3)

$$
\begin{aligned}
&f^{\#}(\omega\wedge\eta)(X_1,X_2,\cdots,X_{r+s})\\
&=\omega\wedge\eta(f_{\#}X_1,f_{\#}X_2,\cdots,f_{\#}X_{r+s})\\
&=\frac{1}{r!s!}\sum_\mu(-1)^\mu\omega(f_{\#}X_{\mu(1)},f_{\#}X_{\mu(2)},\cdots,f_{\#}X_{\mu(r)})\\
&\quad\cdot\eta(f_{\#}X_{\mu(r+1)},f_{\#}X_{\mu(r+2)},\cdots,f_{\#}X_{\mu(r+s)})\\
&=\frac{1}{r!s!}\sum_\mu(-1)^\mu f^{\#}\omega(X_{\mu(1)},X_{\mu(2)},\cdots,X_{\mu(r)})\\
&\quad\cdot f^{\#}\eta(X_{\mu(r+1)},X_{\mu(r+2)},\cdots,X_{\mu(r+s)})\\
&=f^{\#}\omega\wedge f^{\#}\eta(X_1,X_2,\cdots,X_{r+s}),
\end{aligned}
$$

$$f^{\#}(\omega \wedge \eta) = f^{\#}\omega \wedge f^{\#}\eta.$$

(4) 由(2)、(3)和 $f^{\#}(\mathrm{d}y^j) = \sum_{i=1}^{m_1} \frac{\partial(y^j \circ f)}{\partial x^i}\mathrm{d}x^i$，我们有

$$\begin{aligned}
&f^{\#}\Big(\sum_{1\leqslant j_1<\cdots<j_r\leqslant m_2} \omega_{j_1 j_2\cdots j_r}\mathrm{d}y^{j_1} \wedge \cdots \wedge \mathrm{d}y^{j_r}\Big)\\
&= \sum_{1\leqslant j_1<\cdots<j_r\leqslant m_2} \omega_{j_1 j_2\cdots j_r} \circ f(f^{\#}\mathrm{d}y^{j_1}) \wedge \cdots \wedge (f^{\#}\mathrm{d}y^{j_r})\\
&= \sum_{1\leqslant j_1<\cdots<j_r\leqslant m_2} \omega_{j_1 j_2\cdots j_r} \circ f \sum_{i_1,i_2,\cdots,i_r=1}^{m_1} \frac{\partial(y^{j_1}\circ f)}{\partial x^{i_1}}\cdots\frac{\partial(y^{j_r}\circ f)}{\partial x^{i_r}}\mathrm{d}x^{i_1}\wedge\cdots\wedge\mathrm{d}x^{i_r}\\
&= \sum_{1\leqslant j_1<\cdots<j_r\leqslant m_2} \omega_{j_1 j_2\cdots j_r} \circ f \sum_{1\leqslant i_1<\cdots<i_r\leqslant m_1}\sum_{\mu}(-1)^{\mu}\frac{\partial(y^{j_{\mu(1)}}\circ f)}{\partial x^{i_1}}\frac{\partial(y^{j_{\mu(2)}}\circ f)}{\partial x^{i_2}}\cdots\\
&\quad \frac{\partial(y^{j_{\mu(r)}}\circ f)}{\partial x^{i_r}}\mathrm{d}x^{i_1}\wedge\mathrm{d}x^{i_2}\wedge\cdots\wedge\mathrm{d}x^{i_r}\\
&= \sum_{\substack{1\leqslant i_1<\cdots<i_r\leqslant m_1\\ 1\leqslant j_1<\cdots<j_r\leqslant m_2}} (\omega_{j_1 j_2\cdots j_r}\circ f)\frac{\partial(y^{j_1}\circ f, y^{j_2}\circ f,\cdots,y^{j_r}\circ f)}{\partial(x^{i_1},x^{i_2},\cdots,x^{i_r})}\mathrm{d}x^{i_1}\wedge\mathrm{d}x^{i_2}\wedge\cdots\wedge\mathrm{d}x^{i_r}.
\end{aligned}$$

(5) 设$(U,\varphi)$，$\{x^i\}$为 $p\in M_1$ 的局部坐标系，$(V,\psi)$，$\{y^j\}$为 $f(p)\in M_2$ 的局部坐标系.显然

$$f^{\#}(\mathrm{d}y^j) = \sum_{i=1}^{m_1}\frac{\partial(y^j\circ f)}{\partial x^i}\mathrm{d}x^i = \mathrm{d}(y^j\circ f) = \mathrm{d}(f^{\#}y^j),$$

再由(3)以及定理 1.2.18(4)得到

$$\begin{aligned}
f^{\#}(\mathrm{d}\omega) &= f^{\#}\Big(\sum_{1\leqslant j_1<\cdots<j_r\leqslant m_2}\mathrm{d}\omega_{j_1 j_2\cdots j_r}\wedge\mathrm{d}y^{j_1}\wedge\mathrm{d}y^{j_2}\wedge\cdots\wedge\mathrm{d}y^{j_r}\Big)\\
&= \sum_{1\leqslant j_1<\cdots<j_r\leqslant m_2} f^{\#}(\mathrm{d}\omega_{j_1 j_2\cdots j_r})\wedge f^{\#}(\mathrm{d}y^{j_1})\wedge\cdots\wedge f^{\#}(\mathrm{d}y^{j_r})\\
&= \sum_{1\leqslant j_1<\cdots<j_r\leqslant m_2} \mathrm{d}(\omega_{j_1 j_2\cdots j_r}\circ f)\wedge\mathrm{d}(y^{j_1}\circ f)\wedge\cdots\wedge\mathrm{d}(y^{j_r}\circ f)\\
&= \mathrm{d}\sum_{1\leqslant j_1<\cdots<j_r\leqslant m_2}(\omega_{j_1 j_2\cdots j_r}\circ f)\mathrm{d}(y^{j_1}\circ f)\wedge\cdots\wedge\mathrm{d}(y^{j_r}\circ f)\\
&= \mathrm{d}(f^{\#}\omega),
\end{aligned}$$

$$\mathrm{d}\circ f^{\#} = f^{\#}\circ\mathrm{d}.$$

□

**定义 1.2.35**　设$(M,\mathscr{D})$为 $m$ 维 $C^\infty$ 流形，如果存在 $\mathscr{D}_1'\subset\mathscr{D}$ 满足：

(1) $\{U\mid(U,\varphi)\in\mathscr{D}_1'\}$覆盖 $M$；

(2) 如果$(U_\alpha,\varphi_\alpha)$，$\{x^i\}\in\mathscr{D}_1'$，$(U_\beta,\varphi_\beta)$，$\{y^i\}\in\mathscr{D}_1'$，有

$$\left.\frac{\partial(x^1,x^2,\cdots,x^m)}{\partial(y^1,y^2,\cdots,y^m)}\right|_{\varphi_\beta(U_\alpha\cap U_\beta)} = \det\begin{pmatrix}\frac{\partial x^1}{\partial y^1} & \cdots & \frac{\partial x^m}{\partial y^1}\\ \vdots & & \vdots\\ \frac{\partial x^1}{\partial y^m} & \cdots & \frac{\partial x^m}{\partial y^m}\end{pmatrix}_{\varphi_\beta(U_\alpha\cap U_\beta)} > 0,$$

则称$(M,\mathscr{D})$是**可定向**的(根据定义 1.2.9 就是切丛可定向的).如果$(M,\mathscr{D})$不是可定向的(即满足上述性质(1)、(2)的 $\mathscr{D}_1'$不存在),则称$(M,\mathscr{D})$是**不可定向**的.

条件(2),即$\left\{\frac{\partial}{\partial y^i}\middle| i=1,2,\cdots,m\right\}$和$\left\{\frac{\partial}{\partial x^i}\middle| i=1,2,\cdots,m\right\}$为切空间的同向基,记作

$$\overrightarrow{\left[\frac{\partial}{\partial y^1},\frac{\partial}{\partial y^2},\cdots,\frac{\partial}{\partial y^m}\right]} = \overrightarrow{\left[\frac{\partial}{\partial x^1},\frac{\partial}{\partial x^2},\cdots,\frac{\partial}{\partial x^m}\right]},$$

其中

$$\begin{pmatrix}\frac{\partial}{\partial y^1}\\ \vdots\\ \frac{\partial}{\partial y^m}\end{pmatrix} = \begin{pmatrix}\frac{\partial x^1}{\partial y^1} & \cdots & \frac{\partial x^m}{\partial y^1}\\ \vdots & & \vdots\\ \frac{\partial x^1}{\partial y^m} & \cdots & \frac{\partial x^m}{\partial y^m}\end{pmatrix}\begin{pmatrix}\frac{\partial}{\partial x^1}\\ \vdots\\ \frac{\partial}{\partial x^m}\end{pmatrix}.$$

如果 $\mathscr{D}_1\subset\mathscr{D}$ 满足上述性质(1)、(2)和(3)最大性:若$(U,\varphi)\in\mathscr{D}$ 与任何$(U_\alpha,\varphi_\alpha)\in\mathscr{D}_1$满足(2),则$(U,\varphi)\in\mathscr{D}_1$.换句话说,若$(U,\varphi)\notin\mathscr{D}_1$,则至少存在一个$(U_\alpha,\varphi_\alpha)\in\mathscr{D}_1$,它与$(U,\varphi)$不满足(2),则称 $\mathscr{D}_1$ 为$(M,\mathscr{D})$的一个**定向**.

一个**定向流形**指的是一个三序组$(M,\mathscr{D},\mathscr{D}_1)$,其中 $\mathscr{D}_1$ 为$(M,\mathscr{D})$的一个定向.显然,如果 $\mathscr{D}_1'$满足(1)、(2),则 $\mathscr{D}_1=\{(U,\varphi)\mid(U,\varphi)\in\mathscr{D}$,且与 $\mathscr{D}_1'$中的元素满足(2)$\}$为$(M,\mathscr{D})$的一个定向.此外,如果 $\mathscr{D}_1$ 为$(M,\mathscr{D})$的一个定向,则

$$\mathscr{D}_1^- = \{(U,\rho_{反}\circ\varphi)\mid(U,\varphi)\in\mathscr{D}_1\}$$

为$(M,\mathscr{D})$的另一个定向,其中

$$\rho_{反}:\mathbf{R}^m\to\mathbf{R}^m,$$

$$\rho_{反}(x^1,x^2,\cdots,x^{m-1},x^m) = (x^1,x^2,\cdots,x^{m-1},-x^m)$$

为 Euclid 空间 $\mathbf{R}^m$ 中的反射.

**定理 1.2.20** 设$(M,\mathscr{D})$为 $m$ 维连通 $C^\infty$ 可定向流形,则它恰有两个定向.

**证明** 设 $\mathscr{D}_1$ 为$(M,\mathscr{D})$的一个定向,$\mathscr{D}_2$ 为$(M,\mathscr{D})$的任一定向,令 $J:M\to\mathbf{R},p\mapsto J(p)$,

$$J(p) = \operatorname{sgn}J_{UV}(p) = \begin{cases}1, & J_{UV}(p)>0,\\ -1, & J_{UV}(p)<0,\end{cases}$$

其中$(U,\varphi),\{x^i\}\in\mathscr{D}_1,(V,\psi),\{y^i\}\in\mathscr{D}_2,p\in U\cap V$,

$$J_{UV}(p) = \det\left(\frac{\partial y^i}{\partial x^j}\right)_p.$$

由定向的定义知，$J_{UV}(p)$与定向中局部坐标系的选取无关，易见，$J$ 为局部常值函数(1 或 $-1$).

取定 $p_0\in M$，显然，

$$U_1=\{p\in M\mid J(p)=J(p_0)\}\quad 和\quad U_2=\{p\in M\mid J(p)\neq J(p_0)\}$$

都为 $M$ 的开集，且 $M=U_1\cup U_2$. 由 $M$ 连通和 $p_0\in U_1\neq\varnothing$ 推出 $U_2=\varnothing$，从而 $M=U_1$，即 $J(p)\equiv J(p_0)$.

如果 $J(p)\equiv J(p_0)=1$，则 $\mathscr{D}_2=\mathscr{D}_1$；

如果 $J(p)\equiv J(p_0)=-1$，则 $\mathscr{D}_2=\mathscr{D}_1^-$.

这就证明了$(M,\mathscr{D})$恰有两个定向 $\mathscr{D}_1$ 和 $\mathscr{D}_1^-$. □

**定理 1.2.21** 设$(M,\mathscr{D})$为 $m$ 维 $C^\infty$ 流形.

(1) 如果存在 $M$ 上的一个处处非 0 的 $m$ 次 $C^\infty$ 微分形式 $\omega$，则$(M,\mathscr{D})$是可定向的；

(2) 如果$(M,\mathscr{D})$是可定向的仿紧流形，则存在 $M$ 上的处处非 0 的 $m$ 次 $C^\infty$ 微分形式 $\omega$.

**证明** (1) 设$(U,\varphi)$，$\{x^i\}\in\mathscr{D}$，且 $U$ 连通，因而有 $C^\infty$ 函数 $f_\varphi:U\to\mathbf{R}$，s.t.

$$\omega=f_\varphi\mathrm{d}x^1\wedge\cdots\wedge\mathrm{d}x^m.$$

因为 $\omega$ 处处非 0，故 $f_\varphi$ 在 $U$ 上也处处非 0. 根据连续函数的零值定理，$f_\varphi|_U>0$ 或 $f_\varphi|_U<0$. 令

$$\mathscr{D}_1=\{(U,\varphi)\in\mathscr{D}\mid f_\varphi>0\}$$

(其中 $U$ 不必连通)，则 $\mathscr{D}_1$ 为 $M$ 上的一个定向.

事实上，对 $\forall\, p\in M$，如果在 $p$ 的连通局部坐标系$(U,\varphi)$，$\{x^i\}$中，$f_\varphi|_U<0$，则在 $p$ 的新局部坐标系$(U,\rho_{反}\circ\varphi)$中，$f_{\rho_{反}\circ\varphi}>0$. 于是，$\mathscr{D}_1$ 满足定义 1.2.35 中的(1).

如果$(U,\varphi)$，$\{x^i\}\in\mathscr{D}_1$，$(V,\psi)$，$\{y^i\}\in\mathscr{D}_1$，且 $U\cap V\neq\varnothing$，则在 $U\cap V$ 上有

$$\begin{aligned}&\frac{\partial(x^1,x^2,\cdots,x^m)}{\partial(y^1,y^2,\cdots,y^m)}\mathrm{d}y^1\wedge\mathrm{d}y^2\wedge\cdots\wedge\mathrm{d}y^m\\&=\mathrm{d}x^1\wedge\mathrm{d}x^2\wedge\cdots\wedge\mathrm{d}x^m=\frac{f_\psi}{f_\varphi}\mathrm{d}y^1\wedge\mathrm{d}y^2\wedge\cdots\wedge\mathrm{d}y^m,\end{aligned}$$

$$\frac{\partial(x^1,x^2,\cdots,x^m)}{\partial(y^1,y^2,\cdots,y^m)}=\frac{f_\psi}{f_\varphi}>0.$$

于是，$\mathscr{D}_1$ 满足定义 1.2.35 中的(2).

如果$(V,\psi)$，$\{y^i\}\in\mathscr{D}$，且与 $\forall\,(U,\varphi)$，$\{x^i\}\in\mathscr{D}_1$ 满足定义 1.2.35 中的(2)，则

$$\frac{f_\psi}{f_\varphi}=\frac{\partial(x^1,x^2,\cdots,x^m)}{\partial(y^1,y^2,\cdots,y^m)}>0.$$

又因 $f_\varphi>0$，故 $f_\psi>0$ 且$(V,\psi)\in\mathscr{D}_1$. 这就证明了 $\mathscr{D}_1$ 满足定义 1.2.35 中的(3). 因此，$\mathscr{D}_1$ 为$(M,\mathscr{D})$的一个定向，$(M,\mathscr{D})$是可定向的.

(2) 设 $\mathscr{D}_1$ 为$(M,\mathscr{D})$的一个定向，则$\{U|(U,\varphi)\in\mathscr{D}_1\}$为 $M$ 的一个开覆盖.因为 $M$ 仿紧，所以它有局部有限的开精致$\{U_\alpha|(U_\alpha,\varphi_\alpha)\in\mathscr{D}_1,\alpha\in\Gamma\}$，而$\{g_\alpha|\alpha\in\Gamma\}$为从属于它的单位分解.

设$\{x_\alpha^i\}$为$(U_\alpha,\varphi_\alpha)$的局部坐标，定义

$$\omega = \sum_{\alpha\in\Gamma} g_\alpha \mathrm{d}x_\alpha^1 \wedge \mathrm{d}x_\alpha^2 \wedge \cdots \wedge \mathrm{d}x_\alpha^m.$$

显然，$\omega$ 为 $M$ 上的 $m$ 阶 $C^\infty$ 微分形式.只需证 $\omega$ 处处非 0.

对于$\forall\, p\in M$，取 $p$ 的局部坐标系$(V,\psi)$，$\{y^i\}\in\mathscr{D}_1$.于是，若 $p\in V\cap U_\alpha$ 时，则在 $V\cap U_\alpha$ 上有

$$\mathrm{d}x_\alpha^1 \wedge \mathrm{d}x_\alpha^2 \wedge \cdots \wedge \mathrm{d}x_\alpha^m = f_\alpha \mathrm{d}y^1 \wedge \mathrm{d}y^2 \wedge \cdots \wedge \mathrm{d}y^m.$$

因为$(V,\psi)$，$(U_\alpha,\varphi_\alpha)\in\mathscr{D}_1$，故 $f_\alpha|_{V\cap U_\alpha}>0$，$f_\alpha(p)>0$，$f_\alpha(p)g_\alpha(p)\geqslant 0$.再由 $\sum\limits_{\alpha\in\Gamma} g_\alpha(p) = 1$，必有 $g_{\alpha_0}(p)>0$，且 $f_{\alpha_0}(p)g_{\alpha_0}(p)>0$，$\sum\limits_{\alpha\in\Gamma} f_\alpha(p)g_\alpha(p)>0$ 和

$$\begin{aligned}\omega_p &= \sum_{\alpha\in\Gamma} g_\alpha(p)\mathrm{d}x_\alpha^1 \wedge \mathrm{d}x_\alpha^2 \wedge \cdots \wedge \mathrm{d}x_\alpha^m \\ &= \Big(\sum_{\alpha\in\Gamma} f_\alpha(p)g_\alpha(p)\Big)\mathrm{d}y^1 \wedge \mathrm{d}y^2 \wedge \cdots \wedge \mathrm{d}y^m \neq 0.\end{aligned}$$

□

根据例 1.1.4、例 1.1.6 以及可定向的定义立即知道，$S^m$，$P^m(\mathbf{R})$($m$ 为奇数)，复解析流形视作实解析流形都是可定向的.而关于可定向的详细内容以及不可定向的例子(Möbius 带、偶数维实射影空间)可参阅文献[23]186～190 页.

为了得到重要的 Stokes 定理，需要引入 $m$ 维 $C^\infty$ 流形 $W$ 的开子流形 $M$ 的 $m-1$ 维边界流形 $\partial M$ 的诱导定向.为此，先证下面的定理.

**定理 1.2.22** 设$(W,\mathscr{D})$为 $m$ 维 $C^\infty$ 可定向流形，定向为 $\mathscr{D}_1$，$(M,\mathscr{D}_M)$为$(W,\mathscr{D})$的开子流形，则：

(1) $(M,\mathscr{D}_M)$是可定向的；

(2) 如果 $M$ 在 $W$ 中的边界点集 $\partial M$ 为 $W$ 的 $m-1$ 维 $C^\infty$ 正则子流形，则 $\partial M$ 也是可定向的.

**证明** (1) 设 $\mathscr{D}_1=\{(U_\alpha,\varphi_\alpha)|\alpha\in\Gamma\}$.显然

$$\mathscr{D}_{1M} = \{(M\cap U_\alpha,\varphi_\alpha|_{M\cap U_\alpha}) \mid \alpha\in\Gamma\}$$

为 $M$ 的一个定向.因此，$(M,\mathscr{D}_M)$是可定向的.

(2) 因为 $\partial M$ 为 $W$ 的 $m-1$ 维 $C^\infty$ 正则子流形，由定理 1.1.6 知，对$\forall\, p\in\partial M$，存在 $p$ 的局部坐标系$(U,\varphi)$，$\{x^i\}$，使得

$$\begin{cases}\varphi(M\cap U) = \varphi(U)\cap\{x\in\mathbf{R}^m \mid x^m>0\},\\ \varphi(\partial M\cap U) = \varphi(U)\cap\{x\in\mathbf{R}^m \mid x^m=0\}.\end{cases}\tag{1.2.1}$$

令 $\mathscr{D}_2=\{(U,\varphi)\mid(U,\varphi)\in\mathscr{D}_1$ 且满足式(1.2.1)$\}$. 如果 $(U_\alpha,\varphi_\alpha),\{x^i\}\in\mathscr{D}_2,(U_\beta,\varphi_\beta),\{y^i\}\in\mathscr{D}_2$,则在 $U_\alpha\cap U_\beta\neq\varnothing$ 中,$\overrightarrow{\left[\frac{\partial}{\partial x^1},\frac{\partial}{\partial x^2},\cdots,\frac{\partial}{\partial x^m}\right]}=\overrightarrow{\left[\frac{\partial}{\partial y^1},\frac{\partial}{\partial y^2},\cdots,\frac{\partial}{\partial y^m}\right]}$,故由

$$y^m = y^m(x^1,x^2,\cdots,x^{m-1},0)\equiv 0$$

推出

$$\frac{\partial(y^1,y^2,\cdots,y^{m-1})}{\partial(x^1,x^2,\cdots,x^{m-1})}\cdot\frac{\partial y^m}{\partial x^m}\bigg|_{x^m=0}=\det\begin{pmatrix}\frac{\partial y^1}{\partial x^1} & \cdots & \frac{\partial y^{m-1}}{\partial x^1} & 0\\ \vdots & & \vdots & \vdots\\ \frac{\partial y^1}{\partial x^{m-1}} & \cdots & \frac{\partial y^{m-1}}{\partial x^{m-1}} & 0\\ \frac{\partial y^1}{\partial x^m} & \cdots & \frac{\partial y^{m-1}}{\partial x^m} & \frac{\partial y^m}{\partial x^m}\end{pmatrix}_{x^m=0}$$

$$=\frac{\partial(y^1,y^2,\cdots,y^m)}{\partial(x^1,x^2,\cdots,x^m)}\bigg|_{x^m=0}>0.$$

从上式及

$$\frac{\partial y^m}{\partial x^m}\bigg|_{x^m=0}=\lim_{x^m\to 0^+}\frac{y^m(x^1,x^2,\cdots,x^{m-1},x^m)-y^m(x^1,x^2,\cdots,x^{m-1},0)}{x^m-0}$$

$$=\lim_{x^m\to 0^+}\frac{y^m(x^1,x^2,\cdots,x^m)}{x^m}\geqslant 0$$

得到

$$\frac{\partial(y^1,y^2,\cdots,y^{m-1})}{\partial(x^1,x^2,\cdots,x^{m-1})}\bigg|_{x^m=0}>0.$$

于是,$\{(\partial M\cap U,\varphi|_{\partial M\cap U})\mid(U,\varphi)\in\mathscr{D}_2\}$ 确定了 $\partial M$ 上的一个定向,因而,$\partial M$ 是可定向的. □

**定义 1.2.36** 在定理 1.2.22 中,由

$$\left\{(-1)^m\overrightarrow{\left[\frac{\partial}{\partial x^1},\frac{\partial}{\partial x^2},\cdots,\frac{\partial}{\partial x^{m-1}}\right]}\,\middle|\,(U,\varphi),\{x^i\mid i=1,2,\cdots,m\}\in\mathscr{D}_2\right\}$$

所确定的 $\partial M$ 的定向称为由 $W_1$ 的定向 $\mathscr{D}_1$(因而 $M$ 的定向 $\mathscr{D}_{1M}$)确定的 $\partial M$ 的**诱导定向**.

定向流形 $\vec{M}$ 上外微分形式的积分是数学分析中第二型曲线、曲面积分的推广. 而这种积分的定义还必须应用近代数学中极其重要的广义单位分解的存在性.

**定义 1.2.37** 设 $(M,\mathscr{D})$ 为 $m$ 维 $C^\infty$ 可定向流形,$\mathscr{D}_1$ 为其定向,记此定向流形为 $\vec{M}$,$\omega$ 为 $M$ 上的 $m$ 阶 $C^\infty$ 外微分形式,

$$\mathrm{supp}\,\omega=\overline{\{p\in M\mid\omega(p)\neq 0\}}$$

为**紧致集**. $\{(U_\alpha,\varphi_\alpha),\{x^i\}\mid\alpha\in\Gamma\}\subset\mathscr{D}_1$,且 $\{U_\alpha\mid\alpha\in\Gamma\}$ 为 $M$ 的局部有限的开覆盖,$\{g_\alpha\mid$

$\alpha\in\Gamma\}$ 为从属于 $\{U_\alpha\mid\alpha\in\Gamma\}$ 的广义单位分解.在 $(U_\alpha,\varphi_\alpha)$, $\{x_\alpha^i\}$ 中,

$$g_\alpha\omega = g_\alpha \cdot a_\alpha \mathrm{d}x_\alpha^1 \wedge \cdots \wedge \mathrm{d}x_\alpha^m.$$

显然, $\mathrm{supp}g_\alpha\omega\subset\mathrm{supp}\omega$ 为紧致集,故

$$\int_{\varphi_\alpha(M\cap U_\alpha)}(g_\alpha \cdot a_\alpha)\circ\varphi_\alpha^{-1}(x_\alpha^1,x_\alpha^2,\cdots,x_\alpha^m)\mathrm{d}x_\alpha^1\mathrm{d}x_\alpha^2\cdots\mathrm{d}x_\alpha^m$$

为有限值.我们称

$$\begin{aligned}\int_{\vec{M}}\omega &= \int_{\vec{M}}\Big(\sum_{\alpha\in\Gamma}g_\alpha\Big)\omega = \sum_{\alpha\in\Gamma}\int_{\vec{M}}g_\alpha\omega \\ &= \sum_{\alpha\in\Gamma}\int_{\varphi_\alpha(M\cap U_\alpha)}(g_\alpha \cdot a_\alpha)\circ\varphi_\alpha^{-1}(x_\alpha^1,x_\alpha^2,\cdots,x_\alpha^m)\mathrm{d}x_\alpha^1\mathrm{d}x_\alpha^2\cdots\mathrm{d}x_\alpha^m \\ &= \sum_{\alpha\in\Gamma}\int_{\varphi_\alpha(M\cap U_\alpha)}(g_\alpha\circ\varphi_\alpha^{-1})\underline{(\varphi_\alpha^{-1})^\#\omega}\end{aligned}$$

为 $\omega$ 在 $\vec{M}$ 上的**积分**,其中 $\underline{(\varphi_\alpha^{-1})^\#\omega}$ 为 $\varphi_\alpha(U_\alpha)$ 上的 $m$ 阶 $C^\infty$ 外微分形式 $(\varphi_\alpha^{-1})^\#\omega=a_\alpha\circ\varphi_\alpha^{-1}(x_\alpha^1,x_\alpha^2,\cdots,x_\alpha^m)\mathrm{d}x_\alpha^1\wedge\mathrm{d}x_\alpha^2\wedge\cdots\wedge\mathrm{d}x_\alpha^m$ 删去外积号 $\wedge$.

因为 $\mathrm{supp}\omega$ 紧致和 $\{g_\alpha\mid\alpha\in\Gamma\}$ 关于广义单位分解的定义 1.1.11 中的(2), $\mathrm{supp}\omega$ 只与有限个 $\mathrm{supp}g_\alpha$ 相交.因此,上述和中实际上只有有限项可能不为 0.

应用 Riemann 积分中的变量代换公式,容易证明积分 $\int_{\vec{M}}\omega$ 的定义与 $\{(U_\alpha,\varphi_\alpha),g_\alpha\mid\alpha\in\Gamma\}$ 的选取无关,即积分的定义是合理的(参阅文献[23]193～194 页引理 1).

由定义 1.2.37 和 Riemann 积分的性质立即得到下面定理.

**定理 1.2.23** 设 $(M,\mathscr{D})$ 为 $m$ 维 $C^\infty$ 流形, $\mathscr{D}_1$ 为其定向, $\vec{M}$ 为相应于 $\mathscr{D}_1$ 的定向流形. $\omega,\omega_1,\omega_2$ 为 $M$ 上的 $m$ 阶 $C^\infty$ 外微分形式, $\mathrm{supp}\omega,\mathrm{supp}\omega_1,\mathrm{supp}\omega_2$ 为紧致集, $a,b\in\mathbf{R}$.

(1) $\int_{\vec{M}^-}\omega=-\int_{\vec{M}}\omega$,其中 $\vec{M}^-$ 为与 $\vec{M}$ 定向相反的定向流形.

(2) $\int_{\vec{M}}(a\omega_1+b\omega_2)=a\int_{\vec{M}}\omega_1+b\int_{\vec{M}}\omega_2$.

(3) 如果 $M_1,M_2$ 为 $M$ 的不相交的开集, $M=M_1\cup M_2$; $\vec{M}_1,\vec{M}_2$ 与 $\vec{M}$ 的定向一致,则

$$\int_{\vec{M}}\omega=\int_{\vec{M}_1}\omega+\int_{\vec{M}_2}\omega.$$

**证明** 参阅文献[23]194～195 页定理 4. □

**定理 1.2.24**(Stokes 定理) 设 $(W,\mathscr{D})$ 为 $m$ 维 $C^\infty$ 可定向流形, $\mathscr{D}_1$ 为其定向, $M\subset W$ 为开子流形, $\partial M$ 为 $M$ 的边界,或为空集或为 $m-1$ 维 $C^\infty$ 正则子流形.

相应于 $\mathscr{D}_1$ 的定向流形 $\vec{W}$ 确定了 $\vec{M}$ 和(∂$M$ 的诱导定向确定的) $\overrightarrow{\partial M}$. $i:\partial M\to M$ 为包

含映射.

$\omega$ 为 $W$ 上的 $m-1$ 阶 $C^\infty$ 外微分形式,$\mathrm{supp}\omega$ 是紧致的,则

$$\int_{\vec{M}} \mathrm{d}\omega = \int_{\overrightarrow{\partial M}} i^\# \omega \quad \left(\text{或} \int_{\overrightarrow{\partial M}} \omega \Big|_{\partial M}\right),$$

其中 $i^\# \omega(X_1, X_2, \cdots, X_{m-1}) = \omega(i_\# X_1, i_\# X_2, \cdots, i_\# X_{m-1})$.

在不致混淆的情形下,我们将 Stokes 定理记作

$$\int_{\vec{M}} \mathrm{d}\omega = \int_{\overrightarrow{\partial M}} \omega \quad (\text{若 } \partial M = \varnothing, \text{右边理解为 } 0).$$

**证明** 因为 $M$ 为 $W$ 的开子流形和 $\partial M$ 为 $W$ 的 $m-1$ 维 $C^\infty$ 正则子流形,故可选取局部坐标系$(U_\alpha, \varphi_\alpha) \in \mathscr{D}_1, \alpha \in \Gamma$, s. t. $\partial M \cap U_\alpha = \varnothing$,或者当 $\partial M \cap U_\alpha \neq \varnothing$ 时,

$$\varphi_\alpha(M \cap U_\alpha) = \varphi_\alpha(U_\alpha) \cap \{x \in \mathbf{R}^m \mid x^m > 0\},$$

$$\varphi_\alpha(\partial M \cap U_\alpha) = \varphi_\alpha(U_\alpha) \cap \{x \in \mathbf{R}^m \mid x^m = 0\}.$$

于是,存在 $W$ 上的一个从属于$\{(U_\alpha, \varphi_\alpha) \mid \alpha \in \Gamma\}$的广义单位分解$\{g_\alpha \mid \alpha \in \Gamma\}$,它诱导了 $\partial M$ 上的一个广义单位分解$\{g_\alpha|_{\partial M} \mid \alpha \in \Gamma\}$.从引理 1.2.3 的结论:

$$\int_{\vec{M}} \mathrm{d}(g_\alpha \omega) = \int_{\overrightarrow{\partial M}} i^\# (g_\alpha \omega)$$

立即得到(注意,除有限个 $\alpha$ 外,$g_\alpha \omega|_{M \cup \partial M} \equiv 0$)

$$\begin{aligned}
\int_{\vec{M}} \mathrm{d}\omega &= \int_{\vec{M}} \mathrm{d}\Big(\sum_{\alpha \in \Gamma} g_\alpha \omega\Big) = \int_{\vec{M}} \sum_{\alpha \in \Gamma} \mathrm{d}(g_\alpha \omega) = \sum_{\alpha \in \Gamma} \int_{\vec{M}} \mathrm{d}(g_\alpha \omega) \\
&\xlongequal{\text{引理 1.2.3}} \sum_{\alpha \in \Gamma} \int_{\overrightarrow{\partial M}} i^\# (g_\alpha \omega) = \int_{\overrightarrow{\partial M}} i^\# \Big(\sum_{\alpha \in \Gamma} g_\alpha \omega\Big) \\
&= \int_{\overrightarrow{\partial M}} i^\# \omega.
\end{aligned}$$

□

**引理 1.2.3** $\int_{\vec{M}} \mathrm{d}(g_\alpha \omega) = \int_{\overrightarrow{\partial M}} i^\# (g_\alpha \omega)$,$(U_\alpha, \varphi_\alpha)$如定理 1.2.24 所述.

**证明** 设$(U_\alpha, \varphi_\alpha)$的局部坐标为$\{x^i\}$.令

$$g_\alpha \omega = \sum_{i=1}^m (-1)^{i-1} a_i \mathrm{d}x^1 \wedge \mathrm{d}x^2 \wedge \cdots \wedge \mathrm{d}x^i \wedge \cdots \wedge \mathrm{d}x^m,$$

则

$$\begin{aligned}
\mathrm{d}(g_\alpha \omega) &= \mathrm{d}\Big(\sum_{i=1}^m (-1)^{i-1} a_i \mathrm{d}x^1 \wedge \mathrm{d}x^2 \wedge \cdots \wedge \widehat{\mathrm{d}x^i} \wedge \cdots \wedge \mathrm{d}x^m\Big) \\
&= \sum_{i=1}^m \frac{\partial a_i}{\partial x^i} \mathrm{d}x^1 \wedge \mathrm{d}x^2 \wedge \cdots \wedge \mathrm{d}x^m.
\end{aligned}$$

(1) $\partial M \cap U_\alpha = \varnothing$.

因为 $\varphi_\alpha(\mathrm{supp} g_\alpha \omega)$紧致,故存在充分大的 $R$,使 $a_i$ 可延拓为

$$[-R, R]^m = \{(x^1, x^2, \cdots, x^m) \mid -R \leqslant x^j \leqslant R, j = 1, 2, \cdots, m\}$$

上的 $C^\infty$ 函数(此时,$\varphi_\alpha(\mathrm{supp}\, g_\alpha\omega)\subset[-R,R]^m$),s.t.

$$a_i\big|_{[-R,R]^m-\varphi_\alpha(U_\alpha)}=0.$$

于是

$$\begin{aligned}\int_{\vec{M}}\mathrm{d}(g_\alpha\omega)&=\int_{\varphi_\alpha(M\cap U_\alpha)}\sum_{i=1}^m\frac{\partial a_i}{\partial x^i}\mathrm{d}x^1\mathrm{d}x^2\cdots\mathrm{d}x^m=\int_{[-R,R]^m}\sum_{i=1}^m\frac{\partial a_i}{\partial x^i}\mathrm{d}x^1\mathrm{d}x^2\cdots\mathrm{d}x^m\\&=\sum_{i=1}^m\int_{[-R,R]^m}\frac{\partial a_i}{\partial x^i}\mathrm{d}x^1\mathrm{d}x^2\cdots\mathrm{d}x^m=\sum_{i=1}^m\int_{[-R,R]^{m-1}}a_i\Big|_{x^i=-R}^{x^i=R}\mathrm{d}x^1\mathrm{d}x^2\cdots\widehat{\mathrm{d}x^i}\cdots\mathrm{d}x^m\\&=\sum_{i=1}^m\int_{[-R,R]^{m-1}}0\mathrm{d}x^1\mathrm{d}x^2\cdots\widehat{\mathrm{d}x^i}\cdots\mathrm{d}x^m=0=\int_{\overrightarrow{\partial M}}0=\int_{\overrightarrow{\partial M}}i^\#(g_\alpha\omega).\end{aligned}$$

(2) $\partial M\cap U_\alpha\neq\varnothing$.

因为 $\varphi_\alpha(\mathrm{supp}\, g_\alpha\omega)\cap\{x\in\mathbf{R}^m\mid x^m\geqslant0\}$紧致,故存在充分大的 $R$,使 $a_i$ 延拓为

$$\begin{aligned}&[-R,R]^{m-1}\times[0,R]\\&\quad=\{(x^1,x^2,\cdots,x^m)\mid -R\leqslant x^j\leqslant R,j=1,2,\cdots,m-1,0\leqslant x^m\leqslant R\}\end{aligned}$$

上的 $C^\infty$ 函数,此时,$\varphi_\alpha(\mathrm{supp}\, g_\alpha\omega)\cap\{x\in\mathbf{R}^m\mid x^m\geqslant0\}\subset[-R,R]^{m-1}\times[0,R]$,使得

$$a_i\big|_{[-R,R]^{m-1}\times[0,R]-\varphi_\alpha(U_\alpha)}=0.$$

于是

$$\begin{aligned}\int_{\vec{M}}\mathrm{d}(g_\alpha\omega)&=\int_{\varphi_\alpha(M\cap U_\alpha)}\sum_{i=1}^m\frac{\partial a_i}{\partial x^i}\mathrm{d}x^1\mathrm{d}x^2\cdots\mathrm{d}x^m\\&=\sum_{i=1}^m\int_{[-R,R]^{m-1}\times[0,R]}\frac{\partial a_i}{\partial x^i}\mathrm{d}x^1\mathrm{d}x^2\cdots\mathrm{d}x^m\\&=\sum_{i=1}^{m-1}\int_{[-R,R]^{m-2}\times[0,R]}a_i\Big|_{x^i=-R}^{x^i=R}\mathrm{d}x^1\mathrm{d}x^2\cdots\widehat{\mathrm{d}x^i}\cdots\mathrm{d}x^m\\&\quad+\int_{[-R,R]^{m-1}}a_m\Big|_{x^m=0}^{x^m=R}\mathrm{d}x^1\mathrm{d}x^2\cdots\mathrm{d}x^{m-1}\\&=-\int_{[-R,R]^{m-1}}a_m(x^1,x^2,\cdots,x^{m-1},0)\mathrm{d}x^1\mathrm{d}x^2\cdots\mathrm{d}x^{m-1}\\&=-(-1)^m\int_{\overrightarrow{\partial M}}a_m(x^1,x^2,\cdots,x^{m-1},0)\mathrm{d}x^1\wedge\mathrm{d}x^2\wedge\cdots\wedge\mathrm{d}x^{m-1}\\&=\int_{\overrightarrow{\partial M}}\Big(\sum_{i=1}^m(-1)^{i-1}a_i\mathrm{d}x^1\wedge\mathrm{d}x^2\wedge\cdots\wedge\widehat{\mathrm{d}x^i}\wedge\cdots\wedge\mathrm{d}x^m\Big)\Big|_{\partial M}\\&=\int_{\overrightarrow{\partial M}}(g_\alpha\omega)\Big|_{\partial M}=\int_{\overrightarrow{\partial M}}i^\#(g_\alpha\omega),\end{aligned}$$

其中第 5 个等号是用到了 $\partial M$ 的诱导定向的定义 1.2.36 中的$(-1)^m$. □

## 1.3 映射空间 $C^r(M,N)$上的弱与强 $C^r$ 拓扑

我们知道度量(距离)空间中点的逼近用距离或球形邻域刻画,拓扑空间中点的逼近用邻域刻画.先考察几个泛函分析中常见的典型例子.

**例 1.3.1** 设 $f,g\in C^0([a,b],\mathbf{R})$(从$[a,b]$)到 $\mathbf{R}$ 的 $C^0$ 映射或 $C^0$ 函数的全体),令 $f$ 与 $g$ 的内积为

$$\langle f,g\rangle = \int_a^b f(x)g(x)\mathrm{d}x,$$

则 $f$ 的模为

$$\| f\| = \sqrt{\langle f,f\rangle} = \sqrt{\int_a^b f^2(x)\mathrm{d}x},$$

$f$ 与 $g$ 之间的距离应为

$$\rho(f,g) = \| f-g\| = \sqrt{\int_a^b (f(x)-g(x))^2\mathrm{d}x}.$$

以 $f$ 为中心、$\varepsilon$ 为半径的开球邻域为

$$B(f;\varepsilon) = \left\{g\in C^0([a,b],\mathbf{R})\,\middle|\,\rho(g,f) = \sqrt{\int_a^b (g(x)-f(x))^2\mathrm{d}x}<\varepsilon\right\}.$$

如果 $g\in B(f;\varepsilon)$,则称 $g$ 为$f$ 的$\varepsilon$ 逼近.

于是,由距离 $\rho$ 诱导出$C^0([a,b],\mathbf{R})$上的一个拓扑

$$\mathcal{T}_\rho = \{\mathcal{U}\mid \forall f\in\mathcal{U},\exists\,\varepsilon>0,\text{s.t.}\,B(f;\varepsilon)\subset\mathcal{U}\}.$$

更一般地,如果 $D\subset\mathbf{R}^m$ 为区域,$\bar{D}$为 $m$ 维带边紧致流形(例如,$D=(a_1,b_1)\times(a_2,b_2)\times\cdots\times(a_m,b_m)$为 $m$ 维长方体).对 $f,g\in C^0(\bar{D},\mathbf{R})$(从$\bar{D}$到 $\mathbf{R}$ 的 $C^0$ 映射或 $C^0$ 函数的全体),令 $f$ 与 $g$ 的内积为

$$\langle f,g\rangle = \int\cdots\int_D f(x_1,x_2,\cdots,x_m)g(x_1,x_2,\cdots,x_m)\mathrm{d}x_1\mathrm{d}x_2\cdots\mathrm{d}x_m.$$

类似上述有

$$\| f\| = \sqrt{\langle f,f\rangle},$$
$$\rho(f,g) = \| f-g\|,$$
$$B(f;\varepsilon) = \{g\in C^0(\bar{D},\mathbf{R})\mid\rho(g,f)<\varepsilon\},$$
$$\mathcal{T}_\rho = \{\mathcal{U}\mid f\in\mathcal{U},\exists\,\varepsilon>0,\text{s.t.}\,B(f;\varepsilon)\subset\mathcal{U}\}.$$

**例 1.3.2** 考虑 $C^r(\mathbf{R}^m,\mathbf{R}^n)$,它是从 $\mathbf{R}^m$ 到 $\mathbf{R}^n$ 的$C^r(r\in\mathbf{N})$映射的全体.令

$$\mathcal{N}_{\mathrm{U}}^r(f;\varepsilon)=\{g\in C^r(\mathbf{R}^m,\mathbf{R}^n)\mid \sup_{x\in\mathbf{R}^m}\|D^kg(x)-D^kf(x)\|<\varepsilon,k=0,1,\cdots,r\},$$

其中 $D^kf(x)$表示 $f$ 在点 $x$ 处 $k$ 阶偏导数形成的向量(其中 $D^0f(x)=f(x)$, $D^1f(x)=Df(x)$).易见:

(1) $\bigcup\limits_{f\in C^r(\mathbf{R}^m,\mathbf{R}^n)}\mathcal{N}_{\mathrm{U}}^r(f;1)=C^r(\mathbf{R}^m,\mathbf{R}^n)$;

(2) $\forall g\in\mathcal{N}_{\mathrm{U}}^r(f_1;\varepsilon_1)\cap\mathcal{N}_{\mathrm{U}}^r(f_2;\varepsilon_2)$,则

$$g\in\mathcal{N}_{\mathrm{U}}^r(g;\varepsilon)\subset\mathcal{N}_{\mathrm{U}}^r(f_1;\varepsilon_1)\cap\mathcal{N}_{\mathrm{U}}^r(f_2;\varepsilon),$$

其中

$$\varepsilon=\min_{i=1,2}\{\varepsilon_i-\sup_{\substack{x\in\mathbf{R}^m\\0\leqslant k\leqslant r}}\|D^kg(x)-D^kf_i(x)\|\}.$$

由(1)与(2)知

$$\{\mathcal{N}_{\mathrm{U}}^r(f;\varepsilon)\mid f\in C^r(\mathbf{R}^m,\mathbf{R}^n),\varepsilon>0\}$$

为 $C^r(\mathbf{R}^m,\mathbf{R}^n)$上的一个拓扑基,它唯一确定了 $C^r(\mathbf{R}^m,\mathbf{R}^n)$上的一个拓扑,称为**一致 $C^r$ 拓扑**,记作 $C_{\mathrm{U}}^r(\mathbf{R}^m,\mathbf{R}^n)$.这里 $C_{\mathrm{U}}^r(\mathbf{R}^m,\mathbf{R}^n)$的下标 U 表示"一致的"(uniform).

**例 1.3.3** 再考虑 $C^r(\mathbf{R}^m,\mathbf{R}^n)$,设 $\varepsilon(x)$为 $\mathbf{R}^m$ 上的正连续函数,令

$$\begin{aligned}\mathcal{N}^r(f;\varepsilon(x))=\{&g\in C^r(\mathbf{R}^m,\mathbf{R}^n)\mid\|D^kg(x)-D^kf(x)\|<\varepsilon(x),\\&\forall x\in\mathbf{R}^m,k=0,1,\cdots,r\}.\end{aligned}$$

因为

(1) $\bigcup\limits_{f\in C^r(\mathbf{R}^m,\mathbf{R}^n)}\mathcal{N}^r(f;1)=C^r(\mathbf{R}^m,\mathbf{R}^n)$;

(2) $\forall g\in\mathcal{N}^r(f_1;\varepsilon_1(x))\cap\mathcal{N}^r(f_2;\varepsilon_2(x))$,则

$$g\in\mathcal{N}^r(g;\varepsilon(x))\subset\mathcal{N}^r(f_1;\varepsilon_1(x))\cap\mathcal{N}^r(f_2;\varepsilon_2(x)),$$

其中

$$\varepsilon(x)=\min_{i=1,2}\{\varepsilon_i(x)-\max_{0\leqslant k\leqslant r}\|D^kg(x)-D^kf_i(x)\|\}$$

为 $\mathbf{R}^m$ 上的正连续函数,所以

$$\{\mathcal{N}^r(f;\varepsilon(x))\mid f\in C^r(\mathbf{R}^m,\mathbf{R}^n),\varepsilon(x)\text{ 为 }\mathbf{R}^m\text{ 上的正连续函数}\}$$

为 $C^r(\mathbf{R}^m,\mathbf{R}^n)$上的一个拓扑基,它唯一确定了 $C^r(\mathbf{R}^m,\mathbf{R}^n)$上的一个拓扑.可以验证它就是定义 1.3.2 中引入的强 $C^r$ 拓扑 $C_{\mathrm{S}}^r(\mathbf{R}^m,\mathbf{R}^n)$(例 1.3.5),还可以验证此拓扑严格细于例 1.3.2 中的一致收敛拓扑 $C_{\mathrm{U}}^r(\mathbf{R}^m,\mathbf{R}^n)$.

**例 1.3.4** $C_{\mathrm{S}}^r(\mathbf{R}^m,\mathbf{R}^n)$严格细于一致收敛拓扑 $C_{\mathrm{U}}^r(\mathbf{R}^m,\mathbf{R}^n)$.

**证明** 因为 $\mathcal{N}_{\mathrm{U}}^r(f;\varepsilon)=\mathcal{N}^r(f;\varepsilon)\in C_{\mathrm{S}}^r(\mathbf{R}^m,\mathbf{R}^n)$,所以 $C_{\mathrm{U}}^r(\mathbf{R}^m,\mathbf{R}^n)\subset C_{\mathrm{S}}^r(\mathbf{R}^m,\mathbf{R}^n)$,即 $C_{\mathrm{S}}^r(\mathbf{R}^m,\mathbf{R}^n)$细于 $C_{\mathrm{U}}^r(\mathbf{R}^m,\mathbf{R}^n)$.

令 $\varepsilon(x)=\mathrm{e}^{-\frac{1}{\|x\|^2}}$,(反证)假设 $C_{\mathrm{U}}^r(\mathbf{R}^m,\mathbf{R}^n)=C_{\mathrm{S}}^r(\mathbf{R}^m,\mathbf{R}^n)$,则 $0\in\mathcal{N}^r(0;\varepsilon(x))\in$

$C_S^r(\mathbf{R}^m,\mathbf{R}^n)=C_U^r(\mathbf{R}^m,\mathbf{R}^n)$. 于是必有 $\mathcal{N}_U^r(g;\eta)$, s.t.

$$0\in\mathcal{N}_U^r(g;\xi)\subset\mathcal{N}^r(0;\varepsilon(x)).$$

由此有

$$h(x)=\frac{\eta}{2}\in\mathcal{N}_U^r(0;\eta)\subset\mathcal{N}_U^r(g;\xi)\subset\mathcal{N}^r(0;\varepsilon(x)),$$

$$0<\frac{\eta}{2}=\sup_{0\leqslant k\leqslant r}\|D^kh(x)-D^k0\|<\varepsilon(x)=\mathrm{e}^{-\frac{1}{\|x\|^2}},\quad\forall x\in\mathbf{R}^m.$$

令 $\|x\|\to+\infty$ 得到

$$0<\frac{\eta}{2}\leqslant\lim_{\|x\|\to+\infty}\mathrm{e}^{-\frac{1}{\|x\|^2}}=0,$$

矛盾. □

更进一步,如果要刻画 $C^r$ 流形之间的 $C^r$ 映射的逼近,就应该在 $C^r$ 映射空间 $C^r(M,N)$ 中引入拓扑. 上面三个例子中, $M$ 与 $N$ 都有整体坐标,对一般情形,在 $C^r(M,N)$ 上如何引入拓扑呢? 首先必须采用局部坐标,其次还需满足一些其他条件,这就是下面在 $C^r(M,N)$ 上将要引入的弱与强 $C^r$ 拓扑,并研究在这些拓扑下的一些拓扑性质(如连通分支、$A_1$ 性(具有第一可数性公理)等). 还可应用这些拓扑及其相应的拓扑语言更清晰地描述映射的逼近定理、嵌入定理、映射的光滑化与流形的光滑化定理.

**定义 1.3.1** 设 $r$ 为 0 或自然数, $C^r(M,N)=\{f\mid f\colon M\to N$ 为 $C^r$ 映射$\}$, $\mathcal{V}=\{1,2,\cdots,l\}$, $\Phi=\{(U_i,\varphi_i)\mid i\in\mathcal{V}\}$ 与 $\Psi=\{(V_i,\psi_i)\mid i\in\mathcal{V}\}$ 分别为 $C^r$ 流形 $M$ 与 $N$ 上的局部坐标系族, $\mathcal{K}=\{K_i\mid i\in\mathcal{V}\}$ 为 $M$ 上的一族紧致子集,且 $K_i\subset U_i$, $\mathcal{E}=\{\varepsilon_i\mid i\in\mathcal{V}\}$ 为一族正数,如果 $f\in C^r(M,N)$, s.t. $f(K_i)\subset V_i$, $i\in\mathcal{V}$,则称

$$\begin{aligned}\mathcal{N}_W^r(f;\Phi,\Psi,\mathcal{K},E)=\{g\in C^r(M,N)\mid\ & g(K_i)\subset V_i,\\ & \|D^k(\psi_i\circ g\circ\varphi_i^{-1})(x)-D^k(\psi_i\circ f\circ\varphi_i^{-1})(x)\|<\varepsilon_i,\\ & \forall x\in\varphi_i(K_i),i\in\mathcal{V},k=0,1,\cdots,r\}\end{aligned}$$

为**弱 $C^r$ 基本邻域**,其中 $D^k(\psi_i\circ f\circ\varphi_i^{-1})(x)$ 为 $\psi_i\circ f\circ\varphi_i^{-1}(x)$ 的分量的 $k$ 阶偏导数之集,而模 $\|D^k(\psi_i\circ f\circ\varphi_i^{-1})(x)\|$ 为 $D^k(\psi_i\circ f\circ\varphi_i^{-1})(x)$ 的元素的绝对值的最大者,称 $g\in\mathcal{N}_W^r(f;\Phi,\Psi,\mathcal{K},\mathcal{E})$ 为 $f$ 的**弱 $C^r$-$\mathcal{N}_W^r(f;\Phi,\Psi,\mathcal{K},\mathcal{E})$ 逼近**(或简称为 **$\mathcal{E}$ 逼近**).

容易验证所有形如 $\mathcal{N}_W^r(f;\Phi,\Psi,\mathcal{K},\mathcal{E})$ 的弱 $C^r$ 基本邻域的集合形成 $C^r(M,N)$ 上的一个拓扑基(类似引理 1.3.1 的证明). 因此,它唯一诱导了 $C^r(M,N)$ 上的一个拓扑,称为 $C^r(M,N)$ 上的**弱 $C^r$ 拓扑**或**紧致开 $C^r$ 拓扑**,也称为**粗糙 $C^r$ 拓扑**,记作 $C_W^r(M,N)$,有时也理解为相应的拓扑空间. $\mathcal{N}_W^r(f;\Phi,\Psi,\mathcal{K},\mathcal{E})$ 与 $C_W^r(M,N)$ 中的下标 W 表示"弱的"(weak).

如果 $M$ 非紧致,则弱 $C^r$ 拓扑 $C_W^r(M,N)$ 不能很好地控制映射在"无穷远"处的性

质.为此,引入强 $C^r$ 拓扑.

**定义 1.3.2** 设 $\Phi=\{(U_i,\varphi_i)\mid i\in\mathcal{V}\}$与 $\Psi=\{(V_i,\psi_i)\mid i\in\mathcal{V}\}$分别为 $C^r$ 流形 $M$ 与 $N$ 上的局部坐标系族,$\mathcal{K}=\{K_i\mid i\in\mathcal{V}\}$为 $M$ 上的局部有限的紧($K_i\subset U_i$ 为紧致子集)覆盖,$\mathcal{E}=\{\varepsilon_i\mid i\in\mathcal{V}\}$为一族正数.

如果 $f\in C^r(M,N)$, s. t. $f(K_i)\subset V_i$, $i\in\mathcal{V}$,则称

$$\begin{aligned}\mathcal{N}_S^r(f;\Phi,\Psi,\mathcal{K},\mathcal{E}) = \{g\in C^r(M,N)\mid g(K_i)\subset V_i,\\ \|D^k(\psi_i\circ g\circ\varphi_i^{-1})(x)-D^k(\psi_i\circ f\circ\varphi_i^{-1})(x)\|<\varepsilon_i,\\ \forall x\in\varphi_i(K_i), i\in\mathcal{V}, k=0,1,\cdots,r\}\end{aligned}$$

为**强 $C^r$ 基本邻域**,称 $g\in\mathcal{N}_S^r(f;\Phi,\Psi,\mathcal{K},\mathcal{E})$为 $f$ 的**强$C^r$-$\mathcal{N}_S^r(f;\Phi,\Psi,\mathcal{K},\mathcal{E})$逼近**(或简称为 **$\mathcal{E}$ 逼近**).由下面的引理 1.3.1 知,所有形如 $\mathcal{N}_S^r(f;\Phi,\Psi,\mathcal{K},\mathcal{E})$的强 $C^r$ 基本邻域的集合形成$C^r(M,N)$的一个拓扑基.因此,它唯一诱导了 $C^r(M,N)$上的一个拓扑,称为 $C^r(M,N)$上的**强 $C^r$ 拓扑**或 **Whitney $C^r$ 拓扑**,也称为**精细 $C^r$ 拓扑**,记作 $C_S^r(M,N)$,有时也理解为相应的拓扑空间.$\mathcal{N}_S^r(f;\Phi,\Psi,\mathcal{K},\mathcal{E})$与 $C_S^r(M,N)$中的下标 S 表示“强的”(strong).

**引理 1.3.1** 集族$\{\mathcal{N}_S^r(f;\Phi,\Psi,\mathcal{K},\mathcal{E})\}$形成 $C^r(M,N)$上的一个拓扑基.

**证明** 一方面,显然

$$\bigcup_{f\in C^r(M,N)}\mathcal{N}_S^r(f;\Phi,\Psi,\mathcal{K},\{\varepsilon_i=1\})=C^r(M,N).$$

另一方面,$\forall g\in\mathcal{N}_S^r(f_1;\{(U_i,\varphi_i)\mid i\in\mathcal{V}\},\{(V_i,\psi_i)\mid i\in\mathcal{V}\},\{K_i\mid i\in\mathcal{V}\},\{\varepsilon_i\mid i\in\mathcal{V}\})\cap\mathcal{N}_S^r(f_2;\{(U_j,\varphi_j)\mid j\in\mathcal{J}\},\{(V_j,\psi_j)\mid j\in\mathcal{J}\},\{K_j\mid j\in\mathcal{J}\},\{\varepsilon_j\mid j\in\mathcal{J}\})$.由于 $K_i$ 紧致,令

$$\begin{aligned}\eta_{ik}&=\sup_{x\in\varphi_i(K_i)}\|D^k(\psi_i\circ g\circ\varphi_i^{-1})(x)-D^k(\psi_i\circ f\circ\varphi_i^{-1})(x)\|\\&=\|D^k(\psi_i\circ g\circ\varphi_i^{-1})(x_0)-D^k(\psi_i\circ f\circ\varphi_i^{-1})(x_0)\|<\varepsilon_i,\\ \sigma_i&=\min_{0\leqslant k\leqslant r}\{\varepsilon_i-\eta_{ik}\},\quad i\in\mathcal{V}.\end{aligned}$$

同理,令 $\sigma_j=\min\limits_{0\leqslant k\leqslant r}\{\varepsilon_j-\eta_{jk}\}$,$j\in\mathcal{J}$.易见

$$\begin{aligned}&\mathcal{N}_S^r(g;\{(U_l,\varphi_l)\mid l\in\mathcal{V}\cup\mathcal{J}\},\{(V_l,\psi_l)\mid l\in\mathcal{V}\cup\mathcal{J}\},\\&\quad\{K_l\mid l\in\mathcal{V}\cup\mathcal{J}\},\{\sigma_l\mid l\in\mathcal{V}\cup\mathcal{J}\})\\&\subset\mathcal{N}_S^r(f_1;\{(U_i,\varphi_i)\mid i\in\mathcal{V}\},\{(V_i,\psi_i)\mid i\in\mathcal{V}\},\{K_i\mid i\in\mathcal{V}\},\{\varepsilon_i\mid i\in\mathcal{V}\})\\&\cap\mathcal{N}_S^r(f_2;\{(U_j,\varphi_j)\mid j\in\mathcal{J}\},\{(V_j,\psi_j)\mid j\in\mathcal{J}\},\{K_j\mid j\in\mathcal{J}\},\{\varepsilon_j\mid j\in\mathcal{J}\}).\end{aligned}$$

因此,集族$\{\mathcal{N}_S^r(f;\Phi,\Psi,\mathcal{K},\mathcal{E})\}$形成 $C^r(M,N)$上的一个拓扑基. □

**例 1.3.5** 例 1.3.3 中在 $C^r(\mathbf{R}^m,\mathbf{R}^n)$上引入的拓扑就是定义 1.3.2 中引入的强 $C^r$ 拓扑$C_S^r(\mathbf{R}^m,\mathbf{R}^n)$.

**证明** 设 $\Phi=\{(U_i,\varphi_i)\mid i\in\mathcal{V}\}$ 与 $\Psi=\{(V_i,\psi_i)\mid i\in\mathcal{V}\}$ 分别为 $M=\mathbf{R}^m$ 与 $N=\mathbf{R}^n$ 上的局部坐标系族，$\mathcal{K}=\{K_i\mid i\in\mathcal{V}\}$ 为 $M=\mathbf{R}^m$ 上的局部有限的紧（$K_i\subset U_i$ 为紧致子集）覆盖，$\mathcal{E}=\{\varepsilon_i\mid i\in\mathcal{V}\}$ 为一族正数，根据引理 1.3.2，必有 $M=\mathbf{R}^m$ 上的正连续函数 $\varepsilon(x)$，使得 $\varepsilon(x)<\varepsilon_i$，$\forall x\in K_i$，$\forall i\in\mathcal{V}$. 如果取 $\varphi_i$ 为 $(\mathrm{Id}_{\mathbf{R}^m})_{U_i}$，它是 $\mathbf{R}^m$ 上的恒同映射在 $U_i$ 上的限制，而 $\psi_i$ 为 $(\mathrm{Id}_{\mathbf{R}^n})_{V_i}$，它是 $\mathbf{R}^n$ 上的恒同映射在 $V_i$ 上的限制. 设 $f(K_i)\subset V_i$，$\forall i\in\mathcal{V}$. 于是

$$\mathcal{N}^r(f;\varepsilon(x))\subset\mathcal{N}^r_{\mathrm{S}}(f;\Phi,\Psi,\mathcal{K},\mathcal{E}).$$

相反地，对给定的 $\mathbf{R}^m$ 上的正连续函数 $\varepsilon(x)$，令 $\varepsilon_i=\min\limits_{x\in K_i}\varepsilon(x)$，则

$$\mathcal{N}^r_{\mathrm{S}}(f;\Phi,\Psi,\mathcal{K},\mathcal{E})\subset\mathcal{N}^r(f;\varepsilon(x)).$$

根据上述可以证得：由 $\{\mathcal{N}^r(f;\varepsilon(x))\}$ 所确定的拓扑与由 $\{\mathcal{N}^r_{\mathrm{S}}(f;\Phi,\Psi,\mathcal{K},\mathcal{E})\}$ 所确定的拓扑是相同的. □

**引理 1.3.2** 设 $\{K_i\mid i\in\mathcal{V}\}$ 为 $C^r(r\in\{0,1,\cdots,+\infty\})$ 流形 $M$ 上的局部有限的覆盖，$\{\varepsilon_i\mid i\in\mathcal{V}\}$ 为一族正数，则 $M$ 上存在正 $C^r$ 函数 $\varepsilon(p)$，使得 $\varepsilon(p)<\varepsilon_i$，$\forall p\in K_i$，$\forall i\in\mathcal{V}$.

**证明** 因为 $\{K_i\mid i\in\mathcal{V}\}$ 为 $C^r$ 流形 $M$ 上的局部有限的覆盖，故可作局部有限的坐标邻域的开覆盖 $\{U_\gamma\mid\gamma\in\Gamma\}$，使每个 $U_\gamma$ 至多与有限个 $K_i$ 相交. 设 $\{\rho_\gamma\mid\gamma\in\Gamma\}$ 为从属于 $\{U_\gamma\mid\gamma\in\Gamma\}$ 的 $C^r$ 单位分解. 令

$$0<\varepsilon_\gamma=\min\left\{\frac{\varepsilon_i}{2}\,\middle|\,K_i\cap U_\gamma\neq\varnothing\right\},$$

则

$$\varepsilon(p)=\sum_{\gamma\in\Gamma}\rho_\gamma(p)\varepsilon_\gamma$$

为 $M$ 上的 $C^r$ 函数. $\forall p\in M$，$\exists\gamma_0\in\Gamma$，s.t. $p\in U_{\gamma_0}$，且 $\rho_{\gamma_0}(p)>0$，从而 $\varepsilon(p)>0$. 如果 $p\in K_i$，则

$$\varepsilon(p)=\sum_{\gamma\in\Gamma}\rho_\gamma(p)\varepsilon_\gamma\leqslant\left(\sum_{\gamma\in\Gamma}\rho_\gamma(p)\right)\frac{\varepsilon_i}{2}=\frac{\varepsilon_i}{2}<\varepsilon_i.$$

所以，$\varepsilon(p)$ 为所求的 $C^r$ 正函数. □

**注 1.3.1** 一致收敛拓扑 $C^r_{\mathrm{U}}(\mathbf{R}^m,\mathbf{R}^n)$ 与强 $C^r$ 拓扑 $C^r_{\mathrm{S}}(\mathbf{R}^m,\mathbf{R}^n)$ 都不仅反映了点的靠近，而且也反映了偏导数的靠近，即光滑程度的靠近.

但是，$C^r_{\mathrm{U}}(\mathbf{R}^m,\mathbf{R}^n)$ 中用 $\mathcal{N}^r_{\mathrm{U}}(f;\varepsilon)$，由统一的与点 $x$ 无关的正数（正的常值函数）$\varepsilon$ 来刻画逼近的程度. 而 $C^r_{\mathrm{S}}(\mathbf{R}^m,\mathbf{R}^n)$ 中用 $\mathcal{N}^r_{\mathrm{S}}(f;\Phi,\Psi,\mathcal{K},\mathcal{E})$ 或者 $\mathcal{N}^r(f;\varepsilon(x))$，由随 $x$ 变化的正值函数 $\varepsilon(x)$ 来刻画逼近的程度. 它不用统一的尺度来衡量. 特别当 $\lim\limits_{\|x\|\to+\infty}\varepsilon(x)=0$ 时，它表明越往“无穷远”，其逼近要求越高.

现在来研究弱 $C^r$ 拓扑与强 $C^r$ 拓扑之间的关系.

**定理 1.3.1** (1) $C_W^r(M,N)\subset C_S^r(M,N)$,即 $C_W^r(M,N)$粗于 $C_S^r(M,N)$(后者开集更多);

(2) 如果 $M$ 紧致,则 $C_W^r(M,N)=C_S^r(M,N)$;

(3) 如果 $M$ 非紧致,$\dim N\geqslant 1$,则

$$C_W^r(M,N)\subsetneqq C_S^r(M,N).$$

**证明** (1) $\forall g\in\mathcal{N}_W^r(f;\{(U_i,\varphi_i)\mid i=1,2,\cdots,l\},\{(V_i,\psi_i)\mid i=1,2,\cdots,l\},\{K_i\mid i=1,2,\cdots,l\},\{\varepsilon_i\mid i=1,2,\cdots,l\})\in C_W^r(M,N)$.令

$$\eta_i=\varepsilon_i-\max_{0\leqslant k\leqslant r}\sup_{x\in\varphi_i(K_i)}\|D^k(\psi_i\circ g\circ\varphi_i^{-1})(x)-D^k(\psi_i\circ f\circ\varphi_i^{-1})(x)\|,\quad i=1,2,\cdots,l.$$

将上述各项延拓为

$$\Phi=\{(U_i,\varphi_i)\mid i=1,2,\cdots\},\quad \Psi=\{(V_i,\psi_i)\mid i=1,2,\cdots\},$$

它们分别是 $M$ 与 $N$ 上的局部坐标系的集合,$\mathcal{K}=\{K_i\mid i=1,2,\cdots\}$为 $M$ 上的局部有限的紧覆盖,且 $K_i\subset U_i$,$g(K_i)\subset V_i$,$i=1,2,\cdots$,$\eta=\{\eta_i\mid i=1,2,\cdots\}$为一族正数,于是

$$\begin{aligned}\mathcal{N}_S^r(g;\Phi,\Psi,\mathcal{K},\eta)&\subset\mathcal{N}_W^r(g;\{(U_i,\varphi_i)\mid i=1,2,\cdots,l\},\{(V_i,\psi_i)\mid i=1,2,\cdots,l\},\\&\qquad\{K_i\mid i=1,2,\cdots,l\},\{\eta_i\mid i=1,2,\cdots,l\})\\&\subset\mathcal{N}_W^r(f;\{(U_i,\varphi_i)\mid i=1,2,\cdots,l\},\{(V_i,\psi_i)\mid i=1,2,\cdots,l\},\\&\qquad\{K_i\mid i=1,2,\cdots,l\},\{\varepsilon_i\mid i=1,2,\cdots,l\}),\end{aligned}$$

从而

$$\mathcal{N}_W^r(f;\{(U_i,\varphi_i)\mid i=1,2,\cdots,l\},\{(V_i,\psi_i)\mid i=1,2,\cdots,l\},\{K_i\mid i=1,2,\cdots,l\},\{\varepsilon_i\mid i=1,2,\cdots,l\})\in C_S^r(M,N),$$

$$C_W^r(M,N)\subset C_S^r(M,N).$$

(2) 由(1)知,$C_W^r(M,N)\subset C_S^r(M,N)$.

另一方面,对 $\forall\,\mathcal{N}_S^r(f;\Phi,\Psi,\mathcal{K},\mathcal{E})\in C_S^r(M,N)$,因 $M$ 紧致和 $\mathcal{K}$ 是局部有限的,故 $\mathcal{K}$ 为有限集,从而 $\mathcal{N}_S^r(f;\Phi,\Psi,\mathcal{K},\mathcal{E})\in C_W^r(M,N)$.于是,$C_S^r(M,N)\subset C_W^r(M,N)$.

综合以上讨论有 $C_W^r(M,N)=C_S^r(M,N)$.

(3) (反证)假设 $C_W^r(M,N)\supset C_S^r(M,N)$,则对 $\mathcal{N}_S^r(f;\Phi,\Psi,\mathcal{K},\mathcal{E})$,$f|_M=q\in N$,$\exists\,\mathcal{N}_W^r(f;\widetilde{\Phi},\widetilde{\Psi},\widetilde{\mathcal{K}},\widetilde{\mathcal{E}})\subset\mathcal{N}_S^r(f;\Phi,\Psi,\mathcal{K},\mathcal{E})$,其中 $\widetilde{\mathcal{K}}=\{\widetilde{K}_i\mid i=1,2,\cdots,l\}$.因为 $\bigcup\limits_{i=1}^{l}\widetilde{K}_i$ 紧致,而 $M$ 非紧致,故必有 $p\in M-\bigcup\limits_{i=1}^{l}\widetilde{K}_i$.选取 $p$ 的局部坐标系$(U_t,\varphi_t)\in\Phi$,使得 $\varphi_t^{-1}(C^m(\varphi_t(p),\delta))\subset M-\bigcup\limits_{i=1}^{l}\widetilde{K}_i$,其中 $C^m(\varphi_t(p),\delta)$为 $\mathbf{R}^m$ $(m=\dim M)$中以 $\varphi_t(p)$为中心、$2\delta>0$ 为边长的 $m$ 维开方体.构造 $C^r$ 映射 $g:M\to N$,使

$$\|\psi_t\circ g\circ\varphi_t^{-1}(\varphi_t(p))-\psi_t\circ f\circ\varphi_t^{-1}(\varphi_t(p))\|\geqslant\varepsilon_t\quad(\text{由于}\dim N\geqslant 1),$$

$$g|_{M-\varphi_t^{-1}(C^m(\varphi_t(p),\delta))} \equiv q.$$

显然,$g\in \mathcal{N}_W^r(f;\widetilde{\Phi},\widetilde{\Psi},\widetilde{\mathcal{K}},\widetilde{\mathcal{E}})$,但 $g\notin \mathcal{N}_S^r(f;\Phi,\Psi,\mathcal{K},\mathcal{E})$,这与 $\mathcal{N}_W^r(f;\widetilde{\Phi},\widetilde{\Psi},\widetilde{\mathcal{K}},\widetilde{\mathcal{E}})\subset \mathcal{N}_S^r(f;\Phi,\Psi,\mathcal{K},\mathcal{E})$相矛盾.从而

$$C_W^r(M,N)\not\supset C_S^r(M,N)$$

与

$$C_W^r(M,N)\neq C_S^r(M,N).$$

再由(1)知,$C_W^r(M,N)\subsetneq C_S^r(M,N)$. □

定理 1.3.1 表明,当 $M$ 紧致时,弱 $C^r$ 拓扑与强 $C^r$ 拓扑是相同的;当 $M$ 非紧时,强 $C^r$ 拓扑严格细于弱 $C^r$ 拓扑.

上面已对每个 $r\in\{0,1,2,\cdots\}$在 $C^r(M,N)$上定义了弱与强 $C^r$ 拓扑.下面的定理 1.3.2 与定理 1.3.3 说明这种分级是有意义的.为此,先证明引理 1.3.3.

**引理 1.3.3** 任给正连续函数 $\varepsilon(x)$和正数 $a$,则存在 $\mathbf{R}^1$ 上的 $C^\infty$ 函数 $g(x)$,使得 $g$ 的支集 $\operatorname{supp}g=\overline{\{x\in\mathbf{R}^1\mid g(x)\neq 0\}}$紧致,且

$$|g(x)|,|g'(x)|,\cdots,|g^{(s)}(x)|<\varepsilon(x),\quad \forall x\in\mathbf{R}^1,$$

但 $g^{(s+1)}(0)>a$.

**证明** 设

$$h_1(x)=\frac{2a}{(s+1)!}x^{s+1},$$

$$h_2(x)=\begin{cases}=1, & |x|\leqslant\dfrac{1}{2},\\ >0, & \dfrac{1}{2}<|x|<1,\\ =0, & |x|\geqslant 1\end{cases}$$

为 $C^\infty$ 鼓包函数,$h(x)=h_1(x)h_2(x)$,记

$$E=\max_{x\in(-\infty,+\infty)}\{1,|h(x)|,|h'(x)|,\cdots,|h^{(s)}(x)|\},$$

取 $r>\dfrac{E}{\varepsilon_1}\geqslant 1$,其中 $0<\varepsilon_1<\min\limits_{x\in[-1,1]}\varepsilon(x)$.令

$$g(x)=\frac{1}{r^{s+1}}h(rx),$$

则

$$|g^{(k)}(x)|=\begin{cases}\left|\left(\dfrac{1}{r^{s+1}}h(rx)\right)^{(k)}\right|=\dfrac{1}{r^{s-k+1}}|h^{(k)}(rx)|\leqslant\dfrac{E}{r}<\varepsilon_1\leqslant\varepsilon(x), & x\in[-1,1]\\ 0, & x\notin[-1,1]\end{cases}$$

$$\leqslant\varepsilon(x),\quad x\in(-\infty,+\infty),\quad k=0,1,\cdots,s,$$

$$g^{(s+1)}(0) = |\ h^{(s+1)}(0)\ | = |\ h_1^{(s+1)}(0)\ | = 2a > a. \qquad \square$$

**定理 1.3.2** 设 $0 \leqslant s < r < +\infty$,则 $C^r(M,N)$上的强 $C^r$ 拓扑严格细于强$C^s$ 拓扑.

"严格细"的意思是 $C^r(M,N)$上的强 $C^r$ 拓扑比 $C^s(M,N)$上的强 $C^s$ 拓扑在 $C^r(M,N) \subsetneqq C^s(M,N)$上有一个限制得到的拓扑(子拓扑)严格细.

**证明** 从对$\forall f \in C^r(M,N)$有

$$\mathcal{N}_S^r(f;\Phi,\Psi,\mathcal{K},\mathcal{E}) \subset \mathcal{N}_S^s(f;\Phi,\Psi,\mathcal{K},\mathcal{E}) \cap C^r(M,N)$$

立即可知,强 $C^r$ 拓扑细于强$C^s$ 拓扑.

再证强 $C^r$ 拓扑严格细于强$C^s$ 拓扑.(反证)假设强 $C^r$ 拓扑与强$C^s$ 拓扑相同.于是,对 $\mathcal{N}_S^r(f;\Phi,\Psi,\mathcal{K},\mathcal{E})$必有 $f \in \mathcal{N}_S^s(\tilde{f};\tilde{\Phi},\tilde{\Psi},\tilde{\mathcal{K}},\tilde{\mathcal{E}}) \cap C^r(M,N) \subset \mathcal{N}_S^r(f;\Phi,\Psi,\mathcal{K},\mathcal{E})$.根据引理 1.3.1 的证明,存在

$$\mathcal{N}_S^s(f;\tilde{\Phi},\tilde{\Psi},\tilde{\mathcal{K}},\tilde{\tilde{\mathcal{E}}}) \cap C^r(M,N) \subset \mathcal{N}_S^s(\tilde{f};\tilde{\Phi},\tilde{\Psi},\tilde{\mathcal{K}},\tilde{\mathcal{E}}) \cap C^r(M,N)$$
$$\subset \mathcal{N}_S^r(f;\Phi,\Psi,\mathcal{K},\mathcal{E}).$$

今取常值映射 $f \equiv q \in N$.根据引理 1.3.3,可以构造 $g \in \mathcal{N}_S^s(f;\tilde{\Phi},\tilde{\Psi},\tilde{\mathcal{K}},\tilde{\tilde{\mathcal{E}}}) \cap C^r(M,N) \subset \mathcal{N}_S^r(f;\Phi,\Psi,\mathcal{K},\mathcal{E})$使得

$$\overline{\{p \in M \mid g(p) \neq f(p)\}} \subset U_{i_0}$$

为紧致集,

$$g|_{M - \overline{\{p \in M \mid g(p) \neq f(p)\}}} \equiv q,$$
$$\psi_{i_0} \circ f \circ \varphi_{i_0}^{-1} \equiv 0, \quad (\psi_{i_0} \circ g \circ \varphi_{i_0}^{-1})^j \equiv 0, \quad j \geqslant 2,$$

$(\psi_{i_0} \circ g \circ \varphi_{i_0}^{-1})^j$ 为鼓包函数,$\mathrm{supp}(\psi_{i_0} \circ g \circ \varphi_{i_0}^{-1})^j \subset \mathbf{R}^1$ 为紧致集,且

$$\| D^{(s+1)}(\psi_{i_0} \circ g \circ \varphi_{i_0}^{-1})^j(0) \| \geqslant \varepsilon_{i_0},$$

以至

$$\| D^{(s+1)}(\psi_{i_0} \circ g \circ \varphi_{i_0}^{-1})^j(0) - D^{(s+1)}(\psi_{i_0} \circ f \circ \varphi_{i_0}^{-1})^j(0) \|$$
$$= \| D^{(s+1)}(\psi_{i_0} \circ g \circ \varphi_{i_0}^{-1})^j(0) \| \geqslant \varepsilon_{i_0}.$$

从而,$g \notin \mathcal{N}_S^r(f;\Phi,\Psi,\mathcal{K},\mathcal{E})$.

因为 $\mathcal{K} = \{K_i \mid i \in \mathcal{V}\}$为 $M$ 上的局部有限的紧($K_i \subset U_i$)覆盖,$\varphi_i(K_i)$,$i \in \mathcal{V}$ 都紧致,局部坐标之间的前 $s$ 阶偏导数都连续,因而都有界.所以,只要选取 $g$,使得 $g$ 的前$s$阶偏导数与$f$ 的前$s$ 阶相应的偏导数充分靠近以至$g$ 满足$\mathcal{N}_S^s(f;\tilde{\Phi},\tilde{\Psi},\tilde{\mathcal{K}},\tilde{\tilde{\mathcal{E}}})$的 $s+1$ 个不等式,即 $g \in \mathcal{N}_S^s(f;\tilde{\Phi},\tilde{\Psi},\tilde{\mathcal{K}},\tilde{\tilde{\mathcal{E}}})$.这就推出了矛盾. $\square$

**定理 1.3.3** 设 $0 \leqslant s < r < +\infty$,则 $C^r(M,N)$上的弱 $C^r$ 拓扑严格细于弱$C^s$ 拓扑.

**证明** 类似定理 1.3.2 的证明. $\square$

## 1.4 映射空间 $C^\infty(M,N)$上的弱与强 $C^\infty$ 拓扑

设 $M$ 与 $N$ 为 $C^\infty$ 流形，$C^\infty(M,N)$为从 $M$ 到 $N$ 的 $C^\infty$ 映射组成的集合. 1.3 节在 $C^r(M,N)(r\in\{0,1,2,\cdots\})$上已引入了弱 $C^r$ 拓扑与强 $C^r$ 拓扑. 为了在 $C^\infty(M,N)$上引入弱 $C^\infty$ 拓扑与强 $C^\infty$ 拓扑，最自然的想法是将定义 1.3.1 与定义 1.3.2 中直到 $r$ 的不等式的条件改为对任意 $r$ 都成立. 但仔细考虑发现了困难，这就是无法保证这族邻域形成一个拓扑基. 如引理 1.3.1 的证明中，$\sigma_i = \min\limits_{0\leqslant k\leqslant r}\{\varepsilon_i - \eta_{ik}\}$应改为 $\sigma_i = \inf\limits_{0\leqslant k<+\infty}\{\varepsilon_i - \eta_{ik}\}$，且后者可能为 0. 在 $C^\infty(M,N)$上引入弱 $C^\infty$ 拓扑有相似的麻烦.

现转而从定理 1.3.2 出发考虑，称由强 $C^r$ 拓扑限制到$C^\infty(M,N)$上而得到的子拓扑为 $C^\infty(M,N)$上的强 $C^r$ 拓扑. 定理 1.3.2 说明，随着 $r$ 的增大，这些拓扑一个比一个严格细(由于引理 1.3.3 中的 $g$ 是$C^\infty$ 函数，故对 $C^\infty(M,N)$关于严格细的结论的证明完全类似于定理 1.3.2 的证明).

**定理 1.4.1** $\mathcal{T}=\left\{ W = \bigcup\limits_{r=0}^{\infty} W_r \,\middle|\, W_r \subset C^\infty(M,N) \subset C^r(M,N) \text{ 为强 } C^r \text{ 拓扑下的开集} \right\}$形成 $C^\infty(M,N)$上的一个拓扑，称为 $C^\infty(M,N)$上的**强 $C^\infty$ 拓扑**，记作 $C_S^\infty(M,N)$.

**证明** 一方面，设 $W^\alpha = \bigcup\limits_{r=0}^{\infty} W_r^\alpha \in \mathcal{T}$, 则

$$\bigcup_\alpha W^\alpha = \bigcup_\alpha \left(\bigcup_{r=0}^{\infty} W_r^\alpha\right) = \bigcup_{r=0}^{\infty}\left(\bigcup_\alpha W_r^\alpha\right) \in \mathcal{T}.$$

另一方面，$\forall\, W^i = \bigcup\limits_{r_i=0}^{\infty} W_{r_i}^i \in \mathcal{T}, i = 1,2$. 由 $W_{r_1}^1 \cap W_{r_2}^2$ 为强 $C^{\max\{r_1,r_2\}}$ 拓扑下的开集，故 $W^1 \cap W^2 = \left(\bigcup\limits_{r_1=0}^{\infty} W_{r_1}^1\right) \cap \left(\bigcup\limits_{r_2=0}^{\infty} W_{r_2}^2\right) = \bigcup\limits_{r_1,r_2=0}^{\infty}(W_{r_1}^1 \cap W_{r_2}^2) \in \mathcal{T}$.

此外，显然有$\varnothing = \bigcup\limits_{r=0}^{\infty} \varnothing_r \in \mathcal{T}$; $C^\infty(M,N) = \bigcup\limits_{W=\mathcal{T}} W$. 因此，$\mathcal{T}$为 $C^\infty(M,N)$上的一个拓扑. □

因为强 $C^r$ 拓扑下的开集也是强 $C^\infty$ 拓扑下的开集$\left(W_r = \bigcup\limits_{s=0}^{\infty} W_s, W_s = \begin{cases} W_r, s = r, \\ \varnothing, s \neq r \end{cases}\right)$，而且存在强 $C^{r+1}$拓扑下的开集 $W_{r+1}$不是强 $C^r$ 拓扑下的开集，而是强 $C^\infty$ 拓扑下的开集，故强 $C^\infty$ 拓扑严格细于强 $C^r$ 拓扑.

但是，其本质还不在此，因为比每一个强 $C^r$ 拓扑严格细的拓扑还有.

**定义 1.4.1**　$\forall f\in C^\infty(M,N)$，$\Phi=\{(U_i,\varphi_i)\mid i\in\mathcal{V}\}$ 与 $\Psi=\{(V_i,\psi_i)\mid i\in\mathcal{V}\}$ 分别为 $M$ 与 $N$ 上的局部坐标系族，$\mathcal{K}=\{K_i\mid i\in\mathcal{V}\}$ 为 $M$ 上的局部有限的紧覆盖，$K_i\subset U_i$，$f(K_i)\subset V_i$，$i\in\mathcal{V}$. $\{\varepsilon_{ik}\mid i\in\mathcal{V},k=0,1,2,\cdots\}$ 为一族正数. 令

$$\begin{aligned}\mathcal{N}^\infty(f;\Phi,\Psi,\mathcal{K},\{\varepsilon_{ik}\})=\{g\in C^\infty(M,N)\mid\ & g(K_i)\subset V_i,\\ & \|D^k(\psi_i\circ g\circ\varphi_i^{-1})(x)-D^k(\psi_i\circ f\circ\varphi_i^{-1})(x)\|<\varepsilon_{ik},\\ & \forall x\in\varphi_i(K_i),i\in\mathcal{V},k=0,1,2,\cdots\}.\end{aligned}$$

仿照引理 1.3.1 的证明，只需用 $\sigma_{ik}=\varepsilon_{ik}-\eta_{ik}$ 代替 $\sigma_i=\min\limits_{0\leqslant k\leqslant r}\{\varepsilon_i-\eta_{ik}\}$，$\sigma_{jk}=\varepsilon_{jk}-\eta_{jk}$ 代替 $\sigma_j=\min\limits_{0\leqslant k\leqslant r}\{\varepsilon_j-\eta_{jk}\}$ 立即推出 $\{\mathcal{N}^\infty(f;\Phi,\Psi,\mathcal{K},\{\varepsilon_{ik}\})\}$ 形成 $C^\infty(M,N)$ 的一个拓扑基. 关于它生成的拓扑，有以下结论.

**定理 1.4.2**　定义 1.4.1 生成的拓扑严格细于强 $C^\infty$ 拓扑.

**证明**　任取强 $C^\infty$ 拓扑下包含 $f\in C^\infty(M,N)$ 的开集 $W=\bigcup\limits_{r=0}^{\infty}W_r$，则 $\exists\, r\in\{0,1,2,\cdots\}$，s.t. $W_r$ 为含 $f$ 的强 $C^r$ 拓扑下的开集. 于是，$\exists\,\mathcal{E}=\{\varepsilon_i\}$，s.t.

$$f\in\mathcal{N}_S^r(f;\Phi,\Psi,\mathcal{K},\mathcal{E})\cap C^\infty(M,N)\subset W_r\subset W.$$

取 $\varepsilon_{ik}=\varepsilon_i$，$\forall k\in\{0,1,2,\cdots\}$. 易见

$$\mathcal{N}^\infty(f;\Phi,\Psi,\mathcal{K},\{\varepsilon_{ik}\})\subset\mathcal{N}_S^r(f;\Phi,\Psi,\mathcal{K},\mathcal{E})\cap C^\infty(M,N)\subset W_r\subset W,$$

从而这种拓扑细于强 $C^\infty$ 拓扑 $C_S^\infty(M,N)$.

反之，对 $\forall\,\mathcal{N}^\infty(f;\Phi,\Psi,\mathcal{K},\{\varepsilon_{ik}\})$，如果存在强 $C^\infty$ 拓扑下的含 $f$ 的开集 $W=\bigcup\limits_{r=0}^{\infty}W_r\subset\mathcal{N}^\infty(f;\Phi,\Psi,\mathcal{K},\{\varepsilon_{ik}\})$，则必有 $W_r\ni f$，从而 $\exists\,\mathcal{N}_S^r(f;\widetilde{\Phi},\widetilde{\Psi},\widetilde{\mathcal{K}},\widetilde{\mathcal{E}})\cap C^\infty(M,N)\subset W_r\subset W\subset\mathcal{N}^\infty(f;\Phi,\Psi,\mathcal{K},\{\varepsilon_{ik}\})$. 类似定理 1.3.2 的证明，取 $f\equiv q\in N$，则有 $g\in\mathcal{N}_S^r(f;\widetilde{\Phi},\widetilde{\Psi},\widetilde{\mathcal{K}},\widetilde{\mathcal{E}})\cap C^\infty(M,N)$，且 $g\notin\mathcal{N}^\infty(f;\Phi,\Psi,\mathcal{K},\{\varepsilon_{ik}\})$，矛盾. 这就证明了由定义 1.4.1 给出的 $C^\infty(M,N)$ 上的拓扑严格细于强 $C^\infty$ 拓扑. □

**注 1.4.1**　由定理 1.4.1 知，$C^\infty(M,N)$ 上比每个 $C^r$ 拓扑都严格细的拓扑中以强 $C^\infty$ 拓扑为最粗.

**注 1.4.2**　类似定理 1.4.1，在 $C^\infty(M,N)$ 上可定义弱 $C^\infty$ 拓扑，并得到与注 1.4.1 和定理 1.4.2 后解释相类似的结果.

更一般地，有以下定理.

**定理 1.4.3**　设 $(S,\mathcal{T}_r)$ 为拓扑空间，且 $\mathcal{T}_0\subset\mathcal{T}_1\subset\mathcal{T}_2\subset\cdots$，$\mathcal{T}=\left\{W=\bigcup\limits_{r=0}^{\infty}W_r\,\middle|\,W_r\in\mathcal{T}_r\right\}$.

(1) $\mathcal{T}$ 为 $S$ 上的一个拓扑，它细于每个 $\mathcal{T}_r$，即 $\mathcal{T}_r\subset\mathcal{T}$，$r=0,1,2,\cdots$；

(2) 设 $(X,\mathcal{T}_X)$ 为任一拓扑空间，则

$$f:(X,\mathcal{T}_X)\to(S,\mathcal{T})\text{ 连续}\quad\Leftrightarrow\quad f:(X,\mathcal{T}_X)\to(S,\mathcal{T}_r)\text{ 连续},r=0,1,2,\cdots.$$

$$\begin{array}{ccc}(X,\mathcal{T}_X) & \xrightarrow{f} & (S,\mathcal{T})\\ & f\searrow \quad \swarrow \mathrm{Id}_S & \\ & (S,\mathcal{T}_r) & \end{array}$$

**证明** (1) 类似定理 1.4.1 的证明.

(2) ($\Rightarrow$)根据 $\mathcal{T}_0\subset\mathcal{T}_1\subset\mathcal{T}_2\subset\cdots\subset\mathcal{T}$以及映射连续$\Leftrightarrow$开集的逆像为开集,可推得

$$\mathrm{Id}_S:(S,\mathcal{T})\to(S,\mathcal{T}_r)$$

为连续映射.由此,从 $f:(X,\mathcal{T}_X)\to(S,\mathcal{T})$连续,立即推出 $f=\mathrm{Id}_S\circ f:(X,\mathcal{T}_X)\to(S,\mathcal{T}_r)$连续,$r=0,1,2,\cdots$.

($\Leftarrow$) $\forall\, W=\bigcup\limits_{r=0}^{\infty}W_r\in\mathcal{T},W_r\in\mathcal{T}_r$.由 $f:(X,\mathcal{T}_X)\to(S,\mathcal{T}_r),r=0,1,2,\cdots$ 都连续知,$f^{-1}(W_r)\in\mathcal{T}_X,r=0,1,2,\cdots$.因此

$$f^{-1}(W)=f^{-1}\Big(\bigcup_{r=0}^{\infty}W_r\Big)=\bigcup_{r=0}^{\infty}f^{-1}(W_r)\in\mathcal{T}_X,$$

从而,$f:(X,\mathcal{T}_X)\to(S,\mathcal{T})$连续. □

**推论 1.4.1** 设$(S,\mathcal{T})$与$(S,\mathcal{T}_r),r=0,1,2,\cdots$如定理 1.4.3 中所述.如果$\forall\, r\in\{0,1,2,\cdots\}$,$(S,\mathcal{T}_r)$具有相同的道路,则它们也与$(S,\mathcal{T})$具有相同的道路.因此,彼此有相同的道路连通分支.

**证明** 如果在定理 1.4.3(2)中令 $X=[0,1]$,并取通常的拓扑,则

$$\begin{array}{ccc}[0,1] & \xrightarrow{\sigma} & (S,\mathcal{T})\\ & \sigma\searrow \quad \swarrow \mathrm{Id}_S & \\ & (S,\mathcal{T}_r) & \end{array}$$

中 $\sigma:[0,1]\to(S,\mathcal{T})$连续$\Leftrightarrow\sigma=\mathrm{Id}_S\circ\sigma:[0,1]\to(S,\mathcal{T}_r)$连续,$r=0,1,2,\cdots$.由此推得$(S,\mathcal{T})$与$(S,\mathcal{T}_r),r=0,1,2,\cdots$彼此具有相同的道路.因此,彼此有相同的道路连通分支.

□

## 1.5 映射的逼近

这一节将具体研究映射的逼近问题.采用强 $C^r$ 拓扑$C_S^r(M,N)$是很方便的.此外,在$C_S^r(M,N)$中有许多重要的子集是开集.下面将给予列举和论证.

**定理 1.5.1** $C^r$ 浸入的集合 $\mathrm{Imm}^r(M,N)$是 $C_S^r(M,N)$中的开集,$r\in\{1,2,\cdots,+\infty\}$.

**证明** 设 $M(m,n;m)$ 是秩为 $m$ 的 $m\times n$ 的实矩阵组成的集合，$M(m,n)$ 为所有 $m\times n$ 的实矩阵组成的集合，用自然的方法，将它视作 $\mathbf{R}^{mn}$，并简记为 $\mathbf{R}^{mn}=M(m,n)$. 于是，$M(m,n;m)$ 为其子集，作映射

$$\theta:\mathbf{R}^{mn}=M(m,n)\to\mathbf{R},$$

$$A=(a_{ij})\mapsto\theta(A)=\sum_{\substack{i_1<\cdots<i_m\\ j_1<\cdots<j_m}}\begin{vmatrix}a_{i_1j_1}&\cdots&a_{i_1j_m}\\ \vdots&&\vdots\\ a_{i_mj_1}&\cdots&a_{i_mj_m}\end{vmatrix}^2.$$

显然，$\theta$ 是 $C^\infty$ 的，因而 $M(m,n;m)=\theta^{-1}(\mathbf{R}-\{0\})$ 为 $\mathbf{R}^{mn}$ 中的开集. 或者 $\forall A_0\in M(m,n;m)$，则 $\theta(A_0)\neq0$. 又因为 $\theta$ 为 $C^\infty$ 映射，当然它为 $C^0$（连续）映射，所以存在 $A_0$ 在 $\mathbf{R}^{mn}=M(m,n)$ 中的开球邻域 $W$，使得

$$\theta(A)\neq0,\quad\forall A\in W.$$

由此知，当 $A\in W$ 时，$A\in M(m,n;m)$. 于是，$W\subset M(m,n;m)$，这就证明了 $M(m,n;m)$ 为 $\mathbf{R}^{mn}=M(m,n)$ 中的开集.

因为 $C_S^{k+1}(M,N)\supset C_S^k(M,N)\cap C^{k+1}(M,N)\supset\cdots\supset C_S^1(M,N)\cap C^{k+1}(M,N)$，$C_S^\infty(M,N)\supset C_S^r(M,N)\cap C^\infty(M,N)\supset C_S^1(M,N)\cap C^\infty(M,N)$ 和 $\mathrm{Imm}^r(M,N)=\mathrm{Imm}^1(M,N)\cap C^r(M,N)$，所以只需证 $\mathrm{Imm}^1(M,N)$ 为 $C_S^1(M,N)$ 中的开集. 由此立即推得 $\mathrm{Imm}^r(M,N)$ 是 $C_S^r(M,N)$ 中的开集，$1\leqslant r\leqslant+\infty$.

设 $f\in\mathrm{Imm}^1(M,N)$，显然，集合

$$L_i=\{D(\psi_i\circ f\circ\varphi_i^{-1})(x)\mid x\in\varphi_i(K_i)\}$$

为开集 $M(m,n;m)$ 中的紧致子集，其中 $m=\dim M$，$n=\dim N$. 于是，$\exists\,\varepsilon_i>0$，当 $A\in L_i$，$B\in M(m,n)=\mathbf{R}^{mn}$，且 $\|B-A\|<\varepsilon_i$ 时，必有 $B\in M(m,n;m)$. 由此，对 $\forall g\in\mathcal{N}_S^1(f;\Phi,\Psi,\mathcal{K},\mathcal{E})$（其中 $\mathcal{E}=\{\varepsilon_i\}$），有 $D(\psi_i\circ g\circ\varphi_i^{-1})(x)\in M(m,n;m)$，$\forall x\in\varphi_i(K_i)$，即 $\mathcal{N}_S^1(f;\Phi,\Psi,\mathcal{K},\mathcal{E})$ 的每个元素是一个 $C^1$ 浸入. 这就证明了 $\mathcal{N}_S^1(f;\Phi,\Psi,\mathcal{K},\mathcal{E})\subset\mathrm{Imm}^1(M,N)$，从而 $\mathrm{Imm}^1(M,N)$ 为 $C_S^1(M,N)$ 中的开集. □

**注 1.5.1** 当 $1\leqslant r<+\infty$ 时，定理 1.5.1 证明的后半部分可以如下简化：

设 $f\in\mathrm{Imm}^r(M,N)$，显然，集合

$$L_i=\{D(\psi_i\circ f\circ\varphi_i^{-1})(x)\mid x\in\varphi_i(K_i)\}$$

为开集 $M(m,n;m)$ 中的紧致子集，其中 $m=\dim M$，$n=\dim N$. 于是，$\exists\,\varepsilon_i>0$，当 $A\in L_i$，$B\in M(m,n)=\mathbf{R}^{mn}$，且 $\|B-A\|<\varepsilon_i$ 时，必有 $B\in M(m,n;m)$. 由此，对 $\forall g\in\mathcal{N}_S^r(f;\Phi,\Psi,\mathcal{K},\mathcal{E})$（其中 $\mathcal{E}=\{\varepsilon_i\}$），有 $D(\psi_i\circ g\circ\varphi_i^{-1})(x)\in M(m,n;m)$，$\forall x\in\varphi_i(K_i)$，即 $\mathcal{N}_S^r(f;\Phi,\Psi,\mathcal{K},\mathcal{E})$ 的每个元素是一个 $C^r$ 浸入，这就证明了 $\mathcal{N}_S^r(f;\Phi,\Psi,\mathcal{K},\mathcal{E})\subset\mathrm{Imm}^r(M,N)$，从而 $\mathrm{Imm}^r(M,N)$ 为 $C_S^r(M,N)$ 中的开集.

但是,必须指出的是,当 $r=+\infty$ 时,因为无强 $C^\infty$ 基本邻域 $\mathcal{N}_S^\infty(f;\Phi,\Psi,\mathcal{K},\mathcal{E})$,故上述论述并不成立.只能采用定理1.5.1中的证法.

**定理 1.5.2** $C^r$ 浸没的集合 $\mathrm{Subm}^r(M,N)$ 是 $C_S^r(M,N)$ 中的开集,$r\in\{1,2,\cdots,+\infty\}$.

**证明** 设 $M(m,n;n)$ 表示秩为 $n$ 的 $m\times n$ 的实矩阵组成的集合,它是 $M(m,n)=\mathbf{R}^{mn}$ 的子集.作映射

$$\theta:\mathbf{R}^{mn}=M(m,n)\to\mathbf{R},$$

$$A\mapsto\theta(A)=\sum_{\substack{i_1<\cdots<i_n\\ j_1<\cdots<j_n}}\begin{vmatrix}a_{i_1j_1}&\cdots&a_{i_1j_n}\\ \vdots&&\vdots\\ a_{i_nj_1}&\cdots&a_{i_nj_n}\end{vmatrix}^2.$$

显然,$\theta$ 是 $C^\infty$ 的,因而 $M(m,n;n)=\theta^{-1}(\mathbf{R}-\{0\})$ 为 $\mathbf{R}^{mn}$ 中的开集.或者 $\forall A_0\in M(m,n;n)$,则 $\theta(A_0)\neq0$.又因为 $\theta$ 为 $C^\infty$ 映射,当然它为 $C^0$(连续)映射,所以存在 $A_0$ 在 $\mathbf{R}^{mn}=M(m,n)$ 中的开球邻域 $W$,使得

$$\theta(A)\neq0,\quad\forall A\in W.$$

由此知,当 $A\in W$ 时,$A\in M(m,n;n)$.于是,$W\subset M(m,n;n)$,这就证明了 $M(m,n;n)$ 为 $\mathbf{R}^{mn}=M(m,n)$ 中的开集.

设 $f\in\mathrm{Subm}^1(M,N)$,显然,集合

$$L_i=\{D(\psi_i\circ f\circ\varphi_i^{-1})(x)\mid x\in\varphi_i(K_i)\}$$

为开集 $M(m,n;n)$ 中的紧致子集,其中 $m=\dim M$,$n=\dim N$.于是,$\exists\,\varepsilon_i>0$,当 $A\in L_i$,$B\in M(m,n)=\mathbf{R}^{mn}$,且 $\|B-A\|<\varepsilon_i$ 时,必有 $B\in M(m,n;n)$.由此,对 $\forall g\in\mathcal{N}_S^1(f;\Phi,\Psi,\mathcal{K},\mathcal{E})$(其中 $\mathcal{E}=\{\varepsilon_i\}$),有 $D(\psi_i\circ g\circ\varphi_i^{-1})(x)\in M(m,n;n)$,$\forall x\in\varphi_i(K_i)$,即 $\mathcal{N}_S^1(f;\Phi,\Psi,\mathcal{K},\mathcal{E})$ 的每个元素是一个 $C^1$ 浸没.这就证明了 $\mathcal{N}_S^1(f;\Phi,\Psi,\mathcal{K},\mathcal{E})\subset\mathrm{Subm}^r(M,N)$,从而 $\mathrm{Subm}^1(M,N)$ 为 $C_S^1(M,N)$ 中的开集.

再根据 $C_S^r(M,N)\supset C_S^1(M,N)\cap C^r(M,N)$ 立即推得 $\mathrm{Subm}^r(M,N)=\mathrm{Subm}^1(M,N)\cap C^r(M,N)$ 为 $C_S^r(M,N)$ 中的开集. □

为了证明 $C^r$ 嵌入的集合 $\mathrm{Emb}^r(M,N)$ 是 $C_S^r(M,N)$ 中的开集,先引入连续映射的极限集的概念.

**定义 1.5.1** 设 $X$ 与 $Y$ 为可分度量空间,$f:X\to Y$ 为连续映射,则称

$L(f)=\{y\in Y\mid y=\lim\limits_{n\to+\infty}f(x_n)$,其中 $\{x_n\}$ 为 $X$ 的一个序列,而无任何收敛子序列$\}$

为 $f$ **的极限集**.

**引理 1.5.1** 设 $X$ 与 $Y$ 为可分度量空间,$f:X\to Y$ 为连续的单射,则:

(1) $f: X \to f(X)$ 为同胚 $\Leftrightarrow L(f) \cap f(X) = \varnothing$；

(2) $f(X) \subset Y$ 为闭集 $\Leftrightarrow L(f) \subset f(X)$.

**证明** (1) ($\Rightarrow$)(反证)假设 $L(f) \cap f(X) \neq \varnothing$，则 $\exists\, y_0 \in L(f) \cap f(X)$，$y_0 = f(x_0)$，$y_0 = \lim\limits_{n \to +\infty} f(x_n) = \lim\limits_{n \to +\infty} y_n$. 由 $f: X \to f(X)$ 为同胚知 $x_0 = f^{-1}(y_0) = \lim\limits_{n \to +\infty} f^{-1}(y_n) = \lim\limits_{n \to +\infty} x_n$，这与 $L(f)$ 的定义中，$\{x_n\}$ 无任何收敛子序列相矛盾. 所以，$L(f) \cap f(X) = \varnothing$.

($\Leftarrow$)(反证)假设 $f$ 不为同胚，则 $f^{-1}: f(X) \to X$ 不连续. 从而，$\exists\, y_n = f(x_n) \to y_0 = f(x_0)(n \to +\infty)$，但 $x_n = f^{-1}(y_n) \nrightarrow f^{-1}(y_0) = x_0$. 由此，存在 $x_0$ 的开邻域 $U$ 与 $\{x_n\}$ 的子序列 $\{x_{n_k}\}$，使 $x_{n_k} \notin U$，$k = 1, 2, \cdots$. 如果 $\{x_{n_k}\}$ 无收敛子序列，则 $y_0 = \lim\limits_{k \to +\infty} y_{n_k} = \lim\limits_{k \to +\infty} f(x_{n_k}) \in L(f) \cap f(X)$，这与 $L(f) \cap f(X) = \varnothing$ 矛盾；如果 $\{x_{n_k}\}$ 有子序列 $\{x_{n'_k}\}$ 收敛于 $x'_0$，则由 $f$ 连续得到 $f(x_0) = y_0 = \lim\limits_{k \to +\infty} y_{n'_k} = \lim\limits_{k \to +\infty} f(x_{n'_k}) = f(x'_0)$. 再由 $f$ 为单射知，$x'_0 = x_0$，$x_{n'_k} \to x'_0 = x_0(k \to +\infty)$，从而必有某 $x_{n'_k} \in U$，这与 $\forall\, x_{n_k} \notin U$ 相矛盾.

(2) $f(X) \subset Y$ 为闭集 $\Leftrightarrow \forall\, f(x_n) \to y(n \to +\infty)$，必有 $y \in f(X) \Leftrightarrow \forall\, f(x_n) \to y(n \to +\infty)$，$\{x_n\}$ 无收敛子序列，则必有 $y \in f(X) \Leftrightarrow L(f) \subset f(X)$. □

**引理 1.5.2** 设 $U \subset \mathbf{R}^m$ 为开集，$K \subset U$ 为紧致凸集，$f: U \to \mathbf{R}^n$ 为 $C^1$ 浸入与单射，则 $\exists\, \varepsilon > 0$，只要 $C^1$ 映射 $g: U \to \mathbf{R}^n$ 满足

$$\| g(x) - f(x) \| < \varepsilon$$

与

$$\| Dg(x) - Df(x) \| < \varepsilon, \quad \forall\, x \in K,$$

则 $g|_K$ 必为单射.

**证明** (反证)假若不然，则 $\exists\, g_k \in C^1(U, \mathbf{R}^n)$，$k = 1, 2, \cdots$，s.t.

$$\| g_k(x) - f(x) \| \to 0$$

与

$$\| Dg_k(x) - Df(x) \| \to 0, \quad k \to +\infty$$

在 $K$ 上是一致的，但对每个 $k$，存在 $K$ 中相异的两点 $a_k$ 与 $b_k$，有 $g_k(a_k) = g_k(b_k)$. 由 $K$ 的紧致性，至多换成一个子序列并重新编号，可以假设 $a_k \to a \in K \subset U$，$b_k \to b \in K \subset U(k \to +\infty)$. 因为

$$\begin{aligned} 0 &\leqslant \| f(a) - f(b) \| \\ &\leqslant \| f(a) - f(a_k) \| + \| f(a_k) - g_k(a_k) \| + \| g_k(b_k) - f(b_k) \| \\ &\quad + \| f(b_k) - f(b) \| \\ &\to 0, \quad k \to +\infty, \end{aligned}$$

故 $\| f(a) - f(b) \| = 0$，即 $f(a) = f(b)$. 再由 $f$ 为单射知 $a = b$.

如果有必要，可选择子序列重新编号，并假定单位向量序列

$$v_k = \frac{a_k - b_k}{\| a_k - b_k \|} \to v \in S^{m-1}.$$

由中值定理与 $K$ 为凸集知，在 $a_k$ 与 $b_k$ 的连线上有点 $\xi_k^1, \xi_k^2, \cdots, \xi_k^n \in K$，满足

$$0 = \frac{g_k(a_k) - g_k(b_k)}{\| a_k - b_k \|} = \begin{pmatrix} Dg_k^1(\xi_k^1) \\ \vdots \\ Dg_k^n(\xi_k^n) \end{pmatrix} \frac{a_k - b_k}{\| a_k - b_k \|}.$$

令 $k \to +\infty$ 得到

$$0 = Df(b)v.$$

于是，$\operatorname{rank} Df(b) < m$，这与 $f$ 在 $U$ 上为 $C^1$ 浸入必有 $\operatorname{rank} Df(b) = m$ 相矛盾. □

**定理 1.5.3** $C^r$ 嵌入的集合 $\operatorname{Emb}^r(M,N)$ 为 $C_S^r(M,N)$ 中的开集，$r \in \{1,2,\cdots,+\infty\}$.

**证明** 类似定理 1.5.1，只需证明 $\operatorname{Emb}^1(M,N)$ 为 $C_S^1(M,N)$ 中的开集，从而 $\operatorname{Emb}^r(M,N) = \operatorname{Emb}^1(M,N) \cap C^r(M,N)$ 为 $C_S^r(M,N)$ 中的开集.

设 $f: M \to N$ 为 $C^1$ 嵌入，定理 1.5.1 已证出 $f$ 有一个强 $C^1$ 基本邻域 $\mathcal{W}_1 = \mathcal{N}_S^{-1}(f;\Phi,\Psi,\mathcal{K},\mathcal{E})$，它由 $C^1$ 浸入组成. 显然，可以选取 $K_i \in \mathcal{K}$，使 $\varphi_i(K_i) \subset \mathbf{R}^m$ 为凸集. 根据引理 1.5.2，当 $\varepsilon_i \in \mathcal{E}$ 选得充分小，以至 $\forall g \in \mathcal{N}_S^1(f;\Phi,\Psi,\mathcal{K},\mathcal{E})$，必有 $g|_{K_i}$ 为单射.

现在证明 $f$ 有一个强 $C^0$ 基本邻域，它与 $\mathcal{W}_1$ 的交中所包含的映射，整体而言为单射. 用 $\mathcal{W}_2$ 表示这个交. 为了确定这个强 $C^0$ 基本邻域，可预先选择 $\mathcal{K} = \{K_i\}$ 使得 $\{\operatorname{Int} K_i\}$ 仍覆盖 $M$($\operatorname{Int} K_i = \mathring{K}_i$ 表示 $K_i$ 的内点集). 此外，还可预先选择 $M$ 的一个紧致集合的覆盖 $\{D_i\}$，对每个 $i$，$D_i \subset \operatorname{Int} K_i$. 因为 $f$ 为 $C^1$ 嵌入，故可选 $\varepsilon_i$ 适合 $0 < \varepsilon_i < \frac{1}{2}\rho(f(D_i), f(M - \operatorname{Int} K_i))$，其中 $\rho$ 为 $N$ 上已给的度量.

$\forall g \in \mathcal{N}_S^0(f;\Phi,\Psi,\{D_i\},\mathcal{E}) \cap \mathcal{W}_1 = \mathcal{W}_2$，如果 $g(x) = g(y)$，$x \in D_i$，$y \in D_j$，$\varepsilon_i \geqslant \varepsilon_j$，但 $y \notin K_i$，则

$$\begin{aligned} 2\varepsilon_i &< \rho(f(D_i), f(M - \operatorname{Int} K_i)) \leqslant \rho(f(x), f(y)) \\ &\leqslant \rho(f(x), g(x)) + \rho(g(y), f(y)) < \varepsilon_i + \varepsilon_j \leqslant 2\varepsilon_i, \end{aligned}$$

矛盾. 因此，必有 $y \in K_i$. 再由 $x \in D_i \subset K_i$ 与 $g|_{K_i}$ 为单射知，$x = y$，从而 $g|_M$ 为单射.

最后来证明 $f$ 有一个强 $C^0$ 基本邻域，它与 $\mathcal{W}_2$ 的交仅由 $C^1$ 嵌入组成. 因为 $f$ 为 $C^1$ 嵌入，由引理 1.5.1(1)知，$L(f) \cap f(M) = \varnothing$. 令 $0 < \varepsilon_i < \min\left\{\frac{1}{i}, \rho(f(K_i), L(f))\right\}$，其中 $L(f)$ 为闭集(事实上，设 $y_n \in L(f)$，$y_n = \lim\limits_{k \to +\infty} f(x_{nk})$，$\{x_{nk} \mid k = 1,2,\cdots\}$ 无收敛子序

列. 由于 $K_i$ 紧致,对每个固定的 $n$, $K_i$ 只含$\{x_{nk}\mid k=1,2,\cdots\}$中的有限项. 如果 $y_0=\lim\limits_{n\to+\infty}y_n$,则选$\{x_{nk_n}\mid n=1,2,\cdots\}$使得每个 $K_i$ 至多含$\{x_{nk_n}\mid n=1,2,\cdots\}$中的一项,且 $y_0=\lim\limits_{n\to+\infty}f(x_{nk_n})$. 显然,$\{x_{nk_n}\mid n=1,2,\cdots\}$无收敛子列. 由此推得 $y_0\in L(f)$,从而 $L(f)$ 为闭集). 如果 $L(f)=\varnothing$,则令 $0<\varepsilon_i$.

于是,$\forall g\in\mathcal{N}_S^0(f;\Phi,\Psi,\mathcal{K},\mathcal{E})\cap\mathcal{W}_2$,必有 $L(f)=L(g)$. 因为当$\{x_k\}$为 $M$ 上的一个序列,它无收敛的子序列,则每个紧致集 $K_i$ 只包含这个序列的有限多项. 由于 $\rho(f(x_k),g(x_k))<\frac{1}{i}$, $x_k\in K_i$,故 $\rho(f(x_k),g(x_k))\to0(k\to+\infty)$. 因此

$$f(x_k)\to y,k\to+\infty\quad\Leftrightarrow\quad g(x_k)\to y,\ k\to+\infty,$$

从而,$L(f)=L(g)$.

此外,如果 $x\in K_i$,则 $\rho(g(x),f(x))<\varepsilon_i<\rho(f(K_i),L(f))$,所以 $g(x)\notin L(f)=L(g)$. 这蕴涵着 $L(g)\cap g(M)=\varnothing$. 根据引理1.5.1(1)可知,$g:M\to g(M)$为同胚,所以 $g$ 为$C^1$ 嵌入. □

**定义 1.5.2** 设 $X$ 与 $Y$ 为拓扑空间,$f:X\to Y$ 为映射,如果对 $Y$ 中的任何紧致集$K$必有$f^{-1}(K)$为 $X$ 中的紧致集,则称 $f$ 为**正常**(Proper)**映射**.

**定理 1.5.4** $M$ 到$N$ 上的正常 $C^r$ 映射的集合 $\mathrm{Prop}^r(M,N)$是 $C_S^r(M,N)$中的开集,$r\in\{0,1,2,\cdots,+\infty\}$.

**证明** $\forall f\in\mathrm{Prop}^r(M,N)$, $r\in\{0,1,2,\cdots\}$,由下面的引理 1.5.3 知,可选定义1.3.2 中的 $\Phi,\Psi,\mathcal{K},\mathcal{E}$,使得 $\Psi=\{(V_i,\psi_i)\}$中的$\{V_i\}$为 $f(M)\subset N$ 的局部有限的开覆盖. 于是,对$\forall g\in\mathcal{N}_S^r(f;\Phi,\Psi,\mathcal{K},\mathcal{E})$,有 $g(K_i)\subset V_i$, $\forall i$. 令 $L\subset N$ 为任一紧致集,当然它为 $N$ 中的闭子集,由 $g$ 连续知,$g^{-1}(L)$为 $M$ 的闭子集. 因为$\{V_i\}$局部有限,所以紧致集 $L$ 只与有限个$V_i$ 相交,闭子集 $g^{-1}(L)$被有限个 $K_i$ 所覆盖,从而 $g^{-1}(L)$为紧致集,$g$ 为正常映射,$f\in\mathcal{N}_S^r(f;\Phi,\Psi,\mathcal{K},\mathcal{E})\subset\mathrm{Prop}^r(M,N)$. 这就证明了 $\mathrm{Prop}^r(M,N)$为$C_S^r(M,N)$中的开集.

当 $r\in\{0,1,2,\cdots,+\infty\}$时,显然,$\mathrm{Prop}^r(M,N)=\mathrm{Prop}^0(M,N)\cap C^r(M,N)$为$C_S^r(M,N)$中的开集. □

**引理 1.5.3** 设 $r\in\{0,1,2,\cdots,+\infty\}$,$f\in\mathrm{Prop}^r(M,N)$,则可选定义 1.3.2 中的$\Psi$,使得 $\Psi=\{(V_i,\psi_i)\}$中的$\{V_i\}$为$f(M)\subset N$ 的局部有限的开覆盖.

**证明** 因为 $N$ 为 $A_2$ 空间(具有第二可数性公理,即具有可数拓扑基),根据定理1.1.8(2),可选开集 $G_k$,使 $\overline{G}_k$ 紧致,且

$$G_1\subset\overline{G}_1\subset G_2\subset\overline{G}_2\subset\cdots,\qquad\bigcup_{k=1}^{\infty}G_k=N.$$

对$\forall k=1,2,\cdots,\forall q\in G_{k+2}-\overline{G}_{k-1}$，$\exists q$的开坐标邻域$V_{q,k}$，使$V_{q,k}\subset G_{k+2}-\overline{G}_{k-1}$. 于是，可选出有限个$\{V_{q_i,k}\mid i=1,2,\cdots,l(k)\}$覆盖紧致集$\overline{G}_{k+1}-G_k$. 因此，$\{V_{q_i,k}\mid k=1,2,\cdots;i=1,2,\cdots,l(k)\}$为$N$的局部有限的开坐标邻域的覆盖. 由$f$连续与正常可知，$f^{-1}(G_k)$为开集，$f^{-1}(\overline{G}_k)$为紧致集. 显然

$$f^{-1}(G_1)\subset f^{-1}(\overline{G}_1)\subset f^{-1}(G_2)\subset f^{-1}(\overline{G}_2)\subset\cdots,\quad \bigcup_{k=1}^{\infty}f^{-1}(G_k)=M.$$

对$\{f^{-1}(G_k)\}$，完全类似于$\{G_k\}$与$\{V_{q_i,k}\}$，可构造$\{U_i\}$为$M$的局部有限的局部坐标邻域的开覆盖，使$f(U_i)\subset V_{q_j,k}$(某个)，$K_i\subset U_i$为紧致集合，$\{\mathrm{Int}K_i\}$仍覆盖$M$. 根据上面的构造法，易见，对每个$V_{q_j,k}$，满足$f(U_i)\subset V_{q_j,k}$的$U_i$只有有限个，记包含$f(U_i)$的$V_{q_j,k}$为$V_i$，则$\{V_i\}$为$f(M)\subset N$的局部有限的开覆盖. □

**引理 1.5.4** 设$X$为$T_2$空间，$Y$为$T_1$($\forall p,q\in Y,p\neq q$，必存在$p$的开邻域$U_p$不含$q$或存在$q$的开邻域$U_q$不含$p$)、$A_1$(具有第一可数性公理，即$Y$的每一点都有可数局部基)空间，$f$为正常映射，则$f$为闭映射(即闭集在$f$下的像为闭集).

**证明** (反证)假设$f$不为闭映射，则$\exists A\subset X$是闭集，但$f(A)\subset Y$不是闭集. 于是，$\exists y_0\in f(A)'-f(A)$. 由$Y$为$A_1$空间，存在$y_0$的可数局部基$\{V_n\}$，$V_1\supset V_2\supset\cdots$. 在$T_1$空间$Y$中可取$y_n=f(x_n)\in V_n$，使得$\{y_n\}$互不相同(否则用$V_{n_k}$代替)，从而$\{x_n\}$也互不相同，且$y_n\to y_0(n\to+\infty)$.

显然，$K=\{y_n\mid n\in\mathbf{N}\}\cup\{y_0\}$为紧致集，它在正常映射$f$下的逆像$f^{-1}(K)$必紧致，因而它为列紧子集. 因为无限点集$\{x_n\mid n\in\mathbf{N}\}\subset f^{-1}(K)$，所以$\{x_n\mid n\in\mathbf{N}\}$有聚点$x_0\in f^{-1}(K)$.

而紧致集

$$L=(\{f(x_n)\mid n\in\mathbf{N}\}-\{f(x_0)\})\cup\{y_0\}$$

在正常映射$f$下的逆像$f^{-1}(L)$也紧致，从而列紧. 明显地，$x_0$的任何开邻域中仍含无限个$x_n\in f^{-1}(L)$，即$x_0$为$f^{-1}(L)$的聚点. 由于$T_2$空间$X$中的紧致子集必为闭集，故$x_0\in f^{-1}(L)$. 但从$L$的构造知，$x_0\notin f^{-1}(L)$，矛盾. □

**引理 1.5.5** 设$X$为$T_2$空间，$Y$为$T_1$与$A_1$空间. $f:X\to Y$为映射，$f:X\to f(X)$为同胚，则以下结论等价：

(1) $f(X)\subset Y$为闭集；

(2) $f$为闭映射；

(3) $f$为正常映射.

**证明** (3)⇒(2). 由引理 1.5.4 推得.

(2)⇒(1). 因为$X$为闭集，$f$为闭映射，所以$f(X)$为$Y$中的闭集.

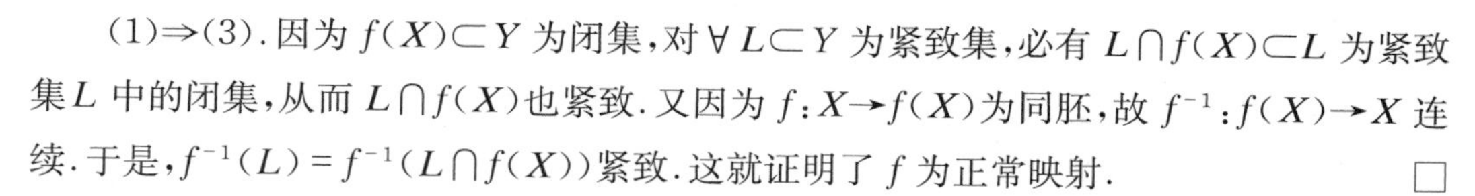


(1)⇒(3). 因为 $f(X)\subset Y$ 为闭集，对 $\forall L\subset Y$ 为紧致集，必有 $L\cap f(X)\subset L$ 为紧致集$L$ 中的闭集，从而 $L\cap f(X)$也紧致. 又因为 $f:X\to f(X)$为同胚，故 $f^{-1}:f(X)\to X$ 连续. 于是，$f^{-1}(L)=f^{-1}(L\cap f(X))$紧致. 这就证明了 $f$ 为正常映射. □

**推论 1.5.1** 设 $M$ 与 $N$ 为 $C^r(r\geqslant 1)$流形，$f:M\to N$ 为 $C^r$ 嵌入，则以下结论等价：

(1) $f(M)\subset N$ 为闭集；

(2) $f$ 为闭映射；

(3) $f$ 为正常映射.

**证明** 由引理 1.5.5 立即推得. □

**定理 1.5.5** $C^r$ 闭嵌入($f(M)\subset N$ 为闭集且 $f$ 为 $C^r$ 嵌入)的集合是 $C_S^r(M,N)$中的开集，$r\in\{1,2,\cdots,+\infty\}$.

**证明** 由推论 1.5.1 可知

$$f \text{ 为 } C^r \text{ 闭嵌入} \quad\Leftrightarrow\quad f \text{ 为 } C^r \text{ 嵌入与正常映射}.$$

再由定理 1.5.3 与定理 1.5.4 知

$$C^r \text{ 闭嵌入的集合} = \mathrm{Emb}^r(M,N)\cap \mathrm{Prop}^r(M,N)$$

为 $C_S^r(M,N)$中的开集. □

**定理 1.5.6** 设 $M$ 与 $N$ 为 $C^r(r\in\{1,2,\cdots,+\infty\})$流形，则从 $M$ 到 $N$ 的 $C^r$ 微分同胚的集合 $\mathrm{Diff}^r(M,N)$是 $C_S^r(M,N)$中的开集.

**证明** 微分同胚诱导了一个从 $M$ 的连通分支到 $N$ 的连通分支的双射对应. 这样的微分同胚有一个自己的强 $C^0$ 基本邻域，其邻域中任一映射诱导了连通分支的相同的对应. 因此，可以假定 $M$ 与 $N$ 是连通的.

连通 $C^r$ 流形 $M$ 与 $N$ 之间，

$$g:M\to N \text{ 为 } C^r \text{ 微分同胚} \quad\Leftrightarrow\quad g \text{ 为嵌入、浸没与正常映射}.$$

这是因为浸没的像是开的(由逆射或反函数定理)，而正常映射的像是闭的(由引理 1.5.4)，故 $g$ 为一个满嵌入，它是一个 $C^r$ 微分同胚，根据定理 1.5.2 到定理 1.5.4 知

$$\mathrm{Diff}^r(M,N)=\mathrm{Emb}^r(M,N)\cap \mathrm{Subm}^r(M,N)\cap \mathrm{Prop}^r(M,N)$$

在 $C_S^r(M,N)$中是开集. □

**例 1.5.1** 设 $M$ 与 $N$ 为 $C^r(1\leqslant r\leqslant+\infty)$流形，则从 $M$ 到其像($\subset N$)上为 $C^r$ 微分同胚的集合$\{f\in C^r(M,N)\mid f:M\to f(M)\subset N \text{ 为 } C^r \text{ 微分同胚}\}$是 $C_S^r(M,N)$中的开集.

**证明** 仿照定理 1.5.6 的证明知

$$\begin{aligned}&\{f\in C^r(M,N)\mid f:M\to f(M)\subset N \text{ 为 } C^r \text{ 微分同胚}\}\\&=\mathrm{Emb}^r(M,N)\cap \mathrm{Subm}^r(M,N)\end{aligned}$$

在 $C_S^r(M,N)$中是开集. □

**例 1.5.2** 设 $M=N=(-1,1)$ 为通常 1 维 $C^\infty$ 流形，$f=\mathrm{Id}_{(-1,1)}: M=(-1,1)\to(-1,1)=N$ 为 $C^\infty$ 微分同胚. 因为 $\mathrm{Emb}^r(M,N)\cap\mathrm{Subm}^r(M,N)\cap C^\infty(M,N)$ 为 $C^\infty(M,N)$ 中的开集，则 $\exists\,\varepsilon\in(0,1)$, s. t.

$f\in\mathcal{N}_{\mathrm{S}}^r(f;\Phi,\Psi,\mathcal{K},\mathcal{E})\cap C^\infty(M,N)\subset\mathrm{Emb}^r(M,N)\cap\mathrm{Subm}^r(M,N)\cap C^\infty(M,N)$,

其中 $\varepsilon_i=\varepsilon$, $\mathcal{E}=\{\varepsilon_i\}$. 于是，$g=\left(1-\frac{\varepsilon}{2}\right)f=\left(1-\frac{\varepsilon}{2}\right)\mathrm{Id}_{(-1,1)}\in\mathcal{N}_{\mathrm{S}}^r(f;\Phi,\Psi,\mathcal{K},\mathcal{E})\cap C^\infty(M,N)$, $g: M=(-1,1)\to g(M)=\left(-\left(1-\frac{\varepsilon}{2}\right),1-\frac{\varepsilon}{2}\right)$ 为 $C^\infty$ 微分同胚，但 $g: M=(-1,1)\to(-1,1)=N$ 不为满射，从而不为 $C^\infty$ 微分同胚.

**例 1.5.3** 定理 1.5.6 中，若 $r=0$，结论不一定成立. 即设 $\mathrm{Diff}^0(M,N)$ 为流形 $M$ 到 $N$ 上的同胚的集合，则它未必是 $C_{\mathrm{S}}^0(M,N)$ 中的开集.

反例：设 $M=N=\mathbf{R}$ 为通常的 1 维 Euclid 流形，$f=\mathrm{Id}_{\mathbf{R}}:\mathbf{R}\to\mathbf{R}$, $f(x)=\mathrm{Id}_{\mathbf{R}}(x)=x$, $f\in\mathrm{Diff}^0(\mathbf{R},\mathbf{R})$.

如果 $\mathrm{Diff}^0(\mathbf{R},\mathbf{R})$ 在 $C_{\mathrm{S}}^0(\mathbf{R},\mathbf{R})$ 中为开集，则有 $f$ 的 $C^0$ 基本邻域 $\mathcal{N}_{\mathrm{S}}^0(f;\Phi,\Psi,\mathcal{K},\mathcal{E})\subset\mathrm{Diff}^0(\mathbf{R},\mathbf{R})$. 由于 $\mathcal{K}=\{K_i\}$ 为 $M$ 的局部有限的紧覆盖，故有 0 的开邻域 $\{-\delta_0,\delta_0\}$ 只与有限个 $K_i$ 相交. 不妨设为 $K_{i_1},K_{i_2},\cdots,K_{i_l}$. 令 $\varepsilon_0=\min\{\delta_0,\varepsilon_{i_j}\mid j=1,2,\cdots,l\}$, $g:\mathbf{R}\to\mathbf{R}$ 为

$$g(x)=\begin{cases}2x+\frac{\varepsilon_0}{4}, & x\in\left(-\frac{\varepsilon_0}{4},0\right],\\ \frac{\varepsilon_0}{4}, & x\in\left(0,\frac{\varepsilon_0}{4}\right),\\ x, & x\in\left(-\infty,-\frac{\varepsilon_0}{4}\right]\cup\left[\frac{\varepsilon_0}{4},+\infty\right).\end{cases}$$

易见，$g\in\mathcal{N}_{\mathrm{S}}^0(f;\Phi,\Psi,\mathcal{K},\mathcal{E})$，但 $g\notin\mathrm{Diff}^0(\mathbf{R},\mathbf{R})$. 注意：$g$ 为满射.

但是，有下面的结论.

**定理 1.5.7** 设 $M$ 与 $N$ 为流形，$f: M\to N$ 为同胚，则 $f$ 在 $C_{\mathrm{S}}^0(M,N)$ 中有一个由满射组成的 $C_{\mathrm{S}}^0$ 基本邻域.

**证明** 应用引理 1.5.3 中的方法，可选取定义 1.3.2 中的 $\Phi=\{(U_i,\varphi_i)\}$, $\Psi=\{(V_i,\psi_i)\}$, $\mathcal{K}=\{K_i\}$，使得 $K_i\subset U_i$, $f(K_i)\subset V_i$, $\{K_i\}$ 为 $M$ 的局部有限的紧覆盖，$\psi_i\circ f(K_i)=\overline{B^n(1)}=\overline{B^n}$ ($B^n(r)=B^n(0;r)$ 是以 0 为中心、$r$ 为半径的开球)，且可选充分小的正数 $\varepsilon_i$，使得 $B^n(1+\varepsilon_i)\subset\psi_i(V_i)$, $\{D_i=(\psi_i\circ f)^{-1}(B^n(1-\varepsilon_i))\}$ 仍覆盖 $M$，于是 $\{f(D_i)\}$ 覆盖 $N$. 记 $\mathcal{E}=\{\varepsilon_i\}$.

$\forall\, g\in\mathcal{N}_{\mathrm{S}}^0(f;\Phi,\Psi,\mathcal{K},\mathcal{E})$ 必有 $\|\psi_i\circ g(q)-\psi_i\circ f(q)\|<\varepsilon_i$, $q\in K_i$. 下面证 $g$ 为满映射. 为此，令 $h=(\psi_i\circ g)(\psi_i\circ f)^{-1}:\overline{B^n}\to\mathbf{R}$. 由上述不等式得 $h(S^{n-1})=h(\partial B^n)\subset\mathbf{R}^n$

$-\overline{B^n(1-\varepsilon_i)}$(见图 1.5.1). 只需证明 $(\psi_i\circ g)(\psi_i\circ f)^{-1}(\overline{B^n})=h(\overline{B^n})\supset\overline{B^n(1-\varepsilon_i)}$,从而 $g(K_i)\supset\psi_i^{-1}(B^n(1-\varepsilon_i))=f(D_i)$,所以 $\{g(K_i)\}$ 覆盖 $N$,$g$ 为满映射.

(反证)假设 $h(\overline{B^n})\not\supset\overline{B^n(1-\varepsilon_i)}$,则 $\exists\, z\in\overline{B^n(1-\varepsilon_i)}-h(\overline{B^n})$. 令 $\lambda$ 为从 $z$ 出发的由 $\mathbf{R}^n-\{z\}$ 到 $S^{n-1}$ 上的径向投影,则 $\lambda h(\overline{B^n})\subset S^{n-1}$.

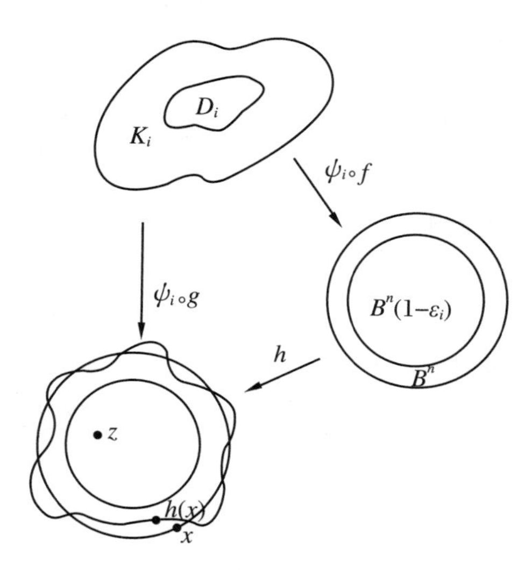


图 1.5.1

另外,显然 $F_t(x)=th(x)+(1-t)x\in\mathbf{R}^n-\overline{B^n(1-\varepsilon_i)}$, $\forall\, x\in S^{n-1}$. 因此,$\lambda F_t: S^{n-1}\to S^{n-1}$ 为恒同映射 $\lambda F_0=\mathrm{Id}_{S^{n-1}}$ 与 $\lambda F_1=\lambda h|_{S^{n-1}}$ 之间的同伦. 从 $\lambda h|_{S^{n-1}}$ 可延拓为连续映射 $\lambda h:\overline{B^n}\to S^{n-1}$ 以及下面的定理 1.5.8 立即推出矛盾. □

**注 1.5.2** 由(定理 1.5.2)定理 1.5.3 与定理 1.5.7 可推出定理 1.5.6.

**定理 1.5.8** 不存在连续映射 $f:\overline{B^n(1)}\to S^{n-1}$,使得 $f|_{S^{n-1}}\simeq\mathrm{Id}_{S^{n-1}}$.

**证明** (证法 1)(反证)假设存在连续映射 $f:\overline{B^n(1)}\to S^{n-1}$,使得 $f|_{S^{n-1}}\simeq\mathrm{Id}_{S^{n-1}}$.

当 $n\geqslant 2$ 时,由于同伦群 $\pi_{n-1}\overline{(B^n(1))}=0$,$\pi_{n-1}(S^{n-1})\cong\mathbf{Z}$,故

$$\begin{aligned}0&=f_*(0)=f_*\circ i_*(\pi_{n-1}(S^{n-1}))=(f\circ i)_*(\pi_{n-1}(S^{n-1}))\\&=(f|_{S^{n-1}})_*(\pi_{n-1}(S^{n-1}))=(\mathrm{Id}_{S^{n-1}})_*(\pi_{n-1}(S^{n-1}))\\&=\pi_{n-1}(S^{n-1})\cong\mathbf{Z}\neq 0,\end{aligned}$$

矛盾.

当 $n=1$ 时,由 $\overline{B^1(1)}=[-1,1]$ 连通,$f:\overline{B^1(1)}=[-1,1]\to\{-1,1\}=S^0$ 连续与 $f|_{S^0}\simeq\mathrm{Id}_{S^0}$ 知,$f(\overline{B^1(1)})=f([-1,1])=\{-1,1\}$ 连通,这与 $\{-1,\ 1\}$ 不连通相矛盾.

(证法 2)(反证)假设存在连续映射 $f:\overline{B^n(1)}\to S^{n-1}$,使得 $f|_{S^{n-1}}\simeq\mathrm{Id}_{S^{n-1}}$.

当 $n\geqslant 2$ 时,根据代数拓扑中的同调序列和由 $f$ 诱导的同态,有

$$\begin{array}{ccccccccc}
 & & \mathbf{Z} & & & & \mathbf{Z} & & \\
 & & \wr\!\!| & & & & \wr\!\!| & & \\
0 & \longrightarrow & H_n(\overline{B^n(1)},S^{n-1}) & \xrightarrow{\partial_*} & & & H_{n-1}(S^{n-1}) & \longrightarrow & 0 \\
 & & \big\downarrow f_* = \text{零同态} & & & & \big\downarrow (f|_{S^{n-1}})_* = \text{恒同同态} & & \\
0 & \longrightarrow & H_n(\overline{B^n(1)},S^{n-1}) & \xrightarrow{\partial_*} & & & H_{n-1}(S^{n-1}) & \longrightarrow & 0 \\
 & & \wr\!\!| & & & & \wr\!\!| & & \\
 & & \mathbf{Z} & & & & \mathbf{Z} & &
\end{array}$$

从正合性，$\partial_*$ 为同构. 因为 $f$ 将 $\overline{B^n(1)}$ 映入 $S^{n-1}$，故 $f_*$ 为无限循环群 $H_n(\overline{B^n(1)},S^{n-1})$ 的零同态. 而 $f|_{S^{n-1}}$ 同伦于恒同映射 $\mathrm{Id}_{S^{n-1}}$，故 $(f|_{S^{n-1}})_*$ 是无限循环群 $H_{n-1}(S^{n-1})$ 的恒同同态. 于是，由图表的交换性知

$$0=\partial_*\circ f_*=(f|_{S^{n-1}})_*\circ\partial_*=\mathrm{Id}_{H_{n-1}(S^{n-1})}\circ\partial_*\neq 0,$$

矛盾. □

定理 1.5.8 的特殊情形是下面的定理.

**定理 1.5.9** 不存在收缩映射 $f:\overline{B^n(1)}\to S^{n-1}$，即不存在连续映射 $f:\overline{B^n(1)}\to S^{n-1}$，使 $f|_{S^{n-1}}=\mathrm{Id}_{S^{n-1}}$.

**定理 1.5.10** 下面结论等价：(1) 不存在收缩映射 $f:\overline{B^n(1)}\to S^{n-1}$，即不存在连续映射 $f:\overline{B^n(1)}\to S^{n-1}$，使 $f|_{S^{n-1}}=\mathrm{Id}_{S^{n-1}}$；

(2) $S^{n-1}$ 上的恒同映射 $\mathrm{Id}_{S^{n-1}}$ 非零伦；

(3) (Brouwer 不动点定理)任何连续映射 $f:\overline{B^n(1)}\to\overline{B^n(1)}$ 必有不动点，即 $\exists\, x\in\overline{B^n(1)}$，使 $f(x)=x$.

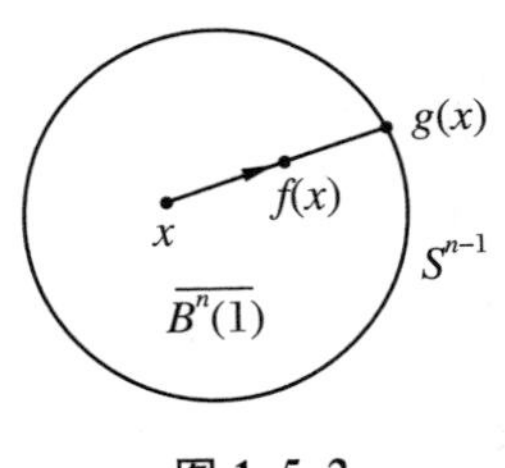

图 1.5.2

**证明** (1)$\Leftrightarrow$(2). 设 $\hat{S}^{n-1}$ 是以 $S^{n-1}$ 为底($S^{n-1}$ 外一点)、$v$ 为顶的锥体. 显然，$\hat{S}^{n-1}$ 同胚于 $\overline{B^n(1)}$. 于是，(1)$\Leftrightarrow$(2) 是下面引理 1.5.6 的特殊情形.

(1)$\Rightarrow$(3). (反证)假设存在连续映射 $f:\overline{B^n(1)}\to\overline{B^n(1)}$，它无不动点，即 $\forall\, x\in\overline{B^n(1)}$，$f(x)\neq x$. 令 $g(x)\in S^{n-1}$ 为连接 $f(x)$ 与 $x$ 的直线沿 $\overrightarrow{xf(x)}$ 方向交 $S^{n-1}$ 的那个点(见图 1.5.2)，即

$$g(x)=x+tu=x+t\,\frac{f(x)-x}{\|f(x)-x\|},$$

则

$$\begin{aligned}
1&=\langle g(x),g(x)\rangle=\langle x+tu,x+tu\rangle\\
&=\langle x,x\rangle+2t\langle x,u\rangle+t^2,
\end{aligned}$$

$$t^2+2t\langle x,u\rangle+\langle x,x\rangle-1=0.$$

因为 $t\geqslant 0$，故

$$t=-\langle x,u\rangle+\sqrt{(x,u)^2-\langle x,x\rangle+1}.$$

显然，$u,t,g$ 都为 $x$ 的连续函数，且 $g|_{S^{n-1}}=\mathrm{Id}_{S^{n-1}}$，$g:\overline{B^n(1)}\to S^{n-1}$ 为收缩映射，这与(1)相矛盾.

(1)⇐(3).(反证)假设存在收缩映射 $f:\overline{B^n(1)}\to S^{n-1}$，即 $f$ 为连续映射，且 $f|_{S^{n-1}}=\mathrm{Id}_{S^{n-1}}$. 令 $a:S^{n-1}\to S^{n-1}$，$a(x)=-x$ 为对径映射，$j:S^{n-1}\to\overline{B^n(1)}$ 为包含映射，则 $j\circ a\circ f:\overline{B^n(1)}\to\overline{B^n(1)}$ 无不动点，这与(3)矛盾. □

定理 1.5.10 是 Brouwer 不动点定理的几种等价形式. 它使我们可以根据需要自如地应用任何一种形式，无疑是很有益处的.

而定理 1.5.9 保证了定理 1.5.10 中的每个结论都是成立的. 当然，也可以先证明定理 1.5.10 中的(2)或(3)成立，然后再根据定理 1.5.10 中的等价性，其他两个结论也成立.

**引理 1.5.6** 设 $X\subset\mathbf{R}^{n-1}$ 为紧致子集，$Y$ 为拓扑空间，$f:X\to Y$ 为连续映射，则 $f$ 零伦⇔$f$ 可延拓(或扩张)到锥形 $\hat{X}=\{tv+(1-t)x\mid x\in X,0\leqslant t\leqslant 1\}$ 上为连续映射($v\in\mathbf{R}^n-\mathbf{R}^{n-1}$，其中 $\mathbf{R}^{n-1}=\{x\in\mathbf{R}^n\mid x=(x^1,x^2,\cdots,x^{n-1},0)\}$).

**证明** (⇐)设 $k:X\times[0,1]\to\hat{X}$ 为自然映射，即 $k(x,t)=tv+(1-t)x$，$k(x,0)=x$，$k(x,1)=v$. 如果 $f$ 可延拓(或扩张)为连续映射 $\hat{f}:\hat{X}\to Y$，则 $\hat{f}\circ k:X\times[0,1]\to Y$ 就是从 $\hat{f}\circ k(x,0)=\hat{f}(x)=f(x)$ 到常值映射 $\hat{f}\circ k(x,1)=\hat{f}(v)$ 的一个伦移，即 $f$ 零伦.

(⇒)如果 $f$ 零伦，则存在伦移

$$F:X\times[0,1]\to Y,$$

使得 $F(x,0)=f(x)$，$\forall x\in X$；$F(x,1)=y_0$. 定义

$$\hat{f}:\hat{X}\to Y,$$

$$\hat{f}(tv+(1-t)x)=F(x,t).$$

易见，$\hat{f}$ 是定义确切的且是 $f$ 的一个延拓(或扩张)($\hat{f}(0v+(1-0)x)=F(x,0)=f(x)$). 下面证明 $\hat{f}$ 是连续的. 事实上，对任何闭集 $B\subset Y$，由 $F$ 连续知，$F^{-1}(B)$ 为紧致集 $X\times[0,1]$ 中的闭集，它是紧致集. 再由 $k$ 连续，$\hat{f}^{-1}(B)=k(F^{-1}(B))$ 也紧致，从而为 $\hat{X}\subset\mathbf{R}^m$ 中的闭集，这就证明了 $\hat{f}$ 是连续的. □

应该注意的是，定理 1.5.6 与定理 1.5.7 对带边流形并不成立.

**例 1.5.4** $M=N=\overline{B^2(1)}$ 为 $\mathbf{R}^2$ 中的闭单位圆片. $f=\mathrm{Id}_{\overline{B^2(1)}}$ 为恒同映射. $g_\lambda:\overline{B^2(1)}\to\overline{B^2(1)}$，$(u,v)=g_\lambda(x,y)=(\lambda x,\lambda y)$，$g_\lambda$ 为 $C^\infty$ 嵌入，$f$ 为 $C^\infty$ 微分同胚. 现在证 $\mathrm{Diff}^1(M,N)=\mathrm{Diff}^1(\overline{B^2(1)},\overline{B^2(1)})$ 在 $C^1_S(M,N)=C^1_S(\overline{B^2(1)},\overline{B^2(1)})$ 中不为开集.

**证明** (反证)假设 $\mathrm{Diff}^1(\overline{B^2(1)},\overline{B^2(1)})$为开集,则

$$\exists\ \mathcal{N}_S^1(f;\Phi,\Psi,\mathcal{K},\mathcal{E})\subset \mathrm{Diff}^1(\overline{B^2(1)},\overline{B^2(1)}).$$

因为$\overline{B^2(1)}$紧致,故 $\mathcal{K}=\{K_i\}$为有限集. 于是,$\exists\lambda\in(0,1)$, s.t. $0<1-\lambda<\min\limits_i\{\varepsilon_i\}$. 显然,$g_\lambda\in\mathcal{N}_S^1(f;\Phi,\Psi,\mathcal{K},\mathcal{E})$,但 $g_\lambda\notin\mathrm{Diff}^1(\overline{B^2(1)},\overline{B^2(1)})$,这与 $\mathcal{N}_S^1(f;\Phi,\Psi,\mathcal{K},\mathcal{E})\subset\mathrm{Diff}^1(\overline{B^2(1)},\overline{B^2(1)})$相矛盾. □

**定理 1.5.11** 设 $M$ 与 $N$ 为带边流形,$f:M\to N$ 为同胚,则 $f$ 在$C_S^0(M,\partial M;N,\partial N)=\{g\in C^0(M,N)\mid g(\partial M)\subset\partial N\}$中有一个满映射组成的强 $C^0$ 邻域.

**证明** (证法 1)设 $D(M)$与 $D(N)$分别为 $M$ 与 $N$ 的倍流形,$\tilde f:D(M)\to D(N)$为由 $f$ 用自然的方法诱导出来的同胚. 由 $D(M)$与 $D(N)$为无边流形与定理 1.5.7,$\tilde f$ 在$C_S^0(D(M),D(N))$中有一个满映射组成的开邻域 $\mathcal{N}_S^0(f;\tilde\Phi^*,\tilde\Psi^*,\tilde{\mathcal{K}}^*,\tilde{\mathcal{E}}^*)$. 对 $M$ 与 $N$ 取相应的$\Phi,\Psi,\mathcal{K}$. 由于 $K_i$ 紧致与$\{\tilde K_j^*\}$局部有限,只有有限个 $\tilde K_j^*$ 与$K_i$ 相交,因此可选充分小的正数 $\varepsilon_i$,使得 $\mathcal{N}_S^0(f;\Phi,\Psi,\mathcal{K},\mathcal{E})$用自然的方法得到的 $\mathcal{N}_S^0(\tilde f;\tilde\Phi,\tilde\Psi,\tilde{\mathcal{K}},\tilde{\mathcal{E}})\subset\mathcal{N}_S^0(\tilde f;\tilde\Phi^*,\tilde\Psi^*,\tilde{\mathcal{K}}^*,\tilde{\mathcal{E}}^*)$. 于是,$\forall g\in\mathcal{N}_S^0(f;\Phi,\Psi,\mathcal{K},\mathcal{E})$,$\tilde g\in\mathcal{N}_S^0(\tilde f;\tilde\Phi,\tilde\Psi,\tilde{\mathcal{K}},\tilde{\mathcal{E}})\subset\mathcal{N}_S^0(\tilde f;\tilde\Phi^*,\tilde\Psi^*,\tilde{\mathcal{K}}^*,\tilde{\mathcal{E}}^*)$为满映射. 又因为 $\tilde g(M_0)\subset N_0$,$\tilde g(M_1)\subset N_1$($D(M)=M_0\cup M_1$,$D(N)=N_0\cup N_1$),所以,$g$ 也必须是满射.

(证法 2)设 $D(M)$与 $D(N)$分别为 $M$ 与 $N$ 的倍流形,$\tilde f:D(M)\to D(N)$为由同胚 $f:M\to N$用自然的方法诱导出的同胚. 在 $D(N)$上选一个距离函数 $\tilde\rho$. 由定理 1.5.7 与引理 1.3.2 知,在 $D(M)$上存在正连续函数 $\tilde\varepsilon(p)$,使得如果 $\tilde g:D(M)\to D(M)$适合 $\tilde\rho(\tilde g(p),\tilde f(p))<\tilde\varepsilon(p)$,$\forall p\in D(M)$,即 $\tilde g\in X^0(\tilde f;\tilde\varepsilon(p))$(参阅文献[25]164 页定义 2″和 210 页定理 8 证 2),则 $\tilde g$ 为满映射.

设 $D(M)=M_0\cup M_1$,$D(N)=N_0\cup N_1$. $\tilde\varepsilon(p)$自然确定了 $M$ 上的两个正连续函数 $\varepsilon_0(p)$与 $\varepsilon_1(p)$. $\tilde\rho$ 导出了 $N$ 上的两个距离函数$\rho_0$ 与 $\rho_1$. 令 $g:M\to N$,$g(\partial M)\subset\partial N$,$g$ 诱导出映射$\tilde g:D(M)\to D(N)$. 如果关于 $\rho_0$,$g$ 是$f$ 的强$C^0$-$\varepsilon_0(p)$逼近,关于 $\rho_1$,$g$ 是$f$ 的强 $C^0$-$\varepsilon_1(p)$逼近,则 $\tilde g$ 是 $\tilde f$ 关于距离 $\tilde\rho$ 的强 $C^0$-$\tilde\varepsilon(p)$逼近,从而 $\tilde g$ 为满映射. 因为 $\tilde g(M_0)\subset N_0$,$\tilde g(M_1)\subset N_1$,所以 $g$ 也必须是满映射. □

从定理 1.5.1、定理 1.5.3、定理 1.5.7 与定理 1.5.11 得到下面定理.

**定理 1.5.12**(映射逼近定理) 设 $f:M\to N$ 为$C^r$($r\in\{1,2,\cdots,+\infty\}$)映射. 如果 $f$ 为$C^r$ 浸入(或 $C^r$ 嵌入或$C^r$ 微分同胚),则 $f$ 有一个强$C^r$ 基本邻域,使得如果 $g$ 属于这个邻域,则 $g$ 为一个$C^r$ 浸入(或 $C^r$ 嵌入或$C^r$ 微分同胚).

如果 $M$ 与$N$ 为$C^r$ 带边流形,$f:(M,\partial M)\to(N,\partial N)$为 $C^r$ 微分同胚,则 $f$ 有一个强 $C^r$ 基本邻域,使得如果 $g$ 属于这个邻域,且 $g(\partial M)\subset\partial N$,则 $g:(M,\partial M)\to(N,\partial N)$为

$C^r$ 微分同胚.

## 1.6 映射的光滑化与流形的光滑化

这一节要达到两个主要目标:① $C^\infty$ 流形 $M$ 到 $N$ 的 $C^1$ 浸入或 $C^1$ 嵌入或 $C^1$ 微分同胚分别可用 $C^\infty$ 浸入或 $C^\infty$ 嵌入或 $C^\infty$ 微分同胚来逼近;② 流形 $M$ 上的每一个属于 $C^1$ 类的微分构造都包含一个 $C^\infty$ 构造.但是,存在这样的 $C^0$ 流形(即拓扑流形),它根本不含 $C^r(r\geqslant 1)$微分构造(参阅文献[7]).

**定理 1.6.1** 设 $M$ 为 $C^r(r\in\{1,2,\cdots,+\infty\})$流形,则 $C^r(M,\mathbf{R}^n)$在 $C^0_S(M,\mathbf{R}^n)$中是稠密的.

**证明** $\forall f\in C^0_S(M,\mathbf{R}^n)$在 $C^0_S(M,\mathbf{R}^n)$中的开邻域必含 $\mathcal{N}^0_S(f;\Phi,\Psi,\mathcal{K},\mathcal{E})$. $\forall x\in M$,由 $\mathcal{K}=\{K_i\}$为 $M$ 的局部有限的紧覆盖,故存在 $x$ 的开邻域 $W_x\subset M$ 只与有限个 $K_i$ 相交.令

$$\delta_x = \min\{\varepsilon_i \mid x\in K_i, K_i\cap W_x\neq\varnothing\}>0.$$

因为 $f$ 连续,所以存在 $x$ 的开邻域 $P_x\subset W_x$,使得

$$\| f(y)-f(x)\| < \delta_x,\quad \forall y\in P_x.$$

定义常值映射

$$g_x: M\to\mathbf{R}^n,$$
$$g_x(y) = f(x).$$

对 $M$ 的开覆盖$\{P_x\}$与映射$\{g_x\}$,可选$\{P_x\}$关于 $M$ 的局部有限的开精致$\{P_\alpha\}$与相应的 $C^r$ 映射$\{g_\alpha\}$,使得

$$\begin{aligned}\| g_\alpha(y)-f(y)\| &= \| g_x(y)-f(y)\| \\ &= \| f(x)-f(y)\| < \delta_x\leqslant\varepsilon_i,\quad \forall y\in P_\alpha\cap K_i.\end{aligned}$$

设$\{\rho_\alpha\}$为从属于$\{P_\alpha\}$的 $C^r$ 单位分解.再定义

$$g: M\to\mathbf{R}^n,$$
$$g(y) = \sum_\alpha \rho_\alpha(y)g_\alpha(y),$$

则 $g$ 是 $C^r$ 的,且

$$\begin{aligned}\| g(y)-f(y)\| &= \left\|\sum_\alpha\rho_\alpha(y)g_\alpha(y)-\sum_\alpha\rho_\alpha(y)f(y)\right\| \\ &\leqslant \sum_\alpha\rho_\alpha(y)\| g_\alpha(y)-f(y)\| < \sum_\alpha\rho_\alpha(y)\varepsilon_i = \varepsilon_i,\quad y\in K_i,\end{aligned}$$

从而,$g\in\mathcal{N}^0_S(f;\Phi,\Psi,\mathcal{K},\mathcal{E})$.这就证明了 $C^r(M,\mathbf{R}^n)$在 $C^0_S(M,\mathbf{R}^n)$中是稠密的. □

定理 1.6.1 与引理 1.5.2 都是局部地构造映射，然后利用单位分解拼成整体的映射.这是微分拓扑中典型的整体化模式.

下面用卷积的技巧构造 $C^r$ 映射（在强 $C^s$ 拓扑下）去逼近 $C^s$ 映射（$r>s\geqslant 0$）.

**定义 1.6.1** 设 $\theta:\mathbf{R}^m\to\mathbf{R}$ 为具有紧致支集的函数，如果存在最小的 $\sigma\geqslant 0$ 使得 $\theta$ 的支集

$$\operatorname{supp}\theta=\overline{\{x\in\mathbf{R}^m\mid\theta(x)\neq 0\}}\subset\overline{B^m(x;\sigma)}\subset\mathbf{R}^m,$$

其中 $B^m(x;\sigma)$ 为 $\mathbf{R}^m$ 中以 $x$ 为中心、$\sigma$ 为半径的开球体，则称 $\sigma$ 为 $\theta$ 的**支集半径**.

当 $\theta$ 为连续函数时，如果 $\theta\equiv 0$，则支集半径 $\sigma=0$；当 $\theta\not\equiv 0$ 时，必有 $\sigma>0$.

设 $U\subset\mathbf{R}^m$ 为开集，$f:U\to\mathbf{R}^n$ 为连续映射，$\theta:\mathbf{R}^m\to\mathbf{R}$ 为具有紧致支集的连续函数.显然

$$U_\sigma=\{x\in U\mid\overline{B^m(x;\sigma)}\subset U\}$$

为开集，映射

$$\theta*f:U_\sigma\to\mathbf{R}^n,$$

$$\theta*f(x)=\int_{\overline{B^m(0;\sigma)}}\theta(y)f(x-y)\mathrm{d}y$$

$$=\int_{\mathbf{R}^m}\theta(y)f(x-y)\mathrm{d}y,\quad x\in U_\sigma$$

称为 $f$ 与 $\theta$ 的**卷积**，其中 $\theta(y)f(x-y)$ 是通过 0 延拓（$B^m(0;\sigma)$ 外面定义为 0）来定义的从 $\mathbf{R}^m$ 到 $\mathbf{R}^n$ 的连续映射.对于任一固定的 $x\in U_\sigma$，在 $\mathbf{R}^m$ 中作保持 Lebesgue 测度的变量代换 $z=x-y$，则

$$\theta*f(x)=\int_{\overline{B^m(x;\sigma)}}\theta(x-z)f(z)\mathrm{d}z$$

$$=\int_{\mathbf{R}^m}\theta(x-z)f(z)\mathrm{d}z,\quad x\in U_\sigma,$$

这里，再一次在 $B^m(x;\sigma)$ 外定义为 0，而将 $\theta(x-z)f(z)$ 延拓到 $\mathbf{R}^m$.

如果 $\theta:\mathbf{R}^m\to\mathbf{R}$ 为具有紧致支集，且 $\int_{\mathbf{R}^m}\theta(y)\mathrm{d}y=1$ 的非负连续函数，则称 $\theta$ 为**卷积核**.

设

$$h(t)=\begin{cases}1-|t|, & |t|<1,\\ 0, & |t|\geqslant 1,\end{cases}$$

则 $\int_{-\infty}^{+\infty}h(t)\mathrm{d}t=1$.令 $\theta(x)=h(x^1)h(x^2)\cdots h(x^m)$，则 $\theta$ 为卷积核，其中 $x=(x^1,x^2,\cdots,x^m)$.

为得到 $C^\infty$ 卷积核，我们自然会联想到引理 1.2.1 中的几个 $C^\infty$ 函数：

$$\varphi(t)=\begin{cases}\mathrm{e}^{-\frac{1}{t}}, & t>0,\\ 0, & t\leqslant 0,\end{cases}$$

$$g(t)=\frac{\varphi(t)}{\varphi(t)+\varphi(1-t)}\begin{cases}=0, & t\leqslant 0,\\ >0, & 0<t<1,\\ =1, & t\geqslant 1,\end{cases}$$

$$h(t)=g(2t+2)\cdot g(-2t+2)\begin{cases}=0, & |t|\geqslant 1,\\ >0, & |t|<1,\\ =1, & |t|\leqslant \frac{1}{2}.\end{cases}$$

令

$$\theta(x)=\frac{1}{\int_{\mathbf{R}^m}h(x^1)h(x^2)\cdots h(x^m)\mathrm{d}x^1\mathrm{d}x^2\cdots\mathrm{d}x^m}h(x^1)h(x^2)\cdots h(x^m),$$

则 $\theta$ 恰为 $C^\infty$ 卷积核.

**引理 1.6.1**(映射光滑化引理) 设 $\theta$: $\mathbf{R}^m\to\mathbf{R}$ 为具有支集半径 $\sigma>0$ 的卷积核,$U\subset\mathbf{R}^m$ 为开集,$f$: $U\to\mathbf{R}^n$ 为连续映射,则卷积 $\theta*f$: $U_\sigma\to\mathbf{R}^n$ 有下面的性质:

(1) 如果 $\theta$ 为 $C^r(1\leqslant r\leqslant+\infty)$函数,那么 $\theta*f$ 在 $U_\sigma$ 上也是 $C^r$ 的,且

$$D^k(\theta*f)(x)=\int_{\mathbf{R}^m}D^k\theta(x-z)f(z)\mathrm{d}z,\quad 0\leqslant k\leqslant r<+\infty \text{ 或 } 0\leqslant k<r=+\infty;$$

(2) 如果 $f$ 是 $C^r(1\leqslant r\leqslant+\infty)$的,那么

$$D^k(\theta*f)=\theta*(D^kf),\quad 0\leqslant k\leqslant r<+\infty \text{ 或 } 0\leqslant k<r=+\infty;$$

(3) 如果 $f$ 是 $C^r(0\leqslant r<+\infty)$的,$K\subset U$ 为紧致集.对给定的 $\varepsilon>0$,$\exists\,\sigma>0$, s.t. $K\subset U_\sigma$,而 $\theta$ 是以支集半径为 $\sigma$ 的 $C^\infty$ 卷积核,则 $\theta*f$ 在 $U_\sigma$ 上是 $C^\infty$ 的,且

$$\|\theta*f-f\|_{r,K}<\varepsilon,$$

其中 $\|f\|_{r,K}=\sup\{\|D^kf(x)\|\,|\,x\in K, 0\leqslant k\leqslant r\}$.

**证明** (1) 由 $\theta*f(x)$的第二个积分表达式和数学分析中熟知的积分号下求导的定理及归纳法立即推出

$$\begin{aligned}D^k(\theta*f)(x)&=D^{k-1}\cdot D\int_{\mathbf{R}^m}\theta(x-z)f(z)\mathrm{d}z\\&=D^{k-1}\int_{\mathbf{R}^m}D\theta(x-z)f(z)\mathrm{d}z\\&=\cdots=\int_{\mathbf{R}^m}D^k\theta(x-z)f(z)\mathrm{d}z.\end{aligned}$$

(2) 由 $\theta*f(x)$的第一个积分表达式和积分号下求导的定理及归纳法推出

$$D^k(\theta*f)(x)=D^{k-1}\cdot D\int_{\mathbf{R}^m}\theta(y)f(x-y)\mathrm{d}y$$

$$= D^{k-1}\int_{\mathbf{R}^m}\theta(y)Df(x-y)\mathrm{d}y$$

$$= \int_{\mathbf{R}^m}\theta(y)D^kf(x-y)\mathrm{d}y$$

$$= \theta * (D^kf)(x).$$

(3) 因为 $\rho(K,\mathbf{R}^m - U)>0$($\rho$ 为 $\mathbf{R}^m$ 中的距离函数)和 $D^kf,k=0,1,\cdots,r$ 在 $K$ 的某紧致邻域上的一致连续性知,可选择 $\sigma$ 充分小,以至 $K\subset U_\sigma$ 且当 $x\in K$ 与 $\|x-y\|<\sigma$ 时,有

$$\|D^kf(x) - D^kf(y)\| < \varepsilon.$$

因为 $\int_{\mathbf{R}^m}\theta(y)\mathrm{d}y = 1$, 所以

$$\begin{aligned}\|D^k(\theta * f - f)(x)\| &= \|\theta * D^kf(x) - D^kf(x)\|\\ &= \left\|\int_{\mathbf{R}^m}\theta(y)(D^kf(x-y) - D^kf(x))\mathrm{d}y\right\|\\ &\leqslant \int_{\mathbf{R}^m}\theta(y)\|D^kf(x-y) - D^kf(x)\|\mathrm{d}y\\ &< \varepsilon\int_{\mathbf{R}^m}\theta(y)\mathrm{d}y = \varepsilon,\quad \forall x\in K, 0\leqslant k\leqslant r.\end{aligned}$$

从而,$\|\theta * f - f\|_{r,K}<\varepsilon$.

此外,由 $\theta$ 为 $C^\infty$ 卷积核及(1)知 $\theta * f$ 在 $U_\sigma$ 上是 $C^\infty$ 的. □

从引理 1.6.1 与单位分解立即得到较强的光滑化逼近定理.

**定理 1.6.2**(较强的映射光滑化逼近定理) 设 $0\leqslant r\leqslant+\infty$, $U\subset\mathbf{R}^m$ 与 $V\subset\mathbf{R}^n$ 都为开集,则 $C^\infty(U,V)$ 在 $C_S^r(U,V)$ 中稠密.

**证明** 当 $r=+\infty$ 时,自然 $C^\infty(U,V)$ 在 $C_S^r(U,V)=C^\infty(U,V)$ 中稠密.

当 $0\leqslant r<+\infty$ 时,$\forall f\in C^r(U,V)$, $f$ 在 $C_S^r(U,V)$ 下的任何开邻域中必含强 $C^r$ 基本邻域 $\mathcal{N}_S^r(f;\Phi,\Psi,\mathcal{K},\mathcal{E})$,其中 $\mathcal{K}=\{K_i\}$ 为局部有限的紧覆盖. $K_i\subset U_i$, $f(K_i)\subset V_i$, $\mathcal{E}=\{\varepsilon_i\}$ 为一族正数,$i$ 的指标集为 $\mathcal{V}$,且可选 $U_i$ 使 $\{U_i\mid(U_i,\varphi_i)\in\Phi\}$ 为 $U$ 的局部有限的开覆盖,$\overline{U}_i$ 为紧致集.

从光滑化引理 1.6.1(3)可知,对 $\forall i\in\mathcal{V}$, $\exists\, C^\infty$ 映射 $g_i: U_{\sigma_i}\to\mathbf{R}^n$, s. t. $U_{\sigma_i}\subset U_i$ 为开集,且 $K_i\subset U_{\sigma_i}$. 构造 $U$ 上的 $C^\infty$ 单位分解 $\{\rho_i\}$ 满足 $K_i\subset\mathrm{Int}(\mathrm{supp}\,\rho_i)\subset\mathrm{supp}\,\rho_i\subset U_{\sigma_i}$ 及

$$\|g_i - f\|_{r,K_i} < \alpha_i,$$

其中 $\{\alpha_i\}$ 为一族待选的正数.

令

$$g: U\to\mathbf{R}^n,$$

$$g(x) = \sum_i \rho_i(x)g_i(x),$$

则 $g$ 是$C^\infty$的.

显然,$D^k(\rho_i g_i)(x)$是 $D^l\rho_i(x)$与 $D^s g_i(x)(l,s=0,1,\cdots,k)$的双线性函数,因而存在与 $x,\rho_i,g_i$ 无关的常数$A_k$,使得

$$\| D^k(\rho_i g_i)(x) \| < A_k \max_{0\leqslant l\leqslant k} \| D^l\rho_i(x) \| \max_{0\leqslant s\leqslant k} \| D^s g_i(x) \|.$$

令 $A=\max\{A_0,A_1,\cdots,A_r\}$. 固定 $i\in\mathcal{V}$,由于 $\bar{U}_i$ 紧致与$\{U_i\}$为 $U$ 的局部有限的开覆盖,因此,与 $\bar{U}_i$ 从而与$U_i$ 相交的$U_j$ 至多为有限个. 令

$$\mathcal{V}_i = \{j \in \mathcal{V} \mid U_i \cap U_j \neq \varnothing\},$$

它为有限集,其个数 $m_i\geqslant 1$. 再令

$$\mu_i = \max\{ \| \rho_j \|_{r,K_i} \mid j \in \mathcal{V}_i\}.$$

先选正数 $\beta_i$ 满足

$$m_i A\mu_i\beta_i < \varepsilon_i.$$

再选上述的 $\alpha_i=\min\{\beta_i \mid U_i\cap U_j\neq\varnothing\}$. 于是

$$\begin{aligned}\| D^k g(x) - D^k f(x) \| &= \left\| \sum_{j\in\mathcal{V}_i} D^k\rho_j(g_j - f)(x) \right\| \\ &\leqslant \sum_{j\in\mathcal{V}_i} A\mu_i\alpha_j \leqslant m_i A\mu_i\beta_i < \varepsilon_i, \quad \forall\, x \in K_i, k = 0,1,\cdots,r.\end{aligned}$$

所以,对$\forall\, i\in\mathcal{V}$, $\forall\, x\in K_i$,有

$$\| g - f \|_{r,K_i} < \varepsilon_i,$$

$$g \in \mathcal{N}_S^r(f;\Phi,\Psi,\mathcal{K},\mathcal{E}) \cap C^\infty(U,\mathbf{R}^n) = \mathcal{N}_S^r(f;\Phi,\Psi,\mathcal{K},\mathcal{E}) \cap C^\infty(U,V).$$

这就证明了 $C^\infty(U,V)$在 $C_S^r(U,V)$中是稠密的. □

**注 1.6.1** 在定理 1.6.2 中,当$0\leqslant r<+\infty$时,由于 $C_S^r(U,V)$为 $C_S^r(U,\mathbf{R}^n)$中的开集,故只需对 $V=\mathbf{R}^n$ 的情形给予证明即可.

事实上,如果已证 $C^\infty(U,\mathbf{R}^n)$在 $C_S^r(U,\mathbf{R}^n)$中稠密,则对$\forall\, f\in C_S^r(U,V)$,必有$\mathcal{N}_S^r(f;\Phi,\Psi,\mathcal{K},\mathcal{E})$为 $C_S^r(U,V)$中的强 $C^r$ 基本邻域. 因为 $C_S^r(U,V)$为 $C_S^r(U,\mathbf{R}^n)$的开集,故 $\mathcal{N}_S^r(f;\Phi,\Psi,\mathcal{K},\mathcal{E})$也为 $C_S^r(U,\mathbf{R}^n)$的强 $C^r$ 基本邻域. 根据上述已证结论,必有

$$g \in \mathcal{N}_S^r(f;\Phi,\Psi,\mathcal{K},\mathcal{E}) \cap C^\infty(U,\mathbf{R}^n),$$

显然

$$g \in \mathcal{N}_S^r(f;\Phi,\Psi,\mathcal{K},\mathcal{E}) \cap C^\infty(U,V).$$

这就证明了 $C^\infty(U,V)$在 $C_S^r(U,V)$中是稠密的.

**定理 1.6.3**(映射光滑化相对逼近定理) 设 $0\leqslant r\leqslant s\leqslant+\infty$, $U\subset\mathbf{R}^m$, $V\subset\mathbf{R}^n$ 为开子集,$f:U\to V$ 为$C^r$ 映射,$A\subset U$ 是闭子集,$W\subset U$ 为开子集,使得 $f$ 在$A-W$ 的某开

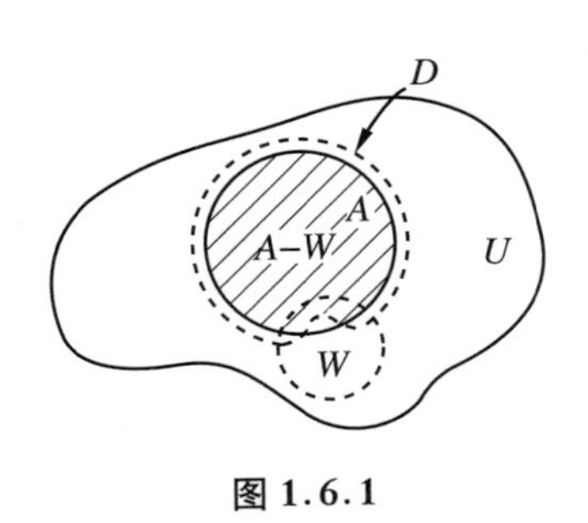

图 1.6.1

邻域上是$C^s$的,则$f$在$C_S^r(U,V)$中的任一开邻域$\mathcal{N}$中必包含一个$C^r$映射$g:U\to V$,它在$A$的某开邻域中是$C^s$的,而在$U-W$上等于$f$.此外,如果$f$在某开集上是$C^s$的,则$g$也是$C^s$的(图1.6.1).

**证明** 根据注1.6.1中的说明,由于$C_S^r(U,V)$为$C_S^r(U,\mathbf{R}^n)$中的开集,故只需对$V=\mathbf{R}^n$的情形给予证明.

设$D\subset U$为包含$A-W$的开集,使得$f|_D$是$C^s$的.取开集$W_0$满足

$$A-D\subset W_0\subset \overline{W}_0\subset W.$$

又设$\{\rho_0,\rho_1\}$为从属于$U$的开覆盖$\{W,U-\overline{W}_0\}$的$C^s$广义单位分解.也就是$\rho_0$,$\rho_1:U\to[0,1]$为$C^s$函数,使得$\rho_0+\rho_1=1$,且在$U-W$的开邻域$U-\overline{W}_0$上$\rho_0=0$,而在$\overline{W}_0$的开邻域$W$上$\rho_1=0$.定义映射

$$G:C_S^r(U,\mathbf{R}^n)\to C_S^r(U,\mathbf{R}^n),\quad h\mapsto G(h),$$
$$G(h)(x)=\rho_0(x)h(x)+\rho_1(x)f(x),$$

则在$W_0$中,$G(h)=h$;在$U-W$中,$G(h)=f$,清楚地,$G(h)$在每个使$f$与$h$都$C^s$的开集上是$C^s$的.因为

$$\begin{aligned}G(h)(x)-G(h_0)(x)&=(\rho_0(x)h(x)+\rho_1(x)f(x))-(\rho_0(x)h_0(x)+\rho_1(x)f(x))\\&=\rho_0(x)(h(x)-h_0(x)),\end{aligned}$$

所以,$G$是连续映射,又因为$G(f)=f$,故存在$f$的开邻域$\mathcal{N}_0\in C_S^r(U,\mathbf{R}^n)$使得$G(\mathcal{N}_0)\subset\mathcal{N}$.由定理1.6.2知,存在$C^s$映射$h\in\mathcal{N}_0$,则$g=G(h)$具有本定理所要求的性质.□

**推论1.6.1** 在定理1.6.3中,如果$A\subset W\subset U$,则$C^r$映射$g:U\to V$在$A$的某开邻域中是$C^s$的,而在$U-W$上($W$外面)等于$f$.

**定理1.6.4**(映射光滑化逼近定理) 设$M$与$N$为$C^r(0\leqslant r\leqslant s\leqslant+\infty)$流形,则$C^s(M,N)$在$C_S^r(M,N)$中稠密.

**证明** 当$r=s$时,显然,$C^s(M,N)=C^r(M,N)$在$C_S^r(M,N)$中稠密.

当$0\leqslant r<s\leqslant+\infty$时,$\forall f\in C^r(M,N)$,对$f$在$C_S^r(M,N)$中的任何开邻域,必含强$C^r$基本邻域$\mathcal{N}_S^r(f;\Phi,\Psi,\mathcal{K},\mathcal{E})$.可选择$\Phi=\{(U_i,\varphi_i)\}$,使$\{U_i\}$为$M$的局部有限的开覆盖,$f(U_i)\subset V_i$,$i$的指标集$\mathcal{V}$为至多可数集(如果$M$紧致,则$\mathcal{V}$为有限集).

设$\{W_i\}$为$M$的一族开子集,

$$K_i\subset W_i\subset\overline{W}_i\subset U_i.$$

令$K_0=W_0=\varnothing$,$g_0=g_{-1}=f$.下面用归纳法构造$g_k\in\mathcal{N}_S^r(f;\Phi,\Psi,\mathcal{K},\mathcal{E})$使得:

$(1)_k$ $g_k(p)=g_{k-1}(p)$,$\forall p\in M-W_k$;

$(2)_k$ $g_k$ 在 $\bigcup_{0\leqslant j\leqslant k} K_j$ 的开邻域中是$C^s$ 的.

显然,当 $k=0$ 时,$(1)_0$ 与$(2)_0$ 自然成立.假设当 $k>0$ 时,$g_j\in\mathcal{N}_S^r(f;\Phi,\Psi,\mathcal{K},\mathcal{E})$, $0\leqslant j<k$满足$(1)_j$ 与$(2)_j$.现证$\exists\, g_k\in\mathcal{N}_S^r(f;\Phi,\Psi,\mathcal{K},\mathcal{E})$满足$(1)_k$ 与$(2)_k$.为此定义一个映射空间

$$\mathcal{G}=\{h\in C_S^r(U_k,V_k)\mid h(p)=g_{k-1}(p),\forall\, p\in U_k-W_k\}$$

与映射

$$T:\mathcal{G}\to C_S^r(M,N),\quad h\mapsto T(h),$$

$$T(h)(p)=\begin{cases}h(p), & p\in U_k,\\ g_{k-1}(p), & p\in M-W_k.\end{cases}$$

易见,由于 $h(p)=g_{k-1}(p)$,$\forall\, p\in U_k-\overline{W}_k$,故 $T(h)$的定义是确切的,且为 $C^r$ 映射.再从

$$T(h)(p)-T(h_0)(p)=\begin{cases}h(p)-h_0(p), & p\in U_k,\\ g_{k-1}(p), & p\in M-W_k\end{cases}$$

可看出 $T$ 是连续的.因为 $T(g_{k-1}|_{U_k})=g_{k-1}$,故 $T^{-1}(\mathcal{N}_S^r(f;\Phi,\Psi,\mathcal{K},\mathcal{E}))\neq\varnothing$.

设 $A=\bigcup_{0\leqslant j\leqslant k} K_j\cap U_k$,则 $A$ 为$U_k$ 中的闭子集,且 $g_{k-1}:U_k\to V_k$ 在$(A-W_k\subset)$ $\bigcup_{0\leqslant j\leqslant k-1} K_j$ 的开邻域上是$C^s$ 的.因为 $U_k$ 与 $V_k$ 分别$C^r$ 同胚于 $\mathbf{R}^m$ 与 $\mathbf{R}^n$ 中的开集,故可将定理 1.6.3 应用到 $C_S^r(U_k,V_k)$上得到结论;$\mathcal{G}_1=\{h\in\mathcal{G}\mid h$ 在$A$ 的某个开邻域中是 $C^s$ 的$\}$在 $\mathcal{G}$ 中是稠密的.因此,$\exists\, h\in T^{-1}(\mathcal{N}_S^r(f;\Phi,\Psi,\mathcal{K},\mathcal{E}))$,使 $g_k=T(h)\in\mathcal{N}_S^r(f;\Phi,\Psi,\mathcal{K},\mathcal{E})$满足$(1)_k$ 与$(2)_k$.

根据$\{U_i\}$与$\{K_i\}$局部有限知

$$g(p)=\lim_{k\to+\infty} g_k(p)$$

满足 $g\in\mathcal{N}_S^r(f;\Phi,\Psi,\mathcal{K},\mathcal{E})\cap C^s(M,N)$. □

**注 1.6.2** 从定理 1.6.4 的证明可看出,映射的光滑化过程是一小块一小块依次光滑的,而$\{U_i\}$与$\{K_i\}$局部有限保证了 $g(p)=\lim_{k\to+\infty} g_k(p)$为 $C^s(s\geqslant r)$映射且是 $f$ 的所求$C^r$ 逼近.这是一种聚零为整的证法.

**定理 1.6.5** 设 $M$ 与$N$ 为$C^s(1\leqslant r\leqslant s\leqslant+\infty)$流形,则 $G^s(M,N)$在 $G^r(M,N)$中关于强 $C^r$ 拓扑是稠密的,其中 $G^k(M,N)\subset C^k(M,N)(k\geqslant 1)$为 $C^k$浸入、$C^k$ 浸没、$C^k$嵌入、$C^k$ 闭浸入、$C^k$ 微分同胚之一的集合.

特别地

$$M\text{ 与 }N\ C^s\text{ 微分同胚}\iff M\text{ 与 }N\ C^r\text{ 微分同胚}.$$

**证明** 由定理 1.5.1、定理 1.5.2、定理 1.5.3、定理 1.5.5 与定理 1.5.6 之一知,

$G^r(M,N)$为$C_S^r(M,N)$中的开集.故对$\forall f\in G^r(M,N)$及$f$在$G^r(M,N)$中的开邻域$\mathcal{N}$,当然它也是$C_S^r(M,N)$中的开集.根据定理1.6.4,存在$C^s$映射$g\in\mathcal{N}\cap C^s(M,N)$.显然,$g\in G^s(M,N)$.这就证明了$G^s(M,N)$在$G^r(M,N)$中关于强$C^r$拓扑是稠密的.

再证定理的后半部分.

(⇒)显然.

(⇐)设$M$与$N$为$C^r$微分同胚,记此$C^r$微分同胚为$f$,根据本定理前半部分的结论,必有$C^s$微分同胚$g$,它是$f$的强$C^r$逼近. □

注意,$G^r(M,N)$在$C_S^r(M,N)$中未必稠密.

**例1.6.1** $\mathrm{Imm}^r(\mathbf{R},\mathbf{R})$,$\mathrm{Emb}^r(\mathbf{R},\mathbf{R})$,$\mathrm{Diff}^r(\mathbf{R},\mathbf{R})$在$C_S^r(\mathbf{R},\mathbf{R})$中都不稠密($1\leqslant r\leqslant+\infty$).取$f\equiv 0$,$\forall g\in\mathcal{N}_S^r\left(0;\frac{1}{1+x^2}\right)$,则

$$|g(x)|=|g(x)-f(x)|<\frac{1}{1+x^2},\quad \forall x\in(-\infty,+\infty),$$

$$\lim_{x\to\infty}g(x)=0.$$

从而必有$x_*$使$g$在$x_*$处达最大或最小,自然它也是极大或极小.根据Fermat定理,$g'(x_*)=0$,$g\notin\mathrm{Imm}^r(\mathbf{R},\mathbf{R})$($\mathrm{Emb}^r(\mathbf{R},\mathbf{R})$,$\mathrm{Diff}^r(\mathbf{R},\mathbf{R})$).这就证明了$\mathrm{Imm}^r(\mathbf{R},\mathbf{R})$,$\mathrm{Emb}^r(\mathbf{R},\mathbf{R})$,$\mathrm{Diff}^r(\mathbf{R},\mathbf{R})$在$C_S^r(\mathbf{R},\mathbf{R})$中都不稠密.

现在应用已得到的映射光滑化结果来证明流形光滑化定理.为此,先证下面关键的引理.

**引理1.6.2** 设$D$,$W$与$U$为$\mathbf{R}^m$中的有界开集,$\overline{D}\subset W\subset\overline{W}\subset U$,$\pi:\mathbf{R}^n\to\mathbf{R}^m$为投影,假设$f:U\to\mathbf{R}^n$为$C^r$($1\leqslant r\leqslant+\infty$)映射,使得$\pi\circ f:U\to\mathbf{R}^m$为$C^r$嵌入.给定$\mathcal{N}_S^r(f;\Phi,\Psi,\mathcal{K},\mathcal{E})$,则$\exists C^r$嵌入$g:U\to\mathbf{R}^n$满足:

(1) $g\in\mathcal{N}_S^r(f;\Phi,\Psi,\mathcal{K},\mathcal{E})$;

(2) 在$W$外面$g=f$;

(3) $g(D)$为$\mathbf{R}^n$的$C^\infty$正则子流形;

(4) 如果$U_1$是$U$的开子集,$f(U_1)$为$\mathbf{R}^n$的$C^\infty$正则子流形,则$g(U_1)$也是$\mathbf{R}^n$的$C^\infty$正则子流形.

**证明** 令$V=\pi\circ f(U)$,由$\pi\circ f$为$C^r$嵌入及反函数定理,$V$为$\mathbf{R}^m$中的开集.显然,

$$h:V\to\mathbf{R}^n,\quad h=f\circ(\pi\circ f)^{-1},$$

$$h(x^1,x^2,\cdots,x^m)=(x^1,x^2,\cdots,x^m,h^{m+1}(x),\cdots,h^n(x))$$

为$\pi|_{f(U)}$的逆映射,$\pi|_{f(U)}$与$h$都为同胚映射.由$\pi\circ f$与$f$为$C^r$映射知,$(\pi\circ f)^{-1}$与$h$也为$C^r$映射.

此外,如果$f(U_1)$为$\mathbf{R}^n$的$C^\infty$正则子流形,则关于$f(U_1)$上由$f$诱导的$C^\infty$构造,包

含映射 $i:f(U_1)\to\mathbf{R}^n$ 是 $C^\infty$ 的(即 $\mathrm{Id}_{\mathbf{R}^n}\circ i\circ f$ 是 $C^\infty$ 的),并且 $\pi|_{f(U_1)}$ 关于上述 $C^\infty$ 构造是 $C^\infty$ 的(即 $\mathrm{Id}_{\mathbf{R}^m}\circ\pi\circ f$ 是 $C^\infty$ 的),它的逆映射 $h|_{\pi\circ f(U_1)}$ 也是 $C^\infty$ 的(即 $f^{-1}\circ h\circ(\mathrm{Id}_{\mathbf{R}^m})^{-1}$ 是 $C^\infty$ 的)(图 1.6.2).

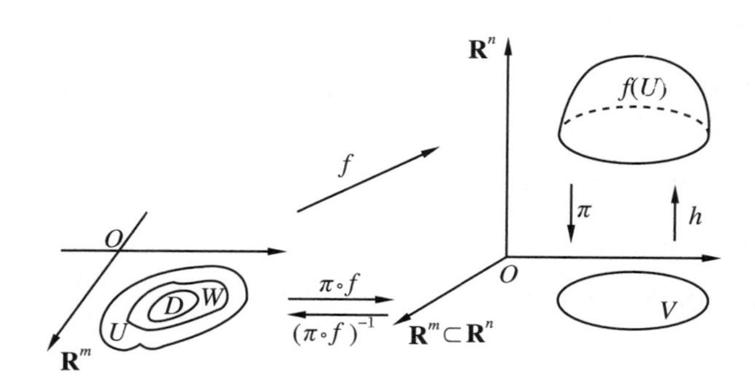


图 1.6.2

考虑 $h_0:V\to\mathbf{R}^{n-m}$, $h_0(x)=(h^{m+1}(x),h^{m+2}(x),\cdots,h^n(x))$,它是 $C^r$ 映射,应用定理 1.6.3 或推论 1.6.1,可选取 $\widetilde{h}_0\in\mathcal{N}_S^r(h_0;\widetilde{\Phi},\widetilde{\Psi},\widetilde{\mathcal{K}},\widetilde{\mathcal{E}})$(在 $\pi\circ f$ 下 $\widetilde{\Phi},\widetilde{\Psi},\widetilde{\mathcal{K}},\widetilde{\mathcal{E}}$ 分别对应于 $\Phi,\Psi,\mathcal{K},\mathcal{E}$),使得它在 $\pi\circ f(D)$ 上是 $C^\infty$ 的,而在 $\pi\circ f(W)$ 外等于 $h_0$. 此外,如果 $h_0$ 在 $V$ 的一个开集上属于 $C^\infty$,则 $\widetilde{h}_0$ 亦然. 令

$$\widetilde{h}:V\to\mathbf{R}^n,$$
$$\widetilde{h}(x)=(x,\widetilde{h}_0(x)),$$

而 $\widetilde{h}\in\mathcal{N}_S^r(h;\widetilde{\Phi},\widetilde{\Psi},\widetilde{\mathcal{K}},\widetilde{\mathcal{E}})$.

定义 $g:U\to\mathbf{R}^n$, $g(u)=\widetilde{h}\circ\pi\circ f(u)$. 可以直接验证 $g$ 满足引理 1.6.2 中的结论. □

**注 1.6.3** 在引理 1.6.2 中,$C^\infty$ 光滑化表现于(3).

应用引理 1.6.2 与定理 1.6.4 的聚零为整的方法可得到下面定理.

**定理 1.6.6** 设 $M$ 为 $C^r(1\leqslant r\leqslant+\infty)$ 流形,$f:M\to\mathbf{R}^n$ 为 $C^r$ 嵌入. 给定 $f$ 的强 $C^r$ 开邻域 $\mathcal{N}$,则 $\exists\, g\in\mathcal{N}$, s.t. $g:M\to\mathbf{R}^n$ 为 $C^r$ 嵌入,且 $g(M)$ 为 $\mathbf{R}^n$ 的 $C^\infty$ 正则子流形,$g:M\to g(M)$ 为 $C^r$ 微分同胚.

**证明** 由 $f:M\to\mathbf{R}^n$ 为 $C^r$ 嵌入与定理 1.5.3 可知,存在 $f$ 的强 $C^r$ 基本邻域 $\mathcal{N}_1\subset\mathcal{N}$,它全由 $C^r$ 嵌入组成,则对 $\forall\, p\in M$,必有 $\mathbf{R}^n$ 到某个 $m=\dim M$ 维坐标面上的投影 $\pi$,使得 $\mathrm{rank}(\pi\circ f)(p)=m$,所以由反函数定理,$\pi\circ f$ 是一个 $C^r$ 微分同胚,将 $p$ 的一个开邻域映到 $m$ 维坐标面上的一个开集.

选择 $\mathcal{N}_S^r(f;\Phi,\Psi,\mathcal{K},\mathcal{E})\subset\mathcal{N}_1$,使得 $\{U_i\mid(U_i,\varphi_i)\in\Phi\}$ 为 $M$ 的局部有限的开覆盖($i$ 的指标集 $\vartheta$ 为至多可数集),而 $\overline{U}_i$ 是紧致的,且对某个投影 $\pi_i$,映射 $\pi_i\circ f|_{U_i}$ 为一个 $C^r$ 嵌入. 令 $\{D_i\}$ 为 $M$ 的开覆盖,而 $K_i=\overline{D}_i$, $W_i$ 为开集,且 $\overline{D}_i\subset W_i\subset\overline{W}_i\subset U_i$, $D_0$

$=\varnothing$.

令 $g_0=f$,作归纳假设. $g_{k-1}:M\to\mathbf{R}^n$ 是一个 $C^r$ 映射,使得:

$(1)_{k-1}$对每个 $i$,$\pi_i\circ g_{k-1}|_{U_i}$ 为 $C^r$ 嵌入;

$(2)_{k-1}$对 $j<k$,$g_{k-1}(D_j)$是 $\mathbf{R}^n$ 的 $C^\infty$ 正则子流形.

现在构造 $g_k$. 对映射

$$g_{k-1}\circ\varphi_k^{-1}:\varphi_k(U_k)\to\mathbf{R}^n,$$

应用引理 1.6.2,得一映射 $g_k:M\to\mathbf{R}^n$,它是 $g_{k-1}$的强 $C^r-\{\varepsilon_i/2^k\}$逼近,在 $W_k$ 外面等于$g_{k-1}$,并且 $g_k(D_k)$是 $\mathbf{R}^n$ 的$C^\infty$ 正则子流形. 当 $j<k$ 时,由$(2)_{k-1}$,$g_{k-1}(D_j)$是 $\mathbf{R}^n$ 的 $C^\infty$ 正则子流形. 根据引理 1.6.2,$g_k(D_j)$也是 $\mathbf{R}^n$ 的 $C^\infty$ 正则子流形.

固定 $i$,由$(1)_{k-1}$,$\pi_i\circ g_{k-1}|_{U_i}$ 为 $C^r$ 嵌入. 显然,只要 $g_k$ 是 $g_{k-1}$的充分好的逼近,复合映射 $\pi_i\circ g_k|_{U_i}$ 是$\pi_i\circ g_{k-1}|_{U_i}$ 的已给的逼近,而这种已给的逼近可保证 $\pi_i\circ g_k|_{U_i}$ 为 $C^r$ 嵌入(注意,$\pi_i$ 是特殊映射). 但只有有限多个 $i$,使得 $U_i\cap U_k\neq\varnothing$,所以满足归纳假设的 $g_k$ 是存在的.

令 $g(p)=\lim\limits_{k\to+\infty}g_k(p)$,容易看出 $g\in\mathcal{N}_S^r(f;\Phi,\Psi,\mathcal{K},\mathcal{E})\subset\mathcal{N}$为定理中所求的映射.

□

从定理 1.6.6 立即得到流形光滑化定理.

**定理 1.6.7**(流形光滑化定理) $C^r$ 流形 $M$ 的 $C^r$ 微分构造 $\mathscr{D}^r(1\leqslant r\leqslant+\infty)$必包含一个 $C^\infty$ 微分构造 $\mathscr{D}^\infty$.

**证明** 根据下面的定理 2.2.3 或 Whitney 嵌入定理(定理 2.2.5),存在 $C^r$ 嵌入 $f$: $M\to\mathbf{R}^{2m+1}$, $m=\dim M$. 再由定理 1.6.6,存在 $C^r$ 嵌入 $g:M\to\mathbf{R}^{2m+1}$,使 $g(M)$为 $\mathbf{R}^{2m+1}$的 $C^\infty$ 正则子流形,其 $C^\infty$ 微分构造为 $\mathscr{D}_1^\infty$. 于是

$$\mathscr{D}^\infty=\{(g^{-1}(V),\psi\circ g)\mid(V,\psi)\in\mathscr{D}_1^\infty\}$$

为 $M$ 上的$C^\infty$ 微分构造. 显然,由 $g$ 的$C^r$ 性知,$\mathscr{D}^\infty\subset\mathscr{D}^r$. □

**注 1.6.4** 定理1.6.7 表明 $C^r(r\geqslant1)$流形与 $C^\infty$ 流形无本质区别. 至此,就某种意义而言,这个结果本身是消极的,但它们的证明所含的技巧仍然是很有价值的. 值得注意的是,有这样的拓扑流形存在,它根本没有 $C^r(r\geqslant1)$微分构造(参阅文献[7]).

另一方面,如果证明关于 $C^r(r\geqslant1)$流形$(M,\mathscr{D}^r)$的结论需要$(M,\mathscr{D}^r)$具有 $C^{r+1}$(或$C^\infty$)微分构造 $\mathscr{D}^{r+1}$(或 $\mathscr{D}^\infty$)$\subset\mathscr{D}^r$ 才能论述清楚,此时表明定理 1.6.7 是极其有用的(参阅定理 2.2.3).

定理 1.6.3 与推论 1.6.1 用更光滑的映射 $g$ 去逼近$f$,但未涉及如何去逼近它. 下面的引理 1.6.3 就是用 $C^r$ 微分同伦来描述这种逼近的连续过程的.

**定义 1.6.2** 设 $M,N$ 为 $C^r(r\geqslant1)$流形,$f_0,f_1:M\to N$ 为 $C^r$ 映射,$f_0$ 与 $f_1$ 之间的

一个 **$C^r$ 正则同伦**（**$C^r$ 微分同伦**）是指一连续映射 $f_t: M\times\mathbf{R}\to N$ 使得：

(1) 对某个 $\varepsilon>0$，

$$f_t=\begin{cases}f_0, & t<\varepsilon,\\ f_1, & t>1-\varepsilon;\end{cases}$$

(2) 对 $\forall\, t\in\mathbf{R}$，$f_t$ 为 $C^r$ 映射；

(3) 在 $M$ 的任何局部坐标系 $(U,\varphi)$ 与 $N$ 的任何局部坐标系 $(V,\psi)$ 下，

$$y=\psi\circ f_t\circ\varphi^{-1}(x)$$

对 $x$（$x$ 与 $t$）的第 $j(1\leqslant j\leqslant r)$ 阶偏导数关于 $(x,t)$ 是连续的.

有一个标准的规定：

如果 $f_0, f_1$ 都是 $C^r$ 浸入，它们之间的一个所谓"$C^r$ 正则(微分)同伦 $f_t$"总是指对每个 $t$ 而言，$f_t$ 都是 $C^r$ 浸入；如果 $f_0, f_1$ 都是 $C^r$ 嵌入（$C^r$ 微分同胚），且对每个 $t$ 而言，$f_t$ 是一个 $C^r$ 嵌入（$C^r$ 微分同胚），则 $C^r$ 正则(微分)同伦 $f_t$ 称为 **$C^r$ 正则(微分)合痕**.

当 $r=0$ 时，只考虑 $C^0$ 同伦，$C^r$ 嵌入改为同胚嵌入，$C^r$ 微分同胚改为同胚.

显然，$C^r$ 微分同伦必为 $C^r$ 正则同伦.但反之未必成立.见下面的例 1.6.2.

**例 1.6.2** 设 $f:\mathbf{R}\to\mathbf{R}$ 为 $C^r(r\geqslant 1)$ 函数，且 $f\not\equiv 0$，构造函数 0 与 $f$ 之间的 $C^r$ 正则同伦为

$$f_t(x)=\begin{cases}0, & t\leqslant\dfrac{1}{3},\\ (3t-1)f(x), & \dfrac{1}{3}<t<\dfrac{2}{3},\\ f(x), & t\geqslant\dfrac{2}{3}.\end{cases}$$

取 $x_0\in\mathbf{R}$, s. t. $f(x_0)\neq 0$，则 $\dfrac{\partial f_t}{\partial t}$ 在 $\dfrac{1}{3}, \dfrac{2}{3}$ 处根本不存在.因此，$f_t: M\times\mathbf{R}\to N$ 不是 $C^1$ 的，从而 $f_t$ 非 $C^r(r\geqslant 1)$ 微分同伦.

当然，$C^r$ 正则同伦与 $C^r$ 微分同伦的区别仅仅是表面的，由下面的定理 1.6.10 知，$C^r$ 正则同伦与 $C^r$ 微分同伦的存在性是等价的.

更进一步的结果可参阅定理 1.6.11.

**引理 1.6.3**（映射同伦光滑化引理） 设 $W, U\subset\mathbf{R}^m$ 为开集，$A, \overline{W}$ 为 $\mathbf{R}^m$ 中的紧致集，$A\subset W\subset\overline{W}\subset U$，$f: U\subset\mathbf{R}^n$ 为 $C^r(1\leqslant r<+\infty)$ 映射，$\varepsilon>0$ 为常数.于是，$\exists\, f_1: U\to\mathbf{R}^n$, s. t.

(1) $f_1\in\mathcal{N}_U^r(f;\varepsilon)$，即

$$\|D^k f_1(x)-D^k f(x)\|<\varepsilon,\quad \forall\, x\in U, k=0,1,\cdots,r;$$

(2) 在 $W$ 外，$f_1=f$；

(3) $f_1$ 在 $A$ 的某个开邻域中是 $C^\infty$ 的;

(4) 如果 $f$ 在某个开集上属于 $C^s(1\leqslant r\leqslant s\leqslant +\infty)$,则 $f_1$ 在其上也是 $C^s$ 的;

(5) 在 $f_0=f$ 与 $f_1$ 之间,存在一个 $C^r$ 微分同伦 $f_t$,使得对每个 $t$,$f_t$ 满足上述(1)、(2)、(4).

**证明** 取 $D$ 为 $\mathbf{R}^m$ 中的开集,使得

$$A\subset D\subset \overline{D}\subset W.$$

令$\{\rho_0,\rho_1\}$为从属于 $\mathbf{R}^m$ 的二元开覆盖$\{D,\mathbf{R}^m-A\}$的 $C^\infty$ 广义单位分解,则 $\rho_0$ 在 $A$ 的某个开邻域中为 1,在 $D$ 的外面为 0.

定义 $g:\mathbf{R}^m\to\mathbf{R}^n$,

$$g(x)=\begin{cases}\rho_0(x)f(x), & x\in U,\\ 0, & x\in \mathbf{R}^m-\overline{D},\end{cases}$$

显然,$g$ 为 $C^r$ 映射.

令 $\theta:\mathbf{R}^m\to\mathbf{R}$ 为 $C^\infty$ 鼓包函数,它在 $\mathrm{Int}C^m(\delta)$上是正的,而在 $\mathbf{R}^m-\mathrm{Int}C^m(\delta)$上为 0.这里 $\delta$ 为一待定正数,还假定(至多将 $\theta$ 乘一适当常数)

$$\int_{C^m(\delta)}\theta(x)\mathrm{d}x=1.$$

令

$$h(x)=\int_{C^m(\delta)}\theta(y)g(x+y)\mathrm{d}y,\quad x\in\mathbf{R}^m.$$

取 $\sqrt{m}\delta<\rho(\overline{D},U-W)$,其中 $\rho$ 为 $\mathbf{R}^m$ 上的距离函数.于是,对 $W$ 外的 $x$,$h(x)=0$.再定义

$$f_1(x)=(1-\rho_0(x))f(x)+h(x).$$

因为对 $W$ 外面的 $x$ 有 $\rho_0(x)=0$ 与 $h(x)=0$,故 $f_1(x)=f(x)$,即满足引理 1.6.3(2).

因为(注意,如果 $z\notin x+C^m(\delta)$,则 $\theta(z-x)=0$)

$$\begin{aligned}h(x)&=\int_{C^m(\delta)}\theta(y)g(x+y)\mathrm{d}y=\int_{x+C^m(\delta)}\theta(z-x)g(z)\mathrm{d}z\\&=\int_{\mathbf{R}^m}\theta(z-x)g(z)\mathrm{d}z\end{aligned}$$

与 $\theta$ 是 $C^\infty$ 的,所以由积分号下求导定理知 $h$ 也是 $C^\infty$ 的.又因在 $A$ 的某个开邻域中 $\rho_0(x)=1$,$f_1(x)=h(x)$,所以满足引理 1.6.3(3).

从 $\rho_0$ 与 $h$ 是 $C^\infty$ 的知,在任何开集上,$f_1=(1-\rho_0)f+h$ 的可导次数不少于 $f$ 的可导次数.因此,引理 1.6.3(4)也是满足的.

由积分中值定理知

$$h^i(x) = \int_{C^m(\delta)} \theta(y) g^i(x+y)\mathrm{d}y$$

$$= g^i(x+y_i)\int_{C^m(\delta)} \theta(y)\mathrm{d}y = g^i(x+y_i),$$

$$\frac{\partial h^i(x)}{\partial x^j} = \int_{C^m(\delta)} \theta(y) \frac{\partial g^i(x+y)}{\partial x^j}\mathrm{d}y$$

$$= \frac{\partial g^i(x+y_{ij})}{\partial x^j}\int_{C^m(\delta)} \theta(y)\mathrm{d}y = \frac{\partial g^i(x+y_{ij})}{\partial x^j},$$

$$\vdots$$

$$\frac{\partial^r h^i(x)}{\partial x^{j_1}\cdots\partial x^{j_r}} = \frac{\partial^r g^i(x+y_{ij_1\cdots j_r})}{\partial x^{j_1}\cdots\partial x^{j_r}},$$

其中 $y_i, y_{ij}, \cdots, y_{ij_1\cdots j_r} \in C^m(\delta)$. 再选开集 $P$ 使 $\overline{W} \subset P \subset \overline{P} \subset U$, 由于 $g^i, \dfrac{\partial g^i}{\partial x^j}, \cdots, \dfrac{\partial^r g^i}{\partial x^{j_1}\cdots\partial x^{j_r}}$ 在 $\overline{P}$ 上一致连续, 故当 $\sqrt{m}\delta < \rho(\overline{W}, U-P)$ 与 $\delta$ 充分小时, 只要 $x, x_* \in \overline{P}$, $\| x - x_* \| < \delta$, 则有

$$\| D^k g(x) - D^k g(x_*) \| < \varepsilon, \quad k = 0,1,\cdots,r.$$

于是, 由 $f_1(x) - f(x) = h(x) - g(x)$ 得到

$$\| D^k f_1(x) - D^k f(x) \| = \| D^k h(x) - D^k g(x) \|$$

$$= \begin{cases} \| D^k 0 - D^k 0 \| = 0, & x \in U - W, \\ \max\limits_{\substack{1 \leqslant i \leqslant n \\ 1 \leqslant j_1, \cdots, j_k \leqslant m}} \left\{ \left| \dfrac{\partial^k h^i(x)}{\partial x^{j_1}\cdots\partial x^{j_k}} - \dfrac{\partial^k g^i(x)}{\partial x^{j_1}\cdots\partial x^{j_k}} \right| \right\}, & x \in \overline{W} \end{cases}$$

$$= \begin{cases} \| D^k 0 - D^k 0 \| = 0, & x \in \mathbf{R}^m - W, \\ \max\limits_{\substack{1 \leqslant i \leqslant n \\ 1 \leqslant j_1, \cdots, j_k \leqslant m}} \left\{ \left| \dfrac{\partial^k g^i(x+y_{ij_1\cdots j_k})}{\partial x^{j_1}\cdots\partial x^{j_k}} - \dfrac{\partial^k g^i(x)}{\partial x^{j_1}\cdots\partial x^{j_k}} \right| \right\}, & x \in \overline{W} \end{cases}$$

$$< \varepsilon, \quad k = 0,1,\cdots,r.$$

这就证明了引理 1.6.3(1)也是满足的.

最后, 根据引理 1.2.1 的证明, 可构造单调增的 $C^\infty$ 函数 $\lambda(t)$, 使得当 $t \leqslant \dfrac{1}{3}$ 时, $\lambda(t) = 0$; 当 $t \geqslant \dfrac{2}{3}$ 时, $\lambda(t) = 1$(图 1.6.3). 由此定义

$$f_t(x) = \lambda(t) f_1(x) + (1 - \lambda(t)) f(x).$$

它是 $f_0 = f$ 与 $f_1$ 之间的 $C^r$ 微分同伦. 在 $W$ 外面, $f_1 = f$, 所以 $W$ 外面还有

$$\| D^k f_t(x) - D^k f(x) \| = \lambda(t) \| D^k f_1(x) - D^k f(x) \|$$

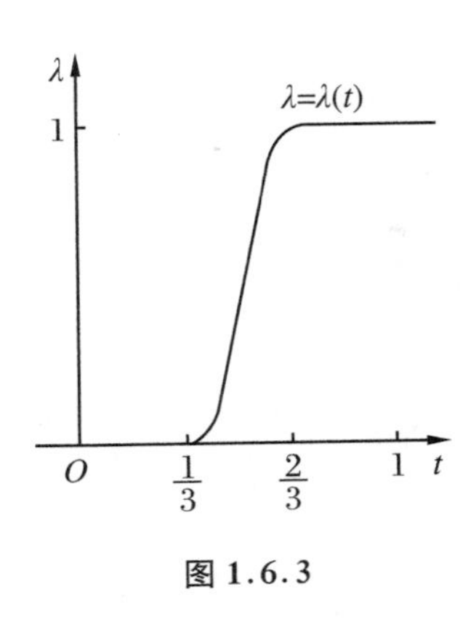

图 1.6.3

$\leqslant \| D^k f_1(x) - D^k f(x) \| < \varepsilon, \quad \forall x \in U, k = 0,1,\cdots,r,$

即 $f_t \in \mathcal{N}_U^r(f;\varepsilon)$. 如果 $f$ 在某个开集上是 $C^s$ 的，则 $f_1$ 及 $f_t = \lambda(t)f_1(x) + (1-\lambda(t))f(x)$ 在此开集上也是 $C^s$ 的. □

从引理 1.6.3 立即得到下面定理.

**定理 1.6.8**(扰动定理) 设 $M$ 与 $N$ 为 $C^s$ 流形，$f: M \to N$ 为 $C^r(1 \leqslant r < s \leqslant +\infty)$ 映射. 对 $f$ 的任何强 $C^r$ 开邻域 $\mathcal{N}$，存在强 $C^r$ 基本邻域 $\mathcal{N}_S^r(f;\Phi,\Psi,\{\overline{D}_i\},\mathcal{E}) \subset \mathcal{N}$ 与 $g: M \to N$ 使得：

(1) $g$ 是 $C^s$ 的，且 $g \in \mathcal{N}_S^r(f;\Phi,\Psi,\{\overline{D}_i\},\mathcal{E}) \subset \mathcal{N}$；

(2) 在 $f$ 与 $g$ 之间有 $C^r$ 微分同伦 $f_t \in \mathcal{N}_S^r(f;\Phi,\Psi,\{\overline{D}_i\},\mathcal{E}) \subset \mathcal{N}, \forall t \in \mathbf{R}$.

**证明** 设 $\Phi = \{(U_i,\varphi_i)\}$ 与 $\Psi = \{(V_i,\psi_i)\}$ 分别为 $M$ 与 $N$ 的局部坐标系族，$\{U_i\}$ 为 $M$ 的局部有限开覆盖，$f(U_i) \subset V_i$，$i$ 的指标集为至多可数集. 取开集 $D_i$，$W_i$ 使得 $\overline{D}_i$，$\overline{W}_i$ 为紧致集，且 $\overline{D}_i \subset W_i \subset \overline{W}_i \subset U_i$. 再取 $\varepsilon_i > 0$ 充分小，使 $\mathcal{N}_S^r(f;\Phi,\Psi,\{\overline{D}_i\},\mathcal{E}) \subset \mathcal{N}$. 而对 $\forall g \in \mathcal{N}_S^r(f;\Phi,\Psi,\{\overline{D}_i\},\mathcal{E})$，必有 $g(W_i) \subset V_i$，其中 $\mathcal{E} = \{\varepsilon_i\}$.

令 $f_0 = f$. 假设 $f_{j-1}: M \to N$ 为 $C^r$ 映射，它在 $D_1 \cup D_2 \cup \cdots \cup D_{j-1}$ 上是 $C^s$ 的. 考虑 $g_{j-1} = \psi_j \circ f_{j-1} \circ \varphi_j^{-1}$，它将 $\varphi_j(U_j)$ 映入 $\mathbf{R}^n$ 中的开子集 $\psi_j(V_j)$. 应用引理 1.6.3，得到 $C^r$ 映射 $g_j: \varphi_j(U_j) \to \mathbf{R}^n$，它在 $\varphi_j(W_j)$ 之外等于 $g_{j-1}$，而在 $\varphi_j(D_j)$ 上是 $C^\infty$ 的. 令 $g_j$ 充分逼近 $g_{j-1}$，它将 $\varphi_j(W_j)$ 映入 $\psi_j(V_j)$. 于是

$$f_j(p) = \begin{cases} \psi_j^{-1} \circ g_j \circ \varphi_j(p), & p \in U_j, \\ f_{j-1}(p), & p \in M - \overline{W}_j \end{cases}$$

在 $D_1 \cup D_2 \cup \cdots \cup D_j$ 上是 $C^s$ 的(如果 $g_{j-1}$ 在任何一个开集上是 $C^s$ 的，则 $g_j$ 在该开集上也是 $C^s$ 的). 此外，还要求 $\| D^k g_j(x) - D^k g_{j-1}(x) \|, k = 0,1,\cdots,r$ 充分小，以至 $f_j$ 是 $f_{j-1}$ 的强 $C^r - \{\varepsilon_i/2^j\}$ 逼近.

$\forall p \in M$，因为当 $j$ 充分大时，在 $p$ 的某个开邻域上，$f_j(p) = f_{j+1}(p) = \cdots$，所以

$$g(p) = \lim_{j \to +\infty} f_j(p)$$

是 $C^s$ 的，而且 $g \in \mathcal{N}_S^r(f;\Phi,\Psi,\{\overline{D}_i\},\mathcal{E}) \subset \mathcal{N}$.

最后来构造 $f$ 与 $g$ 之间的 $C^r$ 微分同伦. 根据引理 1.6.3 可得到 $g_{j-1}$ 与 $g_j$ 之间的 $C^r$ 微分同伦. 由此诱导出 $f_{j-1}$ 与 $f_j$ 之间的 $C^r$ 微分同伦 $F_j(p,t)$. 对每个固定的 $t$，$F_j$ 是 $f_{j-1}$ 的强 $C^r - \{\varepsilon_i/2^j\}$ 逼近. 对 $W_j$ 外的点，$F_j$ 对 $t$ 是常量. 于是，$F: M \times \mathbf{R} \to N$.

$$F(p,t) = \begin{cases} F_1(p,t), & t \leqslant 0, \\ F_{i+1}(p,t-i), & i \leqslant t \leqslant i+1 \end{cases}$$

是 $C^r$ 的，并且对任意紧致集 $A \subset M$，必有数 $n$，使 $F(p,t) = g(p)$，$t > n$，$p \in A$. 不难

验证

$$f_t(p)=\begin{cases}f(p), & t\leqslant 0,\\ F(p,\tan\pi t), & 0\leqslant t<\dfrac{1}{2},\\ g(p), & \dfrac{1}{2}\leqslant t\end{cases}$$

为连接 $f$ 与 $g$ 的 $C^r$ 微分同伦，且满足定理中的结论(2). □

**注 1.6.5** 引理 1.6.3 与定理 1.6.8 中，如果 $r=0$，则 $f_t$ 是 $C^0$ 的，因而是同伦.

**推论 1.6.2** 在定理 1.6.8 中，如果 $A$ 为 $M$ 的闭子集，$f$ 在 $A$ 的开邻域 $U$ 中是 $C^s$ 的，则定理的结论中还可以有 $f_t(p)=f(p)$，$\forall p\in A$.

**证明** 在定理 1.6.8 的证明中，取 $\{U_i\}$ 为 $M$ 的二元开覆盖 $\{U,M-A\}$ 的局部有限的开精致，并且若 $U_i\subset U$，则 $g_i=g_{i-1}$.

**定理 1.6.9** 设 $M$ 与 $N$ 为 $C^s$ 流形，$f:M\rightarrow N$ 为 $C^r(1\leqslant r\leqslant s\leqslant+\infty)$ 浸入(嵌入或微分同胚)，则存在一个 $C^s$ 浸入(嵌入或微分同胚)$f_1:M\rightarrow N$，以及 $f_0=f$ 与 $f_1$ 之间的一个 $C^r$ 微分同伦(微分合痕)$f_t$.(根据定义 1.6.2 的约定)对 $\forall t\in\mathbf{R}$，$f_t$ 为 $C^r$ 浸入(嵌入或微分同胚).

**证明** 从定理 1.6.8 与定理 1.5.12 立即推出. □

**定理 1.6.10** 设 $M$ 与 $N$ 为 $C^r(r\geqslant 1)$ 流形，$f_0,f_1:M\rightarrow N$ 为 $C^r$ 映射，$f_t$ 是连接 $f_0$ 与 $f_1$ 的 $C^r$ 正则同伦，则存在 $f_0$ 与 $f_1$ 之间的 $C^r$ 微分同伦 $F_t$，使得对 $\forall t\in\mathbf{R}$，$F_t\in\mathcal{N}_S^r(f_t;\Phi,\Psi,\mathcal{K},\mathcal{E})$.

**证明** 首先考虑 $M=U(\mathbf{R}^n$ 中的开集)，$N=\mathbf{R}^n$ 的情形. 对 $\forall t\in\mathbf{R}$，$f_t:U\rightarrow\mathbf{R}^n$. 令 $A$ 为 $U$ 中的紧致子集，取 $D$ 的 $\mathbf{R}^m$ 中的开集，使得 $A\subset D\subset\overline{D}\subset W$. 令 $\{\rho_0,\rho_1\}$ 为从属于 $\mathbf{R}^m$ 的二元开覆盖 $\{D,\mathbf{R}^m-A\}$ 的 $C^\infty$ 广义单位分解，则 $\rho_0$ 在 $A$ 的某个开邻域中为 1，在 $D$ 的外面为 0.

定义

$$g_t(x)=\begin{cases}\rho_0(x)f_t(x), & x\in U,\\ 0, & x\in\mathbf{R}^m-\overline{D}.\end{cases}$$

显然，$g_t(x)$ 关于 $x$ 是 $C^r$ 的，而关于 $(x,t)$ 是连续的映射.

命 $\theta:\mathbf{R}\rightarrow\mathbf{R}$ 为 $C^\infty$ 鼓包函数，它在 $(-\varepsilon,\varepsilon)$ 中是正的，而在其外面为 0，且

$$\int_{-\varepsilon}^{\varepsilon}\theta(u)\mathrm{d}u=\int_{-\infty}^{+\infty}\theta(u)\mathrm{d}u=1.$$

选取充分小的 $\varepsilon$，定义

$$h_t(x)=\int_{-\varepsilon}^{\varepsilon}\theta(u)g_{t+u}(x)\mathrm{d}u$$

$$= \int_{-\infty}^{+\infty} \theta(u) g_{t+u}(x) \mathrm{d}u = \int_{-\infty}^{+\infty} \theta(v-t) g_v(x) \mathrm{d}v.$$

显然，$h_t(x)$关于$(x,t)$是 $C^r$ 的.由于 $\rho_0(x)$在 $A$ 的某个开邻域中为1,故

$$F_t(x) = f_t(x)(1-\rho_0(x)) + h_t(x)$$

在 $A$ 的某个开邻域中是连接$f_0$ 与 $f_1$ 的 $C^r$ 微分同伦$\Big($此时，$\rho_0(x)=1, F_t(x)=h_t(x)$，

$F_0(x) = h_0(x) = \int_{-\varepsilon}^{\varepsilon} \theta(u) g_u(x) \mathrm{d}u = \int_{-\varepsilon}^{\varepsilon} \theta(u) f_u(x) \mathrm{d}u = f_0(x) \int_{-\varepsilon}^{\varepsilon} \theta(u) \mathrm{d}u = f_0(x)$，

$F_1(x) = h_1(x) = \int_{-\varepsilon}^{\varepsilon} \theta(u) f_{1+u}(x) \mathrm{d}u = f_1(x) \int_{-\varepsilon}^{\varepsilon} \theta(u) \mathrm{d}u = f_1(x)\Big)$.而在 $A$ 的某个开邻域外面为 $f_t\Big($此时，$\rho_0(x) = 0, g_t(x) = 0, h_t(x) = \int_{-\varepsilon}^{\varepsilon} \theta(u) g_{t+u}(x) \mathrm{d}u = \int_{-\varepsilon}^{\varepsilon} \theta(u) \cdot 0 \mathrm{d}u$

$= 0, F_t(x) = f_t(x)(1-0) + 0 = f_t(x)\Big)$.

再应用定理1.6.8的证法就可得到本定理的结论. □

定理1.6.10指出 $C^r$ 正则同伦与$C^r$ 微分同伦无本质区别.应用定理3.1.5得到下面定理.

**定理1.6.11**（$C^r$ 微分同伦定理） 设 $M,N$ 为$C^r(r\geqslant 1)$流形，$f_0, f_1: M\to N$ 为$C^r$ 映射，$f_t$ 是连接$f_0$ 与 $f_1$ 的 $C^0$ 同伦（即 $f_t: M\times\mathbf{R}\to N$ 为连续映射，当 $t<\varepsilon$ 时，$f_t=f_0$；当 $t>1-\varepsilon$时，$f_t=f_1$），则存在 $f_0$ 与 $f_1$ 之间的 $C^r$ 微分同伦$F_t$.

**证明** 令 $A = M\times\left(\left(-\infty, \frac{\varepsilon}{2}\right]\cup\left[1-\frac{\varepsilon}{2}, +\infty\right)\right)$，则 $A$ 为$M\times\mathbf{R}$ 中的闭子集，而 $f_t(x)$在 $A$ 上关于$(x,t)$是 $C^r$ 的.根据定理3.1.5，必有 $F: M\times\mathbf{R}\to N$，使得 $F$ 关于$(x,t)$是 $C^r$ 的，$F(x,t)$是 $f_t(x)$的强 $C^0-\varepsilon(p)$逼近，并且，$F(x,t)|_A = f_t(x)|_A$.由此推得 $F$ 或$F_t=F(\cdot,t)$为连接 $F_0=F(\cdot,0)=f_0$ 与 $F_1=F(\cdot,1)=f_1$ 的 $C^r$ 微分同伦.

□

# 第 2 章 Morse-Sard 定理、Whitney 嵌入定理和 Thom 横截性定理

本章证明著名的 Morse-Sard 定理,并应用它来证明 Whitney 嵌入定理和 Thom 横截性定理.这些定理无论是在微分拓扑、微分几何等数学分支,还是在其他数学分支都有广泛的应用.同时,这些定理及其证明都有很重要的理论价值.

## 2.1 Morse-Sard 定理

Morse-Sard 定理指出临界值的集合总是"微小"的,它的 Lebesgue 测度为 0.

**定义 2.1.1** 设$(M_i,\mathscr{D}_i)(i=1,2)$为 $m_i$ 维 $C^r(r\geqslant 1)$流形,$f:M_1\to M_2$ 为 $C^k(1\leqslant k\leqslant r)$映射.

如果$(\mathrm{rank} f)_p<m_2$,$p\in M_1$,则称 $p$ 为 $f$ 的**临界点**;如果$(\mathrm{rank} f)_p=m_2$,$p\in M_1$,则称 $p$ 为 $f$ 的**正则点**.

如果 $q\in M_2$,使得 $f^{-1}(q)=\{p\in M_1\mid f(p)=q\}$至少包含一个临界点,则称 $q$ 为 $f$ 的**临界值**;$M_2$ 中非临界值的点称为 $f$ 的**正则值**.

记 $C_f\subset M_1$ 为 $f$ 的**临界点集**,$R_f=M_1-C_f$ 为 $f$ 的**正则点集**.于是,$f(C_f)\subset M_2$ 为 $f$ 的临界值集,而 $M_2-f(C_f)$为 $f$ 的正则值集.

显然,若 $m_1<m_2$,则 $C_f=M_1$.若 $q\in M_2-f(M_1)\subset M_2-f(C_f)$,则 $q$ 为 $f$ 的正则值.

**定义 2.1.2** 设 $B\subset\mathbf{R}^m$,如果对 $\forall\,\varepsilon>0$,总存在至多可数个开方体 $C^m(x_i,r_i)=\{x\in\mathbf{R}^m\parallel x^j-x_i^j|<r_i,j=1,2,\cdots,m\}$,$i\in\mathbf{N}$,使得

$$B\subset\bigcup_{i\in\mathbf{N}}C^m(x_i,r_i),\quad \sum_{i\in\mathbf{N}}\mathrm{vol}C^m(x_i,r_i)=\sum_{i\in\mathbf{N}}(2r_i)^m<\varepsilon,$$

其中 $\mathrm{vol}C^m(x_i,r_i)$表示 $C^m(x_i,r_i)$的体积,则称 $B$ 为 $\mathbf{R}^m$ 中的**零测集**,记为 $\mathrm{meas}B=0$,此时 $B$ 的 Lebesgue 测度为 0.

从定义 2.1.2 容易看出,$\mathbf{R}^m$ 中零测集的任何子集为零测集;至多可数集为零测集;至多可数个零测集的并为零测集.

如果将定义 2.1.2 中的开方体换为开长方体或开球或开集(或换为闭方体或闭长方体或闭球),则所得到的零测集的定义是彼此等价的.

**定义 2.1.3** 设$(M,\mathscr{D})$为 $m$ 维 $C^r(r\geqslant 1)$流形,$B\subset M$.如果存在至多可数个$(U_i,\varphi_i)\in\mathscr{D}$,$i\in\mathbf{N}$,使 $B=\bigcup\limits_{i\in\mathbf{N}}(B\cap U_i)$或$B\subset\bigcup\limits_{i\in\mathbf{N}}U_i$,且$\varphi_i(B\cap U_i)$为 $\mathbf{R}^m$ 中的零测集,则称 $B$ 为**零测集**,记作 $\operatorname{meas}B=0$.

从下面引理 2.1.1 可知,定义 2.1.3 中零测集的定义与$\{(U_i,\varphi_i)\}$的选取无关.此外,再由流形 $M$ 是 $A_2$ 空间(具有可数拓扑基)知,它必定为 Lindelöf 空间.因此,从定义 2.1.2 与定义 2.1.3 立即可得

$B$ 为零测集

$\Leftrightarrow$ 对$\forall p\in B$,$\exists p$ 的局部坐标系$(U_p,\varphi_p)\in\mathscr{D}$,使得 $\varphi_p(B\cap U_p)$为 $\mathbf{R}^m$ 中的零测集

$\Leftrightarrow$ 对$\forall(U,\varphi)\in\mathscr{D}$,$\varphi(B\cap U)$为 $\mathbf{R}^m$ 中的零测集.

**引理 2.1.1** 设 $U\subset\mathbf{R}^m$ 为开集,$f:U\to\mathbf{R}^m$ 为 $C^1$ 映射,$B\subset U$ 为零测集,则 $f(B)$也为零测集,即 $\operatorname{meas}f(B)=0$.

**证明** $\forall p\in B$,作开球 $B^m(p;\delta_p)$,并令

$$K_p=\max_{x\in\overline{B^m(p;\delta_p)}}\left\{\left|\frac{\partial f_i}{\partial x^j}(x)\right|\,\middle|\,1\leqslant i,j\leqslant m\right\}.$$

$\forall x,y\in\overline{B^m(p;\delta_p)}$,设 $\varphi(t)=f_i(x+t(y-x))$,$0\leqslant t\leqslant 1$,则由中值定理得到

$$\begin{aligned}|f_i(y)-f_i(x)|&=|\varphi(1)-\varphi(0)|=|\varphi'(t)|\\&=\left|\sum_{j=1}^m\frac{\partial f_i}{\partial x^j}(x+t(y-x))(y^j-x^j)\right|\\&\leqslant\sum_{j=1}^m\left|\frac{\partial f_i}{\partial x^j}(x+t(y-x))\right||y^j-x^j|\\&\leqslant mK_p\max_{1\leqslant j\leqslant m}|y^j-x^j|,\quad 0\leqslant t\leqslant 1.\end{aligned}$$

因为 $\operatorname{meas}B=0$,故 $\operatorname{meas}(B\cap B^m(p;\delta_p))=0$.根据定义 2.1.2,对$\forall\varepsilon>0$,存在至多可数个开方体 $C^m(x_i,r_i)\subset B^m(p;\delta_p)$,使得

$$B\cap B^m(p;\delta_p)\subset\bigcup_i C^m(x_i,r_i),$$

且

$$\sum_i\operatorname{vol}C^m(x_i,r_i)=\sum_i(2r_i)^m<\varepsilon.$$

由上面推出的不等式,显然有

$$f(C^m(x_i,r_i))\subset C^m(f(x_i),mK_pr_i).$$

于是

$$f(B\cap B^m(p;\delta_p))\subset f(\bigcup_i C^m(x_i,r_i))$$
$$\subset\bigcup_i C^m(f(x_i),mK_pr_i),$$
$$\sum_i \mathrm{vol}C^m(f(x_i),mK_pr_i)=\sum_i (2mK_pr_i)^m$$
$$=m^mK_p^m\sum_i(2r_i)^m<m^mK_p^m\varepsilon.$$

这就证明了 $\mathrm{meas}f(B\cap B^m(p;\delta_p))=0$.

因为 $B$ 为 $A_2$ 空间,故为 Lindelöf 空间,$B$ 的开覆盖$\{B^m(p;\varepsilon_p)\mid p\in B\}$必有至多可数个子覆盖$\{B^m(p_i;\delta_{p_i})\mid i=1,2,\cdots\}$. 于是,从 $\mathrm{meas}f(B\cap B^m(p_i;\varepsilon_{p_i}))=0$ 得到

$$\mathrm{meas}f(B)=\mathrm{meas}(\bigcup_i f(B\cap B^m(p_i;\delta_{p_i})))=0.$$ □

下面的著名定理是由 A. P. Morse 与 A. Sard 给出的.

**定理 2.1.1**(Morse-Sard 定理) 设$(M_i,\mathscr{D}_i)(i=1,2)$为 $m_i$ 维 $C^r(r\geqslant 1)$流形,$f$:$M_1\to M_2$ 为 $C^k(1\leqslant k\leqslant r)$映射.如果

$$k\geqslant 1+\max\{m_1-m_2,0\},$$

则 $\mathrm{meas}f(C_f)=0$.因此,$M_2-f(C_f)$在 $M_2$ 中是稠密的.更进一步,$M_2-f(C_f)$为 $M_2$ 中可数个稠密开集的交.

应该注意的是在上述定理中的光滑性条件 $k\geqslant 1+\max\{m_1-m_2,0\}$是一定要满足的.H. Whitney 在文献[19]中给出了一个不等式不满足的反例,此时 $\mathrm{meas}f(C_f)\neq 0$. Morse-Sard 定理的证明比较困难.我们在证明之前先对一些特殊情况(如定理 2.1.2、定理2.1.3、定理 2.1.4)加以论证,给一般情形的证明提供一些线索.

**定理 2.1.2** 设$(M_i,\mathscr{D}_i)$为 $m_i$ 维 $C^r(r\geqslant 1)$流形,$m_1<m_2$.如果 $f$:$M_1\to M_2$ 为 $C^1$ 映射,则

$$\mathrm{meas}f(M_1)=\mathrm{meas}f(C_f)=0.$$

**证明** 显然,只需证明:如果 $U\subset\mathbf{R}^{m_1}$ 为开集,$f$:$U\to\mathbf{R}^{m_2}$ 为 $C^1$ 映射,$m_1<m_2$,则 $\mathrm{meas}f(U)=0$.

设 $F$:$U\times\mathbf{R}^{m_2-m_1}\to\mathbf{R}^{m_2}$,

$$F(x^1,\cdots,x^{m_1},x^{m_1+1},\cdots,x^{m_2})=f(x^1,x^2,\cdots,x^{m_1}),$$

则 $F$ 为$C^1$映射.再由 $U\times\{0\}$为 $\mathbf{R}^{m_2}$ 中的零测集与引理 2.1.1 得到

$$\mathrm{meas}f(U)=\mathrm{meas}F(U\times\{0\})=0.$$ □

**定理 2.1.3** 设$(M_i,\mathscr{D}_i)(i=1,2)$为 $m$ 维 $C^r(r\geqslant 1)$流形,$f$:$M_1\to M_2$ 为 $C^1$映射,则 $\mathrm{meas}f(C_f)=0$.

**证明** 显然,只需证明:如果 $U\subset\mathbf{R}^m$,$f$:$U\to\mathbf{R}^m$ 为$C^1$映射,则 $\mathrm{meas}f(C_f)=0$.

首先,设 $I \subset U$ 为闭方体,$\forall x=(x^1,x^2,\cdots,x^m),y=(y^1,y^2,\cdots,y^m)\in I$,由中值定理,对 $f=(f_1,f_2,\cdots,f_m)$有

$$f_i(y)-f_i(x)=\sum_{j=1}^m \frac{\partial f_i}{\partial x^j}(z_i)(y^j-x^j),$$

其中 $z_i$ 是连接 $x$ 与 $y$ 的直线上的一点.设 $a=m\cdot\max\limits_{x\in I}\left\{\left|\frac{\partial f_i}{\partial x^j}(x)\right|\,\middle|\,1\leqslant i,j\leqslant m\right\}$,则由 Cauchy-Schwarz 不等式得到

$$\begin{aligned}\|f(y)-f(x)\| &= \sqrt{\sum_{i=1}^m (f_i(y)-f_i(x))^2}\\ &= \sqrt{\sum_{i=1}^m\left(\sum_{j=1}^m \frac{\partial f_i}{\partial x^j}(z_i)(y^j-x^j)\right)^2}\\ &\leqslant \sqrt{\sum_{i=1}^m\sum_{j=1}^m\left(\frac{\partial f_i}{\partial x^j}(z_i)\right)^2\sum_{j=1}^m (y^j-x^j)^2}\\ &\leqslant m\cdot\max_{x\in I}\left\{\left|\frac{\partial f_i}{\partial x^j}(x)\right|\,\middle|\,1\leqslant i,j\leqslant m\right\}\cdot\|y-x\|\\ &= a\|y-x\|. \end{aligned}\tag{2.1.1}$$

其次,设 $T_x$ 为 $x$ 处的切于 $f$ 的仿射映射,即如果 $T_x(y)=(T_x^1(y),\cdots,T_x^m(y))$,则

$$T_x^i(y)=f_i(x)+\sum_{j=1}^m \frac{\partial f_i}{\partial x^j}(x)(y^j-x^j),$$

$$f_i(y)-T_x^i(y)=\sum_{j=1}^m\left(\frac{\partial f_i}{\partial x^j}(z_i)-\frac{\partial f_i}{\partial x^j}(x)\right)(y^j-x^j).$$

因为 $f$ 是 $C^1$ 的,函数$\frac{\partial f_i}{\partial x^j}$是连续的,所以它在紧致集 $I$ 上是一致连续的.于是,存在 $\varepsilon$ 的单调正函数 $b(\varepsilon)$,且 $\lim\limits_{\varepsilon\to 0^+} b(\varepsilon)=0$(此时,显然 $b(\varepsilon)$是单调减少的),以及

$$\|f(y)-T_x(y)\|\leqslant b(\|y-x\|)\|y-x\|.\tag{2.1.2}$$

如果 $x\in C_f$,则行列式 $\det T_x=\det\left(\frac{\partial f_i}{\partial x^j}(x)\right)=0$,故 $T_x(\mathbf{R}^m)\subset P_x$($m-1$ 维超平面).若 $\|y-x\|<\varepsilon$,则由式(2.1.1),

$$\|f(y)-f(x)\|\leqslant a\varepsilon,$$

由式(2.1.2),

$$\begin{aligned}\rho(f(y),P_x) &\leqslant \|f(y)-T_x(y)\|\\ &\leqslant b(\|y-x\|)\|y-x\|\leqslant \varepsilon b(\varepsilon),\end{aligned}$$

其中 $\rho$ 为 $\mathbf{R}^m$ 中通常的距离.因此,$f(y)$属于一个长方体,其两个面平行于 $P_x$,且与它的距离为 $\varepsilon b(\varepsilon)$,长方体的其他各边长为 $2a\varepsilon$.于是,长方体的体积为

$$(2a\varepsilon)^{m-1}\cdot 2\varepsilon b(\varepsilon) = 2^m a^{m-1}\varepsilon^m b(\varepsilon).$$

现将 $I$ 分为 $k^m$ 个边长为 $\frac{\delta}{k}$ 的小方体. 包含一个临界点 $x$ 的任何小方体包含在 $B^m(x;\sqrt{m}\delta/k)$ 中,显然

$$\text{vol}(B^m(x;\sqrt{m}\delta/k)) \leqslant 2^m a^{m-1}(\sqrt{m}\delta/k)^m b(\sqrt{m}\delta/k).$$

因为至少包含一个临界点的所有小方体的像一定包含 $f(C_f\cap I)$和至多有 $k^m$ 个小方体,其像的总体积至多是

$$\begin{aligned} & k^m 2^m a^{m-1}(\sqrt{m}\delta/k)^m b(\sqrt{m}\delta/k) \\ &= 2^m a^{m-1} m^{\frac{m}{2}}\delta^m b(\sqrt{m}\delta/k)\to 0,\quad k\to+\infty, \end{aligned}$$

取 $\text{meas}f(C_f\cap I)=0$. 再由 $I$ 的任取性知

$$\text{meas}f(C_f) = 0.$$

□

**注 2.1.1** 定理 2.1.2 的另一证明.

因为 $F:U\times\mathbf{R}^{m_2-m_1}\to\mathbf{R}^{m_2}$,

$$F(x^1,x^2,\cdots,x^{m_1},x^{m_1+1},\cdots,x^{m_2}) = f(x^1,x^2,\cdots,x^{m_1})$$

为 $C^1$ 映射和

$$\det DF(x^1,x^2,\cdots,x^{m_2}) = \det(Df(x^1,x^2,\cdots,x^{m_1}),0) = 0,$$

故应用定理 2.1.3 立即得到

$$\text{meas}F(U\times\mathbf{R}^{m_2-m_1}) = \text{meas}F(C_F) = 0$$

和

$$\text{meas}f(U) = \text{meas}F(U\times\{0\}) = 0.$$

**定理 2.1.4** 设$(M_i,\mathscr{D}_i)(i=1,2)$为 $m_i$ 维 $C^\infty$ 流形,$f:M_1\to M_2$ 为 $C^\infty$ 映射,则 $\text{meas}f(C_f)=0$.

**证明** 显然只需证明:如果 $U\subset\mathbf{R}^{m_1}$ 为开集,$f:U\to\mathbf{R}^{m_2}$ 为 $C^\infty$ 映射,则 $\text{meas}f(C_f)=0$.

如果 $m_1\leqslant m_2$,则结论已在定理 2.1.2 与定理 2.1.3 中证明.

如果 $m_1\geqslant m_2$,对 $m_1+m_2$ 应用归纳法证明. 当 $m_1=m_2=1$ 时,定理 2.1.3 中已证. 令

$$C_l = \left\{x = (x^1,x^2,\cdots,x^{m_1})\in U\,\middle|\,\frac{\partial^k f}{\partial x^{j_1}\partial x^{j_2}\cdots\partial x^{j_k}}(x) = 0, 1\leqslant k\leqslant l\right\}.$$

显然

$$C_f\supset C_1\supset C_2\supset\cdots\supset C_l\supset C_{l+1}\supset\cdots.$$

下面分三步来证明.

第 1 步,证明 $\text{meas}f(C_f-C_1)=0$.

当 $m_2=1$ 时，

$$C_f = \{x \in U \mid (\mathrm{rank} f)_x = 0\} = \left\{x \in U \,\middle|\, \frac{\partial f}{\partial x^j}(x) = 0, 1 \leqslant j \leqslant m_1\right\} = C_1,$$

故

$$\mathrm{meas} f(C_f - C_1) = \mathrm{meas} f(\varnothing) = 0.$$

当 $m_2 \geqslant 2$ 时，对 $\forall \bar{x} \in C_f - C_1$，由 $\bar{x} \notin C_1$，则必存在某个偏导数，如 $\frac{\partial f_1}{\partial x^1}(\bar{x}) \neq 0$.

考虑映射 $h: U \to \mathbf{R}^{m_1}$，$h(x) = (f_1(x), x^2, \cdots, x^{m_1})$. 由 $Dh(\bar{x}) = \begin{pmatrix} \frac{\partial f_1}{\partial x^1}(\bar{x}) & & & \\ & 1 & & \\ * & & \ddots & \\ & & & 1 \end{pmatrix}$ 非退化及反函数定理，存在 $\bar{x}$ 的某个开邻域 $V$，使 $h: V \to h(V)$ 为 $C^\infty$ 同胚，其逆记为 $h^{-1}: h(V) \to V$，它也是 $C^\infty$ 的. 令

$$g = f \circ h^{-1}: h(V) \to \mathbf{R}^{m_2},$$

显然，$C_g = h(C_f \cap V)$. 因此，$g$ 的临界值集

$$g(C_g) = (f \circ h^{-1})(h(C_f \cap V)) = f(C_f \cap V).$$

对 $\forall (t, x^2, \cdots, x^{m_1}) \in h(V)$，由

$$\begin{aligned} g(t, x^2, \cdots, x^{m_1}) &= f \circ h^{-1}(t, x^2, \cdots, x^{m_1}) = f \circ h^{-1}(h(x)) \\ &= f(x) = (f_1(x), f_2(x), \cdots, f_{m_2}(x)) \\ &= (t, f_2(x), \cdots, f_{m_2}(x)) \in \{t\} \times \mathbf{R}^{m_2-1} \subset \mathbf{R}^{m_2}. \end{aligned}$$

令

$$g^t: (\{t\} \times \mathbf{R}^{m_1-1}) \cap h(V) \to \{t\} \times \mathbf{R}^{m_2-1}$$

表示 $g$ 在 $\{t\} \times \mathbf{R}^{m_1-1}$ 上的限制. 因为

$$\left(\frac{\partial g_i}{\partial x^j}\right) = \begin{pmatrix} 1 & 0 \\ * & \left(\frac{\partial g_k^t}{\partial x^l}\right) \end{pmatrix},$$

故

$$(t, x^2, \cdots, x^{m_1}) \in C_{g^t} \quad \Leftrightarrow \quad (t, x^2, \cdots, x^{m_1}) \in C_g.$$

由归纳假设，$\mathrm{meas} g^t(C_{g^t}) = 0$. 于是

$$\mathrm{meas}(g(C_g) \cap (\{t\} \times \mathbf{R}^{m_2-1})) = \mathrm{meas} g^t(C_{g^t}) = 0.$$

根据 Fubini 定理得到

$$\mathrm{meas} f(C_f \cap V) = \mathrm{meas} g(C_g) = 0,$$

所以,$\text{meas} f(C_f - C_1) = 0$.

第 2 步,证明 $\text{meas} f(C_l - C_{l+1}) = 0$.

对 $\forall \bar{x} \in C_l - C_{l+1}$,有 $\bar{x} \notin C_{l+1}$,则必存在某个$\dfrac{\partial^{l+1} f_i}{\partial x^{j_1} \partial x^{j_2} \cdots \partial x^{j_{l+1}}}(\bar{x}) \neq 0$. 再由 $\bar{x} \in C_l$ 知

$$w(x) = \frac{\partial^l f}{\partial x^{j_2} \cdots \partial x^{j_{l+1}}}$$

在 $\bar{x}$ 为 0,但$\dfrac{\partial w}{\partial x^{j_1}}(\bar{x}) \neq 0$. 不妨设 $j_1 = 1$,则 $C^\infty$ 映射 $h: U \to \mathbf{R}^{m_1}$, $h(x) = (w(x), x^2, \cdots, x^{m_1})$,有 $\bar{x}$ 的某个开邻域 $V$,使得

$$h: V \to h(V)$$

为 $C^\infty$ 同胚,注意,由 $C_1, w, h$ 的定义知

$$h(C_l \cap V) \subset \{0\} \times \mathbf{R}^{m_1 - 1}.$$

令 $g = f \circ h^{-1}: h(V) \to \mathbf{R}^{m_2}$, $\bar{g} = g|_{\{0\} \times \mathbf{R}^{m_1-1}}: \{0\} \times \mathbf{R}^{m_1-1} \cap h(V) \to \mathbf{R}^{m_2}$. 由归纳知, $\text{meas} \bar{g}(C_{\bar{g}}) = 0$. 再由 $C_l, h, g, \bar{g}$ 的定义知,$h(C_l \cap V) \subset C_{\bar{g}}$(因所有阶数不大于 $l$ 的偏导数为 0,$l \geqslant 1$). 所以

$$\begin{aligned} 0 &= \text{meas} \bar{g}(h(C_l \cap V)) \\ &= \text{meas} f \circ h^{-1}|_{\{0\} \times \mathbf{R}^{m_1-1}}(h(C_l \cap V)) \\ &= \text{meas} f(C_l \cap V). \end{aligned}$$

由于 $C_l - C_{l+1}$ 被至多可数个这种开集 $V$ 所覆盖,从而得到 $\text{meas} f(C_l - C_{l+1}) = 0$.

第 3 步,证明当 $l \geqslant \dfrac{m_1}{m_2}$ 时,$\text{meas} f(C_l) = 0$.

设 $I \subset U$ 为边长等于 $\delta$ 的闭方体,若 $l \geqslant \dfrac{m_1}{m_2}$,则可证 $\text{meas} f(C_l \cap I) = 0$. 因为 $C_l$ 能被至多可数个这种闭方体所覆盖,故 $\text{meas} f(C_l) = 0$.

设 $x \in C_l \cap I$, $y \in I$. 与引理 2.1.1 相同,可构造 $\varphi(t) = f_i(x + t(y - x))$,并对 $\varphi(t)$ 应用 Taylor 公式得到

$$\begin{cases} f_i(y) - f_i(x) = \sum \dfrac{\partial^l f_i}{\partial x^{j_1} \partial x^{j_2} \cdots \partial x^{j_l}}(x + t_i(y - x))(y^{j_1} - x^{j_1}) \cdots (y^{j_l} - x^{j_l}), \\ \qquad 0 < t_i < 1, \\ f(y) - f(x) = R(x, y - x). \end{cases} \tag{2.1.3}$$

类似定理 2.1.3 中的论证,因为 $f$ 是 $C^l$ 的,故每个$\dfrac{\partial^l f}{\partial x^{j_1} \partial x^{j_2} \cdots \partial x^{j_l}}$是连续的,所以在紧致集 $I$ 上是一致连续的. 于是,存在 $\varepsilon$ 的单调正函数 $b(\varepsilon)$,有 $\lim\limits_{\varepsilon \to 0^+} b(\varepsilon) = 0$. 而

$$\| f(y)-f(x)\| = \| R(x,y-x)\| \leqslant b(\| y-x\|)\| y-x\|^{l}. \quad (2.1.4)$$

再将 $I$ 分为 $k^{m_1}$ 个边长等于 $\frac{\delta}{k}$ 的闭小方体 $I_1, I_2, \cdots, I_{k^{m_1}}$. 如果 $\exists x\in C_l\cap I_s$，则对 $\forall y\in I_s$，有

$$\| y-x\| \leqslant \sqrt{m_1}\,\frac{\delta}{k}.$$

根据式(2.1.4)，$f(I_s)$ 包含在以 $f(x)$ 为中心、边长为 $2b\left(\frac{\sqrt{m_1}\delta}{k}\right)\cdot\left(\frac{\sqrt{m_1}\delta}{k}\right)^{l}$ 的闭方体中. 因此，$f(C_l\cap I)$ 被包含在至多 $k^{m_1}$ 个闭小方体中，这些小方体的

$$\begin{aligned}\text{总体积} &\leqslant k^{m_1}\left(2b\left(\frac{\sqrt{m_1}\delta}{k}\right)\cdot\left(\frac{\sqrt{m_1}\delta}{k}\right)^{l}\right)^{m_2}\\ &= 2^{m_2}(\sqrt{m_1}\delta)^{lm_2}\left(b\left(\frac{\sqrt{m_1}\delta}{k}\right)\right)^{m_2}k^{m_1-lm_2}\\ &\xrightarrow[m_1-lm_2\leqslant 0]{l\geqslant\frac{m_1}{m_2}} 0, \quad k\to+\infty,\end{aligned}$$

故 $\operatorname{meas}f(C_l\cap I)=0$ 和 $\operatorname{meas}f(C_l)=0$.

综合第 1,2,3 步，并由

$$C_f=(C_f-C_1)\cup\left(\bigcup_{l=1}^{k-1}(C_l-C_{l+1})\right)\cup C_k, \quad k\geqslant\frac{m_1}{m_2}$$

得到

$$\operatorname{meas}f(C_f)=0.$$

□

**注 2.1.2** 在定理 2.1.4 中，如果只证第 1 步与第 2 步而不证第 3 步不能得出定理 2.1.4 的结论，因为 $\operatorname{meas}f\left(\bigcap_{l=1}^{\infty}C_l\right)$ 不知是否为 0.

**注 2.1.3** 在定理 2.1.1 的条件 $k\geqslant 1+\max\{m_1-m_2,0\}$ 下，定理 2.1.4 证明的三步是否还成立？仔细考虑可以看出，第 1 步显然是成立的，因为应用归纳假设后，仍有

$$\begin{aligned}k&\geqslant 1+\max\{m_1-m_2,0\}\\ &=1+\max\{(m_1-1)-(m_2-1),0\};\end{aligned}$$

第 3 步也是成立的，这是因为

$$\begin{aligned}k&\geqslant 1+\max\{m_1-m_2,0\}\\ &=1+\frac{m_1-m_2}{1}\geqslant 1+\frac{m_1-m_2}{m_2}=\frac{m_1}{m_2};\end{aligned}$$

但是，第 2 步应用归纳假设后，$\bar{g}$ 的连续可导阶数降了 $l$，而开集的维数相应为

$$1+\max\{(m_1-1)-m_2,0\},$$

它比

$$1+\max\{m_1-m_2,0\}$$

降了1.因此,定理2.1.1中,条件

$$k-l\geqslant 1+\max\{(m_1-1)-m_2,0\}$$

未必还成立.

为证明定理2.1.1,我们先证明下面几个引理.

**引理 2.1.2** 设$\overline{B^m}$为$\mathbf{R}^m$中的闭球,$\varphi:\overline{B^m}\to\mathbf{R}^n$为$C^1$映射.如果$f\in C^k(\mathbf{R}^n,\mathbf{R})$,$k\geqslant1$,且对$u\in\overline{B^m}$和$\forall\, v\in\overline{B^m}$,有

$$\left|\frac{\partial f}{\partial x^j}(\varphi(v))\right|\leqslant b(\|v-u\|)\cdot\|v-u\|^{k-1},\quad j=1,2,\cdots,n,$$

其中$b=b(\varepsilon)$是$\varepsilon$的单调正函数,且$\lim\limits_{\varepsilon\to0^+}b(\varepsilon)=0$,则

$$|f(\varphi(v))-f(\varphi(u))|\leqslant Kb(\|v-u\|)\cdot\|v-u\|^k,$$

而$K$仅依赖于$\varphi$.

**证明** 令$F(t)=f(\varphi(u+t(v-u)))$,则

$$F(0)=f(\varphi(u)),\quad F(1)=f(\varphi(v)).$$

由中值定理与 Cauchy-Schwarz 不等式,有

$$\begin{aligned}|f(\varphi(v))-f(\varphi(u))|&=|F(1)-F(0)|=|F'(t)|\\&=\left|\sum_{j,\alpha}\frac{\partial f}{\partial x^j}\varphi(u+t(v-u))\frac{\partial\varphi_j}{\partial u^\alpha}(u+t(v-u))\cdot(v^\alpha-u^\alpha)\right|\\&\leqslant\max_{j,\alpha}\left|\frac{\partial\varphi_j}{\partial u^\alpha}\right|\cdot nb(t\|v-u\|)\cdot(t\|v-u\|)^{k-1}\cdot\|v-u\|\\&\leqslant Kb(\|v-u\|)\|v-u\|^k,\quad 0<t<1,\end{aligned}$$

其中$K=n\max\limits_{j,\alpha}\left|\dfrac{\partial\varphi_j}{\partial u^\alpha}\right|=n\cdot\max\limits_{\substack{1\leqslant j\leqslant n\\1\leqslant\alpha\leqslant m}}\left\{\left|\dfrac{\partial\varphi_j}{\partial u^\alpha}(v)\right|\,\middle|\,v\in\overline{B^m}\right\}$仅依赖于$\varphi$. □

**引理 2.1.3** 设$A$为$\mathbf{R}^n$的子集,$k$为非负整数,则存在一个集合序列$\{A_i\mid i=0,1,2,\cdots\}$和映射序列$\{\varphi_i\mid i=1,2,\cdots\}$,使得$A_0$是至多可数的,$A\subset\bigcup\limits_{i=0}^{\infty}A_i$,且对$i\geqslant1$满足:

(1) $\varphi_i:\overline{B^{m_i}(0;\varepsilon_i)}\to\varphi_i(\overline{B^{m_i}(0;\varepsilon_i)})\subset\mathbf{R}^n$为$C^1$同胚,且$A_i\subset\varphi_i(\overline{B^{m_i}(0;\varepsilon_i)})$,其中$B^m(0;\varepsilon)=\{v\in\mathbf{R}^m\mid\|v\|<\varepsilon\}$;

(2) $\|\varphi_i(v)-\varphi_i(u)\|\geqslant\|v-u\|$;

(3) 对$\forall\, f\in C^k(\mathbf{R}^n,\mathbf{R})$,且$f|_A=0$,存在仅依赖于$f$的单调函数$b_i(\varepsilon)$,$\lim\limits_{\varepsilon\to0^+}b_i(\varepsilon)=0$,使得

$$|f(\varphi_i(v))|\leqslant b_i(\|v-u\|)\cdot\|v-u\|^k,\quad \varphi_i(u)\in A_i, v\in\overline{B^{m_i}(0;\varepsilon_i)}.$$

**证明** (归纳法)对 $k=0$,引理是平凡的.只需取 $A_i=A\cap K_i, i\geqslant 1$,其中$\{K_i\}$为$\mathbf{R}^n$中以有理点为中心、正有理数为半径的闭球的全体,$\varphi_i$ 为中心在 0 的闭球到 $K_i$ 的平移.结论(1)与(2)是显然的.结论(3)由连续函数 $f\circ\varphi_i$ 在紧致集 $\overline{B^{m_i}(0;\varepsilon_i)}=\varphi_i^{-1}(K_i)$上一致连续推出(注意,$A_0=\varnothing$).

对 $n=1$,设 $A_0$ 为 $A$ 中孤立点的全体,即 $A_0=A-A'$,显然它是至多可数集;$\{K_i\}$与$\{\varphi_i\}$如上述,且$\{K_i\}$覆盖 $A$,令 $A_i=A\cap K_i, i\geqslant 1$.如果 $f\in C^k(\mathbf{R},\mathbf{R})$,且 $f|_A=0$,则对$\forall x\in A-A_0$(此时,$x$ 为 $A$ 的覆点,且为 $A$ 的点).由此必有两两不同的 $x_i\in A$, $\lim\limits_{i\to+\infty}x_i=x$.于是,从 $f(x_i)=0$ 和 Rolle 定理知,$\exists\,\xi_i\in(x_i,x_{i+1})$, s.t. $f'(\xi_i)=0$, $\lim\limits_{i\to+\infty}\xi_i=x$.所以,$f'(x)=\lim\limits_{i\to+\infty}f'(\xi_i)=\lim\limits_{i\to+\infty}0=0$.依次有 $f''(x)=f'''(x)=\cdots=f^{(k)}(x)=0$.类似定理 2.1.4 证明中的第 3 步和 Taylor 公式立即有仅依赖于 $f$ 的单调正函数 $b_i(\varepsilon)$, $\lim\limits_{i\to+\infty}b_i(\varepsilon)=0$,使得

$$|f(y)|\leqslant b_i(\|y-x\|)\cdot\|y-x\|^k,\quad x\in(A-A_0)\cap K_i\subset A_i, y\in K_i.$$

由此,立即有

$$\begin{aligned}|f(\varphi_i(v))|&\leqslant b_i(\|\varphi_i(v)-\varphi_i(u)\|)\cdot\|\varphi_i(v)-\varphi_i(u)\|^k\\&=b_i(\|v-u\|)\cdot\|v-u\|^k,\quad \varphi_i(u)\in A_i, v\in\overline{B^{m_i}(0;\varepsilon_i)}.\end{aligned}$$

归纳假定引理对 $n+k<l$ 是真的.现证对 $n+k=l, n>1, k>0$ 与 $A\subset\mathbf{R}^n$ 引理也是真的.设

$$A^1=\left\{x\in A\,\middle|\,\forall f\in C^k(\mathbf{R}^n,\mathbf{R}), f|_A=0\text{ 必有}\sum_{j=1}^n\left(\frac{\partial f}{\partial x^j}\right)^2(x)=0\right\},$$

$$A^2=A-A^1.$$

根据归纳假设,存在分解 $A^1=\bigcup\limits_r A_r^1$, $A_0^1$ 至多可数和 $\varphi_r^1:\overline{B^{m_r}(0;\varepsilon_r)}\to\varphi_r^1(\overline{B^{m_r}(0;\varepsilon_r)})\subset\mathbf{R}^n$ 为$C^1$同胚,满足 $A_r^1\subset\varphi_r^1(\overline{B^{m_r}(0;\varepsilon_r)})$, $\|\varphi_r^1(v)-\varphi_r^1(u)\|\geqslant\|v-u\|$ 以及对$\forall g\in C^{k-1}(\mathbf{R}^n,\mathbf{R})$, $g|_{A^1}=0$,且存在仅依赖于 $g$ 的单调正函数 $b_r^1(\varepsilon)$, $\lim\limits_{\varepsilon\to0^+}b_r^1(\varepsilon)=0$,使得

$$|g(\varphi_r^1(v))|\leqslant b_r^1(\|v-u\|)\cdot\|v-u\|^{k-1},\quad \varphi_r^1(u)\in A_r^1, v\in\overline{B^{m_r}(0;\varepsilon_r)}.$$

特别地,如果 $f\in C^k(\mathbf{R}^n,\mathbf{R})$, $f|_A=0$,则

$$g=\frac{\partial f}{\partial x^j}\in C^{k-1}(\mathbf{R}^n,\mathbf{R}),$$

再由 $A^1$ 的定义,$g|_{A^1}=0$ 且

$$\left|\frac{\partial f}{\partial x^j}(\varphi_r^1(v))\right|\leqslant b_r^1(\|v-u\|)\cdot\|v-u\|^{k-1},\quad \varphi_r^1(u)\in A_r^1, v\in\overline{B^{m_r}(0;\varepsilon_r)}.$$

从引理2.1.2立即得到

$$|f(\varphi_r^1(v))| = |f(\varphi_r^1(v)) - f(\varphi_r^1(u))|$$
$$\leqslant K_r b_r^1(\|v-u\|)\cdot\|v-u\|^k, \quad \varphi_r^1(u)\in A_r^1, v\in\overline{B^{m_r}(0;\varepsilon_r)}.$$

这就证明了$\{A_r^1\}$与$\{\varphi_r^1\}$确实适合引理2.1.3中的(3).

最后,对$A^2$作类似上述的分解. $\forall p\in A^2$,这就意味着存在于$A$为0的某个函数$g\in C^k(\mathbf{R}^n,\mathbf{R})$及某个$\frac{\partial g}{\partial x^j}(p)\neq 0$. 为简单起见,可以假定$\frac{\partial g}{\partial x^n}(p)\neq 0$. 由隐函数定理,可以找到$p$的一个开邻域$U_p\subset\mathbf{R}^n$和定义在$B^{n-1}(0;\varepsilon)$上的函数$\varphi_n(u^1,u^2,\cdots,u^{n-1})\in C^k(B^{n-1}(0;\varepsilon),\mathbf{R})$,使得

$$g(x^1,x^2,\cdots,x^n) = 0$$

仅有的解是由

$$g(u^1,u^2,\cdots,u^{n-1},\varphi_n(u^1,u^2,\cdots,u^{n-1})) = 0$$

给出的. 显然,映射

$$\varphi = (\varphi_1,\varphi_2,\cdots,\varphi_n): B^{n-1}(0;\varepsilon)\to\mathbf{R}^n,$$
$$x^\alpha = \varphi_\alpha(u^1,u^2,\cdots,u^{n-1}) = u^\alpha, \quad 1\leqslant\alpha\leqslant n-1,$$
$$x^n = \varphi_n(u^1,u^2,\cdots,u^{n-1})$$

是$C^k$的,且

$$\|\varphi(v)-\varphi(u)\| = \sqrt{\sum_{\alpha=1}^{n}(\varphi_\alpha(v)-\varphi_\alpha(u))^2} \geqslant \sqrt{\sum_{\alpha=1}^{n-1}(\varphi_\alpha(v)-\varphi_\alpha(u))^2}$$
$$= \sqrt{\sum_{\alpha=1}^{n-1}(v^\alpha-u^\alpha)^2} = \|v-u\|$$

和$A\cap U_p\subset\varphi(B^{n-1}(0;\varepsilon))$.

我们可以对$n-1$应用归纳假设到$\varphi^{-1}(A\cap U_p)\subset B^{n-1}(0;\varepsilon)\subset\mathbf{R}^{n-1}$上,得到分解

$$\varphi^{-1}(A\cap U_p) = \bigcup_r D_r,$$

其中$D_0$为至多可数集,映射$\psi_r$(相当于引理2.1.3中的$\varphi_i$)满足引理2.1.3中的(1)与(2)相应的条件,使得在$\varphi^{-1}(A\cap U_p)$上为0的任何$C^k$函数$h$,存在仅依赖于$h$的单调正函数$b_r(\varepsilon)$, $\lim\limits_{\varepsilon\to 0^+}b_r(\varepsilon)=0$,且

$$|h(\psi_r(v))|\leqslant b_r(\|v-u\|)\cdot\|v-u\|^k, \quad \psi_r(u)\in D_r\subset\varphi^{-1}(A\cap U_p).$$

设$f$是在$A$上为0的$C^k$函数,则$h=f\circ\varphi$是在$\varphi^{-1}(A\cap U_p)$上为0的$C^k$函数. 如果令$\varphi_r=\varphi\circ\psi_r$(为符合引理2.1.3的要求,我们预先要求$\mathrm{Image}\psi_r\subset B^{n-1}(0;\varepsilon)$),则有引理2.1.3中描述类型的分解

$$A\cap U_p = \bigcup_r \varphi(D_r)$$

以及

$$
\begin{aligned}
|f(\varphi_r(v))| &= |f(\varphi\circ\psi_r(v))| = |f\circ\varphi(\psi_r(v))| \\
&= |h(\psi_r(v))| \leqslant b_r(\|v-u\|)\cdot\|v-u\|^k,
\end{aligned}
$$

$$\varphi_r(u) = \varphi\circ(\psi_r(u)) \in \varphi(D_r),$$

$$
\begin{aligned}
\|\varphi_r(v)-\varphi_r(u)\| &= \|\varphi(\psi_r(v))-\varphi(\psi_r(u))\| \\
&\geqslant \|\varphi_r(v)-\psi_r(u)\| \geqslant \|v-u\|.
\end{aligned}
$$

由于$\{U_p \mid p\in A^2\}$为 $A^2$ 的开覆盖,根据 Lindelöf 定理可选择可数的子覆盖. 于是,将所有的分解合起来就推出引理 2.1.3 的结论. □

**引理 2.1.4** 设 $A\subset\mathbf{R}^n$,$k$ 为非负整数,则 $A\subset\bigcup\limits_i A_i$,其中 $A_0$ 是至多可数的,$A_i$ 有以下性质:

设 $f$ 在 $A$ 的一个开邻域上是 $C^k$ 的函数,使得 $A\subset C_f$(即 $A$ 的每个点都是 $f$ 的临界点),则存在仅依赖于 $f$ 的单调正函数 $b_i(\varepsilon)$,$\lim\limits_{\varepsilon\to0^+}b_i(\varepsilon)=0$,使得

$$|f(y)-f(x)| \leqslant b_i(\|y-x\|)\cdot\|y-x\|^k,\quad \forall x,y\in A_i.$$

**证明** 当 $n=1$ 时,引理是显然的.

事实上,$A\subset C_f=\{x \mid f'(x)=0\}$. 取 $A_0$ 为 $A$ 的孤立点的全体,即 $A_0=A-A'$. 显然它是至多可数的. $\forall x\in A-A_0$,必存在两两不同的 $x_i\in A$,$\lim\limits_{i\to+\infty}x_i=x$. 由于

$$f'(x_1) = f'(x_2) = \cdots = 0,$$

根据 Rolle 定理,$\exists\,\xi_i\in(x_i,x_{i+1})$,使得 $f''(\xi_i)=0$,从而

$$f''(x) = \lim_{i\to+\infty}f''(\xi_i) = \lim_{i\to+\infty}0 = 0.$$

同理有

$$f'''(x) = \cdots = f^{(k)}(x) = 0.$$

与引理 2.1.3 的证明相同,由 Taylor 公式知,存在仅依赖于 $f$ 的单调正函数 $b_i(\varepsilon)$,$\lim\limits_{\varepsilon\to0^+}b_i(\varepsilon)=0$,使得

$$|f(y)-f(x)| \leqslant b_i(\|y-x\|)\cdot\|y-x\|^k,\quad \forall x,y\in A_i,$$

其中 $A_i=A\cap K_i$,$\{K_i\}$为覆盖 $A$ 的紧致集的序列.

当 $n>1$ 时,证明稍微复杂一点,因为所有高阶偏导数不必在 $A$ 的聚点处为 0.

但是,应用引理 2.1.3,存在$\{A_i\}$与$\{\varphi_i\}$使得 $A_0$ 至多可数,$A\subset\bigcup\limits_i A_i$,且对 $i\geqslant1$ 满足引理 2.1.3 中的(1)、(2). 由于 $A\subset C_f$,故$\left.\dfrac{\partial f}{\partial x^j}\right|_A=0$,$j=1,2,\cdots,n$,且存在仅依赖于 $\dfrac{\partial f}{\partial x^j}$(从而仅依赖于 $f$)的单调正函数 $\tilde{b}_i(\varepsilon)$,$\lim\limits_{\varepsilon\to0^+}\tilde{b}(\varepsilon)=0$,使得

$$\left|\frac{\partial f}{\partial x^j}(\varphi_i(v))\right| \leqslant \tilde{b}_i(\| v-u \|)\cdot \| v-u \|^{k-1},\quad \varphi_i(u)\in A_i,$$
$$v\in \overline{B^{m_i}(0;\varepsilon_i)},\quad j=1,2,\cdots,n$$

$\left(\text{注意}\frac{\partial f}{\partial x^j}\text{为}A\text{ 的开邻域上的}C^{k-1}\text{函数}\right)$. 再由引理 2.1.2,

$$\begin{aligned}|f(y)-f(x)| &= |f(\varphi_i(v))-f(\varphi_i(u))|\\ &\leqslant K\tilde{b}_i(\| v-u \|)\cdot \| v-u \|^k\\ &\leqslant K\tilde{b}_i(\| \varphi_i(v)-\varphi_i(u) \|)\cdot \| \varphi_i(v)-\varphi_i(u) \|^k\\ &= b_i(\| y-x \|)\cdot \| y-x \|^k,\quad \forall x=\varphi_i(u),y=\varphi_i(v)\\ &\in A_i\subset \varphi_i(\overline{B^{m_i}(0;\varepsilon)}),\end{aligned}$$

其中 $b_i=K\tilde{b}_i$. □

**引理 2.1.5** 设 $f=(f_1,f_2,\cdots,f_{m_2}):C=\{x=(x^1,x^2,\cdots,x^{m_1})\in\mathbf{R}^{m_1}\mid a_i\leqslant x^i\leqslant a_i+\delta\}\to\mathbf{R}^{m_2}$ 为映射,其中 $f_j$ 为 $C$ 的某个开邻域上的 $C^k$ 函数,$A=\{x\in C\mid(\mathrm{rank}f)_x=0\}$. 如果 $k\geqslant\frac{m_1}{m_2}$,则 $\mathrm{meas}f(A)=0$.

**证明** 应用引理 2.1.3,$A\subset\bigcup\limits_i A_i$. 当 $i=0$ 时,由 $A_0$ 至多可数知,$f(A_0)$也至多可数,因而

$$\mathrm{meas}f(A_0)=0;$$

当 $i\geqslant1$ 时,从

$$(\mathrm{rank}f)_x=0\iff x\in C_{f_j},j=1,2,\cdots,m_2$$

得到 $A\subset C_{f_j},j=1,2,\cdots,m_2$.

再由引理 2.1.4,如果 $x,y\in A_i$ 和 $\| y-x \|<\varepsilon$,则

$$|f_j(y)-f_j(x)|\leqslant b_i(\| y-x \|)\cdot \| y-x \|^k\leqslant b_i(\varepsilon)\varepsilon^k,$$
$$\| f(y)-f(x) \|\leqslant\sqrt{m_2}\,b_i(\varepsilon)\varepsilon^k.$$

现将 $C$ 划分为 $S^{m_1}$ 个边长为$\frac{\delta}{S}$的小闭方体 $C_1,C_2,\cdots,C_{S^{m_1}}$,则 $f(A_i\cap C_l)$属于边长为

$$2\sqrt{m_2}\,b_i\left(\frac{\sqrt{m_1}\delta}{S}\right)\cdot\left(\frac{\sqrt{m_1}\delta}{S}\right)^k$$

的闭方体($l=1,2,\cdots,S^{m_1}$). 而这种闭方体的

$$\begin{aligned}\text{总体积}&\leqslant S^{m_1}2^{m_2}m^{\frac{m_2}{2^2}}\left(b_i\left(\frac{\sqrt{m_1}\delta}{S}\right)\right)^{m_2}\left(\frac{\sqrt{m_1}\delta}{S}\right)^{km_2}\\ &=2^{m_2}m^{\frac{m_2}{2^2}}(\sqrt{m_1}\delta)^{km_2}\left(b_i\left(\frac{\sqrt{m_1}\delta}{S}\right)\right)^{m_2}S^{m_1-km_2}\end{aligned}$$

$$\xrightarrow[m_1 - km_2 \leqslant 0]{k \geqslant \frac{m_1}{m_2}} 0, \quad S \to +\infty.$$

于是，$\text{meas}f(A_i)=0$，$\text{meas}f(A)=0$. □

**引理 2.1.6**　设 $f=(f_1,f_2,\cdots,f_{m_2}):C=\{x=(x^1,x^2,\cdots,x^{m_1})\in \mathbf{R}^{m_1} \mid a_i\leqslant x^i\leqslant a_i+\delta\}\to \mathbf{R}^{m_2}$ 为映射，其中 $f_j$ 为 $C$ 的某个开邻域上的 $C^k$ 函数，$A=\{x\in C \mid (\text{rank}f)_x=l\}$，$0\leqslant l\leqslant m_2$. 如果 $k\geqslant \dfrac{m_1-l}{m_2-l}$，则 $\text{meas}f(A)=0$.

**证明**　对于 $l=0$，它就是引理 2.1.5.

对于 $0<l<m_2$，由定义 2.1.3 后的注释，只需证明 $\forall x_0\in A$，存在 $x_0$ 的开邻域 $U$ 使得 $\text{meas}f(A\cap U)=0$ 就足够了. 可以选择 $x_0$ 的开邻域 $U$ 的局部坐标为 $\{u^1,u^2,\cdots,u^{m_1}\}$，以及关于 $f(x_0)$ 的开邻域中的局部坐标为 $y^1,y^2,\cdots,y^{m_2}$，使得

$$\begin{cases} y^\alpha(u^1,u^2,\cdots,u^{m_1}) = u^\alpha, & \alpha = 1,2,\cdots,l, \\ y^\beta(u^1,u^2,\cdots,u^{m_1}) = F_\beta(u^1,u^2,\cdots,u^{m_1}), & \beta = l+1,l+2,\cdots,m_2. \end{cases}$$

对于每个 $u^1,u^2,\cdots,u^l$ 的固定值，映射 $\eta:\mathbf{R}^{m_1-l}\to \mathbf{R}^{m_2-l}$，由

$$\eta(u^{l+1},\cdots,u^{m_1}) = F(u^1,\cdots,u^l,u^{l+1},\cdots,u^{m_1})$$

给出，它是 $C^k$ 映射，且对 $\forall (u^1,\cdots,u^{m_1})\in A\cap U$，有

$$\text{rank}f = l \quad \Leftrightarrow \quad \text{rank}\eta = 0.$$

根据题设 $k\geqslant \dfrac{m_1-l}{m_2-l}$ 和引理 2.1.5，集合

$$f(A\cap U)\cap P_{(u^1,u^2,\cdots,u^l)}$$

在 $P_{(u^1,u^2,\cdots,u^l)}$ 中为零测集，其中 $P_{(u^1,u^2,\cdots,u^l)}$ 是 $\mathbf{R}^{m_2}$ 中的 $m_2-l$ 维平面，它由 $y^\alpha=u^\alpha$，$\alpha=1,2,\cdots,l$ 给出. 再根据熟知的 Fubini 定理，$\text{meas}f(A\cap U)=0$，从而 $\text{meas}f(A)=0$. □

根据定理 2.1.2 与引理 2.1.6 立即可推得 Morse-Sard 定理（定理 2.1.1）.

**Morse-Sard 定理（定理 2.1.1）的证明：**

如果 $m_1<m_2$，则 $k\geqslant 1+\max\{m_1-m_2,0\}=1+0=1$. 由定理 2.1.2，$\text{meas}f(C_f)=\text{meas}f(M_1)=0$.

如果 $m_1\geqslant m_2$，则 $k\geqslant 1+\max\{m_1-m_2,0\}=1+m_1-m_2=\dfrac{m_1-(m_2-1)}{m_2-(m_2-1)}\geqslant \dfrac{m_1-l}{m_2-l}$，$0\leqslant l\leqslant m_2$. 根据引理 2.1.6，$\text{meas}f(C_f^l)=0$，$0\leqslant l<m_2$，其中 $C_f^l=\{x\in C_f \mid (\text{rank}f)_x=l\}$. 于是

$$C_f=\bigcup_{l=0}^{m_2-1} C_f^l, \quad f(C_f)=\bigcup_{l=0}^{m_2-1} f(C_f^l),$$

$$0\leqslant \text{meas}f(C_f)=\text{meas}\left(\bigcup_{l=0}^{m_2-1}f(C_f^l)\right)\leqslant\sum_{l=1}^{m_2-1}\text{meas}f(C_f^l)=\sum_{l=1}^{m_2-1}0=0,$$

$$\text{meas}f(C_f)=0.$$

$\forall q\in M_2$，对 $q$ 的任一开邻域 $V$，因为 $\text{meas}(f(C_f)\cap V)=0$，故 $\exists y\in V-f(C_f)\subset M_2-f(C_f)$. 于是，$M_2f(C_f)$在 $M_2$ 中是稠密的.

取 $M_1$ 的至多可数的紧覆盖$\{K_i\}$. 显然，$C_f$ 为闭集，从而 $M_1-C_f$ 为开集，$C_f\cap K_i$ 与$f(C_f\cap K_i)$为紧致集，从而 $f(C_f\cap K_i)$为闭集. 再由 $\text{meas}f(C_f\cap K_i)=0$ 知 $M_2-f(C_f\cap K_i)$为 $M_2$ 中的稠密开集. 因此

$$\begin{aligned}M_2-f(C_f)&=M_2-f\left(\bigcup_i(C_f\cap K_i)\right)\\&=M_2-\bigcup_i f(C_f\cap K_i)=\bigcap_i(M_2-f(C_f\cap K_i)).\end{aligned}$$

这就证明了 $M_2-f(C_f)$为 $M_2$ 中至多可数个稠密开集的交(读者可由此性质直接导出 $M_2-f(C_f)$在 $M_2$ 中稠密).

作为 Morse-Sard 定理的第一个应用，我们证明下面的拓扑结果，根据定理 1.5.10，它等价于 $\text{Id}_{S^{n-1}}$非零伦或 Brouwer 不动点定理.

**定理 2.1.5** 不存在收缩 $f:\overline{B^m(0;1)}\to S^{m-1}$.

**证明** (反证)假设存在收缩 $f:\overline{B^m(0;1)}\to S^{m-1}$，即 $f$ 连续，且 $f|_{S^{m-1}}=\text{Id}_{S^{m-1}}$. 我们构造一个新的收缩 $g:\overline{B^m(0;1)}\to S^{m-1}$，它在 $S^{m-1}$关于$\overline{B^m(0;1)}$的一个开邻域上是 $C^\infty$ 的. 例如

$$g(x)=\begin{cases}f(2x), & 0\leqslant\|x\|\leqslant\dfrac{1}{2},\\ f\left(\dfrac{x}{\|x\|}\right), & \dfrac{1}{2}\leqslant\|x\|\leqslant 2\end{cases}$$

$$=\begin{cases}f(2x), & 0\leqslant\|x\|\leqslant\dfrac{1}{2},\\ \dfrac{x}{\|x\|}, & \dfrac{1}{2}\leqslant\|x\|\leqslant 2.\end{cases}$$

由推论 1.6.2，可用 $C^\infty$ 映射 $h:\overline{B^m(0;1)}\to S^{m-1}$逼近 $g$，它在 $S^{m-1}$的一个开邻域上与 $g$ 相同，则 $h:\overline{B^m(0;1)}\to S^{m-1}$是一个 $C^\infty$ 的收缩.

由 Morse-Sard 定理(定理 2.1.1)或定理 2.1.4 知，存在 $h$ 的一个正则值 $y\in S^{m-1}$. 再根据定理 1.1.7 知，$h^{-1}(y)$为一个 1 维正则子流形. 记

$$V=h^{-1}(y)\cap\overline{B^m(0;1)},$$

则 $V$ 在$\overline{B^m(0;1)}$中的边界为

$$\partial V=V\cap S^{m-1}.$$

显然，$y \in h^{-1}(y)$为 $V$ 的一个边界点，即 $y \in \partial V$. 于是，包含 $y$ 的 $V$ 在$\overline{B^m(0;1)}$中的连通分支必同胚于一个闭区间，从而必须有另外的边界点 $z \in S^{m-1}$，$z \neq y$. 但是，由 $z \in h^{-1}(y)$，$y = h(z) = z$，矛盾. □

**注 2.1.4** 在定理 1.5.8 与定理 1.5.9 中分别用同伦群与同调群两种代数拓扑方法证明了不存在收缩映射 $f: \overline{B^m(0;1)} \to S^{m-1}$. 而定理 2.1.5 用微分拓扑（Morse-Sard 定理）的方法也证明了不存在收缩映射 $f: B^m(0;1) \to S^{m-1}$. 无论用哪种方法证明，结合定理 1.5.10 都保证了 Brouwer 不动点定理，$\mathrm{Id}_{S^{m-1}}$非零伦以及不存在收缩映射 $f: \overline{B^m(0;1)} \to S^{m-1}$不但彼此等价，而且都是成立的.

**注 2.1.5** 研究映射的方法频繁地用在微分拓扑中，它的基本模式是先由 $C^\infty$ 映射逼近，寻找一个正则值与利用正则值的逆像的拓扑来研究所需的问题. 定理 2.1.5 的证明就是这个模式的第一例. 由此知，Morse-Sard 定理的应用是极其广泛的. 下面的 Whitney 嵌入定理与 Thom 横截性定理都必须用到 Morse-Sard 定理.

## 2.2 Whitney 嵌入定理

$\mathbf{R}^q$ 中大量的 $C^r(r \geqslant 1)$光滑曲线、$m$ 维 $C^r(r \geqslant 1)$光滑曲面是微分流形的实例. 它们是 $\mathbf{R}^q$ 中的 $C^r(r \geqslant 1)$正则子流形. 人们自然要问：一个 $m$ 维 $C^r(r \geqslant 1)$流形 $M$ 在什么条件下能被安装在 Euclid 空间中？即存在一个 $C^r$ 嵌入 $F: M \to \mathbf{R}^q$，此时，$F: M \to F(M)$为同胚.

我们当然希望 $\mathbf{R}^q$（使流形 $M$ 实现的 Euclid 空间）的维数 $q$ 越小越好. 我们关心的问题是 $q$ 能小到什么程度. 此时，需要加什么条件？对于紧致 $m$ 维 $C^r(r \geqslant 1)$流形在 Euclid 空间中的实现有以下定理.

**定理 2.2.1**（紧致流形的嵌入定理） 设 $M$ 为紧致 $m$ 维 $C^r(1 \leqslant r \leqslant +\infty)$流形，则存在 $n \in \mathbf{N}$ 以及一个 $C^r$ 嵌入 $F: M \to \mathbf{R}^n \times \underbrace{\mathbf{R}^m \times \cdots \times \mathbf{R}^m}_{n\text{个}} = \mathbf{R}^{n(m+1)}$.

**证明** 对 $\forall\, p \in M$，选 $p$ 的局部坐标系$(U_p, \varphi_p)$s.t. $\varphi_p(p) = 0$，$\overline{C^m(1)} \subset \varphi_p(U_p)$，令 $V_p = \varphi_p^{-1}\left(C^m\left(\frac{1}{2}\right)\right)$. 显然，$\{V_p \mid p \in M\}$为 $M$ 的开覆盖. 由 $M$ 紧致，可选出有限子覆盖$\{V_{p_1}, V_{p_2}, \cdots, V_{p_n}\}$.

设 $f: \mathbf{R}^m \to \mathbf{R}$ 为 $C^\infty$ 鼓包函数，使得

$$f(x)\begin{cases} = 1, & x \in C^m\left(\frac{1}{2}\right), \\ \in (0,1), & x \in C^m(1) - C^m\left(\frac{1}{2}\right), \\ = 0, & x \in \mathbf{R}^m - C^m(1), \end{cases}$$

$$f_i(q)=\begin{cases}f(\varphi_{p_i}(q)), & q\in U_{p_i},\\ 0, & q\in M-\overline{\varphi_{p_i}^{-1}(C^m(1))}.\end{cases}$$

显然,$f_i:M\to\mathbf{R}$ 为 $C^r$ 函数. 我们定义

$$F:M\to\mathbf{R}^n\times\underbrace{\mathbf{R}^m\times\cdots\times\mathbf{R}^m}_{n\text{个}}=\mathbf{R}^{n(m+1)}$$

为

$$F(q)=(f_1(q),\cdots,f_n(q);f_1(q)\varphi_{p_1}(q),\cdots,f_n(q)\varphi_{p_n}(q)).$$

由 $f_i$ 的性质,$f_i(x)\varphi_{p_i}(x)$可视作 $M$ 上的$C^r$ 映射. 只需在 $U_{p_i}$外边定义为 0. 显然,$F\in C^r(M,\mathbf{R}^{n(m+1)})$. 下面可以证明 $F$ 就是所需求的$C^r$ 嵌入.

首先证明 $F$ 是单射. 如果 $F(p)=F(q)$,则对 $\forall\, i$,有 $f_i(p)=f_i(q)$, $i=1,2,\cdots,n$. 若 $p\in\varphi_{p_{i_0}}^{-1}(C^m(1))$,则从 $f_{i_0}(p)\cdot\varphi_{p_{i_0}}(p)=f_{i_0}(q)\cdot\varphi_{p_{i_0}}(q)$和 $f_{i_0}(q)=f_{i_0}(p)>0$ 推出 $q\in\varphi_{p_{i_0}}^{-1}(C^m(1))$和 $\varphi_{p_{i_0}}(p)=\varphi_{p_{i_0}}(q)$. 因为 $\varphi_{p_{i_0}}$ 为同胚,故 $p=q$,从而 $F$ 为单射.

又因 $M$ 紧致,所以一一连续映射 $F:M\to F(M)\subset\mathbf{R}^{n(m+1)}$为同胚(若 $A$ 为紧致流形 $M$ 的闭集,则 $A$ 紧致. 于是,$(F^{-1})^{-1}(A)=F(A)\subset F(M)$为紧致集. 由此得到 $F(A)$为闭集和 $F^{-1}$连续).

最后证明 $\text{rank}F=m$. 对 $\forall\, p\in M$,由于$\{V_{p_1},V_{p_2},\cdots,V_{p_n}\}$为 $M$ 的开覆盖,则$\exists\, k\in\{1,2,\cdots,n\}$, s.t. $p\in V_{p_k}$. 我们利用局部坐标系$(U_{p_k},\varphi_{p_k})$可以证明 Jacobi 矩阵

$$D(\text{Id}_{\mathbf{R}^{n(m+1)}}\circ F\circ\varphi_{p_k}^{-1})=D(F\circ\varphi_{p_k}^{-1})$$

包含非异的 $m\times m$ 矩阵,因而$(\text{rank}F)_p=m$. 事实上,设

$$\varphi_{p_k}(q)=(x^1,x^2,\cdots,x^m)=x,\quad \varphi_{p_k}(p)=(x_0^1,x_0^2,\cdots,x_0^m)=x_0.$$

因为 $f(x)$在 $x_0$ 的一个邻域中恒为 1,所以 $f(x_0)=1$, $\frac{\partial f}{\partial x^i}(x_0)=0$. 于是

$$f_k(q)\cdot\varphi_{p_k}(q)=f(\varphi_{p_k}(q))\cdot\varphi_{p_k}(q)=f(x)\cdot x,$$

$$\begin{aligned}&\left.\frac{\partial(f(x)x^1,f(x)x^2,\cdots,f(x)x^m)}{\partial(x^1,x^2,\cdots,x^m)}\right|_{x_0}\\&=\det\left.\begin{pmatrix}\frac{\partial f}{\partial x^1}x^1+f(x)\cdot 1 & \frac{\partial f}{\partial x^2}x^1+f(x)\cdot 0 & \cdots & \frac{\partial f}{\partial x^m}x^1+f(x)\cdot 0\\ \vdots & \vdots & & \vdots\\ \frac{\partial f}{\partial x^1}x^m+f(x)\cdot 0 & \frac{\partial f}{\partial x^2}x^m+f(x)\cdot 0 & \cdots & \frac{\partial f}{\partial x^m}x^m+f(x)\cdot 1\end{pmatrix}\right|_{x_0}\\&=\det I_m=1.\end{aligned}$$

□

关于紧致 $m$ 维 $C^r(1\leqslant r\leqslant+\infty)$流形的嵌入定理证明比较简单. 但流形实现的

Euclid 空间 $\mathbf{R}^q$ 的维数 $q=n(m+1)$ 可能很高.而且其中 $n$ 实际上无法确定.下面我们证明容易的 Whitney 嵌入定理.

**定理 2.2.2**(容易的 Whitney 嵌入定理) 设 $M$ 为 $m$ 维紧致 $C^r(2\leqslant r\leqslant+\infty)$ 流形,则存在从 $M$ 到 $\mathbf{R}^{2m+1}$ 的 $C^r$ 嵌入.

进而,设 $(M,\mathscr{D}^r)$ 为 $m$ 维 $C^r(1\leqslant r\leqslant+\infty)$ 紧致流形,则存在从 $M$ 到 $\mathbf{R}^{2m+1}$ 的 $C^r$ 嵌入.

**证明** 由定理 2.2.1,$MC^r$ 嵌入在某个 $\mathbf{R}^q$ 中.

如果 $q\leqslant 2m+1$,则证明已完成.

因此,可假定 $q>2m+1$.如果用 $M$ 在嵌入下的像代替 $M$,则可假设 $M$ 是 $\mathbf{R}^q$ 的 $C^r$ 正则子流形.只要证明这样的一个 $M$ 能 $C^r$ 嵌入 $\mathbf{R}^{q-1}$,然后归纳可得 $M$ 将 $C^r$ 嵌入在 $\mathbf{R}^{2m+1}$ 中.

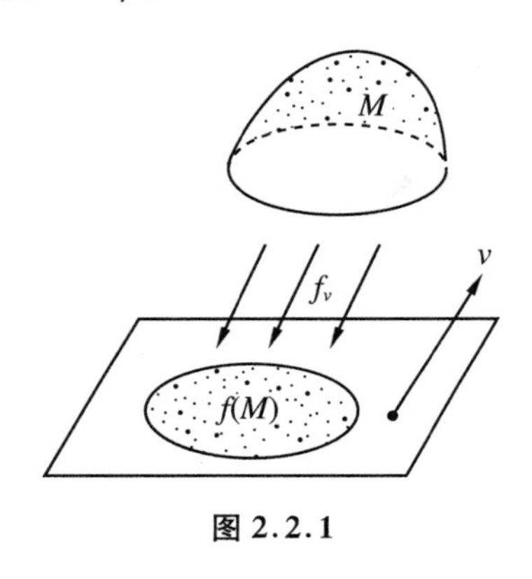

图 2.2.1

设 $M\subset\mathbf{R}^q$,$q>2m+1$,将 $\mathbf{R}^{q-1}$ 与 $\{x\in\mathbf{R}^q\mid x_q=0\}$ 叠合.如果 $v\in\mathbf{R}^q-\mathbf{R}^{q-1}$,由 $f_v:\mathbf{R}^q\to\mathbf{R}^{q-1}$ 表示平行于 $v$ 的投影(图 2.2.1).我们寻找一个单位向量 $v$,使得 $f_v|_M:M\to\mathbf{R}^{q-1}$ 为 $C^r$ 嵌入.容易看出:

(1) $f_v|_M$ 为单射 $\Leftrightarrow \dfrac{x-y}{\|x-y\|}\neq v$, $\forall x,y\in M, x\neq y$;

(2) $f_v|_M$ 为浸入 $\Leftrightarrow z\notin \mathrm{Ker}\,\mathrm{d}f_v$, $\forall z\in TM, z\neq 0$

$$\Leftrightarrow \frac{z}{\|z\|}\neq v,\ \forall z\in TM, z\neq 0$$

($z$ 与 $\mathbf{R}^q$ 中的一个向量叠合),其中 $TM$ 为 $M$ 的切丛(它由 $M$ 的所有切向量构成),$\mathrm{d}f_v$ 为 $f_v$ 的切映射或 Jacobi 映射(参阅文献[23]).

设 $M_\Delta=\{(a,a)\mid a\in M\}\subset M\times M$.显然,$M\times M-M_\Delta$ 为 $M\times M$ 中的开子流形,而 $\dfrac{x-y}{\|x-y\|}$ 关于 $x$ 与 $y$ 是实解析的.因此,映射

$$\sigma: M\times M-M_\Delta\to S^{q-1},$$

$$\sigma(x,y)=\frac{x-y}{\|x-y\|}$$

为 $C^r$ 映射.清楚地

$$v\ \text{满足(1)}\quad\Leftrightarrow\quad v\notin\sigma(M\times M-M_\Delta).$$

由

$$\dim(M\times M-M_\Delta)=2m<q-1=\dim S^{q-1}$$

和 Morse-Sard 定理(定理 2.1.1)知,$\sigma(M\times M-M_\Delta)$ 为零测集,从而 $\exists\, v\in S^{q-1}-$

$\sigma(M\times M-M_\Delta)$.

设

$$T_1M=\{z\in TM\mid \|z\|=1\}$$

为单位球丛. 为了看到 $T_1M$ 为 $TM$ 的 $C^{r-1}$ 正则子流形, 考察映射

$$\gamma: TM\to \mathbf{R},$$
$$\gamma(z)=\|z\|^2.$$

因为 $\gamma$ 是 $C^\infty$ 映射

$$T\mathbf{R}^q\to\mathbf{R},$$
$$z\mapsto\|z\|^2$$

到 $TM$ 上的限制, 它是 $C^{r-1}$ 的(注意, $TM$ 为 $C^{r-1}$ 流形). 如果 $r(z)=\|z\|^2=1$, 则

$$\frac{\mathrm{d}}{\mathrm{d}t}\gamma(tz)\Big|_{t=1}=\frac{\mathrm{d}}{\mathrm{d}t}\|tz\|^2\Big|_{t=1}=\frac{\mathrm{d}}{\mathrm{d}t}t^2\Big|_{t=1}=2t\,|_{t=1}=2\neq 0.$$

于是, $\mathrm{rank}\,\gamma\equiv 1$, 从而 $T_1M=\gamma^{-1}(1)$ 为 $TM$ 的 $C^{r-1}$ 正则子流形. 因 $M$ 紧致, 故 $r^{-1}(1)=T_1M$ 也是紧致的.

将 $TM$ 与 $M\times\mathbf{R}^q\subset\mathbf{R}^q\times\mathbf{R}^q=T\mathbf{R}^q$ 的子集叠合, 则 $T_1M$ 是 $M\times S^{q-1}$ 的一个子集. 定义

$$\tau: T_1M\to S^{q-1}$$

为从 $M\times S^{q-1}$ 到 $S^{q-1}$ 上的投影在 $T_1M$ 上的限制. 几何上, $\tau$ 恰好是以 $M$ 的点作为基点的单位切向量平移到 $0\in\mathbf{R}^q$ 为基点的单位向量(即 $\tau$ 为 Gauss 映射).

清楚地, $\tau$ 是 $C^{r-1}$ 的, 且

$$v \text{ 满足(2)} \quad\Leftrightarrow\quad v\notin\tau(T_1M).$$

由

$$\dim T_1M=2m-1<2m<q-1=\dim S^{q-1}$$

和 Morse-Sard 定理 2.1.2 知, 当 $r\geqslant 2$, 即 $r-1\geqslant 1$ 时, $\tau(T_1M)$ 是 $S^{q-1}$ 中的零测集. 又由以上论述知, $\sigma(M\times M-M_\Delta)$ 也为 $S^{q-1}$ 中的零测集, 故

$$\tau(T_1M)\cup\sigma(M\times M-M_\Delta)$$

为 $S^{q-1}$ 中的零测集. 因此

$$\exists\, v\in S^{q-1}-(\tau(T_1M)\cup\sigma(M\times M-M_\Delta)),$$

即 $v$ 既满足(1), 又满足(2). 这就意味着 $f_v|_M: M\to\mathbf{R}^q$ 为单射及 $C^r$ 浸入.

因为 $M$ 紧致和 $\mathbf{R}^q$ 为 $T_2$(Hausdorff)空间, 所以 $f_v|_M: M\to f_v|_M(M)$ 为同胚, 从而 $f_v|_M$ 为 $C^r$ 嵌入.

进而, 当 $r\geqslant 1$ 时, 根据定理 1.6.7, 存在 $(M,\mathscr{D}^r)$ 上的 $C^\infty$ 微分构造 $\mathscr{D}^\infty\subset\mathscr{D}^r$. 于是, 由本定理前半部分的结论知, 存在 $C^\infty$ 嵌入 $f:(M,\mathscr{D}^\infty)\to\mathbf{R}^{2m+1}$. 显然, $f:(M,\mathscr{D}^r)\to\mathbf{R}^{2m+1}$

为 $C^r$ 嵌入. □

**定理 2.2.3** 设 $(M,\mathscr{D}^r)$ 为 $m$ 维 $C^r(r\in\{1,2,\cdots,+\infty\})$ 流形,则存在从 $M$ 到 $\mathbf{R}^{2m+1}$ 的 $C^r$ 嵌入.

**证明** 由文献[14]20 页 2.10 Problem 知,存在从 $M$ 到 $\mathbf{R}^{(m+1)^2}$ 的 $C^r$ 嵌入. 然后完全类似定理 2.2.2 后半部分的证明可推得本定理的结论. □

问题是,文献[14]20 页 2.10 Problem 的证明也不是轻而易举的!

**定理 2.2.4** 设 $(M,\mathscr{D}^r)$ 为 $m$ 维 $C^r(1\leqslant r\leqslant+\infty)$ 流形,则存在从 $M$ 到 $\mathbf{R}^{2m}$ 的 $C^r$ 浸入.

**证明** 由文献[14]20 页 2.10 Problem 知,存在从 $M$ 到 $\mathbf{R}^{(m+1)^2}$ $(q=(m+1)^2)$ 的 $C^r$ 嵌入(如果 $M$ 紧致,由定理 2.2.1 知,存在从 $M$ 到 $\mathbf{R}^q$ 的 $C^r$ 嵌入). 考察定理 2.2.2 后半部分的证明,由定理 1.6.7,存在 $\mathscr{D}^\infty\subset\mathscr{D}^r$. 再从定理 2.2.2 前半部分的证明知,$f_v|_M$ 为浸入 $\Leftrightarrow v\notin\tau(T_1M)$. 如果 $q>2m$,则由

$$\dim T_1M=2m-1<q-1=\dim S^{q-1}$$

和 Morse-Sard 定理(定理 2.1.1)推得,$\exists\, v\notin\tau(T_1M)$,则 $f_v|_M:M\to\mathbf{R}^{q-1}$ 为 $C^\infty$ 浸入. 然后,归纳可得 $M$ 将 $C^\infty$ 浸入 $\mathbf{R}^{2m}$ 中,记为 $f:(M,\mathscr{D}^\infty)\to\mathbf{R}^{2m}$. 显然,$f:(M,\mathscr{D}^r)\to\mathbf{R}^{2m}$ 为 $C^r$ 浸入. □

定理 2.2.1 与定理 2.2.2 都要求 $M$ 是紧致的;定理 2.2.2 与定理 2.2.3 都要求 $M$ 能嵌入 $\mathbf{R}^q$ 中. 但是,定理 2.2.3 的证明用到了文献[14]20 页 2.10 Problem 的结果. 而此结果的证明是相当麻烦的. 现在我们应用 Sard 定理和不同于上面的论证得到相同的结果. 为此,先证明以下引理.

**引理 2.2.1** 设 $M$ 为 $m$ 维 $C^r(1\leqslant r\leqslant+\infty)$ 流形,则:

(1) $\exists\, C^r$ 函数 $f:M\to\mathbf{R}$, s.t. $L(f)=\varnothing$;

(2) $\exists\, C^r$ 映射 $f:M\to\mathbf{R}^q$, s.t. $L(f)=\varnothing$.

**证明** (1) 取 $M$ 上的局部有限的坐标系族 $\{(U_i,\varphi_i)\mid i=1,2,\cdots\}$,使得 $\varphi_i(U_i)=C^m(3)$,$\{W_i=\varphi_i^{-1}(C^m(1))\}$ 仍为 $M$ 的开覆盖,$\theta:\mathbf{R}^m\to\mathbf{R}$ 为 $C^\infty$ 鼓包函数,使得

$$\theta(x)\begin{cases}=1, & x\in\overline{C^m(1)},\\ \in(0,1), & x\in C^m(2),\\ =0, & x\in\mathbf{R}^m-C^m(2).\end{cases}$$

令 $f_i:M\to\mathbf{R}$,使得

$$f_i(p)=\begin{cases}\theta(\varphi_i(p)), & p\in U_i,\\ 0, & p\in M-U_i.\end{cases}$$

显然,$f_i$ 为 $C^r$ 函数,定义 $f:M\to\mathbf{R}$, $f(p)=\sum\limits_i if_i(p)$. 因为 $\{U_i\}$ 为 $M$ 的局部有限的开

覆盖,故 $f$ 是 $C^r$ 的.

设 $\{p_i\}$ 为 $M$ 的无收敛子列的序列,则只有有限项相应的点在 $M$ 的任一紧致子集中. 固定 $n\in\mathbf{N}$, $\exists j\in\mathbf{N}$, s.t. $p_j\notin\overline{W}_1\cup\overline{W}_2\cup\cdots\cup\overline{W}_n$. 因此, $\exists l>n$. s.t. $p_j\in W_l$. 从而

$$f(p_j)=\sum_i if_i(p_j)\geqslant lf_l(p_j)=l\cdot 1=l>n.$$

于是,数列 $\{f(p_j)\}$ 不收敛. 从而 $L(f)=\varnothing$.

(2) 设 $f=(f_1,f_2,\cdots,f_q)=(f_1,0,\cdots,0)$, $f_1$ 为(1)中定义的函数. 易见, $f$ 是 $C^r$ 的,且 $L(f)=\varnothing$. □

**引理 2.2.2** 设 $U\subset\mathbf{R}^m$ 为开集, $f:U\to\mathbf{R}^q\ (q\geqslant 2m)$ 为 $C^r\ (2\leqslant r\leqslant+\infty)$ 映射,则对 $\forall\,\varepsilon>0$, $\exists\, q\times m$ 矩阵 $A=(a_j^i)$ 使得 $A=(a_j^i)$ 的行列式 $|a_j^i|<\varepsilon$ 且

$$g(x)=f(x)+Ax$$

为 $C^r$ 浸入,其中 $x$ 为行向量.

**证明** 定义映射

$$F_k:M(q,m;k)\times U\to M(q,m),$$
$$F_k(Q,x)=Q-Df(x),$$

其中 $M(q,m)$ 为 $q\times m$ 实矩阵的全体, $M(q,m;k)$ 是秩为 $k$ 的 $q\times m$ 实矩阵的全体.

显然, $F_k$ 为 $C^{r-1}$ 映射,且 $F_k$ 的定义域的维数,当 $k<m$ 时,由 $q\geqslant 2m$ 得到

$$\begin{aligned}\dim(M(q,m;k)\times U)&=k(q+m-k)+m\\&\leqslant(m-1)(q+m-(m-1))+m\\&=(m-1)(q+1)+m=2m-q+qm-1<qm\\&=\dim M(q,m)\end{aligned}$$

(由于 $k(q+m-k)+m$ 关于 $k$ 的偏导数为 $q+m-2k\geqslant 2m+m-2(m-1)=m+2>0$,因而它对 $k$ 而言是单调增加的).

因此,当 $k=0,1,\cdots,m-1$ 时,根据 Morse-Sard 定理(定理 2.1.1), $F_k$ 的像在 $M(q,m)$ 中为零测集,从而

$$\bigcup_{k=0}^{m-1}F_k(M(q,m;k)\times U)$$

为零测集. 由此,存在 $M(q,m)$ 中的任意接近于零矩阵的元素 $A\in M(q,m)-\bigcup_{k=0}^{m-1}F_k(M(q,m;k)\times U)$, $|a_j^i|<\varepsilon$. 于是,对 $\forall\, x\in U$,

$$Dg(x)=Df(x)+A$$

的秩为 $m$,从而 $g$ 为 $C^r$ 浸入. □

**引理 2.2.3** 设 $M$ 为 $m$ 维 $C^r$ 流形, $f:M\to\mathbf{R}^q\ (q\geqslant 2m)$ 为 $C^r\ (r\in\{1,2,\cdots\})$ 映射以及 $\mathcal{N}$ 为 $f$ 的任一强 $C^r$ 开邻域,则 $\exists f$ 的强 $C^r$ 基本邻域 $\mathcal{N}_S^r(f;\Phi,\Psi,\mathcal{K},\mathcal{E})\subset\mathcal{N}$,及 $g\in$

$\mathcal{N}_S^r(f;\Phi,\Psi,\mathcal{K},\mathcal{E})$，使 $g:M\to\mathbf{R}^q$ 为 $C^r$ 浸入.

此外，如果在 $M$ 的闭集 $E$ 上 $\operatorname{rank}f=m$，则可取 $g|_E=f|_E$.

上述结果表明所有 $C^r$ 浸入的集合 $\operatorname{Imm}^r(M,\mathbf{R}^q)$ 在 $C_S^r(M,\mathbf{R}^q)$ 中是稠密的.

**证明** 显然，存在 $E$ 的开邻域 $U$，使在 $U$ 上 $\operatorname{rank}f=m$. 令 $\Phi=\{(U_i,\varphi_i)\mid i\in\mathbf{Z}$(整数集)$\}$ 为 $M$ 的二元开覆盖 $\{U,M-E\}$ 的一个局部有限的开精致，并且 $\varphi_i(U_i)=C^m(3)$，而 $\{W_i=\varphi_i^{-1}(C^m(1))\}$ 为 $M$ 的开覆盖，$V_i=\varphi_i^{-1}(C^m(2))$；$\Psi=\{(\mathbf{R}^q,\mathrm{Id}_{\mathbf{R}^q})\}$ 和正数族 $\mathcal{E}=\{\varepsilon_i\mid i\in\mathbf{Z}\}$ 使得 $\mathcal{N}_S^r(f;\Phi,\Psi,\mathcal{K},\mathcal{E})\subset\mathcal{N}$，其中 $\mathcal{K}=\{\overline{W}_i\mid i\in\mathbf{Z}\}$.

要求整数指标 $i$ 具有性质：

$$i\leqslant 0\quad\Leftrightarrow\quad U_i\subset U.$$

这是为了保证下面构造的 $g$，有 $g|_E=g_k|_E=f|_E$.

设 $g_0=f$. 假定 $g_{k-1}:M\to\mathbf{R}^q$ 在 $\bigcup\limits_{j\leqslant k-1}\overline{W}_j$ 上的秩为 $m$. 考虑 $g_{k-1}\circ\varphi_k^{-1}:C^m(3)\to\mathbf{R}^q$. 令 $A$ 为一个 $q\times m$ 矩阵，$F_A:C^m(3)\to\mathbf{R}^q$，由

$$F_A(x)=g_{k-1}\circ\varphi_k^{-1}(x)+\theta(x)Ax$$

所定义，其中 $x$ 为 $m\times 1$ 列向量，$A$ 待定，而 $\theta$ 为引理 2.2.1 证明中定义的 $C^\infty$ 鼓包函数.

因为 $\{\overline{W}_i\}$ 局部有限，故 $K=\varphi_k\left(\bigcup\limits_{j\leqslant k-1}\overline{W}_j\cap\overline{V}_k\right)$ 为紧致集. 而 $g_{k-1}\circ\varphi_k^{-1}$ 在 $K$ 上的秩为 $m$ 和映射

$$\eta:K\times M(q,m)\to M(q,m),$$
$$(x,A)\mapsto\eta(x,A)=D(F_A(x))=D(g_{k-1}\circ\varphi_k^{-1}(x))+Ax\cdot D\theta(x)+\theta(x)A$$

($D\theta$ 为 $1\times m$ 行向量)是连续的. 因为

$$\eta(K\times\{0\})\subset M(q,m;m),$$

其中 $M(q,m;m)$ 为 $M(q,m)$ 的开子集，所以当 $A$ 充分小时，

$$\eta(K\times\{A\})\subset M(q,m;m).$$

这是关于 $A$ 的第 1 个条件.

当 $A$ 足够小时，$\|\theta(x)Ax\|\leqslant\|Ax\|<\dfrac{\varepsilon_k}{2^k},\cdots,\|D^r(\theta(x)Ax)\|<\dfrac{\varepsilon_k}{2^k},\forall x\in C^m(3)$. 这是关于 $A$ 的第 2 个条件.

当 $r\geqslant 2$ 时，根据引理 2.2.2，$A$ 可选得足够小，使在 $\overline{C^m(2)}$ 上，$g_{k-1}\circ\varphi_k^{-1}(x)+Ax$ 的秩为 $m$. 这是关于 $A$ 的第 3 个条件.

现在用等式

$$g_k(p)=\begin{cases}g_{k-1}(p)+\theta(\varphi_k(p))A\varphi_k(p), & \forall p\in U_k,\\ g_{k-1}(p), & \forall p\in M-V_k\end{cases}$$

来定义 $g_k:M\to\mathbf{R}^q$. 在 $U_k\cap(M-V_k)$上, $g_k(p)$的两种定义是相同的,所以 $g_k$ 是$C^r$ 的.

由 $A$ 的第1个条件, $g_k$ 在 $\bigcup\limits_{j\leqslant k-1}\overline{W}_j$ 上的秩为$m$;由 $A$ 的第3个条件, $g_k$ 在$\overline{W}_k$ 上的秩为 $m$. 因此, $g_k$ 在 $\bigcup\limits_{j\leqslant k}\overline{W}_j$ 上的秩为$m$. 再由 $A$ 的第2个条件, $g_k$ 是$g_{k-1}$的强 $C^r-\left\{\dfrac{\varepsilon_k}{2^k}\right\}$逼近.

定义 $g(p)=\lim\limits_{k\to+\infty}g_k(p)$. 因为$\{U_i\mid i\in\mathbf{N}\}$为 $M$ 的局部有限的开覆盖,故对 $\forall p\in M$, $\exists p$ 的开邻域$U_p$ 与自然数$k_0$,当 $k>k_0$ 时,在 $U_p$ 上有$g_k=g_{k+1}=\cdots=g$. 于是, $g$ 是$C^r$ 的,其秩处处为 $m$. 它是 $f$ 的一个强$C^r-\{\varepsilon_k\}$逼近,即 $g\in\mathcal{N}_S^r(f;\Phi,\Psi,\mathcal{K},\mathcal{E})$.

由上述 $r\geqslant2$ 的结论与定理 1.6.7,类似定理 2.2.2 后半部分的证法立即推得当 $r=1$ 时,本引理的结论也是成立的. □

**引理 2.2.3′** 设 $M$ 为$m$ 维$C^\infty$流形, $f:M\to\mathbf{R}^q(q\geqslant2m)$为 $C^\infty$映射, $\mathcal{N}$为$f$ 的任一强$C^\infty$开邻域,则存在某个 $r\in\{0,1,2,\cdots\}$以及 $g\in\mathcal{N}_S^r(f;\Phi,\Psi,\mathcal{K},\mathcal{E})\cap C^\infty(M,\mathbf{R}^q)$,使得 $g:M\to\mathbf{R}^q$ 为$C^\infty$浸入.

此外,如果在 $M$ 的闭集$E$ 上 $\mathrm{rank}f=m$,则可选 $g|_E=f|_E$.

上述结果表明所有 $C^\infty$浸入的集合 $\mathrm{Imm}^\infty(M,\mathbf{R}^q)$在 $C_S^\infty(M;\mathbf{R}^q)$中是稠密的.

如果 $\mathcal{N}$为$f$ 的任一强$C^r$ 开邻域,则必有 $g\in\mathcal{N}_S^r(f;\Phi,\Psi,\mathcal{K},\mathcal{E})\cap C^\infty(M,\mathbf{R}^q)$,使 $g:M\to\mathbf{R}^q$ 为$C^r$ 浸入.

**证明** 设 $f\in\mathcal{N}=\bigcup\limits_{\beta}W_\beta$, 则必有 $r\in\{0,1,2,\cdots\}$, s.t. $f\in W_r$. 因此,有 $f$ 的强$C^r$ 基本邻域 $\mathcal{N}_S^r(f;\Phi,\Psi,\mathcal{K},\mathcal{E})\cap C^\infty(M,\mathbf{R}^q)\subset\mathcal{N}$. 根据引理 2.2.3, 有 $C^\infty$ 映射 $g\in\mathcal{N}_S^r(f;\Phi,\Psi,\mathcal{K},\mathcal{E})\cap C^\infty(M,\mathbf{R}^q)\subset\mathcal{N}$,它是从 $M$ 到 $\mathbf{R}^q$的$C^\infty$浸入. □

**注 2.2.1** 注意,在引理 2.2.3 中,条件 $q\geqslant2m$ 不可删去. 反例就是例 1.6.1. 此时, $q=1\ngeqslant2=2m$.

**引理 2.2.4** 设 $M$ 为$m$ 维$C^r(1\leqslant r<+\infty)$流形, $f:M\to\mathbf{R}^q(q>2m)$为 $C^r$ 浸入,以及 $\mathcal{N}$为$f$ 的任一强$C^r$ 开邻域,则$\exists f$ 的强$C^r$ 基本邻域$\mathcal{N}_S^r(f;\Phi,\Psi,\mathcal{K},\mathcal{E})\subset\mathcal{N}$,及 $g\in\mathcal{N}_S^r(f;\Phi,\Psi,\mathcal{K},\mathcal{E})$,使 $g:M\to\mathbf{R}^q$ 为$C^r$ 浸入的单射.

此外,如果 $f$ 在闭集$E$ 的一个开邻域$U$ 中为单射,则可选 $g|_E=f|_E$.

**证明** 因为 $f$ 为 $C^r$ 浸入,故可选 $M$ 的开覆盖$\{U_\alpha\}$使得 $f|_{U_\alpha}$ 为 $C^r$ 嵌入. 设$\{(U_i,\varphi_i)\mid i\in\mathbf{Z}\}$为$\{U_\alpha\}$与 $M$ 的二元开覆盖$\{U,M-E\}$的局部有限的开精致的坐标系族. 设 $\theta(x)$为引理 2.2.1 中所作的 $C^\infty$鼓包函数. 显然, $\lambda_i:M\to\mathbf{R}$,

$$\lambda_i(p)=\begin{cases}\theta(\varphi_i(p)), & \forall p\in U_i,\\ 0, & \forall p\in M-U_i\end{cases}$$

为 $C^r$ 函数.

如引理 2.2.3,要求整数指标 $i$ 具有性质:

$$i \leqslant 0 \quad \Leftrightarrow \quad U_i \subset U.$$

这是为了保证下面构造的 $g|_E = g_k|_E = f|_E$.

设 $g_0 = f$.若给定了 $C^r$ 浸入 $g_{k-1}: M \to \mathbf{R}^q$,应用等式

$$g_k(p) = g_{k-1}(p) + \lambda_k(p) b_k$$

定义 $g_k: M \to \mathbf{R}^q$,其中 $b_k \in \mathbf{R}^q$ 为待定点.根据定理 1.5.1,当 $b_k$ 充分小时,$g_k$ 的秩处处为 $m$,即 $g_k$ 为 $C^r$ 浸入.这是关于 $b_k$ 的第 1 个条件.

类似引理 2.2.3,选 $\mathcal{N}_S^r(f; \Phi, \Psi, \mathcal{K}, \mathcal{E}) \subset \mathcal{N}$.取 $b_k$ 足够小,以至 $g_k$ 是 $g_{k-1}$ 的强 $C^r - \left\{\frac{\varepsilon_k}{2^k}\right\}$ 逼近.这是关于 $b_k$ 的第 2 个条件.

显然,$\{(p, p_0) \mid \lambda_k(p) \neq \lambda_k(p_0), p, p_0 \in M\} \subset M \times M$ 为开子集.考虑映射

$$\eta: \{(p, p_0) \mid \lambda_k(p) \neq \lambda_k(p_0)\} \to \mathbf{R}^q,$$

$$(p, p_0) \mapsto \eta(p, p_0) = -\frac{g_{k-1}(p) - g_{k-1}(p_0)}{\lambda_k(p) - \lambda_k(p_0)}.$$

显然,$\eta$ 为 $C^r$ 映射.因为 $q > 2m$,根据 Morse-Sard 定理(定理 2.1.1),$\eta(\{(p, p_0) \mid \lambda_k(p) \neq \lambda_k(p_0)\})$为零测集.所以 $b_k$ 可选得充分小,使得 $b_k \in \mathbf{R}^q - \eta\{(p, p_0) \mid \lambda_k(p) \neq \lambda_k(p_0)\}$.这是关于 $b_k$ 的第 3 个条件.

由上面论述和

$$g_k(p) - g_k(p_0) = g_{k-1}(p) - g_{k-1}(p_0) + (\lambda_k(p) - \lambda_k(p_0)) b_k$$

可推出:当 $k > 0$ 时,

$$g_k(p) - g_k(p_0) = 0 \quad \Leftrightarrow \quad \lambda_k(p) - \lambda_k(p_0) = 0 \text{ 与 } g_{k-1}(p) - g_{k-1}(p_0) = 0.$$

定义 $g(p) = \lim\limits_{k \to +\infty} g_k(p)$.现证 $g$ 为单射.(反证)假设 $g$ 不为单射,则有 $g(p) = g(p_0)$,且 $p \neq p_0$.这就推出对所有的 $k > 0$,$g_{k-1}(p) = g_{k-1}(p_0)$,且 $\lambda_k(p) = \lambda_k(p_0)$.根据前一条件,当 $k = 1$ 时,有 $f(p) = f(p_0)$,再由 $f|_{U_i}$ 为 $C^r$ 嵌入知,$p$ 与 $p_0$ 不同属于任何一个集合 $U_i$;根据后一条件,当 $i > 0$ 时,$p$ 与 $p_0$ 两者中无论哪一个都不属于任何 $V_i = \varphi_i^{-1}(C^m(2))$(否则,由 $p \in V_i$ 知,$\lambda_i(p_0) = \lambda_i(p) > 0$,得到 $p_0 \in V_i$,矛盾).由引理 2.2.3,$\{V_i\}$ 为 $M$ 的开覆盖,必有 $p$(或 $p_0$)属于某个 $V_i$,$i \leqslant 0$.由 $V_i \subset U_i \subset U (i \leqslant 0)$知 $p, p_0 \in U$,这与 $f$ 在 $U$ 上为单射相矛盾.从而证明了 $g$ 为单射.

因为$\{U_i\}$是局部有限的,故对 $\forall p \in M$,存在 $p$ 的开邻域 $U_p$ 只与有限个 $U_i$ 相交.因此,有 $k_0$,当 $k > k_0$ 时,在 $U_p$ 中,

$$g_k = g_{k+1} = \cdots = g,$$

$g$ 在 $U_p$ 中秩为 $m$,这就证明了 $g$ 为 $C^r$ 浸入.

由 $i\leqslant 0\Leftrightarrow U_i\subset U$ 和 $g_k$, $g$ 的构造法知,$g|_E=f|_E$. □

给出了上述引理后,我们就可以来证明著名的 Whitney 嵌入定理.

**定理 2.2.5**(Whitney 嵌入定理) $m$ 维 $C^r(1\leqslant r\leqslant+\infty)$流形 $M$ 可 $C^r$ 嵌入 $\mathbf{R}^{2m+1}$ 中作为闭子集.

**证明** 由引理 2.2.1(2),存在 $C^r$ 映射 $f:M\to\mathbf{R}^{2m+1}$,使得 $L(f)=\varnothing$.

由引理 2.2.3 与引理 2.2.3′知,存在 $C^r$ 浸入 $g_1:M\to\mathbf{R}^{2m+1}$ 为 $f$ 的强 $C^0-\left\{\frac{\varepsilon_k}{2}\right\}$逼近.

再根据引理 2.2.4,存在一个 $C^r$ 浸入的单射 $g:M\to\mathbf{R}^{2m+1}$是 $g_1$ 的强 $C^0-\left\{\frac{\varepsilon_k}{2}\right\}$逼近.因而,$g$ 为 $f$ 的强 $C^0-\{\varepsilon_k\}$逼近.取 $0<\varepsilon_k\leqslant 1$, $\forall k$,则

$$\|g(p)-f(p)\|\leqslant 1,\quad \forall p\in M.$$

现证 $L(g)=\varnothing$.(反证)假设 $L(g)\neq\varnothing$,则有 $y\in L(g)$.于是,存在无收敛子列的序列$\{p_n\}\subset M$, $y=\lim\limits_{n\to+\infty}g(p_n)$,从而 $\|g(p_n)\|\leqslant A$(常数), $\forall n=1,2,\cdots$,

$$\|f(p_n)\|\leqslant\|f(p_n)-g(p_n)\|+\|g(p_n)\|\leqslant 1+A.$$

因此,在 $\mathbf{R}^{2m+1}$中有$\{p_n\}$的子列$\{p_{n_k}\}$,使

$$\lim_{k\to+\infty}f(p_{n_k})=y_0\in\mathbf{R}^{2m+1},$$

这就蕴涵着 $y_0\in L(f)=\varnothing$,矛盾.

根据引理 1.5.1(1)和 $L(g)\cap g(M)=\varnothing\cap g(M)=\varnothing$推出 $g:M\to g(M)\subset\mathbf{R}^{2m+1}$为同胚及 $g:M\to\mathbf{R}^{2m+1}$为 $C^r$ 嵌入.

再根据引理 1.5.1(2)和 $L(g)=\varnothing\subset g(M)$推出 $g(M)\subset\mathbf{R}^{2m+1}$为闭子集. □

H. Whitney 推出,定理 2.2.5 可以改进.对 $m>0$, $m$ 维 $C^r(r\in 1,2,\cdots,+\infty)$流形 $M$ 可 $C^r$ 嵌入 $\mathbf{R}^{2m}$ 中.此外,如果 $m>1$, $M$ 可 $C^r$ 浸入 $\mathbf{R}^{2m-1}$中(参阅文献[2]27 页和文献[18]).

## 2.3 Thom 横截性定理

**定义 2.3.1** 设 $M$ 与 $N$ 为 $C^r(1\leqslant r\leqslant+\infty)$流形,$f:M\to N$ 为 $C^k(k\in\{1,2,\cdots,r\})$映射,$A\subset N$ 为 $C^r$ 正则子流形.如果 $p\in M$, $f(p)\in A$,有

$$T_{f(p)}N=T_{f(A)}A+(\mathrm{d}f)_p(T_pM),$$

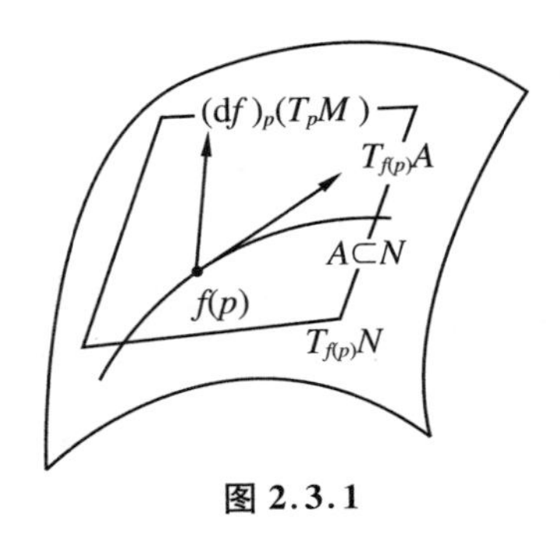


图 2.3.1

即切空间 $T_{f(p)}N$ 是由 $T_{f(p)}A$ 与 $(\mathrm{d}f)_p(T_pM)$ 所张成的，则称 **$f$ 与 $A$ 在点 $p$(或 $f(p)$)满足横截性条件**，记作 $f\pitchfork_p A$(图 2.3.1).

显然，$\{p\in M\,|\,f\pitchfork_p A\}$ 为 $f^{-1}(A)$ 中的开集.

设 $K\subset M$，如果 $f$ 与 $A$ 对 $\forall\, p\in K, f(p)\in A$ 满足横截性条件，则称 **$f$ 沿 $K$ 横截于 $A$**，记作 $f\pitchfork_K A$. 当 $K=M$ 时，则将 $f\pitchfork_M A$ 简记为 $f\pitchfork A$. 定义

$$\pitchfork_K^r(M,N;A)=\{f\in C^r(M,N)\mid \pitchfork_K A\}$$

和

$$\pitchfork^r(M,N;A)=\pitchfork_M^r(M,N;A).$$

**引理 2.3.1**　设 $m=\dim M, n=\dim N, n-s=\dim A$；$(U,\varphi),\{u^1,u^2,\cdots,u^m\}$ 为 $p$ 的局部坐标系；$(V,\psi),\{v^1,v^2,\cdots,v^n\}$ 为 $f(p)$ 的局部坐标系，使得

$$A\cap V=\{q\in V\mid v^1(q)=v^2(q)=\cdots=v^s(q)=0\}$$

($(V,\psi)$ 为 $f(p)\in A$ 的佳坐标系)，则 $f$ 与 $A$ 在点 $p$ 满足横截性条件 $\Leftrightarrow p$ 为 $\pi\circ(\psi\circ f\circ\varphi^{-1})$ 的正则点，其中 $\pi:\mathbf{R}^n\to\mathbf{R}^s$ 为投影，即

$$\pi(v^1,v^2,\cdots,v^n)=(v^1,v^2,\cdots,v^s)$$

$$\Leftrightarrow \operatorname{rank}\pi\circ(\psi\circ f\circ\varphi^{-1})|_p=\operatorname{rank}\left(\frac{\partial v^i}{\partial u^j}\right)_{\substack{i=1,2,\cdots,s\\ j=1,2,\cdots,m}}=s.$$

**证明**　因为

$$\begin{pmatrix}(\mathrm{d}f)_p\left.\dfrac{\partial}{\partial u^1}\right|_p\\ \vdots\\ (\mathrm{d}f)_p\left.\dfrac{\partial}{\partial u^m}\right|_p\end{pmatrix}=\begin{pmatrix}\dfrac{\partial v^1}{\partial u^1} & \cdots & \dfrac{\partial v^s}{\partial u^1} & \cdots & \dfrac{\partial v^n}{\partial u^1}\\ \vdots & & \vdots & & \vdots\\ \dfrac{\partial v^1}{\partial u^m} & \cdots & \dfrac{\partial v^s}{\partial u^m} & \cdots & \dfrac{\partial v^n}{\partial u^m}\end{pmatrix}\begin{pmatrix}\left.\dfrac{\partial}{\partial v^1}\right|_{f(p)}\\ \vdots\\ \left.\dfrac{\partial}{\partial v^n}\right|_{f(p)}\end{pmatrix},$$

所以

$f$ 与 $A$ 在点 $p$ 满足横截性条件

$$\Leftrightarrow\quad T_{f(p)}N=T_{f(p)}A+(\mathrm{d}f)_p(T_pM)$$

$$\Leftrightarrow\quad \left\{\left.\frac{\partial}{\partial v^1}\right|_{f(p)},\cdots,\left.\frac{\partial}{\partial v^n}\right|_{f(p)}\right\}=\left\{\left.\frac{\partial}{\partial v^{s+1}}\right|_{f(p)},\cdots,\left.\frac{\partial}{\partial v^n}\right|_{f(p)},(\mathrm{d}f)_p\left.\frac{\partial}{\partial u^1}\right|_p,\cdots,(\mathrm{d}f)_p\left.\frac{\partial}{\partial u^m}\right|_p\right\}$$

$$=\left\{\left.\frac{\partial}{\partial v^{s+1}}\right|_{f(p)},\cdots,\left.\frac{\partial}{\partial v^n}\right|_{f(p)},\begin{pmatrix}\dfrac{\partial v^1}{\partial u^1} & \cdots & \dfrac{\partial v^s}{\partial u^1}\\ \vdots & & \vdots\\ \dfrac{\partial v^1}{\partial u^m} & \cdots & \dfrac{\partial v^s}{\partial u^m}\end{pmatrix}\begin{pmatrix}\left.\dfrac{\partial}{\partial v^1}\right|_{f(p)}\\ \vdots\\ \left.\dfrac{\partial}{\partial v^s}\right|_{f(p)}\end{pmatrix}\right\}$$

$\Leftrightarrow \quad \text{rank}\left(\dfrac{\partial v^i}{\partial u^j}\right)_{\substack{i=1,2,\cdots,s\\ j=1,2,\cdots,m}} = s$

$\Leftrightarrow \quad p$ 为 $\pi\circ(\psi\circ f\circ\varphi^{-1})$ 的正则点.

**引理 2.3.2** 设 $M,N,A\subset N,f:M\to N$ 如定义 2.3.1 中所述,且 $f$ 满足横截性条件:$f\pitchfork A$,即 $f\pitchfork_M A$,则 $f^{-1}(A)$ 为 $M$ 的 $m-s$ 维 $C^k$ 正则子流形或空集,其中 $n-s=\dim A$.

**证明** 设 $(V,\psi)$ 为关于 $A\subset N$ 的佳坐标系,$\pi:\mathbf{R}^n\to\mathbf{R}^s$,$\pi(v^1,v^2,\cdots,v^n)=(v^1,v^2,\cdots,v^s)$ 为投影,则

$$A\cap V=\psi^{-1}\pi^{-1}(0),$$
$$f^{-1}(A\cap V)=f^{-1}\psi^{-1}\pi^{-1}(0)=(\pi\circ\psi\circ f)^{-1}(0).$$

由于

$$f\pitchfork_p A,\ p\in f^{-1}(A\cap V)\quad\Leftrightarrow\quad \text{rank}\,(\pi\circ\varphi\circ f)_p=s,$$

即 $0\in\mathbf{R}^s$ 为 $\pi\circ\psi\circ f$ 的正则值. 根据定理 1.1.7,$f^{-1}(A\cap V)=(\pi\circ\psi\circ f)^{-1}(0)$ 为 $M$ 的 $m-s$ 维 $C^k$ 正则子流形. 由此,可推得 $f^{-1}(A)$ 为 $M$ 的 $m-s$ 维 $C^k$ 正则子流形或空集.

□

**定理 2.3.1**(Thom 横截性定理) 设 $M$ 与 $N$ 为 $C^r(1\leqslant r<+\infty)$ 流形,$A\subset N$ 为 $C^r$ 闭正则子流形,$K\subset M$ 为闭子集,$f:M\to N$ 为 $C^r$ 映射,且 $f\pitchfork_K A$. $\mathcal{N}$ 为 $f$ 的任一强 $C^r$ 开邻域,则存在 $f$ 的强 $C^r$ 基本邻域 $\mathcal{N}_S^r(f;\Phi,\Psi,\mathcal{K},\mathcal{E})\subset\mathcal{N}$ 及 $C^r$ 映射 $g:M\to N$,使得:

(1) $g\in\mathcal{N}_S^r(f;\Phi,\Psi,\mathcal{K},\mathcal{E})$;

(2) $g\pitchfork A$,即 $g\pitchfork_M A$;

(3) $g|_K=f|_K$.

由以上结果知,当取 $K=\varnothing$ 时,关于 $A$ 在 $M$ 上具有横截性条件的 $C^r$ 映射的全体在 $C_S^r(M,N)$ 中是稠密的.

**证明** 设 $2\leqslant r<+\infty$. 显然,由 $f\pitchfork_K A$ 及在一点有横截性必在该点某开邻域内有横截性可知,存在 $K$ 在 $M$ 中的开邻域 $U$,使得 $f\pitchfork_U A$.

用 $\{N-A=V_0$,佳坐标邻域 $V_j,j\geqslant1\}$ 覆盖 $N$,相应的佳坐标系为 $(V_j,\psi_j),j\geqslant1$. 显然,$\{f^{-1}(V_j)\mid j=0,1,2,\cdots\}$ 与 $\{U,M-K\}$ 都为 $M$ 的开覆盖. 设 $\{(U_i,\varphi_i)\}$ 分别为这两个开覆盖的开精致,且可使 $\varphi_i(U_i)=C^m(3)$,$\varphi_i(D_i)=C^m(2)$,$\varphi_i(W_i)=C^m(1)$,$\{W_i\}$ 覆盖 $M$,$\{U_i\}$ 是局部有限的. 这些 $U_i$ 用整数 $i$ 标号,并且

$$i\leqslant0\quad\Leftrightarrow\quad U_i\subset U\ \text{或}\ U_i\subset f^{-1}(V_0)=f^{-1}(N-A).$$

设 $\theta:\mathbf{R}^m\to\mathbf{R}$ 为 $C^\infty$ 鼓包函数,使得

$$\theta(x)=\begin{cases}=1, & x\in\overline{C^m(1)},\\ \in(0,1), & x\in C^m(2)-\overline{C^m(1)},\\ =0, & x\in\mathbf{R}^m-C^m(2).\end{cases}$$

令 $\lambda_i: M \to \mathbf{R}$,

$$\lambda_i(p)=\begin{cases}\theta(\varphi_i(p)), & p\in U_i,\\ 0, & p\in M-U_i.\end{cases}$$

显然,$\lambda_i$ 是$C^r$ 的,且对 $\forall\, i\geqslant 1$,选 $j(i)>0$, s.t. $f(U_i)\subset V_{j(i)}$.

现归纳构造 $g_k$. 令 $g_0=f$,设 $g_{k-1}$已确定,且在 $g_{k-1}^{-1}(A)\cap\left(\bigcup\limits_{j<k}\overline{W}_j\right)$ 中的每一点处都满足横截性条件,对 $\forall\, i$, $g_{k-1}(\overline{D}_i)\subset V_{j(i)}$. 令 $j=j(k)$,特别有

$$g_{k-1}(\overline{D}_k)\subset V_j.$$

考虑 $\pi\circ\psi_j\circ g_{k-1}\circ\varphi_k^{-1}: C^m(2)\to\mathbf{R}^s$,其中 $\pi:\mathbf{R}^n\to\mathbf{R}^s$, $\pi(v^1,v^2,\cdots,v^n)=(v^1,v^2,\cdots,v^s)$. 根据下面的引理 2.3.3,存在足够小的仿射映射

$$L(x)=Bx+b,$$

使得 $\pi\circ\psi_j\circ g_{k-1}\circ\varphi_k^{-1}+L: C^m(2)\to\mathbf{R}^s$ 以 0 为正则值. 将 $\mathbf{R}^s$ 自然视作 $\mathbf{R}^n$ 的子空间,且定义

$$g_k(p)=\begin{cases}\psi_j^{-1}(\psi_j\circ g_{k-1}(p)+L(\varphi_k(p))\lambda_k(p)), & p\in\overline{D}_k,\\ g_{k-1}(p), & p\in M-\overline{D}_k.\end{cases}$$

此处,$L$ 待定,取 $L$ 足够小,使得满足:① 对于 $\forall\, p\in\overline{D}_k$, $\psi_j\circ g_{k-1}(p)+L(\varphi_k(p))\lambda_k(p)\in\psi_j(V_j)$;② $g_k$ 为 $g_{k-1}$的强 $C^r-\left\{\dfrac{\varepsilon_k}{2^k}\right\}$逼近;③ 对 $\forall\, i$, $g_k(\overline{D}_i)\subset V_{j(i)}$. 这是可能的,因为仅有有限个$\overline{D}_i$ 与$\overline{D}_k$ 相交.

以上已证 $g_k$ 在$g_k^{-1}(A)\cap\overline{W}_k$ 的每一点处满足横截性条件. 希望取足够小的 $L$,使得在 $g_k^{-1}(A)\cap\left(\bigcup\limits_{j<k}\overline{W}_j\right)$ 的每一点处都满足横截性条件. 这只要考虑这一集合与$\overline{D}_k$ 的交即可. 记此交为 $E$. 观察映射 $\eta$:

$$(p,L)\mapsto\eta(p,L)=(g_k(p),D(\pi\circ\psi_j\circ g_k\circ\varphi_k^{-1})(\varphi_k(p)))\in N\times M(s,n),$$

其中 $p\in E$. 显然,$\eta$ 是连续的,且将 $E\times\{0\}$映到 $N\times M(s,n)$的开集

$$\begin{aligned}&((N-A)\times M(s,n))\cup(A\times M(s,n;s))\\ =\ &((N-A)\times M(s,n))\cup(N\times M(s,n;s))\end{aligned}$$

中. 因此,当 $L$ 充分小时,

$$\begin{aligned}\eta(p,L)\in\ &((N-A)\times M(s,n))\cup(N\times M(s,n;s))\\ =\ &((N-A)\times M(s,n))\cup(A\times M(s,n;s)),\quad\forall\, p\in E.\end{aligned}$$

这就表明 $g_k$ 在$g_k^{-1}(A)\cap\left(\bigcup\limits_{j\leqslant k}\overline{W}_j\right)$ 的每一点处都满足横截性条件.

如经常所做的那样,$g(p)=\lim\limits_{k\to+\infty}g_k(p)$为定理中满足(1)、(2)、(3)的 $C^r$ 映射.

当 $r=1$ 时,根据流形光滑化定理(定理 1.6.7)的证明,可选上述局部坐标系使得相

应的局部坐标的转换映射是 $C^2$ 的，即流形有 $C^3$ 微分构造. 于是根据推论 1.6.2 有 $C^2$ 映射 $\tilde{f}\in\mathcal{N}_S^r\left(f;\Phi,\Psi,\mathcal{K},\left\{\frac{\varepsilon_k}{2}\right\}\right)$，并且 $\tilde{f}|_K=f|_K$. 再由上述讨论知，存在 $C^2$ 映射 $g\in\mathcal{N}_S^2\left(\tilde{f};\Phi,\Psi,\mathcal{K},\left\{\frac{\varepsilon_k}{2}\right\}\right)$ 满足 $g\pitchfork A$ 及 $g|_K=\tilde{f}|_K$. 由此得到：

(1) $g\in\mathcal{N}_S^r(f;\Phi,\Psi,\mathcal{K},\mathcal{E})\subset\mathcal{N}$, $\mathcal{E}=\{\varepsilon_k\}$；

(2) $g\pitchfork A$；

(3) $g|_K=\tilde{f}|_K=f|_K$.

显然，$C^r(r=1)$ 映射 $g:M\to N$ 就是定理中满足(1)、(2)、(3)的 $C^r$ 映射. □

**定理 2.3.1′**（Thom 横截性定理） 设 $M$ 与 $N$ 为 $C^\infty$ 流形，$A\subset N$ 为 $C^\infty$ 闭正则子流形，$K\subset M$ 为闭子集，$f:M\to N$ 为 $C^\infty$ 映射，且 $f\pitchfork_K A$，$\mathcal{N}$ 为 $f$ 的任一强 $C^\infty$ 开邻域，则存在某个 $r\in\{0,1,2,\cdots\}$ 与强 $C^r$ 基本邻域 $\mathcal{N}_S^r(f;\Phi,\Psi,\mathcal{K},\mathcal{E})\cap C^\infty(M,N)\subset\mathcal{N}$ 及 $C^\infty$ 映射 $g:M\to N$，使得：

(1) $g\in\mathcal{N}_S^r(f;\Phi,\Psi,\mathcal{K},\mathcal{E})\cap C^\infty(M,N)\subset\mathcal{N}$；

(2) $g\pitchfork A$，即 $g\pitchfork_M A$；

(3) $g|_K=f|_K$.

上述结果表明所有具有横截性条件的 $C^\infty$ 映射的全体在 $C_S^\infty(M,N)$ 中是稠密的.

如果 $\mathcal{N}$ 为 $f$ 的任一强 $C^r(r\in\{0,1,2,\cdots,+\infty\})$ 开邻域，则 $\exists\, C^\infty$ 映射 $g:M\to N$ 满足上述(1)、(2)、(3).

**证明** 设 $f\in\mathcal{N}=\bigcup\limits_{\beta}W_\beta$，则必有 $r\in\{0,1,2,\cdots\}$, s.t. $f\in W_r$. 因此，有 $f$ 的强 $C^r$ 基本邻域 $\mathcal{N}_S^r(f;\Phi,\Psi,\mathcal{K},\mathcal{E})\cap C^\infty(M,N)\subset N$. 根据 Thom 横截性定理（定理 2.3.1），有 $C^\infty$ 映射 $g\in\mathcal{N}_S^r(f;\Phi,\Psi,\mathcal{K},\mathcal{E})\cap C^\infty(M,N)\subset\mathcal{N}$.

(1) $g\in\mathcal{N}_S^r(f;\Phi,\Psi,\mathcal{K},\mathcal{E})\cap C^\infty(M,N)\subset\mathcal{N}$；

(2) $g\pitchfork A$，即 $g\pitchfork_M A$；

(3) $g|_K=f|_K$. □

**引理 2.3.3** 设 $U\subset\mathbf{R}^m$ 为开集，$f:U\to\mathbf{R}^s$ 为 $C^r(r\geqslant 2)$ 映射，则对 $\forall\,\varepsilon>0$，$\exists\, s\times m$ 矩阵 $B=(b_{ij})$ 和 $s\times 1$ 列矩阵 $b=(b_1,b_2,\cdots,b_s)^{\mathrm{T}}$（T 表示矩阵的转置），$|b_{ij}|<\varepsilon$，$|b_i|<\varepsilon$，$i=1,2,\cdots,s$；$j=1,2,\cdots,m$，s.t.

$$g(x)=f(x)+Bx+b$$

以 $0\in\mathbf{R}^s$ 为正则值.

**证明** 当 $m<s$ 时，由 Morse-Sard 定理（定理 2.1.1）推得 $\mathrm{meas}f(U)=0$，就可选 $B=0$，$b$ 足够小. 又 $-b\notin f(U)$，于是，$g(x)=f(x)+b\neq 0$，$\forall\, x\in U$，即 $0\notin\mathrm{Image}g$，从而，

0 为 $g$ 的正则值.

当 $m \geqslant s$ 时,由于期望

$$Dg(x) = Df(x) + B$$

的秩为 $s$,其中 $x$ 跑遍所有满足

$$g(x) = f(x) + Bx + b = 0$$

的点.因此,$B$ 为 $Q - Df(x)$ 型;$b$ 为 $-f(x) - Bx$ 型,其中 $\mathrm{rank}Q = s$.现定义

$$F_k : M(s,m;k) \times U \to M(s,m) \times \mathbf{R}^s,$$
$$F_k(Q,x) = (Q - Df(x), -f(x) - (Q - Df(x))x).$$

显然,$F_k$ 是 $C^{r-1}$ 的.

如果 $k < s$,$F_k$ 的定义域的维数

$$k(s+m-k)+m \leqslant (s-1)(s+m-(s-1))+m$$
$$= s + sm - 1 < s + sm = \dim(M(s,m) \times \mathbf{R}^s).$$

因此,如果 $r \geqslant 2$,则 $F_k$ 是 $C^{r-1}$ 的,从而至少是 $C^1$ 的.由 Morse-Sard 定理(定理 2.1.1)知

$$\mathrm{meas}(\mathrm{Image}F_k) = 0, \quad k = 0,1,\cdots,s-1,$$
$$\mathrm{meas}\left(\bigcup_{k=0}^{s-1} \mathrm{Image}F_k\right) = 0.$$

所以,对 $\forall \varepsilon > 0$, $\exists (B,b)$, s.t. $|b_{ij}| < \varepsilon$, $|b_i| < \varepsilon$, $i = 1,2,\cdots,s$; $j = 1,2,\cdots,m$,且

$$(B,b) \notin \bigcup_{k=0}^{s-1} \mathrm{Image}F_k.$$

然后,令 $g(x) = f(x) + Bx + b$,则 $0 \in \mathbf{R}^s$ 为 $g$ 的正则值.事实上,$\forall x \in g^{-1}(0)$,必有

$$\begin{cases} 0 = g(x) = f(x) + Bx + b, \\ Dg(x) - Df(x) = B, \end{cases}$$

即

$$\begin{cases} b = -f(x) - Bx, \\ B = Dg(x) - Df(x). \end{cases}$$

(反证)假设 $\mathrm{rank}Dg(x) = i < s$,则 $(B,b) \in \mathrm{Image}F_i \subset \bigcup_{k=0}^{s-1} \mathrm{Image}F_k$,矛盾.

因此,$\mathrm{rank}Dg(x) = s$,$x \in g^{-1}(0)$ 为 $g$ 的正则点,$0 \in \mathbf{R}^s$ 为 $g$ 的正则值.此时,$(B,b) \in \mathrm{Image}F_s$. □

**注 2.3.1** 为叙述方便,若 $f(p) \notin A$,也称为 $f \pitchfork_p A$.显然,$f \pitchfork_K \varnothing$,$f \pitchfork_K N$;$f \pitchfork_p \{f(p)\} \Leftrightarrow p$ 为 $f$ 的正则点;$f \pitchfork_K \{q\} \Leftrightarrow K \cap f^{-1}(q)$ 中的点全为 $f$ 的正则点.

最后,应用横截性定理来研究正则子流形之间的关系.

**定理 2.3.2** 设 $N$ 为 $C^r$($r \in \{1,2,\cdots,+\infty\}$)流形,如果 $N$ 的两个 $C^r$ 正则子流形 $A$

与 $B$ 处于**一般位置**,即包含映射 $i_B: B \to N$ 横截于 $A$,或等价地,对 $\forall p \in A \cap B$,有

$$T_pA + T_pB = T_pN$$

(注意,此条件关于 $A$ 与 $B$ 是对称的),则 $A \cap B$ 或为空集或为 $A$ 与 $B$ 两者的 $n-(\alpha+\beta) = \dim A + \dim B - \dim N$ 维 $C^r$ 正则子流形,其中 $n = \dim N$, $n-\alpha = \dim A$, $n-\beta = \dim B$.

**证明** 由引理 2.3.2, $A \cap B = i_B^{-1}(A)$ 或为空集或为 $B$ 的 $(n-\beta)-\alpha = n-(\alpha+\beta) = (n-\alpha)+(n-\beta)-n = \dim A + \dim B - \dim N$ 维 $C^r$ 正则子流形.

根据 $T_pA + T_pB = T_pN$ 中关于 $A$ 与 $B$ 对称可知 $i_A: A \to N$ 横截于 $B$. 因此, $A \cap B = i_A^{-1}(B)$ 为空集或为 $A$ 的 $(n-\alpha)-\beta = n-(\alpha+\beta) = \dim A + \dim B - \dim N$ 维 $C^r$ 正则子流形. □

**定理 2.3.3** 设 $N$ 为 $C^r$ 流形, $A, B$ 为 $N$ 的 $C^r(r \in \{1,2,\cdots,+\infty\})$ 正则子流形,则包含映射 $i_B: B \to N$ 在 $C_S^r(B,N)$ 的每个开邻域 $\mathcal{N}$ 中必有一个 $C^r$ 嵌入 $f: B \to N$ 横截于 $A$.

**证明** 因为 $B$ 为 $N$ 的 $C^r$ 正则子流形,故 $i_B: B \to N$ 为 $C^r$ 嵌入. 根据定理 1.5.3,存在全由 $C^r$ 嵌入组成 $i_B$ 的开邻域 $\mathcal{N}_1 \subset \mathcal{N}$. 再由 Thom 横截性定理(定理 2.3.1),必有 $f \in \mathcal{N}_1 \subset \mathcal{N}$,且 $f: B \to N$ 为横截于 $A$ 的 $C^r$ 嵌入. □

# 第3章

# 管状邻域定理、Brouwer 度与 Hopf 分类定理

在这一章里，先研究 Grassmann 流形，并证明管状邻域定理与 $\partial M$ 的乘积邻域定理（给 $\partial M$ 戴领子）. 然后，介绍从 $m(\geqslant 1)$ 维 $C^1$ 紧致定向流形 $M_1$ 到 $m$ 维 $C^1$ 连通定向流形 $M_2$ 的 $C^1$ 映射 $f: M_1 \to M_2$ 的 Brouwer 度 $\deg f$（如果 $M_1, M_2$ 不必可定向，则为模 2 度 $\deg_2 f$）以及证明了 Brouwer 度（模 2 度）的同伦不变性定理，并给出了 Brouwer 度的许多重要应用. 最后，还证明了 Hopf 分类定理：设 $M$ 为 $m(\geqslant 1)$ 维紧致连通 $C^1$ 流形，$f$，$g: M \to S^m$ 为连续映射. 如果 $M$ 可定向，则 $f \simeq g \Leftrightarrow \deg f = \deg g$；如果 $M$ 不可定向，则 $f \simeq g \Leftrightarrow \deg_2 f = \deg_2 g$.

## 3.1 Grassmann 流形与管状邻域定理

**引理 3.1.1** 设 $G_{k,m}$ 为 $\mathbf{R}^{k+m}$ 中的所有 $m$ 维线性子空间（通过原点的 $m$ 维面）所组成的集合，则 $G_{k,m}$ 为 $km$ 维 $C^w$ 紧致流形，称它为 **Grassmann 流形**.

**证明** 考虑 $M(m, k+m; m)$. 如果 $A, B \in M(m, k+m; m)$，定义 $A \sim B \Leftrightarrow$ 矩阵 $A$ 与 $B$ 的行向量所生成的 $m$ 维面相同. 记等价类

$$[A] = \{B \in M(m, k+m; m) \mid B \sim A\}.$$

于是

$$G_{k,m} = M(m, k+m; m)/\sim = \{[A] \mid A \in M(m, k+m; m)\}$$

为 $\mathbf{R}^{m(k+m)}$ 的开子集 $M(m, k+m; m)$ 在等价关系 $\sim$ 下的商拓扑空间（$V$ 为 $G_{k,m}$ 的开集 $\Leftrightarrow \pi^{-1}(V)$ 为 $M(m, k+m; m)$ 的开集），而

$$\pi: M(m, k+m; m) \to G_{k,m}, \quad \pi(A) = [A]$$

为自然投影. 显然

$$\pi(A) = \pi(B) \quad \Leftrightarrow \quad A = CB,$$

其中 $C$ 为 $m \times m$ 非异矩阵.

下面分五步来证明.

(1) $G_{k,m}$ 是局部欧的.

令 $U_{12\cdots m} = \{A = (P, Q) \in M(m, k+m; m) \mid P$ 为 $m \times m$ 非异矩阵$\}$. 因为

$$\det: M(m,k+m;m)\to \mathbf{R},\quad (P,Q)\mapsto \det P$$

为连续函数,故

$$U_{12\cdots m}=\det^{-1}(\mathbf{R}-\{0\})$$

为 $M(m,k+m;m)$中的开集.若 $P$ 为 $m\times m$ 非异矩阵且 $\pi(P,Q)=\pi(R,S)$,则 $(P,Q)=(CR,CS)$,$C$ 为 $m\times m$ 非异矩阵.因此,$R=C^{-1}P$ 一定是非异的.这就证明了 $\pi^{-1}(\pi(U_{12\cdots m}))=U_{12\cdots m}$,$\pi(U_{12\cdots m})$为 $G_{k,m}$ 中的开集(根据商拓扑的定义).

现证 $\pi(U_{12\cdots m})$同胚于 $\mathbf{R}^{km}$.为此,先定义

$$\tilde{\varphi}_{12\cdots m}: U_{12\cdots m}\to \mathbf{R}^{km}=M(m,k),\quad \tilde{\varphi}_{12\cdots m}(P,Q)=P^{-1}Q.$$

若 $\pi(P,Q)=\pi(R,S)$,则$(P,Q)=(CR,CS)$与 $P^{-1}Q=(CR)^{-1}CS=R^{-1}S$.因此,$\tilde{\varphi}_{12\cdots m}$诱导出一个连续映射

$$\varphi_{12\cdots m}:\pi(U_{12\cdots m})\to \mathbf{R}^{km},\quad \varphi_{12\cdots m}(\pi(P,Q))=P^{-1}Q.$$

作

$$\tilde{\psi}_{12\cdots m}:\mathbf{R}^{km}\to U_{12\cdots m},\quad \tilde{\psi}_{12\cdots m}(Q)=(I_m,Q)$$

与

$$\psi_{12\cdots m}:\mathbf{R}^{km}\to \pi(U_{12\cdots m}),\quad \psi_{12\cdots m}(Q)=\pi(I_m,Q),$$

其中 $Q$ 为 $m\times k$ 矩阵.因为对 $\forall\,\pi(P,Q)\in\pi(U_{12\cdots m})$,

$$\begin{aligned}\psi_{12\cdots m}\circ\varphi_{12\cdots m}(\pi(P,Q))&=\psi_{12\cdots m}(P^{-1}Q)\\&=\pi(I_m,P^{-1}Q)=\pi(P,Q);\end{aligned}$$

而对 $\forall\,Q\in\mathbf{R}^{km}$,

$$\varphi_{12\cdots m}\circ\psi_{12\cdots m}(Q)=\varphi_{12\cdots m}(\pi(I_m,Q))=I_m^{-1}Q=Q.$$

因此,$\varphi_{12\cdots m}$与 $\psi_{12\cdots m}$ 为互逆的映射.显然,$\pi,\tilde{\varphi}_{12\cdots m},\tilde{\psi}_{12\cdots m}$ 为连续映射,故 $\psi_{12\cdots m}=\pi\circ\tilde{\psi}_{12\cdots m}$也为连续映射.

设 $X\subset\mathbf{R}^{km}$为闭集.易见

$$\begin{aligned}\pi^{-1}(\varphi_{12\cdots m}^{-1}(X))&=\{C(I_m,Q)\mid \pi(C(I_m,Q))=\pi(I_m,Q)\in\varphi_{12\cdots m}^{-1}(X),\\&\qquad C\text{ 为 } m\times m\text{ 非异矩阵}\}\\&=\{C(I_m,Q)\mid Q=\varphi_{12\cdots m}(\pi(C(I_m,Q)))\in X, C\text{ 为 } m\times m\text{ 非异矩阵}\}.\end{aligned}$$

如果 $C_n(I_m,Q_n)\in\pi^{-1}(\varphi_{12\cdots m}^{-1}(X))$且 $C_n(I_m,Q_n)\to C_0(I_m,Q_0)\in U_{12\cdots m}$,则 $C_n\to C_0$,$C_nQ_n\to C_0Q_0$.于是,$Q_n=C_n^{-1}(C_nQ_n)\to C_0^{-1}(C_0Q_0)=Q_0$.由于 $Q_n\in X$ 且$X\subset\mathbf{R}^{km}$为闭集,所以 $Q_0\in X$ 且$C_0(I_m,Q_0)\in\pi^{-1}(\varphi_{12\cdots m}^{-1}(X))$.这就证明了 $\pi^{-1}(\varphi_{12\cdots m}^{-1}(X))\subset U_{12\cdots m}$为闭集.根据投影 $\pi$ 的定义,$\varphi_{12\cdots m}^{-1}(X)\subset\pi(U_{12\cdots m})$为闭集.因而,$\varphi_{12\cdots m}$为连续映射.

由以上讨论可知,$\varphi_{12\cdots m}:\pi(U_{12\cdots m})\to\mathbf{R}^{km}$为同胚.

类似地，可定义

$$U_{i_1 i_2 \cdots i_m} = \{A = (P_1, P_2, \cdots, P_{k+m}) \mid (P_{i_1}, P_{i_2}, \cdots, P_{i_m})$$
$$\text{为 } m \times m \text{ 非异矩阵}, i_1 < i_2 < \cdots < i_m\}$$

与 $\varphi_{i_1 i_2 \cdots i_m}: \pi(U_{i_1 i_2 \cdots i_m}) \to \mathbf{R}^{km}$. 从而，$(\pi(U_{i_1 i_2 \cdots i_m}), \varphi_{12\cdots m})$ 为 $G_{k,m}$ 的局部坐标系. 因为 $G_{k,m} = \bigcup\limits_{i_1 < i_2 < \cdots < i_m} \pi(U_{i_1 i_2 \cdots i_m})$，故 $G_{k,m}$ 是局部欧的.

$$\begin{array}{ccc} M(m, k+m; m) & \supset & U_{i_1 i_2 \cdots i_m} \\ \downarrow \pi & & \tilde{\varphi}_{i_1 i_2 \cdots i_m} \Big\updownarrow \tilde{\psi}_{i_1 i_2 \cdots i_m} \\ G_{k,m} \supset \pi(U_{i_1 i_2 \cdots i_m}) & \underset{\psi_{i_1 i_2 \cdots i_m}}{\overset{\varphi_{i_1 i_2 \cdots i_m}}{\rightleftarrows}} & \mathbf{R}^{km} \end{array}$$

(2) $G_{k,m}$ 为 $T_2$ 空间.

设 $p, q \in G_{k,m}$, $p \neq q$. 不妨设 $p \in \pi(U_{12\cdots m})$, $B(\varphi_{12\cdots m}(p); \delta)$ 为 $\mathbf{R}^{km}$ 中以 $\varphi_{12\cdots m}(p)$ 为中心、$\delta(>0)$ 为半径的开球，使得 $q \notin \varphi_{12\cdots m}^{-1}(K)$，其中 $K = \overline{B(\varphi_{12\cdots m}(p); \delta)} \subset \mathbf{R}^{km}$.

设 $\tilde{\varphi}_{12\cdots m}^{-1}(K) \ni (P_n, Q_n) \to (P, Q) \in M(m, k+m; m)$, $\tilde{\varphi}_{12\cdots m}(P_n, Q_n) \in K$. 因为 $K \subset \mathbf{R}^{km}$ 紧致，故存在子列 $\tilde{\varphi}_{12\cdots m}(P_{n_l}, Q_{n_l}) = P_{n_l}^{-1} Q_{n_l} \to R \in K$. 于是

$$Q = \lim_{l \to +\infty} Q_{n_l} = \lim_{l \to +\infty} P_{n_l} \cdot \tilde{\varphi}_{12\cdots m}(P_{n_l}, Q_{n_l}) = PR.$$

所以

$$(P, Q) = (P, PR) = P(I_m, R),$$
$$m = \operatorname{rank}(P, Q) \leqslant \min\{\operatorname{rank} P, \operatorname{rank}(I_m, R)\} \leqslant m.$$

因而，$\operatorname{rank} P = m$ 且 $(P, Q) \in U_{12\cdots m}$.

又因为 $\tilde{\varphi}_{12\cdots m}$ 连续，$K$ 紧致，故 $\tilde{\varphi}_{12\cdots m}(P, Q) = \lim\limits_{n \to +\infty} \tilde{\varphi}_{12\cdots m}(P_n, Q_n) \in K$, $(P, Q) \in \tilde{\varphi}_{12\cdots m}^{-1}(K)$. 这就证明了 $\tilde{\varphi}_{12\cdots m}^{-1}(K)$ 为 $M(m, k+m; m)$ 中的闭集. 再由

$$\pi^{-1}(\varphi_{12\cdots m}^{-1}(K)) = (\varphi_{12\cdots m} \circ \pi)^{-1}(K) = \tilde{\varphi}_{12\cdots m}^{-1}(K)$$

和商拓扑的定义，$\varphi_{12\cdots m}^{-1}(K)$ 也为 $G_{k,m}$ 中的闭集. 于是，$\varphi_{12\cdots m}^{-1}(B(\varphi_{12\cdots m}(p); \delta))$ 与 $G_{k,m} - \varphi_{12\cdots m}^{-1}(K)$ 分别为 $p$ 与 $q$ 的不相交的开邻域，从而 $G_{k,m}$ 为 $T_2$ 空间（另一证法参阅文献[9]57 页）.

(3) $G_{k,m}$ 为 $A_2$（具有可数拓扑基）空间.

由(1)，$\pi(U_{i_1 i_2 \cdots i_m})$ 同胚于 $\mathbf{R}^{km}$，故 $\pi(U_{i_1 i_2 \cdots i_m})$ 为 $A_2$ 空间，设它的可数拓扑基为 $\{V_{i_1 i_2 \cdots i_m}^l \mid l \in \mathbf{N}\}$. 又因 $\pi(U_{i_1 i_2 \cdots i_m})$ 为 $G_{k,m}$ 的开集，共 $C_{k+m}^m = \dfrac{(k+m)!}{k!\, m!}$ 个，且

$$G_{k,m} = \bigcup_{1 \leqslant i_1 < i_2 < \cdots < i_m \leqslant k+m} \pi(U_{i_1 i_2 \cdots i_m}),$$

故 $\mathcal{T}^* = \{V_{i_1 i_2 \cdots i_m}^l \mid 1 \leqslant i_1 < i_2 < \cdots < i_m \leqslant k+m, l \in \mathbf{N}\}$ 为 $G_{k,m}$ 的可数拓扑基. 因此，

$G_{k,m}$ 为 $A_2$ 空间.

(4) $G_{k,m}$ 为 $C^\omega$ 流形.

设 $Q$ 为 $m\times k$ 矩阵, $A$ 为 $m\times(k+m)$ 矩阵, $A_{i_1i_2\cdots i_m}$ 表示 $A$ 中第 $i_1,i_2,\cdots,i_m$ 列所组成的子矩阵, $A_{\widehat{i_1i_2\cdots i_m}}$ 表示 $A$ 中划去第 $i_1,i_2,\cdots,i_m$ 列所组成的矩阵. 令 $A_{i_1i_2\cdots i_m}=I$, $A_{\widehat{i_1i_2\cdots i_m}}=Q$.

当 $\pi(U_{i_1i_2\cdots i_m})\cap\pi(U_{j_1j_2\cdots j_m})\neq\varnothing$ 时, 由

$$\widetilde{Q}=\varphi_{j_1j_2\cdots j_m}\circ\varphi_{i_1i_2\cdots i_m}^{-1}(Q)=\varphi_{j_1j_2\cdots j_m}(\pi(A))=A_{j_1j_2\cdots j_m}^{-1}A_{\widehat{j_1j_2\cdots j_m}}$$

可知, $\widetilde{Q}$ 中的元素为 $Q$ 中元素的有理函数, 故 $\varphi_{j_1j_2\cdots j_m}\circ\varphi_{i_1i_2\cdots i_m}^{-1}$ 是 $C^\omega$ 的.

由(1)、(2)、(3)、(4)与定理 1.1.1, 可知

$$\mathscr{D}'=\{(\pi(U_{i_1i_2\cdots i_m}),\varphi_{i_1i_2\cdots i_m})\mid 1\leqslant i_1<\cdots<i_m\leqslant k+m\}$$

唯一确定了 $G_{k,m}$ 上的一个 $km$ 维 $C^\omega$ 流形 $(G_{k,m},\mathscr{D})$.

(5) $G_{k,m}$ 为紧致集.

设 $L=\{A\in M(m,k+m;m)\mid A$ 的行向量模为 1 且彼此正交$\}$. 显然, 它是 $\mathbf{R}^{m(k+m)}$ 中的有界闭集, 即为紧致集. 由 Gram-Schmidt 正交化过程, 对 $\forall A\in M(m,k+m;m)$, 必 $\exists B\in L$, s.t. $A=CB$, 其中 $C$ 为 $m\times m$ 非异矩阵. 于是, $\pi(L)=G_{k,m}$. 从 $L$ 紧致与 $\pi$ 连续可知 $G_{k,m}$ 也是紧致集. □

**引理 3.1.2** 投影 $\pi: T(m,k+m;m)\to G_{k,m}$, $\pi(A)=[A]$ 为 $C^\omega$ 映射.

**证明** 设 $A\in U_{i_1i_2\cdots i_m}$, 则 $Q=\varphi_{i_1i_2\cdots i_m}\circ\pi\circ\mathrm{Id}_{T(m,k+m;m)}^{-1}(A)=\varphi_{i_1i_2\cdots i_m}(\pi(A))=A_{i_1i_2\cdots i_m}^{-1}\cdot A_{\widehat{i_1i_2\cdots i_m}}$. 显然, $Q$ 的每个元素为 $A$ 的元素的有理函数, 故 $\pi$ 为 $C^\omega$ 映射. □

**例 3.1.1** 令 $h: G_{k,m}\to G_{m,k}$, 它将 $\mathbf{R}^{m+k}$ 中过原点的 $m$ 维向量子空间映成其正交补空间, 则 $h$ 为 $C^\omega$ 微分同胚.

**证明** 令

$$g_{12\cdots m}: U_{12\cdots m}\to T(k,m+k;k),$$
$$(P,Q)\mapsto(-(P^{-1}Q)^{\mathrm{T}},I_k)\qquad(A^{\mathrm{T}}\text{ 表示 }A\text{ 的转置}).$$

显然, $g_{12\cdots m}$ 是 $C^\omega$ 的. 因为

$$(P,Q)(-(P^{-1}Q)^{\mathrm{T}},I_k)^{\mathrm{T}}=(P,Q)\begin{pmatrix}-P^{-1}Q\\ I_k\end{pmatrix}=-P(P^{-1}Q)+QI_k=-Q+Q=0,$$

所以, $(P,Q)$ 的行向量都正交于 $(-(P^{-1}Q)^{\mathrm{T}},I_k)$ 的行向量, 即后者与前者互为正交补. 又从

$$\begin{aligned}g_{12\cdots m}(P,Q)&=(-(P^{-1}Q)^{\mathrm{T}},I_k)\\&=(-((CP)^{-1}(CQ))^{\mathrm{T}},I_k)\\&=g_{12\cdots m}(CP,CQ)\end{aligned}$$

可知，$g_{12\cdots m}$诱导出

$$h|_{\pi(U_{12\cdots m})}:\pi(U_{12\cdots m})\to\tilde{\pi}(\tilde{U}_{m+1,\cdots,m+k}),$$

$$\pi(I_m,Q)\mapsto\tilde{\pi}(-Q^{\mathrm{T}},I_k).$$

注意，$G_{m,k}$，$\tilde{\pi}$，$\tilde{U}_{j_1j_2\cdots j_k}$，$\tilde{\varphi}_{j_1j_2\cdots j_m}$与$G_{k,m}$，$\pi$，$U_{i_1i_2\cdots i_m}$，$\varphi_{i_1i_2\cdots i_m}$类似定义. 于是

$$\begin{aligned}\tilde{Q}&=\tilde{\varphi}_{m+1,\cdots,m+k}\circ h|_{\pi(U_{12\cdots m})}\circ\varphi_{12\cdots m}^{-1}(Q)\\&=\tilde{\varphi}_{m+1,\cdots,m+k}\circ h|_{\pi(U_{12\cdots m})}(\pi(I_m,Q))\\&=\tilde{\varphi}_{m+1,\cdots,m+k}(\tilde{\pi}(-Q^{\mathrm{T}},I_k))\\&=I_k^{-1}(-Q^{\mathrm{T}})=-Q^{\mathrm{T}},\end{aligned}$$

因而，$\tilde{Q}$的元素为$Q$的元素的$C^\omega$函数和$h|_{\pi(U_{12\cdots m})}$为$C^\omega$映射. 同理，$h|_{\pi(U_{i_1i_2\cdots i_m})}$为$C^\omega$映射，即$h$为$C^\omega$映射. 由于互为正交补，故$h^{-1}$也为$C^\omega$映射，从而$h:G_{k,m}\to G_{m,k}$为$C^\omega$同胚. □

**引理 3.1.3** 设$f:M\to G_{k,m}$为$C^r$映射. $p\in M$为一定点，则存在$p$的开邻域$U$与$C^r$映射$\tilde{f}:U\to M(m,k+m;m)$，使得

$$f=\pi\circ\tilde{f},$$

$\tilde{f}$称为$f$在$U$上的**提升或升腾**.

**证明** 令$(\pi(U_{i_1i_2\cdots i_m}),\varphi_{i_1i_2\cdots i_m})$为$G_{k,m}$上的局部坐标系，使得$f(p)\in\pi(U_{i_1i_2\cdots i_m})$. 定义

$$\tilde{f}=\tilde{\psi}_{i_1i_2\cdots i_m}\circ\varphi_{i_1i_2\cdots i_m}\circ f.$$

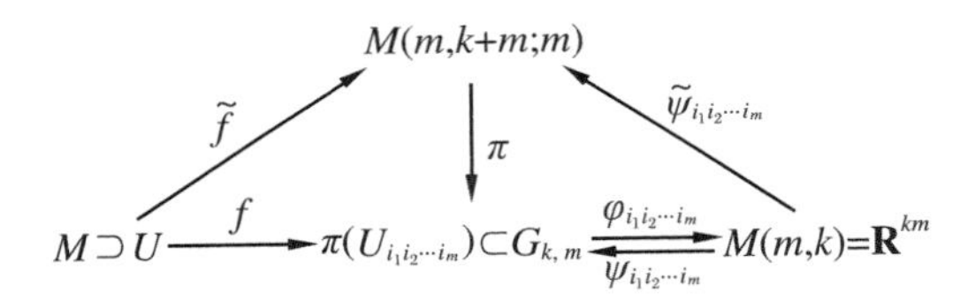


显然，$\tilde{f}$是$C^r$映射，且

$$\begin{aligned}\pi\circ\tilde{f}&=\pi\circ\tilde{\psi}_{i_1i_2\cdots i_m}\circ\varphi_{i_1i_2\cdots i_m}\circ f\\&=\psi_{i_1i_2\cdots i_m}\circ\varphi_{i_1i_2\cdots i_m}\circ f=f.\end{aligned}$$

□

下面应用 Grassmann 流形，并引入切映射和法映射来证明管状邻域定理.

**定义 3.1.1** 设$f:M\to\mathbf{R}^n$是一个$C^r(1\leqslant r\leqslant+\infty)$浸入. 如果$v\in T_pM$，则

$$\mathrm{d}f(v)=f_*(v)=(f(p),\omega)\in T_{f(p)}\mathbf{R}^n\subset T\mathbf{R}^n=\mathbf{R}^n\times\mathbf{R}^n.$$

显然

$$\mathrm{d}f(T_pM)=\{\omega\in\mathbf{R}^n\mid\mathrm{d}f(v)=(f(p),\omega),v\in T_pM\}=t(p)$$

为$\mathbf{R}^n$中$m(=\dim M)$维线性子空间. 浸入$f$的**切映射**定义为

$$t: M \to G_{k,m}, k = n - m,$$
$$p \mapsto t(p).$$

令$(U,\varphi)$为$M$上的局部坐标系.于是,$t(p)=\pi(D(f\circ\varphi^{-1})(\varphi(p)))$,其中

$$\pi: M(m, k+m; m) \to G_{k,m}$$

为自然投影.易见,$t$是$C^{r-1}$类的.

类似地,定义浸入$f$的**法映射**$n: M \to G_{m,k}$,$p \mapsto n(p)=t(p)^{\perp}$($t(p)$的正交补空间).不失一般性,设$D(f\circ\varphi^{-1}(\varphi(p)))=(P(p),Q(p))$,其中$P(p)$为$m\times m$非异矩阵.于是

$$n(p) = \tilde{\pi}(-(P^{-1}Q)^{\mathrm{T}}, I_k).$$

易见,$n$也是$C^{r-1}$类的.

**定义 3.1.2** 设$M\subset N$为$C^r$($1\leqslant r\leqslant+\infty$)正则子流形,$M$(关于$(N,M)$)的一个$C^r$**管状邻域**是一个偶对$(g,\xi)$,其中$\xi=(E,M,\pi)$为$M$上的一个$C^r$向量丛,$g: E\to N$为一个$C^r$嵌入,使得:

(1) $g|_M=\mathrm{Id}_M$,其中$M$与$E$的零截面叠合,即$g(0_p)=p=\mathrm{Id}_M(p)$;

(2) $g(E)$为$M$在$N$中的一个开邻域.

在不严格时,经常将开集$W=g(E)$认作$M$的一个$C^r$管状邻域.它被理解为联系$W$的一个特殊的$C^r$收缩$c: W\to M$($c$为$C^r$映射,$c|_M=\mathrm{Id}_M$),使得$(W,M,c)$为一个向量丛,它的零截面是包含映射$i_M: M\to W$.

更一般的概念是$M$的**部分$C^r$管状邻域**,它是三元组$(g_V,\xi,V)$,这里$\xi=(E,M,\pi)$为$M$上的一个$C^r$向量丛,$V\subset E$为零截面的一个开邻域,$g_V: V\to N$为一个$C^r$嵌入,使得$g_V|_M=\mathrm{Id}_M$($g_V(0_p)=p=\mathrm{Id}_M(p)$)及$g_V(V)$为$M$在$N$中的一个开邻域.

**引理 3.1.4** 一个部分$C^r$管状邻域$(g_V,\xi,V)$包含一个$C^r$管状邻域,即存在$M$在$N$中的一个$C^r$管状邻域$(g,\xi)$,使得在$M$的一个开邻域中,$g=g_V$.

**证明** 因为$g_V(V)\subset N$为开集,且$M\subset g_V(V)$.易见,存在连续函数$\theta: M\to\mathbf{R}$,使得如果$v\in E_p=\pi^{-1}(p)$($E$在$p$的纤维)且$\|v\|\leqslant\theta(p)$($\|\cdot\|$是向量丛$\xi=(E,M,\pi)$上取定的一个Riemann度量所诱导的模),则$v\in V$或$g_V(v)\in g_V(V)$.

可以构造$C^\infty$微分同胚:$[0,+\infty)\to[0,1)$,它在0附近等于恒同.为此,令

$$\varphi_1(x) = \begin{cases} 1, & 0\leqslant x\leqslant \dfrac{1}{2}, \\ 1-\mathrm{e}^{-\frac{1}{(x-\frac{1}{2})^2}}, & x>\dfrac{1}{2}. \end{cases}$$

显然,$\varphi_1$是$C^\infty$的且$0\leqslant\varphi_1\leqslant 1$,单调减,$\lim\limits_{x\to+\infty}\varphi_1(x)=0$和$0<\int_0^{+\infty}\varphi_1(x)\mathrm{d}x<+\infty$.容易

看出，存在自然数 $k$，使得 $0<\int_0^{+\infty}\varphi_1^k(x)\mathrm{d}x<1$. 令

$$\varphi(x)=\begin{cases}1, & 0\leqslant x\leqslant \dfrac{1}{2}+\delta,\\ \varphi_1^k(x-\delta), & x>\dfrac{1}{2}+\delta,\end{cases}$$

其中 $\delta>0$，使 $\int_0^{+\infty}\varphi(x)\mathrm{d}x=1$. 于是，$\lambda(x)=\int_0^x\varphi(t)\mathrm{d}t$ 为所需的 $C^\infty$ 微分同胚. 根据引理 1.3.2，可选 $\theta(p)$ 为 $C^r$ 函数. 现定义 $C^r$ 嵌入

$$h:E\to E,$$

$$h(v)=\begin{cases}\dfrac{\theta(\pi(v))}{\|v\|}\lambda\left(\dfrac{\|v\|}{\theta(\pi(v))}\right)\cdot v, & v\neq 0,\\ 0, & v=0,\end{cases}$$

则 $h(E)\subset V$，并且在 $M$ 附近 $h$ 为恒同映射. 令 $g=g_V\circ h:E\to N$. 显然，$(g,\xi)$ 为 $M$ 在 $N$ 中的一个 $C^r$ 管状邻域，且在 $M$ 的一个开邻域中 $g=g_V$. □

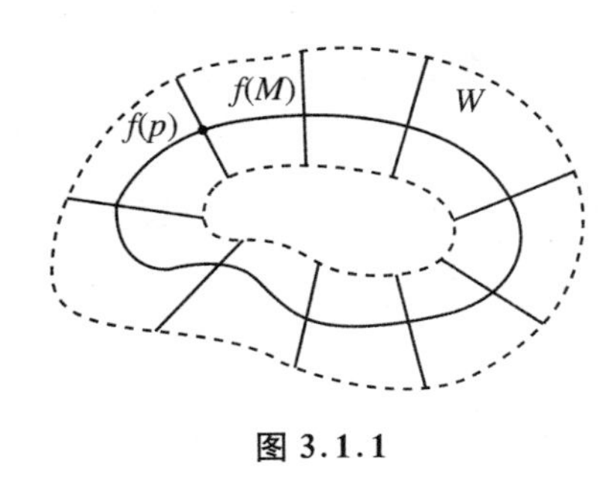

图 3.1.1

**定理 3.1.1**（管状邻域定理） 设 $M$ 为 $C^r$ 流形，$1\leqslant r\leqslant+\infty$，$f:M\to\mathbf{R}^n$ 为 $C^r$ 嵌入（$f(M)$ 为 $\mathbf{R}^n$ 的 $C^r$ 正则子流形），则存在 $f(M)$ 关于 $(\mathbf{R}^n, f(M))$ 的一个 $C^r$ 管状邻域.

**证明** 根据引理 3.1.4，只需证明 $\mathbf{R}^n$ 的 $C^r$ 正则子流形 $f(M)$ 存在一个开邻域 $W$，它可以 $C^r$ 收缩到 $f(M)$，即存在连续映射 $c:W\to f(M)$，$c(\omega)=\omega$，$\forall\,\omega\in f(M)$，称 $c$ 为（保核）收缩映射（图 3.1.1）.

如果 $r\geqslant 1$，那么这样一个属于 $C^{r-1}$ 的收缩是容易找到的. 简言之，取 $f(M)$ 的点 $f(p)$ 的法空间，并将它投射到 $f(p)$ 即可. 构造一个属于 $C^r$ 类的收缩要困难一些，具体做法如下：

考虑 $C^r$ 嵌入 $f$ 的切映射 $t:M\to G_{k,m}$ 和法映射 $n:M\to G_{m,k}$，其中 $m=\dim M$，$k=n-m$. 映射 $t$ 和 $n$ 都是 $C^{r-1}$ 类的.

存在 $n$ 的一个强 $C^0-\varepsilon(p)$ 开邻域，使这个开邻域里的任何映射 $\tilde{n}$，$\tilde{n}(p)$ 与 $t(p)$ 是 $\mathbf{R}^n$ 的无关子空间，即 $\tilde{n}(p)$ 与 $t(p)$ 张成 $\mathbf{R}^n$ 且它们的交是零向量（见引理 3.1.5）. 根据定理 1.6.4，在这个开邻域里选取属于 $C^r$ 类的映射 $\tilde{n}:M\to G_{m,k}$（在 $r=1$ 的情形，$n$ 只属于类 $C^0$）. 令 $\tilde{t}(p)$ 为 $\tilde{n}(p)$ 的正交补空间. $\tilde{t}$ 也是属于类 $C^r$ 的映射.

令 $E=\{(p,v)\mid p\in M, v\in\tilde{n}(p)\}\subset M\times\mathbf{R}^n$（如果用映射 $n$ 代替 $\tilde{n}$，$E$ 就是所谓嵌入的**法丛**，它是 $C^{r-1}$ 类的）. 下面证明 $E$ 是 $M\times\mathbf{R}^n$ 的 $n$ 维 $C^r$ 正则子流形.

取定一点 $p\in M$,令 $\tilde{n}_*$ 和 $\tilde{t}_*$ 是 $\tilde{n}$ 和 $\tilde{t}$ 在 $p$ 的开邻域中的 $C^r$ 提升.于是,$\tilde{n}_*(q)=A(q)$为 $k\times n$ 矩阵,$\tilde{t}_*(q)=B(q)$为 $m\times n$ 矩阵;$A(q)$与 $B(q)$的行向量是线性无关的.

设$(U,\varphi)$为 $p$ 的局部坐标系,使得 $\tilde{n}_*$ 和 $\tilde{t}_*$ 在 $U$ 上有定义;令

$$\varphi(q)=(u^1,u^2,\cdots,u^m).$$

定义

$$g:U\times\mathbf{R}^n\to\mathbf{R}^m\times\mathbf{R}^n,$$

$$g(q,(v^1,v^2,\cdots,v^n))=\left(\varphi(q),(v^1,v^2,\cdots,v^n)\begin{pmatrix}A(q)\\B(q)\end{pmatrix}^{-1}\right),$$

则$(U\times\mathbf{R}^n,g)$为 $M\times\mathbf{R}^n$ 上的 $C^r$ 局部坐标系.显然

$$\begin{aligned}E&=\{(q,v)\mid q\in M,v\in\tilde{n}(q)\}\\&=\left\{(q,v)\middle|\, q\in M,v=(y^1,y^2,\cdots,y^k,0,\cdots,0)\begin{pmatrix}A(q)\\B(q)\end{pmatrix}\right\},\end{aligned}$$

且

$$g(E\cap(U\times\mathbf{R}^n))=\varphi(U)\times\mathbf{R}^k$$

为 $\mathbf{R}^{k+m}=\mathbf{R}^n$ 的开子集,所以,$E$ 为 $M\times\mathbf{R}^n$ 的 $C^r$ 正则子流形.

考虑 $C^r$ 映射 $M\times\mathbf{R}^n\to\mathbf{R}^n,(p,v)\mapsto f(p)+v$.令 $F$ 为这个映射在 $E$ 上的限制.现证明 $\mathrm{rank}F|_{M\times 0}=n$(图3.1.2).

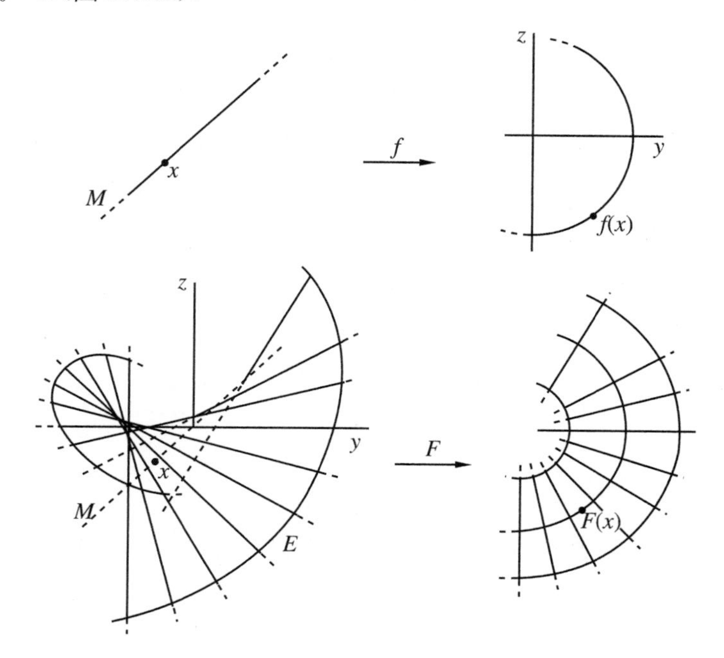


图 3.1.2

利用上面构造的 $E$ 上的局部坐标

$$g(p,v)=(u^1,u^2,\cdots,u^m,y^1,y^2,\cdots,y^k,0,\cdots,0),$$

有

$$F\circ g^{-1}(u,y)=f\circ\varphi^{-1}(u)+(y^1,y^2,\cdots,y^k)A\circ\varphi^{-1}(u),$$

所以

$$\frac{\partial(F\circ g^{-1})}{\partial y}=A(\varphi^{-1}(u)),$$

$$\frac{\partial(F\circ g^{-1})}{\partial u}=D(f\circ\varphi^{-1})(u)+(y^1,y^2,\cdots,y^k)\frac{\partial(A\circ\varphi^{-1})}{\partial u}.$$

因为在 $g(M\times 0)$的点处，$y=0$，故在 $g(M\times 0)$的点处，

$$D(F\circ g^{-1})=\begin{pmatrix}\dfrac{\partial(F\circ g^{-1})}{\partial u}\\ \dfrac{\partial(F\circ g^{-1})}{\partial y}\end{pmatrix}=\begin{pmatrix}D(f\circ\varphi^{-1})(u)\\ A\circ\varphi^{-1}(u)\end{pmatrix}.$$

这里 $D(f\circ\varphi^{-1})(u)$的行向量张成 $t(p)$，$A\circ\varphi^{-1}(u)$的行向量张成 $\tilde{n}(p)$. 由 $\tilde{n}$ 的选取，$\tilde{n}(p)$与 $t(p)$是线性无关的，从而 $\operatorname{rank}D(F\circ g^{-1})=n$，$\operatorname{rank}F|_{M\times 0}=n$.

从 $f:M\to\mathbf{R}^n$ 为 $C^r$ 嵌入知 $F:E\to\mathbf{R}^n$ 在 $M\times 0$ 上的限制为同胚. 不仅如此，根据逆射定理，$M\times 0$ 的每一点都有一个开邻域被 $F$ $C^r$ 同胚地映成 $\mathbf{R}^n$ 的开子集. 由此推知，存在 $M\times 0$ 在 $E$ 里的一个开邻域 $V$，被 $F$ $C^r$ 同胚地映成 $\mathbf{R}^n$ 中的一个开集 $W=F(V)$(见引理 3.1.6). 在 $V$ 上，$\operatorname{rank}F=n$，$F:V\to F(V)=W$ 为 $C^r$ 同胚，$F|_{M\times 0}=\mathrm{Id}_{f(M)}$，即

$$F(p,0)=f(p)+0=f(p)=\mathrm{Id}_{f(M)}(f(p)),$$

这就证明了$(F,\xi)$为 $f(M)$关于$(\mathbf{R}^n,f(M))$的一个部分 $C^r$ 管状邻域(注意，$f:M\to f(M)\subset\mathbf{R}^n$为$C^r$ 同胚，$M\times\mathbf{R}^n$ 与$f(M)\times\mathbf{R}^n$ 视作相同)，其中 $\xi=(E,M,\pi)$为 $M$ 上的一个$C^r$ 向量丛，$\pi$ 为$M\times\mathbf{R}^n$ 到$M$ 的自然投影. 再由引理3.1.3，必存在 $f(M)$在 $\mathbf{R}^n$ 中的 $C^r$ 管状邻域. 此外，从图表

$$\begin{array}{ccc} & E & \\ & \cup & \\ M\times 0\subset V & \overset{F}{\underset{F^{-1}}{\rightleftarrows}} & F(V)=W \\ \big\downarrow\pi & & \big\uparrow F \\ M & \xrightarrow[j(p)=(p,0)]{j} & M\times 0 \end{array}$$

可知，$c=F\circ j\cdot\pi\circ F^{-1}:W\to f(M)$为从 $W$ 到$f(M)$的 $C^r$ 收缩. □

**引理 3.1.5** 存在法映射 $n:M\to G_{m,k}$的一个强$C^0$ 开邻域，使得这个开邻域里的任何映射 $\tilde{n}:M\to G_{m,k}$，有 $\tilde{n}(p)$与 $t(p)$张成 $\mathbf{R}^n$，且它们的交为零向量(即 $\tilde{n}(p)$与 $t(p)$是线性无关的).

**证明** 对固定的 $p\in M$，考虑所有与 $t(p)$的交有正维数的 $k$ 维子空间所成的集合

$\gamma_p$.现在证明 $\gamma_p$ 是 $G_{m,k}$ 中的紧致子集.

因为对于 $h(s)\in\gamma_p\subset G_{m,k}$,必有单位向量 $e_1(s)\in h(s)\cap t(p)$,可以将 $e_1(s)$扩充为$\{e_1(s),e_2(s),\cdots,e_k(s)\}$,使其成为 $h(s)$的规范正交基.不妨设 $\lim\limits_{s\to+\infty}e_i(s)=e_i$(至多选子列并重新编号),显然$\{e_1,e_2,\cdots,e_k\}$仍为规范正交基.由此基张成的 $k$ 维子空间 $h\in G_{m,k}$.由 $e_1(s)\in t(p)$,有 $e_1=\lim\limits_{s\to+\infty}e_1(s)\in t(p)$,所以 $h$ 是与$t(p)$的交有正维数的 $k$ 维子空间,即$\{h(s)\}$的子列极限 $h\in\gamma_p$.这就证明了 $\gamma_p$ 为 Grassmann 流形 $G_{m,k}$的序列紧致子集,因而是紧致的.

$\forall\, p\in M$,存在 $p$ 的开邻域$U_p$,使 $\bar{U}_p$ 紧致,且 $\min\limits_{q\in\bar{U}_p}\rho(n(q),\gamma_q)>0$($\rho$ 为$G_{m,k}$上的距离函数).(反证)假设结论不成立,即 $\min\limits_{q\in\bar{U}_p}\rho(n(q),\gamma_q)=0$,则有 $q_s\in B\left(p;\dfrac{1}{s}\right)$与 $h(s)\in\gamma_{q_s}$,使得 $h(s)$与 $t(q_s)$相交于单位向量 $e_1(s)$,并扩充成$\{e_1(s),e_2(s),\cdots,e_k(s)\}$为 $h(s)$的规范正交基.不妨设 $\lim\limits_{s\to+\infty}e_i(s)=e_i$(至多选子序列并重新编号),显然$\{e_1,e_2,\cdots,e_k\}$也为规范正交基,它决定了一个 $k$ 维子空间$h$,则 $e_1\in h\cap t(p)$,从而 $h\in\gamma_p$.另一方面,由 $\lim\limits_{s\to+\infty}h(s)=h$ 及 $0=\lim\limits_{s\to+\infty}\rho(n(q),h(s))=\rho(n(p),h)$知 $h=n(p)$.从而,$h\cap t(p)=n(p)\cap t(p)=\{0\}$,这与 $e_1\in h\cap t(p)$相矛盾.

设$\{U_p\mid p\in M\}$为 $M$ 的开覆盖,其中 $\bar{U}_p$ 紧致.可选$\{\bar{U}_p\mid p\in M\}$的局部有限的精致$\{\bar{U}_i\mid i\in\mathbf{N}\}$,当然 $\bar{U}_i$ 紧致.取 $\varepsilon_i=\dfrac{1}{2}\min\limits_{q\in\bar{U}_i}\rho(n(q),\gamma_q)>0$,由引理1.3.2,可构造正连续函数 $\varepsilon(p)$使得 $\varepsilon(p)<\varepsilon_i$,$\forall\,p\in\bar{U}_i$.于是,$n$ 的强 $C^0-\varepsilon(p)$开邻域为本引理中所要求的.

□

**引理 3.1.6** 设 $A$ 为局部紧致空间$X$ 的闭子集,$X$ 为$A_2$($\Leftrightarrow$可分)度量空间,$Y$ 为度量空间,$\rho$ 为$X$ 上的距离函数,$f\in C^0(X,Y)$.

如果 $f|_A$ 为同胚入(即 $f|_A:A\to f(A)$为同胚),且对$\forall\,x\in A$,有 $x$ 在$X$ 中的一个开邻域$U_x$,使 $f|_{U_x}$为开同胚入(即 $f(U_x)\subset Y$ 为开集),则存在 $A$ 在$X$ 中的一个开邻域$V$,使得 $f|_V$ 为开同胚入.

**证明** 设 $U=\bigcup\limits_{x\in A}U_x$,即 $f$ 在$U$ 的每一点处是局部一一的.不仅如此,如果 $B$ 是$U$ 的任意子集,使得 $f|_B$ 为单射,则 $f|_B:B\to f(B)$为同胚.事实上,如果 $f(x_n)\to f(x)$(其中 $x_n,x\in B$),由于 $f(U_x)$为 $Y$ 中的开集,故$\exists\,N\in\mathbf{N}$,当 $n>N$ 时,$f(x_n)\in f(U_x)$.因为 $f|_{U_x}:U_x\to f(U_x)$为同胚,所以 $x_n\to x$.这就证明了 $f_B^{-1}$ 连续,从而 $f_B$ 为同胚.

(1) 如果 $C$ 为$U$ 的紧致子集,并且 $f$ 在$C$ 上为单射,则存在 $C$ 的一个开邻域,在它的闭包上,$f$ 为单射.(反证)否则,必有 $C$ 的$\dfrac{\varepsilon}{n}$开邻域$U_n$(取 $\varepsilon$ 足够小),使得 $\bar{U}_1$ 是紧致的并且含于$U$ 以及$f$ 在任何$\bar{U}_n$ 上都不为单射,则有点 $x_n,y_n\in\bar{U}_n$,$x_n\neq y_n$,使得 $f(x_n)$

$=f(y_n)$. 选出一个子序列并重新编号，我们可以假定 $x_n\to x$，$y_n\to y$；由 $C$ 紧致，$x,y\in C$. 于是，$f(x)=\lim\limits_{n\to+\infty}f(x_n)=\lim\limits_{n\to+\infty}f(y_n)=f(y)$. 因为 $f$ 在 $C$ 上为单射，故 $x=y$. 但 $f$ 在 $x$ 处是局部一一的，所以对较大的 $n$，$x_n\neq y_n$ 蕴涵着 $f(x_n)\neq f(y_n)$，这与上述 $f(x_n)=f(y_n)$ 相矛盾.

(2) 如果 $C$ 为 $U$ 的紧致子集并且 $f$ 在 $C\cup A$ 上为单射，则存在 $C$ 的开邻域 $V$，使得 $f$ 在 $\bar{V}\cup A$ 上为单射.（反证）否则，必有 $C$ 的 $\frac{\varepsilon}{n}$ 开邻域 $U_n$（取 $\varepsilon$ 足够小），使得 $\bar{U}_n$ 紧致且含于 $U$ 以及 $f$ 在 $\bar{U}_n$ 上为单射（应用(1)）. 此外，$f$ 在任何集合 $\bar{U}_n\cup A$ 上都不为单射. 那么，$\exists\, x_n\in\bar{U}_n-A$，$y_n\in A-\bar{U}_n$，使得 $f(x_n)=f(y_n)$. 选一个子序列并重新编号，我们可以假设 $x_n\to x$，其中 $x\in C$. 于是，$f(y_n)=f(x_n)\to f(x)$. 因为 $C\cup A\subset U$，且 $f$ 在 $C\cup A$ 为单射，根据以上所述，$f|_{C\cup A}$ 为同胚. 从而，$y_n\to x$. 但 $f$ 在 $x$ 处是局部一一的，所以对较大的 $n$，$x_n\neq y_n$ 蕴涵着 $f(x_n)\neq f(y_n)$，这与上述 $f(x_n)=f(y_n)$ 相矛盾.

(3) 因为 $X$ 为局部紧致的 $A_2$ 空间，所以 $A$ 为紧致集合的增序列 $\{A_n\}$ $(A_0\subset A_1\subset\cdots)$ 的并集，其中 $A_0=\varnothing$. 定义 $V_0=\varnothing$. 一般地，假设 $V_n$ 为 $A_n$ 的开邻域，使得 $\bar{V}_n$ 为 $U$ 的紧致子集并且 $f$ 在 $\bar{V}_n\cup A$ 上为单射. 由(2)，我们可以选择紧致集合 $\bar{V}_n\cup A_{n+1}$ 的开邻域 $V_{n+1}$，使得 $\bar{V}_{n+1}$ 为紧致子集并且 $f$ 在 $\bar{V}_{n+1}\cup A$ 上为单射.

令 $V=\bigcup\limits_{n=1}^{\infty}V_n$，则 $f$ 在 $A$ 的开邻域 $V$ 上为单射. 由 $V\subset U$ 及以上所述，$f|_V: V\to f(V)$（$Y$ 中开集）为同胚. □

**定理 3.1.2** 设 $M$ 与 $N$ 为 $C^r$ $(r\in\{1,2,\cdots,+\infty\})$ 流形，$f: M\to N$ 为 $C^r$ 嵌入，则存在 $f(M)$ 在 $N$ 中的开邻域 $W$ 与一个 $C^r$ 收缩 $c: W\to f(M)$.

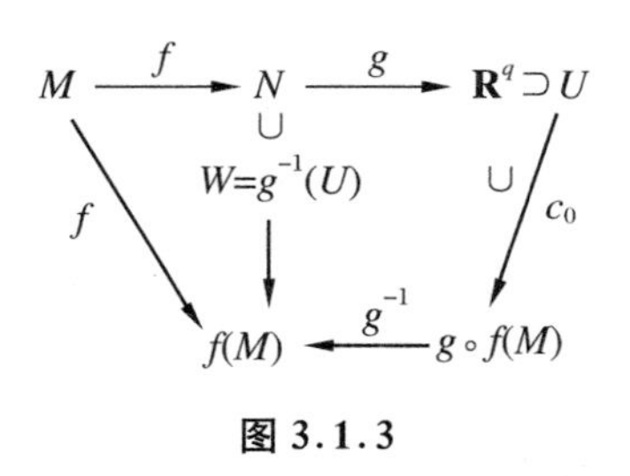


图 3.1.3

**证明** 根据 Whitney 嵌入定理（定理 2.2.5），存在 $C^r$ 嵌入 $g: N\to\mathbf{R}^q$. 再由定理 3.1.1 知，存在 $g\circ f(M)$ 在 $\mathbf{R}^q$ 中的开邻域 $U$ 与 $U$ 到 $g\circ f(M)$ 上的收缩 $c_0$，则 $c=g^{-1}\circ c_0\circ g$ 就是所要求的从 $W=g^{-1}(U)$ 到 $f(M)$ 的 $C^r$ 收缩（图 3.1.3）. □

**定理 3.1.3** 设 $M\subset N$ 为 $C^\infty$ 正则子流形，$N\subset\mathbf{R}^q$ 也为 $C^\infty$ 正则子流形，则 $M$ 在 $N$ 中有一个 $C^\infty$ 管状邻域.

**证明** 由定理 3.1.1 知，存在 $W_1\subset\mathbf{R}^q$ 为 $N$ 的一个开邻域及 $c: W_1\to N$ 为一个 $C^\infty$ 保核收缩. 给 $N$ 一个由 $\mathbf{R}^q$ 的通常标准 Riemann 度量诱导的 Riemann 度量，令 $\xi=(E,M,\pi)$ 为 $N$ 中 $M$ 的法丛. 因此

$$E\subset T_MN\subset T_M\mathbf{R}^q=M\times\mathbf{R}^q,$$

且 $E_x\subset x\times\mathbf{R}^q$，$\forall\, x\in M$.

对于 $\forall\, x\in M$，令

$$V_x = \{(x, v) \in E_x \mid x + v \in W_1\},$$

$$V_1 = \bigcup_{x \in M} V_x,$$

则 $V_1$ 在 $E$ 中是开的,它是 $W_1$ 在映射

$$E \to \mathbf{R}^q, \quad (x, v) \mapsto x + v \ (v \in E_x)$$

下的逆像.令 $F(x, v) = c(x + v)$.

显然,由 $c(M) = M$ 知,$\mathrm{d}F|_{T_xM} = \mathrm{Id}_{T_xM}$.如果 $v \in E_x$,则

$$\begin{aligned}\frac{\mathrm{d}}{\mathrm{d}t}F(x, tv)\Big|_{t=0} &= \frac{\mathrm{d}}{\mathrm{d}t}c(x + tv)\Big|_{t=0} = \mathrm{d}c(v) = \mathrm{d}c(\gamma'(0)) \\ &= \frac{\mathrm{d}}{\mathrm{d}t}(c(\gamma(t)))\Big|_{t=0} = \frac{\mathrm{d}}{\mathrm{d}t}(\gamma(t))\Big|_{t=0} = \gamma'(0) = v\end{aligned}$$

(其中 $\gamma(t)$ 为 $N$ 上的 $C^\infty$ 曲线,$\gamma'(0) = v$).于是,$\mathrm{rank}F = \dim N$.类似定理3.1.1最后的证明,存在 $M \times 0$ 在 $E$ 中的开邻域 $V$,使得 $F: V \to N$ 为 $C^\infty$ 嵌入,$(F, \xi, V)$ 为 $(N, M)$ 的部分 $C^\infty$ 管状邻域.再由引理3.1.4可知,$M$ 在 $N$ 中必有一个 $C^\infty$ 管状邻域. □

如果定理3.1.3的条件"$C^\infty$"改为"$C^r(r \in \{1, 2, \cdots, +\infty\})$",用相同的方法可证 $M$ 在 $N$ 中有一个 $C^{r-1}$ 管状邻域.为得到 $C^r$ 管状邻域,先叙述两个引理.

**引理 3.1.7** 设 $M$ 为 $C^r(r \in \{1, 2, \cdots, +\infty\})$ 的流形,$f: M \to G_{n-k,k}$,$g: M \to G_{n-t,t}$,$k + t \leqslant n$,且 $\forall p \in M$,$f(p) \cap g(p) = \{0\}$(简记为 $f \cap g = \{0\}$),则存在另一个从 $M$ 到 $\mathbf{R}^n$ 的 $k + t$ 维子空间的映射 $h: M \to G_{n-k-t,k+t}$,$p \mapsto f(p) + g(p)$(为两个线性子空间 $f(p)$ 与 $g(p)$ 的和,即它们张成的 $k + t$ 维线性子空间).

如果 $f$ 与 $g$ 是 $C^s(s \in \{0, 1, \cdots, r\})$ 的,则 $h$ 也是 $C^s$ 的,记

$$h = f + g.$$

**证明** 应用提升引理3.1.3即得. □

**引理 3.1.8** 设 $M$ 为 $C^r(r \geqslant 1)$ 流形,$f: M \to G_{n-k,k}(k = \{0, 1, \cdots, n\})$ 为从 $M$ 到 $\mathbf{R}^n$ 的 $k$ 维线性子空间的 $C^0$ 映射,则 $\{g \in C^0(M, G_{k,n-k}) \mid g \cap f = \{0\}\}$ 为 $C^0_S(M, G_{k,n-k})$ 的开子集.

**证明** 类似引理3.1.5的证明. □

**定理 3.1.4**(一般 $C^r$ 管状邻域定理) 设 $M$ 与 $N$ 为 $C^r(r \in \{1, 2, \cdots, +\infty\})$ 流形,$f: M \to N$ 为 $C^r$ 嵌入,则存在 $f(M)$ 在 $N$ 中的一个 $C^r$ 管状邻域.

**证明** 为叙述简单,不失一般性,可设 $M \hookrightarrow N \hookrightarrow \mathbf{R}^l$ 为 $C^r$ 正则子流形($M \hookrightarrow N$ 表示 $M$ 为 $N$ 的 $C^r$ 正则子流形),$\dim M = m$,$\dim N = n$.由 $\mathbf{R}^l$ 的通常的Riemann度量诱导了 $M$ 与 $N$ 上的Riemann度量.于是,有四个 $C^{r-1}$ 映射:

$$t_M: M \to G_{l-m,m}, \quad x \mapsto T_xM \subset \mathbf{R}^l;$$

$$t_N: N \to G_{l-n,n}, \quad x \mapsto T_xN \subset \mathbf{R}^l;$$

$$n_{MN}: M \to G_{l-n+m,n-m}, \quad x \mapsto T_M^{\perp}N\mid_x \subset \mathbf{R}^l;$$

$$n_N: N \to G_{n,l-n}, \quad x \mapsto T_N^{\perp}\mathbf{R}^l \mid_x \subset \mathbf{R}^l.$$

根据引理 3.1.5 的证明,存在映射 $\tilde{n} \in C^r(N, G_{n,l-n})$,使得 $\tilde{n} \cap t_N = \{0\}$. 于是

$$E_N = \{(x,y) \in N \times \mathbf{R}^l \mid x \in N, y \in \tilde{n}(x) \subset \mathbf{R}^l\}$$

为 $N$ 上的 $C^r$ 向量丛. 此外,由定理 3.1.1,

$$h: E_N \to \mathbf{R}^l, \quad (x,y) \mapsto x + y$$

给出了一个 $N$ 在 $\mathbf{R}^l$ 中的部分 $C^r$ 管状邻域,则 $h$ 在 $N$ 的一个开邻域上为 $C^r$ 同胚,记其同胚像为 $W \subset \mathbf{R}^l$,它为开集. 这样就得到一个 $C^r$ 收缩 $c: W \to N$, $c = h \circ j \circ P_N \circ h^{-1}$,其中 $P_N(x,y) = x$, $j: N \to N \times 0$, $j(x) = (x,0)$.

因为 $\tilde{n} \cap t_M = \{0\}$,根据引理 3.1.7,有映射 $\tilde{n} + t_M$. 又 $n_{MN} \cap (\tilde{n} + t_M) = \{0\}$,且 $n_{MN} + (\tilde{n} + t_M)$ 将 $M$ 中的每个点映成整个 $\mathbf{R}^l$. 再由引理 3.1.8,存在 $n_{MN}$ 关于 $C_S^0(M, G_{l-n+m,n-m})$ 的强 $C^0$ 邻域,使此开邻域中任一映射均和 $\tilde{n} + t_M$ 的交为 $\{0\}$. 取此开邻域中的一个 $C^r$ 映射,记为 $\tilde{n}_{MN}$,则 $\tilde{n}_{MN} \cap t_M = \{0\}$, $\tilde{n}_{MN} \cap \tilde{n} = \{0\}$.

现证

$$E = \{(x,y) \in M \times \mathbf{R}^l \mid x \in M, y \in \tilde{n}_{MN}(x)\}$$

为 $M \times \mathbf{R}^l$ 的 $C^r$ 正则子流形,记

$$\tilde{t}_{MN}: M \to G_{n-m,l-(n-m)},$$

$\tilde{t}_{MN}(x)$ 是 $\tilde{n}_{MN}(x)$ 在 $\mathbf{R}^l$ 中的正交补空间,则 $\tilde{t}_{MN}$ 也为 $C^r$ 映射(图 3.1.4).

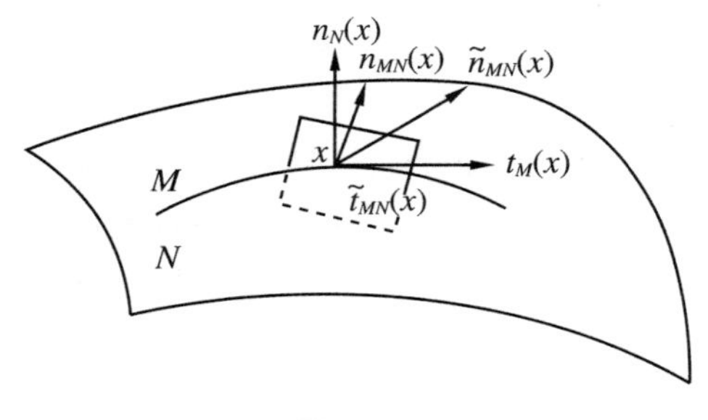


**图 3.1.4**

固定 $x \in M$,记 $\tilde{n}_{MN}^*$, $\tilde{t}_{MN}^*$ 分别为 $\tilde{n}_{MN}$, $\tilde{t}_{MN}$ 在 $x$ 的一个局部坐标系 $(U, \varphi)$ 上的 $C^r$ 提升. 这样, $\tilde{n}_{MN}^*(x) = A(x)$ 是一个 $(n-m) \times l$ 矩阵, $\tilde{t}_{MN}^*(x) = B(x)$ 是一个 $(l-n+m) \times l$ 矩阵,且

$$\det \begin{pmatrix} A(x) \\ B(x) \end{pmatrix} \neq 0.$$

定义映射

$$g: U\times\mathbf{R}^l\to\mathbf{R}^m\times\mathbf{R}^l,$$

$$g(x,(v^1,v^2,\cdots,v^l))\mapsto\left(\varphi(x),(v^1,v^2,\cdots,v^l)\begin{pmatrix}A(x)\\B(x)\end{pmatrix}^{-1}\right).$$

于是,得到 $M\times\mathbf{R}^l$ 上的 $C^r$ 局部坐标系覆盖$\{(U\times\mathbf{R}^l,g)\}$,且

$$(U\times\mathbf{R}^l)\cap E=\{(x,v)\mid g^{n+t}(x,v)=0,t=1,2,\cdots,l-n\}.$$

因此,$E$ 为 $M\times\mathbf{R}^l$ 的 $n$ 维 $C^r$ 正则子流形.

定义 $C^r$ 映射 $s: E\to\mathbf{R}^l,(x,y)\mapsto x+y$. 令 $V_1=s^{-1}(W)$. 于是,得到映射

$$F: V_1\to N,\quad (x,y)\mapsto c(x+y).$$

$F$ 具有如下几个性质:

(1) $F$ 为 $C^r$ 映射;

(2) $F|_M=\mathrm{Id}_M$;

(3) $F$ 为浸没.

(1)与(2)是显然的. 下面证明(3). 易知,$F=c\circ s|_V$. 固定 $x\in M\subset N\subset W$. $\forall v\in\widetilde{n}(x)$,$c(x+v)=x$,故 $\widetilde{n}(x)$作为 $W$ 在 $x$ 处的切空间的一部分经$(\mathrm{d}c)_x$ 映为零向量. 又$(\mathrm{d}c)_x$ 为满射($c$ 为浸没),而 $N$ 为 $n$ 维,$\widetilde{n}(x)$为 $l-n$ 维,故 $\widetilde{n}(x)$为$(\mathrm{d}c)_x$ 的核空间. 又

$$(\mathrm{d}s)_{(x,0)}|_{V_1}(T_{(x,0)}V_1)=t_M(x)+\widetilde{n}_{MN}(x).$$

由于$(t_M(x)+\widetilde{n}_{MN}(x))\cap\widetilde{n}(x)=\{0\}$且$(t_M(x)+\widetilde{n}_{MN}(x))+\widetilde{n}(x)$恰好构成 $W$ 在 $x$ 点处的切空间,故

$$(\mathrm{d}F)_{(x,0)}(T_{(x,0)}V_1)=(\mathrm{d}c)_x\circ(\mathrm{d}s)_{(x,0)}(T_{(x,0)}V_1)=T_xN.$$

这就意味着 $F$ 是一个浸没.

另外,由于 $E$ 与 $N$ 具有相同的维数,从而 $F$ 在 $M\times 0$ 的每一点处都是局部 $C^r$ 同胚的. 根据引理 3.1.6,存在 $M$ 在 $E$ 中的开邻域 $V$,$F$ 在 $V$ 上是 $C^r$ 同胚. 再由 $F|_{M\times 0}=\mathrm{Id}_M$,$F(V)$是 $N$ 中的开集,$(F|_V,E)$是 $M$ 在 $N$ 中的一个 $C^r$ 部分管状邻域. 从引理 3.1.4 知,它确定了一个 $M$ 在 $N$ 中的 $C^r$ 管状邻域. □

作为管状邻域定理的应用,我们证明 $C^r$ 映射逼近连续映射的几个定理以及 $\partial M$ 的乘积邻域定理(或戴领定理).

**引理 3.1.9** 设 $A$ 为 $C^r(1\leqslant r\leqslant+\infty)$流形 $M$ 的闭子集,连续映射 $f: M\to\mathbf{R}^n$ 在 $A$ 上是 $C^r$ 的($\forall p\in A$,$\exists p$ 的开邻域 $U_p$,s.t. $f_p: U_p\to\mathbf{R}^n$ 是 $C^r$ 的,且 $f_p|_A=f|_A$),$\varepsilon(p)$ 为 $M$ 上的正连续函数,则存在 $g: M\to\mathbf{R}^n$ 满足:

(1) $g$ 是 $C^r$ 的;

(2) $g$ 是 $f$ 的强 $C^0-\varepsilon(p)$逼近;

(3) $g|_A=f|_A$.

**证明** 对 $p\in A$，$f_p$ 为引理中所述的映射，且选 $U_p$ 足够小，使

$$\| f_p(q) - f(q) \| < \varepsilon(q), \quad \forall q \in U_p.$$

对 $p\in M-A$，由 $f$ 连续，选 $p$ 的一个足够小的开邻域 $U_p$，使得

$$\| f(q) - f(p) \| < \varepsilon(q), \quad \forall q \in U_p.$$

定义 $f_p(q)=f(p)$，$\forall q\in U_p$.

显然，$\{U_p\mid p\in M\}$为 $M$ 的一个开覆盖. 根据 1.2 节中的方法，可选$\{U_p\mid p\in M\}$的局部有限的子覆盖$\{U_{p(\alpha)}\mid \alpha\in\Gamma\}$. 应用单位分解存在性定理(定理 1.1.10)，有 $M$ 上的 $C^r$ 单位分解$\{\rho_\alpha\mid\alpha\in\Gamma\}$，s.t. $\forall\alpha\in\Gamma$，有 $\mathrm{supp}\rho_\alpha\subset U_{p(\alpha)}$. 定义

$$g(q) = \sum_{\alpha\in\Gamma}\rho_\alpha(q)f_{p(\alpha)}(q),$$

易证 $g$ 满足引理的三个条件. □

**定理 3.1.5** 设 $M_i(i=1,2)$为 $C^r(1\leqslant r\leqslant+\infty)$流形. $f:M_1\to M_2$ 为连续映射，它在 $M_1$ 的闭子集 $A$ 上是$C^r$ 的. 又设 $\varepsilon(p)$为 $M_1$ 上给定的正连续函数，且在 $M_2$ 上给定一个由某个 $C^r$ 嵌入$M_2\hookrightarrow\mathbf{R}^q$ 确定的 Riemann 度量. 则存在 $g:M_1\to M_2$ 满足：

(1) $g$ 是$C^r$ 的；

(2) $g$ 是$f$ 的强$C^0-\varepsilon(p)$逼近；

(3) $g|_A=f|_A$.

**证明** 由管状邻域定理，在 $\mathbf{R}^q$ 中存在$M_2$ 的一个开邻域 $W$，使 $c:W\to M_2$ 为 $C^r$ 收缩映射. 选 $\delta(p)$为 $M_1$ 上的正连续函数，使以 $f(p)$为中心、$\delta(p)$为半径的开球包含于 $W$ 中，并且在 $c$ 下的像的半径小于$\varepsilon(p)$. 根据引理 3.1.9，存在 $C^r$ 映射$f_1:M_1\to\mathbf{R}^q$，它是 $f$ 的强$C^0-\delta(p)$逼近，并且 $f_1|_A=f|_A$. 则 $g(p)=c(f_1(p))$满足定理的三个条件. □

**定理 3.1.6** 设 $M_i(i=1,2)$为 $C^r(1\leqslant r\leqslant+\infty)$流形. $f:M_1\to M_2$ 为连续映射，$\varepsilon(p)$为 $M_1$ 上的正连续函数，且在 $M_2$ 上给定一个由某个嵌入 $M_2\hookrightarrow\mathbf{R}^q$ 确定的 Riemann 度量. 于是存在 $M_1$ 上的正连续函数 $\delta(p)$，使得若 $g:M_1\to M_2$ 为 $f$ 的强$C^0-\delta(p)$逼近，则 $g$ 同伦于$f$，并且 $f$ 与$g$ 之间有一个同伦$F(p,t)$，满足：

(1) 对于使 $f(p)=g(p)$的任一 $p$，$F(p,t)=f(p)$；

(2) 对于任一 $t$，$F(p,t)$为 $f$ 的强$C^0-\varepsilon(p)$逼近.

**证明** 设 $W$，$c$ 与$\delta(p)$选得如定理3.1.5 的证明中一样. 令 $g:M_1\to M_2$ 为 $f$ 的一个强 $C^0-\delta(p)$逼近，则连接 $f(p)$与 $g(p)$的直线段$\{tg(p)+(1-t)f(p)\mid 0\leqslant t\leqslant 1\}\subset W$(见定理 3.1.5 的证明)，所以

$$F(p,t) = c(tg(p) + (1-t)f(p))$$

是完全确定的. 从而，对于任一 $t$，$F(p,t)$为 $f(p)$的强 $C^0-\varepsilon(p)$逼近. 另一方面，对于使 $f(p)=g(p)$的任一 $p$，有

$$F(p,t) = c(tg(p) + (1-t)f(p))$$

$$
\begin{aligned}
&= c(tf(p) + (1-t)f(p)) \\
&= c(f(p)) = f(p).
\end{aligned}
$$
□

$C^r$ 带边流形 $M$ 的边界 $\partial M$ 不能有管状邻域，但是能有"半管状"邻域，称为 $\partial M$（在 $M$ 中）的**领子**. 在 $\partial M$ 上的一个领子是一个 $C^r$ 嵌入 $g:\partial M\times[0,1)\to M$，使得 $g(p,0)=p$；或 $C^r$ 微分同胚 $f: W\to\partial M\times[0,1)$，$f(p)=(p,0)$，$\forall p\in\partial M$，其中 $W$ 为 $\partial M$ 在 $M$ 中的一个开邻域.

下面将证明 $\partial M$ 的乘积邻域定理或戴领定理. 为此，先证明下面的引理.

**引理 3.1.10** 设 $M$ 为 $C^r(r\in\{1,2,\cdots,+\infty\})$ 带边流形，则有 $M$ 上的非负实值 $C^r$ 函数 $g$，使 $g(p)=0$，$(\mathrm{rank}g)_p=\mathrm{rank}dg(p)=1$，$\forall p\in\partial M$.

**证明** 设 $\{(U_i,\varphi_i)\}$ 为 $M$ 的由局部坐标系组成的局部有限覆盖，$\{\rho_i\}$ 为从属于 $\{U_i\}$ 的 $C^r$ 单位分解. 令 $\dim M=m$. 对每个 $i$，第 $m$ 个局部坐标函数 $\varphi_i^m(p)=0$，$\forall p\in U_i\cap\partial M$. 不仅如此，如果 $(U,\varphi)$，$\{u^1,u^2,\cdots,u^m\}$ 为点 $p$ 的另一局部坐标系，因为 $\varphi_i\circ\varphi^{-1}$ 将 $\varphi(p)$ 关于 $H^m$ 的一个开邻域 $C^r$ 同胚地映为 $\varphi_i(p)$ 关于 $H^m$ 的一个开邻域，并且 $\varphi_i^m\circ\varphi^{-1}(u^1,u^2,\cdots,u^{m-1},0)\equiv 0$，所以在 $j<m$ 时，对于 $\mathbf{R}^{m-1}$ 的点，$\dfrac{\partial(\varphi_i^m\circ\varphi^{-1})}{\partial u^j}=0$. 又因为 $D(\varphi_i\circ\varphi^{-1})$ 是非异的，在 $\mathbf{R}^{m-1}$ 上必有 $\dfrac{\partial(\varphi_i^m\circ\varphi^{-1})}{\partial u^m}\neq 0$. 再从 $\varphi_i^m\geqslant 0$ 知，$\dfrac{\partial(\varphi_i^m\circ\varphi^{-1})}{\partial u^m}>0$.

设 $g(p)=\sum\limits_i\rho_i(p)\varphi_i^m(p)$，则 $\varphi_i^m(p)=0$，$\forall p\in U_i\cap\partial M$，故 $g(p)=0$，$\forall p\in\partial M$. 此外，在

$$
\frac{\partial(g\circ\varphi^{-1})}{\partial u^m}=\sum_i\varphi_i^m\circ\varphi^{-1}\frac{\partial(\rho_i\circ\varphi^{-1})}{\partial u^m}+\sum_i\rho_i\circ\varphi^{-1}\frac{\partial(\varphi_i^m\circ\varphi^{-1})}{\partial u^m}
$$

中，当 $p\in\partial M$ 时，由 $\varphi_i^m(p)=0$，第一项为 0；而由 $\dfrac{\partial(\varphi_i^m\circ\varphi^{-1})}{\partial u^m}>0$ 与单位分解 $\{\rho_i\}$ 中，$\rho_i\geqslant 0$ 且至少有一个 $\rho_{i_0}>0$ 得到第二项为正值. 从而 $\dfrac{\partial(g\circ\varphi^{-1})}{\partial u^m}>0$. 因此，$(\mathrm{rank}g)_p=\mathrm{rank}dg(p)=1$，$\forall p\in\partial M$. □

**定理 3.1.7**（$\partial M$ 的乘积邻域定理——戴领定理） 设 $M$ 为 $C^r(r\in\{1,2,\cdots,+\infty\})$ 带边流形，则存在一个 $C^r$ 微分同胚 $f$: $W\to\partial M\times[0,1)$，使得 $f(p)=(p,0)$，$\forall p\in\partial M$，其中 $W$ 为 $\partial M$ 在 $M$ 中的一个开邻域（图 3.1.5）.

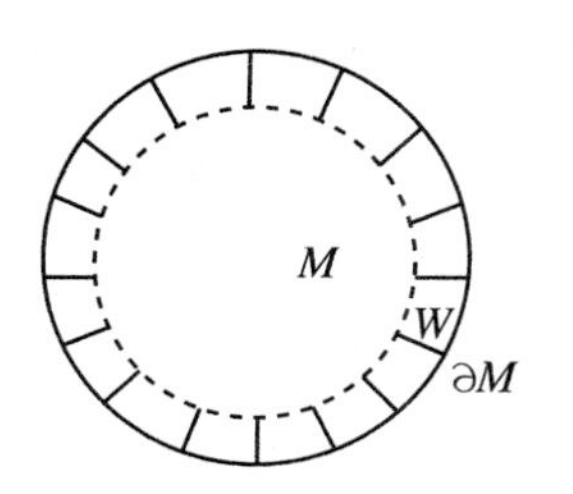

图 3.1.5

**证明** 由定理 3.1.2 知，存在 $\partial M$ 在 $M$ 中的开邻域 $W_1$ 和一个 $C^r$ 收缩 $c: W_1\to\partial M$. 再由引理 3.1.10 知，存在一个非负

$C^r$ 函数 $g: M \to \mathbf{R}$,使得 $g(p)=0$,$(\mathrm{rank})_p g=\mathrm{rank}\,\mathrm{d}g(p)=1$,$\forall\, p\in\partial M$.定义映射

$$h: W_1 \to \partial M \times [0,+\infty),$$
$$q \mapsto h(q) = (c(q), g(q)).$$

如果 $p\in\partial M$,则 $h(p)=(p,0)$,

$$D(\psi\circ h\circ\varphi^{-1}) = \begin{pmatrix} I_{m-1} & * \\ 0 & \dfrac{\partial(g\circ\varphi^{-1})}{\partial u^m} \end{pmatrix},$$

从而,$\mathrm{rank}\,\mathrm{d}h(p)=m$,$\mathrm{d}h(p)$是非异的.其中$(U,\varphi)$,$\{u^1,u^2,\cdots,u^m\}$为 $p\in\partial M$ 在 $M$ 中的局部坐标系,而 $\psi=(\varphi|_{\partial M})\times \mathrm{Id}_{\mathbf{R}}$.

根据引理3.1.6,$h$ 将 $\partial M$ 在 $W_1$ 里的某个开邻域 $W_2$ $C^r$ 同胚地映成 $\partial M\times 0$ 在 $\partial M\times[0,+\infty)$里的某个开邻域 $V$.利用引理1.3.2,可以构造一个 $C^r$ 正函数 $\delta:\partial M\to\mathbf{R}$,使得如果 $t<\delta(p)$,则 $\partial M\times[0,+\infty)$的点$(p,t)\in V$.令 $\theta:\partial M\times[0,+\infty)\to\partial M\times[0,+\infty)$,$(p,t)\mapsto\left(p,\dfrac{t}{\delta(p)}\right)$,$f=\theta\circ h$.显然,$f(W_2)\supset\partial M\times[0,1)$与 $f: W=f^{-1}(\partial M\times[0,1))\to\partial M\times[0,1)$为定理中所求的 $C^r$ 微分同胚. □

## 3.2 连续映射的 Brouwer 度

本节先给出 $m$ 维 $C^1$ 紧致定向流形到 $m$ 维 $C^1$ 连通定向流形的 Brouwer 度的定义.然后,再证明 Brouwer 度在 $C^1$ 同伦下是不变的.凡考虑 Brouwer 度,我们总假定 $m\geqslant 1$,而不考虑平凡的 $m=0$ 的情形.

**引理 3.2.1** 设 $M_i(i=1,2)$为 $m$ 维 $C^1$ 流形,$M_1$ 紧致,$f: M_1\to M_2$ 为 $C^1$ 映射,$q\in M_2$ 为 $f$ 的正则值,则 $f^{-1}(q)$为有限集(包括空集).

**证明** (证法1)(反证)假设 $f^{-1}(q)$为无限集,则存在不同的 $p_k\in f^{-1}(q)$,$k=1,2,\cdots$.因为 $f^{-1}(q)$作为紧致空间 $M_1$ 的闭子集也是紧致的,故$\{p_k\}$必有收敛子列,不妨设$\{p_k\}$收敛于 $p_0$,由 $f$ 连续知,$f(p_0)=f(\lim\limits_{k\to+\infty}p_k)=\lim\limits_{k\to+\infty}f(p_k)=\lim\limits_{k\to+\infty}q=q$,$p_0\in f^{-1}(q)$.因 $q$ 为$f$ 的正则值,故 $p_0$ 为 $f$ 的正则点.由反函数(逆射)定理,存在 $p_0$ 的开邻域 $U$,使 $f: U\to f(U)$为 $C^1$ 同胚,故 $f|_U$ 为单射.但因 $\lim\limits_{k\to+\infty}p_k=p_0$,$\exists\, N\in\mathbf{N}$,当 $k>N$ 时,$p_k\in U$,此时$f(p_k)=f(p_0)=q$,这与 $f|_U$ 为单射相矛盾.

(证法2)在证法1中,取 $U$ 充分小,使它为 $p_0$ 的局部坐标邻域,局部坐标映射为 $\varphi$;而 $f(U)$所在的 $q=f(p_0)$的局部坐标系的局部坐标映射为 $\psi$.则由

$$0=\psi\circ f\circ\varphi^{-1}(\varphi(p_k))-\psi\circ f\circ\varphi^{-1}(\varphi(p_0))$$
$$=D(\psi\circ f\circ\varphi^{-1})(\varphi(p_0))(\varphi(p_k)-\varphi(p_0))+o(\|\varphi(p_k)-\varphi(p_0)\|)$$

得到

$$\varphi(p_k)-\varphi(p_0)=-(D(\psi\circ f\circ\varphi^{-1})(\varphi(p_0)))^{-1}\cdot o(\|\varphi(p_k)-\varphi(p_0)\|),$$

其中取 $\varphi(p_k)\neq\varphi(p_0)$. 于是

$$1=-(D(\psi\circ f\circ\varphi^{-1})(\varphi(p_0)))\cdot\frac{o(\|\varphi(p_k)-\varphi(p_0)\|)}{\|\varphi(p_k)-\varphi(p_0)\|}\to 0,\quad k\to+\infty,$$

$$1=0,$$

矛盾. □

**定义 3.2.1** 设$(M_i,\omega_i)$为 $m$ 维 $C^1$ 定向流形,$\omega_i(i=1,2)$为 $M_i$ 的定向. $f:M_1\to M_2$ 为 $C^1$ 映射,$p\in M_1$ 为 $f$ 的正则点,$q=f(p)$.

如果同构 $T_pf=(\mathrm{d}f)_p:T_pM_1\to T_qM_2$ 保持定向,即$(\mathrm{d}f)_p(\omega_1(p))=\omega_2(q)$,则称 $p$ 有**正类型**,此时记 $\deg_pf=1$;如果 $T_pf=(\mathrm{d}f)_p$ 反转定向,即$(\mathrm{d}f)_p(\omega_1(p))=-\omega_2(q)$,则称 $p$ 有**负类型**,此时记 $\deg_pf=-1$. 总之

$$\deg_pf=\begin{cases}1, & (\mathrm{d}f)_p\text{ 保持定向},\\ -1, & (\mathrm{d}f)_p\text{ 反转定向}\end{cases}$$

为 **$f$ 在点 $p\in M_1$ 处的度数**(deg 表示"度数"degree).

假设 $M_1$ 紧致,$q\in M_2-f(C_f)$为 $f$ 的正则值,称

$$\deg(f,q)=\sum_{p\in f^{-1}(q)}\deg_pf$$

为 **$f$ 关于正则值 $q$ 的 Brouwer 度**,其中 $p\in f^{-1}(q)$为 $f$ 的正则点. 根据引理 3.2.1, $f^{-1}(q)$为有限集,上式右边的和号是确切的. 如果 $f^{-1}(q)=\varnothing$,自然定义 $\deg(f,q)=0$. 显然,$\deg(f,q)$为一整数.

为了表明 Brouwer 度与定向的选取有关,记

$$\deg(f,q)=\deg(f,q;\omega_1,\omega_2).$$

因此

$$\begin{aligned}\deg(f,q;-\omega_1,\omega_2)&=-\deg(f,q;\omega_1,\omega_2)\\&=\deg(f,q;\omega_1,-\omega_2),\\ \deg(f,q;-\omega_1,-\omega_2)&=\deg(f,q;\omega_1,\omega_2).\end{aligned}$$

为了解释 $\deg(f,q)$的几何意义,可以假设 $f^{-1}(q)$包含 $k$ 个正类型点和 $l$ 个负类型点,于是 $\deg(f,q)=k-l$(点数的代数和). 由反函数(逆射)定理,存在一个 $q$ 的开邻域 $V\subset M_2$ 和每个 $p\in f^{-1}(q)$的开邻域 $U(p)\subset M_1$,使得 $f:U(p)\to V$ 为 $C^1$ 微分同胚,它根据 $p$ 为正类型或负类型而保持或反转定向. 所以,$\deg(f,q)$是 $f$ 映射下覆盖 $V$ 的次数

的代数和.

如果 $M_1$ 不连通,但有连通分支 $M_1^1,M_1^2,\cdots,M_1^k$(因 $M_1$ 紧致,故只有有限个),则

$$\deg(f,q)=\sum_{i=1}^{k}\deg(f|_{M_1^i},q),$$

其中 $M_1^i$ 的定向是由包含映射 $M_1^i\hookrightarrow M_1$ 诱导的定向 $\omega_1|_{M_1^i}$ 给出的.

**引理 3.2.2** $\deg(f,q)$为定义在 $M_2$ 的稠密开集 $M_2-f(C_f)$上的局部常值函数,且在 $M_2-f(C_f)$的每个道路连通分支(也是连通分支)上为常值函数.

**证明** 因为 $k\geqslant 1+\max\{m-m,0\}=1+\max\{m_1-m_2,0\}$,所以,根据 Morse-Sard 定理(定理 2.1.1),$M_2-f(C_f)$在 $M_2$ 中处处稠密.易见,正则点集 $M_2-C_f$ 为 $M_1$ 中的开集,故 $C_f$ 为紧致集 $M_1$ 中的闭集,所以 $C_f$ 也为紧致集.因此,$C_f$ 在连续映射 $f$ 下的像即临界值集 $f(C_f)$为 $M_2$ 的紧致子集.于是,它也为 $M_2$ 的闭集,从而 $M_2-f(C_f)$为 $M_2$ 中的开集.这就证明了 $M_2-f(C_f)$为 $M_2$ 的稠密开集.

为证明 $\deg(f,q)$作为 $q$($q$ 只取正则值)的函数是局部常值的,只需构造 $q$ 的一个开邻域 $V\subset M_2$,s.t.对 $\forall\, q'\in V$ 有 $\deg(f,q')=\deg(f,q)$.由引理 3.2.1,设 $p_1,p_2,\cdots,p_k$ 为 $f^{-1}(q)$的全部点.选取这些点的两两不相交的开邻域 $U_1,U_2,\cdots,U_k$,s.t. $p_i\in U_i$,$\deg_{p_i}(f|_{U_i})=\deg_{p_i}f$ 且 $fC^1$ 同胚地将 $U_i$ 映到 $M_2$ 中的开集 $V_i$ 上,并且 $V_i\subset M_2-f(C_f)$.于是,令

$$V=\left(\bigcap_{i=1}^{k}V_i\right)-f\left(M_1-\bigcup_{i=1}^{k}U_i\right).$$

类似于 $f(C_f)$的证法可知,$f\left(M_1-\bigcup_{i=1}^{k}U_i\right)$为 $M_2$ 的紧致集和闭集.因此,$V$ 为 $M_2$ 中的开集.显然,$q\in V$,且 $\deg(f,q')|_V=\deg(f,q)$.这就证明了 $\deg(f,q)$是局部常值的函数.

设 $W$ 为 $M_2-f(C_f)$的任一(道路)连通分支,令

$$W_1=\{q'\in W\mid \deg(f,q')=\deg(f,q)\},$$
$$W_2=\{q'\in W\mid \deg(f,q')\neq\deg(f,q)\},$$

则 $W=W_1\cup W_2$,$W_1\cap W_2=\varnothing$.由于 $\deg(f,\cdot)$为局部常值函数,故 $W_1$,$W_2$ 都为开集.又因 $q\in W_1$,且 $W$ 连通,故必有 $W_2=\varnothing$,$W_1=W$,即 $\deg(f,\cdot)$在 $M_2-f(C_f)$的每个(道路)连通分支上为常值函数. □

**引理 3.2.3** 设 $M_1$ 为 $m+1$ 维 $C^2$ 紧致定向带边流形,$\partial M_1$ 为 $M_1$ 的边界,它是 $M_1$ 的 $m$ 维 $C^2$ 紧致正则子流形,以诱导定向为其定向.$M_2$ 为 $m$ 维连通定向流形.如果 $C^2$ 映射 $f:\partial M_1\to M_2$ 可以延拓为 $C^2$ 映射 $F:M_1\to M_2$,则对于 $f$ 的每个正则值 $q\in\partial M$ 必有

$$\deg(f,q)=0.$$

**证明** 先设 $q$ 既为 $f=F|_{\partial M_1}$ 的正则值，又为 $F$ 的正则值.

紧致1维 $C^2$ 带边流形 $F^{-1}(q)$ 为有限条闭线段和圆周的 $C^2$ 同胚像的不相交的有限并.只有弧(闭线段的 $C^2$ 同胚像)有边界点，且在 $\partial M_1$ 上.令 $A_1,A_2,\cdots,A_k$ 为 $F^{-1}(q)$ 中弧的全体，而 $\partial A_i=\{a_i,b_i\}$，$i=1,2,\cdots,k$.下面证明 $\deg_{a_i}f+\deg_{b_i}f=0$，因此

$$\deg(f,q)=\sum_{i=1}^{k}(\deg_{a_i}f+\deg_{b_i}f)=\sum_{i=1}^{k}0=0.$$

$M_1$ 的定向与 $M_2$ 的定向决定了 $A_i$ 的一个如下的定向：

令 $(X_1,X_2,\cdots,X_{m+1})$ 为切空间 $T_pM_1$ 的 $C^0$ 正向基，其中 $X_1(p)$ 与 $A_i$ 相切($p\in A_i$). $X_1(p)$ 决定 $T_pA_i$ 的定向为所要求的定向 $\Leftrightarrow T_pF=(\mathrm{d}F)_p$ 将 $(X_2(p),\cdots,X_{m+1}(p))$ 变为 $T_qM_2=T_{F(p)}M_2$ 的正向基.此时，因为 $F|_{A_i}=q$，故 $(\mathrm{d}F)_p(X_1(p))=0$.

设 $\{X_j\mid j=1,2,\cdots,m+1\}$ 为沿 $A_i$ 的 $C^0$ 基向量场，$X_1$ 为沿 $A_i$ 的切向量场，并且 $X_1$ 在一个边界点(设为 $b_i$)上指向 $M_1$ 的外面，此时如果选 $\{X_2(b_i),\cdots,X_{m+1}(b_i)\}$ 为 $T_{b_i}\partial M_1$ 的一个基，则 $\overrightarrow{[X_2(b_i),\cdots,X_{m+1}(b_i)]}$ 恰为 $\partial M_1$ 的诱导定向，即它是 $\partial M_1$ 在 $b_i$ 的正向，故 $\deg_{b_i}f=1$；而在另一个边界点 $a_i$ 上指向 $M_1$ 的内部，类似推理可知，$-\overrightarrow{[X_2(a_i),\cdots,X_{m+1}(a_i)]}$ 恰为 $\partial M_1$ 的诱导定向，即它是 $\partial M_1$ 在 $a_i$ 的正向，故 $\deg_{a_i}f=-1$(图3.2.1).于是

$$\deg_{a_i}f+\deg_{b_i}f=(-1)+1=0.$$

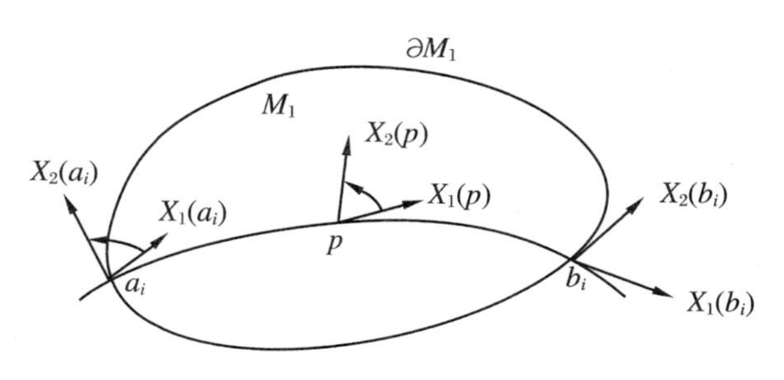


**图 3.2.1**

一般地，设 $q$ 为 $f$ 的正则值，但不必为 $F$ 的正则值.由引理3.2.2知，$\deg(f,q')$ 在 $q$ 的某个开邻域 $V$ 中为常值.因此，由 $k=2\geqslant 1+\max\{(m+1)-m,0\}$ 与 Morse-Sard 中的稠密性，存在 $F$ 的一个正则值 $q'\in V$.于是

$$\deg(f,q)=\deg(f,q')=0.$$

引理3.2.3得证. □

**引理 3.2.4** 设 $M_1$ 为 $m$ 维 $C^2$ 紧致定向流形，$M_2$ 为 $m$ 维 $C^2$ 连通定向流形，$F:M_1\times[0,1]\to M_2$ 为连接 $C^2$ 映射 $f(p)=F(p,0)$ 与 $g(p)=F(p,1)$ 之间的 $C^2$ 同伦(图3.2.2).对于 $f,g$ 的任意共同的正则值 $q$，

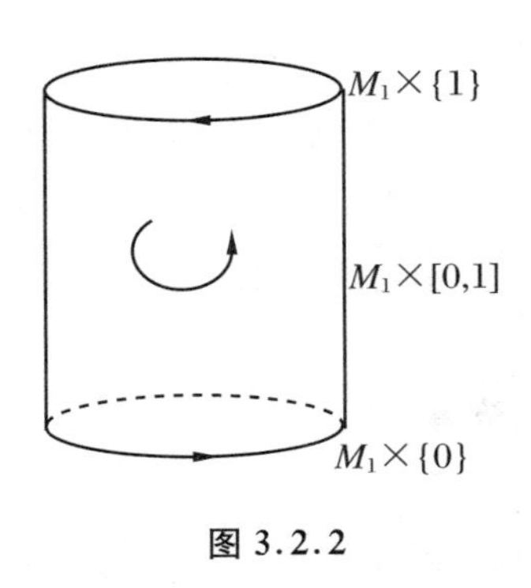

图 3.2.2

$$\deg(f,q)=\deg(g,q).$$

**证明** 由 $M_1$ 的定向与[0,1]的通常的定向确定了积流形 $M_1\times[0,1]$的定向,其边界

$$\partial(M_1\times[0,1])=M_1\times\{0\}\cup M_1\times\{1\}$$

取诱导定向.不妨设 $M_1\times\{0\}$上的诱导定向与 $M_1$ 的已给定向一致,则 $M_1\times\{1\}$上的诱导定向与 $M_1$ 的已给定向相反.设 $M_1,M_2,M_1\times[0,1],\partial(M_1\times[0,1])$相应的定向分别为 $\omega_1,\omega_2,\omega,\partial\omega$.因为 $q$ 为 $f,g$ 的共同正则值,由引理3.2.3得到

$$\begin{aligned}0&=\deg(F|_{\partial(M_1\times[0,1])},q;\partial\omega,\omega_2)\\&=\deg(f,q;\omega_1,\omega_2)+\deg(g,q;-\omega_1,\omega_2)\\&=\deg(f,q;\omega_1,\omega_2)-\deg(g,q;\omega_1,\omega_2),\end{aligned}$$

从而

$$\begin{aligned}\deg(f,q)&=\deg(f,q;\omega_1,\omega_2)\\&=\deg(g,q;\omega_1,\omega_2)=\deg(g,q).\end{aligned}$$ □

从引理3.2.4,可进一步得到下面引理.

**引理 3.2.5** 设 $M_1$ 为 $m$ 维 $C^2$ 紧致定向流形,$M_2$ 为 $m$ 维 $C^2$ 连通定向流形,$f:M_1\to M_2$为 $C^2$ 映射,则 $\deg(f,q)$不依赖于 $f$ 的正则值的选取.

**证明** 设 $q_1,q_2$ 都是 $f:M_1\to M_2$ 的正则值,由于 $M_2$ 为连通的 $m$ 维 $C^2$ 流形,故从定理1.2.11可选取合痕于 $\mathrm{Id}_{M_2}$的 $C^2$ 同胚 $h:M_2\to M_2$, s.t. $h(q_1)=q_2$.显然,$h$ 保持 $M_2$ 的定向,且

$$\begin{aligned}\deg(h\circ f,h(q_1))&=\sum_{p\in(h\circ f)^{-1}(h(q_1))}\deg_p(h\circ f)\\&=\sum_{p\in f^{-1}(q_1)}\deg_p f=\deg(f,q_1).\end{aligned}$$

如果 $F:M_2\times[0,1]\to M_2$ 为连接 $h$ 与 $\mathrm{Id}_{M_2}$的 $C^2$ 同伦,则 $G:M_1\times[0,1]\to M_2$, $G(p,t)=F(f(p),t)$, $G(p,0)=F(f(p),0)=h\circ f(p)$, $G(p,1)=F(f(p),1)=\mathrm{Id}_{M_2}(f(p))=f(p)$.于是,$G$ 为连接$h\circ f$ 与$f$ 的$C^2$ 同伦.根据引理3.2.4,$\deg(h\circ f,q_2)=\deg(f,q_2)$,从而

$$\begin{aligned}\deg(f,q_1)&=\deg(h\circ f,h(q_1))\\&=\deg(h\circ f,q_2)=\deg(f,q_2).\end{aligned}$$ □

**注 3.2.1** 在引理3.2.5中,虽然 $M_2$ 是连通的,但 $M_2-f(C_f)$未必是连通的.因此,从引理3.2.2并不能推得引理3.2.5的结论.

**引理 3.2.6** 在引理3.2.5中，如果将 $C^2$ 都改为 $C^1$，则 $\deg(f,q)$ 也不依赖于 $f$ 的正则值 $q$ 的选取.

**证明** 如果 $M_2-f(C_f)$ 连通，则结论已在引理3.2.2中证明.如果 $M_2-f(C_f)$ 不连通，设 $q_1,q_2$ 分别为 $M_2-f(C_f)$ 的两个不相同的连通分支中的点.记 $f^{-1}(q_1)=\{p_1,p_2,\cdots,p_k\}$，$f^{-1}(q_2)=\{r_1,r_2,\cdots,r_l\}$.由 $p_i,r_j$ 为 $f$ 的正则点知，存在各不相交的开邻域 $U(p_i)$ 和 $r_j$ 的开邻域 $U(r_j)$，使得 $f:\overline{U(p_i)}\to f(\overline{U(p_i)})$ 和 $f:\overline{U(r_j)}\to f(\overline{U(r_j)})$ 为 $C^1$ 同胚(图3.2.3).选取 $f$ 的强 $C^1$ 基本邻域 $\mathcal{N}_S^1(f;\Phi,\Psi,\mathcal{K},\mathcal{E})$ 和 $\varepsilon=\{\varepsilon_i\}$ 中的 $\varepsilon_i$ 充分小，以至 $\forall\, g\in\mathcal{N}_S^1(f;\Phi,\Psi,\mathcal{K},\mathcal{E})$，$q_1,q_2\notin g\left(M_1-\left(\left(\bigcup\limits_{i=1}^{k}U(p_i)\right)\cup\left(\bigcup\limits_{j=1}^{l}U(r_j)\right)\right)\right)$，$g|_{U(p_i)}$ 和 $g|_{U(r_j)}$ 为 $C^1$ 嵌入.并且 $\deg(f,q_1)=\deg(g,q_1)$ 与 $\deg(g,q_2)=\deg(f,q_2)$.根据定理1.6.7，可视 $M_1,M_2$ 为 $C^2$(或 $C^\infty$)流形.再由定理1.6.4，可选 $g$ 为 $C^2$ 映射.于是

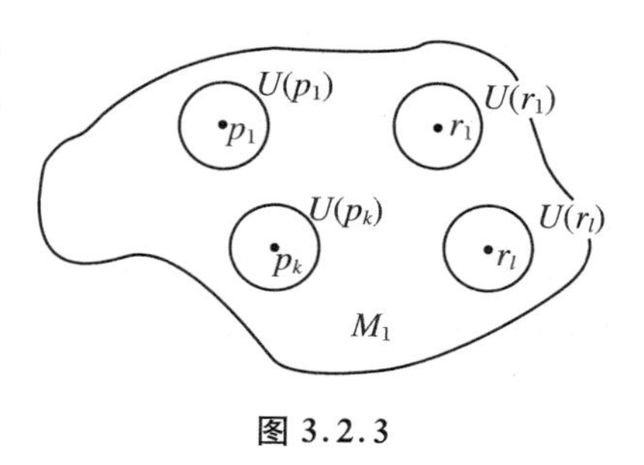

图 3.2.3

$$\deg(f,q_1)=\deg(g,q_1)\xlongequal{\text{引理}3.2.5}\deg(g,q_2)=\deg(f,q_2),$$

即 $\deg(f,q)$ 不依赖于 $f$ 的正则值 $q$ 的选取. □

**定义 3.2.2** 设 $(M_1,\omega_1)$ 为 $m$ 维 $C^1$ 紧致定向流形，$M_2$ 为 $m$ 维 $C^1$ 连通定向流形，$f:M_1\to M_2$ 为 $C^1$ 映射.由引理3.2.6知，$\deg(f,q)$ 不依赖于 $f$ 的正则值 $q$ 的选取.我们称与正则值 $q$ 无关的整数 $\deg(f,q)$ 为 $f$ 的 **Brouwer 度**，记作 $\deg f$.

**定理 3.2.1**(Brouwer度的同伦不变性) 设 $M_1$ 为 $m$ 维 $C^1$ 紧致定向流形，$M_2$ 为 $m$ 维 $C^1$ 连通定向流形.如果 $C^1$ 映射 $f,g:M_1\to M_2$ 是 $C^0$ 同伦的，则

$$\deg f=\deg g.$$

**证明** 根据定理1.6.7、定理1.6.8，存在 $f$ 的强 $C^1$ 逼近 $f_1$，$g$ 的强 $C^1$ 逼近 $g_1$，使得 $f_1,g_1$ 为 $C^2$ 映射，且 $f_1$ $C^1$ 同伦于 $f$，$g_1$ $C^1$ 同伦于 $g$.从 $f$ $C^0$ 同伦于 $g$ 的条件可知，$f_1$ 也 $C^0$ 同伦于 $g_1$.再由定理1.6.11知，$f_1$ $C^2$ 同伦于 $g_1$.

因为 $\operatorname{meas} f_1(C_{f_1})=0=\operatorname{meas} g_1(C_{g_1})$，故 $\operatorname{meas}(f_1(C_{f_1})\cup g_1(C_{g_1}))=0$.于是，$\exists\, q\in M_2-(f_1(C_{f_1})\cup g_1(C_{g_1}))$ 为 $f_1$ 与 $g_1$ 的共同正则值.由引理3.2.4，有

$$\deg(f_1,q)=\deg(g_1,q).$$

类似引理3.2.6的证明，可选上述充分近的 $C^1$ 逼近，s.t.

$$\deg f_1=\deg f,\quad \deg g_1=\deg g.$$

于是

$$\deg f=\deg f_1=\deg(f_1,q)$$

$$= \deg(g_1, q) = \deg g_1 = \deg g.$$ □

**定理 3.2.2** 设 $M_1$ 为 $m$ 维 $C^1$ 紧致定向流形，$M_2$ 为 $m$ 维 $C^1$ 连通定向流形，$f: M_1 \to M_2$ 为 $C^1$ 映射，则存在 $f$ 在 $C^1(M_1, M_2)$ 中的一个强 $C^0$ 开邻域 $\mathcal{N} = \mathcal{N}_S^0(M_1, M_2) \cap C^1(M_1, M_2)$，s.t. $\forall g \in \mathcal{N}$，有

$$\deg g = \deg f.$$

**证明** 根据定理 3.1.6 的证明，存在 $f$ 在 $C^1(M_1, M_2)$ 中的一个强 $C^0$ 开邻域 $\mathcal{N} = \mathcal{N}_S^0(M_1, M_2) \cap C^1(M_1, M_2)$，s.t. $\forall g \in \mathcal{N}$，有 $g C^0$ 同伦于 $f$. 再根据 Brouwer 度的同伦不变性定理得到

$$\deg g = \deg f.$$ □

**定义 3.2.3** 设 $M_1$ 为 $m$ 维 $C^1(\geqslant 1)$ 紧致定向流形，$M_2$ 为 $m$ 维 $C^1$ 连通定向流形，$f: M_1 \to M_2$ 为 $C^0$ 映射. 定义 $f$ 的 Brouwer 度为

$$\deg f = \deg g, \quad g \in [f] \cap C^1(M_1, M_2),$$

其中 $[f]$ 表示 $f$ 的同伦类.

根据定理 1.6.8 或定理 3.1.6 知，这样的 $g$ 是存在的. 再由 Brouwer 度的同伦不变性(定理 3.2.1)知，此定义与 $[f] \cap C^1(M_1, M_2)$ 中的代表元 $g$ 的选取无关.

**定理 3.2.3** 设 $f_n \in C^1(M_1, M_2)$ 在 $C_S^0(M_1, M_2)$ 中，$\lim\limits_{n \to +\infty} f_n = f$，则 $\lim\limits_{n \to +\infty} \deg f_n = \deg f$.

**证明** 设 $\mathcal{N}$ 为 $f$ 在 $C_S^0(M_1, M_2)$ 中的任一开邻域，根据定理 3.1.6，存在 $f$ 的开邻域 $\mathcal{N}_S^0(f; \Phi, \Psi, \mathcal{K}, \mathcal{E}) \subset \mathcal{N}$，使得 $\forall g \in \mathcal{N}_S^0(f; \Phi, \Psi, \mathcal{K}, \mathcal{E})$，必有 $g$ 同伦于 $f$. 因为 $\lim\limits_{n \to +\infty} f_n = f$，所以 $\exists N \in \mathbf{N}$，当 $n > N$ 时，$f_n \in C^1(M_1, M_2) \cap \mathcal{N}_S^0(f; \Phi, \Psi, \mathcal{K}, \mathcal{E})$. 于是，$f_n$ 同伦于 $f$，即 $f_n \in [f] \cap C^1(M_1, M_2)$. 由此得到 $\deg f_n = \deg f$，$\lim\limits_{n \to +\infty} \deg f_n = \deg f$. □

定义 Brouwer 度需要流形的定向，如果 $M_1, M_2$ 不是定向的，也许甚至不可定向，如何定义映射的度呢？下面将讨论这个问题.

**定义 3.2.2′** 设 $M_1$ 为 $m(\geqslant 1)$ 维 $C^1$ 紧致流形，$M_2$ 为 $m$ 维 $C^1$ 连通流形($M_1, M_2$ 不必可定向)，$f: M_1 \to M_2$ 为 $C^1$ 映射. 如果 $q \in M_2$ 为 $f$ 的正则值，$^\# f^{-1}(q)$ 为集合 $\{p \in M_1 \mid f(p) = q\}$ 中的点数，可以证明 $^\# f^{-1}(q)$ 的模 2 同余类 $^\# f^{-1}(q) \pmod 2$ (或记作 $\overline{^\# f^{-1}(q)}$)不依赖于 $f$ 的正则值 $q$ 的选取(引理 3.2.6′). 这一同余类称为 **$f$ 的模 2 度**，记作 $\deg_2 f$.

类似定义 3.2.3，可定义连续映射 $f: M_1 \to M_2$ 的模 2 度 $\deg_2 f$，其中 $M_1$ 紧致、$M_2$ 连通，但 $M_1, M_2$ 不必可定向.

**引理 3.2.2′** $^\# f^{-1}(q)$ 与 $^\# f^{-1}(q) \pmod 2$ 为定义在 $M_2$ 的稠密开集 $M_2 - f(C_f)$ 上的局部常值函数，且在 $M_2 - f(C_f)$ 的每个道路连通分支(也是连通分支)上为常值函数.

**证明** 类似引理3.2.2的证明,在 $q$ 的开邻域 $V=\left(\bigcap_{i=1}^{k} V_i\right)-f\left(M_1-\bigcup_{i=1}^{k} U_i\right)$ 上,$^{\#}f^{-1}(q')|_V={}^{\#}f^{-1}(q)$.

$$^{\#}f^{-1}(q')(\mathrm{mod}2)\,|_V\equiv{}^{\#}f^{-1}(q)(\mathrm{mod}2).$$

设 $W$ 为 $M_2-f(C_f)$ 的任一道路连通分支,令

$$W_1=\{q'\in W\mid {}^{\#}f^{-1}(q')={}^{\#}f^{-1}(q)\},$$

$$W_2=\{q'\in W\mid {}^{\#}f^{-1}(q')\neq{}^{\#}f^{-1}(q)\},$$

则必有 $W_2=\varnothing$,$W_1=W$.从而 $^{\#}f^{-1}(q)$ 在 $M_2-f(C_f)$ 的每个道路连通分支上为常值函数.

同理或由以上结果可知,$^{\#}f^{-1}(q)(\mathrm{mod}2)$ 在 $M_2-f(C_f)$ 的每个道路连通分支上为常值函数. □

**引理 3.2.3′** 设 $M_1$ 为 $m+1$ 维 $C^2$ 紧致带边流形,$\partial M_1$ 为 $M_1$ 的边界,它是 $M_1$ 的 $m$ 维 $C^2$ 紧致正则子流形,$M_2$ 为 $m$ 维连通流形.如果 $C^2$ 映射 $f:\partial M_1\to M_2$ 可延拓为 $C^2$ 映射 $F:M_1\to M_2$,则对于 $f$ 的每个正则值 $q$,必有

$$^{\#}f^{-1}(q)\equiv 0(\mathrm{mod}2).$$

**证明** 先设 $q$ 既是 $f=F|_{\partial M_1}$ 的正则值,又是 $F$ 的正则值.紧致1维带边流形 $F^{-1}(q)$ 为有限条闭线段和圆周的 $C^2$ 同胚像的不相交的并,只有孤立边界点,且恰有偶数个边界点,故

$$^{\#}f^{-1}(q)\equiv 0(\mathrm{mod}2).$$

一般地,设 $q$ 为 $f$ 的正则值,但不必为 $F$ 的正则值.由引理3.2.2′知,$^{\#}f^{-1}(q')$ 在 $q$ 的某个开邻域 $V$ 中为常值.因此,根据Morse-Sard定理中的稠密性,存在 $F$ 的一个正则值 $q'\in V$.于是

$$^{\#}f^{-1}(q)={}^{\#}f^{-1}(q')\equiv 0(\mathrm{mod}2).$$ □

**引理 3.2.4′** 设 $M_1$ 为 $m(\geqslant 1)$ 维 $C^2$ 紧致流形,$M_2$ 为 $m$ 维 $C^2$ 连通流形,$F$:$M_1\times[0,1]\to M_2$ 为连接 $C^2$ 映射 $f(p)=F(p,0)$ 与 $g(p)=F(p,1)$ 之间的 $C^2$ 同伦,则对于 $f,g$ 的任何共同的正则值 $q$,有

$$^{\#}f^{-1}(q)\equiv{}^{\#}g^{-1}(q)(\mathrm{mod}2).$$

**证明** 由引理3.2.3′得到

$$^{\#}f^{-1}(q)+{}^{\#}g^{-1}(q)\equiv 0(\mathrm{mod}2),$$

即

$$^{\#}f^{-1}(q)\equiv-{}^{\#}g^{-1}(q)\equiv{}^{\#}g^{-1}(q)(\mathrm{mod}2).$$ □

**引理 3.2.5′** 设 $M_1$ 为 $m(\geqslant 1)$ 维 $C^2$ 紧致流形,$M_2$ 为 $m$ 维 $C^2$ 连通流形,$f$:

$M_1 \to M_2$ 为 $C^2$ 映射，则

$$\# f^{-1}(q)(\mathrm{mod}2)$$

不依赖于 $f$ 的正则值 $q$ 的选取.

**证明** 设 $q_1, q_2$ 都是 $f: M_1 \to M_2$ 的正则值，由于 $M_2$ 为连通的 $m$ 维 $C^2$ 流形，故从定理 1.2.11 可选取合痕于 $\mathrm{Id}_{M_2}$ 的 $C^2$ 同胚 $h: M_1 \to M_2$, s.t. $h(q_1) = q_2$. 显然

$$(h \circ f)^{-1}(q_2) = \#(h \circ f)^{-1}(h(q_1)) = \# f^{-1}(q_1).$$

如果 $F: M_2 \times [0,1] \to M_2$ 为连接 $h$ 与 $\mathrm{Id}_{M_2}$ 的 $C^2$ 同伦，则 $G: M_1 \times [0,1] \to M_2$,

$$G(p,t) = F(f(p),t),$$
$$G(p,0) = F(f(p),0) = h \circ f(p),$$
$$G(p,1) = F(f(p),1) = \mathrm{Id}_{M_2}(f(p)) = f(p).$$

于是，$G$ 为连接 $h \circ f$ 与 $f$ 的 $C^2$ 同伦. 根据引理 3.2.4′,

$$\#(h \circ f)^{-1}(q) \equiv \# f^{-1}(q)(\mathrm{mod}2).$$

从而

$$\# f^{-1}(q_1) = \#(h \circ f)^{-1}(h(q_1)) = \#(h \circ f)^{-1}(q_2) \equiv \# f^{-1}(q_2)(\mathrm{mod}2). \qquad \square$$

**引理 3.2.6′** 在引理 3.2.5′中，如果 $C^2$ 都改为 $C^1$，则 $\# f^{-1}(q)(\mathrm{mod}2)$ 不依赖于 $f$ 的正则值 $q$ 的选取.

**证明** 类似引理 3.2.6 的证明，存在 $C^2$ 映射 $g \in \mathcal{N}_S^1(f; \Phi, \Psi, \mathcal{K}, \mathcal{E})$，由引理 3.2.5′得到

$$\# g^{-1}(q_1) \equiv \# g^{-1}(q_2)(\mathrm{mod}2).$$

从而

$$\# f^{-1}(q_1) = \# g^{-1}(q_1) \equiv \# g^{-1}(q_2) = \# f^{-1}(q_2)(\mathrm{mod}2).$$

因此，$\# f^{-1}(q)(\mathrm{mod}2)$ 不依赖于 $f$ 的正则值 $q$ 的选取. $\square$

**定理 3.2.1′**（模 2 度的同伦不变性） 设 $M_1$ 为 $m(m \geqslant 1)$ 维 $C^1$ 紧致流形，$M_2$ 为 $m$ 维 $C^1$ 连通流形. 如果 $C^1$ 映射 $f: M_1 \to M_2$ 和 $C^1$ 映射 $g: M_1 \to M_2$ 是 $C^0$ 同伦的，则

$$\deg_2 f = \deg_2 g.$$

**证明** 类似定理 3.2.1 的证明，由引理 3.2.4′，有

$$\# f_1^{-1}(q) \equiv \# g_1^{-1}(q)(\mathrm{mod}2).$$

类似引理 3.2.6 的证明，有

$$\# f_1^{-1}(q) = \# f^{-1}(q), \quad \# g_1^{-1}(q) = \# g_1^{-1}(q).$$

于是

$$\deg_2 f = \overline{\# f^{-1}(q)} = \overline{\# f_1^{-1}(q)} = \overline{\# g_1^{-1}(q)} = \overline{\# g^{-1}(q)} = \deg_2 g,$$

其中 $\overline{\# f^{-1}(q)}$ 为 $\# f^{-1}(q)$ 的模 2 同余类. $\square$

**定理 3.2.2′** 设 $M_1$ 为 $m$ 维 $C^1$ 紧致流形，$M_2$ 为 $m$ 维 $C^1$ 连通流形，$f: M_1 \to M_2$ 为 $C^1$ 映射，则存在 $f$ 在 $C^1(M_1, M_2)$ 中的一个强 $C^0$ 开邻域 $\mathcal{N} = \mathcal{N}_S^0(M_1, M_2) \cap C^1(M_1, M_2)$，s.t. $\forall g \in \mathcal{N}$，有

$$\deg_2 g = \deg_2 f.$$

**证明** 类似定理 3.2.2 的证明，从模 2 度的同伦不变性（定理 3.2.1′）即可得到

$$\deg_2 g = \deg_2 f. \qquad \square$$

**注 3.2.1′** 在引理 3.2.5′中，虽然 $M_2$ 是连通的，但 $M_2 - f(C_f)$ 未必是连通的. 因此，从引理 3.2.2′并不能推得引理 3.2.5′的结论.

**注 3.2.2** 易见，如果 $M_1, M_2$ 可定向，则

$$\#f^{-1}(q) = \sum_{p \in f^{-1}(q)} 1 \equiv \sum_{p \in f^{-1}(q)} \deg_p f = \deg f \pmod 2,$$

从而

$$\deg_2 f = \overline{\deg f},$$

其中 $\bar{n}$ 表示 $n$ 的模 2 同余类.

**注 3.2.3** 引理 3.2.2′中，$\deg_2(f, q) = \#f^{-1}(q) \pmod 2$ 为定义在 $M_2$ 的稠密开集 $M_2 - f(C_f)$ 上的局部常值函数，且在 $M_2 - f(C_f)$ 的每个道路连通分支（也是连通分支）上为常值函数.

引理 3.2.3′中，$\deg_2(f, q) \equiv \#f^{-1}(q) \pmod 2 = 0 \pmod 2$.

引理 3.2.4′中，$\deg_2(f, q) = \deg_2(g, q)$.

引理 3.2.5′与引理 3.2.6′中，$\deg_2(f, q) = \#f^{-1}(q) \pmod 2$ 不依赖于 $f$ 的正则值 $q$ 的选取.

**注 3.2.4** 定理 3.2.1 指出，$\deg f \neq \deg g$ 蕴涵着 $f \not\simeq g$；定理 3.2.1′指出，$\deg_2 f \neq \deg_2 g$ 蕴涵着 $f \not\simeq g$.

因为 Brouwer 度 $\deg f$ 为整数，模 2 度 $\deg_2 f$ 仅含两个元素，所以由势或基数（"数目"）$\overline{\overline{\mathbf{Z}}} = \aleph_0 > 2 = \overline{\overline{\mathbf{Z}}}_2$. 由此，可以看出，对于可定向流形，用 Brouwer 度比模 2 度得到的信息量大. 例如：要区分 $f \not\simeq g$，用 $\deg f$ 比 $\deg_2 f$ 的可能性大.

**定理 3.2.4** 设 $M_i (i = 1, 2)$ 为 $m(\geqslant 1)$ 维 $C^1$ 紧致定向流形. $M_2$ 连通，$M_3$ 为 $m$ 维 $C^1$ 连通定向流形. 如果 $f: M_1 \to M_2$，$g: M_2 \to M_3$ 是 $C^1$ 映射，则关于复合映射 $g \circ f$ 的 Brouwer 度有

$$\deg(g \circ f) = \deg g \cdot \deg f.$$

**证明** 设 $z \in M_3$ 为复合映射 $g \circ f$ 的正则值，

$$g^{-1}(z) = \{y_1, y_2, \cdots, y_l\},$$

$$f^{-1}(y_j) = \{x_{j1}, x_{j2}, \cdots, x_{jk_j}\}, \quad j = 1, 2, \cdots, l.$$

如果选 $M_1,M_2,M_3$ 的局部坐标系恰与所给的定向一致,在坐标系中相应的 Jacobi 矩阵简记为 $D(g\circ f),Dg,Df$,则

$$D(g\circ f)(x_{ji}) = Dg(y_j)Df(x_{ji}),$$
$$\deg_{x_{ji}}(g\circ f) = \deg_{y_j}g\cdot\deg_{x_{ji}}f.$$

于是,由上式知,$y_j(j=1,2,\cdots,l)$也是 $f$ 的正则值,故

$$\begin{aligned}\deg(g\circ f) &= \sum_{j=1}^{l}\sum_{i=1}^{k_j}\deg_{x_{ji}}(g\circ f) = \sum_{j=1}^{l}\sum_{i=1}^{k_j}\deg_{y_j}g\cdot\deg_{x_{ji}}f = \sum_{j=1}^{l}\deg_{y_j}g\cdot\sum_{i=1}^{k_j}\deg_{x_{ji}}f\\ &\xlongequal{\text{引理 }3.2.6} \sum_{j=1}^{l}\deg_{y_j}g\cdot\deg(f,y_j)\\ &= \sum_{j=1}^{l}\deg_{y_j}g\cdot\deg f = \deg(g,z)\cdot\deg f\\ &= \deg g\cdot\deg f.\end{aligned}$$

□

**定理 3.2.4′** 设 $M_i(i=1,2)$为 $m(\geqslant 1)$维 $C^1$ 紧致流形.$M_2$ 连通,$M_3$ 为 $m$ 维 $C^1$ 连通流形.如果 $f:M_1\to M_2,g:M_2\to M_3$ 为 $C^1$ 映射,则关于复合映射 $g\circ f$ 的模 2 度有

$$\deg_2(g\circ f) = \deg_2 g\cdot\deg_2 f.$$

**证明** 因为 $M_2$ 连通,故由定理 3.2.6 知,$\deg(f,y_j) = \sum\limits_{x_{ji}\in f^{-1}(y_j)}\det_{x_{ji}}f,j = 1,2,\cdots,l$ 都相等,所以

$$k_j(\text{mod}2)\equiv\sum_{x_{ji}\in f^{-1}(y_j)}\det_{x_{ji}}f(\text{mod}2) = k(\text{mod}2),\quad j = 1,2,\cdots,l$$

是彼此相等的.于是

$$\begin{aligned}\deg_2(g\circ f) &= {}^{\#}\{x_{ji}\mid j = 1,2,\cdots,l;i = 1,2,\cdots,k_j\}(\text{mod}2)\\ &= \sum_{j=1}^{l}\sum_{i=1}^{k_j}1(\text{mod}2) = \sum_{j=1}^{l}k_j(\text{mod}2) = l(\text{mod}2)\cdot k(\text{mod}2)\\ &= \deg_2 g\cdot\deg_2 f.\end{aligned}$$

□

**注 3.2.5** 在定理 3.2.4′中,如果 $M_1,M_2,M_3$ 都为定向流形,则

$$\begin{aligned}\deg_2(g\circ f)&\equiv\deg(g\circ f)(\text{mod}2)\\ &= \deg g\cdot\deg f(\text{mod}2)\\ &= \deg g(\text{mod}2)\cdot\deg f(\text{mod}2)\\ &= \deg_2 g\cdot\deg_2 f.\end{aligned}$$

**定理 3.2.5** 设 $M_1$ 为紧致 $C^1$ 定向流形,$M_2$ 为连通定向流形,$f:M_1\to M_2$ 为连续映射且非满射(如 $M_2$ 非紧致.因 $M_1$ 与 $f(M_1)$紧致,故 $f$ 必非满射),则 $\deg f=0$.

**证明** 由 $f(M_1)$紧致与 $f(M_1)\subsetneqq M_2$,根据定理 3.1.6,我们可选 $g\in[f]\cap C^1(M_1,M_2)$, s.t. $g(M_1)\subsetneqq M_2$. 因此，必有 $q\in M_2-g(M_1)$. 于是

$$\deg f=\deg g=\deg(g,q)=\sum_{p\in g^{-1}(q)=\varnothing}\deg_p g=0. \qquad \square$$

**定理 3.2.5′** 设 $M_1$ 为紧致 $C^1$ 流形，$M_2$ 为连通流形，$f:M_1\to M_2$ 为连续映射且非满射，则 $\deg_2 f=0$.

**证明** 由 $f(M_1)$紧致与 $f(M_1)\subsetneqq M_2$，根据定理3.1.6，我们可选 $g\in[f]\cap C^1(M_1,M_2)$，s.t. $g(M_1)\subsetneqq M_2$. 因此，必有 $q\in M_2-g(M_1)$. 于是

$$\deg_2 f=\deg_2 g=\deg_2(g,q)={}^{\#}g^{-1}(q)(\mathrm{mod}2)=0(\mathrm{mod}2). \qquad \square$$

**注 3.2.6** 由以上内容知，若 $\deg f\neq 0$ 或 $\deg_2 f\neq 0$，则 $f$ 必为满射. 定理还表明，只需研究 $M_2$ 为紧致的情形即可.

**例 3.2.1** 设 $f:S^1\to\mathbf{R}^1$ 为从点$(0,2)\in\mathbf{R}^2$ 将单位圆 $S^1$ 投射到 $\mathbf{R}^1=\{(u,0)\mid u\in\mathbf{R}\}$ 中得到的映射，$S^1$ 和 $\mathbf{R}$ 的定向为通常的正向，记 $u=f(x,y)$，$(x,y)=(\cos\theta,\sin\theta)$，则

$$(1-t)(0,2)+t(x,y)=(u,0),$$

$$(tx,2+t(y-2))=(u,0),$$

$$t=\frac{2}{2-y},\quad u=tx=\frac{2x}{2-y}=\frac{2\cos\theta}{2-\sin\theta},$$

$$u'(\theta)=\frac{2(1-2\sin\theta)}{(2-\sin\theta)^2}.$$

显然

$$u'(\theta)=0\iff\theta=2k\pi+\frac{\pi}{6}\text{ 或 }2k\pi+\frac{5}{6}\pi,\ k\in\mathbf{Z},$$

$$C_f=\left\{\left(\cos\frac{\pi}{6},\sin\frac{\pi}{6}\right),\left(\cos\frac{5\pi}{6},\sin\frac{5\pi}{6}\right)\right\}$$

$$=\left\{\left(\frac{\sqrt{3}}{2},\frac{1}{2}\right),\left(-\frac{\sqrt{3}}{2},\frac{1}{2}\right)\right\},$$

$$f(C_f)=\left\{\frac{2\times\frac{\sqrt{3}}{2}}{2-\frac{1}{2}},-\frac{2\times\frac{\sqrt{3}}{2}}{2-\frac{1}{2}}\right\}=\left\{\frac{2}{\sqrt{3}},-\frac{2}{\sqrt{3}}\right\},$$

$$\mathbf{R}-f(C_f)=\mathbf{R}-\left\{\frac{2}{\sqrt{3}},-\frac{2}{\sqrt{3}}\right\}.$$

$$\deg_p f=\begin{cases}-1, & p=(\cos\theta,\sin\theta),\quad \frac{\pi}{6}<\theta<\frac{5\pi}{6},\\ 1, & p=(\cos\theta,\sin\theta),\quad \frac{5\pi}{6}<\theta<2\pi+\frac{\pi}{6},\end{cases}$$

$$
{}^{\#}f^{-1}(q)=\begin{cases}0, & q\in\left(-\infty,-\dfrac{2}{\sqrt{3}}\right)\cup\left(\dfrac{2}{\sqrt{3}},+\infty\right),\\ 2, & q\in\left(-\dfrac{2}{\sqrt{3}},\dfrac{2}{\sqrt{3}}\right),\end{cases} \tag{3.2.1}
$$

$$
\deg f=\deg(f,q)=-1+1=0,
$$

$$
\deg_2 f=\overline{{}^{\#}f^{-1}(q)}=\overline{0}.
$$

值得注意的是，式(3.2.1)表明，${}^{\#}f^{-1}(q)$不是正则值 $q$ 的常值函数(图 3.2.4).

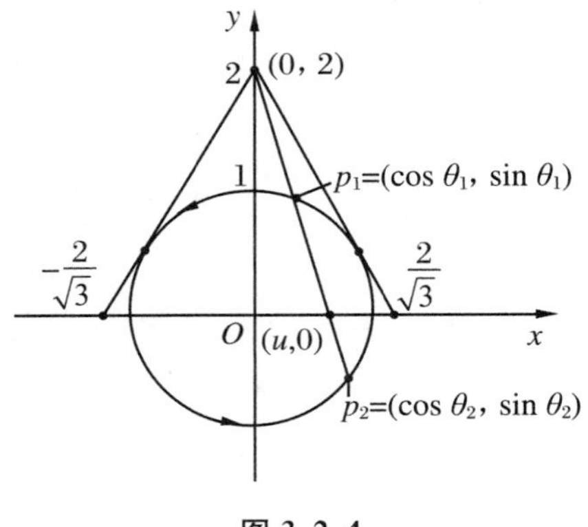


图 3.2.4

**例 3.2.2**　(1) 对常值映射 $c:M_1\to M_2$，$c(p)=q_0$，在 $M_2$ 中取 $q\neq q_0$，有

$$
\deg c=\deg(c,q)=\sum_{p\in c^{-1}(q)=\varnothing}\deg_p c=0.
$$

(2) 如果 $f:M_1\to M_2$ 为 $C^1$ 同胚，则

$$
\deg(f,q)=\sum_{r\in f^{-1}(q)}\deg_r f=\deg_p f=\begin{cases}1, & f\text{ 保持定向},\\ -1, & f\text{ 反转定向},\end{cases}
$$

其中 $f(p)=q$.

(3) 设 $M_1=M_2=M$ 为紧致连通的 $C^1$ 定向流形，$f:M\to M$ 为反转定向的 $C^1$ 同胚，则 $f$ 不 $C^0$ 同伦于 $\mathrm{Id}_M$.

(反证)假设 $fC^0$ 同伦于 $\mathrm{Id}_M$，则由 Brouwer 度的同伦不变性，有

$$
-1=\deg f=\deg\mathrm{Id}_M=1,
$$

矛盾.

**例 3.2.3**　不存在 $C^0$ 映射 $f:\overline{B^m(0;1)}\to\partial B^m(0;1)=S^{m-1}$，s. t. $f|_{S^{m-1}}=\mathrm{Id}_{S^{m-1}}$.

**证明**　(证法 1)(反证)假设存在这样的 $C^0$ 映射 $f$，由定理 2.1.5 的证明知，可构造 $C^\infty$ 映射 $g:\overline{B^m(0;1)}\to\partial B^m(0;1)=S^{m-1}$，s. t. $g|_{S^{m-1}}=\mathrm{Id}_{S^{m-1}}$. 对 $g|_{\overline{\partial B^m(0;1)}}=f|_{S^{m-1}}$ 的正则值 $q$，应用引理 3.2.3，有

$$
0=\deg(g|_{S^{m-1}},q)=\deg(f|_{S^{m-1}},q)=\deg(\mathrm{Id}_{S^{m-1}},q)=1,
$$

矛盾.

（证法2）参阅定理2.1.5. □

**例 3.2.4** 设 $f:S^1\to S^1$, $e^{i\eta}=f(e^{i\theta})=e^{ik\theta}$, $k\in\mathbf{Z}$（整数集），则 $\frac{\partial\eta}{\partial\theta}=\frac{\partial(k\theta)}{\partial\theta}=k$，因为 $\frac{\partial}{\partial\theta}$ 确定了 $S^1$ 的定向，故

$$\deg f=\deg(f,e^{i0})=\begin{cases}0, & k=0,\\ \sum_{j=1}^{|k|}\deg_{e^{i2j\pi/k}}f, & k\neq 0\end{cases}$$

$$=\begin{cases}0, & k=0,\\ |k|\,\mathrm{sign}k, & k\neq 0\end{cases}$$

$$=k.$$

**例 3.2.5** 反射 $r_j:S^m\to S^m$ 定义为 $r_j(x^1,x^2,\cdots,x^{m+1})=(x^1,\cdots,x^{j-1},-x^j,x^{j+1},\cdots,x^{m+1})$. 易见，它是反转定向的 $C^\infty$ 同胚，$\deg r_j=-1$.

对径映射 $r:S^m\to S^m$, $r(x)=-x=r_1\circ r_2\circ\cdots\circ r_{m+1}(x)$ 的 Brouwer 度为

$$\deg r=\sum_{x\in r^{-1}(y)}\deg_x r=\deg_{-y}r$$

$$=\deg_{-y}r_1\circ r_2\circ\cdots\circ r_{m+1}(x)\overset{\text{定理 3.2.4}}{=\!=\!=}(-1)^{m+1}.$$

于是，当 $m$ 为偶数时，$\deg r=-1$. 由例3.2.2(3)知，$S^m$ 的对径映射 $r$ 不 $C^0$ 同伦于 $\mathrm{Id}_{S^m}$.

**例 3.2.6** 以下结论等价：

(1) $S^m$ 上有处处非零的 $C^0$ 切向量场；

(2) $S^m$ 上有处处非零的 $C^\infty$ 切向量场；

(3) $m$ 为奇数.

**证明** (2)⇐(3). 设 $m=2n-1$，令

$$X(x^1,x^2,\cdots,x^{2n})=(x^2,-x^1,x^4,-x^3,\cdots,x^{2n},-x^{2n-1}).$$

因为 $\langle x,X\rangle=0$，故 $X(x)$ 为 $x$ 处的切向量. 显然，它是 $S^m$ 上的 $C^\infty$ 单位（非零）切向量场.

(2)⇒(3). 如果 $S^m$ 上有一个处处非零的 $C^\infty$ 切向量场 $X$，则 $F:S^m\times[0,1]\to S^m$,

$$F(x,\theta)=x\cos\pi\theta+\frac{X(x)}{\|X(x)\|}\sin\pi\theta$$

为连接 $F(x,0)=x=\mathrm{Id}_{S^m}(x)$ 与 $F(x,1)=-x=r(x)$ 的 $C^\infty$ 同伦（注意，$\langle F(x,\theta),F(x,\theta)\rangle=\cos^2\pi\theta+\sin^2\pi\theta=1$）. 于是，由 Brouwer 度的同伦不变性定理，有

$$1=\deg\mathrm{Id}_{S^m}=\deg r=(-1)^{m+1},$$

所以，$m$ 必为奇数.

(1)⇐(2). 显然(因为 $C^\infty$ 必为 $C^0$).

(1)⇒(2). 设 $X$ 为 $S^m$ 上的处处非零的 $C^0$ 切向量场,记

$$X: S^m \to TS^m \subset S^m \times \mathbf{R}^{m+1} \subset \mathbf{R}^{m+1} \times \mathbf{R}^{m+1},$$
$$x \mapsto X(x) = (x, a(x)),$$

其中 $TS^m$ 为 $S^m$ 的切丛(切向量全体), $a: S^m \to \mathbf{R}^{m+1}$ 与 $a(x) \neq 0$, $\forall x \in S^m$. 根据定理 1.6.8,存在 $C^\infty$ 映射 $\tilde{a}: S^m \to \mathbf{R}^{m+1}$, s.t. $\tilde{a}(x) \notin T^\perp S^m$($S^m$ 的法丛,即法向量的全体).

于是, $\widetilde{X}: S^m \to S^m \times \mathbf{R}^{m+1}$,

$$\widetilde{X}(x) = (x, P_{TS^m}\tilde{a}(x))$$

为 $S^m$ 上处处非零的 $C^\infty$ 切向量场,其中 $P_{TS^m}: S^m \times \mathbf{R}^{m+1} \to TS^m$ 为向 $S^m$ 的切空间的投影. □

**注 3.2.7** 利用代数拓扑知识可证明例 3.2.6 中的(1)⇒(3).

**例 3.2.7** 设 $M$ 为 $m(\geqslant 1)$ 维 $C^r(r \geqslant 0)$ 紧致定向流形, $f, g: M \to S^m$ 为连续映射. 如果

$$\| f(p) - g(p) \| < 2, \ \forall p \in M,$$

则 $f$ 同伦于 $g$,且若 $f, g \in C^r(M, S^m)$,则这个同伦也是 $C^r$ 的. 如果 $r \geqslant 1$,则

$$\deg f = \deg g.$$

**证明** 令 $F: M \times [0,1] \to S^m$,

$$F(p,t) = \frac{(1-t)f(p) + tg(p)}{\| (1-t)f(p) + tg(p) \|}.$$

显然

$$\begin{aligned} & (1-t)f(p) + tg(p) = 0 \\ \Leftrightarrow \ & (1-t)f(p) = -tg(p) \\ \Leftrightarrow \ & 1 - t = \| (1-t)f(p) \| = \| -tg(p) \| = t, \end{aligned}$$

即 $t = \dfrac{1}{2}$ 以及 $f(p) = -g(p)$. 此时,

$$2 > \| f(p) - g(p) \| = \| -g(p) - g(p) \| = \| -2g(p) \| = 2,$$

矛盾. 因此

$$(1-t)f(p) + tg(p) \neq 0, \quad \forall p \in M, \forall t \in [0,1],$$

$F$ 的定义是确切的,它是连接 $f$ 与 $g$ 的同伦.

如果 $f, g \in C^r(M, S^m)$,明显地 $F \in C^r(M \times [0,1], S^m)$. 当 $r \geqslant 1$ 时,根据 Brouwer 度的同伦不变性(定理 3.2.1),

$$\deg f = \deg g.$$ □

**例 3.2.8**(Brouwer) 设 $f: S^m \to S^m$ 为连续映射, $\deg f \neq (-1)^{m+1}$(等价于 $f$ 的

Lefschetz数 $L(f)=1+(-1)^m \deg f\neq 0)$,则 $f$ 必有不动点,即 $\exists x\in S^m$, s.t.

$$f(x)=x.$$

**证明** (反证)假设 $f$ 无不动点,即 $f(x)\neq x$, $\forall x\in S^m$,令 $F:S^m\times[0,1]\to S^m$,

$$F(x,t)=\frac{(1-t)f(x)+t(-x)}{\|(1-t)f(x)+t(-x)\|}.$$

显然

$$(1-t)f(x)+t(-x)=0 \quad\Leftrightarrow\quad t=\frac{1}{2},f(x)=x.$$

因此,$(1-t)f(x)+t(-x)\neq 0$, $\forall x\in S^m$, $\forall t\in[0,1]$, $F$ 的定义是确切的. 它是连接 $f(x)$ 与对径映射 $r(x)=-x$ 的同伦. 根据Brouwer度的同伦不变性(定理3.2.1)和题设 $\deg f\neq(-1)^{m+1}$,有

$$(-1)^{m+1}=\deg r=\deg f\neq(-1)^{m+1},$$

矛盾. □

**注 3.2.8** 利用代数拓扑可证明例3.2.8. 参阅文献[17]195页 Theorem 7.

**例 3.2.9** 如果 $m$ 为偶数,则不存在连续映射 $f:S^m\to S^m$, s.t. $\forall x\in S^m$, $x\perp f(x)$,即 $\langle x,f(x)\rangle=0$.

**证明** (反证)假设存在连续映射 $f:S^m\to S^m$, s.t. 对 $\forall x\in S^m$, $x\perp f(x)$,则

$$\|(1-t)f(x)+tx\|^2=(1-t)^2+t^2\neq 0,\quad \forall t\in[0,1].$$

因此,由

$$F(x,t)=\frac{(1-t)f(x)+tx}{\|(1-t)f(x)+tx\|}$$

定义的 $F:S^m\times[0,1]\to S^m$ 为连接 $f$ 与 $\mathrm{Id}_{S^m}$ 的同伦. 由Brouwer同伦不变性(定理3.2.1)与 $m$ 为偶数,有

$$\deg f=\deg \mathrm{Id}_{S^m}=1\neq -1=(-1)^{m+1}.$$

根据例3.2.8, $f$ 必有不动点 $x$,即 $f(x)=x$. 由假设, $x\perp f(x)$,即 $\langle x,f(x)\rangle=0$,故

$$\langle x,x\rangle=\langle x,f(x)\rangle=0,$$

从而 $x=0$,这与 $x\in S^m$, $x\neq 0$ 相矛盾. □

**注 3.2.9** 如果 $m=2k-1$ 为奇数,则上述结论未必成立. 例如:

$$f:S^{2k-1}\to S^{2k-1},$$

$$f(x)=f(x^1,x^2,\cdots,x^{2k})=(-x^2,x^1,-x^4,x^3,\cdots,-x^{2k},x^{2k-1})$$

为连续映射, $x\perp f(x)$, $\forall x\in S^{2k-1}=S^m$.

**例 3.2.10** 设 $f:S^m\to S^m$ 为 $C^1$ 映射, $f(-x)=f(x)$,则 $\deg f$ 为偶数,且 $f$ 必有不动点.

**证明** 设 $y\in S^m$ 为 $f$ 的任一正则值. 如果 $y\notin f(S^m)$,则

$$\deg f = \sum_{x \in f^{-1}(y) = \varnothing} \deg_x f = 0;$$

如果 $y \in f(S^m)$，由 $f(-x) = f(x)$，$\forall x \in S^m$，故 $f^{-1}(y) = \{x_i, -x_i \mid i = 1, 2, \cdots, k\}$，于是

$$\deg f = \sum_{x \in f^{-1}(y)} \deg_x f = \sum_{i=1}^{k} (\deg_{x_i} f + \deg_{-x_i} f)$$

为偶数.上述两种情形，无论哪一种都有 $\deg f$ 为偶数.由此知，Lefschetz 数

$$L(f) = 1 + (-1)^m \deg f$$

为奇数，从而 $L(f) \neq 0$.根据例 3.2.8，$f$ 必有不动点. □

**例 3.2.11** 设 $f: S^m \to S^m$ 为连续映射，$\deg f$ 为奇数，则 $f$ 必将某一对对径点变为一对对径点，即 $\exists x_0 \in S^m$，s.t. $f(-x_0) = -f(x_0)$.

**证明** 如果 $f$ 为 $C^1$ 映射.（反证）假设 $f(-x) \neq -f(x)$，$\forall x \in S^m$，即 $f(x) + f(-x) \neq 0$，$\forall x \in S^m$.令

$$F: S^m \times [0,1] \to S^m,$$

$$F(x, t) = \frac{(1-t)f(x) + tf(-x)}{\|(1-t)f(x) + tf(-x)\|}.$$

显然

$$\begin{aligned} & (1-t)f(x) + tf(-x) = 0 \\ \Leftrightarrow \quad & 1 - t = \|(1-t)f(x)\| = \|-tf(-x)\| = t, \end{aligned}$$

即 $t = \dfrac{1}{2}$ 以及

$$f(x) + f(-x) = 0.$$

因此

$$(1-t)f(x) + tf(-x) \neq 0, \quad \forall x \in S^m, \ \forall t \in [0,1].$$

$F$ 的定义是确切的，且 $F\left(-x, \frac{1}{2}\right) = F\left(x, \frac{1}{2}\right)$ 和 $\deg F\left(x, \frac{1}{2}\right) = \deg F(x, 0) = \deg f$ 为奇数.应用例 3.2.10 到 $C^1$ 映射 $F\left(x, \frac{1}{2}\right)$ 得到 $\deg F\left(x, \frac{1}{2}\right)$ 为偶数，矛盾.由此推得 $\exists x_0 \in S^m$，s.t. $f(-x_0) = -f(x_0)$.

如果 $f$ 为 $C^0$ 映射，根据定理 1.6.8，存在 $f$ 的强 $C^0 - \frac{1}{n}$ 逼近 $f_n$，使得 $f_n$ 是 $C^1$ 映射，且 $f_n$ 同伦于 $f$，则 $\deg f_n = \deg f$ 为奇数.根据上述结论，$\exists x_n \in S^m$，s.t. $f(-x_n) = -f_n(x_n)$.由于 $S^m$ 紧致，$\{x_n\}$ 必有收敛子列，不妨设 $\{x_n\}$ 收敛于 $x_0$.于是

$$\begin{aligned} 0 & \leqslant \|f(-x_0) + f(x_0)\| \\ & \leqslant \|f(-x_0) - f(-x_n)\| + \|f(-x_n) - f_n(-x_n)\| + \|f_n(-x_n) + f_n(x_n)\| \end{aligned}$$

$$+\|f_n(x_n)-f(x_n)\|+\|f(x_n)-f(x_0)\|$$
$$<\|f(-x_0)-f(-x_n)\|+\frac{1}{n}+0+\frac{1}{n}+\|f(x_n)-f(x_0)\|$$
$$\to 0,\quad n\to+\infty,$$
$$0\leqslant\|f(-x_0)+f(x_0)\|\leqslant 0,$$

所以，$f(-x_0)+f(x_0)=0$，即 $f(-x_0)=-f(x_0)$. □

继续例3.2.10，看下面例题.

**例 3.2.12** 设 $f:S^m\to S^m$ 为 $C^0$ 映射，$f(-x)=f(x)$，则 $\deg f$ 为偶数，且 $f$ 必有不动点.

**证明** （证法1）由定理1.6.8，存在 $C^1$ 映射 $h:S^m\to S^m$，使得 $h\simeq f$，且 $\|f(x)-h(x)\|<\frac{1}{2}$，$\forall x\in S^m$. 因此

$$\begin{aligned}\|h(-x)-(-h(x))\| &= \|h(-x)-f(-x)+2f(x)+h(x)-f(x)\|\\ &\geqslant 2\|f(x)\|-\|h(-x)-f(-x)+h(x)-f(x)\|\\ &\geqslant 2\|f(x)\|-(\|h(-x)-f(-x)\|+\|h(x)-f(x)\|)\\ &> 2-\left(\frac{1}{2}+\frac{1}{2}\right)=1.\end{aligned}$$

$$h(-x)-(-h(x))\neq 0,$$
$$h(-x)\neq -h(x),\quad \forall x\in S^m.$$

根据例3.2.11，$\deg f=\deg h$ 为偶数. 于是，$L(f)=1+(-1)^m\deg f\neq 0$. 根据例3.2.8，$f:S^m\to S^m$ 必有不动点.

（证法2）（反证）假设 $\deg f$ 为奇数，根据例3.2.11，必有 $x_0\in S^m$，s.t. $f(-x_0)=-f(x_0)$.

$$f(x_0)\xlongequal{\text{题设}}f(-x_0)=-f(x_0),$$
$$0=f(x_0)\in S^m,$$

矛盾. 这就证明了 $\deg f$ 为偶数. 于是，$L(f)=1+(-1)^m\deg f\neq 0$. 根据例3.2.8，$f:S^m\to S^m$ 必有不动点. □

**例 3.2.13** 设 $f:S^m\to S^m$ 连续，$f(-x)\neq -f(x)$，$\forall x\in S^m$，则 $\deg f$ 为偶数.

**证明** （证法1）（反证）假设 $\deg f$ 为奇数，根据例3.2.11，必有 $x_0\in S^m$，s.t. $f(-x_0)=-f(x_0)$，这与题设 $f(-x)\neq -f(x)$，$\forall x\in S^m$ 相矛盾.

（证法2）作 $g:S^m\to S^m$，

$$g(x)=\frac{f(-x)+f(x)}{\|f(-x)+f(x)\|},$$

则 $g(-x)=g(x)$，$\forall x\in S^m$. 根据例 3.2.12，$\deg g$ 为偶数. 下面证明 $g\overset{F}{\simeq}f$，故

$$\deg f = \deg g$$

为偶数.

事实上，由

$$F(x,t) = \frac{(1-t)g(x)+tf(x)}{\|(1-t)g(x)+tf(x)\|} = \frac{(1-t)\dfrac{f(-x)+f(x)}{\|f(-x)+f(x)\|}+tf(x)}{\left\|(1-t)\dfrac{f(-x)+f(x)}{\|f(-x)+f(x)\|}+tf(x)\right\|}$$

为连接 $g(x)$ 与 $f(x)$ 的同伦$\left((1-t)\dfrac{f(-x)+f(x)}{\|f(-x)+f(x)\|}+tf(x)=0\Leftrightarrow t=\dfrac{1}{2}\right.$，且 $f(x)(1+\|f(-x)+f(x)\|)=-f(-x)\Leftrightarrow t=\dfrac{1}{2}$，$\left.f(-x)=-f(x)\right)$，故 $g\overset{F}{\simeq}f$. □

**例 3.2.14** 设 $f:S^m\to S^m$ 为 $C^1$ 映射，$f(-x)=f(x)$，则 $\deg f=0$（如 $f$ 为常值映射）；或 $\deg f\neq 0$ 必有 $m$ 为奇数（由例 3.2.12 知，$\deg f$ 为偶数且必有不动点）.

**证明** 因为 $f(x)=f(-x)=f\circ r(x)$，其中 $r$ 为对径映射，所以

$$\deg f = \deg f\circ r = \deg f\cdot\deg r = (-1)^{m+1}\deg f.$$

于是，$\deg f=0$，或 $\deg f\neq 0$，必有 $(-1)^{m+1}=1$，即 $m$ 为奇数. □

**例 3.2.15** 设 $f:S^m\to S^m$ 为 $C^0$ 映射，$f(-x)\neq f(x)$，$\forall x\in S^m$，则 $f(-x)\simeq -f(x)$.

**证明** 令 $F:S^m\times[0,1]\to S^m$，

$$F(x,t) = \frac{(1-t)f(-x)+t(-f(x))}{\|(1-t)f(-x)+t(-f(x))\|},$$

则 $(1-t)f(-x)+t(-f(x))=0\Leftrightarrow(1-t)f(-x)=tf(x)\Leftrightarrow 1-t=t$ 且 $f(-x)=f(x)$ $\Leftrightarrow t=\dfrac{1}{2}$ 且 $f(-x)=f(x)$，这与题设 $f(-x)\neq f(x)$ 相矛盾. 因此，$(1-t)f(-x)+t(-f(x))\neq 0$，$\forall x\in S^m$，从而，$F(x,t)$ 为 $(x,t)$ 的连续映射，它是连接 $f(-x)$ 与 $-f(x)$ 的一个同伦，即 $f(-x)\simeq -f(x)$. □

**注 3.2.10** 在例 3.2.15 中，如果 $f:S^m\to S^m$ 为 $C^1$ 映射，则由 $f\circ r(x)=f(-x)\simeq -f(x)=r\circ f(x)$ 得到

$$\begin{aligned}\deg f\cdot(-1)^{m+1} &= \deg f\cdot\deg r = \deg f\circ r\\ &= \deg r\circ f = \deg r\cdot\deg f = (-1)^{m+1}\deg f.\end{aligned}$$

由此知，单从公式 $\deg(g\circ f)=\deg g\cdot\deg f$ 并不能得出关于 $\deg f$ 的任何信息.

**例 3.2.16** 设 $f:S^m\to S^m$ 是 $C^0$ 的，且 $\forall x\in S^m$，$f(-x)\neq f(x)$. 证明 $\deg f$ 为奇数.

**证明** 作 $g:S^m\to S^m$，

$$g(x) = \frac{f(x) - f(-x)}{\| f(x) - f(-x) \|},$$

则 $g$ 为保径映射,即 $g(-x) = -g(x)$,从而 $\deg g$ 为奇数(见定理 3.2.6 前面的说明). 下面证明 $g \simeq f$,因此

$$\deg f = \deg g$$

也为奇数.

作 $F: S^m \times [0,1] \to S^m$,

$$F(x,t) = \frac{(1-t)\dfrac{f(x) - f(-x)}{\| f(x) - f(-x) \|} + tf(x)}{\left\| (1-t)\dfrac{f(x) - f(-x)}{\| f(x) - f(-x) \|} + tf(x) \right\|}.$$

易见

$$(1-t)\frac{f(x) - f(-x)}{\| f(x) - f(-x) \|} + tf(x) = 0$$

$$\Leftrightarrow \quad 1 - t = \left\| (1-t)\frac{f(x) - f(-x)}{\| f(x) - f(-x) \|} \right\| = \| -tf(x) \| = t,$$

且

$$\frac{f(x) - f(-x)}{\| f(x) - f(-x) \|} + f(x) = 0$$

$$\Leftrightarrow \quad t = \frac{1}{2}, f(x)(1 + \| f(x) - f(-x) \|) = f(-x)$$

$$\Leftrightarrow \quad t = \frac{1}{2}, f(x) = f(-x).$$

由题设 $f(x) \neq f(-x)$, $\forall x \in S^m$,故必有

$$(1-t)\frac{f(x) - f(-x)}{\| f(x) - f(-x) \|} + tf(x) \neq 0.$$

从而 $F(x,t)$ 为连续映射,它是连接

$$g(x) = \frac{f(x) - f(-x)}{\| f(x) - f(-x) \|}$$

与 $f(x)$ 的一个同伦,即 $g \overset{F}{\simeq} f$. □

**例 3.2.17** 设 $f: S^m \to S^m$, $f(x) \neq -f(-x)$, $\forall x \in S^m$,则 $f(x) \simeq f(-x)$.

如果 $f$ 为 $C^1$ 映射,则 $\deg f = 0$;或 $\deg f \neq 0$,必有 $m$ 为奇数.

**证明** 令 $F: S^m \times [0,1] \to S^m$,

$$F(x,t) \frac{(1-t)f(x) + tf(-x)}{\| (1-t)f(x) + tf(-x) \|},$$

则 $(1-t)f(x) + tf(-x) = 0 \Leftrightarrow (1-t)f(x) = -tf(-x) \Leftrightarrow 1 - t = t$ 且 $f(x) = -f(-x)$

$\Leftrightarrow t=\dfrac{1}{2}$且 $f(x)=-f(-x)$，这与题设 $f(x)\neq -f(-x)$ 相矛盾. 因此，$(1-t)f(x)+tf(-x)\neq 0$，$\forall x\in S^m$，从而，$F(x,t)$ 为 $(x,t)$ 的连续映射，它是连接 $f(x)$ 与 $f(-x)$ 的一个同伦，即 $f(x)\simeq f(-x)$.

如果 $f:S^m\to S^m$ 为 $C^1$ 映射，则由 $f(x)\simeq f(-x)=f\circ r(x)$ 得到

$$\deg f=\deg(f\circ r)=\deg f\cdot\deg r=(-1)^{m+1}\deg f.$$

于是，$\deg f=0$；或 $\deg f\neq 0$，必有 $(-1)^{m+1}=1$，即 $m$ 为奇数. □

**注 3.2.11** 设 $f:S^m\to S^m$ 为 $C^1$ 映射，$f(x)=-f(-x)$，$\forall x\in S^m$，则 $f(x)=-f(-x)=r\circ f\circ r(x)$，

$$\begin{aligned}\deg f&=\deg(r\circ f\circ r)=\deg r\cdot\deg f\cdot\deg r\\&=(-1)^{m+1}\deg f\cdot(-1)^{m+1}=\deg f.\end{aligned}$$

由此知，单从公式 $\deg(g\circ f)=\deg g\cdot\deg f$ 并不能得出关于 $\deg f$ 的任何信息.

例 3.2.12 表明：$C^0$ 映射 $f:S^m\to S^m$，$f(-x)=f(x)$ 必有 $\deg f$ 为偶数，且 $f$ 有不动点.

读者自然会问：如果保径映射 $f:S^m\to S^m$（即 $f(-x)=-f(x)$，$\forall x\in S^m$）是连续的，则 $\deg f$ 是否为奇数?

文献[28]236 页命题 8.3 指出：球面的连续保径映射 $f:S^m\to S^m$（$f(-x)=-f(x)$，$\forall x\in S^m$），它的（代数拓扑）映射度为奇数，且 $f$ 非零伦.

由此我们猜测：连续保径映射 $f:S^m\to S^m$ 的（微分拓扑）Brouwer 度也为奇数（或者用微分拓扑方法证明；或者证明（代数拓扑）映射度与（微分拓扑）Brouwer 度相同）.

**定理 3.2.6**（Borsuk-Ulam 定理） 设 $f:S^m\to\mathbf{R}^m$ 为连续映射，则 $S^m$ 上至少有一对对径点被 $f$ 映到同一点.

**证明** （反证）假设 $f(-x)\neq f(x)$，$\forall x\in S^m$，令 $g:S^m\to S^{m-1}$ 为

$$g(x)=\frac{f(x)-f(-x)}{\|f(x)-f(-x)\|},\quad\forall x\in S^m,$$

则 $g(-x)=-g(x)$，$\forall x\in S^m$. 记 $i:S^{m-1}\to S^m$ 为包含映射，于是，$i\circ g:S^m\to S^m$ 为连续保径映射，且 $i\circ g$ 不为满射. 不失一般性，设北极 $p_{北}\notin\mathrm{Image}(i\circ g)$（$i\circ g$ 的像集）. 于是，通过北极投影即知，$i\circ g$ 零伦. 这与上述 $i\circ g$ 的映射度为奇数且 $i\circ g$ 非零伦相矛盾. □

Borsuk-Ulam 定理的一个有趣的应用就是所谓的三明治定理. 它的直观描述为：由两片面包夹一块火腿做成的一份三明治总可切一刀，将每片面包与火腿都等分为两半.

**定理 3.2.7**（三明治定理） 设 $\mathbf{R}^n$ 中有 $n$ 个 Lebesgue 可测子集 $A_1,A_2,\cdots,A_n$，则有 $\mathbf{R}^n$ 中的 $n-1$ 维超平面 $\pi_0$ 将每个 $A_i(i=1,2,\cdots,n)$ 都等分成 Lebesgue 测度相等的两部分.

**证明** 设$\mathbf{R}^n=\{x=(x_1,\cdots,x_n,0)\mid x_i\in\mathbf{R},i=1,2,\cdots,n\}\subset\mathbf{R}^{n+1}$.任取$p\in\mathbf{R}^{n+1}-\mathbf{R}^n$,$\forall x\in S^n$,过$p$作$n$维超平面$\pi(x)$垂直(正交)于$\overrightarrow{Ox}$,将$\mathbf{R}^{n+1}$分为两个半空间.并记$\overrightarrow{Ox}$所指的那半空间为$\mathbf{R}_+^{n+1}(x)$;另一半空间记为$\mathbf{R}_-^{n+1}(x)$.则$\mathbf{R}_+^{n+1}(-x)=\mathbf{R}_-^{n+1}(x)$.将$\mathbf{R}^{n+1}(x)\cap A_i$的Lebesgue测度记为$m_i(x)$,$i=1,2,\cdots,n$.我们定义$f:S^n\to\mathbf{R}^n$为

$$f(x)=(m_1(x),m_2(x),\cdots,m_n(x)),\quad\forall x\in S^n,$$

则$f$连续,根据Borsuk-Ulam定理(定理3.2.6),$\exists x^0\in S^n$,s.t.$f(x^0)=f(-x^0)$,即$m_i(x^0)=m_i(-x^0)$,$i=1,2,\cdots,n$.从而$\mathbf{R}_+^{n+1}(x^0)\cap A_i$与$\mathbf{R}_-^{n+1}(x^0)\cap A_i$有相同的Lebesgue测度.记$\pi_0$为$\pi(x^0)$与$\mathbf{R}^n$相交的$n-1$维平面,则$\pi_0$在Lebesgue测度下等分$A_i(i=1,2,\cdots,n)$(图3.2.5). □

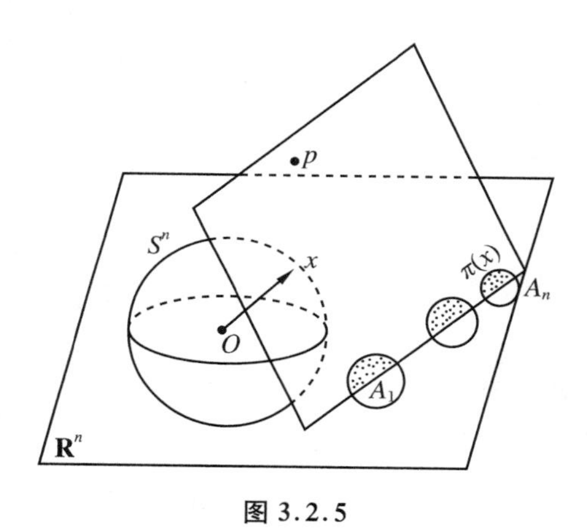


图3.2.5

**例3.2.18** 设$f:S^m\to S^n$为保径映射,则$m\leqslant n$.

**证明** (反证)假设$m>n$,并记$i:S^n\to S^m$为包含映射,则$i\circ f:S^m\to S^m$为保径映射,但又不为满射.根据定理3.2.5,$\deg(i\circ f)=0$.这与保径映射$i\circ f$必有$\deg(i\circ f)$为奇数相矛盾. □

## 3.3 Hopf分类定理

在3.2节中,许多例子表明映射的Brouwer度是研究映射的有力工具.现在,我们应用映射的度(Brouwer度或模2度)对$m$维紧致$C^1$流形到$S^m$中的映射进行分类.

**定理3.3.1**(Hopf分类定理) 设$M$为$m(\geqslant1)$维紧致并以$\partial M$为边界的$C^1$流形,$f,g:M\to S^m$为连续映射.

(1) 如果$M$是定向的且$\partial M=\varnothing$,则

$$f \simeq g \quad \Leftrightarrow \quad \deg f = \deg g,$$

且存在 Brouwer 度为 $n \in \mathbf{Z}$ 的连续映射；

(2) 如果 $M$ 不可定向，$\partial M = \varnothing$，则

$$f \simeq g \quad \Leftrightarrow \quad \deg_2 f = \deg_2 g,$$

且存在模 2 度为 $\tilde{n} \in \mathbf{Z}_2$ 的映射；

(3) 如果 $\partial M \neq \varnothing$，则 $f \simeq g$.

**证明** (1)和(2)

我们先证第 2 部分.

显然，常值映射 $c: M \to S^m$ 有 $\deg c = 0$. 对 $\forall n \in \mathbf{N}$，设 $\varphi_i: U_i \to \mathbf{R}^m$，$(U_i, \varphi_i)$，$i = 1, 2, \cdots, n$ 为 $M$ 的不相交的满射坐标系，它保持定向. 设 $\theta: \mathbf{R}^m \to S^m - \{p_{北}\}$ 为从北极 $p_{北}$ 的球极投影的逆，它保持定向. 定义

$$f: M \to S^m,$$

$$f(p) = \begin{cases} \theta \circ \varphi_i(p), & p \in U_i, \\ p_{北}, & p \in M - \bigcup_{i=1}^{n} U_i, \end{cases}$$

则 $f$ 是连续的，且由 $f$ 的定义和定理 1.6.8 知，$\deg f = n$.

如果 $\varphi_i$ 是反转定向的，则 $\deg f = -n$.

如果不考虑定向，并取 $n = 1$，利用上面构造的 $f$，有 $\deg_2 f = \bar{1} \in \mathbf{Z}_2$，而 $\deg_2 c = \bar{0} \in \mathbf{Z}_2$.

(1)(或(2))的第 1 部分的必要条件就是 Brouwer(或模 2)度的同伦不变性定理 3.2.1(或定理 3.2.1′)和定义 3.2.3(或定义 3.2.2′). 为证其充分性，令

$$W = M \times [0,1],$$

$$F: \partial(M \times [0,1]) = M \times \{0\} \cup M \times \{1\} \to S^m,$$

$$F|_{M \times \{0\}} = f, \quad F|_{M \times \{1\}} = g.$$

由题设得到

$$\deg F = \deg f - \deg g = 0 \quad (\text{或 } \deg_2 F = \deg_2 f - \deg_2 g = \bar{0}).$$

因 $M$ 连通，故 $M \times [0,1]$ 也连通，应用下面的定理 3.3.4(或定理 3.3.4′)立即可知，$F$ 可扩张(延拓)为 $M \times [0,1] \to S^m$ 的连续映射，从而 $f \simeq g$.

(3) 设 $\partial M \neq \varnothing$，$D(M)$ 为 $M$ 的倍流形，它由 $M$ 的两片沿 $\partial$ 黏合而成. $\pi: D(M) \to M$ 为自然地将两片叠合的映射，而 $i: M \to D(M)$ 为自然的 $C^1$ 嵌入.

容易看到，如果 $M$ 是可定向的，则 $\pi$ 有 $C^1$ 映射的逼近 $\pi_1 \simeq \pi$，使得 $\deg \pi_1 = \deg \pi = 0$，且 $f$ 有 $C^1$ 映射的逼近 $f_1 \simeq f$，从而 $f \circ \pi: D(M) \to S^m$. 根据定义 3.2.3 与定理 3.2.4，有

$$\deg f\circ\pi=\deg f_1\circ\pi_1=\deg f_1\cdot\deg\pi_1=\deg f_1\cdot 0=0;$$

如果 $M$ 不可定向,根据定义 3.2.2′与定理 3.2.4′,有

$$\deg_2 f\circ\pi=\deg_2 f_1\circ\pi_1=\deg_2 f_1\cdot\deg_2\pi_1=\deg_2 f_1\cdot\bar{0}=\bar{0}.$$

因此,由(1)与(2)得到 $f\circ\pi\simeq c$(常值映射,其度数为零).

因为 $f\circ\pi\circ i=f$,故 $f=f\circ\pi\circ i\simeq c\circ i=c$.类似地,$g\simeq c$,从而 $f\simeq g$. □

为证明基本扩张定理,我们先证明以下两个引理及同伦扩张定理.

**引理 3.3.1**　设 $W$ 为一个定向 $m+1(\geqslant 2)$ 维 $C^r(r\geqslant 1)$ 带边流形.$K\subset W$ 为一条 $C^r$ 嵌入弧,$V\subset\partial W$ 为 $\partial K$ 的一个开邻域,$f:V\to N$ 为到 $m$ 维 $C^r$ 定向流形 $N$ 的一个 $C^r$ 嵌入,其中 $\partial N=\varnothing$.如果 $q\in N$ 为 $f$ 的正则值和 $\partial K=f^{-1}(q)$,且 $f$ 在 $K$ 的两个端点处有相反的 Brouwer 度,则存在 $K$ 的一个开邻域 $W_0\subset W$ 和 $C^r$ 映射 $g:W_0\to N$,s.t.

(1) 在 $W_0\cap V$ 上 $g=f$;

(2) $q$ 为 $g$ 的正则值;

(3) $g^{-1}(q)=K$(图 3.3.1).

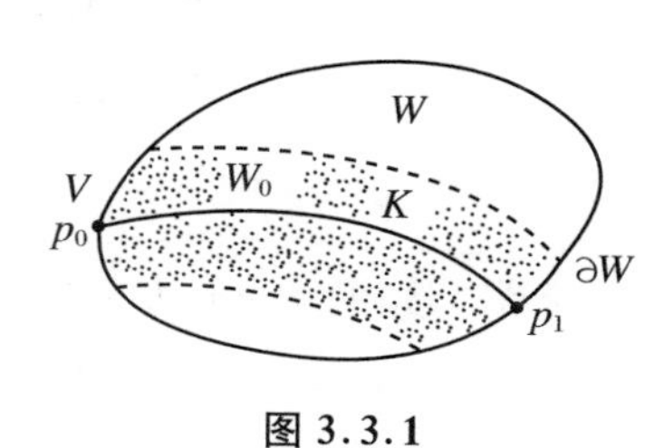

**图 3.3.1**

**证明**　可选 $V$ 足够小,从而可取 $(N,q)=(\mathbf{R}^m,0)$.设 $p_0,p_1$ 为 $K$ 的端点.因为 0 为 $f$ 的正则值,每个 $p_i(i=1,2)$ 有一个开邻域 $U_i\subset V$,s.t. $f_i=f|_{U_i}:(U_i,p_i)\to(\mathbf{R}^m,0)$ 为 $C^r$ 微分同胚.

显然,对 $K$ 附近与 $f$ 一致的任何映射证明引理就足够了.而 $f_i^{-1}(\mathbf{R}^m)=U_i$ 可以被认作 $p_i$ 在 $\partial W$ 中的一个 $C^r$ 管状邻域,而 $f_0^{-1}(\mathbf{R}^m)\cup f_1^{-1}(\mathbf{R}^m)=U_0\cup U_1$ 形成 $\partial K$ 在 $\partial W$ 中的一个 $C^r$ 管状邻域.由文献[2]115 页 Theorem 6.4,该 $C^r$ 管状邻域可扩张(或延拓)到 $K$ 在 $W$ 中的一个 $C^r$ 管状邻域.因为 $K$ 是一条弧,不失一般性,可假定 $W$ 是 $K$ 上的平凡向量丛,从而可假定

$$(W,K)=(\mathbf{R}^m\times[0,1],0\times[0,1]).$$

以此记号,

$$U_0\cup U_1=\mathbf{R}^m\times 0\cup\mathbf{R}^m\times 1,$$
$$f_i:\mathbf{R}^m\times i\to\mathbf{R}^m,\quad i=0,1$$

为 $C^r$ 微分同胚.在端点 $p_0$ 与 $p_1$ 处有相反的 Brouwer 度的假设和定向的惯例,意味着 $f_0$ 与 $f_1$ 有相同符号的 Jacobi 行列式.根据下面的引理 4.1.4,存在连接 $f_0$ 与 $f_1$ 的 $C^r$ 同痕 $g:\mathbf{R}^m\times[0,1]\to\mathbf{R}^m$,$g(0,t)=f_t(0)$,$t\in[0,1]$,就是所需的 $f$ 的扩张. □

**引理 3.3.2**(同伦扩张性质)　固定 $r(0\leqslant r\leqslant+\infty)$.设 $M,N$ 为拓扑空间.如果 $r>0$,它们为 $C^r$ 流形;如果 $r=0$,$M$ 为正规空间.$A\subset M$ 为闭集,$V$ 与 $U$ 为 $M$ 的开集,且 $A\subset V\subset\bar{V}\subset U\subset M$.如果

$$f: M \times 0 \to N$$

与

$$g: U \times [0,1] \to N$$

是 $C^r$ 的，$f|_{U\times 0} = g|_{U\times 0}$，则存在 $C^r$ 映射

$$h: M \times [0,1] \to N$$

s.t. $h|_{M\times 0} = f$ 与 $h|_{V\times[0,1]} = g|_{V\times[0,1]}$（图 3.3.2）.

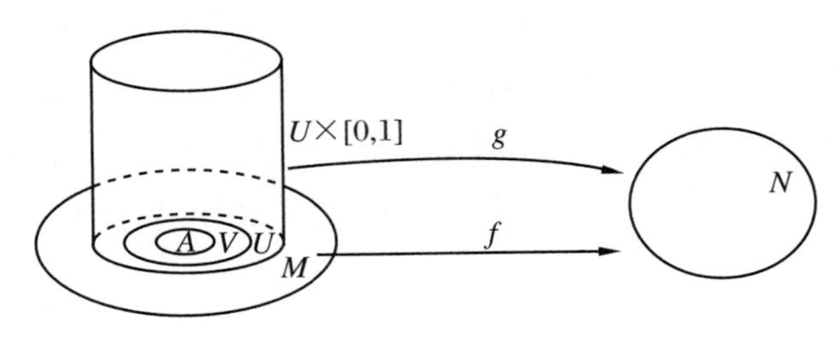


图 3.3.2

**证明**　如果 $r>0$，因为 $\{U, M-\bar{V}\}$ 为 $M$ 的二元开覆盖，根据广义单位分解的推论 1.1.1，有 $C^r$ 函数 $\lambda: M\to[0,1]$，s.t. $\lambda$ 的支集 $\mathrm{supp}\lambda\subset U$ 且 $\lambda|_V\equiv 1$；如果 $r=0$，则根据 $M$ 的正规性和文献[26]113 页定理 1.8.1（Urysohn 引理）或 126 页定理1.8.6（Tietze 扩张定理），存在具有上述性质的 $C^0$ 函数 $\lambda$. 于是，定义 $C^r$ 映射

$$h: M \times [0,1] \to N,$$

$$h(p,t) = \begin{cases} g(p,\lambda(p)t), & p \in U, \\ f(p), & p \in M - U, \end{cases}$$

则 $h$ 具有引理中所要求的性质. □

引理 3.3.2 的推论就是下面的同伦扩张定理.

**定理 3.3.2**（同伦扩张定理）　设 $N$ 为拓扑空间，$A$ 为正规空间 $M$ 的闭子空间. $f: M\to N$ 为连续映射，$g: A\times[0,1]\to N$ 为 $f|_A$ 的一个同伦. 如果对 $A$ 在 $M$ 中的某个开邻域 $U$，$g$ 扩张到 $f|_U$ 的一个同伦，则 $g$ 可扩张到 $f$ 的一个同伦

$$h: M \times [0,1] \to N.$$

由此定理立即推出：可扩张是同伦类的性质.

**定理 3.3.3**（可扩张是同伦类性质）　设 $M$ 为 $m$ 维 $C^r$（$r\geqslant 1$）带边流形，$N$ 为 $n$ 维 $C^r$ 流形. $f, g: \partial M\to N$ 是同伦的两个连续映射，其同伦为 $F$. 如果 $f$ 可扩张为 $M$ 上的连续映射，则 $g$ 也是. 如果 $g$ 是 $C^r$ 的，则 $g$ 的扩张可取 $C^r$ 的.

**证明**　容易从图 3.3.3 看出，定义在矩形 $PQRS$ 的两边 $PQ$ 和 $QR$ 上的连续映射可扩张为整个矩形 $PQRS$ 上的连续映射（设 $T$ 为矩形内的任一点，作 $TL /\!/ SQ$，令 $\varphi(T)=$

$\varphi(L)$，其中 $L$ 为边 $PQ$ 和 $QR$ 上的一点）.

由戴领定理（定理 3.1.7），存在 $\partial M$ 在 $M$ 中的 $C^r$ 管状邻域 $W$，它 $C^r$ 同胚于 $\partial M\times[0,\varepsilon)$.

于是，由以上论述和定理 3.3.2 知，同伦 $F:\partial M\times[0,1]\to N$ 可扩张为 $M\times[0,1]\to N$ 的同伦，仍记为 $F$. 因此，$g$ 可扩张为 $F(\cdot,1):M\to N$.

如果 $g$ 是 $C^r$ 的，由戴领定理（定理 3.1.7），$\partial M$ 在 $M$ 中有 $C^r$ 管状邻域 $W$，它 $C^r$ 同胚于 $\partial M\times[0,\varepsilon)$，$g$ 必可用自然的方法 $C^r$ 扩张到 $W$ 上. 再用自然的方法扩张到 $W\times(1-\delta,1]$（其中 $\delta\in(0,1)$）. 此外，从图 3.3.4 可看出，定义在矩形 $PP'S'S\cup P'Q\cup QR$ 上的连续映射可扩张为整个矩形 $PQRS$ 上的连续映射. 结合上面应用戴领定理的结果与光滑化相对逼近定理（定理 1.6.3），同伦 $F:\partial M\times[0,1]\to N$ 可扩张为 $M\times[0,1]\to N$ 的同伦，仍记为 $F$. 并且它在 $M\times 1$ 的某开邻域内是 $C^r$ 的. 它就保证了 $g$ 的扩张是 $C^r$ 的. □

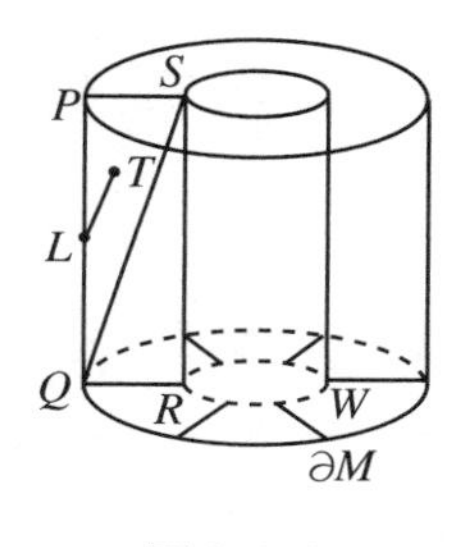


图 3.3.3

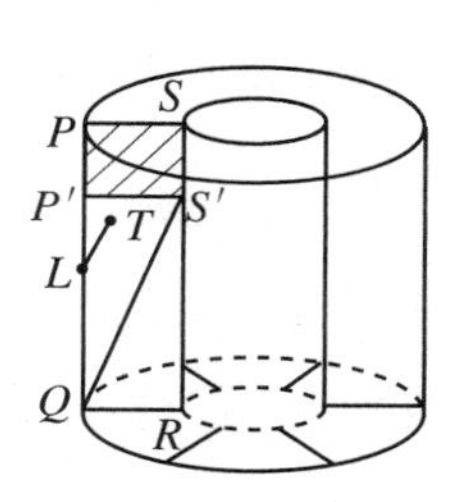


图 3.3.4

**定理 3.3.4**（基本扩张定理） 设 $W$ 为 $m+1(\geqslant 2)$ 维 $C^1$ 连通定向紧致带边流形，$f:\partial M\to S^m$ 为连续映射，则

$$f\text{ 可扩张到 }W \quad\Leftrightarrow\quad \deg f = 0.$$

**证明** （$\Rightarrow$）设 $f$ 可扩张到 $W$，根据映射的扰动定理（定理 1.6.8）及注 1.6.5，选同伦于 $f$ 的逼近 $f_1:\partial W\to S^m$，使 $f_1$ 为 $C^2$ 映射. 从定理 3.3.3 知，$f$ 可扩张$\Leftrightarrow f_1$ 可扩张. 再由引理3.2.3与引理 3.2.5 知（考虑 $W$ 的 $C^2$ 局部坐标系），$\deg f_1=0$. 因此

$$\deg f = \deg f_1 = 0.$$

（$\Leftarrow$）设 $\deg f=0$. 由定理 3.3.3，只需证明同伦于 $f$ 的某个映射可扩张就足够了. 根据映射的扰动定理（定理 1.6.8），$f$ 同伦于一个 $C^\infty$ 映射（此时考虑 $W$ 的 $C^\infty$ 构造），我们可以假定 $f$ 是 $C^\infty$ 的. 设 $q\in S^m$ 为 $f$ 的正则值.

因为 $\deg(f,q)=0$，所以 $f^{-1}(q)$ 有相同数目的正与负类型的点. 我们可以找不相交的 $C^\infty$ 嵌入弧 $K_1,K_2,\cdots,K_n\subset W$. 沿每条 $K_i$ 的一个方向从一个正类型的点到一个负类型的点. $K=K_1\cup K_2\cup\cdots\cup K_n$ 为 $W$ 的 1 维 $C^\infty$ 正则子流形和 $\partial K=f^{-1}(q)$（见引理 3.3.3）.

现在应用引理 3.3.1 到每条弧 $K_i$，而 $N=S^m$. 我们得到 $K=\bigcup_{i=1}^{n}K_i$ 的一个开邻域 $W_0\subset W$ 和 $C^1$ 映射 $g:W_0\to S^m$，它在 $\partial W_0\cap\partial W$ 上与 $f$ 一致，并以 $q$ 作为 $g$ 的正则值和 $g^{-1}(q)=\bigcup_{i=1}^{n}K_i$.

设 $U\subset W_0$ 为 $\bigcup_{i=1}^{n}K_i$ 的一个更小的开邻域，它的闭包在 $W_0$ 中，即 $\overline{U}\subset W_0$，则 $\partial U\subset W_0-\bigcup_{i=1}^{n}K_i$. 映射 $g$ 和 $f$ 一起形成一个连续映射

$$h:A=\partial U\cup(\partial W-U)\to S^m-\{q\}.$$

注意，$A$ 为 $W-U$ 的闭子集. 因为 $S^m-\{q\}\cong\mathbf{R}^m$，由 Tietze 扩张定理知(参阅文献[26] 126 页定理 1.8.6)，$h$ 可扩张为 $H:W-U\to S^m-\{q\}$. 于是，$f$ 到 $W$ 的扩张 $F:W\to S^m$ 是在 $W-U$ 上等于 $H$ 和在 $U$ 上等于 $g$ 的连续映射. □

**引理 3.3.3** 定理 3.3.4 中，存在不相交的 $C^\infty$ 嵌入弧长 $K_1,K_2,\cdots,K_n\subset W$，且 $K=\bigcup_{i=1}^{n}K_i$ 为 $W$ 的 1 维 $C^\infty$ 正则子流形.

**证明** 因为定理 3.3.4 中的带边流形 $W$ 连通，类似定理 1.1.3 的证明知，$W$ 也是道路连通的. 于是，存在不相交的分段 $C^\infty$ 嵌入弧 $K_1',K_2',\cdots,K_n'\subset W$，使得沿每条 $K_i'$的一个方向从一个正类型的点到一个负类型的点(如果相交，在交点处稍作局部修改可消除横穿，此时相反类型的点对交换位置).

如果 $\dim W=m+1\geqslant3>2\times1=2\cdot\dim[0,1]$，由引理 2.2.3 与引理 2.2.4，存在$K_i'$的$C^\infty$ 单浸入的逼近 $K_i$(只需在 $K_i'$的每个分段交界点的某开邻域中应用这两个引理，并注意到在所有这种开邻域外面保持不动!). 因为$[0,1]$紧致，$W$ 为 Hausdorff 空间，故一一连续映射必为同胚. 从而 $C^\infty$ 单浸入为 $C^\infty$ 嵌入.

如果 $\dim W=m+1=2=2\cdot\dim[0,1]$. 显然，由微分几何知识，我们可以选 $K_i'$的分段弧为测地线，在交界点处的某个开邻域中，它是该点切平面上直线在指数映射 exp 下的像. 因此，问题归结为平面上两相交直线可用与它们都相切的圆弧代替交角的两直线段. 然后，再将所得的 $C^1$ 曲线通过指数映射映到 $W$ 中. 于是，得到 $K_i'$的$C^1$ 逼近 $K_i''$. 由上述论证知，它是 $C^1$ 嵌入弧. 根据映射逼近定理(定理 1.5.12)，存在 $K_i'$的$C^\infty$ 逼近 $K_i$，它是 $C^\infty$ 嵌入弧. □

对于不可定向流形，类似于定理 3.3.4 有下面定理.

**定理 3.3.4′** 设 $W$ 为$m+1(\geqslant2)$维 $C^1$ 连通不可定向紧致带边流形，则

$$\text{连续映射 } f:\partial W\to S^m \text{ 可扩张到 } W \iff \deg_2 f=\overline{0}.$$

**证明** ($\Rightarrow$)设 $f$ 可扩张，选同伦于 $f$ 的逼近$f_1:\partial W\to S^m$ 使$f_1$ 为 $C^2$ 映射. 根据定理

3.3.3，$f$ 可扩张$\Leftrightarrow f_1$ 可扩张．再由引理3.2.3′与引理3.2.5′知（考虑 $W$ 的 $C^2$ 局部坐标系），$\deg_2 f_1=\bar{0}$（0的模2类）．因此

$$\deg_2 f = \deg_2 f_1 = \bar{0}.$$

（$\Leftarrow$）设 $\deg_2 f=\bar{0}$．类似定理3.3.4相应部分的论述，我们可以假定 $f$ 是 $C^\infty$ 的．$q\in S^m$ 为 $f$ 的正则值．

首先考虑情形 $\dim W\geqslant 3$．由于 $\deg_2 f=\bar{0}\Leftrightarrow f^{-1}(q)$ 中含有偶数个点．因此，存在不相交的 $C^\infty$ 嵌入弧 $K_i$，使得 $f^{-1}(q)=\partial(K_1\cup K_2\cup\cdots\cup K_n)$．设 $K_i$ 以 $a_i, b_i\in f^{-1}(q)$ 为端点．虽然 $W$ 的切丛 $TW$ 不是一个可定向的向量丛（因 $W$ 不可定向），但 $TW|_{K_i}$ 是可定向的向量丛．给 $TW|_{K_i}$ 任意一个定向，这时得到 $T_{a_i}\partial W$ 和 $T_{b_i}\partial W$ 的诱导定向．自然要问 $a_i$ 与 $b_i$ 是否是映射 $f$ 的相反类型的点．如果它们不是，我们通过附加一个**不可定向**带边流形 $W$ 中的一个反转定向的圈 $L_i$ 来改变 $K_i$ 到新的 $C^\infty$ 嵌入弧 $K_i'$（图3.3.5）．

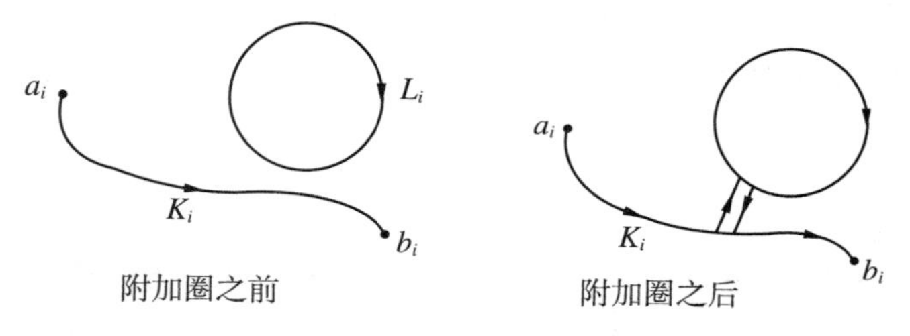


**图 3.3.5**

因为当 $\dim W\geqslant 3$ 时，我们可选 $K_i'$ 彼此不相交．给 $TW|_{K_i'}$ 一个定向和给 $T_{a_i}\partial W$ 及 $T_{b_i}\partial W$ 以诱导定向．关于这些定向，$a_i$ 和 $b_i$ 现在是相反类型的点．因此，对 $\dim W\geqslant 3$，证明余下的部分如定理3.3.4中 $W$ 是可定向时相应部分的叙述．

现在设 $\dim W=2$，$q\in S^1$ 为 $f$ 的正则值．经一个同伦后，我们可以假定存在不相交的“开区间”$I_1, I_2, \cdots, I_l\subset\partial W$ 具有以下性质：

（1）每个 $I_j$ 恰好包含 $f^{-1}(q)$ 的一个点 $p_j$；

（2）$f$ $C^\infty$ 微分同胚映 $I_j$ 到 $S^1-\{-q\}$ 上；

（3）$f\left(\partial W-\bigcup\limits_{j=1}^{l} I_j\right)=-q$．

我们称具有以上3个条件的 $f$ 为一个标准形式．

给1维 $C^1$ 流形 $\partial W$ 一个定向，使整数 $\deg f$ 是确定的．由 $\deg_2 f=\bar{0}$ 知 $\deg f$ 为偶数．每个 $I_j$ 对 $\deg f$ 的贡献为 $+1$ 或 $-1$，因此，$l$ 为偶数．

我们对 $l=l(f)$ 来归纳证明结论．如果 $l=l(f)=0$，则从（1）、（2）、（3）知 $f$ 为常值映射，从而它可扩张到 $W$ 为常值映射．如果 $l=l(f)\geqslant 2$，设 $K\subset W$ 是一条连接 $a$ 到 $b$ 的

$C^\infty$ 嵌入弧. 给 $T_K W$ 一个定向 $\omega$. 如前(至多附加一个改变定向的圈 $L$),使得 $a$ 与 $b$ 对 $f$ 关于由 $\omega$ 诱导的 $T_a \partial W$ 与 $T_b \partial W$ 的定向是相反类型的点. 设 $N \subset W$ 为 $K$ 的一个 $C^\infty$ 管状邻域,使得 $N \cap \partial W = I_1 \cup I_2$. 拓扑地,$N$ 是一个矩形. 它的边界 $\partial N$ 是由 4 条弧 $I_1, J_1, I_2, J_2$ 组成的圆周的拓扑像.

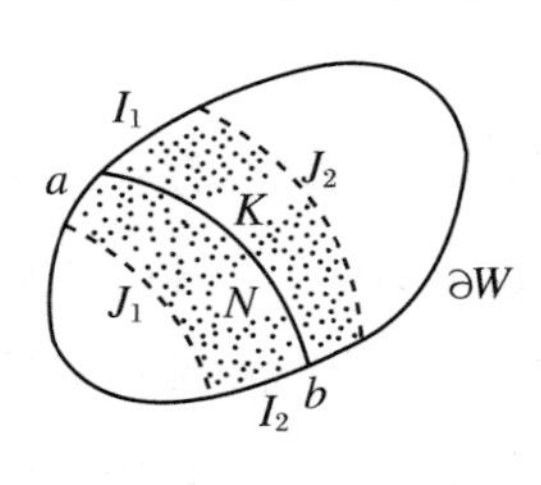


图 3.3.6

现在改变 $f$ 到一个新的连续映射 $g: \partial W \to S^1$. 在 $\partial W - (I_1 \cup I_2)$ 上 $g = f$,而 $g(I_1 \cup I_2) = -q$. $g$ 仍是具有性质(1)、(2)、(3)的标准形式. 但是,$l(g) = l(f) - 2$. 根据归纳假设,$g$ 可扩张为连续映射 $G: W \to S^1$(图3.3.6).

因为 $G|_{\partial N}$ 可扩张到 $N$,所以由定理 3.3.4,$\deg(G|_{\partial N}) = 0$. 由于 $G|_{I_1 \cup I_2}$ 是常值映射,故当 $J_1$ 与 $J_2$ 取 $N$ 的定向给出的诱导定向时,$\deg G|_{J_1} + \deg G|_{J_2} = 0$.

定义一个新的连续映射 $h: \partial N \to S^1$. 它在 $J_1 \cup J_2$ 上等于 $G$,而在 $I_1 \cup I_2$ 上等于 $f$. 因为 $a$ 与 $b$ 为相反类型的点,所以

$$\deg f|_{I_1} + \deg f|_{I_2} = 0,$$

从而

$$\begin{aligned}\deg h &= (\deg f|_{I_1} + \deg f|_{I_2}) + (\deg G|_{J_1} + \deg G|_{J_2}) \\ &= 0 + 0 = 0.\end{aligned}$$

将定理 3.3.4 应用到 $N$,$h$ 必有一个扩张 $H: N \to S^1$. 所要求的 $f$ 的扩张就是连续映射 $F: W \to S^1$,它在 $N$ 上等于 $H$,在 $W - N$ 上等于 $G$. □

注意,Hopf 分类定理只针对 $S^m$ 而言,如果 $S^m$ 换成 $S^1 \times S^1$,其结论未必成立.

**例 3.3.1** 设 $S^1 \times S^1$ 为 2 维环面,它是 2 维 $C^\infty$ 流形,$f: S^1 \times S^1 \to S^1 \times S^1$,$f(e^{i\theta}, e^{i\eta}) = (e^{i\theta}, e^{i0})$(其中 i 为虚数单位). 因为 $f$ 不是满映射,所以根据定理 3.2.5,$\deg f = 0$. 但 $f \not\simeq c$(常值映射). (反证)假设 $f \simeq c$,则存在连续映射

$$F = (F_1, F_2): S^1 \times S^1 \times [0,1] \to S^1 \times S^1,$$

使得 $F(e^{i\theta}, e^{i\eta}, 0) = f(e^{i\theta}, e^{i\eta}) = (e^{i\theta}, e^{i0})$, $F(e^{i\theta}, e^{i\eta}, 1) = c = (c_1, c_2)$. 特别地

$$F(\cdot, e^{i0}, \cdot): S^1 \times [0,1] \to S^1$$

为连接 $F(e^{i\theta}, e^{i0}, 0) = e^{i\theta} = \mathrm{Id}_{S^1}(e^{i\theta})$ 与 $F(e^{i\theta}, e^{i0}, 1) = c_1$ 的一个同伦,即 $\mathrm{Id}_{S^1} \simeq c_1$(常值映射),这与定理 1.5.10(2)的结论相矛盾.

利用代数拓扑中同调论的知识来证明. 为此,设

$$f_*: H_1(S^1 \times S^1) \to H_1(S^1 \times S^1)$$

为由 $f$ 诱导的同调群之间的同态,$[z]$为圆 $S^1 \times e^{i0}$ 相应的 1 维闭链 $z$ 所代表的闭链同调类,则

$$0 = c_*([z]) = f_*([z]) = [z] \neq 0,$$

矛盾.

或者利用代数拓扑中第1同伦群(即基本群)的知识来证明.为此,设

$$f_*: \pi_1(S^1 \times S^1, (\mathrm{e}^{\mathrm{i}0}, \mathrm{e}^{\mathrm{i}0})) \to \pi_1(S^1 \times S^1, f(\mathrm{e}^{\mathrm{i}0}, \mathrm{e}^{\mathrm{i}0}))$$

为由 $f$ 诱导的基本群之间的同态,$[z]$为圆 $S^1 \times \mathrm{e}^{\mathrm{i}0}$ 相应的1维闭道路所代表的道路同伦类,则

$$0 = c_*([z]) = f_*([z]) = [z] \neq 0,$$

矛盾.

# 第4章

# Morse 理论、Poincaré-Hopf 指数定理

Morse 理论是微分拓扑的重要分支.它有两个彼此紧密联系的重要方面:一个是光滑函数的 Morse 理论,即“临界点理论”;另一个是临界点理论对其他数学分支的应用,特别是变分问题的 Morse 理论,即所谓的“大范围变分学”.

本章 4.1 节介绍 Morse 引理,并证明 Poincaré-Hopf 指数定理:$C^\infty$ 紧致流形 $M$ 上只有孤立零点的 $C^\infty$ 切向量场在孤立零点处的指数之和等于 $M$ 的 Euler 示性数;4.2 节反复使用 Morse 引理,用临界值刻画 $M^a$ 的同伦型,并证明 $C^\infty$ 流形具有 CW 复形的同伦型;4.3 节讨论 Morse 当初研究这个主题时所应用的 Morse 不等式.

值得注意的是,构造具体的 $C^\infty$ Morse 函数和只有孤立零点的 $C^\infty$ 切向量场可以给出流形 $M$ 的一些重要的拓扑信息.

## 4.1 Morse 引理与 Poincaré-Hopf 指数定理

在这一节我们将证明 Poincaré-Hopf 指数定理.为此,引入 Morse 函数,并证明 Morse 引理.

**定义 4.1.1** 设 $M$ 为 $m$ 维 $C^\infty$ 流形,$f:M\to\mathbf{R}$ 为 $C^2$ 函数,$p\in M$ 为 $f$ 的临界点,即 $(\mathrm{rank}f)_p<\dim\mathbf{R}=1$.因此,必有 $(\mathrm{rank}f)_p=0$,即在 $p$ 的任一局部坐标系 $\{x^i\}$ 中,

$$\left(\frac{\partial f}{\partial x^1}(p),\frac{\partial f}{\partial x^2}(p),\cdots,\frac{\partial f}{\partial x^m}(p)\right)=(0,0,\cdots,0),$$

其中 $\dfrac{\partial(f\circ\varphi^{-1})}{\partial x^i}(\varphi(p))$ 简记为 $\dfrac{\partial f}{\partial x^i}(p)$.

在 $f$ 的临界点 $p\in M$ 处,设 $\{y^i\}$ 为 $p$ 的另一局部坐标系,由 $\dfrac{\partial f}{\partial x^i}(p)=0$,$i=1,2,\cdots,m$ 得到 $\dfrac{\partial f}{\partial y^j}(p)=0$,$j=1,2,\cdots,m$ 和

$$\begin{aligned}\frac{\partial^2 f}{\partial y^i\partial y^j}(p)&=\sum_{l,k=1}^m\frac{\partial^2 f}{\partial x^l\partial x^k}(p)\frac{\partial x^k}{\partial y^j}(p)\frac{\partial x^l}{\partial y^i}(p)+\sum_{l=1}^m\frac{\partial f}{\partial x^l}(p)\frac{\partial^2 x^l}{\partial y^i\partial y^j}(p)\\&=\sum_{l,k=1}^m\frac{\partial^2 f}{\partial x^l\partial x^k}(p)\frac{\partial x^k}{\partial y^j}(p)\frac{\partial x^l}{\partial y^i}(p)\end{aligned}$$

$$= \left(\frac{\partial x^l}{\partial y^i}(p)\right)^{\mathrm{T}}\left(\frac{\partial^2 f}{\partial x^l \partial x^k}(p)\right)\left(\frac{\partial x^k}{\partial y^j}(p)\right).$$

从而

$$\left(\frac{\partial^2 f}{\partial y^i \partial y^j}(p)\right)\text{非退化} \quad \Leftrightarrow \quad \left(\frac{\partial^2 f}{\partial x^i \partial x^j}(p)\right)\text{非退化}.$$

由此,如果$\left(\frac{\partial^2 f}{\partial x^i \partial x^j}(p)\right)$非退化,则称 $p$ 为 $f$ 的**非退化临界点**;如果$\left(\frac{\partial^2 f}{\partial x^i \partial x^j}(p)\right)$退化,则称 $p$ 为 $f$ 的**退化临界点**.由以上论述知,非退化临界点或退化临界点与局部坐标系的选取无关.

如果 $f$ 的所有临界点是非退化的,则 $f$ 称为 **Morse 函数**.

**定义 4.1.2** 设 $M$ 为 $m$ 维 $C^\infty$ 流形,$p$ 为 $C^2$ 函数 $f:M\to\mathbf{R}$ 的临界点,我们定义 $f$ 在 $p$ 点的 Hessian 为 $T_pM$ 上的对称双线性函数 $f_{**}:T_pM\times T_pM\to\mathbf{R}$ 如下:如果 $v,w\in T_pM$,将它们延拓为 $M$ 上的 $C^2$ 切向量场 $\tilde{v},\tilde{w}$.令 $f_{**}(v,w)=\tilde{v}_p(\tilde{w}f)$,其中 $\tilde{v}_p=v$.因为

$$\tilde{v}_p(\tilde{w}f)-\tilde{w}_p(\tilde{v}f)=[\tilde{v},\tilde{w}]_pf=\left(\sum_{i=1}^m \alpha^i\frac{\partial}{\partial x^i}\right)_p f$$

$$=\sum_{i=1}^m \alpha_i\frac{\partial f}{\partial x^i}(p)=\sum_{i=1}^m \alpha^i\cdot 0=0,$$

故 $f_{**}(v,w)=\tilde{v}_p(\tilde{w}f)=\tilde{w}_p(\tilde{v}f)=f_{**}(w,v)$,即 $f_{**}$ 是对称的.又因为 $\tilde{v}_p(\tilde{w}f)=v(\tilde{w}f)$与 $v$的延拓$\tilde{v}$ 无关,而 $\tilde{w}_p(\tilde{v}f)=w(\tilde{v}f)$与 $w$ 的延拓$\tilde{w}$ 无关,故 $f_{**}$ 是定义确切的.

在 $p$ 的局部坐标系$\{x^i\}$中,设

$$v=\sum_{i=1}^m a^i\frac{\partial}{\partial x^i}\bigg|_p,\quad w=\sum_{j=1}^m b^j\frac{\partial}{\partial x^j}\bigg|_p,\quad \tilde{w}=\sum_{j=1}^m \tilde{b}^j\frac{\partial}{\partial x^j},$$

则

$$f_{**}(v,w)=v(\tilde{w}f)=\left(\sum_{i=1}^m a^i\frac{\partial}{\partial x^i}\bigg|_p\right)\left(\sum_{j=1}^m \tilde{b}^j\frac{\partial f}{\partial x^j}\bigg|_p\right)$$

$$=\sum_{i,j=1}^m a^ib^j\frac{\partial^2 f}{\partial x^i\partial x^j}(p).$$

因此,矩阵$\left(\frac{\partial^2 f}{\partial x^i \partial x^j}(p)\right)$为双线性函数 $f_{**}$ 在基$\left\{\frac{\partial}{\partial x^i}\bigg|_p\right\}$下的表示.

我们称 $\mathrm{Ind}f_{**}=\mathrm{Ind}_pf=\max\{\dim V\mid V\subset T_pM$ 为线性子空间.$f_{**}$ 在 $V$ 上负定$\}$为 **$f_{**}$(或 $f$ 在 $p$)的指数**;称 **$f_{**}$ 的零空间**

$$\{v\in T_pM\mid \text{对}\ \forall\, w\in T_pM, f_{**}(v,w)=0\}$$

的维数

$$\mathrm{Nul}f_{**} = \dim\{v \in T_pM \mid 对\ \forall\, w \in T_pM, f_{**}(v,w) = 0\}$$

为 $f_{**}$ **的零性数**.

**引理 4.1.1** $f$ 的临界点 $p$ 是非退化的$\Leftrightarrow \mathrm{Nul}f_{**}=0$.

**证明** ($\Rightarrow$)设 $v = \sum\limits_{i=1}^{m} a^i \left.\dfrac{\partial}{\partial x^i}\right|_p$,如果对 $\forall\, w = \sum\limits_{j=1}^{m} b^j \left.\dfrac{\partial}{\partial x^j}\right|_p$,有

$$0 = f_{**}(v,w) = \sum_{i,j=1}^{m} a^i b^j \frac{\partial^2 f}{\partial x^i \partial x^j}(p) = (a^1,a^2,\cdots,a^m)\left(\frac{\partial^2 f}{\partial x^i \partial x^j}(p)\right)\begin{pmatrix} b^1 \\ b^2 \\ \vdots \\ b^m \end{pmatrix}.$$

因$\left(\dfrac{\partial^2 f}{\partial x^i \partial x^j}(p)\right)$非退化,故可取$(b^1,b^2,\cdots,b^m)=(a^1,a^2,\cdots,a^m)\left(\dfrac{\partial^2 f}{\partial x^i \partial x^j}(p)\right)$,则

$$0 = (a^1,a^2,\cdots,a^m)\left(\frac{\partial^2 f}{\partial x^i \partial x^j}(p)\right)\left((a^1,a^2,\cdots,a^m)\left(\frac{\partial^2 f}{\partial x^i \partial x^j}(p)\right)\right)^{\mathrm{T}},$$

从而,必须有

$$(a^1,a^2,\cdots,a^m)\left(\frac{\partial^2 f}{\partial x^i \partial x^j}(p)\right) = 0.$$

于是,$(a^1,a^2,\cdots,a^m)=(0,0,\cdots,0)$,即 $\mathrm{Nul}f_{**}=0$.

($\Leftarrow$)(反证)假设$\left(\dfrac{\partial^2 f}{\partial x^i \partial x^j}(p)\right)$退化,则存在$(a^1,a^2,\cdots,a^m)\neq(0,0,\cdots,0)$,使得 $(a^1,a^2,\cdots,a^m)\left(\dfrac{\partial^2 f}{\partial x^i \partial x^j}(p)\right)=(0,0,\cdots,0)$. 于是,对$\forall(b^1,b^2,\cdots,b^m)$有

$$f_{**}(v,w) = (a^1,a^2,\cdots,a^m)\left(\frac{\partial^2 f}{\partial x^i \partial x^j}(p)\right)\begin{pmatrix} b^1 \\ b^2 \\ \vdots \\ b^m \end{pmatrix} = 0.$$

这表明 $\mathrm{Nul}f_{**}\neq 0$,这与已知 $\mathrm{Nul}f_{**}=0$ 相矛盾. □

M. Morse 指出:$f$ 在 $p$ 点的性质完全由 $f$ 在 $p$ 点的指数所描述.

**引理 4.1.2**(Morse 引理) 设 $M$ 为 $m$ 维 $C^\infty$ 流形,$p\in M$ 为 $C^{r+2}(1\leqslant r\leqslant+\infty)$函数 $f:M\to\mathbf{R}$ 的非退化临界点,则存在 $p$ 点的 $C^r$ 局部坐标系$(U,\varphi)$,$\{y^i\}$使得 $y^i(p)=0$,$i=1,2,\cdots,m$,

$$f(q) = f(p) - (y^1)^2 - \cdots - (y^\lambda)^2 + (y^{\lambda+1})^2 + \cdots + (y^m)^2,$$

其中 $q\in U$,$\varphi(q)=(y^1(q),y^2(q),\cdots,y^m(q))$,$\lambda=\mathrm{Ind}_pf$.

由此公式明显看出 $p$ 为 $f$ 的孤立临界点.

**证明** 首先证明，如果 $f$ 存在这样的表示，则 $\lambda=\mathrm{Ind}_p f$. 因为

$$f(q)=f(p)-(y^1(q))^2-\cdots-(y^\lambda(q))^2+(y^{\lambda+1}(q))^2+\cdots+(y^m(q))^2,$$

故 $f_{**}$ 关于基 $\left\{\dfrac{\partial}{\partial y^i}\Big|_p\right\}$ 的矩阵表示为

$$\left(\frac{\partial^2 f}{\partial y^i\partial y^j}(p)\right)=\begin{bmatrix} -2 & & & & & \\ & \ddots & & & & \\ & & -2 & & & \\ & & & 2 & & \\ & & & & \ddots & \\ & & & & & 2 \end{bmatrix}.$$

（其中 $-2$ 共 $\lambda$ 个，$2$ 共 $m-\lambda$ 个）

因此，存在 $T_pM$ 的一个 $\lambda$ 维线性子空间，$f_{**}$ 在其上是负定的. 同时也存在一个 $T_pM$ 的 $m-\lambda$ 维线性子空间 $V_1$，$f_{**}$ 在其上是正定的. 如果存在 $T_pM$ 的线性子空间 $V_2$，$\dim V_2>\lambda$，且 $f_{**}$ 在其上是负定的，则 $f_{**}$ 在 $V_1\cap V_2\neq\{0\}$ 上既是正定的，又是负定的，矛盾. 这就证明了 $\lambda=\mathrm{Ind}f_{**}=\mathrm{Ind}_pf$.

现在证明引理中的局部坐标系 $\{y^i\}$ 是存在的. 任取 $p$ 的局部坐标系 $\{x^i\}$，不失一般性，假定 $x^i(p)=0$，$i=1,2,\cdots,m$，$f(p)=0$. 由定理 1.2.3 的证明知

$$f(x^1,x^2,\cdots,x^m)=\sum_{j=1}^m x^jf_j(x^1,x^2,\cdots,x^m),$$

$$f_j(x^1,x^2,\cdots,x^m)=\int_0^1\frac{\partial f}{\partial x^j}(tx^1,tx^2,\cdots,tx^m)\mathrm{d}t,\quad f_j(0)=\frac{\partial f}{\partial x^j}(0),$$

其中 $(x^1,x^2,\cdots,x^m)$ 在 0 的某个凸开邻域里变动. 因为 0 是 $f$ 的临界点，$f_j(0)=\dfrac{\partial f}{\partial x^j}(0)=0$，所以再一次应用定理 1.2.3 的证明中的公式到 $f_j$ 得到

$$f_j(x^1,x^2,\cdots,x^m)=\sum_{i=1}^m x^ih_{ij}(x^1,x^2,\cdots,x^m),$$

其中 $h_{ij}$ 为 $C^r$ 函数，且

$$\begin{aligned}h_{ij}(x^1,x^2,\cdots,x^m)&=\int_0^1\frac{\partial f_j}{\partial x^i}(tx^1,tx^2,\cdots,tx^m)\mathrm{d}t\\&=\int_0^1\left(\frac{\partial}{\partial x^i}\int_0^1\frac{\partial f}{\partial x^j}(ux^1,ux^2,\cdots,ux^m)\mathrm{d}u\right)\Big|_{tx}\mathrm{d}t\\&=\int_0^1\left(\int_0^1\frac{\partial^2 f}{\partial x^i\partial x^j}(ux^1,ux^2,\cdots,ux^m)u\mathrm{d}u\right)\Big|_{tx}\mathrm{d}t.\end{aligned}$$

易见，$h_{ij}=h_{ji}$，$h_{ij}(0)=\dfrac{\partial^2 f}{\partial x^i\partial x^j}(0)\displaystyle\int_0^1\left(\int_0^1u\mathrm{d}u\right)\mathrm{d}t=\frac{1}{2}\frac{\partial^2 f}{\partial x^i\partial x^j}(0)$. 于是，

$$f(x^1,x^2,\cdots,x^m)=\sum_{i,j=1}^{m}x^ix^jh_{ij}(x^1,x^2,\cdots,x^m).$$

上式提示我们应用线性代数中二次型化为标准型的归纳证明得到本引理的结果.

假设存在 0 的开邻域 $U_1$ 中的坐标$\{u^i\}$,使得

$$f=\pm(u^1)^2\pm\cdots\pm(u^{k-1})^2+\sum_{i,j\geqslant k}u^iu^jH_{ij}(u^1,u^2,\cdots,u^m),$$

其中 $H_{ij}=H_{ji}$.

显然,$k=1$ 时就是上述已证的结论.由定义 4.1.1,$H_{ij}(0)(i,j\geqslant k)$不全为 0,故可作一个后 $m-k+1$ 个坐标的线性变换,不妨设 $H_{kk}(0)\neq 0$.于是,$\sqrt{|H_{kk}(u)|}$在 0 的更小的开邻域 $U_2\subset U_1$ 中为非零的 $C^r$ 函数.现在引入新的坐标$\{v^i\}$,

$$\begin{cases}v^i=u^i, & i\neq k,\\ v^k(u^1,u^2,\cdots,u^m)=\sqrt{|H_{kk}(u^1,u^2,\cdots,u^m)|}\left\{u^k+\sum\limits_{i\geqslant k+1}u^i\dfrac{H_{ik}(u^1,u^2,\cdots,u^m)}{|H_{kk}(u^1,u^2,\cdots,u^m)|}\right\}.\end{cases}$$

根据逆射定理,$\{v^i\}$在 0 的充分小的开邻域 $U_3\subset U_2$ 中为局部坐标,且

$$f=\sum_{i\leqslant k}\pm(v^i)^2+\sum_{i,j\geqslant k+1}v^iv^j\widetilde{H}_{ij}(v^1,v^2,\cdots,v^m),$$

这就完成了归纳证明. □

上述 Morse 引理在证明著名的 Poincaré-Hopf 指数定理中起着关键的作用.

**引理 4.1.3** 设 $U\subset\mathbf{R}^m$ 为开集,$X:U\to TU=U\times\mathbf{R}^m$ 为 $C^\infty$ 切向量场,$p\in U$ 为 $X$ 的孤立零点.如果$\{x^i\}$为 $\mathbf{R}^m$ 的通常的直角坐标,$p$ 点坐标为 0,

$$\left\langle\frac{\partial}{\partial x^i},\frac{\partial}{\partial x^j}\right\rangle=\delta_{ij}=\begin{cases}1, & i=j,\\ 0, & i\neq j,\end{cases}$$

$$\|X(x)\|=\left[\left\langle\sum_{i=1}^{m}a^i(x)\frac{\partial}{\partial x^i},\sum_{j=1}^{m}a^j(x)\frac{\partial}{\partial x^j}\right\rangle\right]^{\frac{1}{2}}=\left(\sum_{i=1}^{m}a^i(x)^2\right)^{\frac{1}{2}},$$

$$S^{m-1}(p;r)=\{x\in\mathbf{R}^m\mid\|x-p\|<r\}\subset U,$$

则映射

$$\widetilde{X}(x)=\frac{X(x)}{\|X(x)\|}:S^{m-1}(p;r)\to S^{m-1}$$

的 Brouwer 度 $\deg\widetilde{X}|_{S^{m-1}(p;r)}$与上述 $r$ 的选取无关,称它为 **$X$ 在 $p$ 点的指数**.

**证明** 设 $0<r_1<r_2$,$S^{m-1}(p;r_i)\subset U$,$i=1,2$.令

$$F:S^{m-1}\times[0,1]\to S^{m-1},\quad F(y,t)=\widetilde{X}(((1-t)r_1+tr_2)y),$$

$$F(y,0)=\widetilde{X}(r_1y)=\widetilde{X}(x)|_{S^{m-1}(p;r_1)},$$

$$F(y,1)=\widetilde{X}(r_2y)=\widetilde{X}(x)|_{S^{m-1}(p;r_2)}.$$

根据 Brouwer 度的同伦不变性（定理 3.2.1），

$$\deg\widetilde{X}\mid_{S^{m-1}(p;r_1)} = \deg F(\cdot,0) = \deg F(\cdot,1) = \deg\widetilde{X}\mid_{S^{m-1}(p;r_2)}. \qquad \square$$

**引理 4.1.4** 设 $f:\mathbf{R}^m\to\mathbf{R}^m$ 为保持定向的 $C^\infty$ 微分同胚，且 $f(p)=p$，则存在连续映射 $f$ 到 $\mathrm{Id}_{\mathbf{R}^m}$ 的 $C^\infty$ 同痕 $F:\mathbf{R}^m\times[0,1]\to\mathbf{R}^m$，$F(p,t)=p$.

**证明** 先假定 $f(0)=0$. 令 $G:\mathbf{R}^m\times[0,1]\to\mathbf{R}^m$,

$$G(x,t)=\begin{cases}\dfrac{f(tx)}{t}, & 0<t\leqslant 1,\\[2ex] \lim\limits_{u\to 0^+}\dfrac{f(ux)}{u}, & t=0,\end{cases}$$

$$\begin{aligned}\lim_{t\to 0^+}\frac{f(tx)}{t} &= \lim_{t\to 0^+}\frac{f(tx)-f(0)}{t-0}\\ &= \lim_{t\to 0^+}\left(\frac{\sum\limits_{i=1}^m\dfrac{\partial f}{\partial x^i}(0)tx^i}{t}+\frac{o(\|tx\|)}{t}\right)\\ &= \sum_{i=1}^m\frac{\partial f}{\partial x^i}(0)x^i.\end{aligned}$$

由定理 1.2.3 的证明可看出

$$f(x)=\sum_{i=1}^m f_i(x)x^i,$$

其中 $f_1,f_2,\cdots,f_m$ 为 $C^\infty$ 函数. 则对 $\forall\, t\in\mathbf{R}$,

$$G(x,t)=\sum_{i=1}^m f_i(tx)x^i,$$

$$G(x,0)=\sum_{i=1}^m\frac{\partial f}{\partial x^i}(0)x^i=\sum_{i=1}^m f_i(0)x^i,$$

$$G(x,1)=\sum_{i=1}^m f_i(x)x^i=f(x).$$

于是，$f$ $C^\infty$ 同痕于线性映射

$$\sum_{i=1}^m\frac{\partial f}{\partial x^i}(0)x^i=\begin{pmatrix}\dfrac{\partial f_1}{\partial x^1}(0) & \cdots & \dfrac{\partial f_1}{\partial x^m}(0)\\ \vdots & & \vdots\\ \dfrac{\partial f_m}{\partial x^1}(0) & \cdots & \dfrac{\partial f_m}{\partial x^m}(0)\end{pmatrix}\begin{pmatrix}x^1\\ \vdots\\ x^m\end{pmatrix}.$$

应用 Gram-Schmidt 正交化、平面旋转和归纳法可证，必存在 $C^\infty$ 映射 $\sigma:[0,1]\to \mathrm{GL}^+(n,\mathbf{R})$，使 $\sigma(0)=\left(\dfrac{\partial f_i}{\partial x^j}(0)\right)$，$\sigma(1)=I_m$（$m$ 阶单位矩阵）. 因此

$$H:\mathbf{R}^m\times[0,1]\to\mathbf{R}^m,\quad H(x,t)=\sigma(t)x$$

为连接 $H(x,0)=\sigma(0)x=\sum_{i=1}^{m}\frac{\partial f}{\partial x^i}(0)x^i$ 和 $H(x,1)=\sigma(1)x=I_m x=x=\mathrm{Id}_{\mathbf{R}^m}(x)$ 的 $C^\infty$ 同痕. 根据 $C^\infty$ 同痕的传递性,存在连接 $f$ 和 $\mathrm{Id}_{\mathbf{R}^m}$ 的 $C^\infty$ 同痕 $F:\mathbf{R}^m\times[0,1]\to\mathbf{R}^m$,且显然有 $F(0,t)=0$.

对于一般保持定向的 $C^\infty$ 微分同胚 $f:\mathbf{R}^m\to\mathbf{R}^m$, $f(p)=p$. 由上面的结果知,存在 $C^\infty$ 同痕 $K:\mathbf{R}^m\times[0,1]\to\mathbf{R}^m$,使

$$K(y,0)=f(p+y)-f(p)=f(p+y)-p,$$
$$K(y,1)=\mathrm{Id}_{\mathbf{R}^m}(y),\quad K(0,t)=0.$$

于是

$$F:\mathbf{R}^m\times[0,1]\to\mathbf{R}^m,$$
$$F(x,t)=K(x-p,t)+f(p)=K(x-p,t)+p,$$
$$F(p,t)=K(0,t)+p=0+p=p,$$
$$F(x,0)=K(x-p,0)+p=f(p+x-p)-p+p=f(x),$$
$$F(x,1)=K(x-p,1)+p=x-p+p=x=\mathrm{Id}_{\mathbf{R}^m}(x),$$

它就是连接 $f$ 与 $\mathrm{Id}_{\mathbf{R}^m}$ 的所要求的 $C^\infty$ 同痕. □

**引理 4.1.5** 设 $U\subset\mathbf{R}^m$ 为凸开集, $p\in U$, $f:U\to\mathbf{R}^m$, $f(p)=p$ 为保持定向的 $C^\infty$ 嵌入,则存在 $C^\infty$ 映射 $F:U\times[0,1]\to\mathbf{R}^m$,使得

$$F(x,0)=f_0(x)=f(x),\quad F(x,1)=f_1(x)=\mathrm{Id}_U(x),$$
$$F(p,t)=f_t(p)=p,$$

而 $F(\cdot,t)=f_t(\cdot):U\to\mathbf{R}^m$ 为单参数 $C^\infty$ 嵌入族.

**证明** 类似引理 4.1.4 的证明,只需相应的部分改为

$$G,H,F:U\times[0,1]\to\mathbf{R}^m,$$
$$f:U\to\mathbf{R}^m,$$
$$K:\{y\in\mathbf{R}^m\mid p+y\in U\}\times[0,1]\to\mathbf{R}^m.$$ □

**引理 4.1.6** 设 $U,V\subset\mathbf{R}^m$ 为开集, $f:U\to V$ 为 $C^\infty$ 微分同胚, $X$ 为 $U$ 上的 $C^\infty$ 切向量场,它在 $f$ 下对应于 $V$ 上的 $C^\infty$ 切向量场

$$Y=f_\#\circ X\circ f^{-1},$$

则 $X$ 在孤立零点 $p$ 处的指数等于 $Y$ 在 $f(p)$ 处的指数.

**证明** 由于 $C^\infty$ 切向量场在孤立零点处的指数在平移下保持不变,故不妨设 $p=f(p)=0$.

因为 $C^\infty$ 切向量场在孤立零点 $p$ 处的指数完全由该切向量场在充分靠近 $p$ 的小球面上的值决定,故不失一般性, $U$ 为凸开集.

当 $f$ 保持定向时,由引理 4.1.5,可构造 $C^\infty$ 的单参数嵌入族 $F(\cdot,t)=f_t(\cdot):U\to$

$\mathbf{R}^m$，使得 $f_0=f, f_1=\mathrm{Id}_U, f_t(0)=0$. 从 $F$ 的 $C^\infty$ 性及 $[0,1]$ 的紧性可知，$\exists\, r>0$, s. t.

$$S^{m-1}(0;r)\subset \bigcap_{t\in[0,1]} f_t(U)$$

（因为 $r(t)=\rho_0^m(0,f_t(S^{m-1}(0;R)))>0$ 为 $t\in[0,1]$ 上的连续函数，故

$$\inf_{t\in[0,1]}\rho_0^m(0,f_t(S^{m-1}(0;R)))=r(t_0)>0,$$

其中 $t_0\in[0,1]$，$\rho_0^m$ 为 $\mathbf{R}^m$ 中的通常度量函数. 而 $S^{m-1}(0;R)\subset U$ 是以 0 为中心、$R$ 为半径的闭球面，并且切向量场 $X$ 在闭球体 $\overline{B^m(0;R)}$ 上只有一个孤立零点）. 令与 $U$ 上的 $C^\infty$ 切向量场 $X$ 相应的 $f_t(U)$ 上的 $C^\infty$ 切向量场 $Y_t=f_{t\#}\circ X\circ f_t^{-1}$. 显然，对每个固定的 $t\in[0,1]$，$Y_t$ 在 $f(\overline{B^m(0;R)})$ 上只有孤立零点 $Y_t(0)$. 因此，$\exists\, r\in(0,r(t_0))$, s. t. 这些 $Y_t(t\in[0,1])$ 在 $S^{m-1}(0;r)$ 上都是非零的. 因此

$$\widetilde{Y}_t(y)=\frac{Y_t(y)}{\|Y_t(y)\|}:S^{m-1}(0;r)\times[0,1]\to S^{m-1}$$

为连接 $\widetilde{Y}_0(y)=\dfrac{f_\#\circ X\circ f^{-1}(y)}{\|f_\#\circ X\circ f^{-1}(y)\|}=\dfrac{Y(y)}{\|Y(y)\|}=\widetilde{Y}(y)$ 与 $\widetilde{Y}_1(y)=\dfrac{X(y)}{\|X(y)\|}=\widetilde{X}(y)$ 的 $C^\infty$ 同伦. 根据 Brouwer 度的同伦不变性（定理 3.2.1），有

$$\deg\widetilde{Y}(y)\,|_{S^{m-1}(0;r)}=\deg\widetilde{X}(y)\,|_{S^{m-1}(0;r)}.$$

这就证明了 $X$ 在孤立零点 0 处的指数等于 $Y$ 在其孤立零点 0 处的指数.

当 $f=\rho$，$\rho(x^1,x^2,\cdots,x^m)=(x^1,x^2,\cdots,x^{m-1},-x^m)$ 为反射时，显然

$$Y=\rho_\#\circ X\circ\rho^{-1}=\rho\circ X\circ\rho^{-1},$$

$$\widetilde{Y}=\frac{Y}{\|Y\|}=\frac{\rho\circ X\circ\rho^{-1}}{\|\rho\circ X\circ\rho^{-1}\|}=\rho\circ\frac{X}{\|X\|}\circ\rho^{-1}=\rho\circ\widetilde{X}\circ\rho^{-1}.$$

由此可知

$$\deg\widetilde{Y}\,|_{S^{m-1}(0;r)}=\deg\widetilde{X}\,|_{S^{m-1}(0;r)}.$$

当 $f$ 为任何反转定向的 $C^\infty$ 微分同胚时，$f\circ\rho$ 为保定向的 $C^\infty$ 微分同胚，且

$$\begin{aligned}Y&=f_\#\circ X\circ f^{-1}=(f\circ\rho\circ\rho)_\#\circ X\circ(f\circ\rho\circ\rho)^{-1}\\&=(f\circ\rho)_\#\circ(\rho_\#\circ X\circ\rho^{-1})\circ(f\circ\rho)^{-1}.\end{aligned}$$

由上面已证的结果立即看出 $Y$ 与 $\rho_\#\circ X\circ\rho^{-1}$ 在 0 点处的指数相等，$\rho_\#\circ X\circ\rho^{-1}$ 与 $X$ 在 0 点处的指数相等，故 $Y$ 与 $X$ 在 0 点处的指数也相等. □

**定义 4.1.3** 设 $X$ 为 $m$ 维 $C^\infty$ 流形 $(M,\mathscr{D})$ 上的 $C^\infty$ 切向量场，$p\in M$ 为 $X$ 的孤立零点. 任选 $p$ 的局部坐标系 $(U,\varphi)\in\mathscr{D}$，我们定义 $X$ 在点 $p$ 处的**指数**为 $\varphi_*\circ X\circ\varphi^{-1}$ 在点 $\varphi(p)$ 的指数. 由引理 4.1.6，它与 $p$ 的局部坐标系 $(U,\varphi)\in\mathscr{D}$ 的选取无关. 因此，上述指数的定义是确切的，并记为 $\mathrm{Ind}_pX$.

**例 4.1.1** 设 $M=\mathbf{C}=\mathbf{R}^2$ 为复平面，$X(z)=z^k(k\in\mathbf{N})$ 确定了 $M$ 上的一个 $C^\infty$ 切向量场，0 为其孤立零点. 由例 3.2.4，$\mathrm{Ind}_0X=\deg X(z)|_{S^1}=k$.

类似地，$X(z)=\bar{z}^k(k\in\mathbf{N})$或$(\|z\|^2,0)=(x^2+y^2,0)$确定了 $M$ 上的一个 $C^\infty$ 切向量场，0 为其孤立零点. 再由例 3.2.4，$\mathrm{Ind}_0 X=\deg X(z)|_{S^1}=-k$ 或 0.

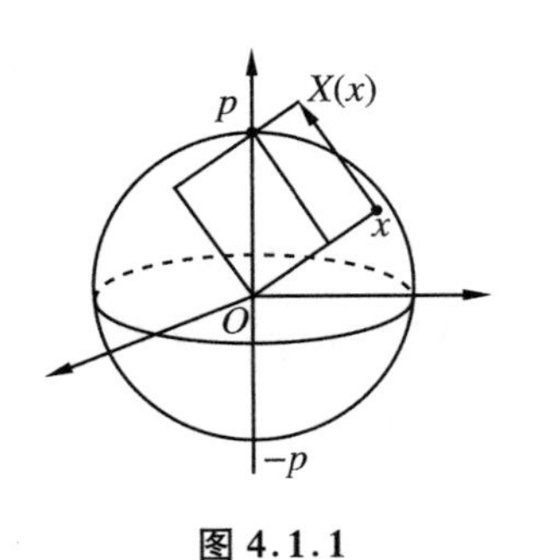


图 4.1.1

**例 4.1.2** 设 $S^m\subset\mathbf{R}^{m+1}$为通常的 $C^\infty$ 微分流形，$X(x)=p-\langle p,x\rangle x$，$x\in S^m$，$p=(0,\cdots,0,1)$为北极. 因为

$$\begin{aligned}\langle X(x),x\rangle&=\langle p-\langle p,x\rangle x,x\rangle\\&=\langle p,x\rangle-\langle p,x\rangle\langle x,x\rangle\\&=\langle p,x\rangle-\langle p,x\rangle=0,\end{aligned}$$

故 $X$ 为$S^m$ 上的$C^\infty$ 切向量场，它恰有两个孤立零点 $p$ 和 $-p$ (图 4.1.1).

先考虑孤立零点 $p$，设

$$U_1=S^m-\{(0,\cdots,0,-1)\},$$

$$\varphi_1:U_1\to\{(x^1,x^2,\cdots,x^m,1)\mid x^i\in\mathbf{R},i=1,2,\cdots,m\}=\varphi_1(U_1)$$

为南极$(-p=(0,\cdots,0,-1))$投影，则 $\varphi_{1\#}\circ X\circ\varphi_1^{-1}$ 为 $\varphi_1(U_1)$上的 $C^\infty$ 切向量场，它在每一点的切向量都指向中心$(0,\cdots,0,1)$. 因此，由例 3.2.5，

$$\begin{aligned}\mathrm{Ind}_pX&=\mathrm{Ind}_{\varphi_1(p)}\varphi_{1\#}\circ X\circ\varphi_1^{-1}\\&=\deg\frac{\varphi_{1\#}\circ X\circ\varphi_1^{-1}}{\|\varphi_{1\#}\circ X\circ\varphi_1^{-1}\|}\Bigg|_{S^{m-1}}\\&=\deg_0(-x)\,|_{S^{m-1}}=(-1)^m.\end{aligned}$$

类似地

$$\begin{aligned}\mathrm{Ind}_{-p}X&=\mathrm{Ind}_{\varphi_2(p)}\varphi_{2\#}\circ X\circ\varphi_2^{-1}\\&=\deg\frac{\varphi_{2\#}\circ X\circ\varphi_2^{-1}}{\|\varphi_{2\#}\circ X\circ\varphi_2^{-1}\|}\Bigg|_{S^{m-1}}\\&=\deg_0 x\,|_{S^{m-1}}=1.\end{aligned}$$

其中 $\varphi_2$ 为北极投影.

**定理 4.1.1**(Poincaré-Hopf 指数定理) 设 $M$ 为$m$ 维$C^\infty$ 紧致流形，$X$ 为$M$ 上只具有孤立零点的$C^\infty$ 切向量场(因而孤立零点只有有限个)，则

$$\sum_{X(p)=0}\mathrm{Ind}_pX=\boldsymbol{\chi}(M)=\sum_{i=0}^{m}(-1)^ib_i(M),$$

其中 $\boldsymbol{\chi}(M)$为 $M$ 的 Euler 示性数，$b_i(M)$为 $M$ 的第$i$ 个 Betti 数，即同调群 $H_i(M;\mathbf{R})$的秩.

**注 4.1.1** Poincaré-Hopf 指数定理指出，$C^\infty$ 切向量场的指数和是 $M$ 的一个拓扑不变量，即 $M$ 的 Euler 示性数 $\boldsymbol{\chi}(M)$，它不依赖于 $C^\infty$ 切向量场的特殊选取. 此外，$C^\infty$ 切向量场在孤立零点处的指数是其局部性质，而 $\boldsymbol{\chi}(M)$是整体性质. 因此，这是反映微分拓扑

和代数拓扑、局部和整体之间相互联系的极其深刻的定理.

这一定理的2维情形是由 Poincaré 在1885年证明的.定理的全部证明是由 Hopf 在1926年接着 Brouwer 和 Hadamard 的较早的部分结果之后完成的.

另外的证明可参阅文献[1]128～129页.

下面先证明一系列引理.

**引理 4.1.7**(Hopf) 设 $U\subset\mathbf{R}^m$ 为 $m$ 维 $C^\infty$ 紧致带边流形,$X:U\to TU$ 为只具有孤立零点的 $C^\infty$ 切向量场,并且在边界 $\partial U$ 上 $X$ 指向 $U$ 的外面,则

$$\sum_{X(x)=0}\mathrm{Ind}_x X=\deg N,$$

其中 $N:\partial U\to S^{m-1}$,$x\mapsto N(x)$(点 $x$ 处的向外的单位法向量,然后移到 $\mathbf{R}^m$ 的原点,图4.1.2)为 $m-1$ 维超曲面 $\partial U$ 的 Gauss 映射.特别地,这个指数和不依赖于 $X$ 的选取.

**证明** 设 $x_1,x_2,\cdots,x_k\in U-\partial U=\mathring{U}$ 为 $U$ 中 $X$ 的全部孤立零点(因为在 $\partial U$ 上 $X$ 指向 $U$ 的外面,故 $X(x)\neq 0,x\in\partial U$).取 $\varepsilon>0$,s.t. $\varepsilon$-闭球体 $\overline{B^m(x_i;\varepsilon)}\subset\mathring{U}$,$i=1,2,\cdots,k$,且彼此不相交.于是得到一个新的带边流形 $U-\bigcup\limits_{i=1}^{k}B^m(x_i;\varepsilon)$.显然

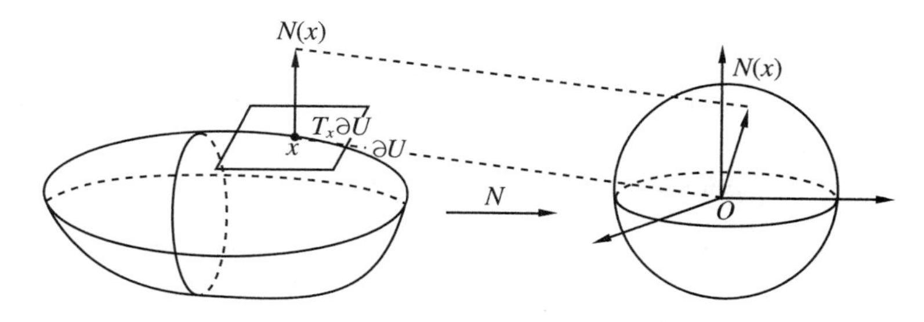


图 4.1.2

$$\widetilde{X}(x)=\frac{X(x)}{\|X(x)\|}:U-\bigcup_{i=1}^{k}B^m(x_i;\varepsilon)\to S^{m-1}$$

为 $C^\infty$ 映射($\widetilde{X}(x)$移到 $\mathbf{R}^m$ 的原点).由于 $X$ 与 $N$ 都指向 $U$ 的外面,应用平面的旋转可看出 $\widetilde{X}|_{\partial U}$ $C^\infty$ 同伦于 $N$.此外,在每个小球面 $\partial B^m(x_i;\varepsilon)$ 上的诱导定向恰与它通常的定向相反.再由引理3.2.3得到

$$\begin{aligned}0&=\deg\widetilde{X}\,|_{\partial U\cup(\bigcup\limits_{i=1}^{k}\partial B^m(x_i;\varepsilon))}\\&=\deg\widetilde{X}\,|_{\partial U}+\sum_{i=1}^{k}\deg\widetilde{X}\,|_{\partial B^m(x_i;\varepsilon)}\\&=\deg N-\sum_{i=1}^{k}\mathrm{Ind}_{x_i}X,\end{aligned}$$

即

$$\sum_{X(x)=0} \mathrm{Ind}_x X = \deg N. \qquad \square$$

**定义 4.1.4** 设 $X$ 为 $m$ 维 $C^\infty$ 流形 $M$ 上的 $C^\infty$ 切向量场，$p$ 为 $X$ 的孤立零点. 在 $p$ 的局部坐标系 $(U_1,\varphi_1)$，$\{u^i\}$ 中，$X = \sum_{i=1}^m \alpha^i \frac{\partial}{\partial u^i}$，$(\alpha^1,\alpha^2,\cdots,\alpha^m)|_p = (0,0,\cdots,0)$. 如果 $\left(\frac{\partial \alpha^i}{\partial u^j}(p)\right)$ 为非退化矩阵，则称 $p$ 为 $X$ 的**非退化零点**；如果 $\left(\frac{\partial \alpha^i}{\partial u^j}(p)\right)$ 为退化矩阵，则称 $p$ 为 $X$ 的**退化零点**.

容易验证上述定义与局部坐标系的选取无关. 事实上，设 $(U_2,\varphi_2)$，$\{v^i\}$ 为 $p$ 的另一局部坐标系，$X = \sum_{k=1}^m \beta^k \frac{\partial}{\partial v^k}$，则 $\beta^k = \sum_{i=1}^m \frac{\partial v^k}{\partial u^i}\alpha^i$，

$$\begin{aligned}\left(\frac{\partial \beta^k}{\partial v^l}(p)\right) &= \left(\sum_{i,s=1}^m \frac{\partial^2 v^k}{\partial u^i \partial u^s}\frac{\partial u^s}{\partial v^l}\alpha^i + \sum_{i,j=1}^m \frac{\partial v^k}{\partial u^i}\frac{\partial \alpha^i}{\partial u^j}\frac{\partial u^j}{\partial v^l}\right)\Bigg|_p \\ &= \left(\frac{\partial v^k}{\partial u^i}\right)\left(\frac{\partial \alpha^i}{\partial u^j}(p)\right)\left(\frac{\partial u^j}{\partial v^l}\right).\end{aligned}$$

显然

$$\left(\frac{\partial \beta^k}{\partial v^l}(p)\right)\text{非退化} \Leftrightarrow \left(\frac{\partial \alpha^i}{\partial u^j}(p)\right)\text{非退化},$$

$$\mathrm{sign}\ \det\left(\frac{\partial \beta^k}{\partial v^l}(p)\right) = \mathrm{sign}\ \det\left(\frac{\partial \alpha^i}{\partial u^j}(p)\right).$$

令 $Y = \varphi_{1\#}\circ X\circ \varphi_1^{-1}$，它为 $\varphi_1(U_1)$ 上的 $C^\infty$ 切向量场，将 $Y$ 视作 $\varphi_1(U_1)\to \mathbf{R}^m$，$u\mapsto(\alpha^1(u),\alpha^2(u),\cdots,\alpha^m(u))$ 的映射，则

$$\begin{aligned}p\text{ 为 }X\text{ 的非退化零点} &\Leftrightarrow \varphi_1(p)\text{ 为 }Y\text{ 的非退化零点}\\ &\Leftrightarrow Y_{\#\varphi_1(p)}:\mathbf{R}^m\to\mathbf{R}^m\text{ 是非退化的}.\end{aligned}$$

**引理 4.1.8** $C^\infty$ 切向量场 $X$ 的非退化零点 $p$ 必为孤立零点，且

$$\mathrm{Ind}_p X = \begin{cases} 1, & \det J_{Y_{\#\varphi_1(p)}} = \det\left(\frac{\partial \alpha^i}{\partial u^j}(p)\right) > 0,\\ -1, & \det J_{Y_{\#\varphi_1(p)}} = \det\left(\frac{\partial \alpha^i}{\partial u^j}(p)\right) < 0,\end{cases}$$

其中 $J_{Y_{\#\varphi_1(p)}}$ 为 $Y_{\#\varphi_1(p)}$ 的 Jacobi 矩阵.

**证明** 因为 $p$ 为 $X$ 的非退化零点，故

$$\det J_{Y_{\#\varphi_1(p)}} = \det\left(\frac{\partial \alpha^i}{\partial u^j}(p)\right) \neq 0.$$

由逆射定理，$Y$ 可看成从 $\varphi_1(p)$ 的某凸开邻域 $U_0$ 到 $\mathbf{R}^m$ 中某开集的 $C^\infty$ 微分同胚，

且 $\varphi_1(p)$为 $Y$ 的孤立零点,从而 $p$ 为 $X$ 的孤立零点.不失一般性,令 $\varphi_1(p)=0$.

如果 $\det J_{Y_{\#\varphi_1(p)}}>0$,即 $Y$ 保持定向,则由引理 4.1.4,$Y|_{U_0}$ 能 $C^\infty$ 同痕于 $\mathrm{Id}_{U_0}$ 而不引入任何新的零点.因此,$\mathrm{Ind}_pX=\mathrm{Ind}_{\varphi_1(p)}Y=\mathrm{Ind}_0Y=\mathrm{Ind}_0\mathrm{Id}_{U_0}=1$.

如果 $\det J_{Y_{\#\varphi_1(p)}}<0$,即 $Y$ 反转定向,则 $Y|_{U_0}$ 类似地能 $C^\infty$ 形变为反射,故 $\mathrm{Ind}_pX=-1$. □

**引理 4.1.9** 设 $p$ 为 $m$ 维 $C^\infty$ 正则子流形 $M\subset\mathbf{R}^k$ 上的 $C^\infty$ 切向量场 $X$ 的零点,将 $X$ 视作 $M\to\mathbf{R}^k$ 的映射($X(p)$移到原点),则 $p$ 点的 Jacobi 映射 $X_{\#p}:T_pM\to T_0\mathbf{R}^k=\mathbf{R}^k$ 将 $T_pM$ 映到 $T_pM\subset\mathbf{R}^k$(移到原点).如果这个线性映射的行列式 $D\neq0$,则 $p$ 为 $X$ 的孤立零点,且

$$\mathrm{Ind}_pX=\begin{cases}1, & D>0,\\ -1, & D<0.\end{cases}$$

**证明** 设$(U,\varphi)$,$\{u^i\}$为 $p$ 的局部坐标系,$h=\varphi^{-1}:\varphi(U)\to M$,则

$$\left\{t_i=h_{\#u}\left(\frac{\partial}{\partial u^i}\right)=\frac{\partial h}{\partial u^i}\right\}$$

为切空间 $T_{h(u)}M$ 的基.令

$$\sum_{i=1}^m\alpha^i\frac{\partial}{\partial u^i}=Y=\varphi_{*x}(X)=(h^{-1})_{\#x}\circ X\circ h(u),$$

$$x=h(u)=\varphi^{-1}(u).$$

于是

$$X\circ h(u)=h_{\#u}(Y)=\sum_{i=1}^m\alpha^ih_{\#u}\left(\frac{\partial}{\partial u^i}\right)=\sum_{i=1}^m\alpha^it_i,$$

$$\begin{aligned}X_{\#x}(t_j)&=X_{\#x}\circ h_{\#u}\left(\frac{\partial}{\partial u^j}\right)=(X\circ h)_{\#u}\left(\frac{\partial}{\partial u^j}\right)\\&=\frac{\partial(X\circ h(u))}{\partial u^j}=\frac{\partial\left(\sum_{i=1}^m\alpha^it_i\right)}{\partial u^j}\\&=\sum_{i=1}^m\frac{\partial\alpha^i}{\partial u^j}t_i+\sum_{i=1}^m\alpha^i\frac{\partial t_i}{\partial u^j}.\end{aligned}$$

再根据 $\alpha^i(h^{-1}(p))=\alpha^i(\varphi(p))=0,i=1,2,\cdots,m$ 得到

$$X_{\#p}(t_j)=\sum_{i=1}^m\frac{\partial\alpha^i}{\partial u^j}(h^{-1}(p))t_i\in T_pM,$$

这就证明了 $X_{\#p}$ 为 $T_pM\to T_pM$ 的线性映射,且当行列式 $D=\det\left(\frac{\partial\alpha^i}{\partial u^j}(h^{-1}(p))\right)\neq0$ 时,根据引理 4.1.8,$h^{-1}(p)=\varphi(p)$为 $Y$ 的孤立零点,从而 $p$ 为 $X$ 的孤立零点,且由引理 4.1.8 得到

$$\mathrm{Ind}_p X = \mathrm{Ind}_{\varphi(p)} Y = \begin{cases} 1, & \det\left(\dfrac{\partial \alpha^i}{\partial u^j}(h^{-1}(p))\right) = D > 0, \\ -1, & \det\left(\dfrac{\partial \alpha^i}{\partial u^j}(h^{-1}(p))\right) = D < 0. \end{cases}$$ □

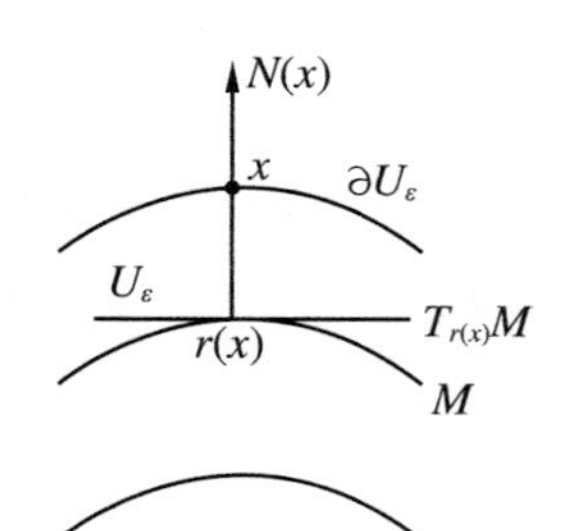

图 4.1.3

**引理 4.1.10** 设 $M \subset \mathbf{R}^k$ 为 $m$ 维 $C^\infty$ 紧致正则子流形，则 $\exists\, \varepsilon > 0$, s.t. $\bar{U}_\varepsilon = \{x \in \mathbf{R}^k \mid \exists\, y \in M, \text{s.t. } \|x - y\| \leqslant \varepsilon\}$ 为 $k$ 维 $C^\infty$ 带边流形.

如果 $X$ 为 $M$ 上的只具有非退化零点的任意 $C^\infty$ 切向量场，则

$$\sum_{X(x)=0} \mathrm{Ind}_x X = \deg N,$$

其中 $N: \partial\bar{U}_\varepsilon \to S^{k-1}$ 为 $\partial U_\varepsilon$ 的 Gauss 映射.

特别地，该指数和不依赖于 $C^\infty$ 切向量场 $X$ 的选取(图4.1.3).

**证明** 参阅文献[12] Ⅰ §6 Theorem 1 和 §8 Problem 12 可知，$\exists\, \varepsilon > 0$, s.t. $\bar{U}_\varepsilon$ 为 $k$ 维 $C^\infty$ 带边流形. 对于 $x \in \bar{U}_\varepsilon$, $r(x) \in M$ 为 $M$ 中离 $x$ 最近的点. 此时

$$(x - r(x)) \perp T_{r(x)} M.$$

即对 $\forall\, v \in T_{r(x)} M$, $\langle x - r(x), v\rangle = 0$，且当 $\varepsilon$ 充分小时，$r(x)$ 为 $C^\infty$ 映射.

考虑距离平方函数

$$f(x) = \|x - r(x)\|^2 = \langle x - r(x), x - r(x)\rangle.$$

因为 $x - r(x)$ 为 $r(x)$ 处的法向量，$\dfrac{\partial r}{\partial x^j}$ 为 $r(x)$ 处的切向量，

$$g(y) = \langle x - r(y), x - r(y)\rangle$$

在 $y = x$ 处达到最小，故

$$0 = \left.\frac{\partial g}{\partial y^j}\right|_{y=x} = -2\left.\left\langle x - r(y), \frac{\partial r}{\partial y^j}(y)\right\rangle\right|_{y=x} = -2\left\langle x - r(x), \frac{\partial r}{\partial x^j}\right\rangle.$$

从而

$$\begin{aligned} \frac{\partial f}{\partial x^j} &= \frac{\partial\left(\sum_{i=1}^{k}(x^i - r_i(x))\right)^2}{\partial x^j} \\ &= 2\sum_{i=1}^{k}(x^i - r_i(x))\left(\delta_{ij} - \frac{\partial r_i}{\partial x^j}\right) \\ &= 2(x^j - r_j(x)) - 2\left\langle x - r(x), \frac{\partial r}{\partial x^j}\right\rangle = 2(x^j - r_j(x)). \end{aligned}$$

于是，$f$ 在 $\mathbf{R}^k$ 中关于 $\left\langle \dfrac{\partial}{\partial x^i}, \dfrac{\partial}{\partial x^j}\right\rangle = \delta_{ij}$ 的梯度场为

$$\mathrm{grad}f = \sum_{i=1}^{k} \frac{\partial f}{\partial x^i} \frac{\partial}{\partial x^i} = \sum_{i=1}^{k} 2(x^i - r_i(x)) \frac{\partial}{\partial x^i} = 2(x - r(x)).$$

因此,等高超曲面 $\partial \bar{U}_\varepsilon = f^{-1}(\varepsilon^2)$上每一点 $x$ 的向外的单位法向量场为

$$N(x) = \frac{\mathrm{grad}f}{\| \mathrm{grad}f \|} = \frac{x - r(x)}{\varepsilon}.$$

将 $X$ 延拓为$\bar{U}_\varepsilon$ 上的$C^\infty$ 向量场 $Y$,使得

$$Y(x) = (x - r(x)) + X(r(x)).$$

因为 $X(r(x))$和 $x - r(x)$分别为 $r(x)$处关于 $M$ 的切向量与法向量,所以当 $x \in \partial \bar{U}_\varepsilon$ 时,有

$$\begin{aligned}\langle Y(x), N(x) \rangle &= \left\langle (x - r(x)) + X(r(x)), \frac{x - r(x)}{\varepsilon} \right\rangle \\ &= \frac{\langle x - r(x), x - r(x) \rangle}{\varepsilon} + \left\langle X(r(x)), \frac{x - r(x)}{\varepsilon} \right\rangle \\ &= \frac{\varepsilon^2}{\varepsilon} + 0 = \varepsilon > 0,\end{aligned}$$

即 $Y$ 在边界 $\partial \bar{U}_\varepsilon$ 上指向外(法向量 $N(x)$的一边).此外,显然有

$$\begin{aligned}Y = 0 \quad &\Leftrightarrow \quad 0 = \langle Y, Y \rangle = \langle x - r(x), x - r(x) \rangle + \langle X(r(x)), X(r(x)) \rangle \\ &\Leftrightarrow \quad x = r(x) \text{ 与 } X(r(x)) = 0.\end{aligned}$$

这就证明了 $Y$ 的零点与 $X$ 的零点完全相同.

在切向量场 $X$ 的零点 $p \in M$ 处,对于 $\forall\, v \in T_pM$,取 $C^\infty$ 曲线 $x(t) \in M$, $x'(0) = v$,则

$$\begin{aligned}Y(x(t)) &= (x(t) - r(x(t))) + X(r(x(t))) \\ &= (x(t) - x(t)) + X(x(t)) = X(x(t)),\end{aligned}$$

$$\sum_{i=1}^{k} \frac{\partial Y}{\partial x^i} \frac{\mathrm{d}x^i}{\mathrm{d}t} = \sum_{i=1}^{k} \frac{\partial X}{\partial x^i} \frac{\mathrm{d}x^i}{\mathrm{d}t}.$$

上式表明 $Y_{\#p}(v) = X_{\#p}(v)$;而对于 $\forall\, w \in T_pM^\perp = \{ s \in T_p\mathbf{R}^k \mid s \perp T_pM \}$(点 $p$ 处关于 $M$ 的法空间),有

$$\begin{aligned}Y(p + tw) &= ((p + tw) - r(p + tw)) + X(r(p + tw)) \\ &= ((p + tw) - p) + X(p) = tw + X(p),\end{aligned}$$

$$Y_{\#p}(w) = \sum_{i=1}^{k} \frac{\partial Y}{\partial x^i}(p) w^i = w.$$

于是,$\det J_{Y_{\#p}} = \det J_{X_{\#p}}$.再由引理 4.1.8 与引理 4.1.9,$\mathrm{Ind}_p Y = \mathrm{Ind}_p X$.最后,根据引理 4.1.7 得到

$$\sum_{X(x)=0}\mathrm{Ind}_x X = \sum_{Y(x)=0}\mathrm{Ind}_x Y = \deg N. \qquad \square$$

既然引理 4.1.10 告诉我们指数和不依赖于 $M$ 上的只具有非退化零点的 $C^\infty$ 切向量场的选取，而 Poincaré-Hopf 指数定理（定理 4.1.1）又要求这个指数和为 Euler 示性数 $\chi(M)$. 为此，我们寻找一个特殊的 $C^\infty$ 函数

$$f = L_p: M \to \mathbf{R}, \quad f(x) = L_p(x) = \| x - p \|^2,$$

其中 $p\in\mathbf{R}^k$ 为固定点，使得 $f$ 的梯度场 $X = \mathrm{grad} f$ 具有上述性质.

设 $M\subset\mathbf{R}^k$ 为 $m$ 维 $C^\infty$ 正则子流形，

$$TM^\perp = \{(x,\omega)\in M\times\mathbf{R}^k \mid \omega \perp T_xM\} \subset \mathbf{R}^k\times\mathbf{R}^k = \mathbf{R}^{2k}.$$

取 $M$ 的任一局部坐标系 $(U,\varphi)$，$\{u^1,u^2,\cdots,u^m\}$，$x(u)=\varphi^{-1}(u)\in U\subset M$. 设

$$(P,Q) = (P(u),Q(u)) = \begin{pmatrix} \dfrac{\partial x}{\partial u^1} \\ \vdots \\ \dfrac{\partial x}{\partial u^m} \end{pmatrix}$$

的行向量 $\left\{\dfrac{\partial x}{\partial u^1},\cdots,\dfrac{\partial x}{\partial u^m}\right\}$ 构成了 $T_{x(u)}M$ 的基，为了方便，不妨设矩阵 $P(u)$ 非退化，因而 $(-(P^{-1}Q)^{\mathrm{T}}, I_{k-m})$ 的行向量恰为 $T_{x(u)}M^\perp$ 的基. 设

$$\psi: U\times\mathbf{R}^k \to \mathbf{R}^m\times\mathbf{R}^k,$$

$$\begin{aligned}\psi(x,(v^1,v^2,\cdots,v^k)) &= \left(\varphi(x),(v^1,v^2,\cdots,v^k)\begin{pmatrix} P & Q \\ -(P^{-1}Q)^{\mathrm{T}} & I_{k-m}\end{pmatrix}^{-1}\right) \\ &= (u,(w^1,w^2,\cdots,w^k)).\end{aligned}$$

显然，$(U\times\mathbf{R}^k,\psi)$ 为 $M\times\mathbf{R}^k$ 的丛图卡，且

$$\begin{aligned} & (x(u),v)\in T_{x(u)}M^\perp \\ \Leftrightarrow\ & v \text{ 为 } (-(P^{-1}Q)^{\mathrm{T}}, I_{k-m}) \text{ 的行向量的线性组合} \\ \Leftrightarrow\ & v = (0,\cdots,0,w^{m+1},w^{m+2},\cdots,w^k)\begin{pmatrix} P & Q \\ -(P^{-1}Q)^{\mathrm{T}} & I_{k-m}\end{pmatrix} \\ \Leftrightarrow\ & (x,v) \text{ 对应的 } (u,w) \text{ 中 } w^1 = w^2 = \cdots = w^m = 0. \end{aligned}$$

由此立即可看出 $TM^\perp$ 为 $M\times\mathbf{R}^k$ 的 $C^\infty$ 子向量丛的丛空间，$M$ 为底空间，$\mathbf{R}^{k-m}$ 为纤维空间，$\pi: TM^\perp\to M$，$\pi(x,v)=x$ 为投影，$\pi^{-1}(x) = T_xM^\perp = \{(x,\omega)\in\{x\}\times\mathbf{R}^k \mid \omega\in T_xM^\perp\}\cong\mathbf{R}^{k-m}$ 为 $x$ 处的纤维（$x$ 处的法空间，它是 $T_xM$ 的正交补）. $TM^\perp$ 就是 $M\subset\mathbf{R}^k$ 的 $C^\infty$ 法（向量）丛，是 $m+(k-m)=k$ 维 $C^\infty$ 流形.

**定义 4.1.5** 设 $E: TM^\perp\to\mathbf{R}^k$，$E(x,v)=x+v$. 显然，"端点"映射 $E$ 关于 $x$，$v$ 是

$C^\infty$ 的(图 4.1.4).

如果$(q,v)\in TM^\perp$, $y=q+v$,且 $E$ 在$(q,v)$处的 Jacobi 矩阵的秩 $r<k$,则称$y=q+v\in \mathbf{R}^k$是$(M,q)$的重数是 $\mu=k-r>0$ 的焦点.如果$\exists\, q\in M$, s.t. $y=q+v$ 为$(M,q)$的焦点,则称 $y\in\mathbf{R}^k$ 为 $M$ 的**焦点**.

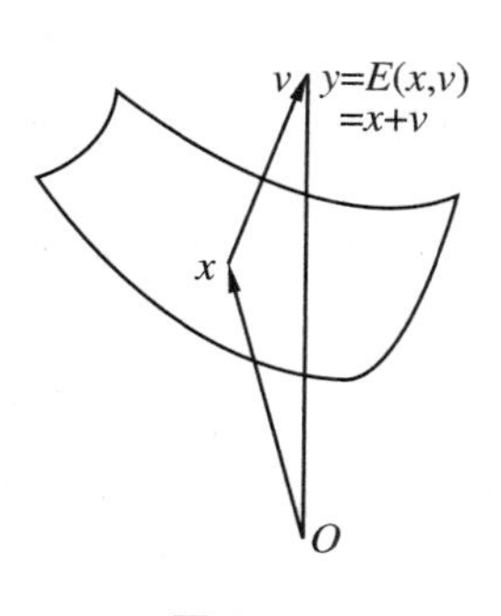


图 4.1.4

**引理 4.1.11** $m$ 维$C^\infty$正则子流形 $M\subset\mathbf{R}^k$ 的焦点的集合 $F$ 为 $\mathbf{R}^k$ 的零测集,即 $\text{meas}F=0$.换句话说,几乎所有的 $y\in\mathbf{R}^k$ 都不是$M$ 的焦点.

**证明** 因为 $y$ 为$M$ 的焦点$\Leftrightarrow y$ 为$E: TM^\perp\to\mathbf{R}^k$ 的临界值.根据 Morse-Sard 定理(定理 2.1.1)或定理 2.1.4,

$$\text{meas}F=\text{meas}E(C_E)=0. \qquad\square$$

为了更好地理解焦点的概念,根据微分几何的知识,引入 $m$ 维 $C^\infty$ 正则子流形 $M\subset\mathbf{R}^k$ 关于局部坐标系$\{u^1,u^2,\cdots,u^m\}$的第Ⅰ、第Ⅱ基本形式是方便的.

设 $x=x(u^1,u^2,\cdots,u^m)=(x^1(u),x^2(u),\cdots,x^k(u))\in M$. 第 Ⅰ 基本形式 $I=\sum\limits_{i,j=1}^m g_{ij}\mathrm{d}u^i\otimes\mathrm{d}u^j$ 中的$g_{ij}=\left\langle\frac{\partial x}{\partial u^i},\frac{\partial x}{\partial u^j}\right\rangle$,而$(g_{ij})$为 $m\times m$ 的正定矩阵.第 Ⅱ 基本形式$(l_{ij})$为 $m\times m$ 的对称向量值矩阵,其中 $l_{ij}$ 是向量$\frac{\partial^2 x}{\partial u^i\partial u^j}$关于 $T_{x(u)}M\oplus T_{x(u)}M^\perp=T_{x(u)}\mathbf{R}^k$ 的法分量,即 $l_{ij}=\left(\frac{\partial^2 x}{\partial u^i\partial u^j}\right)^\perp$,则称$\left(\left\langle w,\frac{\partial^2 x}{\partial u^i\partial u^j}\right\rangle\right)=(\langle w,l_{ij}\rangle)$ 为 $M$ 在点 $x(u)$ 沿法方向 $w$ 的第 Ⅱ 基本形式.

关于 $\lambda$ 的$m$ 次方程

$$\det(\lambda I-(g_{kl})^{-1}(\langle w,l_{ij}\rangle))=0$$

或

$$\det(\lambda g_{ij}-\langle w,l_{ij}\rangle)=0$$

的根 $K_1,K_2,\cdots,K_m$(即矩阵$(g_{kl})^{-1}(\langle w,l_{ij}\rangle)$的特征值)称为 $M$ 在点$x(u)$沿法方向 $w$ 的主曲率.

如果$(g_{kl})^{-1}(\langle w,l_{ij}\rangle)$非退化,从而$(\langle w,l_{ij}\rangle)$也非退化,则 $K_i\neq 0$, $i=1,2,\cdots,m$,并称 $K_1^{-1},K_2^{-1},\cdots,K_m^{-1}$ 为主曲率半径.

**引理 4.1.12** 设$(q,v)\in TM^\perp$,则 $q+tv$ 为$(M,q)$的重数 $\mu>0$ 的焦点$\Leftrightarrow$矩阵$(g_{ij}-t\langle v,l_{ij}\rangle)$退化且其秩为 $m-\mu$.

**证明** 由 $M$ 上的局部坐标系$\{u^1,u^2,\cdots,u^m\}$和 Gram-Schmidt 正交化过程可选取 $k-m$ 个关于$u$ 的$C^\infty$ 向量场 $W_i(u^1,u^2,\cdots,u^m)=W_i(u)$, $i=1,2,\cdots,k-m$, s.t.

$W_1, W_2, \cdots, W_{k-m}$ 为 $T_{x(u)}M^{\perp}$ 中的规范正交基(彼此正交的单位向量). 在法丛上引入局部坐标 $\{u^1, u^2, \cdots, u^m, t^1, t^2, \cdots, t^{k-m}\}$ 如下: $(u^1, u^2, \cdots, u^m, t^1, t^2, \cdots, t^{k-m})$ 对应于点 $\left(x(u^1, u^2, \cdots, u^m), \sum_{\alpha=1}^{k-m} t^{\alpha} W_{\alpha}(u^1, u^2, \cdots, u^m)\right) \in TM^{\perp}$. 则映射 $E: TM^{\perp} \to \mathbf{R}^k$ 由 $(u^1, u^2, \cdots, u^m, t^1, t^2, \cdots, t^{k-m}) \mapsto y = x(u^1, u^2, \cdots, u^m) + \sum_{\alpha=1}^{k-m} t^{\alpha} W_{\alpha}(u^1, u^2, \cdots, u^m)$ 给出. 相应的 Jacobi 矩阵为

$$\begin{pmatrix} \dfrac{\partial y}{\partial u^1} \\ \vdots \\ \dfrac{\partial y}{\partial u^m} \\ \dfrac{\partial y}{\partial t^1} \\ \vdots \\ \dfrac{\partial y}{\partial t^{k-m}} \end{pmatrix} = \begin{pmatrix} \dfrac{\partial x}{\partial u^1} + \sum_{\alpha=1}^{k-m} t^{\alpha} \dfrac{\partial W_{\alpha}}{\partial u^1} \\ \vdots \\ \dfrac{\partial x}{\partial u^m} + \sum_{\alpha=1}^{k-m} t^{\alpha} \dfrac{\partial W_{\alpha}}{\partial u^m} \\ W_1 \\ \vdots \\ W_{k-m} \end{pmatrix}.$$

将此矩阵的行向量与线性无关的向量 $\dfrac{\partial x}{\partial u^1}, \dfrac{\partial x}{\partial u^2}, \cdots, \dfrac{\partial x}{\partial u^m}, W_1, W_2, \cdots, W_{k-m}$ 分别作内积得到 $k \times k$ 矩阵

$$\begin{pmatrix} \left\langle \dfrac{\partial x}{\partial u^i}, \dfrac{\partial x}{\partial u^j} \right\rangle + \left\langle \sum_{\alpha=1}^{k-m} t^{\alpha} \dfrac{\partial W_{\alpha}}{\partial u^i}, \dfrac{\partial x}{\partial u^j} \right\rangle & \left\langle \sum_{\alpha=1}^{k-m} t^{\alpha} \dfrac{\partial W_{\alpha}}{\partial u^i}, W_{\beta} \right\rangle \\ 0 & I_{k-m} \end{pmatrix}.$$

显然, 它的秩与 $E$ 的 Jacobi 矩阵的秩在点 $(x(u), v)$ 处是相同的, 也就是 $m \times m$ 矩阵

$$\begin{aligned} &\left( \left\langle \dfrac{\partial x}{\partial u^i}, \dfrac{\partial x}{\partial u^j} \right\rangle + \left\langle \sum_{\alpha=1}^{k-m} t^{\alpha} \dfrac{\partial W_{\alpha}}{\partial u^i}, \dfrac{\partial x}{\partial u^j} \right\rangle \right) \\ &= \left( \left\langle \dfrac{\partial x}{\partial u^i}, \dfrac{\partial x}{\partial u^j} \right\rangle - \sum_{\alpha=1}^{k-m} t^{\alpha} \left\langle W_{\alpha}, \dfrac{\partial^2 x}{\partial u^i \partial u^j} \right\rangle \right) \\ &= \left( \left\langle \dfrac{\partial x}{\partial u^i}, \dfrac{\partial x}{\partial u^j} \right\rangle - \left\langle \sum_{\alpha=1}^{k-m} t^{\alpha} W_{\alpha}, l_{ij} \right\rangle \right) \\ &= (g_{ij} - t\langle v, l_{ij} \rangle) \end{aligned}$$

的秩加上 $k-m$, 其中 $tv = \sum_{\alpha=1}^{k-m} t^{\alpha} W_{\alpha}$, 并应用了恒等式

$$0 = \dfrac{\partial}{\partial u^i} \left\langle W_{\alpha}, \dfrac{\partial x}{\partial u^j} \right\rangle = \left\langle \dfrac{\partial W_{\alpha}}{\partial u^i}, \dfrac{\partial x}{\partial u^j} \right\rangle + \left\langle W_{\alpha}, \dfrac{\partial^2 x}{\partial u^i \partial u^j} \right\rangle.$$

由此可知, $q + tv$ 是 $(M, q)$ 的重数为 $\mu > 0$ 的焦点 $\Leftrightarrow$ 矩阵 $(g_{ij} - t\langle v, l_{ij} \rangle)$ 退化且其秩为

$$(k-\mu)-(k-m)=m-\mu.$$ □

**引理 4.1.13** 设 $v$ 为 $q\in M$ 处的单位法向量,则 $(M,q)$ 沿点 $q$ 处的法线

$$l=\{q+tv\mid t\in\mathbf{R}\}$$

的焦点确切地为 $q+K_i^{-1}v$, $K_i\neq 0$, $1\leqslant i\leqslant m$. 因此,沿 $l$ 至多只有 $(M,q)$ (按重数计)的 $m$ 个焦点.

**证明** 因为 $(g_{ij})$ 正定,故当 $(g_{ij}-t\langle v,l_{ij}\rangle)$ 退化时, $t\neq 0$, 且 $\frac{1}{t}$ 为

$$\det(\lambda g_{ij}-\langle v,l_{ij}\rangle)=0$$

的根,即 $\frac{1}{t}=K_i$, $t=K_i^{-1}$ 为矩阵 $(g_{kl})^{-1}(\langle v,l_{ij}\rangle)$ 的特征值. 更进一步,焦点 $q+K_i^{-1}v$ 的重数

$$\mu=k-r=k-(r_1+k-m)=m-r_1$$

恰为 $K_i^{-1}$ 作为 $(g_{kl})^{-1}(\langle v,l_{ij}\rangle)$ 的特征值的重数,其中 $r$ 为 $E$ 在 $(q,K_i^{-1}v)$ 处的秩,而 $r_1=\mathrm{rank}(g_{ij}-K_i^{-1}\langle v,l_{ij}\rangle)$. □

**定义 4.1.6** 设 $(M,g)=(M,\langle,\rangle)$ 为 $m$ 维 $C^\infty$ Riemann 流形,我们定义 $C^\infty$ 函数 $f:M\to\mathbf{R}$ 在 $M$ 上的**梯度场** $\mathrm{grad}f$: 对 $M$ 上的任何切向量场 $X$,有

$$\langle\mathrm{grad}f,X\rangle=Xf\quad(f\text{ 沿 }X\text{ 方向的方向导数}).$$

显然,这个定义不涉及局部坐标系,是完全确定的. 在局部坐标系 $\{x^i\}$ 中,设

$$\mathrm{grad}f=\sum_{i=1}^m\alpha^i\frac{\partial}{\partial x^i},\quad g_{ij}=g\left(\frac{\partial}{\partial x^i},\frac{\partial}{\partial x^j}\right)=\left\langle\frac{\partial}{\partial x^i},\frac{\partial}{\partial x^j}\right\rangle,$$

$(g^{ij})$ 为 $(g_{ij})$ 的逆矩阵,则

$$\sum_{i=1}^m\alpha^ig_{ij}=\left\langle\sum_{i=1}^m\alpha^i\frac{\partial}{\partial x^i},\frac{\partial}{\partial x^j}\right\rangle=\left\langle\mathrm{grad}f,\frac{\partial}{\partial x^j}\right\rangle=\frac{\partial}{\partial x^j}f=\frac{\partial f}{\partial x^j},$$

$$\alpha^i=\sum_{l=1}^m\delta_l^i\alpha^l=\sum_{l=1}^m\left(\sum_{j=1}^mg^{ij}g_{lj}\right)\alpha^l=\sum_{j=1}^mg^{ij}\sum_{l=1}^m\alpha^lg_{lj}=\sum_{j=1}^mg^{ij}\frac{\partial f}{\partial x^j}.$$

由此推出 $\alpha^i$ 为 $x^1,x^2,\cdots,x^m$ 的 $C^\infty$ 函数,故 $\mathrm{grad}f$ 为 $M$ 上的 $C^\infty$ 切向量场. 也可采用古典的坐标观点,通过直接验证:

$$\begin{aligned}\sum_{l=1}^m\left(\sum_{k=1}^m\tilde{g}^{lk}\frac{\partial f}{\partial y^k}\right)\frac{\partial}{\partial y^l}&=\sum_{l,k,s,t,i,j=1}^m\frac{\partial y^l}{\partial x^s}\frac{\partial y^k}{\partial x^t}g^{st}\frac{\partial f}{\partial x^j}\frac{\partial x^j}{\partial y^k}\frac{\partial x^i}{\partial y^l}\frac{\partial}{\partial x^i}\\&=\sum_{s,t,i,j=1}^m\delta_s^i\delta_t^jg^{st}\frac{\partial f}{\partial x^j}\frac{\partial}{\partial x^i}=\sum_{i=1}^m\left(\sum_{j=1}^mg^{ij}\frac{\partial f}{\partial x^j}\right)\frac{\partial}{\partial x^i},\end{aligned}$$

这可给出 $f$ 的梯度场 $\mathrm{grad}f$ 的定义.

设 $\sigma:\mathbf{R}\to M$ 为 $C^\infty$ 曲线, $\sigma'(t)=\frac{\mathrm{d}\sigma}{\mathrm{d}t}$ 为沿 $\sigma$ 的 $C^\infty$ 切向量场,则

$$\langle \mathrm{grad} f, \sigma' \rangle = \sigma' f = \frac{\mathrm{d}(f \circ \sigma)}{\mathrm{d}t}.$$

**引理 4.1.14** 设$(M,g)=(M,\langle,\rangle)$为 $m$ 维$C^\infty$ Riemann 流形,$f:M\to\mathbf{R}$ 为 $C^\infty$ 函数,则:

(1) $p$ 为$f$ 的临界点$\Leftrightarrow p$ 为 $\mathrm{grad} f$ 的零点;

(2) $p$ 为$f$ 的非退化临界点$\Leftrightarrow p$ 为 $\mathrm{grad} f$ 的非退化零点.

**证明** 在 $p$ 的局部坐标系$\{x^i\}$中,

$$\mathrm{grad} f = \sum_{i=1}^m \alpha^i \frac{\partial}{\partial x^i} = \sum_{i=1}^m \left(\sum_{j=1}^m g^{ij} \frac{\partial f}{\partial x^j}\right) \frac{\partial}{\partial x^i}.$$

(1) $p$ 为$f$ 的临界点,即$\frac{\partial f}{\partial x^i}(p) = 0, i = 1,2,\cdots,m \Leftrightarrow \sum_{j=1}^m g^{ij} \frac{\partial f}{\partial x^j}(p) = 0, i = 1, 2,\cdots,m$,即 $p$ 为 $\mathrm{grad} f$ 的零点.

(2) 由(1)知

$$\begin{aligned}
\left(\frac{\partial \alpha^k}{\partial x^i}(p)\right) &= \left(\frac{\partial}{\partial x^i}\left(\sum_{j=1}^m g^{kj} \frac{\partial f}{\partial x^j}\right)\right)_p \\
&= \left(\sum_{j=1}^m \frac{\partial g^{kj}}{\partial x^i}(p) \frac{\partial f}{\partial x^j}(p) + \sum_{j=1}^m g^{kj}(p) \frac{\partial^2 f}{\partial x^i \partial x^j}(p)\right) \\
&= (g^{kj}(p))\left(\frac{\partial^2 f}{\partial x^i \partial x^j}(p)\right).
\end{aligned}$$

由此可看出,$p$ 为 $\mathrm{grad} f$ 的非退化零点,即$\left(\frac{\partial \alpha^k}{\partial x^i}(p)\right)$为非退化矩阵$\Leftrightarrow\left(\frac{\partial^2 f}{\partial x^i \partial x^j}(p)\right)$为非退化矩阵,即 $p$ 为$f$ 的非退化临界点. □

**引理 4.1.15** 设$(M,g)$为 $m$ 维$C^\infty$ Riemann 流形,$p\in M$ 为$C^\infty$ 函数 $f:M\to\mathbf{R}$ 的非退化临界点,则

$$\mathrm{Ind}_p(\mathrm{grad} f) = (-1)^{\mathrm{Ind}_p f}.$$

**证明** 因为 $p$ 为$C^\infty$ 函数 $f:M\to\mathbf{R}$ 的非退化临界点,由 Morse 引理4.1.2,存在 $p$ 的局部坐标系$(U,\varphi)$,$\{y^i\}$,使得

$$y^i(p) = 0, \quad i = 1,2,\cdots,m$$

和

$$f = f(p) - (y^1)^2 - \cdots - (y^\lambda)^2 + (y^{\lambda+1})^2 + \cdots + (y^m)^2,$$

其中 $\lambda = \mathrm{Ind}_p f$. 于是

$$\mathrm{grad} f = \sum_{i=1}^m \alpha^i \frac{\partial}{\partial y^i} = \sum_{i=1}^m \left(\sum_{j=1}^m g^{ij} \frac{\partial f}{\partial y^j}\right) \frac{\partial}{\partial y^i},$$

$$\begin{pmatrix}\alpha^1\\ \vdots \\ \alpha^m\end{pmatrix}=\begin{pmatrix}g^{11} & \cdots & g^{1m}\\ \vdots & & \vdots \\ g^{m1} & \cdots & g^{mm}\end{pmatrix}\begin{pmatrix}\dfrac{\partial f}{\partial y^1}\\ \vdots \\ \dfrac{\partial f}{\partial y^m}\end{pmatrix}.$$

设 $\sigma:[0,1]\to \mathrm{GL}(m,\mathbf{R})$ 为 $C^\infty$ 映射，$\sigma(0)=(g^{ij})$，$\sigma(1)=I_m$，则由 $C^\infty$ 同伦

$$\sigma(t)\left(\frac{\partial f}{\partial y^1},\frac{\partial f}{\partial y^2},\cdots,\frac{\partial f}{\partial y^m}\right)^{\mathrm{T}}\Big/\left\|\sigma(t)\left(\frac{\partial f}{\partial y^1},\frac{\partial f}{\partial y^2},\cdots,\frac{\partial f}{\partial y^m}\right)^{\mathrm{T}}\right\|$$

为连接

$$(g^{ij})\left(\frac{\partial f}{\partial y^1},\frac{\partial f}{\partial y^2},\cdots,\frac{\partial f}{\partial y^m}\right)^{\mathrm{T}}\Big/\left\|(g^{ij})\left(\frac{\partial f}{\partial y^1},\frac{\partial f}{\partial y^2},\cdots,\frac{\partial f}{\partial y^m}\right)^{\mathrm{T}}\right\|$$

和

$$(-y^1,\cdots,-y^\lambda,y^{\lambda+1},y^{\lambda+2},\cdots,y^m)^{\mathrm{T}}/\|(-y^1,\cdots,-y^\lambda,y^{\lambda+1},y^{\lambda+2},\cdots,y^m)^{\mathrm{T}}\|$$

的 $C^\infty$ 同伦. 再由例 3.2.5 可知

$$\mathrm{Ind}_p(\mathrm{grad}f)=(-1)^\lambda=(-1)^{\mathrm{Ind}_p f}.$$ □

**引理 4.1.16**　设 $(M,g)$ 为 $m$ 维 $C^\infty$ 紧致 Riemann 流形，$f:M\to\mathbf{R}$ 为 $C^\infty$ Morse 函数，即只含非退化临界点的 $C^\infty$ 函数，则

$$\chi(M)=\sum_{\lambda=0}^{m}(-1)^\lambda C_\lambda(M;f)=\sum_{(\mathrm{grad}f)|_p=0}\mathrm{Ind}_p(\mathrm{grad}f),$$

其中 $C_\lambda(M;f)$ 为 $f$ 的指数 $\lambda$ 的临界点数目.

**证明**　由下面的定理 4.3.1 知

$$\chi(M)=\sum_{\lambda=0}^{m}(-1)^\lambda C_\lambda(M;f).$$

再由引理 4.1.15 立即有

$$\chi(M)=\sum_{\lambda=0}^{m}(-1)^\lambda C_\lambda(M;f)=\sum_{(\mathrm{grad}f)|_p=0}\mathrm{Ind}_p(\mathrm{grad}f).$$ □

**引理 4.1.17**　设 $M\subset\mathbf{R}^k$ 为 $m$ 维 $C^\infty$ 正则子流形，$p\in\mathbf{R}^k$，$f=L_p:M\to\mathbf{R}$，$f(x)=L_p(x)=\|x-p\|^2$，则：

(1) $f=L_p$ 有临界点 $q\Leftrightarrow(q-p)\perp T_pM$；

(2) $q\in M$ 为 $f=L_p$ 的退化临界点 $\Leftrightarrow p$ 为 $(M,q)$ 的焦点. 此外，$q$ 作为 $f=L_p$ 的退化临界点的零性数等于 $p$ 作为 $(M,q)$ 的焦点的重数.

**证明**　(1) 设 $\{u^i\mid i=1,2,\cdots,m\}$ 为 $q$ 关于 $M$ 的局部坐标系，则

$$\begin{aligned}f(x(u^1,u^2,\cdots,u^m))&=\|x(u^1,u^2,\cdots,u^m)-p\|^2\\&=\langle x,x\rangle-2\langle x,p\rangle+\langle p,p\rangle,\end{aligned}$$

$$\frac{\partial f}{\partial u^i}=2\left\langle\frac{\partial x}{\partial u^i},x-p\right\rangle,\quad i=1,2,\cdots,m.$$

因此，$f$ 有临界点 $q \Leftrightarrow (q-p)\perp T_pM$.

(2) 因为

$$\frac{\partial^2 f}{\partial u^i\partial u^j}=2\left\langle\frac{\partial x}{\partial u^i},\frac{\partial x}{\partial u^j}\right\rangle+\left\langle\frac{\partial^2 x}{\partial u^i\partial u^j},x-p\right\rangle,$$

故令 $x=q,p=q+tv$ 代入上式并由引理 4.1.12，得到 $q\in M$ 为 $f=L_p$ 的退化临界点 $\Leftrightarrow$ $\left(\frac{\partial^2 f}{\partial u^i\partial u^j}\right)=2(g_{ij}-t\langle v,l_{ij}\rangle)$ 为退化矩阵 $\Leftrightarrow p=q+tv$ 为 $(M,q)$ 的焦点．因此，$q$ 作为 $f=L_p$ 的临界点的零性数恰好等于 $p$ 作为 $(M,q)$ 的焦点的重数． □

**引理 4.1.18** 设 $M\subset\mathbf{R}^k$ 为 $m$ 维 $C^\infty$ 正则子流形，则对几乎所有的 $p\in\mathbf{R}^k$（除一零测集外），函数 $L_p:M\to\mathbf{R}$ 为 $C^\infty$ Morse 函数，即无退化临界点（它若有临界点必是非退化的）．

更进一步，如果 $M$ 紧致，则它的非退化临界点为有限集．

**证明** 由引理 4.1.11 与引理 4.1.17(2) 立即推出． □

文献[2]147 页 1.2 Theorem 指出：对任何 $C^r(2\leqslant r\leqslant+\infty)$ 流形 $M$，Morse 函数形成强 $C^r$ 拓扑 $C^r_S(M,\mathbf{R})$ 中的稠密开集．

**Poincaré-Hopf 指数定理的证明** 根据定理 2.2.1 或定理 2.2.2 或定理 2.2.3 或 Whitney 嵌入定理（定理 2.2.5），不妨设 $m$ 维 $C^\infty$ 紧致流形 $M\subset\mathbf{R}^k$ 为 $C^\infty$ 正则子流形．由引理 4.1.18 和引理 4.1.16 可知，$M$ 上存在 $C^\infty$ Morse 函数 $f:M\to\mathbf{R}$，它只含有限个非退化临界点，且

$$\sum_{(\mathrm{grad}f)|_p=0}\mathrm{Ind}_p(\mathrm{grad}f)=\chi(M).$$

由引理 4.1.10，如果 $X$ 为 $M$ 上只含非退化零点的任意 $C^\infty$ 切向量场，则

$$\sum_{X(p)=0}\mathrm{Ind}_pX=\deg N=\sum_{(\mathrm{grad}f)|_p=0}\mathrm{Ind}_p(\mathrm{grand}f)=\chi(M).$$

更一般地，如果 $X$ 为 $M$ 上只含孤立零点的 $C^\infty$ 切向量场，则由 $M$ 的紧致性，孤立零点只有有限个（（反证）假设有无限个孤立零点，则可取彼此相异的点 $x_1,x_2,\cdots,x_n,\cdots$．由 $M$ 紧致，$\{x_n\}$ 必有收敛子列 $\{x_{n_i}\}$．记 $x_0=\lim\limits_{i\to+\infty}x_{n_i}$．于是，在 $x_0$ 的任何开邻域中必含无限个 $x_{n_i}$，从而 $x_0$ 必为 $X$ 的非孤立零点，这与 $M$ 上只含 $X$ 的孤立零点相矛盾），记为 $p_1,p_2,\cdots,p_k$．

选 $p_1$ 的局部坐标系 $(U,\varphi)$，$\{x^i\}$，使得 $\varphi(p_1)=0$，$\overline{B^m(0;1)}\subset\varphi(U)$，且 $U$ 中只含 $X$ 的一个孤立零点 $p_1$．

应用引理 1.1.4 中的 $h$，令 $s:\mathbf{R}^m\to\mathbf{R}$ 为 $s(x)=h(\|x\|^2)$．显然，$s$ 是 $C^\infty$ 的且

$s|_{B^m(0;\frac{1}{2})}=1, s|_{\mathbf{R}^m-B^m(0;1)}=0$.于是,$\mu: M\to\mathbf{R}$,

$$\mu(p)=\begin{cases}s(\varphi(p)), & p\in U,\\ 0, & p\in M-U\end{cases}$$

为$C^\infty$函数,且$\mu|_{U_1}=1, \mu|_{M-\bar{U}_2}=0$,其中$U_1=\varphi^{-1}\left(B^m\left(0;\frac{1}{2}\right)\right)$,$U_2=\varphi^{-1}(B^m(0;1))$.令

$$Y(p)=\begin{cases}X(p)-\mu(p)\varphi_{\#p}^{-1}(y), & p\in U,\\ X(p), & p\in M-U,\end{cases}$$

其中$y\in\mathbf{R}^m$为一固定向量($\varphi_{\#p}^{-1}(y)$中,视$y$为$\mathbf{R}^m$中的常向量场).显然,在$M-\bar{U}_2$中$Y(p)=X(p)$,它们有相同的零点.因为$\bar{U}_2-U_1$紧致,故当$y$充分靠近$0\in\mathbf{R}^m$时,$Y$在$\bar{U}_2-U_1$中根本无零点.根据Sard定理,还可选择$y$为$\varphi_\#\circ X\circ\varphi^{-1}:\varphi(U)\to\mathbf{R}^m$的足够小的正则值.于是,在$\varphi(U_1)$中,

$$\varphi_\#\circ Y\circ\varphi^{-1}=\varphi_\#\circ X\circ\varphi^{-1}-y\cdot\mu\circ\varphi^{-1}=\varphi_\#\circ X\circ\varphi^{-1}-y$$

只含非退化的零点,从而$Y$在$U_1$中只含非退化的零点.应用引理3.2.2和由

$$\varphi_\#\circ X\circ\varphi^{-1}-ty\cdot\mu\circ\varphi^{-1}$$

为连接$\varphi_\#\circ X\circ\varphi^{-1}$与$\varphi_\#\circ Y\circ\varphi^{-1}=\varphi_\#\circ X\circ\varphi^{-1}-y\cdot\mu\circ\varphi^{-1}$的$C^\infty$同伦得到

$$\begin{aligned}\mathrm{Ind}_{p_1}X&=\mathrm{Ind}_{\varphi(p_1)}\varphi_\#\circ X\circ\varphi^{-1}\\&=\deg(\varphi_\#\circ X\circ\varphi^{-1})|_{\partial\overline{B^m(0;\frac{1}{2})}}\\&=\deg(\varphi_\#\circ Y\circ\varphi^{-1})|_{\partial\overline{B^m(0;\frac{1}{2})}}\\&=\sum_{i=1}^{l}\deg(\varphi_\#\circ Y\circ\varphi^{-1})|_{\partial B^m(\varphi(\tilde{p}_i);\varepsilon)}\\&=\sum_{i=1}^{l}\mathrm{Ind}_{\varphi(\tilde{p}_i)}(\varphi_\#\circ Y\circ\varphi^{-1})=\sum_{i=1}^{l}\mathrm{Ind}_{\tilde{p}_i}Y\\&=\sum_{Y(p)=0,p\in U_1}\mathrm{Ind}_pY|_{U_1},\end{aligned}$$

其中,$\tilde{p}_1,\tilde{p}_2,\cdots,\tilde{p}_l$为$Y$在$U_1$中的全部非退化零点,而当$\varepsilon>0$充分小时,$\overline{B^m(\varphi(\tilde{p}_i);\varepsilon)}\subset B^m\left(0;\frac{1}{2}\right)$,$i=1,2,\cdots,l$为彼此不相交的小闭球.于是

$$\sum_{X(p)=0}\mathrm{Ind}_pX=\sum_{Y(p)=0}\mathrm{Ind}_pY.$$

反复应用上述过程得到,只含孤立零点的任意$C^\infty$切向量场$X$能换为一个只含非退化零点的$C^\infty$切向量场$Y$,且

$$\sum_{X(p)=0}\mathrm{Ind}_pX=\sum_{Y(p)=0}\mathrm{Ind}_pY=\chi(M).$$

这就完成了Poincaré-Hopf指数定理的全部证明. □

**例4.1.3** 在例4.1.2中具体给出了$S^m$上只有两个孤立零点$p$与$-p$的$C^\infty$切向量

场 $X(x)=p-\langle p,x\rangle x,x\in S^m$. 由 Poincaré-Hopf 指数定理(定理 4.1.1)得到 $S^m$ 的 Euler 示性数

$$\chi(M)=\mathrm{Ind}_pX+\mathrm{Ind}_{-p}X=(-1)^m+1.$$

因此，再由例 3.2.6, $S^m$ 上存在处处非零的 $C^\infty$ 切向量场 $\Leftrightarrow 0=\sum\limits_{X(x)=0}\mathrm{Ind}_xX=\chi(S^m)=(-1)^m+1\Leftrightarrow m$ 为奇数.

**注 4.1.2** 由例 4.1.3 与 Poincaré-Hopf 指数定理知,有时可构造特殊的 $C^\infty$ 切向量场 $X$ 来计算 $M$ 的 Euler 示性数 $\chi(M)$.

下面讨论 $C^\infty$ 连通流形 $M$ 上处处非零的 $C^\infty$ 切向量场的存在性问题. 先证以下引理.

**引理 4.1.19** 设 $(M,\mathscr{D})$ 为 $m$ 维 $C^\infty$ 紧致流形,则 $M$ 上有只含一个零点的 $C^\infty$ 切向量场 $X$.

**证明** 根据定理 2.2.1 或定理 2.2.2 或定理 2.2.3 或 Whitney 嵌入定理(定理 2.2.5), $M$ 可视作 $\mathbf{R}^q$ 中的 $C^\infty$ 正则子流形, $i:M\to\mathbf{R}^q$ 为包含映射. 如果 $g$ 为 $\mathbf{R}^q$ 中的通常 Riemann 度量,则 $(M,i^*g)$ 为 $(\mathbf{R}^q,g)$ 的 Riemann 正则子流形.

由引理 4.1.18,存在 $C^\infty$ Morse 函数 $f:M\to\mathbf{R}$,即它只含非退化临界点(因而它是孤立的),又因 $M$ 紧致,故它只有有限个非退化临界点,则 $Y=\mathrm{grad}f$ 只含有限个非退化零点. 从紧致流形 $M$ 上的 $C^\infty$ 函数 $f$ 必有最大值点与最小值点推出 $Y=\mathrm{grad}f$ 必有非退化零点. 设 $Y$ 的零点为 $p_1,p_2,\cdots,p_n$,当 $i\neq j$ 时,有 $p_i\neq p_j$.

取定点 $p\in M$ 与 $p$ 的局部坐标系 $(U,\varphi)$,使 $\varphi(U)=\mathbf{R}^m$, $\varphi(p)=0$. 根据定理 1.2.12,存在 $C^\infty$ 同胚 $\psi:M\to M$, s. t. $\psi(p_i)=q_i$,其中 $q_i,i=1,2,\cdots,n$ 为 $V$ 中的互不相同的点. 则 $M$ 上的 $C^\infty$ 切向量场 $\psi_\# Y$ 只含非退化零点 $q_1,q_2,\cdots,q_n\in V$,而 $Z_1=\varphi_\#\circ\psi_\# Y$ 为 $\mathbf{R}^m$ 中只含非退化零点 $\varphi(q_1),\varphi(q_2),\cdots,\varphi(q_n)\in\varphi(V)=B^m(0;1)$ 的 $C^\infty$ 切向量场. 令

$$f(r)=\begin{cases}0, & r\leqslant 0,\\ \mathrm{e}^4\mathrm{e}^{-\frac{1}{r^2}}, & 0<r<\dfrac{1}{2},\\ 1, & \dfrac{1}{2}\leqslant r\leqslant 1,\\ r, & r>1,\end{cases}$$

并构造 $\mathbf{R}^m$ 上只含一个零点 0 的连续切向量场

$$Z_2(x)=\begin{cases}0, & \|x\|=0,\\ Z_1\left(\dfrac{x}{\|x\|}\right)f(\|x\|), & 0<\|x\|<\dfrac{1}{2},\\ Z_1\left(\dfrac{x}{\|x\|}\right), & \dfrac{1}{2}\leqslant\|x\|\leqslant 1,\\ Z_1(x), & \|x\|>1.\end{cases}$$

根据定理 1.6.8,存在充分靠近 $Z_2$ 的 $\mathbf{R}^m$ 上的 $C^\infty$ 切向量场 $Z$,s.t. $Z|_A = Z_2|_A$,且在 $\mathbf{R}^m - B^m(0;2)$上有 $Z = Z_2 = Z_1 = \varphi_\# \circ \psi_\# Y$,其中 $A = \overline{B^m\left(0;\frac{1}{4}\right)} \cup (\mathbf{R}^m - B^m(0;2))$为 $\mathbf{R}^m$ 中的闭集.显然,$Z$ 只含一个零点 0.于是

$$X(q) = \begin{cases} \varphi_\#^{-1} Z(q), & q \in U, \\ \psi_\# Y(q), & q \notin U \end{cases}$$

为 $M$ 上的只含一个零点的 $C^\infty$ 切向量场. □

**注 4.1.3** 利用 Thom 横截性定理(定理 2.3.1′),文献[1]123 页 Proposition 11.14 证明了 $M$ 上存在只含有限个零点的 $C^\infty$ 切向量场.

**定理 4.1.2** $C^\infty$ 紧致流形$(M,\mathscr{D})$上存在处处非零的 $C^\infty$ 切向量场$\Leftrightarrow \chi(M)=0$.

**证明** ($\Rightarrow$)由 Poincaré-Hopf 指数定理和 $\{p \in M \mid X(p) = 0\} = \varnothing$ 知,$\chi(M) = \sum\limits_{X(p)=0} \mathrm{Ind}_p X = 0$.

($\Leftarrow$)由引理 4.1.19,存在 $M$ 上只含一个零点 $p$ 的 $C^\infty$ 切向量场 $Y$.再由 Poincaré-Hopf 指数定理,$\mathrm{Ind}_p Y = \chi(M) = 0$.

设$(U,\varphi)$为 $p$ 的局部坐标系,$\varphi(p)=0$,$\varphi(U)=\mathbf{R}^m$.$Z = \varphi_\# Y$ 为只含零点 $\varphi(p) = 0$ 的 $\mathbf{R}^m$ 中的 $C^\infty$ 切向量场,其指数为 0.

考虑 $C^\infty$ 映射 $f: S^{m-1} \to S^{m-1}$,$f(x) = Z(x)/\|Z(x)\|$,则 $\deg f = \mathrm{Ind}_0 Z = 0$.根据 Hopf 分类定理(定理 3.3.1),$f C^\infty$ 同伦于常值映射 $c \in S^{m-1}$,即存在 $C^\infty$ 映射 $F: S^{m-1} \times \mathbf{R} \to S^{m-1}$,s.t.

$$F_t(x) = F(x,t) = \begin{cases} c, & t \leqslant \frac{1}{3}, \\ f(x), & t \geqslant \frac{2}{3} \end{cases}$$

$$= \begin{cases} c, & t \leqslant \frac{1}{3}, \\ Z(x)/\|Z(x)\|, & t \geqslant \frac{2}{3}. \end{cases}$$

于是,可由 $F$ 构造一个连续映射 $G_1(x): \mathbf{R}^m \to S^{m-1}$,

$$G_1(x) = \begin{cases} c, & 0 \leqslant \|x\| \leqslant \frac{1}{3}, \\ F(x/\|x\|, \|x\|), & \frac{1}{3} < \|x\| < 1, \\ Z(x)/\|Z(x)\|, & \|x\| \geqslant 1. \end{cases}$$

显然,$G_1|_{S^{m-1}} = f$.根据定理 1.6.8,存在充分靠近 $G_1$ 的 $C^\infty$ 映射 $G$,s.t.在闭集 $A =$

$\overline{B^m\left(0;\frac{1}{4}\right)}\cup(\mathbf{R}^m-B^m(0;2))$上有 $G|_A=G_1|_A$. 由 Tietze 扩张定理,将 $\mathbf{R}^m-B^m(0;1)$上的 $C^\infty$ 函数 $\|Z(x)\|$ 延拓为 $\mathbf{R}^m$ 上的恒正连续函数,s. t.

$$\lambda_1(x)=\begin{cases}1, & x\in\overline{B^m\left(0;\frac{1}{2}\right)},\\ \|Z(x)\|, & x\in\mathbf{R}^m-B^m(0;1).\end{cases}$$

再一次应用定理 1.6.8,存在充分靠近 $\lambda_1$ 的 $\mathbf{R}^m$ 上的恒正 $C^\infty$ 函数 $\lambda$,s. t. 在闭集

$$A=\overline{B^m\left(0;\frac{1}{4}\right)}\cup(\mathbf{R}^m-B^m(0;2))$$

上,有 $\lambda|_A=\lambda_1|_A$. 于是,$\lambda(x)G(x)$为 $\mathbf{R}^m$ 上处处非零的 $C^\infty$ 切向量场且在 $\mathbf{R}^m-B^m(0;2)$上有

$$\begin{aligned}\lambda(x)G(x)&=\lambda_1(x)G_1(x)\\&=\|Z(x)\|\cdot Z(x)/\|Z(x)\|\\&=Z(x)=\varphi_{\#}Y(x).\end{aligned}$$

因此

$$X(q)=\begin{cases}\varphi_{\#}^{-1}(\lambda G)(\varphi(q)), & q\in U,\\ Y(q), & q\notin U\end{cases}$$

为 $M$ 上的处处非零的 $C^\infty$ 切向量场. □

**推论 4.1.1** 设 $M$ 为 $2k+1$ 维 $C^\infty$ 紧致流形,$k\in\mathbf{N}\cup\{0\}$,则 $\chi(M)=0$.

**证明** 由引理 4.1.18 与引理 4.1.14(2),存在只含非退化零点的 $C^\infty$ 切向量场 $X=\operatorname{grad}f$. 再由 Poincaré-Hopf 指数定理与例 3.2.5 得到

$$\begin{aligned}\sum_{X(p)=0}\operatorname{Ind}_pX=\chi(M)&=\sum_{X(p)=0}\operatorname{Ind}_p(-X)\\&=(-1)^{2k+1}\sum_{X(p)=0}\operatorname{Ind}_pX=-\sum_{X(p)=0}\operatorname{Ind}_pX,\end{aligned}$$

故

$$2\sum_{X(p)=0}\operatorname{Ind}_pX=0,$$

$$\chi(M)=\sum_{X(p)=0}\operatorname{Ind}_pX=0.$$ □

**注 4.1.4** 在推论 4.1.1 中,如果 $M$ 可定向,我们可以应用代数拓扑中的 Poincaré 对偶定理得到

$$H_i(M;\mathbf{R})=H_{2k+1-i}(M;\mathbf{R})$$

与

$$\chi(M)=\sum_{i=0}^{2k+1}(-1)^i\operatorname{rank}H_i(M;\mathbf{R})$$

$$= \sum_{i=0}^{k}((-1)^i \operatorname{rank}H_i(M;\mathbf{R}) + (-1)^{2k+1-i}\operatorname{rank}H_{2k+1-i}(M;\mathbf{R}))$$
$$= 0.$$

如果 $M$ 不可定向，则应用 $\mathbf{Z}_2=\mathbf{Z}/(2\mathbf{Z})$(mod2)同调群的 Poincaré 对偶定理得到

$$H_i(M;\mathbf{Z}_2) = H_{2k+1-i}(M;\mathbf{Z}_2),\quad R_i^{(2)} = R_{2k+1-i}^{(2)},$$

从而

$$\chi(M) = \chi(M;\mathbf{Z}_2) = \sum_{i=0}^{2k+1}(-1)^i R_i^{(2)}$$
$$= \sum_{i=0}^{k}((-1)^i R_i^{(2)} + (-1)^{2k+1-i}R_{2k+1-i}^{(2)})$$
$$= 0,$$

其中 $R_i^{(2)}$ 为 $M$ 的第 $i$ 个模 2 Betti 数.

**例 4.1.4** 在文献[21]110 页例 4.3 中，由代数拓扑中同调群的知识，我们已经知道，2 维环面 $S^1\times S^1$ 的 Euler 示性数 $\chi(S^1\times S^1)=1-2+1=0$. 因此，Euler 示性数为 0 的紧致流形未必是奇数维的.

转而对 $m$ 维环面 $T^m=\underbrace{S^1\times\cdots\times S^1}_{m个}$，当 $m$ 为奇数时，由推论 4.1.1 知，它的 Euler 示性数 $\chi(T^m)=0$；当 $m$ 为偶数时，由上面结果知道 $\chi(S^1\times S^1)=0$. 而当 $m$ 为大于 2 的偶数时，应用同调群并不简单. 我们自然想到 $T^m$ 上有一个处处非零的单位切向量场 $\frac{\partial}{\partial\theta^1}$ $\left(或\frac{\partial}{\partial\theta^i},1\leqslant i\leqslant m\right)$. 根据定理 4.1.2，$\chi(T^m)=0$.

**例 4.1.5** 当 $m$ 为偶数时，$S^m$ 上的连续切向量场 $X$ 必有零点(参阅例 3.2.6).

**证明** (证法 1)(反证)假设 $X(x)\neq 0,\forall x\in S^m$，根据定理 1.6.8，必有 $C^1$ 切向量场 $\widetilde{X}$，s.t. $\widetilde{X}(x)\neq 0,\forall x\in S^m$. 于是

$$1+(-1)^m = \chi(S^m) = \sum_{\widetilde{X}(x)=0}\widetilde{X}(x) = 0,$$

$m$ 为奇数，这与已知 $m$ 为偶数相矛盾.

它表明 $S^m$ 上处处非零的连续切向量场是不存在的. 换言之，$S^m$ 上的任何连续切向量场 $X$ 必有零点.

(证法 2)(反证)假设 $X(x)\neq 0,\forall x\in S^m$. 令

$$f:S^m\to S^m,\quad f(x) = \frac{X(x)}{\|X(x)\|},\ x\in S^m.$$

因 $\langle X(x),x\rangle=0$，所以 $\langle f(x),x\rangle=\left\langle\frac{X(x)}{\|X(x)\|},x\right\rangle=0$. 从而 $f(x)\neq\pm x,\forall x\in S^m$. 由此

推出 $f\simeq \mathrm{Id}_{S^m}$(从 $f(x)\neq -x,\forall x\in S^m$)与 $f\simeq r$(从 $f(x)\neq x,\forall x\in S^m$),其中 $r:S^m\to S^m$ 为对径映射.于是,$r\simeq f\simeq \mathrm{Id}_{S^m}$,且

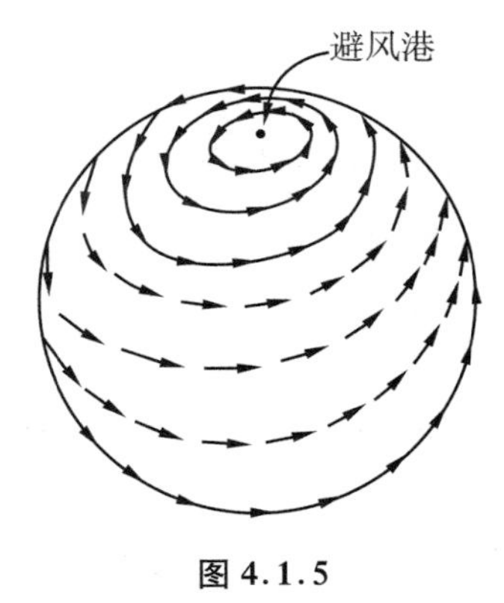

图 4.1.5

$$-1=(-1)^{m+1}=\deg r=\deg \mathrm{Id}_{S^m}=1,$$

矛盾. □

当 $m=2$ 时,上述结果有一个直观的描述:如果刮一阵台风,则地球上至少有一点处无风,即风速为 0.就是说无论台风有多大,总有一处是避风港(图 4.1.5).

当 $m$ 为奇数 $2n-1$ 时,$S^m=S^{2n-1}$ 上总有处处非零的 $C^\infty$ 切向量场

$$X(x)=(x^2,-x^1,x^4,-x^3,\cdots,x^{2n},-x^{2n-1}).$$

## 4.2 用临界值刻画流形的同伦型

设 $M$ 为 $m$ 维 $C^\infty$ 流形,$f:M\to \mathbf{R}$ 为 $C^\infty$ 函数.令

$$M^a=f^{-1}(-\infty,a]=\{p\in M\mid f(p)\leqslant a\}.$$

**定理 4.2.1** 设 $f$ 为 $m$ 维 $C^\infty$ 流形 $M$ 上的 $C^\infty$ 实值函数,$a<b$,如果集合

$$f^{-1}[a,b]=\{p\in M\mid a\leqslant f(p)\leqslant b\}$$

为紧致集,且不含 $f$ 的任何临界点,则 $M^a$ 微分同胚于 $M^b$.此外,$M^a$ 为 $M^b$ 的形变收缩核,并且包含映射 $M^a\to M^b$ 是一个同伦等价.

**证明** 在 $M$ 上选一个 Riemann 度量 $g=\langle ,\rangle$,则对任何 $C^\infty$ 切向量场 $X$ 和 $C^\infty$ 函数 $f$ 的梯度场有

$$\langle \mathrm{grad} f,X\rangle = Xf$$

($f$ 沿 $X$ 的方向导数).因此,向量场 $\mathrm{grad} f$ 的零点正好就是 $f$ 的临界点.此外,如果 $\sigma:\mathbf{R}\to M$ 为一条 $C^\infty$ 曲线,它的切向量场 $\frac{\mathrm{d}\sigma}{\mathrm{d}t}=\sigma'(t)$,则

$$\left\langle \mathrm{grad} f,\frac{\mathrm{d}\sigma}{\mathrm{d}t}\right\rangle=\frac{\mathrm{d}\sigma}{\mathrm{d}t}f=\frac{\mathrm{d}(f\circ\sigma)}{\mathrm{d}t}.$$

因为 $f^{-1}[a,b]$ 中不含临界点,故可令 $\rho:M\to\mathbf{R}$ 为

$$\rho(p)=\begin{cases}\dfrac{\lambda(p)}{\langle \mathrm{grad} f,\mathrm{grad} f\rangle_p}, & p\in f^{-1}[a,b],\\ 0, & p\notin U(\text{含 } f^{-1}[a,b] \text{ 的开邻域}),\end{cases}$$

其中 $\lambda:M\to\mathbf{R}$ 为推论 1.1.1 中关于紧致集 $f^{-1}[a,b]$ 的 $C^\infty$ 函数,使 $\lambda|_{f^{-1}[a,b]}=1$,

$\lambda|_{M-U}=0, 0\leqslant\lambda(p)\leqslant 1(\forall p\in M)$. 显然，$\rho$ 是 $C^\infty$ 的. 则由

$$X_p=\rho(p)(\mathrm{grad}f)_p$$

定义的切向量场满足定理 1.2.9 中的条件，因此，$X$ 产生了 $M$ 的 $C^\infty$ 微分同胚的 1-参数群

$$\varphi_t: M\to M.$$

对固定的 $p$，考虑函数 $t\mapsto f(\varphi_t(p))$. 如果 $\varphi_t(p)\in f^{-1}[a,b]$，则

$$\frac{\mathrm{d}f(\varphi_t(p))}{\mathrm{d}t}=\left\langle \mathrm{grad}f, \frac{\mathrm{d}(\varphi_t(p))}{\mathrm{d}t}\right\rangle=\langle \mathrm{grad}f, X\rangle$$

$$=\left\langle \mathrm{grad}f, \frac{1}{\langle \mathrm{grad}f, \mathrm{grad}f\rangle}\mathrm{grad}f\right\rangle_p=1.$$

因此，当 $\varphi_t(p)\in f^{-1}[a,b]$时，

$$t\mapsto f(\varphi_t(p))$$

是导数为 1 的线性函数，即

$$f(\varphi_t(p))=t+f(\varphi_0(p))=t+f(p).$$

因为 $0\leqslant\lambda(p)\leqslant 1, \forall p\in M$，所以

$$0\leqslant\frac{\mathrm{d}f(\varphi_t(p))}{\mathrm{d}t}=\langle \mathrm{grad}f, X\rangle|_p=\langle \mathrm{grad}f|_p, \rho(p)(\mathrm{grad}f)_p\rangle$$

$$=\rho(p)\langle \mathrm{grad}f, \mathrm{grad}f\rangle|_p=\begin{cases}\lambda(p), & p\in f^{-1}[a,b],\\ 0, & p\in U\end{cases}$$

$$\leqslant 1.$$

从而

$$f(\varphi_t(p))\leqslant t+f(p),\ \forall p\in M;\quad f(\varphi_t(p))\geqslant f(\varphi_0(p))=f(p),\ \forall p\in M.$$

现在考虑 $C^\infty$ 微分同胚 $\varphi_{b-a}: M\to M$. 清楚地

$$f(\varphi_{b-a}(p))\leqslant(b-a)+f(p)\leqslant(b-a)+a=b,\quad \forall p\in M^a=f^{-1}(-\infty,a],$$

$$f(\varphi_{b-a}(p))=(b-a)+f(p)=(b-a)+a=b,\quad \forall p\in f^{-1}(a).$$

由此推得 $\varphi_{b-a}C^\infty$ 微分同胚地将 $M^a$ 映到 $M^b$ 内.

另一方面，显然有

$$f(\varphi_{b-a}(p))=(b-a)+f(p)>b-a+a=b,\quad p\in f^{-1}(a,b].$$

$$f(\varphi_{b-a}(p))\geqslant f(\varphi_0(p))=f(p)>b,\quad p\in f^{-1}(b,+\infty).$$

或者由

$$f(\varphi_{a-b}(p))\leqslant(a-b)+f(p)$$

$$\leqslant(a-b)+b=a,\quad p\in M^b=f^{-1}(-\infty,b],$$

$$f(\varphi_{a-b}(p)) = (a-b) + f(p) = (a-b) + b = a,\quad p \in f^{-1}(b).$$

$\varphi_{a-b}C^\infty$ 微分同胚地将 $M^b$ 映到 $M^a$ 内.

综上得到 $\varphi_{b-a}C^\infty$ 微分同胚地将 $M^a$ 映到 $M^b$ 上.

定义 $C^\infty$ 映射的 1-参数族

$$r_t: M^b \to M^a,$$

$$p \mapsto r_t(p) = \begin{cases} p, & f(p) \leqslant a, \\ \varphi_{t(a-f(p))}(p), & a \leqslant f(p) \leqslant b. \end{cases}$$

显然,$r_0 = \mathrm{Id}_{M^b}$,且 $r_1$ 为从 $M^b$ 到 $M^a$ 的收缩映射,从而 $M^a$ 为 $M^b$ 的形变收缩核. □

**定理 4.2.2** 设 $f$ 为 $m$ 维 $C^\infty$ 流形 $M$ 上的 $C^\infty$ 实值函数,$p$ 为指数 $\lambda$ 的非退化临界点.令 $f(p)=c$.假设对某个 $\varepsilon>0$,$f^{-1}[c-\varepsilon,c+\varepsilon]$是紧致的,且不含异于 $p$ 的 $f$ 的临界点.于是,当 $\varepsilon$ 充分小时,$M^{c-\varepsilon}$ 粘上一个 $\lambda$ 维胞腔 $e^\lambda$ 后所得的 $M^{c-\varepsilon}\cup e^\lambda$ 的 $M^{c+\varepsilon}$ 的形变收缩核.由此,$M^{c+\varepsilon}$ 与 $M^{c-\varepsilon}\cup e^\lambda$ 有相同的同伦型.

(我们先就环面上的高度函数 $f$ 这个特例用图 4.2.1 来说明一下证明这个定理的思想.区域

$$M^{c-\varepsilon} = f^{-1}(-\infty, c-\varepsilon]$$

用重阴影来表示.我们将引入一个新函数 $F: M\to \mathbf{R}$,使得在点 $p$ 的某个小邻域中 $F<f$,而在这个小邻域之外 $F$ 与高度函数 $f$ 完全相同.于是,区域 $F^{-1}(-\infty,c-\varepsilon]$ 就由 $M^{c-\varepsilon}$ 以及点 $p$ 邻近的一个区域 $H$ 组成.这个 $H$ 在图 4.2.1 中是用水平阴影区域来表示的.选取一个适当的胞腔 $e^\lambda\subset H$(利用沿水平线的推移)可以直接证明:$M^{c-\varepsilon}\cup e^\lambda$ 是 $M^{c-\varepsilon}\cup H$ 的形变收缩核.最后,应用定理 4.2.1 于函数 $F$ 与区域 $F^{-1}[c-\varepsilon,c+\varepsilon]$,可以看出 $M^{c-\varepsilon}\cup H$ 是 $M^{c+\varepsilon}$ 的形变收缩核.因此,$M^{c-\varepsilon}\cup e^\lambda$ 是 $M^{c+\varepsilon}$ 的形变收缩核.)

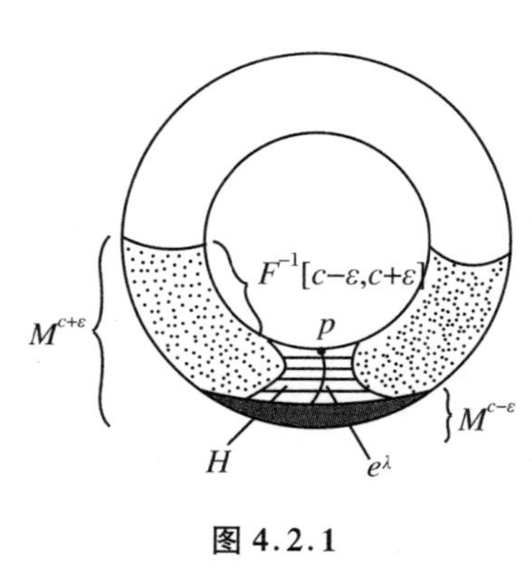


**图 4.2.1**

**证明** 应用 Morse 引理 4.1.2,选点 $p$ 的局部坐标系$(U,\varphi)$,$\{u^1,u^2,\cdots,u^m\}$,s.t.

$$f = c-(u^1)^2-\cdots-(u^\lambda)^2+(u^{\lambda+1})^2+\cdots+(u^m)^2$$

在整个 $U$ 中处处成立,所以临界点 $p$ 具有局部坐标

$$u^1(p) = u^2(p) = \cdots = u^m(p) = 0.$$

由题设,取 $\varepsilon$ 充分小,使得:

(1) 闭区域 $f^{-1}[c-\varepsilon,c+\varepsilon]$是紧致的(由 $c-\varepsilon$,$c+\varepsilon$ 为 $f$ 的正则值,故区域的边界

$f^{-1}(c-\varepsilon)\cup f^{-1}(c+\varepsilon)$ 为 $m-1$ 维 $C^{\infty}$ 正则子流形)，并且除点 $p$ 外，不再含其他临界点.

(2) 闭实心球 $\left\{(u^1,u^2,\cdots,u^m)\,\middle|\,\sum_{i=1}^{m}(u^i)^2\leqslant 2\varepsilon\right\}\subset\varphi(U)\subset\mathbf{R}^m$. 现在，定义 $e^{\lambda}$ 为 $U$ 的一个子集. 由满足条件：

$$(u^1)^2+\cdots+(u^{\lambda})^2\leqslant\varepsilon,\quad u^{\lambda+1}=\cdots=u^m=0$$

的点组成. 在图 4.2.2 中，两根坐标线分别代表

$$u^1=\cdots=u^{\lambda}=0\quad 与\quad u^{\lambda+1}=\cdots=u^m=0;$$

圆周表示半径为 $\sqrt{2\varepsilon}$ 的实心球的边界；两条双曲线分别表示超曲面 $f^{-1}(c-\varepsilon)$ 与 $f^{-1}(c+\varepsilon)$；区域 $M^{c-\varepsilon}$ 用黑阴影表示，区域 $f^{-1}[c-\varepsilon,c]$ 用小点表示，$f^{-1}[c,c+\varepsilon]$ 则用灰阴影表示；通过点 $p$ 的水平粗线代表胞腔 $e^{\lambda}$. 注意，$M^{c-\varepsilon}\cap e^{\lambda}$ 正好是 $e^{\lambda}$ 的边界 $\dot{e}^{\lambda}$，所以 $M^{c-\varepsilon}$ 与 $e^{\lambda}$ 自然黏合为 $M^{c-\varepsilon}\cup e^{\lambda}$.

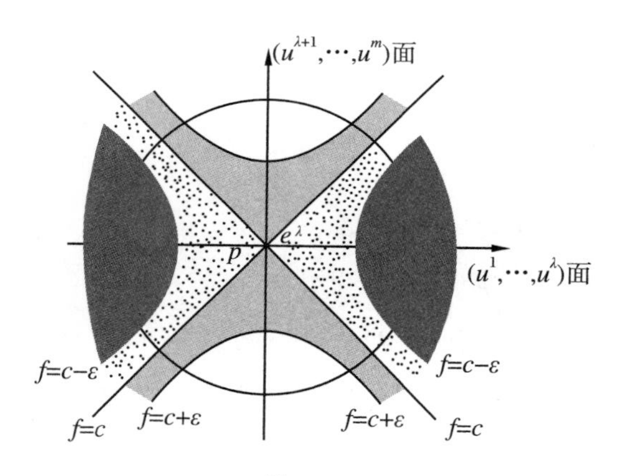


图 4.2.2

我们需证明 $M^{c-\varepsilon}\cup e^{\lambda}$ 为 $M^{c+\varepsilon}$ 的形变收缩核. 为此，先构造一个新的 $C^{\infty}$ 函数 $F$: $M\to\mathbf{R}$ 如下：令

$$\mu:\mathbf{R}\to\mathbf{R},$$

$$\mu(r)=\begin{cases}\dfrac{\mathrm{e}^2}{4.1}\varepsilon\mathrm{e}^{-\frac{\varepsilon}{2\varepsilon-r}}, & r<2\varepsilon,\\ 0, & r\geqslant 2\varepsilon.\end{cases}$$

显然，$\mu$ 为 $C^{\infty}$ 函数，且

$$\mu(0)=\frac{\mathrm{e}^2}{4.1}\varepsilon\mathrm{e}^{-\frac{1}{2}}=\frac{\mathrm{e}^{\frac{3}{2}}}{4.1}\varepsilon>\varepsilon,$$

$$0 \geqslant \mu'(r) = \begin{cases} \dfrac{e^2}{4.1}\varepsilon \cdot \dfrac{-\varepsilon}{(2\varepsilon - r)^2} e^{-\frac{\varepsilon}{2\varepsilon - r}}, & r < 2\varepsilon, \\ 0, & r \geqslant 2\varepsilon \end{cases}$$

$$\geqslant \begin{cases} -\dfrac{e^2}{4.1} 2^2 e^{-2}, & r < 2\varepsilon, \\ 0, & r \geqslant 2\varepsilon \end{cases}$$

$$> -1.$$

现在让 $F$ 在局部坐标邻域 $U$ 外与 $f$ 一致,而在 $U$ 内为

$$F = f - \mu((u^1)^2 + \cdots + (u^\lambda)^2 + 2(u^{\lambda+1})^2 + \cdots + 2(u^m)^2).$$

易见,$F: M \to \mathbf{R}$ 为 $C^\infty$ 函数.

为了方便,再定义两个函数

$$\xi, \eta: U \to [0, +\infty)$$

为

$$\xi = (u^1)^2 + \cdots + (u^\lambda)^2,$$

$$\eta = (u^{\lambda+1})^2 + \cdots + (u^m)^2.$$

于是

$$f(q) = c - \xi(q) + \eta(q),$$

$$F(q) = f(q) - \mu(\xi(q) + 2\eta(q))$$

$$= c - \xi(q) + \eta(q) - \mu(\xi(q) + 2\eta(q)), \quad q \in U.$$

□

**结论 1** 闭区域 $F^{-1}(-\infty, c+\varepsilon]$ 与 $M^{c+\varepsilon} = f^{-1}(-\infty, c+\varepsilon]$ 重合.

**证明** 在椭球 $\xi + 2\eta \leqslant 2\varepsilon$ 外,由于 $\mu(r) = 0, r > 2\varepsilon$,故 $F = f$;在椭球 $\xi + 2\eta \leqslant 2\varepsilon$ 内,我们有

$$F = f - \mu(\xi + 2\eta) \leqslant f = c - \xi + \eta \leqslant c + \frac{1}{2}\xi + \eta \leqslant c + \varepsilon.$$

因此

$$F^{-1}(-\infty, c+\varepsilon] = f^{-1}(-\infty, c+\varepsilon] = M^{c+\varepsilon}.$$

□

**结论 2** $F$ 与 $f$ 具有相同的临界点.

**证明** 注意,$F$ 为 $\xi, \eta$ 的 $C^\infty$ 函数,$\xi, \eta$ 为 $u^1, u^2, \cdots, u^m$ 的 $C^\infty$ 函数,且

$$\frac{\partial F}{\partial \xi} = -1 - \mu'(\xi + 2\eta) < 0,$$

$$\frac{\partial F}{\partial \eta} = 1 - 2\mu'(\xi + 2\eta) \geqslant 1.$$

由于

$$\sum_{i=1}^{m}\frac{\partial F}{\partial u^i}\mathrm{d}u^i=\mathrm{d}F=\frac{\partial F}{\partial \xi}\mathrm{d}\xi+\frac{\partial F}{\partial \eta}\mathrm{d}\eta\text{ 为零}$$

$$\Leftrightarrow\quad \mathrm{d}\xi=0,\quad \mathrm{d}\eta=0$$

$$\Leftrightarrow\quad u^1=u^2=\cdots=u^m=0,$$

可见,在 $U$ 中,$F$ 有唯一的临界点 $p$(它也是 $f$ 在 $U$ 中唯一的临界点).此外,在椭球 $\xi+2\eta\leqslant 2\varepsilon$ 外,$F$ 与 $f$ 相同.因此,$F$ 与 $f$ 具有相同的临界点. □

**结论 3** 区域 $F^{-1}(-\infty,c-\varepsilon]$为 $M^{c+\varepsilon}$ 的形变收缩核,并且它们是 $C^\infty$ 微分同胚的.

**证明** 现在考虑闭区域 $F^{-1}[c-\varepsilon,c+\varepsilon]$.根据结论 1 与不等式 $F\leqslant f$,可以看出

$$F^{-1}[c-\varepsilon,c+\varepsilon]\subset f^{-1}[c-\varepsilon,c+\varepsilon].$$

因此,从题设 $f^{-1}[c-\varepsilon,c+\varepsilon]$紧致知,闭区域 $F^{-1}[c-\varepsilon,c+\varepsilon]$也紧致.由结论 2,$F^{-1}[c-\varepsilon,c+\varepsilon]$除了可能含有点 $p$ 以外不能含有 $F$ 的其他临界点.但是

$$F(p)=c-\mu(0)<c-\varepsilon,$$

所以,$p\notin F^{-1}[c-\varepsilon,c+\varepsilon]$.从而,$F^{-1}[c-\varepsilon,c+\varepsilon]$不含 $F$ 的任何临界点.再根据定理 4.2.1 与结论 1,$F^{-1}(-\infty,c-\varepsilon]$为 $F^{-1}(-\infty,c+\varepsilon]=f^{-1}(-\infty,c+\varepsilon]=M^{c+\varepsilon}$ 的形变收缩核,并且它们是 $C^\infty$ 微分同胚的. □

**注 4.2.1** 为了方便,我们记 $F^{-1}(-\infty,c-\varepsilon]=M^{c-\varepsilon}\cup H$,其中 $H$ 为

$$F^{-1}(-\infty,c-\varepsilon]-M^{c-\varepsilon}$$

的闭包.

按 S. Smale 的说法,闭区域 $M^{c-\varepsilon}\cup H$ 被说成是 $M^{c-\varepsilon}$ 和一条“环柄”(或“柄”)黏合起来的.因此,由上述,带边流形 $M^{c-\varepsilon}\cup H=F^{-1}(-\infty,c-\varepsilon]$ $C^\infty$ 微分同胚于

$$F^{-1}(-\infty,c+\varepsilon]=M^{c+\varepsilon}.$$

这个事实在 S. Smale 的微分流形理论中是很重要的(参阅文献[16]391～406 页).

**结论 4** $M^{c-\varepsilon}\cup e^\lambda$ 为 $M^{c-\varepsilon}\cup H$ 的形变收缩核.

**证明** 上面我们引入了胞腔

$$e^\lambda=\{q\in U\mid \xi(q)\leqslant\varepsilon,\eta(q)=0\}.$$

注意,$e^\lambda\subset H$,即 $e^\lambda$ 含于“环柄”$H$ 中.事实上,由于$\frac{\partial F}{\partial \xi}<0$,我们有

$$F(q)\leqslant F(p)=c-0-\mu(0)<c-\varepsilon;$$

但当 $q\in e^\lambda$ 时,

$$f(q)=c-\xi(q)+0=c-\xi(q)\geqslant c-\varepsilon,$$

即 $q\in H$.从而,$e^\lambda\subset H$. □

现在的情况如图 4.2.3 所示:闭区域 $M^{c-\varepsilon}$ 用重阴影表示;“环柄”$H$ 用铅直箭头表

示;闭区域 $F^{-1}[c-\varepsilon,c+\varepsilon]$则用点表示.

图 4.2.3 中的铅直箭头形象地表示出一个形变收缩 $r_t: M^{c-\varepsilon}\cup H\to M^{c-\varepsilon}\cup H$.更确切地,在局部坐标邻域 $U$ 外,令 $r_t$ 为恒同映射;在 $U$ 内 $r_t$ 定义如下.我们需分别考虑图 4.2.4 所示的三种情形.

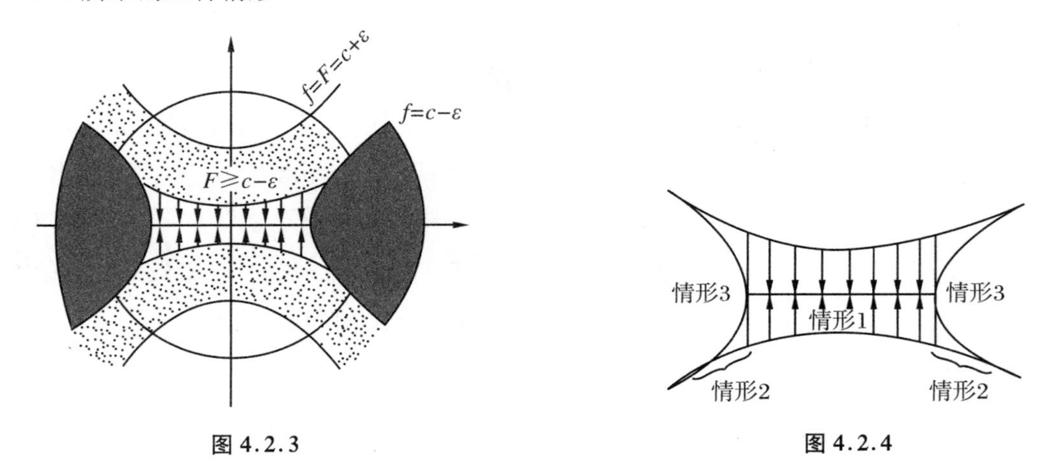


图 4.2.3　　　　图 4.2.4

**情形 1**　在区域 $\xi\leqslant\varepsilon$ 内,令 $r_t$ 相当于下列映射:

$$(u^1,u^2,\cdots,u^m)\mapsto(u^1,u^2,\cdots,u^\lambda,tu^{\lambda+1},tu^{\lambda+2},\cdots,tu^m).$$

于是,$r_0$ 将整个闭区域 $\xi\leqslant\varepsilon$ 映成 $e^\lambda$,而 $r_1$ 为恒同映射.此外,从不等式$\dfrac{\partial F}{\partial\eta}>0$ 知,当 $\xi$ 固定时,$F$ 关于 $\eta$ 是严格增的,故当$(\xi,\eta)\in F^{-1}(-\infty,c-\varepsilon]$时,

$$F(\xi,t\eta)\leqslant F(\xi,\eta)\leqslant c-\varepsilon,\quad t\in[0,1].$$

从而,$(\xi,t\eta)\in F^{-1}(-\infty,c-\varepsilon]$.这就证明了 $r_t(t\in[0,1])$将闭区域 $F^{-1}(-\infty,c-\varepsilon]$ 映入自身.

**情形 2**　在区域 $\varepsilon<\xi\leqslant\eta+\varepsilon$ 内,令 $r_t$ 相当于下列映射:

$$(u^1,u^2,\cdots,u^m)\mapsto(u^1,u^2,\cdots,u^\lambda,S_tu^{\lambda+1},S_tu^{\lambda+2},\cdots,S_tu^m),$$

其中 $S_t\in[0,1]$,定义为

$$S_t=t+(1-t)\left(\frac{\xi-\varepsilon}{\eta}\right)^{\frac{1}{2}}.$$

因此,$S_1=1$,故 $r_1$ 为恒同映射;而 $S_0=\left(\dfrac{\xi-\varepsilon}{\eta}\right)^{\frac{1}{2}}$,

$$\sum_{i=\lambda+1}^{m}(S_0u^i)^2=S_0^2\sum_{i=\lambda+1}^{m}(u^i)^2=\frac{\xi-\varepsilon}{\eta}\cdot\eta=\xi-\varepsilon.$$

$$\begin{aligned}f(r_0(u^1,u^2,\cdots,u^m))&=f(u^1,u^2,\cdots,u^\lambda,S_0u^{\lambda+1},S_0u^{\lambda+2},\cdots,S_0u^m)\\&=c-\xi+S_0^2\eta=c-\xi+\xi-\varepsilon=c-\varepsilon,\end{aligned}$$

这就证明了 $r_0$ 将整个区域 $\varepsilon<\xi\leqslant\eta+\varepsilon$ 映入超曲面 $f^{-1}(c-\varepsilon)$.注意,当 $\xi=\varepsilon$ 时,$S_t=1$,这

个定义与情形 1 的定义是一致的. 此外，$S_t u^i$ ($i=\lambda+1,\cdots,m$) 当 $\xi\to\varepsilon$，$\eta\to 0$ 时 $\left(\left|\left(\frac{1}{\eta}\right)^{\frac{1}{2}}u^i\right|\leqslant 1\right)$ 仍然是连续的. 此时，$r_t$ 仍是连续的.

**情形 3** 在区域 $\eta+\varepsilon\leqslant\xi$($\Leftrightarrow f=c-\xi+\eta\leqslant c-\varepsilon$，即在 $M^{c-\varepsilon}$ 内)，令 $r_t$ 为恒同映射. 这个定义，当 $\xi=\eta+\varepsilon$ 时，与情形 2 中的定义(此时，$S_t=1$)是一致的.

这就证明了 $M^{c-\varepsilon}\cup e^\lambda$ 为 $M^{c-\varepsilon}\cup H=F^{-1}(-\infty,c-\varepsilon]$ 的形变收缩核. 从而，再结合结论 3，$F^{-1}(-\infty,c-\varepsilon]$ 为 $M^{c+\varepsilon}$ 的形变收缩核. 由上推得 $M^{c-\varepsilon}\cup e^\lambda$ 为 $M^{c+\varepsilon}$ 的形变收缩核. 因此，$M^{c+\varepsilon}$ 的同伦型与 $M^{c-\varepsilon}$ 粘上一个 $\lambda$ 维胞腔后的同伦型相同. □

一般地，类似定理 4.2.2 的证明有下面定理.

**定理 4.2.2′** 设 $f$ 为 $m$ 维 $C^\infty$ 流形 $M$ 上的 $C^\infty$ 实值函数，$f^{-1}(c)$ 中仅含 $k$ 个指数分别为 $\lambda_1,\lambda_2,\cdots,\lambda_k$ 的非退化临界点 $p_1,p_2,\cdots,p_k$. 假设对某个 $\varepsilon>0$，$f^{-1}[c-\varepsilon,c+\varepsilon]$ 是紧致的. 则当 $\varepsilon$ 充分小时，$M^{c-\varepsilon}\cup e^{\lambda_1}\cup\cdots\cup e^{\lambda_k}$ 为 $M^{c+\varepsilon}$ 的形变收缩核. 由此，$M^{c+\varepsilon}$ 与 $M^{c-\varepsilon}\cup e^{\lambda_1}\cup\cdots\cup e^{\lambda_k}$ 有相同的同伦型.

将定理 4.2.2 的证明稍加修改，可以证明下面定理.

**定理 4.2.3** 在定理 4.2.2 的条件下，当 $\varepsilon>0$ 充分小时，$M^c$ 为 $M^{c+\varepsilon}$ 的形变收缩核，而 $M^{c-\varepsilon}\cup e^\lambda$ 为 $M^c$ 的形变收缩核. 因此，$M^{c-\varepsilon}\cup e^\lambda$ 也为 $M^{c+\varepsilon}$ 的形变收缩核.

由此，$M^{c+\varepsilon}$，$M^c$，$M^{c-\varepsilon}\cup e^\lambda$ 有相同的同伦型.

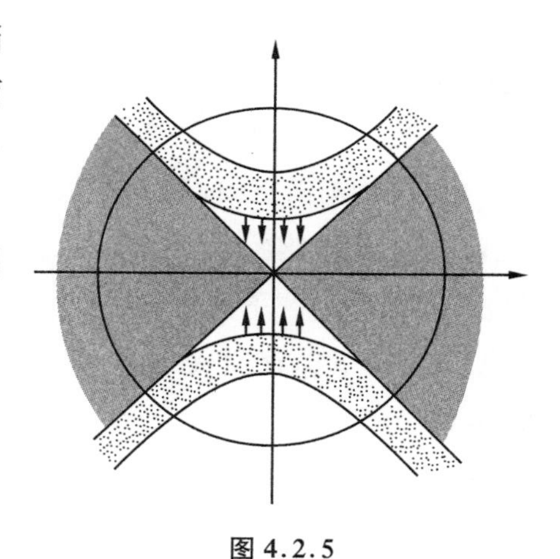

图 4.2.5

**证明** 从图 4.2.5 可看出相应的同伦由

$$(u^1,u^2,\cdots,u^m)\mapsto(u^1,u^2,\cdots,u^\lambda,r_t u^{\lambda+1},r_t u^{\lambda+2},\cdots,r_t u^m)$$

给出，其中

$$r_t=t+(1-t)\left(\frac{\xi}{\eta}\right)^{\frac{1}{2}}.$$

显然

$$\begin{aligned}r_1=1,\quad &(u^1,u^2,\cdots,u^m)\\ &\mapsto(u^1,u^2,\cdots,u^\lambda,r_1u^{\lambda+1},r_1u^{\lambda+2},\cdots,r_1u^m)\\ &=(u^1,u^2,\cdots,u^\lambda,u^{\lambda+1},u^{\lambda+2},\cdots,u^m),\end{aligned}$$

$$\begin{aligned}r_0=\left(\frac{\xi}{\eta}\right)^{\frac{1}{2}},\quad &(u^1,u^2,\cdots,u^m)\\ &\mapsto(u^1,u^2,\cdots,u^\lambda,r_0u^{\lambda+1},r_0u^{\lambda+2},\cdots,r_0u^m),\end{aligned}$$

$$\sum_{i=\lambda+1}^{m}(r_0u^i)^2 = r_0^2\cdot\eta = \frac{\xi}{\eta}\cdot\eta = \xi,$$

$$f(u^1,u^2,\cdots,u^\lambda,r_0u^{\lambda+1},r_0u^{\lambda+2},\cdots,r_0u^m) = c-\xi+\sum_{i=\lambda+1}^{m}(r_0u^i)^2 = c-\xi+\xi = c.$$

因此,$M^c$ 为 $F^{-1}(-\infty,c]$的形变收缩核.而由定理4.2.1与定理4.2.2结论1知,$F^{-1}(-\infty,c]$为 $F^{-1}(-\infty,c+\varepsilon]=M^{c+\varepsilon}$的形变收缩核.所以,$M^c$ 为 $M^{c+\varepsilon}$的形变收缩核.

此外,从定理4.2.2的证明及图4.2.2容易看出:$M^{c-\varepsilon}\cup e^\lambda$ 为$M^c$ 的形变收缩核.

□

类似定理4.2.2′,定理4.2.3可推广为以下定理.

**定理4.2.3′** 在定理4.2.2′的条件下,当 $\varepsilon>0$ 充分小时,$M^c$ 为 $M^{c+\varepsilon}$的形变收缩核,而 $M^{c-\varepsilon}\cup e^{\lambda_1}\cup\cdots\cup e^{\lambda_k}$ 为$M^c$ 的形变收缩核.因此,$M^{c-\varepsilon}\cup e^{\lambda_1}\cup\cdots\cup e^{\lambda_k}$ 也为$M^{c+\varepsilon}$的形变收缩核.

由此,$M^{c+\varepsilon}$,$M^c$,$M^{c-\varepsilon}\cup e^{\lambda_1}\cup\cdots\cup e^{\lambda_k}$有相同的同伦型.

为了得到更一般的结果(定理4.2.4),我们引入CW复形的概念,然后,讨论拓扑空间和一个胞腔黏合问题的两个引理,为此,先证明同伦等价的纯属代数的命题.

**定义4.2.1** 一个**CW复形**是一个拓扑空间 $X$,它由 $X=\bigcup_{n=0}^{\infty}X_n$ 表示,其中 $X_0\subset X_1\subset\cdots$,$X_0$ 为离散空间,$X_{n+1}$是从 $X_n$ 借助使 $n+1$ 维胞腔的边界映到 $X_n$ 的连续映射粘上若干 $n+1$ 维胞腔而得到的,它还要求:

$$X\text{ 的子集 }A\text{ 是闭的}\quad\Leftrightarrow\quad A\text{ 与每个胞腔(像)的交是闭集}.$$

如果 $X=X_n$,则称 $X$ 为 **$n$ 维CW复形**.如果胞腔的个数是有限的,则称 $X$ 为**有限CW复形**(参阅文献[2]166页).

**命题** 如果连续映射 $F$ 具有左同伦逆 $L$ 和右同伦逆 $R$,则 $F$ 是一个同伦等价,并且 $L$ 和 $R$ 都是两边同伦逆.

**证明** 关系

$$L\circ F\simeq\text{恒同映射},\quad F\circ R\simeq\text{恒同映射}$$

蕴涵着

$$L\simeq L\circ(F\circ R)=(L\circ F)\circ R\simeq R.$$

从而

$$R\circ F\simeq L\circ F\simeq\text{恒同映射}.$$

这就证明了 $R$ 为 $F$ 的两边同伦逆.同理或由 $L\simeq R$ 知,$L$ 也为 $F$ 的两边同伦逆.因此,$F$ 是一个同伦等价.

□

**引理4.2.1**(Whitehead) 设 $X$ 为拓扑空间,$e^\lambda$ 为单位 $\lambda$-胞腔,$\varphi_0,\varphi_1:\dot{e}^\lambda\to X$ 为同

伦的映射，则 $X$ 的恒同映射可扩张为一个同伦等价

$$k: X\bigcup_{\varphi_0} e^\lambda \to X\bigcup_{\varphi_1} e^\lambda,$$

其中 $X\bigcup_{\varphi_i} e^\lambda = (X \amalg e^\lambda)\Big/\left\{\begin{array}{l} x\in \dot{e}^\lambda, \varphi_i(x)\in X \\ x\sim \varphi_i(x)\end{array}\right\}$ 为 $X$ 与 $e^\lambda$ 的不交并 $X\amalg e^\lambda$ 在上述等价关系下的商拓扑空间，$i=0,1$.

**证明** 设 $\varphi_t$ 为连接 $\varphi_0$ 与 $\varphi_1$ 的同伦. 我们用下面的公式来定义同伦等价 $k$：

$$k(x) = x,\quad x\in X,$$

$$k(tu) = 2tu,\quad 0\leqslant t\leqslant \frac{1}{2}, u\in \dot{e}^\lambda,$$

$$k(tu) = \varphi_{2-2t}(u),\quad \frac{1}{2}\leqslant t\leqslant 1, u\in \dot{e}^\lambda.$$

注意：第二式右边的 $2\cdot\frac{1}{2}u=u\in\dot{e}^\lambda$ 与 $\varphi_1(u)$ 表示 $X\bigcup_{\varphi_1} e^\lambda$ 中的同一点；而第三式中左边的 $1\cdot u=u\in\dot{e}^\lambda$ 与 $\varphi_0(u)$ 表示 $X\bigcup_{\varphi_0} e^\lambda$ 中的同一点.

仿上可定义相应的映射

$$l: X\bigcup_{\varphi_1} e^\lambda \to X\bigcup_{\varphi_0} e^\lambda.$$

不难验证：复合映射 $k\circ l$ 与 $l\circ k$ 都同伦于相应的恒同映射. 于是，$k$ 与 $l$ 都是同伦等价. □

**引理 4.2.2** 设 $\varphi: \dot{e}^\lambda\to X$ 为一个黏合映射，则任何同伦等价 $f: X\to Y$ 均可扩张为同伦等价

$$F: X\bigcup_{\varphi} e^\lambda \to Y\bigcup_{f\circ\varphi} e^\lambda.$$

**证明** （遵照 P. Hilton 的一篇未发表的论文）映射 $F$ 用下列条件定义：

$$\begin{cases} F|_X = f, \\ F|_{e^\lambda} = \text{恒同映射} \end{cases}$$

（注意，左边 $u\in\dot{e}^\lambda$ 与 $\varphi(u)$ 视作同一点，而右边 $u\in\dot{e}^\lambda$ 与 $f\circ\varphi(u)$ 视作同一点）. 令 $g: Y\to X$ 为 $f$ 的同伦逆，映射

$$G: Y\bigcup_{f\circ\varphi} e^\lambda \to X\bigcup_{g\circ f\circ\varphi} e^\lambda$$

用下面相应的条件定义：

$$\begin{cases} G|_Y = g, \\ G|_{e^\lambda} = \text{恒同映射}. \end{cases}$$

由于 $g\circ f\circ\varphi\simeq\varphi$，从引理 4.2.1 可见，存在同伦等价

$$k: X\bigcup_{g\circ f\circ\varphi} e^\lambda \to X\bigcup_{\varphi} e^\lambda.$$

我们先证复合映射

$$k \circ G \circ F : X \bigcup_{\varphi} e^{\lambda} \to X \bigcup_{\varphi} e^{\lambda}$$

同伦于恒同映射. 为此,令 $h_t$ 为连接 $g \circ f$ 和恒同映射之间的同伦. 由 $k, G$ 和 $F$ 各自的定义可知

$$k \circ G \circ F(x) = g \circ f(x), \quad x \in X,$$

$$k \circ G \circ F(tu) = 2tu, \quad 0 \leqslant t \leqslant \frac{1}{2}, u \in \dot{e}^{\lambda},$$

$$k \circ G \circ F(tu) = h_{2-2t} \circ \varphi(u), \quad \frac{1}{2} \leqslant t \leqslant 1, u \in \dot{e}^{\lambda}.$$

于是,所要的同伦

$$q_{\tau} : X \bigcup_{\varphi} e^{\lambda} \to X \bigcup_{\varphi} e^{\lambda}$$

就用下面的公式来定义:

$$q_{\tau}(x) = h_{\tau}(x), \quad x \in X,$$

$$q_{\tau}(tu) = \frac{2}{1+\tau} tu, \quad 0 \leqslant t \leqslant \frac{1+\tau}{2}, u \in \dot{e}^{\lambda},$$

$$q_{\tau}(tu) = h_{2-2t+\tau} \circ \varphi(u), \quad \frac{1+\tau}{2} \leqslant t \leqslant 1, u \in \dot{e}^{\lambda}.$$

因此,$k \circ G \circ F \simeq$ 恒同映射. 从而 $F$ 具有左同伦逆 $k \circ G$. 仿此可证 $G$ 也具有左同伦逆. 于是,根据上述命题,我们有:

(1) 因 $k$ 为同伦等价,它具有左同伦逆 $l$,再由 $k \circ (G \circ F) \simeq$ 恒同映射知,$G \circ F$ 为 $k$ 的右同伦逆. 从上面命题推出 $(G \circ F) \circ k \simeq$ 恒同映射.

(2) 因 $G \circ (F \circ k) \simeq$ 恒同映射,而已证得 $G$ 具有左同伦逆,可见 $(F \circ k) \circ G \simeq$ 恒同映射.

(3) 因 $F \circ (k \circ G) \simeq$ 恒同映射,而已证得 $(k \circ G) \circ F = k \circ G \circ F \simeq$ 恒同映射,这就证明了 $F$ 为一个同伦等价. □

**定理 4.2.4** 设 $f$ 为 $m$ 维 $C^{\infty}$ 流形 $M$ 上的 $C^{\infty}$ 实值函数,无退化临界点,并且对每个实数 $a$,$M^a$ 是紧致的,则 $M$ 具有 CW 复形的同伦型:对于每个指数为 $\lambda$ 的非退化临界点,这个 CW 复形有一个 $\lambda$ 维胞腔与它相对应.

**证明** 显然,$f$ 的非退化临界点至多可数. 设 $c_1 < c_2 < c_3 < \cdots$ 为 $f$ 的所有非退化临界值(由于每个 $M^a$ 紧致,所以 $M^a$ 中至多含有限个 $f$ 的非退化临界点,从而 $\{c_i\}$ 无聚点). 当 $a < c_1$ 时,$M^a = \varnothing$(因 $M^{f(p)}$ 紧致,故 $f$ 在 $M^{f(p)}$ 上必有最小值点. 显然,它也是 $f$ 在 $M$ 上的最小值点,从而为 $f$ 的临界点,它对应的值为最小值 $c_1$). 假设 $a \neq c_1, c_2, c_3, \cdots$,并且 $M^a$ 具有一个 CW 复形的同伦型. 令 $c = \min\{c_i \mid c_i > a\}$. 根据定理 4.2.1、定理 4.2.2、定理 4.2.2′,当 $\varepsilon$ 充分小时,存在连续映射 $\varphi_1, \varphi_2, \cdots, \varphi_{j(c)}$ 使得 $M^{c+\varepsilon}$ 具有

$$M^{c-\varepsilon}\bigcup_{\varphi_1}e^{\lambda_1}\bigcup\cdots\bigcup_{\varphi_{j(c)}}e^{\lambda_{j(c)}}$$

的同伦型，并且存在同伦等价 $h:M^{c-\varepsilon}\to M^a$. 我们已经假定，存在同伦等价 $h_1:M^a\to K$，其中 $K$ 为一个CW复形.

于是，每个 $h_1\circ h\circ\varphi_j$ 经过胞腔逼近之后同伦于一个连续映射 $\psi_j:\dot{e}^{\lambda_j}\to K$ 的 $\lambda_j-1$ 维骨架. 从而 $K\bigcup_{\psi_1}e^{\lambda_1}\bigcup\cdots\bigcup_{\varphi_{j(c)}}e^{\lambda_{j(c)}}$ 为一个CW复形，并且据引理4.2.1、引理4.3.7，它与 $M^{c+\varepsilon}$ 具有同样的同伦型.

由归纳可见，任何 $M^a$ 都具有CW复形的同伦型. 如果 $M$ 紧致，则 $f$ 在 $M$ 上达到最大值. 于是，当 $a=\max\limits_{q\in M}f(q)$ 时，$M=M^a$ 具有CW复形的同伦型；如果 $M$ 不是紧致的，但所有的临界点都在某个紧致集 $M^a$ 中，类似定理4.2.1的证明，$M^a$ 为 $M$ 的形变收缩核，所以 $M$ 具有CW复形的同伦型.

如果存在无限多个临界点，上面的做法给出了同伦等价的无限序列：

$$\begin{array}{ccccccc} M^{a_1} & \subset & M^{a_2} & \subset & M^{a_3} & \subset & \cdots \\ \downarrow & & \downarrow & & \downarrow & & \\ K_1 & \subset & K_2 & \subset & K_3 & \subset & \cdots, \end{array}$$

其中每个映射都是前一个的扩张. 令 $K=\bigcup\limits_i K_i$，具有直接极限拓扑，即最精细的相容拓扑，并令 $g:M\to K$ 为极限映射. 于是，$g$ 导出所有维数的同伦群的同构. 这样，只需应用J. H. Whitehead的一个定理，就可判定 $g$ 是一个同伦等价(Whitehead的这个定理指出：如果 $M$ 与 $K$ 都由CW复形所控制，则任何映射 $M\to K$，只要它导出各维数同伦群的同构，就必然是一个同伦等价. 现在 $K$ 当然由它本身所控制. 此外，将 $M$ 视作某个Euclid空间中管状邻域的收缩核，则 $M$ 也由CW复形所控制). 这就证明了 $M$ 具有CW复形的同伦型. □

**注4.2.2** 由定理2.2.3′，每个 $M^a$ 都具有有限CW复形的同伦型：对于 $M^a$ 中每个指数为 $\lambda$ 的非退化临界点，这个复形有一个 $\lambda$ 维胞腔相对应. 这个事实即使当 $a$ 为一个临界值时亦真.

**例4.2.1** 考虑 $\mathbf{R}^3$ 中用 $(\psi,\varphi)$ 表示的

$$(x,y,z)=((b+a\cos\varphi)\cos\psi,(b+a)+(b+a\cos\varphi)\sin\psi,a\sin\varphi),$$
$$0<a<b,\ 0\leqslant\varphi,\ \psi\leqslant 2\pi$$

的 $C^\infty$ 环面 $M$，它是 $\mathbf{R}^3$ 的2维 $C^\infty$ 正则子流形. 现用 $f:M\to\mathbf{R}$，

$$f(\varphi,\psi)=(b+a)+(b+a\cos\varphi)\sin\psi$$

表示图4.2.6中的高度函数. 从

$$
\begin{cases}
\dfrac{\partial f}{\partial \varphi} = -a\sin\varphi\sin\psi = 0, \\[2ex]
\dfrac{\partial f}{\partial \psi} = (b + a\cos\varphi)\cos\psi = 0,
\end{cases}
$$

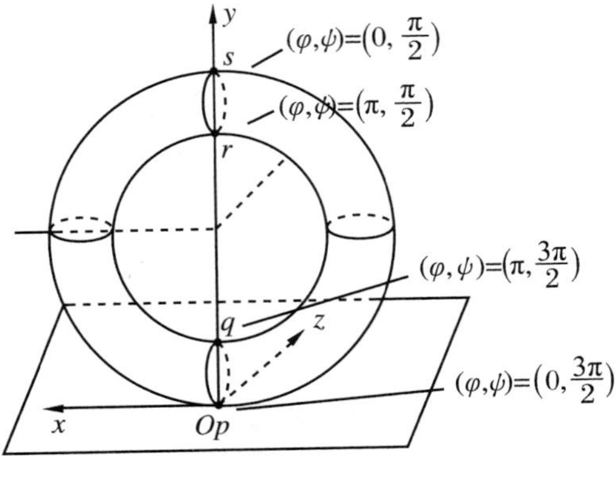


图 4.2.6

即

$$
\begin{cases}
\sin\varphi = 0, \\
\cos\psi = 0,
\end{cases}
$$

解得 $f$ 的临界点为

$$
p = (0,0,0), \quad q = (0,2a,0), \quad r = (0,2b,0), \quad s = (0,2b+2a,0).
$$

再从

$$
\begin{pmatrix}
\dfrac{\partial^2 f}{\partial \varphi^2} & \dfrac{\partial^2 f}{\partial \varphi \partial \psi} \\[2ex]
\dfrac{\partial^2 f}{\partial \psi \partial \varphi} & \dfrac{\partial^2 f}{\partial \psi^2}
\end{pmatrix}
=
\begin{pmatrix}
-a\cos\varphi\sin\psi & -a\sin\varphi\cos\psi \\
-a\sin\varphi\cos\psi & -(b + a\cos\varphi)\sin\psi
\end{pmatrix}
$$

得到

$$
\begin{pmatrix}
\dfrac{\partial^2 f}{\partial \varphi^2} & \dfrac{\partial^2 f}{\partial \varphi \partial \psi} \\[2ex]
\dfrac{\partial^2 f}{\partial \psi \partial \varphi} & \dfrac{\partial^2 f}{\partial \psi^2}
\end{pmatrix}_p
=
\begin{pmatrix}
a & 0 \\
0 & b + a
\end{pmatrix}, \quad \mathrm{Ind}_p f = 0;
$$

$$
\begin{pmatrix}
\dfrac{\partial^2 f}{\partial \varphi^2} & \dfrac{\partial^2 f}{\partial \varphi \partial \psi} \\[2ex]
\dfrac{\partial^2 f}{\partial \psi \partial \varphi} & \dfrac{\partial^2 f}{\partial \psi^2}
\end{pmatrix}_q
=
\begin{pmatrix}
-a & 0 \\
0 & b - a
\end{pmatrix}, \quad \mathrm{Ind}_q f = 1;
$$

$$
\begin{pmatrix}
\dfrac{\partial^2 f}{\partial \varphi^2} & \dfrac{\partial^2 f}{\partial \varphi \partial \psi} \\[2ex]
\dfrac{\partial^2 f}{\partial \psi \partial \varphi} & \dfrac{\partial^2 f}{\partial \psi^2}
\end{pmatrix}_r
=
\begin{pmatrix}
a & 0 \\
0 & -(b - a)
\end{pmatrix}, \quad \mathrm{Ind}_r f = 1;
$$

$$\begin{pmatrix} \dfrac{\partial^2 f}{\partial \varphi^2} & \dfrac{\partial^2 f}{\partial \varphi \partial \psi} \\ \dfrac{\partial^2 f}{\partial \psi \partial \varphi} & \dfrac{\partial^2 f}{\partial \psi^2} \end{pmatrix}_s = \begin{pmatrix} -a & 0 \\ 0 & -(b+a) \end{pmatrix}, \quad \mathrm{Ind}_s f = 2.$$

显然，$p,q,r,s$ 都是 $f$ 的非退化临界点，所以 $f$ 为 Morse 函数. 读者由此不难得到 $M^a$ 当 $a$ 变化时相应的同伦型. 于是，下述事实为真：

(1) 若 $a<f(p)$，则 $M^a=\varnothing$（空集）；

(2) 若 $f(p)<a<f(q)$，则 $M^a$ 同胚于一个 2 维胞腔；

(3) 若 $f(q)<a<f(r)$，则 $M^a$ 同胚于圆柱面（图 4.2.7）；

(4) 若 $f(r)<a<f(s)$，则 $M^a$ 同胚于一个紧致流形，其环柄数为 1，边缘是一个圆周（图 4.2.8）；

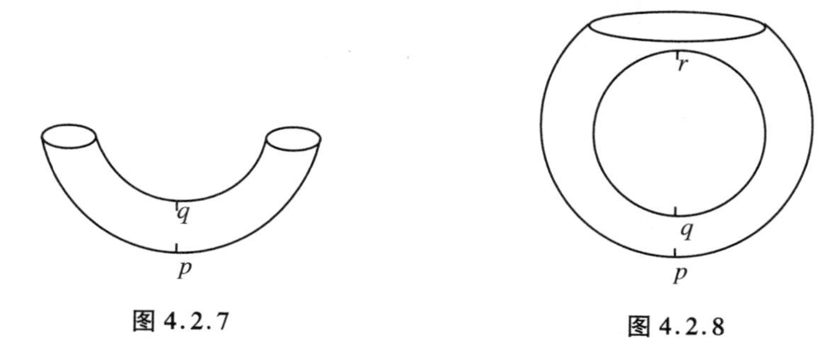


图 4.2.7　　图 4.2.8

(5) 若 $f(s)<a$，则 $M^a$ 是整个环面.

为了描述当 $a$ 通过 $f(p),f(q),f(r),f(s)$ 诸值时 $M^a$ 发生的变化，考虑同伦型比考虑同胚型要方便一些. 就同伦型而言：

(1)→(2)的变化是黏合一个 0 维胞腔的运算. 因为就同伦型而言，当 $f(p)<a<f(q)$ 时，空间 $M^a$ 同一个 0 维胞腔毫无区别（图 4.2.9）.

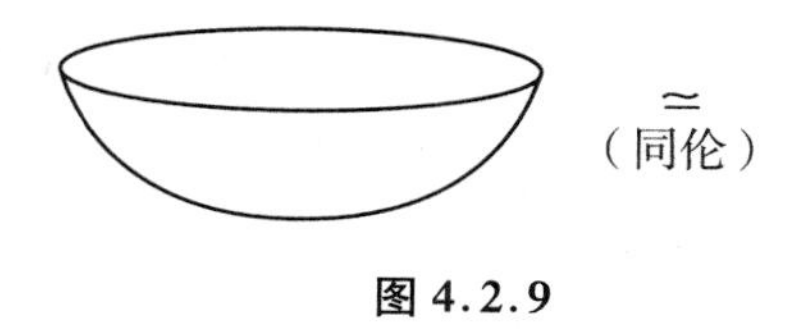


图 4.2.9

(2)→(3)的变化是黏合一个 1 维胞腔的运算（图 4.2.10）.

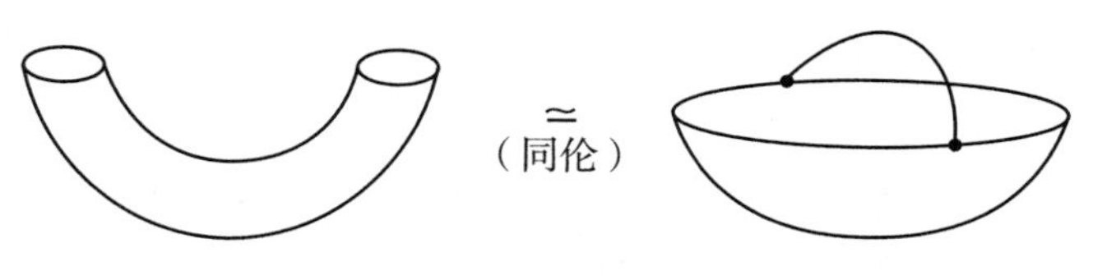


图 4.2.10

(3)→(4)的变化仍然是粘上一个1维胞腔的运算(图4.2.11).

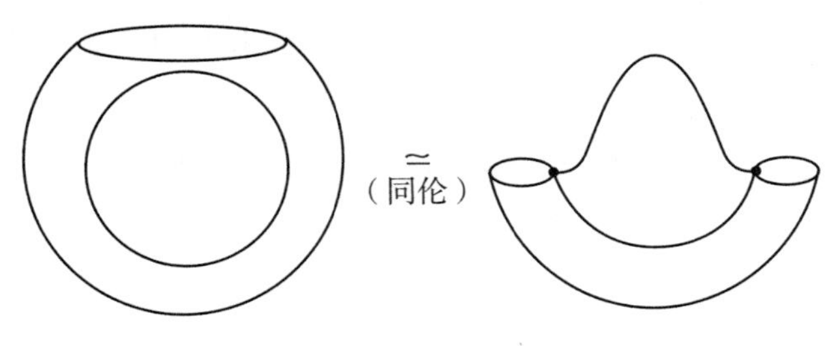


**图 4.2.11**

(4)→(5)的变化是黏合一个2维胞腔的运算.

此外,由引理4.1.15知,$f$ 的梯度场 grad$f$ 的指数有

$$\mathrm{Ind}_p(\mathrm{grad}f) = (-1)^{\mathrm{Ind}_p f} = (-1)^0 = 1,$$

$$\mathrm{Ind}_q(\mathrm{grad}f) = (-1)^{\mathrm{Ind}_q f} = (-1)^1 = -1,$$

$$\mathrm{Ind}_r(\mathrm{grad}f) = (-1)^{\mathrm{Ind}_r f} = (-1)^1 = -1,$$

$$\mathrm{Ind}_s(\mathrm{grad}f) = (-1)^{\mathrm{Ind}_s f} = (-1)^2 = 1.$$

再根据 Poincaré-Hopf 指数定理(定理4.1.1)得到

$$\begin{aligned}\chi(M) &= \sum_{\mathrm{grad}_x f=0} \mathrm{Ind}_x(\mathrm{grad}f) = \sum_{\mathrm{grad}_x f=0} (-1)^{\mathrm{Ind}_x f} \\ &= (-1)^{\mathrm{Ind}_p f} + (-1)^{\mathrm{Ind}_q f} + (-1)^{\mathrm{Ind}_r f} + (-1)^{\mathrm{Ind}_s f} \\ &= 1-1-1+1 = 0.\end{aligned}$$

作为上述诸定理与 Morse 引理的应用,我们证明下面的 Reeb 定理.

**定理 4.2.5**(Reeb) 设 $M$ 为 $m$ 维 $C^\infty$ 紧致流形,$f$ 为 $M$ 上只有两个非退化临界点的 $C^\infty$ 函数,则 $M$ 同胚于球面 $S^m$.

**证明** 显然,$f$ 的两个非退化临界点必为最小值点与最大值点.不失一般性,设 $f(p)=0$ 为 $f$ 的最小值,而 $f(q)=1$ 为 $f$ 的最大值.由 Morse 引理4.1.2知,在点 $p$ 处,$f=(u^1)^2+(u^2)^2+\cdots+(u^m)^2$,而在点 $q$ 处,$f=1-(u^1)^2-(u^2)^2-\cdots-(u^m)^2$.由此可看出,当 $\varepsilon$ 充分小时,$M^\varepsilon=f^{-1}[0,\varepsilon]$ 与 $f^{-1}[1-\varepsilon,1]$ 都同胚于 $m$ 维胞腔.再由定理4.2.1,$M^\varepsilon$ 同胚于 $M^{1-\varepsilon}$,所以,$M$ 是 $M^{1-\varepsilon}$ 与 $f^{-1}[1-\varepsilon,1]$ 这两个 $m$ 维闭胞腔沿它们的公共边界黏合起来的并集.于是,不难构造出 $M$ 与 $S^m$ 之间的同胚映射. □

**注 4.2.3** 当两个临界点退化时,定理4.2.5仍成立.但证明较困难,读者可参阅文献[10]439~444页 Theorem 1(3).

寻找 $M$ 与 $S^m$ 之间的微分同胚不总是可能的.1956年,J. W. Milnor 在文献[11]中找到了一个流形的例子,它同胚于,但不微分同胚于(具有通常微分构造的)$S^7$.这惊奇的结果促进了人们深入研究这样的"怪球"和将流形上的所有微分构造分类的更一般的问

题.我们已经知道了许多,但问题还未完全解决. Milnor 在上述论文中,就是在"怪球"面 $M$ 上给出了一个非标准的微分构造,并找到了 $M$ 上具有两个非退化临界点的函数,从而根据定理 4.2.5 证明了 $M$ 与 $S^7$ 是同胚的.

作为上述诸定理的另一个应用,我们来计算 $m$ 维复射影空间 $P^m(\mathbf{C})$ 的同调群.

**例 4.2.2** 设 $P^m(\mathbf{C})=\left\{[z]=[(z_0,z_1,\cdots,z_m)]\,\Big|\,\sum_{j=0}^{m}|z_j|^2=1,z_j\in\mathbf{C},J=0,1,\cdots,m\right\}$ 为 $m$ 维复射影空间,我们定义实值函数

$$f:P^m(\mathbf{C})\to\mathbf{R},$$

$$[z]\mapsto f([z])=\sum_{j=0}^{m}c_j\mid z_j\mid^2,$$

其中 $c_0,c_1,\cdots,c_m$ 为各不相同的实数.

设 $U_0=\{[z]=[(z_0,z_1,\cdots,z_m)]\in P^m(\mathbf{C})\mid z_0\neq 0\}$,

$$\mid z_0\mid\frac{z_j}{z_0}=x_j+\mathrm{i}y_j,$$

$\{x_1,y_1,\cdots,x_m,y_m\}$ 为 $P^m(\mathbf{C})$的实局部坐标.显然

$$\mid z_j\mid^2=x_j^2+y_j^2,\quad \mid z_0\mid^2=1-\sum_{j=1}^{m}(x_j^2+y_j^2),$$

所以在整个坐标邻域 $U_0$ 中有

$$\begin{aligned}f&=c_0\Big(1-\sum_{j=1}^{m}(x_j^2+y_j^2)\Big)+\sum_{j=1}^{m}c_j(x_j^2+y_j^2)\\&=c_0+\sum_{j=1}^{m}(c_j-c_0)(x_j^2+y_j^2).\end{aligned}$$

因为 $c_j-c_0\neq 0$, $j=1,2,\cdots,m$,故 $f$ 在 $U_0$ 中只能有一个临界点 $p_0=[(1,0,\cdots,0)]$.从

$$\begin{pmatrix}\frac{\partial^2 f}{\partial x_1^2} & \cdots & \frac{\partial^2 f}{\partial x_1\partial x_m} & & & \\ \vdots & & \vdots & & 0 & \\ \frac{\partial^2 f}{\partial x_m\partial x_1} & \cdots & \frac{\partial^2 f}{\partial x_m^2} & & & \\ & & & \frac{\partial^2 f}{\partial y_1^2} & \cdots & \frac{\partial^2 f}{\partial y_1\partial y_m}\\ & 0 & & \vdots & & \vdots\\ & & & \frac{\partial^2 f}{\partial y_m\partial y_1} & \cdots & \frac{\partial^2 f}{\partial y_m^2}\end{pmatrix}$$

$$
= \begin{pmatrix} 2(c_1 - c_0) & & & & & \\ & \ddots & & & & \\ & & 2(c_m - c_0) & & & \\ & & & 2(c_1 - c_0) & & \\ & & & & \ddots & \\ & & & & & 2(c_m - c_0) \end{pmatrix}
$$

可看出 $p_0$ 为 $f$ 的非退化临界点，其指数为满足 $c_j < c_0$ 的 $j$ 的个数的两倍. 类似地，$p_1 = [(0,1,\cdots,0)],\cdots,p_m = [(0,\cdots,0,1)]$也为 $f$ 的非退化临界点，$f$ 在 $p_k$ 处的指数为满足 $c_j < c_k$ 的 $j$ 的个数的两倍. 因此，在 0 与 $2m$ 之间的每个偶数恰为一个临界点的指数. 根据定理 4.2.4，$P^m(\mathbf{C})$同伦等价于形如 $e^0 \cup e^2 \cup e^4 \cup \cdots \cup e^{2m}$的 CW 复形.

从而 $P^m(\mathbf{C})$的系数群为整数群 $\mathbf{Z}$ 的整数同调群为

$$
H_\lambda(P^m(\mathbf{C}),\mathbf{Z}) = \begin{cases} \mathbf{Z}, & \lambda = 0,2,\cdots,2m, \\ 0, & \lambda \neq 0,2,\cdots,2m. \end{cases}
$$

## 4.3 Morse 不等式

Morse 当初论述这个主题时，还没有定理 4.2.4 的结果可利用. $M$ 的拓扑结构与 $M$ 上的一个实值函数的临界点之间的关系，则是借助于一组不等式来描述的.

**定义 4.3.1** 设 $S$ 为一个函数，对于某些空间偶，每个偶对相应有一个整数. 如果 $X \supset Y \supset Z$ 总蕴涵着

$$
S(X,Z) \leqslant S(X,Y) + S(Y,Z),
$$

则称 $S$ 为**次可加**的. 当等式成立时，称 $S$ 为**可加**的.

**例 4.3.1** 设 $G$ 为拓扑空间偶$(X,Y)$的同调群 $H_\lambda(X,Y;G)$的系数群，令

$$
b_\lambda(X,Y) = \operatorname{rank} H_\lambda(X,Y;G)
$$

为$(X,Y)$的第 $\lambda$ 个 Betti 数(以下总要求 Betti 数是有限的)，并称

$$
\chi(X,Y) = \sum_{\lambda=0}^{m} (-1)^\lambda b_\lambda(X,Y)
$$

为$(X,Y)$的 Euler 示性数.

当 $Y = \varnothing$时，$H_\lambda(X;G) = H_\lambda(X,\varnothing;G)$为拓扑空间 $X$ 的以 $G$ 为系数群的同调群. 记 $B_\lambda(X) = b_\lambda(X,\varnothing)$为 $X$ 的第$\lambda$ 个 Betti 数，并称 $\chi(X) = \chi(X,\varnothing)$为 $X$ 的 Euler 示性数.

于是，我们有：

(1) $b_\lambda$ 是次可加的;

(2) $\chi$ 是可加的.

**证明** (1) 对于 $X\supset Y\supset Z$,考虑正合序列(参阅文献[15]141,148,224 页):

$$\cdots\to H_{\lambda+1}(X,Y;G)\xrightarrow{\partial_{\lambda+1}}H_\lambda(Y,Z;G)\xrightarrow{i_\lambda}H_\lambda(X,Z;G)\xrightarrow{j_\lambda}H_\lambda(X,Y;G)\xrightarrow{\partial_\lambda}\cdots.$$

由抽象代数知识容易看出

$$\begin{aligned}b_\lambda(X,Z)&=\mathrm{rank}H_\lambda(X,Z;G)=\mathrm{rank}\mathrm{Im}i_\lambda+\mathrm{rank}\mathrm{Im}j_\lambda\\&\leqslant(\mathrm{rank}\mathrm{Im}j_\lambda+\mathrm{rank}\mathrm{Im}\partial_\lambda)+(\mathrm{rank}\mathrm{Im}i_\lambda+\mathrm{rank}\mathrm{Im}\partial_{\lambda+1})\\&=b_\lambda(X,Y)+b_\lambda(Y,Z)\end{aligned}$$

(其中 Im 表示"像").因此,$b_\lambda$ 是次可加的.

(2) 因为

$$\begin{aligned}&b_\lambda(X,Z)-b_\lambda(X,Y)-b_\lambda(Y,Z)\\&=\mathrm{rank}H_\lambda(X,Z;G)-\mathrm{rank}H_\lambda(X,Y;G)-\mathrm{rank}H_\lambda(Y,Z;G)\\&=(\mathrm{rank}\mathrm{Im}i_\lambda+\mathrm{rank}\mathrm{Im}j_\lambda)-(\mathrm{rank}\mathrm{Im}j_\lambda+\mathrm{rank}\mathrm{Im}\partial_\lambda)-(\mathrm{rank}\mathrm{Im}i_\lambda+\mathrm{rank}\mathrm{Im}\partial_{\lambda+1})\\&=-\mathrm{rank}\mathrm{Im}\partial_\lambda-\mathrm{rank}\mathrm{Im}\partial_{\lambda+1},\end{aligned}$$

所以

$$\begin{aligned}&\chi(X,Z)-\chi(X,Y)-\chi(Y,Z)\\&=\sum_{\lambda=0}^m(-1)^\lambda(b_\lambda(X,Z)-b_\lambda(X,Y)-b_\lambda(Y,Z))\\&=\sum_{\lambda=0}^m(-1)^{\lambda+1}(\mathrm{rank}\mathrm{Im}\partial_\lambda+\mathrm{rank}\mathrm{Im}\partial_{\lambda+1})\\&=-\mathrm{rank}\mathrm{Im}\partial_0+(-1)^{m+1}\mathrm{rank}\mathrm{Im}\partial_{m+1}=0,\end{aligned}$$

即

$$\chi(X,Z)=\chi(X,Y)+\chi(Y,Z)$$

(注意,当 $\lambda\geqslant m+1$ 时,假定第 $\lambda$ 个 Betti 数都为 0). □

**引理 4.3.1** 设 $X_0\subset X_1\subset\cdots\subset X_n$.如果 $S$ 是次可加的,则

$$S(X_n,X_0)\leqslant\sum_{k=1}^nS(X_k,X_{k-1});$$

如果 $S$ 是可加的,则

$$S(X_n,X_0)=\sum_{k=1}^nS(X_k,X_{k-1}).$$

**证明** (归纳法)当 $n=1$ 时,显然

$$S(X_1, X_0) = \sum_{k=1}^{1} S(X_k, X_{k-1}).$$

命题成立.

当 $n=2$ 时,由次可加性(可加性)定义,命题也成立.

假设命题对 $n-1$ 成立,则

$$S(X_{n-1}, X_0) \leqslant \sum_{k=1}^{n-1} S(X_k, X_{k-1}).$$

因此,由

$$S(X_n, X_0) \leqslant S(X_n, X_{n-1}) + S(X_{n-1}, X_0) \leqslant \sum_{k=1}^{n} S(X_k, X_{k-1})$$

推得命题对 $n$ 也成立(可加性情形,只需将$\leqslant$改为$=$).

令 $S(X,\varnothing)=S(X)$.引理 4.3.1 中取 $X_0=\varnothing$.如果 $S$ 次可加,则

$$S(X_n) \leqslant \sum_{k=1}^{n} S(X_k, X_{k-1});$$

如果 $S$ 可加,则

$$S(X_n) = \sum_{k=1}^{n} S(X_k, X_{k-1}).$$

□

**定理 4.3.1**(弱 Morse 不等式) 设 $M$ 为 $m$ 维 $C^\infty$ 紧致流形,$f$ 为 $M$ 上的 $C^\infty$ Morse 函数,$c_\lambda = c_\lambda(M;f)$是 $f$ 的指数为$\lambda$ 的非退化临界点的个数,则

$$(1_\lambda): b_\lambda(M) \leqslant c_\lambda,$$

$$(2_m): \chi(M) = \sum_{\lambda=0}^{m} (-1)^\lambda b_\lambda(M) = \sum_{\lambda=0}^{m} (-1)^\lambda c_\lambda.$$

**证明** 选 $a_j(j=1,2,\cdots,k)$使 $a_0<a_1<\cdots<a_k$,$a_j$ 不为$f$ 的临界值,且$(a_{j-1},a_j)$中恰有一个 $f$ 的临界值.显然,

$$\varnothing = M^{a_0} \subset M^{a_1} \subset \cdots \subset M^{a_k} = M.$$

如果 $f^{-1}[a_{j-1},a_j]$中只含一个指数为 $\lambda$ 的临界点,则由定理 4.2.1 与定理 4.2.2 得到

$$\begin{aligned} H_l(M^{a_j}, M^{a_{j-1}}; G) &= H_l(M^{a_{j-1}} \cup e^\lambda, M^{a_{j-1}}; G) \\ &\xlongequal{\text{切除定理}} H_l(e^\lambda, \dot{e}^\lambda; G) \\ &= \begin{cases} G, & l=\lambda, \\ 0, & l \neq \lambda. \end{cases} \end{aligned}$$

一般地,由定理 4.2.2′,有

$$c_\lambda = \sum_{j=1}^{k} \mathrm{rank} H_\lambda(M^{a_j}, M^{a_{j-1}}; G) = \sum_{j=1}^{k} b_\lambda(M^{a_j}, M^{a_{j-1}}).$$

再从引理 4.3.1 与例 4.3.1 立即看到

$$b_\lambda(M) = b_\lambda(M,\varnothing) \leqslant \sum_{j=1}^{k} b_\lambda(M^{a_j}, M^{a_{j-1}}; G) = c_\lambda.$$

最后,将引理 4.3.1 应用到可加函数 $S=\chi$ 上,有

$$\begin{aligned}
\chi(M) &= \chi(M,\varnothing;G) = \chi(M^{a_k}, M^{a_0}; G) = \sum_{j=1}^{k} \chi(M^{a_j}, M^{a_{j-1}}; G) \\
&= \sum_{j=1}^{k}\sum_{\lambda=0}^{m}(-1)^\lambda \operatorname{rank} H_\lambda(M^{a_j}, M^{a_{j-1}}; G) \\
&= \sum_{\lambda=0}^{m}(-1)^\lambda \sum_{j=1}^{k}\operatorname{rank} H_\lambda(M^{a_j}, M^{a_{j-1}}; G) \\
&= \sum_{\lambda=0}^{m}(-1)^\lambda c_\lambda.
\end{aligned}$$

□

稍强的 Morse 不等式可由下面引理 4.3.2 立即推出.

**引理 4.3.2**　设 $S_\lambda(X,Y) = \sum_{s=0}^{\lambda}(-1)^s b_{\lambda-s}(X,Y)$,则 $S$ 是次可加的.

**证明**　根据例 4.3.1 中空间偶$(X,Y,Z)(X\supset Y\supset Z)$的同调群的正合序列,可以得到

$$\begin{aligned}
&S_\lambda(Y,Z) - S_\lambda(X,Z) + S_\lambda(X,Y) \\
&= \sum_{s=0}^{\lambda}(-1)^s(b_{\lambda-s}(Y,Z) - b_{\lambda-s}(X,Z) + b_{\lambda-s}(X,Y)) \\
&= \sum_{s=0}^{\lambda}(-1)^s(\operatorname{rankIm}\partial_{\lambda-s+1} + \operatorname{rankIm} i_{\lambda-s} - \operatorname{rankIm} i_{\lambda-s} - \operatorname{rankIm} j_{\lambda-s} \\
&\quad + \operatorname{rankIm} j_{\lambda-s} + \operatorname{rankIm}\partial_{\lambda-s}) \\
&= \sum_{s=0}^{\lambda}(-1)^s(\operatorname{rankIm}\partial_{\lambda-s+1} + \operatorname{rankIm}\partial_{\lambda-s}) \\
&= \operatorname{rankIm}\partial_{\lambda+1} + (-1)^\lambda \operatorname{rankIm}\partial_0 \\
&= \operatorname{rankIm}\partial_{\lambda+1} \geqslant 0.
\end{aligned}$$

从而

$$S_\lambda(X,Z) \leqslant S_\lambda(X,Y) + S_\lambda(Y,Z),$$

即 $S_\lambda$ 是次可加的.

□

**定理 4.3.2**(Morse 不等式)　在定理 4.3.1 的条件下,有

$$(3_\lambda): S_\lambda(M) = \sum_{s=0}^{\lambda}(-1)^s b_{\lambda-s}(M) \leqslant \sum_{s=0}^{\lambda}(-1)^s c_{\lambda-s}.$$

**证明**　设

$$\varnothing = M^{a_0} \subset M^{a_1} \subset \cdots \subset M^{a_k} = M$$

如定理 4.3.1 证明中所述.由引理 4.3.2 与引理 4.3.1,

$$\begin{aligned} S_\lambda(M) = S_\lambda(M,\varnothing) &= S_\lambda(M^{a_k}, M^{a_0}) \leqslant \sum_{j=1}^{k} S_\lambda(M^{a_j}, M^{a_{j-1}}) \\ &= \sum_{j=1}^{k}\sum_{s=0}^{\lambda}(-1)^s b_{\lambda-s}(M^{a_j}, M^{a_{j-1}}) \\ &= \sum_{s=0}^{\lambda}(-1)^s \sum_{j=1}^{k} b_{\lambda-s}(M^{a_j}, M^{a_{j-1}}) \\ &= \sum_{s=0}^{\lambda}(-1)^s c_{\lambda-s}. \end{aligned}$$

□

**注 4.3.1** Morse 不等式确实比弱 Morse 不等式强一些.

事实上,$(3_\lambda)+(3_{\lambda-1}) \Rightarrow (1_\lambda)$,即

$$\sum_{s=0}^{\lambda}(-1)^s b_{\lambda-s}(M) + \sum_{s=0}^{\lambda-1}(-1)^s b_{\lambda-1-s}(M) \leqslant \sum_{s=0}^{\lambda}(-1)^s c_{\lambda-s} + \sum_{s=0}^{\lambda-1}(-1)^s c_{\lambda-1-s},$$

$b_\lambda(M) \leqslant c_\lambda$.

当 $\lambda = m+1$ 时,将 $b_{m+1}(M)=0$,$c_{m+1}=0$ 代入$(3_{m+1})$得到

$$\sum_{s=1}^{m+1}(-1)^s b_{m+1-s}(M) \leqslant \sum_{s=1}^{m+1}(-1)^s c_{m+1-s},$$

即

$$\sum_{s=0}^{m}(-1)^s b_{m-s}(M) \geqslant \sum_{s=0}^{m}(-1)^s c_{m-s}.$$

这与$(3_m)$:

$$\sum_{s=0}^{m}(-1)^s b_{m-s}(M) \leqslant \sum_{s=0}^{m}(-1)^s c_{m-s}$$

相结合得到$(2_m)$:

$$\sum_{s=0}^{m}(-1)^s b_{m-s}(M) = \sum_{s=0}^{m}(-1)^s c_{m-s}.$$

即$(3_{m+1})$与$(3_m) \Rightarrow (2_m)$.

应用 Morse 不等式,有以下推论.

**推论 4.3.1** 如果 $c_{\lambda+1}=c_{\lambda-1}=0$,则 $b_{\lambda+1}=b_{\lambda-1}=0$ 且 $b_\lambda=c_\lambda$.

**证明** 如果 $c_{\lambda+1}=0$,根据定理 4.3.1 中的$(1_{\lambda+1})$,有

$$0 \leqslant b_{\lambda+1} \leqslant c_{\lambda+1} = 0,$$

故 $b_{\lambda+1}=0$.如果 $c_{\lambda-1}=0$,同理也有 $b_{\lambda-1}=0$.

比较$(3_{\lambda+1})$:

$$\sum_{s=1}^{\lambda+1}(-1)^s b_{\lambda+1-s}(M) \leqslant \sum_{s=1}^{\lambda+1}(-1)^s c_{\lambda+1-s},$$

$$\sum_{s=0}^{\lambda}(-1)^s b_{\lambda-s}(M) \geqslant \sum_{s=0}^{\lambda}(-1)^s c_{\lambda-s}$$

与$(3_\lambda)$：

$$\sum_{s=0}^{\lambda}(-1)^s b_{\lambda-s}(M) \leqslant \sum_{s=0}^{\lambda}(-1)^s c_{\lambda-s},$$

可以看出

$$\sum_{s=0}^{\lambda}(-1)^s b_{\lambda-s}(M) = \sum_{s=0}^{\lambda}(-1)^s c_{\lambda-s}.$$

同理可证

$$\sum_{s=0}^{\lambda-2}(-1)^s b_{\lambda-2-s}(M) = \sum_{s=0}^{\lambda-2}(-1)^s c_{\lambda-2-s}.$$

两式相减立即得到

$$b_\lambda - b_{\lambda-1} = c_\lambda - c_{\lambda-1}.$$

再由 $b_{\lambda-1}=0, c_{\lambda-1}=0$ 推得 $b_\lambda = c_\lambda$. □

# 第5章

# de Rham 同构定理

本章将建立著名的 de Rham 同构定理.5.1 节引入 de Rham 上同调群，给出大量具体 $C^\infty$ 流形的 de Rham 上同调群的例子，论述了 de Rham 上同调群的 Mayer-Vietoris 序列，并应用它计算了 $S^m$ 的 de Rham 上同调群.5.2 节介绍了整奇异同调群与实奇异上同调群的理论.5.3 节借助系数在预层中的上同调群证明了 de Rham 同构定理. 这个证明基于文献[4]137～167 页.

## 5.1 de Rham 上同调群

我们将引入 de Rham 上同调群，研究其性质，证明 Poincaré 引理，并计算一些熟知的 $C^\infty$ 流形的 de Rham 上同调群.

**定义 5.1.1** 设$(M,\mathscr{D})$为 $m$ 维 $C^\infty$ 流形，$\mathscr{D}$ 为 $C^\infty$ 微分构造. $C^n_{\mathrm{dR}}(M)$为 $M$ 上所有 $C^\infty$（$n$ 阶外微分）形式的加群. 直和

$$C^*_{\mathrm{dR}}(M) = \sum_{n=0}^{m} C^n_{\mathrm{dR}}(M)$$

为$(M,\mathscr{D})$上所有 $C^\infty$（外微分）形式的加群. 它关于 $C^\infty$ 形式的自然加法和乘法 $\wedge$（Grassmann 积或外积）形成了一个具有单位元 1 的代数，它是 Grassmann 代数或外代数. 由于外微分

$$\mathrm{d} = \mathrm{d}_n : C^n_{\mathrm{dR}}(M) \to C^{n+1}_{\mathrm{dR}}(M),$$

$$\mathrm{d}: C^*_{\mathrm{dR}}(M) \to C^*_{\mathrm{dR}}(M)$$

具有性质 $\mathrm{d}^2 = \mathrm{d}\circ\mathrm{d} = 0$，得到半正合序列

$$\cdots \to C^{n-1}_{\mathrm{dR}}(M) \xrightarrow{\mathrm{d}} C^n_{\mathrm{dR}}(M) \xrightarrow{\mathrm{d}} C^{n+1}_{\mathrm{dR}}(M) \to \cdots$$

和$(M,\mathscr{D})$的 **de Rham 上链复形**$\{C^*_{\mathrm{dR}}(M),\mathrm{d}\}$，有时简记为 $C^*_{\mathrm{dR}}(M)$. 为完全起见，对于 $n<0$或 $n>m$，我们定义 $C^n_{\mathrm{dR}}(M)=0$.

对于 $\forall\, n\in \mathbf{Z}$(整数集)，外微分算子

$$\mathrm{d} = \mathrm{d}_n : C^n_{\mathrm{dR}}(M) \to C^{n+1}_{\mathrm{dR}}(M)$$

的核 $Z^n_{\mathrm{dR}}(M) = \mathrm{Kerd}_n = \{\omega\in C^n_{\mathrm{dR}}(M) \mid \mathrm{d}_n(\omega)=0\}$称为 **$n$ 阶 $C^\infty$ 闭形式群**，它是 $C^n_{\mathrm{dR}}(M)$

的一个子群. $Z_{dR}^n(M)$中的元素称为$(M,\mathscr{D})$上的 **$n$ 阶 $C^\infty$ 闭形式**. 而称外微分算子

$$d = d_{n-1}: C_{dR}^{n-1}(M) \to C_{dR}^n(M)$$

的像 $B_{dR}^n(M) = \mathrm{Im} d_{n-1} = \{d_{n-1}\eta \mid \eta \in C_{dR}^{n-1}(M)\}$为 **$n$ 阶 $C^\infty$ 恰当(微分)形式群**,它的元素称为$(M,\mathscr{D})$上的 **$n$ 阶 $C^\infty$ 恰当微分形式**(**或全微分**). 由于 $d^2 = d\circ d = 0$,故 $B_{dR}^n(M) \subset Z_{dR}^n(M)$. 我们称

$$H_{dR}^n(M) = Z_{dR}^n(M)/B_{dR}^n(M)$$

为$(M,\mathscr{D})$上的 **$n$ 维 de Rham 上同调群**. $H_{dR}^n(M)$中的元素称为 **$n$ 阶 $C^\infty$ 闭形式的同调类**, $\omega$ 的同调类记为$[\omega]$. 显然

$$[\omega_1] = [\omega_2] \iff \omega_1 = \omega_2 + d\eta,\ \eta \in C_{dR}^{n-1}(M).$$

此外

$$H_{dR}^n(M) = 0 \iff Z_{dR}^n(M) = B_{dR}^n(M),$$

即 $Z_{dR}^n(M)$与 $B_{dR}^n(M)$无差异. 因此,引入 de Rham 上同调群是为了刻画 $n$ 阶 $C^\infty$ 闭形式群 $Z_{dR}^n(M)$与 $n$ 阶 $C^\infty$ 恰当形式群 $B_{dR}^n(M)$之间的差异程度.

设 $Z_{dR}^*(M)$和 $B_{dR}^*(M)$为 $d: C_{dR}^*(M) \to C_{dR}^*(M)$的核和像. 于是,有

$$Z_{dR}^*(M) = \sum_{n=0}^{m} Z_{dR}^n(M), \quad B_{dR}^*(M) = \sum_{n=0}^{m} B_{dR}^n(M),$$

$$B_{dR}^*(M) \subset Z_{dR}^*(M),$$

$$H_{dR}^*(M) = Z_{dR}^*(M)/B_{dR}^*(M) = \sum_{n=0}^{m} H_{dR}^n(M).$$

因为 $C_{dR}^n(M) = 0$($n<0$ 或 $n>m$),故

$$Z_{dR}^m(M) = C_{dR}^m(M), \quad B_{dR}^0(M) = 0,$$

从而

$$H_{dR}^n(M) = \begin{cases} Z_{dR}^0(M), & n = 0, \\ C_{dR}^n(M)/B_{dR}^n(M), & n = m, \\ 0, & n < 0 \text{ 或 } n > m. \end{cases}$$

显然,如果流形 $M$ 的连通分支(也是道路连通分支)的集合为$\{M_\alpha \mid \alpha \in \Gamma\}$,则($\cong$表示同构)

$$H_{dR}^0(M) \cong \sum_{\alpha\in\Gamma} H_{dR}^n(M_\alpha).$$

**定理 5.1.1** 设$(M,\mathscr{D})$为 $m$ 维 $C^\infty$ 连通流形(等价于道路连通的流形),则

$$H_{dR}^0(M) \cong \mathbf{R}.$$

**证明** 因为 $B_{dR}^0(M) = d_{-1}(C_{dR}^{-1}(M)) = d_{-1}(\{0\}) = \{0\}$,所以

$$H_{dR}^0(M) = Z_{dR}^0(M) = \{f \in C_{dR}^0(M) \mid df = 0\}.$$

如果 $\mathrm{d}f=0$，则对 $\forall\, p\in M$，$\exists\, p$ 的局部坐标系 $(U,\varphi)$，$\{x^i\}$，使得

$$\varphi(U)=\left\{x=(x^1,x^2,\cdots,x^m)\in\mathbf{R}^m\,\middle|\,\sum_{i=1}^m(x^i)^2<1\right\}.$$

由

$$0=\mathrm{d}f\,|_U=\sum_{i=1}^m\frac{\partial(f\circ\varphi^{-1})}{\partial x^i}\mathrm{d}x^i$$

得到 $\dfrac{\partial(f\circ\varphi^{-1})}{\partial x^i}=0$，$i=1,2,\cdots,m$，这就蕴涵着 $f|_U=$ 常值. 由此可知

$$M_1=\{p\in M\mid f(p)=f(p_0)\}\quad\text{和}\quad M_2=\{p\in M\mid f(p)\neq f(p_0)\}$$

均为开集，其中 $p_0\in M$. 因为 $p_0\in M_1$ 和 $M$ 连通，故 $M_2=\varnothing$，从而 $M_1=M$，即 $f|_M=f(p_0)$（常值）. 于是

$$H_{\mathrm{dR}}^0(M)=Z_{\mathrm{dR}}^0(M)=\{f\mid f:M\to\mathbf{R}\text{ 为常值函数}\}\cong\mathbf{R}.$$ □

**定理 5.1.2**（Poincaré 引理） 设 $M\subset\mathbf{R}^m$ 为包含 $0\in\mathbf{R}^m$ 的星形开集. 对 $\forall\, x\in M$，必有 $\{tx\mid 0\leqslant t\leqslant 1\}\subset M$，则

$$H_{\mathrm{dR}}^n(M)\cong\begin{cases}\mathbf{R}, & n=0,\\ 0, & n\in\mathbf{Z}-\{0\}.\end{cases}$$

**证明** 显然，星形开集 $M$ 是道路连通的，当然它也是连通的，根据定理 5.1.1，

$$H_{\mathrm{dR}}^0(M)\cong\mathbf{R}.$$

当 $n<0$ 或 $n>m$ 时，由 $C_{\mathrm{dR}}^n(M)=0$ 知

$$H_{\mathrm{dR}}^n(M)=0.$$

当 $0<n\leqslant m$ 时，可证 $Z_{\mathrm{dR}}^n(M)=B_{\mathrm{dR}}^n(M)$，故

$$H_{\mathrm{dR}}^n(M)=Z_{\mathrm{dR}}^n(M)/B_{\mathrm{dR}}^n(M)=0.$$

因为 $B_{\mathrm{dR}}^n(M)\subset Z_{\mathrm{dR}}^n(M)$，故欲证 $Z_{\mathrm{dR}}^n(M)=B_{\mathrm{dR}}^n(M)$，只需证明 $Z_{\mathrm{dR}}^n(M)\subset B_{\mathrm{dR}}^n(M)$. 为此定义映射

$$I_n:C_{\mathrm{dR}}^n(M)\to C_{\mathrm{dR}}^{n-1}(M),$$
$$\omega\mapsto I_n(\omega).$$

设

$$\omega=\sum_{1\leqslant i_1<i_2<\cdots<i_n\leqslant m}\omega_{i_1i_2\cdots i_n}\mathrm{d}x^{i_1}\wedge\mathrm{d}x^{i_2}\wedge\cdots\wedge\mathrm{d}x^{i_n},$$

$$\mathrm{d}\omega=\sum_{1\leqslant i_1<i_2<\cdots<i_n\leqslant m}\sum_{j=1}^m\frac{\partial\omega_{i_1i_2\cdots i_n}}{\partial x^j}\mathrm{d}x^j\wedge\mathrm{d}x^{i_1}\wedge\cdots\wedge\mathrm{d}x^{i_n},$$

$$I_n(\omega)=\sum_{1\leqslant i_1<i_2<\cdots<i_n\leqslant m}\sum_{\alpha=1}^n(-1)^{\alpha-1}\left(\int_0^1t^{n-1}\omega_{i_1i_2\cdots i_n}(tx)\mathrm{d}t\right)x^{i_\alpha}\mathrm{d}x^{i_1}$$
$$\wedge\cdots\wedge\widehat{\mathrm{d}x^{i_\alpha}}\wedge\cdots\wedge\mathrm{d}x^{i_n}$$

(因为 $M$ 为星形开集,故上述积分有意义).

现证 $\omega=\mathrm{d}(I_n(\omega))+I_{n+1}(\mathrm{d}\omega)$. 因此,如果 $\omega\in Z_{\mathrm{dR}}^n(M)$,即 $\mathrm{d}\omega=0$,就可推出

$$\begin{aligned}\omega &= \mathrm{d}(I_n(\omega))+I_{n+1}(\mathrm{d}\omega)=\mathrm{d}(I_n(\omega))+I_{n+1}(0)\\ &=\mathrm{d}(I_n(\omega))+0=\mathrm{d}(I_n(\omega)),\end{aligned}$$

从而,$Z_{\mathrm{dR}}^n(M)\subset B_{\mathrm{dR}}^n(M)$, $Z_{\mathrm{dR}}^n(M)=B_{\mathrm{dR}}^n(M)$.

事实上,

$$\begin{aligned}&\mathrm{d}(I_n(\omega))+I_{n+1}(\mathrm{d}\omega)\\ &= n\sum_{1\leqslant i_1<i_2<\cdots<i_n\leqslant m}\left(\int_0^1 t^{n-1}\omega_{i_1i_2\cdots i_n}(tx)\mathrm{d}t\right)\mathrm{d}x^{i_1}\wedge\cdots\wedge\mathrm{d}x^{i_n}\\ &\quad+\sum_{1\leqslant i_1<i_2<\cdots<i_n\leqslant m}\sum_{\alpha=1}^{n}\sum_{j=1}^{m}(-1)^{\alpha-1}\left(\int_0^1 t^n\frac{\partial\omega_{i_1i_2\cdots i_n}}{\partial x^j}(tx)\mathrm{d}t\right)\\ &\quad\cdot x^{i_\alpha}\mathrm{d}x^j\wedge\mathrm{d}x^{i_1}\wedge\cdots\wedge\widehat{\mathrm{d}x^{i_\alpha}}\wedge\cdots\wedge\mathrm{d}x^{i_n}\\ &\quad+\sum_{1\leqslant i_1<i_2<\cdots<i_n\leqslant m}\sum_{j=1}^{m}\left(\int_0^1 t^n\frac{\partial\omega_{i_1i_2\cdots i_n}}{\partial x^j}(tx)\mathrm{d}t\right)x^j\mathrm{d}x^{i_1}\wedge\cdots\wedge\mathrm{d}x^{i_n}\\ &\quad-\sum_{1\leqslant i_1<i_2<\cdots<i_n\leqslant m}\sum_{j=1}^{m}\sum_{\alpha=1}^{n}(-1)^{\alpha-1}\left(\int_0^1 t^n\frac{\partial\omega_{i_1i_2\cdots i_n}}{\partial x^j}(tx)\mathrm{d}t\right)x^{i_\alpha}\mathrm{d}x^j\\ &\quad\wedge\mathrm{d}x^{i_1}\wedge\cdots\wedge\widehat{\mathrm{d}x^{i_\alpha}}\wedge\cdots\wedge\mathrm{d}x^{i_n}\\ &=\sum_{1\leqslant i_1<i_2<\cdots<i_n\leqslant m}n\left(\int_0^1 t^{n-1}\omega_{i_1i_2\cdots i_n}(tx)\mathrm{d}t\right)\mathrm{d}x^{i_1}\wedge\cdots\wedge\mathrm{d}x^{i_n}\\ &\quad+\sum_{1\leqslant i_1<i_2<\cdots<i_n\leqslant m}\sum_{j=1}^{m}\left(\int_0^1 t^n\frac{\partial\omega_{i_1i_2\cdots i_n}}{\partial x^j}(tx)\mathrm{d}t\right)x^j\mathrm{d}x^{i_1}\wedge\cdots\wedge\mathrm{d}x^{i_n}\\ &=\sum_{1\leqslant i_1<i_2<\cdots<i_n\leqslant m}\left(\int_0^1\frac{\mathrm{d}}{\mathrm{d}t}(t^n\omega_{i_1i_2\cdots i_n}(tx))\mathrm{d}t\right)\mathrm{d}x^{i_1}\wedge\cdots\wedge\mathrm{d}x^{i_n}\\ &=\sum_{1\leqslant i_1<i_2<\cdots<i_n\leqslant m}\omega_{i_1i_2\cdots i_n}\mathrm{d}x^{i_1}\wedge\cdots\wedge\mathrm{d}x^{i_n}\\ &=\omega.\end{aligned}$$

□

**例 5.1.1** 上面已叙述到,由于 $\mathrm{d}^2=\mathrm{d}\circ\mathrm{d}=0$,故 $C^\infty$ 恰当形式必为 $C^\infty$ 闭形式,即 $B_{\mathrm{dR}}^n(M)\subset Z_{\mathrm{dR}}^n(M)$. 下面举例说明,$C^\infty$ 闭形式不必为 $C^\infty$ 恰当形式,此时 $B_{\mathrm{dR}}^n(M)\subsetneqq Z_{\mathrm{dR}}^n(M)$,从而 $H_{\mathrm{dR}}^n(M)=Z_{\mathrm{dR}}^n(M)/B_{\mathrm{dR}}^n(M)\neq 0$.

在 $M=\mathbf{R}^2-\{(0,0)\}$ 上定义 $C^\infty$ 1 形式(Pfaff 形式)

$$\omega=\frac{-y}{x^2+y^2}\mathrm{d}x+\frac{x}{x^2+y^2}\mathrm{d}y.$$

显然

$$\mathrm{d}\omega=-\frac{x^2+y^2-2y^2}{(x^2+y^2)^2}\mathrm{d}y\wedge\mathrm{d}x+\frac{x^2+y^2-2x^2}{(x^2+y^2)^2}\mathrm{d}x\wedge\mathrm{d}y$$
$$=\frac{x^2-y^2+y^2-x^2}{(x^2+y^2)^2}\mathrm{d}x\wedge\mathrm{d}y=0,$$

故 $\omega$ 为 $C^\infty$ 闭形式,但不是 $C^\infty$ 恰当形式.

**证明** (反证)假设 $\omega$ 为 $C^\infty$ 恰当形式,即 $\omega=\mathrm{d}\eta,\eta\in C_{\mathrm{dR}}^n(M)$,则

$$\int_{\vec{S}^1}\omega=\int_{\vec{S}^1}\mathrm{d}\eta=\int_0^{2\pi}\eta'_\theta\mathrm{d}\theta=\eta(\theta)\Big|_0^{2\pi}=\eta(2\pi)-\eta(0)=0,$$

这与

$$\int_{\vec{S}^1}\omega=\int_{\vec{S}^1}\frac{-y}{x^2+y^2}\mathrm{d}x+\frac{x}{x^2+y^2}\mathrm{d}y$$
$$=\int_0^{2\pi}\left(\frac{-\sin\theta}{\cos^2\theta+\sin^2\theta}(-\sin\theta)+\frac{\cos\theta}{\cos^2\theta+\sin^2\theta}\cos\theta\right)\mathrm{d}\theta$$
$$=\int_0^{2\pi}\mathrm{d}\theta=2\pi\neq0$$

相矛盾,其中 $\vec{S}^1$ 为逆时针方向的单位圆. □

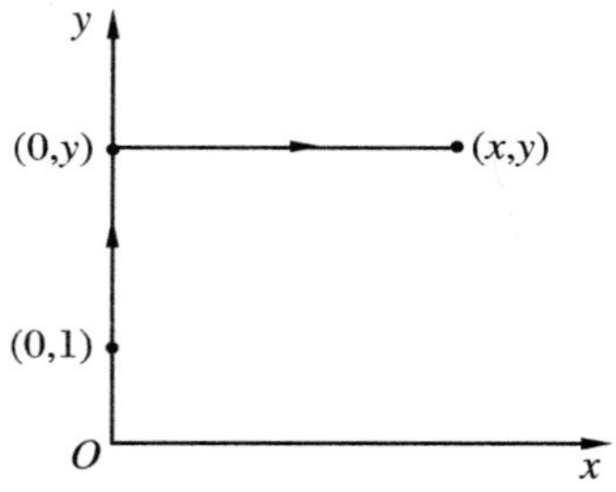

图 5.1.1

为了透彻了解闭形式但非恰当形式

$$\omega=\frac{-y}{x^2+y^2}\mathrm{d}x+\frac{x}{x^2+y^2}\mathrm{d}y,\quad (x,y)\in\mathbf{R}^2-\{(0,0)\},$$

我们沿图 5.1.1 中路线求 $\omega$ 的积分:

$$f(x,y)=\int_{(0,1)}^{(x,y)}\omega=\int_{(0,1)}^{(x,y)}\frac{-y}{x^2+y^2}\mathrm{d}x+\frac{x}{x^2+y^2}\mathrm{d}y$$
$$=\int_1^y0\mathrm{d}y+\int_0^x\frac{-y}{x^2+y^2}\mathrm{d}x=-\arctan\frac{x}{y}\Big|_0^x$$
$$=-\arctan\frac{x}{y},\quad y>0.$$

(1) 如果只考虑 $y>0$,则 $\omega$ 有原函数 $f(x,y)=-\arctan\dfrac{x}{y}$,即

$$\mathrm{d}f=\frac{-y}{x^2+y^2}\mathrm{d}x+\frac{x}{x^2+y^2}\mathrm{d}y=\omega,$$

这就证明了当 $y>0$ 时,闭形式 $\omega$ 为恰当微分形式.

进而,根据下面的引理 5.1.1,$\omega$ 在 $y>0$ 上的一切原函数为

$$-\arctan\frac{x}{y}+C\quad(C\text{ 为任意常数}).$$

(2) 如果考虑 $y\neq0$,则根据下面的引理 5.1.1,$\omega$ 在 $y\neq0$ 上的一切原函数为

$$f(x,y)=\begin{cases}-\arctan\dfrac{x}{y}+C_1, & y>0,\\ -\arctan\dfrac{x}{y}+C_2, & y<0,\end{cases}$$

其中 $C_1$ 与 $C_2$ 为两个独立的常数.所以,闭形式 $\omega$ 在 $y\neq 0$ 上为恰当微分形式.

(3) 如果考虑 $x^2+y^2\neq 0$,根据例 5.1.1,$\omega$ 在 $x^2+y^2\neq 0$ 上无任何原函数.

(4) 因为

$$\lim_{y\to 0^+}\left(-\arctan\frac{x}{y}\right)=\begin{cases}\dfrac{\pi}{2}, & x<0,\\ -\dfrac{\pi}{2}, & x>0,\end{cases}$$

$$\lim_{y\to 0^-}\left(-\arctan\frac{x}{y}\right)=\begin{cases}-\dfrac{\pi}{2}, & x<0,\\ \dfrac{\pi}{2}, & x>0,\end{cases}$$

所以

$$f(x,y)=\begin{cases}-\arctan\dfrac{x}{y}, & y>0,\\ \dfrac{\pi}{2}, & y=0,x<0,\\ -\arctan\dfrac{x}{y}+\pi, & y<0\end{cases}$$

在 $\mathbf{R}^2-\{(x,0)\mid x\geqslant 0\}$ 中有 $\mathrm{d}f=\omega$,而 $f(x,y)+C$($C$ 为任意常数)为 $\omega$ 的所有原函数.因此,闭形式 $\omega$ 在 $\mathbf{R}^2-\{(x,0)\mid x\geqslant 0\}$ 为恰当微分形式.

**引理 5.1.1** 设 $\Omega$ 为 $m$ 维 $C^\infty$ 流形 $M$ 上的一个区域(连通的开集).$\omega$ 为 $\Omega$ 上的 1 次 $C^0$ 形式.如果 $f,g\in C^1(\Omega,\mathbf{R})$,使 $\mathrm{d}f=\mathrm{d}g=\omega$,则

$$f=g+C,$$

其中 $C$ 为任意常数.

**证明** 因为 $\mathrm{d}f=\mathrm{d}g$,所以 $\mathrm{d}(f-g)=0$.显然,

$$\begin{aligned}\mathrm{d}(f-g)=0 \quad &\Leftrightarrow \quad \text{在任何连通局部坐标系}\{x^i\}\text{中},\frac{\partial(f-g)}{\partial x^i}=0,\ i=1,2,\cdots,m\\ &\Leftrightarrow \quad f-g\ \text{在}\{x^i\}\text{中为常值函数,即}\ f-g\ \text{为局部常值函数}.\end{aligned}$$

类似定理 5.1.1 的证明知,$f-g$ 为常值函数,即 $f=g+C$($C$ 为常数). □

**定理 5.1.3** 设 $(M,\mathscr{D})$ 为 $m$ 维 $C^\infty$ 流形,则以下结论等价:

(1) $H^1_{\mathrm{dR}}(M)=0$;

(2) 任何 1 阶 $C^\infty$ 闭形式 $\omega$ 必为 $C^\infty$ 恰当形式;

(3) 任何 1 阶 $C^\infty$ 闭形式 $\omega$ 和 $M$ 上的任一分段 $C^\infty$ 定向闭曲线 $\vec{C}$,必有 $\int_{\vec{C}}\omega = 0$;

(4) 对任何 1 阶 $C^\infty$ 闭形式 $\omega$ 和 $M$ 上的任何两点 $p,q$,以及连接 $p,q$ 的任何两条分段 $C^\infty$ 定向曲线 $\vec{C}_1,\vec{C}_2$,有 $\int_{\vec{C}_1}\omega = \int_{\vec{C}_2}\omega$.

**证明** (1)⇔(2). 由 $Z^1_{\mathrm{dR}}(M)/B^1_{\mathrm{dR}}(M) = H^1_{\mathrm{dR}}(M) = 0$ 立即推得.

(2)⇒(3). 设 $\omega = \mathrm{d}\eta$, $\eta \in C^0_{\mathrm{dR}}(M)$, $\vec{C}$ 由 $C^\infty$ 映射 $\sigma:[0,T]\to M$, $\sigma(0)=\sigma(T)$ 确定,则

$$\int_{\vec{C}}\omega = \int_{\vec{C}}\mathrm{d}\eta = \int_0^T \eta'_\theta \mathrm{d}\theta = \eta(\sigma(\theta))\Big|_0^T$$
$$= \eta(\sigma(T)) - \eta(\sigma(0)) = 0.$$

(3)⇒(4). 设 $\vec{C}$ 由 $\vec{C}_1$ 和 $-\vec{C}_2$ 组成,由(3)知

$$\int_{\vec{C}_1}\omega - \int_{\vec{C}_2}\omega = \int_{\vec{C}}\omega = 0,$$

故

$$\int_{\vec{C}_1}\omega = \int_{\vec{C}_2}\omega.$$

(4)⇒(2). 显然,只需对 $M$ 的任一道路连通分支 $M_1$ 证明存在 $C^\infty$ 的 $\eta$,使 $\mathrm{d}\eta = \omega$.

设 $p\in M_1$ 为一固定点,对 $\forall\, q\in M_1$,令

$$\eta(q) = \int_p^q \omega,$$

这里积分沿从 $p$ 到 $q$ 的任一分段 $C^\infty$ 定向曲线,由(4),它与选取的分段 $C^\infty$ 定向曲线无关. 设 $(U,\varphi)$, $\{x^i\}$ 为 $q$ 的局部坐标系,则

$$\frac{\partial(\eta\circ\varphi^{-1})}{\partial x^i} = \lim_{\Delta x^i\to 0}\frac{\eta(\varphi^{-1}(x^1,\cdots,x^{i-1},x^i+\Delta x^i,x^{i+1},\cdots,x^n)) - \eta(\varphi^{-1}(x))}{\Delta x^i}$$
$$= \lim_{\Delta x^i\to 0}\frac{\int_{x^i}^{x^i+\Delta x^i}\omega_i\circ\varphi^{-1}\mathrm{d}x^i}{\Delta x^i}$$
$$\xlongequal[\theta\in[0,1]]{\text{积分中值定理}} \lim_{\Delta x^i\to 0}\omega_i\circ\varphi^{-1}(x^1,\cdots,x^{i-1},x^i+\theta\Delta x^i,x^{i+1},\cdots,x^n)$$
$$= \omega_i\circ\varphi^{-1}(x),$$

从而,$\eta\in C^0_{\mathrm{dR}}(M)$, $\omega = \mathrm{d}\eta$,即 $\omega$ 为 $C^\infty$ 恰当形式. □

**例 5.1.2** 设 $M\subset\mathbf{R}^m$ 为包含 0 的星形开集,则:

(1) $H^0_{\mathrm{dR}}(M)\cong\mathbf{R}$;

(2) $H^1_{\mathrm{dR}}(M)\cong 0$.

**证明** (1) 因为星形开集 $M$ 是道路连通的流形,故由定理 5.1.1,$H^0_{\mathrm{dR}}(M)\cong\mathbf{R}$.

(2) 设 $\omega = \sum_{i=1}^{m} \omega_i \mathrm{d}x^i$ 为 $M$ 上的 $C^\infty$ 1 形式,如果 $\omega$ 是恰当的,则 $\exists\, \eta \in C_{\mathrm{dR}}^0(M)$,使得

$$\sum_{i=1}^{m} \omega_i \mathrm{d}x^i = \omega = \mathrm{d}\eta = \sum_{i=1}^{m} \frac{\partial \eta}{\partial x^i} \mathrm{d}x^i,$$

$$\frac{\partial \eta}{\partial x^i} = \omega_i, \quad i = 1,2,\cdots,m.$$

于是,对 $x \in M$,有

$$\begin{aligned} \eta(x) &= \eta(0) + \int_0^1 \frac{\mathrm{d}}{\mathrm{d}t}\eta(tx)\mathrm{d}t = \eta(0) + \int_0^1 \sum_{i=1}^{m} \frac{\partial \eta}{\partial x^i}(tx) x^i \mathrm{d}t \\ &= \eta(0) + \sum_{i=1}^{m} \int_0^1 \omega_i(tx) x^i \mathrm{d}t, \end{aligned}$$

这说明 $\eta$ 除差一常数 $\eta(0)$ 外完全由 $\omega$ 确定.

如果 $\omega$ 为 $C^\infty$ 闭 1 形式,即 $\mathrm{d}\omega = 0$. 令

$$\eta(x) = \eta(0) + \sum_{i=1}^{m} \int_0^1 \omega_i(tx) x^i \mathrm{d}t,$$

其中 $\eta(0)$ 为任选常数. 因为

$$\begin{aligned} 0 = \mathrm{d}\omega &= \mathrm{d}\Big(\sum_{i=0}^{m} \omega_i \mathrm{d}x^i\Big) = \sum_{i=1}^{m} \sum_{j=1}^{m} \frac{\partial \omega_i}{\partial x^j} \mathrm{d}x^j \wedge \mathrm{d}x^i \\ &= \sum_{1 \leqslant i < j \leqslant m} \Big(\frac{\partial \omega_j}{\partial x^i} - \frac{\partial \omega_i}{\partial x^j}\Big) \mathrm{d}x^i \wedge \mathrm{d}x^j, \end{aligned}$$

故 $\frac{\partial \omega_j}{\partial x^i} = \frac{\partial \omega_i}{\partial x^j}$. 于是

$$\begin{aligned} \frac{\partial \eta}{\partial x^j} &= \sum_{i=1}^{m} \Big(\int_0^1 \frac{\partial \omega_i(tx)}{\partial x^j} t x^i \mathrm{d}t + \int_0^1 \omega_i(tx) \delta_j^i \mathrm{d}t\Big) \\ &= \sum_{i=1}^{m} \int_0^1 \frac{\partial \omega_i}{\partial x^j}(tx) t x^i \mathrm{d}t + \int_0^1 \omega_j(tx) \mathrm{d}t \\ &\xlongequal{\mathrm{d}\omega = 0} \sum_{i=1}^{m} \frac{\partial \omega_j}{\partial x^i}(tx) t x^i \mathrm{d}t + \int_0^1 \omega_j(tx) \mathrm{d}t \\ &= \int_0^1 t \mathrm{d}\omega_j(tx) + \int_0^1 \omega_j(tx) \mathrm{d}t \\ &= t\omega_j(tx) \Big|_0^1 - \int_0^1 \omega_j(tx) \mathrm{d}t + \int_0^1 \omega_j(tx) \mathrm{d}t \\ &= \omega_j(x), \end{aligned}$$

故

$$\mathrm{d}\eta = \sum_{j=1}^{m} \frac{\partial \eta}{\partial x^j} \mathrm{d}x^j = \sum_{j=1}^{m} \omega_j \mathrm{d}x^j = \omega,$$

即闭形式 $\omega$ 为恰当形式.此时,$Z_{\mathrm{dR}}^1(M)=B_{\mathrm{dR}}^1(M)$,

$$H_{\mathrm{dR}}^1(M)=Z_{\mathrm{dR}}^1(M)/B_{\mathrm{dR}}^1(M)=0.$$ □

**例 5.1.3** 设 $M\subset\mathbf{R}^m$ 为开集,且对 $\forall\, p,q\in M$,任何连接 $p,q$ 的平行于坐标轴的一固定顺序的折线(例如,先平行 $x^1$ 轴,再平行 $x^2$ 轴等)全在 $M$ 中,则 $H_{\mathrm{dR}}^1(M)=0$.

**证明** 设 $\omega$ 为 $M$ 上的 $C^\infty$ 闭 1 形式,即 $\mathrm{d}\omega=0$.令

$$\eta(x)=\sum_{i=1}^m\int_{x_0^i}^{x^i}\omega_i(x^1,\cdots,x^i,x_0^{i+1},\cdots,x_0^m)\mathrm{d}x^i,$$

其中 $x_0\in M$ 为一固定点,$x\in M$ 为任一点.则

$$\begin{aligned}
\frac{\partial\eta}{\partial x^j}&=\frac{\partial}{\partial x^j}\Big(\sum_{i=1}^m\int_{x_0^i}^{x^i}\omega_i(x^1,\cdots,x^i,x_0^{i+1},\cdots,x_0^m)\mathrm{d}x^i\Big)\\
&=\omega_j(x^1,\cdots,x^j,x_0^{j+1},\cdots,x_0^m)+\sum_{i=j+1}^m\int_{x_0^i}^{x^i}\frac{\partial\omega_i(x^1,\cdots,x^i,x_0^{i+1},\cdots,x_0^m)}{\partial x^j}\mathrm{d}x^i\\
&\xlongequal{\mathrm{d}\omega=0}\omega_j(x^1,\cdots,x^j,x_0^{j+1},\cdots,x_0^m)+\sum_{i=j+1}^m\int_{x_0^i}^{x^i}\frac{\partial\omega_j(x^1,\cdots,x^i,x_0^{i+1},\cdots,x_0^m)}{\partial x^i}\mathrm{d}x^i\\
&=\omega_j(x^1,\cdots,x^j,x_0^{j+1},\cdots,x_0^m)\\
&\quad+\sum_{i=j+1}^m(\omega_j(x^1,\cdots,x^i,x_0^{i+1},\cdots,x_0^m)-\omega_j(x^1,\cdots,x^{i-1},x_0^i,x_0^{i+1},\cdots,x_0^m))\\
&=\omega_j(x^1,\cdots,x^m),
\end{aligned}$$

于是

$$\mathrm{d}\eta=\sum_{j=1}^m\frac{\partial\eta}{\partial x^j}\mathrm{d}x^j=\sum_{j=1}^m\omega_j\mathrm{d}x^j=\omega.$$

此时,闭形式 $\omega$ 为恰当形式,从而 $Z_{\mathrm{dR}}^1(M)\subset B_{\mathrm{dR}}^1(M)$,$Z_{\mathrm{dR}}^1(M)=B_{\mathrm{dR}}^1(M)$,

$$H_{\mathrm{dR}}^1(M)=Z_{\mathrm{dR}}^1(M)/B_{\mathrm{dR}}^1(M)=0.$$ □

**例 5.1.4** 设$(S^1,\mathscr{D})$为通常的 $C^\infty$ 流形(圆),则

$$H_{\mathrm{dR}}^n(S^1)\cong\begin{cases}\mathbf{R}, & n=0,1,\\ 0, & n\neq 0,1,n\in\mathbf{Z}.\end{cases}$$

**证明** 由定理 5.1.1,

$$H_{\mathrm{dR}}^0(S^1)=\mathbf{R}.$$

当 $n<0$ 或 $n>1$ 时,因 $C_{\mathrm{dR}}^n(S^1)=0$,故 $Z_{\mathrm{dR}}^n(S^1)=B_{\mathrm{dR}}^n(S^1)=0$,从而

$$H_{\mathrm{dR}}^n(S^1)=Z_{\mathrm{dR}}^n(S^1)/B_{\mathrm{dR}}^n(S^1)=0.$$

因为当 $n>1$ 时,$C_{\mathrm{dR}}^n(S^1)=0$,故 $Z_{\mathrm{dR}}^1(S^1)=C_{\mathrm{dR}}^1(S^1)$,且

$$B_{\mathrm{dR}}^1(S^1)=\{\mathrm{d}f\mid f\in C_{\mathrm{dR}}^0(S^1)\}.$$

如果 $\theta$ 表示$S^1$ 上点的极坐标的极角,则$\frac{\partial}{\partial\theta}$为$S^1$ 上整体 $C^\infty$ 处处非零的切向量场,而

它的对偶 1 形式 $\mathrm{d}\theta$ 是 $S^1$ 的整体 $C^\infty$ 处处非零的 1 形式. 此外, $\mathrm{d}\theta$ 不是恰当的(注意 $\theta$ 不是整体 $C^\infty$ 函数).

但是,对于 $S^1$ 上的任意 $C^\infty$ 1 形式 $\omega = g(\theta)\mathrm{d}\theta$,

$$\eta(\theta) = \int_0^\theta g(t)\mathrm{d}t - \left(\frac{1}{2\pi}\int_0^{2\pi} g(t)\mathrm{d}t\right)\theta,$$

$\eta(0) = 0 = \eta(2\pi)$,故 $\eta$ 是以 $2\pi$ 为周期的 $C^\infty$ 函数,即 $\eta$ 为 $S^1$ 上的 $C^\infty$ 函数, $\eta \in C^0_{\mathrm{dR}}(S^1)$,且

$$\mathrm{d}\eta = g(\theta)\mathrm{d}\theta - \left(\frac{1}{2\pi}\int_0^{2\pi} g(t)\mathrm{d}t\right)\mathrm{d}\theta = \omega - \left(\frac{1}{2\pi}\int_0^{2\pi} g(t)\mathrm{d}t\right)\mathrm{d}\theta,$$

它为 $S^1$ 上的 $C^\infty$ 恰当 1 形式,因而

$$[\omega] = \left[\mathrm{d}\eta + \left(\frac{1}{2\pi}\int_0^{2\pi} g(t)\mathrm{d}t\right)\mathrm{d}\theta\right] = \frac{1}{2\pi}\int_0^{2\pi} g(t)\mathrm{d}t[\mathrm{d}\theta],$$

$$\begin{aligned} H^1_{\mathrm{dR}}(S^1) &= Z^1_{\mathrm{dR}}(S^1)/B^1_{\mathrm{dR}}(S^1) \\ &\cong \{\lambda[\mathrm{d}\theta] \mid \lambda \in \mathbf{R}\} \cong \mathbf{R}. \end{aligned}$$

□

**例 5.1.5**　设 $M = \mathbf{R}^2 - \{(0,0)\}$ 为 $\mathbf{R}^2$ 的通常的 $C^\infty$ 开子流形,则

$$H^n_{\mathrm{dR}}(M) \cong \begin{cases} \mathbf{R}, & n = 0,1, \\ 0, & n \neq 0,1, n \in \mathbf{Z}. \end{cases}$$

**证明**　(证法 1)(1) 因为 $M$ 道路连通,根据定理 5.1.1,

$$H^0_{\mathrm{dR}}(M) \cong \mathbf{R}.$$

当 $n<0$ 或 $n>2$ 时,因 $C^n_{\mathrm{dR}}(M) = 0$,所以 $Z^n_{\mathrm{dR}}(M) = B^n_{\mathrm{dR}}(M) = 0$,故

$$H^n_{\mathrm{dR}}(M) = Z^n_{\mathrm{dR}}(M)/B^n_{\mathrm{dR}}(M) = 0.$$

(2) 设 $\omega \in Z^1_{\mathrm{dR}}(M)$,则

$$\omega - \frac{1}{2\pi}\left(\int_{\vec{C}_1}\omega\right)\left(\frac{-y}{x^2+y^2}\mathrm{d}x + \frac{x}{x^2+y^2}\mathrm{d}y\right) \in Z^1_{\mathrm{dR}}(M),$$

其中 $\vec{C}_1$ 为逆时针方向的单位圆. 容易看出,对 $M$ 上的任一分段 $C^\infty$ 定向闭曲线 $\vec{C}$,有

$$\int_{\vec{C}}\left(\omega - \frac{1}{2\pi}\left(\int_{\vec{C}_1}\omega\right)\left(\frac{-y}{x^2+y^2}\mathrm{d}x + \frac{x}{x^2+y^2}\mathrm{d}y\right)\right) = 0.$$

再根据定理 5.1.3(3),

$$\omega - \frac{1}{2\pi}\left(\int_{\vec{C}_1}\omega\right)\left(\frac{-y}{x^2+y^2}\mathrm{d}x + \frac{x}{x^2+y^2}\mathrm{d}y\right) \in B^1_{\mathrm{dR}}(M).$$

因此

$$[\omega] = \frac{1}{2\pi}\left(\int_{\vec{C}_1}\omega\right)\left[\frac{-y}{x^2+y^2}\mathrm{d}x + \frac{x}{x^2+y^2}\mathrm{d}y\right],$$

$$H^1_{\mathrm{dR}}(M) = Z^1_{\mathrm{dR}}(M)/B^1_{\mathrm{dR}}(M) = \left\{\lambda\left[\frac{-y}{x^2+y^2}\mathrm{d}x + \frac{x}{x^2+y^2}\mathrm{d}y\right] \middle| \lambda \in \mathbf{R}\right\} \cong \mathbf{R}.$$

(3) 设 $\omega = a(r,\theta)\mathrm{d}r \wedge \mathrm{d}\theta \in C^2_{\mathrm{dR}}(M)$. 因为 $C^3_{\mathrm{dR}}(M)=0$,故 $C^2_{\mathrm{dR}}(M)=Z^2_{\mathrm{dR}}(M)$. 为选

$$P(r,\theta)\mathrm{d}r + Q(r,\theta)\mathrm{d}\theta \in C^1_{\mathrm{dR}}(M)$$

使得

$$a\mathrm{d}r \wedge \mathrm{d}\theta = \omega = \mathrm{d}(P\mathrm{d}r + Q\mathrm{d}\theta) = \left(\frac{\partial Q}{\partial r} - \frac{\partial P}{\partial \theta}\right)\mathrm{d}r \wedge \mathrm{d}\theta,$$

我们取

$$\begin{cases} P = 0, \\ \dfrac{\partial Q}{\partial r} = a, \end{cases}$$

故

$$Q = \int_{r_1}^{r} a(r,\theta)\mathrm{d}r, \quad \omega = \mathrm{d}\left(\int_{r_1}^{r} a(r,\theta)\mathrm{d}r\right) \wedge \mathrm{d}\theta,$$

其中 $r_1, r \in (0,+\infty)$. 这就证明了 $C^2_{\mathrm{dR}}(M) = Z^2_{\mathrm{dR}}(M) = B^2_{\mathrm{dR}}(M)$,

$$H^2_{\mathrm{dR}}(M) = Z^2_{\mathrm{dR}}(M)/B^2_{\mathrm{dR}}(M) = 0.$$

因此

$$H^n_{\mathrm{dR}}(M) \cong \begin{cases} \mathbf{R}, & n = 0,1, \\ 0, & n \neq 0,1, n \in \mathbf{Z}. \end{cases}$$

(证法 2)根据定理 5.1.6 和例 5.1.4,

$$H^n_{\mathrm{dR}}(M) = H^n_{\mathrm{dR}}(S^1) \cong \begin{cases} \mathbf{R}, & n = 0,1, \\ 0, & n \neq 0,1, n \in \mathbf{Z}. \end{cases}$$ □

**注 5.1.1** 类似例 5.1.5 的证明或由 $\mathbf{R}^2 - \{p\} \overset{\text{同胚}}{\cong} \mathbf{R}^2 - \{(0,0)\}$ 及定理 5.1.4 知

$$H^n_{\mathrm{dR}}(\mathbf{R}^2 - \{p\}) \cong H^n_{\mathrm{dR}}(\mathbf{R}^2 - \{(0,0)\}) \cong \begin{cases} \mathbf{R}, & n = 0,1, \\ 0, & n \neq 0,1, n \in \mathbf{Z}. \end{cases}$$

**例 5.1.6** $p, q \in \mathbf{R}^2, p \neq q$,则

$$H^n_{\mathrm{dR}}(\mathbf{R}^2 - \{p,q\}) \cong \begin{cases} \mathbf{R}, & n = 0, \\ \mathbf{R} \oplus \mathbf{R}, & n = 1, \\ 0, & n \in \mathbf{Z} - \{0,1\}. \end{cases}$$

**证明** (证法 1)(1) 因为 $\mathbf{R}^2 - \{p,q\}$ 道路连通,根据定理 5.1.1,

$$H^0_{\mathrm{dR}}(\mathbf{R}^2 - \{p,q\}) \cong \mathbf{R}.$$

因为当 $n \in \mathbf{Z} - \{0,1,2\}$ 时,

$$C^n_{\mathrm{dR}}(\mathbf{R}^2 - \{p,q\}) = 0,$$

故

$$H^n_{\mathrm{dR}}(\mathbf{R}^2-\{p,q\})=0.$$

(2) 类似 $\mathbf{R}^2-\{p\}$ 可证,对 $\forall\,\omega\in Z^n_{\mathrm{dR}}(\mathbf{R}^2-\{p,q\})$,有

$$[\omega]=\left(\int_{\vec{C}_1}\omega\right)[\omega_1]+\left(\int_{\vec{C}_2}\omega\right)[\omega_2],$$

其中 $p=(p_1,p_2),q=(q_1,q_2)$,

$$C_1:(x-p_1)^2+(y-p_2)^2=r^2,$$

$$C_2:(x-q_1)^2+(y-q_2)^2=r^2,$$

$r=\dfrac{\|p-q\|}{4}$,其定向为逆时针方向;

$$\omega_1=\frac{1}{2\pi}\frac{-(y-p_2)\mathrm{d}x+(x-p_1)\mathrm{d}y}{(x-p_1)^2+(y-p_2)^2},$$

$$\omega_2=\frac{1}{2\pi}\frac{-(y-q_2)\mathrm{d}x+(x-q_1)\mathrm{d}y}{(x-q_1)^2+(y-q_2)^2}.$$

如果 $\lambda[\omega_1]+\mu[\omega_2]=[\lambda\omega_1+\mu\omega_2]=0$,则 $\lambda\omega_1+\mu\omega_2=\mathrm{d}\eta$. 于是

$$0=\int_{\vec{C}_1}\mathrm{d}\eta=\lambda\int_{\vec{C}_1}\omega_1+\mu\int_{\vec{C}_1}\omega_2=\lambda\cdot 1+\mu\cdot 0=\lambda,$$

同理,$\mu=0$. 这就证明了$[\omega_1]$与$[\omega_2]$是线性无关的. 由此得到

$$H^1_{\mathrm{dR}}(\mathbf{R}^2-\{p,q\})=\mathbf{R}\oplus\mathbf{R}.$$

(3) 为了方便,不妨设 $p=(-1,0),q=(1,0)$. 令

$$U=\left\{(x,y)\,\middle|\,x<\frac{1}{2}\right\}\cap(\mathbf{R}^2-\{p,q\}),$$

$$V=\left\{(x,y)\,\middle|\,x>-\frac{1}{2}\right\}\cap(\mathbf{R}^2-\{p,q\}),$$

有 $U\cup V=\mathbf{R}^2-\{p,q\}$.

设$\{\rho_U,\rho_V\}$为从属于$\{U,V\}$的广义单位分解. 对 $\forall\,f\in C^0_{\mathrm{dR}}(\mathbf{R}^2-\{p,q\})$,$\rho_U f\in C^0_{\mathrm{dR}}(\mathbf{R}^2-\{p\})$,$(\rho_U f)(q)=0$;$\rho_V f\in C^0_{\mathrm{dR}}(\mathbf{R}^2-\{q\})$,$(\rho_V f)(p)=0$. 由例 5.1.5,有

$$\rho_U f\mathrm{d}x\wedge\mathrm{d}y\in B^2_{\mathrm{dR}}(\mathbf{R}^2-\{p\}),$$

$$\rho_V f\mathrm{d}x\wedge\mathrm{d}y\in B^2_{\mathrm{dR}}(\mathbf{R}^2-\{q\}).$$

$$f\mathrm{d}x\wedge\mathrm{d}y=\rho_U f\mathrm{d}x\wedge\mathrm{d}y+\rho_V f\mathrm{d}x\wedge\mathrm{d}y\in B^2_{\mathrm{dR}}(\mathbf{R}^2-\{p,q\}),$$

$$H^2_{\mathrm{dR}}(\mathbf{R}^2-\{p,q\})=0.$$

(证法 2)为计算 $H^1_{\mathrm{dR}}(\mathbf{R}^2-\{p,q\})\cong\mathbf{R}\oplus\mathbf{R}$,我们也可定义映射:

$$\int:Z^1_{\mathrm{dR}}(\mathbf{R}^2-\{p,q\})\to\mathbf{R}\oplus\mathbf{R},$$

$$\omega\mapsto\left(\int_{\vec{C}_1}\omega,\int_{\vec{C}_2}\omega\right).$$

显然，$\omega=\lambda\omega_1+\mu\omega_2\mapsto(\lambda,\mu)$，故 $\mathrm{Im}\int=\mathbf{R}\oplus\mathbf{R}$，即 $\int$ 为满射，且

$$\begin{aligned}&\omega\in B^1_{\mathrm{dR}}(\mathbf{R}^2-\{p,q\})\\ \Leftrightarrow\quad&\text{对 }\mathbf{R}^2-\{p,q\}\text{ 中任一分段 }C^\infty\text{ 定向闭曲线 }\vec{C}\text{，有}\int_{\vec{C}}\omega=0\\ \Leftrightarrow\quad&\left(\int_{\vec{C}_1}\omega,\int_{\vec{C}_2}\omega\right)=(0,0),\end{aligned}$$

这就表明

$$B^1_{\mathrm{dR}}(\mathbf{R}^2-\{p,q\})=\mathrm{Ker}\int.$$

根据同构定理得

$$\begin{aligned}H^1_{\mathrm{dR}}(\mathbf{R}^2-\{p,q\})&=Z^1_{\mathrm{dR}}(\mathbf{R}^2-\{p,q\})/B^1_{\mathrm{dR}}(\mathbf{R}^2-\{p,q\})\\&=Z^1_{\mathrm{dR}}(\mathbf{R}^2-\{p,q\})/\mathrm{Ker}\int\cong\mathbf{R}\oplus\mathbf{R}.\end{aligned}$$

□

**注 5.1.2** 类似例 5.1.7 可以证明：若 $p_i\neq p_j$，$i\neq j$，则

$$H^n_{\mathrm{dR}}(\mathbf{R}^2-\{p_1,\cdots,p_l\})\cong\begin{cases}\mathbf{R}, & n=0,\\ \underbrace{\mathbf{R}\oplus\cdots\oplus\mathbf{R}}_{l\text{个}}, & n=1,\\ 0, & n\in\mathbf{Z}-\{0,1\}.\end{cases}$$

**例 5.1.7** 设 $\{x^i\}$ 为 $\mathbf{R}^m$ 中通常的整体坐标系. 在 $\mathbf{R}^m$ 上定义 $C^\infty$ Riemann 度量 $g$ 为

$$g_{ij}=\left\langle\frac{\partial}{\partial x^i},\frac{\partial}{\partial x^j}\right\rangle=\delta_{ij},$$

$$g(X,Y)=\langle X,Y\rangle=\left\langle\sum_{i=1}^m a^i\frac{\partial}{\partial x^i},\sum_{j=1}^m b^j\frac{\partial}{\partial x^j}\right\rangle=\sum_{i,j=1}^m a^ib^j.$$

显然，$\left\{\frac{\partial}{\partial x^i}\right\}$ 为 $\mathbf{R}^m$ 上的整体的规范正交的 $C^\infty$ 坐标基向量场，$\{\mathrm{d}x^i\}$ 为其对偶基，

$$\mathrm{d}v_0=\mathrm{d}x^1\wedge\cdots\wedge\mathrm{d}x^m$$

为 $\mathbf{R}^m$ 上的体积元.

设 $S^{m-1}(r_0)$ 为 $\mathbf{R}^m$ 中以 0 为原点、$r_0$ 为半径的球面，它是 $m-1$ 维 $C^\infty$ 定向（外法向）正则子流形（$m-1$ 维超曲面），$S^{m-1}(r_0)$ 上的局部坐标系 $\{u^1,u^2,\cdots,u^{m-1}\}$ 与 $S^{m-1}(r_0)$ 的定向一致. 由 $\mathbf{R}^m$ 的上述 Riemann 度量 $g$ 诱导出 $S^{m-1}(r_0)$ 上的一个 Riemann 度量 $I^\#g$.

设 $\sum_{i=1}^m h^i\frac{\partial}{\partial x^i}$ 为 $S^{m-1}(r_0)$ 上与 $S^{m-1}(r_0)$ 的定向相一致的 $C^\infty$ 单位法向量场，则

$$\sum_{i=1}^m(-1)^{i-1}h^i\mathrm{d}x^1\wedge\cdots\wedge\widehat{\mathrm{d}x^i}\wedge\cdots\wedge\mathrm{d}x^m$$

$$= \sum_{i=1}^{m}(-1)^{i-1}h^i \frac{\partial(x^1,\cdots,\hat{x}^i,\cdots,x^m)}{\partial(u^1,\cdots,u^{m-1})}\mathrm{d}u^1 \wedge \cdots \wedge \mathrm{d}u^{m-1}$$

$$= \det\begin{pmatrix} h^1 & \cdots & h^m \\ \frac{\partial x^1}{\partial u^1} & \cdots & \frac{\partial x^m}{\partial u^1} \\ \vdots & & \vdots \\ \frac{\partial x^1}{\partial u^{m-1}} & \cdots & \frac{\partial x^m}{\partial u^{m-1}} \end{pmatrix}\mathrm{d}u^1 \wedge \cdots \wedge \mathrm{d}u^{m-1}$$

$$= \sqrt{\det\begin{pmatrix} h^1 & \cdots & h^m \\ \frac{\partial x^1}{\partial u^1} & \cdots & \frac{\partial x^m}{\partial u^1} \\ \vdots & & \vdots \\ \frac{\partial x^1}{\partial u^{m-1}} & \cdots & \frac{\partial x^m}{\partial u^{m-1}} \end{pmatrix}\begin{pmatrix} h^1 & \frac{\partial x^1}{\partial u^1} & \cdots & \frac{\partial x^1}{\partial u^{m-1}} \\ \vdots & \vdots & & \vdots \\ h^m & \frac{\partial x^m}{\partial u^1} & \cdots & \frac{\partial x^m}{\partial u^{m-1}} \end{pmatrix}}\mathrm{d}u^1 \wedge \cdots \wedge \mathrm{d}u^{m-1}$$

$$= \sqrt{\det\begin{pmatrix} 1 & 0 & \cdots & 0 \\ 0 & \left\langle \frac{\partial x}{\partial u^1}, \frac{\partial x}{\partial u^1} \right\rangle & \cdots & \left\langle \frac{\partial x}{\partial u^1}, \frac{\partial x}{\partial u^{m-1}} \right\rangle \\ \vdots & \vdots & & \vdots \\ 0 & \left\langle \frac{\partial x}{\partial u^{m-1}}, \frac{\partial x}{\partial u^1} \right\rangle & \cdots & \left\langle \frac{\partial x}{\partial u^{m-1}}, \frac{\partial x}{\partial u^{m-1}} \right\rangle \end{pmatrix}}\mathrm{d}u^1 \wedge \cdots \wedge \mathrm{d}u^{m-1}$$

$$= \sqrt{\det\begin{pmatrix} g_{11} & \cdots & g_{1,m-1} \\ \vdots & & \vdots \\ g_{m-1,1} & \cdots & g_{m-1,m-1} \end{pmatrix}}\mathrm{d}u^1 \wedge \cdots \wedge \mathrm{d}u^{m-1} = \mathrm{d}v(S^{m-1}(r_0)\text{体积元}).$$

显然，

$$\omega = \sum_{i=1}^{m}(-1)^{i-1}\frac{x^i}{r^m}\mathrm{d}x^1 \wedge \cdots \wedge \widehat{\mathrm{d}x^i} \wedge \cdots \wedge \mathrm{d}x^m$$

为 $\mathbf{R}^m - \{0\}$上的 $C^\infty$ 的 $m-1$ 形式$\left(r = \sqrt{\sum_{i=1}^{m}(x^i)^2}\right)$，且

$$\mathrm{d}\omega = \sum_{i=1}^{m}(-1)^{i-1}\left(\frac{1}{r^m} - \frac{mx^i\frac{x^i}{r}}{r^{m+1}}\right)\mathrm{d}x^i \wedge \mathrm{d}x^1 \wedge \cdots \wedge \widehat{\mathrm{d}x^i} \wedge \cdots \wedge \mathrm{d}x^m$$

$$= \left(\frac{m}{r^m} - \frac{m}{r^{m+2}}\sum_{i=1}^{m}x^i\right)\mathrm{d}x^1 \wedge \cdots \wedge \mathrm{d}x^m = 0,$$

故 $\omega$ 为 $\mathbf{R}^m - \{0\}$ 上的 $m-1$ 阶闭形式. 因为 $S^{m-1}(r_0)$为 $m-1$ 维 $C^\infty$ 流形，所以

$\omega|_{S^{m-1}(r_0)}=I^{\#}\omega$（其中 $I:S^{m-1}(r_0)\to\mathbf{R}^m$ 为包含映射）为 $S^{m-1}(r_0)$ 上的闭形式是显然的 $(\mathrm{d}(I^{\#}\omega)=I^{\#}(\mathrm{d}\omega)=I^{\#}(0)=0)$.

由于对 $r_0>0$，

$$S^{m-1}(r_0)=\left\{(x^1,x^2,\cdots,x^m)\in\mathbf{R}^m\;\middle|\;\sum_{i=1}^m(x^i)^2=r_0^2\right\}$$

上的 $C^\infty$ 单位法向量场为 $\sum_{i=1}^m\frac{x^i}{r_0}\frac{\partial}{\partial x^i}$，故

$$\begin{aligned}\frac{\mathrm{d}v}{r_0^{m-1}}&=\frac{1}{r_0^{m-1}}\sum_{i=1}^m(-1)^{i-1}\frac{x^i}{r_0}\mathrm{d}x^1\wedge\cdots\wedge\widehat{\mathrm{d}x^i}\wedge\cdots\wedge\mathrm{d}x^m\\&=\omega|_{S^{m-1}(r_0)}.\end{aligned}$$

如果 $\omega|_{S^{m-1}(r_0)}$ 或 $\mathrm{d}v$ 为 $S^{m-1}(r_0)$ 上的恰当微分形式，则存在 $S^{m-1}(r_0)$ 上的 $C^\infty$ $m-2$ 形式 $\eta$，使

$$\omega|_{S^{m-1}(r_0)}=\mathrm{d}\eta.$$

根据 Stokes 定理得到

$$\int_{\overrightarrow{S^{m-1}(r_0)}}\omega=\int_{\overrightarrow{S^{m-1}(r_0)}}\mathrm{d}\eta=\int_{\overrightarrow{\partial S^{m-1}(r_0)}}\eta=\int_{\varnothing}\eta=0,$$

这与

$$\int_{\overrightarrow{S^{m-1}(r_0)}}\omega=\int_{\overrightarrow{S^{m-1}(r_0)}}\frac{\mathrm{d}v}{r_0^{m-1}}=\frac{2\pi^{\frac{m}{2}}}{\Gamma\left(\frac{m}{2}\right)}\neq0$$

相矛盾$\left(\text{其中}\frac{2\pi^{\frac{m}{2}}}{\Gamma\left(\frac{m}{2}\right)}\text{为数学分析中得到的 }m-1\text{ 维单位球面 }S^{m-1}(1)\text{的体积}\right)$.

此外，如果 $\omega$ 为 $\mathbf{R}^m-\{0\}$ 上的恰当微分形式，则存在 $\mathbf{R}^m-\{0\}$ 上的 $C^\infty$ $m-2$ 形式 $\eta$，使得 $\omega=\mathrm{d}\eta$. 于是

$$\omega|_{S^{m-1}(r_0)}=I^{\#}\omega=I^{\#}\mathrm{d}\eta=\mathrm{d}(I^{\#}\eta)$$

为 $S^{m-1}(r_0)$ 上的恰当微分形式，这与上面已证得的结果相矛盾.

至此，证明了 $\omega|_{S^{m-1}}$ 与 $\mathrm{d}v$ 为 $S^{m-1}(r_0)$ 上的闭形式但非恰当形式，$\omega$ 为 $\mathbf{R}^m-\{0\}$ 上的闭形式但非恰当形式. 如果换成 de Rham 上同调群角度，就是：

$$\begin{aligned}&B_{\mathrm{dR}}^{m-1}(S^{m-1}(r_0))\subsetneqq Z_{\mathrm{dR}}^{m-1}(S^{m-1}(r_0)),\\&H_{\mathrm{dR}}^{m-1}(S^{m-1}(r_0))=Z_{\mathrm{dR}}^{m-1}(S^{m-1}(r_0))/B_{\mathrm{dR}}^{m-1}(S^{m-1}(r_0))\neq0;\\&B_{\mathrm{dR}}(\mathbf{R}^m-\{0\})\subsetneqq Z_{\mathrm{dR}}(\mathbf{R}^m-\{0\}),\\&H_{\mathrm{dR}}^{m-1}(\mathbf{R}^m-\{0\})=Z_{\mathrm{dR}}^{m-1}(\mathbf{R}^m-\{0\})/B_{\mathrm{dR}}^{m-1}(\mathbf{R}^m-\{0\})\neq0.\end{aligned}$$

根据推论 5.1.2$\Big($从 $F(x,t)=(1-t)x+t\frac{r_0x}{\|x\|}$ 知 $S^{m-1}(r_0)$ 为 $\mathbf{R}^m-\{0\}$ 的强形变

收缩核)和例 5.1.11 的更深刻的结果:

$$H_{\mathrm{dR}}^n(S^{m-1}(r_0))\cong\begin{cases}\mathbf{R}, & n=0,m-1,\\ 0, & n\in\mathbf{Z}-\{0,m-1\},\end{cases}$$

可看出

$$H_{\mathrm{dR}}^{m-1}(\mathbf{R}^m-\{0\})\cong H_{\mathrm{dR}}^{m-1}(S^{m-1}(r_0))\cong\mathbf{R}\neq 0.$$

**例 5.1.8** 设 $M\subset\mathbf{R}^3$ 为区域(连通的开集),且存在 $(x_0,y_0,z_0)\in M$ 使得对 $\forall(x,y,z)\in M$,连接 $(x_0,y_0,z_0)$ 与 $(x_0,y,z_0)$,连接 $(x_0,y,z_0)$ 与 $(x,y,z_0)$,连接 $(x,y,z_0)$ 与 $(x,y,z)$ 得到的折线全在 $M$ 中,则

$$H_{\mathrm{dR}}^2(M)=Z_{\mathrm{dR}}^2(M)/B_{\mathrm{dR}}^2(M)=0.$$

**证明** 设 $\omega=P\mathrm{d}y\wedge\mathrm{d}z+Q\mathrm{d}z\wedge\mathrm{d}x+R\mathrm{d}x\wedge\mathrm{d}y\in Z_{\mathrm{dR}}^2(M)$,则

$$\begin{aligned}0=\mathrm{d}\omega&=\left(\frac{\partial P}{\partial x}+\frac{\partial Q}{\partial y}+\frac{\partial R}{\partial z}\right)\mathrm{d}x\wedge\mathrm{d}y\wedge\mathrm{d}z\\ \Leftrightarrow\quad&\frac{\partial P}{\partial x}+\frac{\partial Q}{\partial y}+\frac{\partial R}{\partial z}=0\\ \Leftrightarrow\quad&\frac{\partial R}{\partial z}=-\left(\frac{\partial P}{\partial x}+\frac{\partial Q}{\partial y}\right).\end{aligned}\tag{5.1.1}$$

为求 $\eta$ 使 $\mathrm{d}\eta=\omega$,我们先从缺一项的 $C^\infty 1$ 形式中去寻找(这很简单).例如,缺 $\mathrm{d}z$ 项,令

$$\eta=u\mathrm{d}x+v\mathrm{d}y,$$

其中 $u,v$ 为 $x,y,z$ 的待定的 $C^\infty$ 函数.于是

$$\begin{aligned}&P\mathrm{d}y\wedge\mathrm{d}z+Q\mathrm{d}z\wedge\mathrm{d}x+R\mathrm{d}x\wedge\mathrm{d}y\\ &=\omega=\mathrm{d}\eta=-\frac{\partial v}{\partial z}\mathrm{d}y\wedge\mathrm{d}z+\frac{\partial u}{\partial z}\mathrm{d}z\wedge\mathrm{d}x+\left(\frac{\partial v}{\partial x}-\frac{\partial u}{\partial y}\right)\mathrm{d}x\wedge\mathrm{d}y,\end{aligned}$$

即

$$\begin{cases}-\dfrac{\partial v}{\partial z}=P, & (5.1.2)\\[2ex] \dfrac{\partial u}{\partial z}=Q, & (5.1.3)\\[2ex] \dfrac{\partial v}{\partial x}-\dfrac{\partial u}{\partial y}=R. & (5.1.4)\end{cases}$$

由式(5.1.2)选

$$v(x,y,z)=-\int_{z_0}^{z}P(x,y,z)\mathrm{d}z,\tag{5.1.5}$$

由式(5.1.3)选

$$u(x,y,z)=\int_{z_0}^{z}Q(x,y,z)\mathrm{d}z+f(x,y),\tag{5.1.6}$$

其中 $f$ 为 $M$ 上的待定 $C^\infty$ 函数.再选 $f$ 使它满足式(5.1.4),为此将式(5.1.5)和式(5.1.6)代入式(5.1.4)得到

$$R(x,y,z)=-\int_{z_0}^{z}\left(\frac{\partial P}{\partial x}+\frac{\partial Q}{\partial y}\right)\mathrm{d}z-\frac{\partial f}{\partial y}$$

$$\xlongequal{\text{式(5.1.1)}}\int_{z_0}^{z}\frac{\partial R}{\partial z}\mathrm{d}z-\frac{\partial f}{\partial y}=R(x,y,z)-R(x,y,z_0)-\frac{\partial f}{\partial y},$$

$$\frac{\partial f}{\partial y}=-R(x,y,z_0),$$

$$f(x,y)=-\int_{y_0}^{y}R(x,y,z_0)\mathrm{d}y. \tag{5.1.7}$$

将式(5.1.7)代入式(5.1.6)得到 $u$.通过直接计算可知,对

$$\eta=u\mathrm{d}x+v\mathrm{d}y=\left(-\int_{z_0}^{z}Q(x,y,z)\mathrm{d}z-\int_{y_0}^{y}R(x,y,z_0)\mathrm{d}y\right)\mathrm{d}x$$

$$-\left(\int_{z_0}^{z}P(x,y,z)\mathrm{d}z\right)\mathrm{d}y$$

就应有 $\omega=\mathrm{d}\eta$. □

我们已对 $H_{\mathrm{dR}}^0(M)$,de Rham 上同调群的简单性质,闭形式与恰当形式之间的关系做了最简单、最初步的描述,并列举了大量的实例,使读者对 de Rham 上同调群有了一个感性的认识.为了进一步深刻了解它,我们必须对 de Rham 上同调群的理论展开深入的研究.

现在,我们来证明 $C^\infty$ 微分同胚的 $m$ 维流形的 de Rham 上同调群是同构的.

**引理 5.1.2**　设 $M,N$ 分别为 $m$ 维与 $n$ 维 $C^\infty$ 流形,$f:M\to N$ 为 $C^\infty$ 映射,对 $\forall k\in\mathbf{Z}$,同态

$$f_k^\# = C_{\mathrm{dR}}^k(f):C_{\mathrm{dR}}^k(N)\to C_{\mathrm{dR}}^k(M),$$

$$\eta\mapsto f_k^\#(\eta)$$

为**上链映射**,即 $f_{k+1}^\#\circ\mathrm{d}_k=\mathrm{d}_k\circ f_k^\#$,也就是图表

$$\begin{array}{ccc}C_{\mathrm{dR}}^k(N) & \xrightarrow{f_k^\#} & C_{\mathrm{dR}}^k(M)\\ \downarrow \mathrm{d}_k & & \downarrow \mathrm{d}_k\\ C_{\mathrm{dR}}^{k+1}(N) & \xrightarrow{f_{k+1}^\#} & C_{\mathrm{dR}}^{k+1}(M)\end{array}$$

是可交换的.

由上立即推得

$$f_k^\#(Z_{\mathrm{dR}}^k(N))\subset Z_{\mathrm{dR}}^k(M),\quad f_k^\#(B_{\mathrm{dR}}^k(N))\subset B_{\mathrm{dR}}^k(M).$$

**证明**　由定理 1.2.19(5)知,$f_{k+1}^\#\circ\mathrm{d}_k=\mathrm{d}_k\circ f_k^\#$,即 $f_k^\#$ 为上链映射.

设 $\omega\in Z_{\mathrm{dR}}^k(N)$,则

$$\mathrm{d}_k(f_k^\#(\omega)) = \mathrm{d}_k \circ f_k^\#(\omega) = f_{k+1}^\# \circ \mathrm{d}_k(\omega) = f_{k+1}^\#(\mathrm{d}_k\omega) = f_{k+1}^\#(0) = 0,$$

$$f_k^\#(\omega) \in Z_{\mathrm{dR}}^k(M), \quad f_k^\#(Z_{\mathrm{dR}}^k(N)) \subset Z_{\mathrm{dR}}^k(M).$$

设 $\omega \in B_{\mathrm{dR}}^k(N)$,则 $\exists\, \eta \in B_{\mathrm{dR}}^{k-1}(N)$,使得 $\omega = \mathrm{d}_{k-1}\eta$. 于是

$$\begin{aligned} f_k^\#(\omega) &= f_k^\#(\mathrm{d}_{k-1}\eta) = f_k^\# \circ \mathrm{d}_{k-1}(\eta) \\ &= \mathrm{d}_{k-1} \circ f_{k-1}^\#(\eta) = \mathrm{d}_{k-1}(f_{k-1}^\#(\eta)) \in B_{\mathrm{dR}}^k(M), \end{aligned}$$

$$f_k^\#(B_{\mathrm{dR}}^k(N)) \subset B_{\mathrm{dR}}^k(M).$$

□

**定义 5.1.2** 根据引理 5.1.3,同态 $f_k^\# = C_{\mathrm{dR}}^k(f): C_{\mathrm{dR}}^k(N) \to C_{\mathrm{dR}}^k(M)$诱导一个同态

$$f_k^* = H_{\mathrm{dR}}^k(f): H_{\mathrm{dR}}^k(N) \to H_{\mathrm{dR}}^k(M),$$

$$[\omega] \mapsto f_k^*([\omega]) = [f_k^\#(\omega)],$$

称为 $C^\infty$ 映射 $f$ **在 $k$ 维 de Rham 上同调群 $H_{\mathrm{dR}}^k(N)$上的诱导同态**.

通过直和,我们得到

$$f^* = H_{\mathrm{dR}}^*(f): H_{\mathrm{dR}}^*(N) \to H_{\mathrm{dR}}^*(M),$$

称为 $C^\infty$ 映射 $f$ 在 de Rham 上同调代数 $H_{\mathrm{dR}}^*(N)$上的诱导同态.

**引理 5.1.3** $f_k^* = H_{\mathrm{dR}}^k(f): H_{\mathrm{dR}}^k(N) \to H_{\mathrm{dR}}^k(M)$与$[\omega]$中的代表元的选取无关,即 $f_k^* = H_{\mathrm{dR}}^k(f)$的定义是确切的.

**证明** 因为

$$\begin{aligned} [f_k^\#(\omega + \mathrm{d}_{k-1}\eta)] &= [f_k^\#(\omega) + f_k^\# \circ \mathrm{d}_{k-1}(\eta)] \\ &= [f_k^\#(\omega) + \mathrm{d}_{k-1} \circ f_{k-1}^\#(\eta)] = [f_k^\#(\omega) + \mathrm{d}_{k-1}(f_{k-1}^\#(\eta))] \\ &= [f_k^\#(\omega)], \end{aligned}$$

所以,$f_k^*([\omega])$的定义与$[\omega]$中代表元的选取无关. □

**引理 5.1.4** 设 $M, N, P$ 分别为 $m, n, p$ 维 $C^\infty$ 流形,则:

(1) $(\mathrm{Id}_M)_k^* = \mathrm{Id}_{H_{\mathrm{dR}}^k(M)}: H_{\mathrm{dR}}^k(M) \to H_{\mathrm{dR}}^k(M)$为 $H_{\mathrm{dR}}^k(M)$上的恒自同构;

(2) 设 $f: M \to N, g: N \to P$ 为 $C^\infty$ 映射,则

$$(g \circ f)_k^* = f_k^* \circ g_k^*,$$

即

$$H_{\mathrm{dR}}^k(g \circ f) = H_{\mathrm{dR}}^k(f) \circ H_{\mathrm{dR}}^k(g).$$

**证明** (1) 设$[\omega] \in H_{\mathrm{dR}}^k(M)$为 $\omega$ 的同调类,则

$$(\mathrm{Id}_M)_k^*([\omega]) = [(\mathrm{Id}_M)_k^\#(\omega)] = [\omega] = \mathrm{Id}_{H_{\mathrm{dR}}^k(M)}([\omega]),$$

$$(\mathrm{Id}_M)_k^* = \mathrm{Id}_{H_{\mathrm{dR}}^k(M)}.$$

(2) 设$[\omega] \in H_{\mathrm{dR}}^k(P)$,则

$$(g \circ f)_k^*([\omega]) = [(g \circ f)_k^*(\omega)] = [f_k^\# \circ g_k^\#(\omega)]$$

$$= [f_k^\#(g_k^\#(\omega))] = f_k^*([g_k^\#(\omega)])$$
$$= f_k^*(g_k^*([\omega])) = f_k^* \circ g_k^*([\omega]),$$
$$(g \circ f)_k^* = f_k^* \circ g_k^*. \quad \square$$

**定理 5.1.4**(de Rham 上同调群的 $C^\infty$ 微分同胚不变性) 设 $M$ 和 $N$ 分别为 $m$ 和 $n$ 维 $C^\infty$ 流形,$f:M\to N$ 为 $C^\infty$ 微分同胚,则对 $\forall\, k\in\mathbf{Z}$,$f$ 的诱导同态

$$f_k^* = H_{\mathrm{dR}}^k(f): H_{\mathrm{dR}}^k(N) \to H_{\mathrm{dR}}^k(M)$$

为同构.

**证明** 因为 $f:M\to N$ 为 $C^\infty$ 微分同胚,所以它的逆 $f^{-1}:N\to M$ 也为 $C^\infty$ 微分同胚.由引理 5.1.4,得到

$$(f^{-1})_k^* \circ f_k^* = (f \circ f^{-1})_k^* = (\mathrm{Id}_N)_k^* = \mathrm{Id}_{H_{\mathrm{dR}}^k(N)},$$
$$f_k^* \circ (f^{-1})_k^* = (f^{-1} \circ f)_k^* = (\mathrm{Id}_M)_k^* = \mathrm{Id}_{H_{\mathrm{dR}}^k(M)}.$$

因此,$f_k^* = H_{\mathrm{dR}}^k(f)$ 为一个同构,而 $(f^{-1})_k^* = H_{\mathrm{dR}}^k(f^{-1})$ 为其逆同构. $\square$

更进一步的结论是 de Rham 上同调群的同伦不变性,即具有相同伦型的 $C^\infty$ 流形的 de Rham 上同调群同构.

**引理 5.1.5** 设 $\pi:\mathbf{R}^m\times\mathbf{R}^1\to\mathbf{R}^m$,$\pi(x,t)=x$ 为投影,$s:\mathbf{R}^m\to\mathbf{R}^m\times\mathbf{R}$,$s(x)=(x,0)$ 为 0 截面,则

$$H_{\mathrm{dR}}^*(\mathbf{R}^m \times \mathbf{R}^1) \underset{\pi^*}{\overset{s^*}{\rightleftarrows}} H_{\mathrm{dR}}(\mathbf{R}^m)$$

为同构.

**证明** 考虑

$$\begin{array}{ccc} \mathbf{R}^m\times\mathbf{R}^1 & & C_{\mathrm{dR}}^*(\mathbf{R}^m\times\mathbf{R}^1) \\ s\big\uparrow\big\downarrow\pi & & s^\#\big\uparrow\big\downarrow\pi^\# \quad \begin{array}{l}\pi(x,t)=x\\ s(x)=(x,0)\end{array} \\ \mathbf{R}^m & & C_{\mathrm{dR}}^*(\mathbf{R}^m) \end{array}$$

因为 $\pi\circ s=\mathrm{Id}_{\mathbf{R}^m}$,故 $s^\#\circ\pi^\#=\mathrm{Id}_{C_{\mathrm{dR}}^*(\mathbf{R}^m)}$,从而 $s^*\circ\pi^*=\mathrm{Id}_{H_{\mathrm{dR}}^*(\mathbf{R}^m)}$.

但是,$s\circ\pi\neq\mathrm{Id}_{\mathbf{R}^m\times\mathbf{R}^1}$ 和 $\pi^\#\circ s^\#\neq\mathrm{Id}_{C_{\mathrm{dR}}^*(\mathbf{R}^m\times\mathbf{R}^1)}$.例如:$\pi^\#\circ s^\#$ 映 $C^\infty$ 函数 $f(x,t)\in C_{\mathrm{dR}}^0(\mathbf{R}^m\times\mathbf{R}^1)$ 到 $f(x,0)\in C_{\mathrm{dR}}^0(\mathbf{R}^m\times\mathbf{R}^1)$,此函数沿每个纤维 $\{x\}\times\mathbf{R}^1$ 为常值,所以对沿某个纤维不为常值的 $C^\infty$ 函数 $f$ 有

$$\pi^\# \circ s^\#(f) \neq f = \mathrm{Id}_{C_{\mathrm{dR}}^0(\mathbf{R}^m\times\mathbf{R}^1)}(f).$$

为了证明 $\pi^*\circ s^*=\mathrm{Id}_{H_{\mathrm{dR}}^*(\mathbf{R}^m\times\mathbf{R}^1)}$,我们寻找一个同态

$$K = \{K_k\}: C_{\mathrm{dR}}^*(\mathbf{R}^m \times \mathbf{R}^1) \to C_{\mathrm{dR}}^*(\mathbf{R}^m \times \mathbf{R}^1),$$
$$K_k: C_{\mathrm{dR}}^k(\mathbf{R}^m \times \mathbf{R}^1) \to C_{\mathrm{dR}}^{k-1}(\mathbf{R}^m \times \mathbf{R}^1),$$

使得(省略下标)

$$\mathrm{Id}_{C_{\mathrm{dR}}^k(\mathbf{R}^m\times\mathbf{R}^1)} - \pi^{\#}\circ s^{\#} = (-1)^{k-1}(\mathrm{d}K - K\mathrm{d}): C_{\mathrm{dR}}^k(\mathbf{R}^m\times\mathbf{R}^1)\to C_{\mathrm{dR}}^k(\mathbf{R}^m\times\mathbf{R}^1),$$

其中 $\mathrm{d}K-K\mathrm{d}$ 映闭形式为恰当形式.因此,它诱导了上同调群中的 0 元素.这样的 $K$ 称为**同伦算子**;如果存在上述的 $K$,我们就称 $\pi^{\#}\circ s^{\#}$ **链同伦**于 $\mathrm{Id}_{C_{\mathrm{dR}}^k(\mathbf{R}^m\times\mathbf{R}^1)}$.

$\mathbf{R}^m\times\mathbf{R}^1$ 上的每个 $k$ 阶 $C^\infty$ 形式可以唯一表示为形如:

(Ⅰ) $(\pi^{\#}\xi)\cdot f(x,t)$;

(Ⅱ) $(\pi^{\#}\xi)\wedge f(x,t)\mathrm{d}t$

的线性组合,其中 $\xi$ 为 $\mathbf{R}^m$ 上的 $C^\infty$ 形式.我们由

(Ⅰ) $(\pi^{\#}\xi)\cdot f(x,t)\mapsto 0$;

(Ⅱ) $(\pi^{\#}\xi)\wedge f(x,t)\mathrm{d}t\mapsto(\pi^{\#}\xi)\int_0^t f(x,t)\mathrm{d}t$

定义 $K_k: C_{\mathrm{dR}}^k(\mathbf{R}^m\times\mathbf{R}^1)\to C_{\mathrm{dR}}^{k-1}(\mathbf{R}^m\times\mathbf{R}^1)$.

让我们验证 $K$ 确实是一个同伦算子.为了方便,利用简单记号

$$\frac{\partial f}{\partial x}\mathrm{d}x \quad 代表 \quad \sum_i\frac{\partial f_i}{\partial x^i}\mathrm{d}x^i,$$

和

$$\int_0^t g \quad 代表 \quad \int_0^t g(x,t)\mathrm{d}t.$$

在类型(Ⅰ)上,

$$\omega=(\pi^{\#}\xi)\cdot f(x,t),\quad \deg\omega=k,$$

$$(\mathrm{Id}_{C_{\mathrm{dR}}^k(\mathbf{R}^m\times\mathbf{R}^1)}-\pi^{\#}\circ s^{\#})\omega=(\pi^{\#}\xi)\cdot f(x,t)-(\pi^{\#}\xi)\cdot f(x,0),$$

$$\begin{aligned}(\mathrm{d}K-K\mathrm{d})\omega &= \mathrm{d}0-K\mathrm{d}\omega=-K\mathrm{d}\omega\\ &=-K\left((\mathrm{d}\pi^{\#}\xi)f+(-1)^k\pi^{\#}\xi\wedge\left(\frac{\partial f}{\partial x}\mathrm{d}x+\frac{\partial f}{\partial t}\mathrm{d}t\right)\right)\\ &=(-1)^{k-1}\pi^{\#}\xi\int_0^t\frac{\partial f}{\partial t}\\ &=(-1)^{k-1}\pi^{\#}\xi(f(x,t)-f(x,0)).\end{aligned}$$

因此

$$\mathrm{Id}_{C_{\mathrm{dR}}^k(\mathbf{R}^m\times\mathbf{R}^1)}-\pi^{\#}\circ s^{\#}=(-1)^{k-1}(\mathrm{d}K-K\mathrm{d}).$$

在类型(Ⅱ)上,

$$\omega=(\pi^{\#}\xi)\wedge f\mathrm{d}t,\quad \deg\omega=k,$$

$$\mathrm{d}\omega=(\mathrm{d}\pi^{\#}\xi)\wedge f\mathrm{d}t+(-1)^{k-1}(\pi^{\#}\xi)\wedge\frac{\partial f}{\partial x}\mathrm{d}x\wedge\mathrm{d}t$$

$$= (\pi^{\#}\mathrm{d}\xi) \wedge f\mathrm{d}t + (-1)^{k-1}(\pi^{\#}\xi) \wedge \frac{\partial f}{\partial x}\mathrm{d}x \wedge \mathrm{d}t.$$

因为 $s^{\#}(\mathrm{d}t) = \mathrm{d}(s^{\#}t) = \mathrm{d}(t \circ s) = \mathrm{d}(0) = 0$,所以 $s^{\#}\omega = 0$. 从而

$$(\mathrm{Id}_{C_{\mathrm{dR}}^k(\mathbf{R}^m \times \mathbf{R}^1)} - \pi^{\#} \circ s^{\#})\omega = \omega.$$

此外

$$K\mathrm{d}\omega = (\pi^{\#}\mathrm{d}\xi)\int_0^t f + (-1)^{k-1}(\pi^{\#}\xi) \wedge \mathrm{d}x\int_0^1 \frac{\partial f}{\partial x},$$

$$\begin{aligned} \mathrm{d}K\omega &= \mathrm{d}\left((\pi^{\#}\xi)\int_0^t f\right) \\ &= \mathrm{d}(\pi^{\#}\xi)\int_0^t f + (-1)^{k-1}(\pi^{\#}\xi) \wedge \left(\mathrm{d}x\left(\int_0^t \frac{\partial f}{\partial x}\right) + f\mathrm{d}t\right) \\ &= \pi^{\#}\mathrm{d}\xi\int_0^t f + (-1)^{k-1}(\pi^{\#}\xi) \wedge \left(\mathrm{d}x\left(\int_0^t \frac{\partial f}{\partial x}\right) + f\mathrm{d}t\right). \end{aligned}$$

因此

$$(\mathrm{d}K - K\mathrm{d})\omega = (-1)^{k-1}\omega.$$

从而

$$\mathrm{Id}_{C_{\mathrm{dR}}^k(\mathbf{R}^m \times \mathbf{R}^1)} - \pi^{\#} \circ s^{\#} = (-1)^{k-1}(\mathrm{d}K - K\mathrm{d}).$$

这就蕴涵着

$$\pi^* \circ s^* = \mathrm{Id}_{H_{\mathrm{dR}}^k(\mathbf{R}^m \times \mathbf{R}^1)}.$$

于是

$$\pi^*: H_{\mathrm{dR}}^k(\mathbf{R}^m) \to H_{\mathrm{dR}}^k(\mathbf{R}^m \times \mathbf{R}^1)$$

为同构,$s^*$ 为其逆. □

由引理 5.1.5 和数学归纳法立即得到以下推论.

**推论 5.1.1**(Poincaré)

$$\begin{aligned} H_{\mathrm{dR}}^k(\mathbf{R}^m) &= H_{\mathrm{dR}}^k(\mathbf{R}^0) = H_{\mathrm{dR}}^k(\{0\}) \\ &\cong \begin{cases} \mathbf{R}, & k = 0, \\ 0, & k \in \mathbf{Z} - \{0\}. \end{cases} \end{aligned}$$

更一般地,我们有下面引理.

**引理 5.1.6** 设 $M$ 为 $m$ 维 $C^\infty$ 流形,$\pi: M \times \mathbf{R}^1 \to M$,$\pi(x,t) = x$ 为投影,$s: M \to M \times \mathbf{R}^1$,$s(x) = (x,0)$ 为 0 截面,则

$$H_{\mathrm{dR}}^*(M \times \mathbf{R}^1) \underset{\pi^*}{\overset{s^*}{\rightleftarrows}} H_{\mathrm{dR}}^*(M)$$

为同构.

**证明**

$$\begin{array}{ccc} M\times\mathbf{R}^1 & & C^*_{\mathrm{dR}}(M\times\mathbf{R}^1) \\ s\big\uparrow\big\downarrow\pi & & s^\#\big\uparrow\big\downarrow\pi^\# \\ M & & C^*_{\mathrm{dR}}(M) \end{array}\qquad \begin{array}{l}\pi(x,t)=x\\ s(x)=(x,0)\end{array}$$

如果 $\mathscr{D}=\{(U_\alpha,\varphi_\alpha)\mid\alpha\in\Gamma\}$ 为 $M$ 的 $C^\infty$ 微分构造,则$\{U_\alpha\times\mathbf{R}^1\mid\alpha\in\Gamma\}$为 $M\times\mathbf{R}^1$ 的局部平凡化邻域族.在每个 $U_\alpha\times\mathbf{R}^1$ 上,完全仿照引理 5.1.5 的证明中所述,对 $U_\alpha\times\mathbf{R}^1$ 上的 $k$ 阶 $C^\infty$ 形式可表示成形如(Ⅰ)和(Ⅱ)的线性组合(此时 $\xi$ 为 $U_\alpha$ 上的 $C^\infty$ 形式).然后,定义一个局部同伦算子 $K^{(\alpha)}$.对于 $M\times\mathbf{R}^1$ 上任一 $k$ 阶 $C^\infty$ 形式 $\omega$,令 $\omega_{U_\alpha}=\omega|_{U_\alpha\times\mathbf{R}^1}$.容易验证,在$(U_\alpha\cap U_\beta)\times\mathbf{R}^1$ 上,$K^{(\alpha)}\omega_{U_\alpha}=K^{(\beta)}\omega_{U_\beta}$.因此,$\{K^{(\alpha)}\omega_{U_\alpha}\mid\alpha\in\Gamma\}$能拼成一个 $M\times\mathbf{R}^1$ 上的整体的 $k-1$ 阶 $C^\infty$ 形式,记作 $K\omega$.显然,$(K\omega)|_{U_\alpha\times\mathbf{R}^1}=K^{(\alpha)}\omega_{U_\alpha}$,$\forall\alpha\in\Gamma$.因为公式

$$\mathrm{Id}_{C^k_{\mathrm{dR}}(M\times\mathbf{R}^1)}-\pi^\#\circ s^\#=(-1)^{k-1}(\mathrm{d}K-K\mathrm{d})$$

在每个 $U_\alpha\times\mathbf{R}^1$ 上成立,故它在 $M\times\mathbf{R}^1$ 上也成立.

从上面公式立即得到

$$\pi^*\circ s^*=\mathrm{Id}_{H^k_{\mathrm{dR}}(M\times\mathbf{R}^1)}.$$

另一方面,再由 $\pi\circ s=\mathrm{Id}_M$,有

$$s^\#\circ\pi^\#=\mathrm{Id}_{C^k_{\mathrm{dR}}(M)},\quad s^*\circ\pi^*=\mathrm{Id}_{H^k_{\mathrm{dR}}(M)}.$$

于是

$$\pi^*:H^k_{\mathrm{dR}}(M)\to H^k_{\mathrm{dR}}(M\times\mathbf{R}^1)$$

为同构,$s^*$ 为其逆. □

**定理 5.1.5**(de Rham 上同调群的同伦定理) 设 $M,N$ 分别为 $m$ 和 $n$ 维 $C^\infty$ 流形,$C^\infty$ 映射 $f,g:M\to N$ 是 $C^0$(连续)同伦的,即 $f\simeq g$,则

$$f^*_k=g^*_k:H^k_{\mathrm{dR}}(N)\to H^k_{\mathrm{dR}}(M),\quad\forall k\in\mathbf{Z}.$$

**证明** 根据定理 1.6.11,存在连接 $f$ 与 $g$ 的 $C^\infty$ 同伦 $F:M\times\mathbf{R}^1\to N$,使得

$$F(x,t)=\begin{cases}f(x), & t\leqslant 0,\\ g(x), & t\geqslant 1.\end{cases}$$

因此,如果 $s_0,s_1:M\to M\times\mathbf{R}^1$ 分别为 0 截面与 1 截面,即 $s_0(x)=(x,0)$,$s_1(x)=(x,1)$,则

$$f=F\circ s_0,\quad g=F\circ s_1.$$

于是

$$f^*_k=(F\circ s_0)^*_k=(s_0)^*_k\circ F^*_k,$$

$$g^*_k=(F\circ s_1)^*_k=(s_1)^*_k\circ F^*_k.$$

因为$(s_0)^*_k=(\pi^*_k)^{-1}=(s_1)^*_k:H^k_{\mathrm{dR}}(M\times\mathbf{R}^1)\to H^k_{\mathrm{dR}}(M)$,所以 $f^*_k=g^*_k$. □

**定理 5.1.6**(de Rham 上同调群的伦型不变性) 设 $M$ 和 $N$ 分别为 $m$ 和 $n$ 维 $C^\infty$ 流形,且 $M$ 和 $N$(在连续意义下)有相同的伦型(或 $M$ 和 $N$ 是同伦等价的),即 $M \simeq N$,则

$$H_{\mathrm{dR}}^k(M) \cong H_{\mathrm{dR}}^k(N), \quad \forall k \in \mathbf{Z}.$$

**证明** 因为 $M \simeq N$,故存在连续映射 $f: M \to N$ 和 $g: N \to M$,使得 $g \circ f \simeq \mathrm{Id}_M$, $f \circ g \simeq \mathrm{Id}_N$,称 $f$ 为从 $M$ 到 $N$ 的同伦等价,$g$ 为其同伦逆.根据定理 3.1.5 和定理 3.1.6,有 $C^\infty$ 映射 $f_1: M \to N$ 和 $g_1: N \to M$,满足:$f_1 \simeq f$, $g_1 \simeq g$.于是

$$g_1 \circ f_1 \simeq g \circ f \simeq \mathrm{Id}_M,$$

$$f_1 \circ g_1 \simeq f \circ g \simeq \mathrm{Id}_N.$$

由定理 5.1.5 得到

$$(f_1)_k^* \circ (g_1)_k^* = (g_1 \circ f_1)_k^* = (\mathrm{Id}_M)_k^* = \mathrm{Id}_{H_{\mathrm{dR}}^k(M)},$$

$$(g_1)_k^* \circ (f_1)_k^* = (f_1 \circ g_1)_k^* = (\mathrm{Id}_N)_k^* = \mathrm{Id}_{H_{\mathrm{dR}}^k(N)}.$$

这就证明了

$$H_{\mathrm{dR}}^k(M) \underset{(f_1)_k^*}{\overset{(g_1)_k^*}{\rightleftarrows}} H_{\mathrm{dR}}^k(N)$$

为同构.从而

$$H_{\mathrm{dR}}^k(M) \cong H_{\mathrm{dR}}^k(N).$$

□

**推论 5.1.2** 设 $M$ 和 $N$ 分别为 $m$ 和 $n$ 维 $C^\infty$ 流形,$M$ 为 $N$ 的形变收缩核,则

$$H_{\mathrm{dR}}^k(M) \cong H_{\mathrm{dR}}^k(N), \quad \forall k \in \mathbf{Z}.$$

**证明** 一方面,因为 $M$ 为 $N$ 的形变收缩核,即存在收缩(当然是连续)映射 $r: N \to M$,使得 $r(x) = x$, $\forall x \in M$,且 $i \circ r \simeq \mathrm{Id}_N: N \to N$,其中 $i: M \to N$ 为包含映射;另一方面,自然有 $r \circ i \simeq \mathrm{Id}_M: M \to M$.所以 $i$ 为从 $M$ 到 $N$ 的一个同伦等价,$r$ 为其同伦逆.根据定理 5.1.6得

$$H_{\mathrm{dR}}^k(M) \cong H_{\mathrm{dR}}^k(N), \quad \forall k \in \mathbf{Z}.$$

□

**推论 5.1.3** 设 $M$ 和 $N$ 为 $m$ 维 $C^\infty$ 流形,且 $M$ 同胚于 $N$,即 $M \cong N$,则

$$H_{\mathrm{dR}}^k(M) \cong H_{\mathrm{dR}}^k(N), \quad \forall k \in \mathbf{Z}.$$

**证明** 因为 $M \cong N$,所以存在同胚映射 $f: M \to N$,其逆为 $f^{-1}: N \to M$.显然

$$f^{-1} \circ f = \mathrm{Id}_M \simeq \mathrm{Id}_M: M \to M,$$

$$f \circ f^{-1} = \mathrm{Id}_N \simeq \mathrm{Id}_N: N \to N.$$

根据定理 5.1.6 得

$$H_{\mathrm{dR}}^k(M) \cong H_{\mathrm{dR}}^k(N), \quad \forall k \in \mathbf{Z}.$$

□

**例 5.1.9** 设 $M$ 为 $m$ 维 $C^\infty$ 流形,则 $M \times 0$ 为 $M \times \mathbf{R}^1$ 的强形变收缩核,其收缩映射为 $r: M \times \mathbf{R}^1 \to M \times 0$, $r(x, s) = (x, 0)$.而连接 $\mathrm{Id}_{M \times \mathbf{R}^1}$ 和 $i \circ r$ 的同伦为

$$F:(M\times\mathbf{R}^1)\times[0,1]\to M\times\mathbf{R}^1,$$
$$F((x,s),t)=(1-t)(x,s)+t(x,0).$$

显然

$$F((x,s),0)=(x,s),\quad\forall(x,s)\in M\times\mathbf{R}^1,$$
$$F((x,s),1)=i\circ r(x,s),\quad\forall(x,s)\in M\times\mathbf{R}^1,$$
$$F((x,0),t)=(x,0),\quad\forall(x,0)\in M\times 0.$$

根据推论 5.1.2 和推论 5.1.3,有

$$H_{\mathrm{dR}}^k(M\times\mathbf{R}^1)\cong H_{\mathrm{dR}}^k(M\times 0)\cong H_{\mathrm{dR}}^k(M).$$

这就是引理 5.1.6 的结论. □

最后,我们引入 Mayer-Vietoris 序列,并利用它计算 $S^m$ 的 de Rham 上同调群. 为此,回想关于微分复形的基本定义和结果,我们来推广到更一般的情形.

向量空间$\{C^n\}$的直和 $C=\bigoplus_{n\in\mathbf{Z}}C^n$ 称为**微分复形**,如果存在同态

$$\cdots\to C^{n-1}\xrightarrow{\mathrm{d}}C^n\xrightarrow{\mathrm{d}}C^{n+1}\to\cdots$$

使得 $\mathrm{d}^2=\mathrm{d}\circ\mathrm{d}=0$,则 d 称为微分复形 $C$ 的**微分算子**. 通常微分复形记为$\{C,\mathrm{d}\}$. $C$ 的**上同调群**是向量空间的直和

$$H(C)=\bigoplus_{n\in\mathbf{Z}}H^n(C),$$

其中

$$H^n(C)=(\mathrm{Ker}\,\mathrm{d}\cap C^n)/(\mathrm{Im}\,\mathrm{d}\cap C^n).$$

两个微分复形之间的映射 $f:A\to B$ 称为**链映射**,如果它与 $A$ 和 $B$ 的微分算子可交换,即

$$f\circ\mathrm{d}_A=\mathrm{d}_B\circ f.$$

向量空间的序列$\{V_n\}$:

$$\cdots\to V_{n-1}\xrightarrow{f_{n-1}}V_n\xrightarrow{f_n}V_{n+1}\to\cdots$$

称为是**正合**的,如果对所有的 $n$, $\mathrm{Ker}f_n=\mathrm{Im}f_{n-1}$.

形如

$$0\to A\xrightarrow{f}B\xrightarrow{g}C\to 0$$

的正合序列称为**短正合序列**. 此时, $f$ 为单同态, $g$ 为满同态.

**定义 5.1.3** 已给微分复形的短正合序列

$$0\to A\xrightarrow{f}B\xrightarrow{g}C\to 0,$$

其中 $f$ 和 $g$ 为链映射,则存在上同调群的**长正合序列**

$$\cdots\to H^n(A)\xrightarrow{f^*}H^n(B)\xrightarrow{g^*}H^n(C)\xrightarrow{\mathrm{d}^*}H^{n+1}(A)\to\cdots,$$

在此序列中，$f^*$ 和 $g^*$ 是自然诱导映射，而

$$\mathrm{d}^*[c], \quad c \in \mathrm{Kerd} \cap C^n$$

是根据下面的图表追踪法得到的：

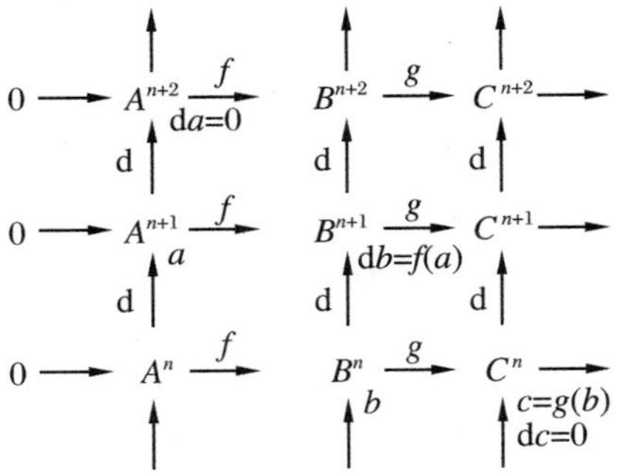

$$\begin{array}{ccccccccc}
 & & \uparrow & & \uparrow & & \uparrow & & \\
0 & \longrightarrow & A^{n+2} & \xrightarrow{f} & B^{n+2} & \xrightarrow{g} & C^{n+2} & \longrightarrow & \\
 & & \mathrm{d}\uparrow \ \mathrm{d}a=0 & & \mathrm{d}\uparrow & & \mathrm{d}\uparrow & & \\
0 & \longrightarrow & A^{n+1} & \xrightarrow{f} & B^{n+1} & \xrightarrow{g} & C^{n+1} & \longrightarrow & \\
 & & \mathrm{d}\uparrow \ a & & \mathrm{d}\uparrow \ \mathrm{d}b=f(a) & & \mathrm{d}\uparrow & & \\
0 & \longrightarrow & A^n & \xrightarrow{f} & B^n & \xrightarrow{g} & C^n & \longrightarrow & \\
 & & \uparrow & & \uparrow \ b & & \uparrow \ c=g(b),\ \mathrm{d}c=0 & &
\end{array}$$

由 $g$ 为满同态知，$\exists\, b \in B^n$ 使 $g(b) = c$. 因为 $g(\mathrm{d}b) = \mathrm{d}g(b) = \mathrm{d}c = 0$，故 $\mathrm{d}b \in \mathrm{Ker}g = \mathrm{Im}f$，即 $\exists\, a \in A^{n+1}$ 使 $\mathrm{d}b = f(a)$. 因为 $f(\mathrm{d}a) = \mathrm{d}(f(a)) = \mathrm{d}(\mathrm{d}b) = 0$ 和 $f$ 为单同态，所以，$\mathrm{d}a = 0$，即 $a \in \mathrm{Kerd} \cap A^{n+1}$. 我们定义

$$\mathrm{d}^*[c] = [a] \in H^{n+1}(A).$$

从下面的引理 5.1.7 可看出，$\mathrm{d}^*$ 的定义与 $c, b, a$ 的选取无关，即 $\mathrm{d}^*$ 的定义是合理的. 再由 S. Maclane 证明了上同调群的长正合序列是存在的.

**引理 5.1.7** 上边缘算子 $\mathrm{d}^*$ 的定义与 $c, b, a$ 的选取无关.

**证明** 若另有 $b_1, a_1$ 对应于上述的 $b, a$，则

$$g(b - b_1) = g(b) - g(b_1) = c - c = 0.$$

根据正合性，$\exists\, \omega \in A^n$ 使 $b - b_1 = f(\omega)$. 于是

$$f(a - a_1) = \mathrm{d}(b - b_1) = \mathrm{d}f(\omega) = f(\mathrm{d}\omega).$$

由于 $f$ 为单同态，故 $a - a_1 = \mathrm{d}\omega$，$[a] = [a_1 + \mathrm{d}\omega] = [a_1]$.

对于 $c + \mathrm{d}\eta$，由 $g$ 为满同态，$\exists\, \xi \in B^{n-1}$，使得

$$g(\xi) = \eta.$$

从而

$$g(\mathrm{d}\xi) = \mathrm{d}(g(\xi)) = \mathrm{d}\eta,$$
$$g(b + \mathrm{d}\xi) = g(b) + g(\mathrm{d}\xi) = g(b) + \mathrm{d}\eta = c + \mathrm{d}\eta.$$

由于 $\mathrm{d}(b + \mathrm{d}\xi) = \mathrm{d}b$，相应于 $A^{n+1}$ 中的元素也为 $a$. 类似于 $c$ 的讨论，若另有 $b_1$，$a_1$，则 $[a] = [a_1]$. 这就证明了 $\mathrm{d}^*$ 与 $c, b, a$ 的选取无关. □

**定义 5.1.4** 设 $M = U \cup V$ 为 $m$ 维 $C^\infty$ 流形，$U$ 与 $V$ 为 $M$ 的开集，则存在包含映射的序列

$$M \xleftarrow{j} U \amalg V \underset{i_1}{\overset{i_0}{\Leftarrow}} U \cap V,$$

其中 $U \amalg V$ 为 $U$ 与 $V$ 的不变并，$i_0 : U \cap V \to U$，$i_1 : U \cap V \to V$ 为包含映射. 而映射 $j$ : $U \amalg V \to M$ 使得 $j|_U$ 与 $j|_V$ 都为包含映射.

应用逆变函子(见 5.2 节) $C_{\mathrm{dR}}^*$，我们得到形式限制的序列

$$C_{\mathrm{dR}}^*(M) \xrightarrow{j^\#} C_{\mathrm{dR}}^*(U) \oplus C_{\mathrm{dR}}^*(V) \underset{i_1^\#}{\overset{i_0^\#}{\Longrightarrow}} C_{\mathrm{dR}}^*(U \cap V).$$

这里

$$i_0^\# \omega = \omega \circ i_0 = \omega|_{U \cap V}, \quad \omega \in C_{\mathrm{dR}}^*(U),$$
$$i_1^\# \tau = \tau \circ i_1 = \tau|_{U \cap V}, \quad \tau \in C_{\mathrm{dR}}^*(V).$$

于是，我们定义 Mayer-Vietoris 序列

$$0 \to C_{\mathrm{dR}}^*(M) \xrightarrow{j^\#} C_{\mathrm{dR}}^*(U) \oplus C_{\mathrm{dR}}^*(V) \xrightarrow{i^\#} C_{\mathrm{dR}}^*(U \cap V) \to 0,$$
$$\omega \mapsto j^\# \omega = (\omega|_U, \omega|_V), \quad (\omega, \tau) \mapsto i^\#(\omega, \tau) = (\tau - \omega)|_{U \cap V} = i_1^\# \tau - i_0^\# \omega.$$

易见

$$\begin{aligned} \mathrm{d} \circ j^\#(\omega) &= \mathrm{d}(\omega|_U, \omega|_V) = (\mathrm{d}(\omega|_U), \mathrm{d}(\omega|_V)) \\ &= (\mathrm{d}\omega|_U, \mathrm{d}\omega|_V) = j^\#(\mathrm{d}\omega) = j^\# \circ \mathrm{d}(\omega), \end{aligned}$$
$$\mathrm{d} \circ j^\# = j^\# \circ \mathrm{d}.$$
$$\begin{aligned} \mathrm{d} \circ i^\#((\omega, \tau)) &= \mathrm{d}(i_1^\# \tau - i_0^\# \omega) = i_1^\#(\mathrm{d}\tau) - i_0^\#(\mathrm{d}\omega) \\ &= (\mathrm{d}\tau - \mathrm{d}\omega)|_{U \cap V} = i^\#(\mathrm{d}\omega, \mathrm{d}\tau) = i^\# \circ \mathrm{d}((\omega, \tau)), \end{aligned}$$
$$\mathrm{d} \circ i^\# = i^\# \circ \mathrm{d}.$$

即 $j^\#$ 与 $i^\#$ 都为链映射.

**引理 5.1.8** Mayer-Vietoris 序列是正合的.

**证明** 如果 $j^\# \omega = j^\# \eta$，则

$$(\omega|_U, \omega|_V) = j^\# \omega = j^\# \eta = (\eta|_U, \eta|_V),$$

从而 $\omega = \eta$. 这就证明了 $j^\#$ 为单同态.

因为

$$\begin{aligned} i^\#(j^\# \omega) &= i^\#(\omega|_U, \omega|_V) = (\omega|_V - \omega|_U)|_{U \cap V} \\ &= \omega|_{U \cap V} - \omega|_{U \cap V} = 0, \end{aligned}$$

所以，$\mathrm{Im} j^\# \subset \mathrm{Ker} i^\#$.

反之，如果 $i^\#(\omega, \tau) = (\tau - \omega)|_{U \cap V} = 0$，则 $\tau|_{U \cap V} = \omega|_{U \cap V}$. 因此，在 $M$ 上可定义 $C^\infty$ 形式 $\eta$，使得 $\eta|_U = \omega$，$\eta|_V = \tau$. 显然

$$j^\# \eta = (\eta|_U, \eta|_V) = (\omega, \tau).$$

从而，$\operatorname{Ker} i^{\#} \subset \operatorname{Im} j^{\#}$.

这就证明了 $\operatorname{Im} j^{\#} = \operatorname{Ker} i^{\#}$.

为证明 $i^{\#}$ 为满同态，我们构造从属于 $M$ 的二元覆盖 $\{U, V\}$ 的广义单位分解 $\{\rho_U, \rho_V\}$. 注意，对 $\forall \xi \in C_{\mathrm{dR}}^{*}(U \cap V)$，有

$$\rho_V \xi \in C_{\mathrm{dR}}^{*}(U), \quad \rho_U \xi \in C_{\mathrm{dR}}^{*}(V),$$

且

$$i^{\#}(-\rho_V \xi, \rho_U \xi) = \rho_U \xi - (-\rho_V \xi) = (\rho_U + \rho_V)\xi = \xi,$$

即 $i^{\#}$ 为满同态.

综合上述，Mayer-Vietoris 序列是正合的. □

**定义 5.1.5**　Mayer-Vietoris 短正合序列：

$$0 \to C_{\mathrm{dR}}^{*}(M) \xrightarrow{j^{\#}} C_{\mathrm{dR}}^{*}(U) \oplus C_{\mathrm{dR}}^{*}(V) \xrightarrow{i^{\#}} C_{\mathrm{dR}}^{*}(U \cap V) \to 0$$

诱导了一个 de Rham 上同调群的长正合序列，仍称为 **Mayer-Vietoris 序列**：

$$\cdots \to H_{\mathrm{dR}}^{n}(M) \xrightarrow{j^{*}} H_{\mathrm{dR}}^{n}(U) \oplus H_{\mathrm{dR}}^{n}(V) \xrightarrow{i^{*}} H_{\mathrm{dR}}^{n}(U \cap V) \xrightarrow{\mathrm{d}^{*}} H_{\mathrm{dR}}^{n+1}(M) \to \cdots.$$

在此具体例子中，上边缘算子 $\mathrm{d}^{*}$ 的定义如下：Mayer-Vietoris 短正合序列导致正合行的图表：

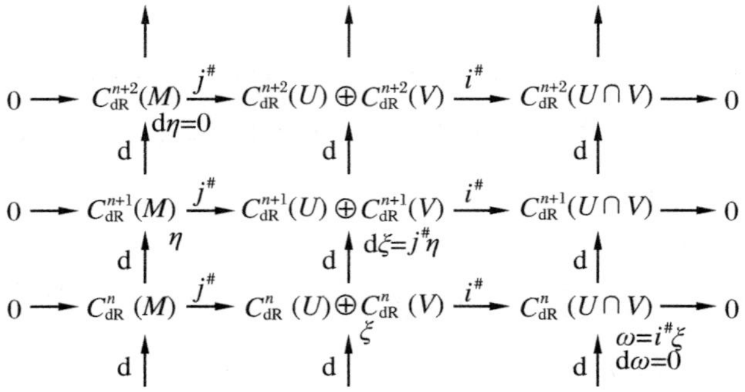

$$\begin{array}{ccccccccc}
 & & \uparrow & & \uparrow & & \uparrow & & \\
0 & \to & C_{\mathrm{dR}}^{n+2}(M) & \xrightarrow{j^{\#}} & C_{\mathrm{dR}}^{n+2}(U) \oplus C_{\mathrm{dR}}^{n+2}(V) & \xrightarrow{i^{\#}} & C_{\mathrm{dR}}^{n+2}(U \cap V) & \to & 0 \\
 & & \mathrm{d}\uparrow \ \mathrm{d}\eta=0 & & \mathrm{d}\uparrow & & \mathrm{d}\uparrow & & \\
0 & \to & C_{\mathrm{dR}}^{n+1}(M) & \xrightarrow{j^{\#}} & C_{\mathrm{dR}}^{n+1}(U) \oplus C_{\mathrm{dR}}^{n+1}(V) & \xrightarrow{i^{\#}} & C_{\mathrm{dR}}^{n+1}(U \cap V) & \to & 0 \\
 & & \mathrm{d}\uparrow \ \eta & & \mathrm{d}\uparrow \ \mathrm{d}\xi = j^{\#}\eta & & \mathrm{d}\uparrow & & \\
0 & \to & C_{\mathrm{dR}}^{n}(M) & \xrightarrow{j^{\#}} & C_{\mathrm{dR}}^{n}(U) \oplus C_{\mathrm{dR}}^{n}(V) & \xrightarrow{i^{\#}} & C_{\mathrm{dR}}^{n}(U \cap V) & \to & 0 \\
 & & \mathrm{d}\uparrow & & \mathrm{d}\uparrow \ \xi & & \mathrm{d}\uparrow \ \omega = i^{\#}\xi,\ \mathrm{d}\omega = 0 & &
\end{array}$$

设 $\omega \in C_{\mathrm{dR}}^{n}(U \cap V)$，$\mathrm{d}\omega = 0$，即 $\omega$ 为闭形式. 由行的正合性，$\exists \xi \in C_{\mathrm{dR}}^{n}(U) \oplus C_{\mathrm{dR}}^{n}(V)$，使 $i^{\#}\xi = \omega$，其中 $\xi = (-\rho_V \omega, \rho_U \xi)$. 由图表的交换性和 $\mathrm{d}\omega = 0$ 得到

$$\mathrm{d}(\rho_U \omega) + \mathrm{d}(\rho_V \omega) = i^{\#}(-\mathrm{d}(\rho_V \omega), \mathrm{d}(\rho_U \omega)) = i^{\#}(\mathrm{d}\xi) = \mathrm{d}(i^{\#}\xi) = \mathrm{d}\omega = 0.$$

从而，在 $U \cap V$ 上

$$-\mathrm{d}(\rho_V \omega) = \mathrm{d}(\rho_U \omega).$$

此外，$\mathrm{d}\xi \in \operatorname{Ker} i^{\#} = \operatorname{Im} j^{\#}$. 令

$$\eta = \begin{cases} -\mathrm{d}(\rho_V \omega), & \text{在 } U \text{ 上}, \\ \mathrm{d}(\rho_U \omega), & \text{在 } V \text{ 上}, \end{cases}$$

$$j^{\#}(\mathrm{d}\eta) = \mathrm{d}(j^{\#}\eta) = \mathrm{d}(\mathrm{d}\xi) = 0.$$

再由 $j^{\#}$ 为单同态，$\mathrm{d}\eta=0$，即 $\eta$ 为闭形式. 于是，上同调算子由

$$\mathrm{d}^*[\omega]=[\eta]$$

所定义，且 $\mathrm{d}^*$ 不依赖于 $\omega,\xi,\eta$ 的选取. 注意，$\eta$ 的支集

$$\mathrm{supp}\,\eta=\overline{\{p\in M\mid \eta(p)\neq 0\}}\subset U\cap V.$$

**例 5.1.10** （圆 $S^1$ 的 de Rham 上同调群）

$$H^n_{\mathrm{dR}}(S^1)\cong\begin{cases}\mathbf{R}, & n=0,1,\\ 0, & n\in\mathbf{Z}-\{0,1\}.\end{cases}$$

**证明** 因为 $S^1$ 道路连通，根据定理 5.1.1，有

$$H^0_{\mathrm{dR}}(S^1)\cong\mathbf{R}.$$

当 $n\in\mathbf{Z}-\{0,1\}$ 时，因为 $C^n_{\mathrm{dR}}(S^1)=0$，所以 $Z^n_{\mathrm{dR}}(S^1)=B^n_{\mathrm{dR}}(S^1)=0$，故

$$H^n_{\mathrm{dR}}(S^1)=Z^n_{\mathrm{dR}}(S^1)/B^n_{\mathrm{dR}}(S^1)=0.$$

当 $n=1$ 时，考虑图 5.1.2 中所覆盖 $S^1$ 的两个开集 $U$ 和 $V$. $S^1=U\cup V$ 的 de Rham 上同调群的 Mayer-Vietoris 序列为

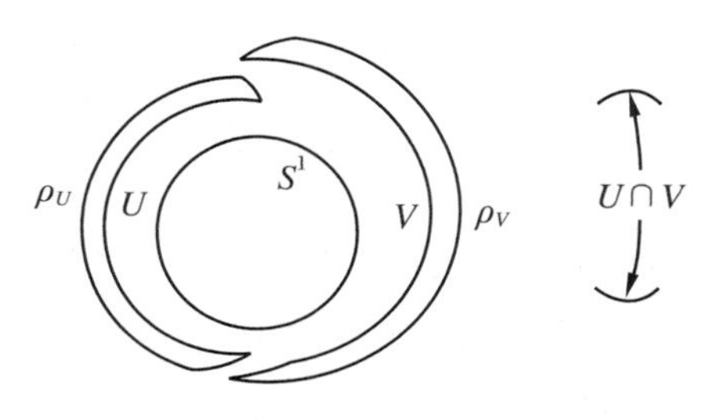


图 5.1.2

$$0\to H^0_{\mathrm{dR}}(S^1)\xrightarrow{j^*}H^0_{\mathrm{dR}}(U)\oplus H^0_{\mathrm{dR}}(V)\xrightarrow{i^*}H^0_{\mathrm{dR}}(U\cap V)\xrightarrow{\mathrm{d}^*}H^1_{\mathrm{dR}}(S^1)\to 0,$$

此即

$$0\to\mathbf{R}\xrightarrow{j^*}\mathbf{R}\oplus\mathbf{R}\xrightarrow{i^*}\mathbf{R}\oplus\mathbf{R}\xrightarrow{\mathrm{d}^*}H^1_{\mathrm{dR}}(S^1)\to 0.$$

显然，$i^{\#}(\omega,\tau)=(\tau-\omega,\tau-\omega)$（由 $\mathrm{d}\omega=0$ 知，$\omega|_U=$ 常值；由 $\mathrm{d}\tau=0$ 知，$\tau|_V=$ 常值. 于是，$\tau-\omega|_{U\cap V}=$ 常值），故 $\mathrm{Im}\,i^{\#}$ 是 1 维的. 可见 $\mathrm{Ker}\,i^{\#}$ 也是 1 维的. 所以

$$H^0_{\mathrm{dR}}(S^1)\cong\mathrm{Im}\,j^*=\mathrm{Ker}\,i^*\cong\mathbf{R}.$$

另一方面，由于 $\mathrm{Ker}\,\mathrm{d}^*=\mathrm{Im}\,i^*$ 是 1 维的，故 $\mathrm{Im}\,\mathrm{d}^*$ 是 1 维的，且

$$H^1_{\mathrm{dR}}(S^1)\cong\mathrm{Im}^*\,\mathrm{d}\cong\mathbf{R}.$$

□

现在，我们来寻找 $H^1(S^1)$ 的生成元的明显表示. 如果 $\alpha\in C^0_{\mathrm{dR}}(U\cap V)$ 为 0 阶闭形式，且 $\alpha\notin i^{\#}(Z^0_{\mathrm{dR}}(U)\oplus Z^0_{\mathrm{dR}}(V))$（因 $\mathrm{Im}\,i^{\#}$ 是 1 维的），则 $\mathrm{d}^*[\alpha]$ 为 $H^1_{\mathrm{dR}}(S^1)$ 的一个生成元. 我们可以取 $\alpha$，使它在 $U\cap V$ 的上片上为 1，而在下片上为 0（见图 5.1.3）. 于是

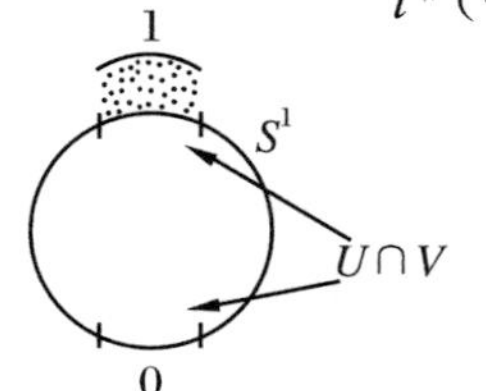


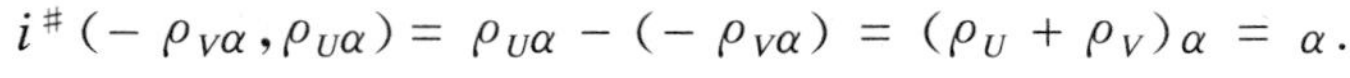

$$i^{\#}(-\rho_V\alpha,\rho_U\alpha)=\rho_U\alpha-(-\rho_V\alpha)=(\rho_U+\rho_V)\alpha=\alpha.$$

因为在 $U\cap V$ 上，$-\mathrm{d}(\rho_V\alpha)=\mathrm{d}(\rho_U\alpha)$，所以它们可以拼成一个 $S^1$ 上的整体 $C^\infty$ 形式

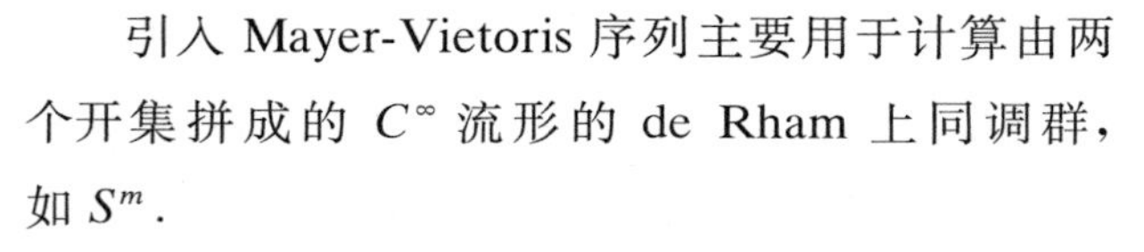

$$\eta=\begin{cases}-\mathrm{d}(\rho_V\alpha), & \text{在 } U \text{ 上},\\ \mathrm{d}(\rho_U\alpha), & \text{在 } V \text{ 上},\end{cases}$$

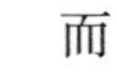

而

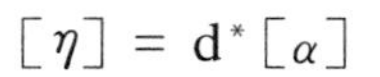

$$[\eta]=\mathrm{d}^*[\alpha]$$

就是要寻找的 $H^1_{\mathrm{dR}}(S^1)$ 的生成元. $\eta$ 是支集在 $U\cap V$ 中的 $C^\infty$ 鼓包 1 形式(图 5.1.3).

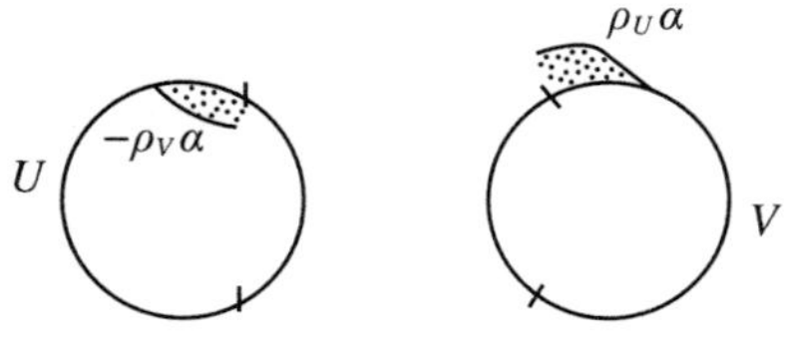


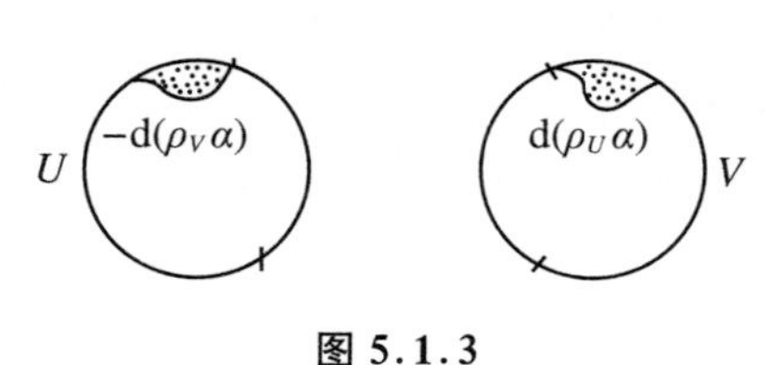


图 5.1.3

引入 Mayer-Vietoris 序列主要用于计算由两个开集拼成的 $C^\infty$ 流形的 de Rham 上同调群，如 $S^m$.

**例 5.1.11** （$m$ 维单位球面 $S^m$ 的 de Rham 上同调群）

$$H^n_{\mathrm{dR}}(S^m)\cong\begin{cases}\mathbf{R}, & n=0,m,\\ 0, & n\in\mathbf{Z}-\{0,m\}.\end{cases}$$

**证明** 设覆盖 $m$ 维单位球面 $S^m$ 的两个开集 $U$ 和 $V$，如图 5.1.4 所示，其中 $U$ 稍大于北半球面和 $V$ 稍大于南半球面，则 $U\cap V$ $C^\infty$ 微分同胚于 $S^{m-1}\times\mathbf{R}^1$，而 $S^{m-1}$ 为“赤道”. 根据引理 5.1.6 或例 5.1.9 有

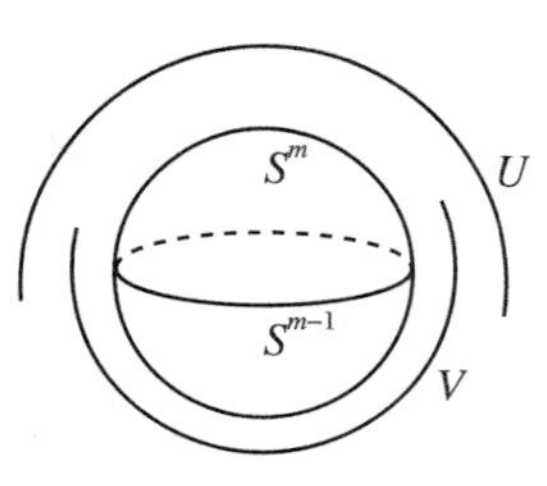


图 5.1.4

$$H^*_{\mathrm{dR}}(U\cap V)\cong H^*_{\mathrm{dR}}(S^{m-1}\times\mathbf{R}^1)\cong H^*_{\mathrm{dR}}(S^{m-1}).$$

现在对 $m$ 应用数学归纳法和 Mayer-Vietoris 序列证明

$$H^n_{\mathrm{dR}}(S^m)\cong\begin{cases}\mathbf{R}, & n=0,m,\\ 0, & n\in\mathbf{Z}-\{0,m\}.\end{cases}$$

当 $k=1$ 时，由例 5.1.10 有

$$H^n_{\mathrm{dR}}(S^1)\cong\begin{cases}\mathbf{R}, & n=0,1,\\ 0, & n\in\mathbf{Z}-\{0,1\}.\end{cases}$$

假设 $k<m$，则

$$H^n_{\mathrm{dR}}(S^k)\cong\begin{cases}\mathbf{R}, & n=0,k,\\ 0, & n\in\mathbf{Z}-\{0,k\}.\end{cases}$$

于是，当 $k=m$ 时，由 Mayer-Vietoris 序列

$$0\to H^0_{\mathrm{dR}}(S^m)\to H^0_{\mathrm{dR}}(U)\oplus H^0_{\mathrm{dR}}(V)\to H^0_{\mathrm{dR}}(U\cap V)\to H^1_{\mathrm{dR}}(S^m)$$

$$\to \cdots \to H_{\mathrm{dR}}^{k'}(S^m) \to H_{\mathrm{dR}}^{k'}(U) \oplus H_{\mathrm{dR}}^{k'}(V) \to H_{\mathrm{dR}}^{k'}(U \cap V)$$
$$\to H_{\mathrm{dR}}^{k'+1}(S^m) \to \cdots \to H_{\mathrm{dR}}^{m}(S^m) \to H_{\mathrm{dR}}^{m}(U) \oplus H_{\mathrm{dR}}^{m}(V)$$
$$\to H_{\mathrm{dR}}^{m}(U \cap V) \to 0$$

得到

$$0 \to H_{\mathrm{dR}}^0(S^m) \xrightarrow{j^*} \mathbf{R} \oplus \mathbf{R} \xrightarrow{i^*} \mathbf{R} \xrightarrow{\mathrm{d}^*} H_{\mathrm{dR}}^1(S^m) \to 0,$$
$$(\omega, \tau) \mapsto \tau - \omega,$$
$$H_{\mathrm{dR}}^0(S^m) \cong \mathrm{Ker}\, i^* \cong \mathbf{R}.$$
$$H_{\mathrm{dR}}^1(S^m) \cong \mathbf{R}/\mathrm{Ker}\,\mathrm{d}^* \cong \mathbf{R}/\mathrm{Im}\, i^* = \mathbf{R}/\mathbf{R} = 0.$$

当 $2 \leqslant k' \leqslant m$ 时,有

$$0 \to H_{\mathrm{dR}}^{k'-1}(U \cap V) \xrightarrow{\mathrm{d}^*} H_{\mathrm{dR}}^{k'}(S^m) \to 0,$$
$$H_{\mathrm{dR}}^{k'}(S^m) \cong H_{\mathrm{dR}}^{k'-1}(U \cap V) \cong H_{\mathrm{dR}}^{k'-1}(S^{m-1})$$
$$\cong \begin{cases} \mathbf{R}, & k' = m, \\ 0, & k' \in \{2, \cdots, m-1\}. \end{cases}$$

综上有

$$H_{\mathrm{dR}}^n(S^m) \cong \begin{cases} \mathbf{R}, & n = 0, m, \\ 0, & n \in \mathbf{Z} - \{0, m\}. \end{cases}$$ □

**注 5.1.3** 在例 5.1.10 中,我们已经看到,选择一个鼓包 $C^\infty$ 1 形式 $\eta$,它确定了 $H_{\mathrm{dR}}^1(S^1)$的生成元$[\eta]$. 这鼓包 $C^\infty$ 1 形式通过 Mayer-Vietoris 序列的上边缘算子得到 $S^2$ 上的鼓包 $C^\infty$ 2 形式,它确定了 $H_{\mathrm{dR}}^2(S^2)$的生成元. 依次可得到一个鼓包 $C^\infty$ $m$ 形式,它确定了 $H_{\mathrm{dR}}^m(S^m)$的生成元.

现在我们从另一个角度来研究 $H_{\mathrm{dR}}^m(S^m)$的生成元和鼓包 $C^\infty$ $m$ 形式的关系. 首先对定向球面$\overrightarrow{S^m}$上的任一$C^\infty$ $m$ 形式 $\omega$ 和$C^\infty(m-1)$形式 $\eta$,应用 Stokes 定理得到

$$\int_{\overrightarrow{S^m}} (\omega + \mathrm{d}\eta) = \int_{\overrightarrow{S^m}} \omega + \int_{\overrightarrow{S^m}} \mathrm{d}\eta \xlongequal{\text{Stokes}} \int_{\overrightarrow{S^m}} \omega + \int_{\partial \overrightarrow{S^m}} \eta$$
$$= \int_{\overrightarrow{S^m}} \omega + \int_{\varnothing} \eta = \int_{\overrightarrow{S^m}} \omega + 0 = \int_{\overrightarrow{S^m}} \omega.$$

其次,在 $S^m$ 的某个局部坐标系$(U, \varphi)$, $\{u^i\}$中,取鼓包 $C^\infty$ 非负函数 $f_U$,使得其支集 $\mathrm{supp} f_U \subset U$,且

$$\int_{\overrightarrow{S^m}} \tilde{\omega} = \int_{\vec{U}} f_U \mathrm{d}u^1 \wedge \cdots \wedge \mathrm{d}u^m = \int_U f_U \mathrm{d}u^1 \cdots \mathrm{d}u^m > 0,$$

这里

$$\tilde{\omega} = \begin{cases} f_U \mathrm{d}u^1 \wedge \cdots \wedge \mathrm{d}u^m, & \text{在 } U \text{ 中}, \\ 0, & \text{在 } S^m - U \text{ 中}. \end{cases}$$

如果$[\omega_0]$为 $H^m_{\mathrm{dR}}(S^m)$的生成元,则

$$[\tilde{\omega}] = \lambda[\omega_0] = [\lambda\omega_0],$$

且

$$\lambda\int_{\overrightarrow{S^m}}\omega_0 = \int_{\overrightarrow{S^m}}\lambda\omega_0 = \int_{\overrightarrow{S^m}}\tilde{\omega} > 0,$$

从而 $\lambda\neq 0$ 和 $\int_{\overrightarrow{S^m}}\omega_0 \neq 0$,即 $H^m_{\mathrm{dR}}(S^m)$ 的生成元的代表元 $\omega_0$ 的积分不为0.反之,若$[\omega]\in H^m_{\mathrm{dR}}(S^m)$,且$\int_{\overrightarrow{S^m}}\omega \neq 0$,则$[\omega] = \lambda[\omega_0]$.同上,有 $\lambda \neq 0$,从而$[\omega_0] = \dfrac{1}{\lambda}[\omega]$,即$[\omega]$也为 $H^m_{\mathrm{dR}}(S^m)$ 的生成元.上面的鼓包 $C^\infty$ $m$ 形式$\tilde{\omega}$ 对应的$[\tilde{\omega}]$也为 $H^m_{\mathrm{dR}}(S^m)$ 的生成元.

应用 $C^\infty$ $m$ 形式在$\overrightarrow{S^m}$上的积分也可证明$H^m_{\mathrm{dR}}(S^m)\cong\mathbf{R}$.为此,任选一个 $H^m_{\mathrm{dR}}(S^m)$的生成元$[\omega_0]$,使 $\int_{\overrightarrow{S^m}}\omega_0 = 1$.则同态

$$\int_{\overrightarrow{S^m}}: H^n_{\mathrm{dR}}(S^m) \to \mathbf{R},$$

$$[\omega]\mapsto\int_{\overrightarrow{S^m}}\omega$$

为一个同构$\left(\text{注意,}\int_{\overrightarrow{S^m}}\omega \text{ 与}[\omega]\text{ 的代表元的选取无关}\right)$.

事实上,由$\int_{\overrightarrow{S^m}}\lambda\omega_0 = \lambda\int_{\overrightarrow{S^m}}\omega_0 = \lambda$ 知$\int_{\overrightarrow{S^m}}$ 为满射;而由

$$[\omega] = \lambda[\omega_0], \quad [\eta] = \mu[\omega_0], \quad \int_{\overrightarrow{S^m}}\omega = \int_{\overrightarrow{S^m}}\eta$$

必有

$$\lambda = \int_{\overrightarrow{S^m}}\lambda\omega_0 = \int_{\overrightarrow{S^m}}\omega = \int_{\overrightarrow{S^m}}\eta = \int_{\overrightarrow{S^m}}\mu\omega_0 = \mu,$$

$$[\omega] = \lambda[\omega_0] = \mu[\omega_0] = [\eta],$$

即$\int_{\overrightarrow{S^m}}$ 为单射.这就证明了$\int_{\overrightarrow{S^m}}$ 为一个同构(注意,这里$[\omega] = \lambda[\omega_0]$与$[\eta] = \mu[\omega_0]$承认了 $H^n_{\mathrm{dR}}(S^m) \cong \mathbf{R}$).

读者如需进一步了解紧支集的 de Rham 上同调群 $H^n_{\mathrm{dR}}(M)$和 de Rham 理论,可参阅文献[1].

**注 5.1.4** 读者可先计算 $S^m$ 的实奇异上同调群$H^n(S^m;\mathbf{R})$(参阅 5.2 节),再根据 de Rham 同构定理(5.3 节)得到 $H^n_{\mathrm{dR}}(S^m)$.

## 5.2 整奇异同调群和实奇异上同调群

这一节研究整奇异同调群和实奇异上同调群,它们的奇异理论是借助于标准 $m$ 维单形上的连续映射建立起来的.设

$$\Delta_n = \left\{ (x^1, x^2, \cdots, x^n) \,\middle|\, \sum_{i=1}^{n} x^i \leqslant 1, x^i \geqslant 0, i = 1,2,\cdots,n \right\}$$

为 $n$ 维 Euclid 空间 $\mathbf{R}^n$ 中的标准 $n$ 维单形(图 5.2.1),它是 $n+1$ 个顶点集$\{v_0, v_1, \cdots, v_n\}$的凸包,其中 $v_0 = (0,0,\cdots,0)$, $v_i = (\delta_i^1, \delta_i^2, \cdots, \delta_i^n)$,

$$\delta_i^j = \begin{cases} 1, & j = i, \\ 0, & j \neq i, \end{cases} \quad i,j = 1,2,\cdots,n.$$

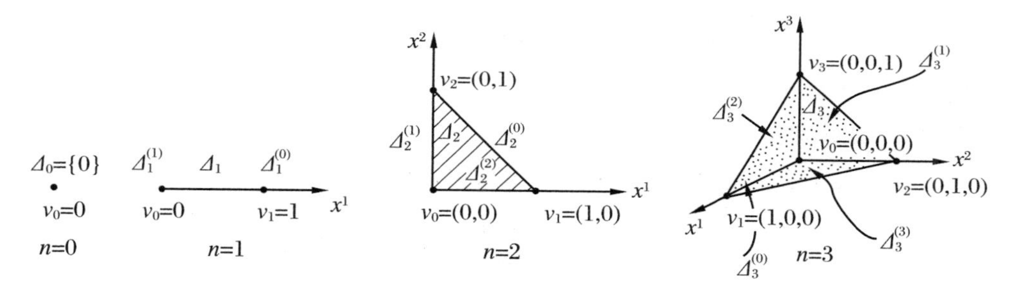


**图 5.2.1**

标准 $n$ 维单形$\Delta_n$ 的闭子集

$$\Delta_n^{(0)} = \left\{ (x^1, x^2, \cdots, x^n) \in \Delta_n \,\middle|\, \sum_{i=1}^{n} x^i = 1 \right\}$$

称为 $\Delta_n$ 的第 0 个面或 $\Delta_n$ 的对着顶点 $v_0$ 的面;而对每个整数 $i = 1,2,\cdots,n$, $\Delta_n$ 的闭子集

$$\Delta_n^{(i)} = \{ (x^1, x^2, \cdots, x^n) \in \Delta_n \mid x^i = 0 \}$$

称为 $\Delta_n$ 的第$i$ 个面或$\Delta_n$ 的对着顶点 $v_i$ 的面. 显然, $v_i \notin \Delta_n^{(i)}$, $i = 0,1,\cdots,n$. 为完全起见,我们规定标准 0 维单形 $\Delta_0 = \{0 \mid 0 \in \mathbf{R}\}$,它没有面.

设 $n > 0$,考虑映射

$$\kappa_i : \Delta_{n-1} \to \Delta_n, \quad i = 0,1,\cdots,n,$$

$$\kappa_0(x^1, \cdots, x^{n-1}) = \left( 1 - \sum_{j=1}^{n-1} x^j, x^1, \cdots, x^{n-1} \right),$$

$$\kappa_i(x^1, \cdots, x^{n-1}) = (x^1, \cdots, x^{i-1}, 0, x^i, \cdots, x^{n-1}), \quad i > 0, \quad \forall (x^1, \cdots, x^{n-1}) \in \Delta_{n-1}.$$

容易看出，$\kappa_i$ 为从$\Delta_{n-1}$到 $\Delta_n$ 中的$C^\infty$嵌入，且 $\kappa_i(\Delta_{n-1})=\Delta_n^{(i)}$.

设 $n>1$，考虑 $C^\infty$ 嵌入

$$\Delta_{n-2}\xrightarrow{\kappa_j}\Delta_{n-1}\xrightarrow{\kappa_i}\Delta_n,\quad i=0,1,\cdots,n,\ j=0,1,\cdots,n-1.$$

容易验证下面引理.

**引理 5.2.1** 当$0<j<i\leqslant n$ 时，有

$$\kappa_i\circ\kappa_j=\kappa_j\circ\kappa_{i-1}:\Delta_{n-2}\to\Delta_n.$$

**证明** 当$0=j<i=1$时，

$$\begin{aligned}\kappa_i\circ\kappa_j(x^1,\cdots,x^{n-2})&=\kappa_1\circ\kappa_0(x^1,\cdots,x^{n-2})\\&=\kappa_1\left(1-\sum_{l=1}^{n-2}x^l,x^1,\cdots,x^{n-2}\right)=\left(0,1-\sum_{l=1}^{n-2}x^l,x^1,\cdots,x^{n-2}\right)\\&=\kappa_0\left(1-\sum_{l=1}^{n-2}x^l,x^1,\cdots,x^{n-2}\right)=\kappa_0\circ\kappa_0(x^1,\cdots,x^{n-2})\\&=\kappa_j\circ\kappa_{i-1}(x^1,\cdots,x^{n-2}),\end{aligned}$$

$$\kappa_i\circ\kappa_j=\kappa_j\circ\kappa_{i-1}.$$

当$0=j<2\leqslant i$ 时，

$$\begin{aligned}\kappa_i\circ\kappa_j(x^1,\cdots,x^{n-2})&=\kappa_i\circ\kappa_0(x^1,\cdots,x^{n-2})\\&=\kappa_i(1-\sum_{l=1}^{n-2}x^l,x^1,\cdots,x^{n-2})\\&=(1-\sum_{l=1}^{n-2}x^l,x^1,\cdots,x^{i-2},0,x^{i-1},\cdots,x^{n-2})\\&=\kappa_0(x^1,\cdots,x^{i-2},0,x^{i-1},\cdots,x^{n-2})\\&=\kappa_j\circ\kappa_{i-1}(x^1,\cdots,x^{n-2}),\end{aligned}$$

$$\kappa_i\circ\kappa_j=\kappa_j\circ\kappa_{i-1}.$$

当$0<j<i=j+1$时，

$$\begin{aligned}\kappa_i\circ\kappa_j(x^1,\cdots,x^{n-2})&=\kappa_{j+1}(x^1,\cdots,x^{j-1},0,x^j,\cdots,x^{n-2})\\&=(x^1,\cdots,x^{j-1},0,0,x^j,\cdots,x^{n-2})\\&=\kappa_j(x^1,\cdots,x^{j-1},0,x^j,\cdots,x^{n-2})\\&=\kappa_j\circ\kappa_j(x^1,\cdots,x^{n-2})\\&=\kappa_j\circ\kappa_{i-1}(x^1,\cdots,x^{n-2}),\end{aligned}$$

$$\kappa_i\circ\kappa_j=\kappa_j\circ\kappa_{i-1}.$$

当$0<j<j+1<i$ 时，

$$\kappa_i\circ\kappa_j(x^1,\cdots,x^{n-2})=\kappa_i(x^1,\cdots,x^{j-1},0,x^j,\cdots,x^{n-2})$$

$$= (x^1,\cdots,x^{j-1},0,x^j,\cdots,x^{i-2},0,x^{i-1},\cdots,x^{n-2})$$
$$= \kappa_j(x^1,\cdots,x^{i-2},0,x^{i-1},\cdots,x^{n-2})$$
$$= \kappa_j\circ\kappa_{i-1}(x^1,\cdots,x^{n-2}),$$

$\kappa_i\circ\kappa_j = \kappa_j\circ\kappa_{i-1}$. □

**定义 5.2.1** 设 $M$ 为拓扑空间，$n$ 为非负整数.我们称连续映射 $\xi:\Delta_n\to M$ 为 $M$ 中的一个 **$n$ 维奇异单形或奇异 $n$ 单形**.这里"奇异"表示 $\xi$ 不必为一个嵌入，记

$$S_n(M) = \mathrm{Map}\{\Delta_n, M\} = \{连续映射\ \xi:\Delta_n\to M\}$$

为 $M$ 中所有奇异 $n$ 单形的集合.如果 $m\neq n$，则由定义，有 $S_m(M)\cap S_n(M)=\varnothing$，$S_n(M)\neq\varnothing$，并设

$$S(M) = \bigcup_{n=0}^{\infty} S_n(M)$$

为 $M$ 的所有奇异单形的集合，称为 $M$ 的**奇异复形**.

设 $n\in\{1,2,\cdots\}$，$\xi:\Delta_n\to M$ 为 $M$ 中的任意奇异 $n$ 单形.对于每个整数 $i=0,1,\cdots,n$，映射

$$\Delta_{n-1}\xrightarrow{\kappa_i}\Delta_n\xrightarrow{\xi}M$$

的复合

$$\xi\circ\kappa_i:\Delta_{n-1}\to M$$

为 $M$ 中的奇异 $n-1$ 单形，称它为 $\xi$ 的**第 $i$ 个面**，记作 $\xi^{(i)}=\xi\circ\kappa_i$.

由 $\kappa_i\circ\kappa_j=\kappa_j\circ\kappa_{i-1}$，立即有：如果 $n\geqslant 2$ 和 $0\leqslant j<i\leqslant n$，$\xi$ 为 $M$ 中的奇异 $n$ 单形，则

$$[\xi^{(i)}]^{(j)} = \xi^{(i)}\circ\kappa_j = \xi\circ\kappa_i\circ\kappa_j$$
$$= \xi\circ\kappa_j\circ\kappa_{i-1} = [\xi^{(j)}]^{(i-1)}.$$

对于每个非负整数 $n$，设 $C_n(M)$ 表示由集合 $S_n(M)$ 产生的自由 Abel 群，即

$$C_n(M) = \{a_1\xi_1 + a_2\xi_2 + \cdots + a_k\xi_k \mid \xi_i\in S_n(M), a_i\in\mathbf{Z}, i=1,2,\cdots,k\}.$$

显然，$S_n(M)\subset C_n(M)$.

对于每个 $n>0$，定义映射

$$\partial_n: S_n(M)\to C_{n-1}(M),$$
$$\partial_n(\xi) = \partial_n\xi = \sum_{i=0}^{n}(-1)^i\xi^{(i)},$$

其中 $\xi\in S_n(M)$.因为 $C_n(M)$ 为由集合 $S_n(M)$ 产生的自由 Abel 群，可见 $\partial_n$ 能扩张到一个唯一的同态（仍记为 $\partial_n$）

$$\partial_n: C_n(M)\to C_{n-1}(M),$$
$$\xi\mapsto\partial_n(\xi) = \partial_n\xi,$$

称为第 $n$ 个**边缘算子**.为完全起见,我们也定义 $C_n(M)=0,\forall n<0$,并对 $n\leqslant 0$ 定义

$$\partial_n: C_n(M) \to C_{n-1}(M)$$

为平凡(零)同态.为简单起见,在不致混淆时,记 $\partial_n$ 为 $\partial$.

**引理 5.2.2** 设 $n\in\mathbf{Z}$,则 $\partial^2=\partial\circ\partial=0$.

**证明** 因为对 $0\leqslant j<i\leqslant n$ 与 $M$ 中的奇异 $n$ 单形 $\xi$,有

$$[\xi^{(i)}]^{(j)} = [\xi^{(j)}]^{(i-1)},$$

所以

$$\begin{aligned}
\partial^2\xi &= \partial\circ\partial\xi = \partial\sum_{i=0}^{n}(-1)^i\xi^{(i)} \\
&= \sum_{i=0}^{n}\sum_{j=0}^{n-1}(-1)^{i+j}[\xi^{(i)}]^{(j)} \\
&= \sum_{i\leqslant j}(-1)^{i+j}[\xi^{(i)}]^{(j)} + \sum_{i>j}(-1)^{i+j}[\xi^{(i)}]^{(j)} \\
&= \sum_{i<j}(-1)^{i+j-1}[\xi^{(i)}]^{(j-1)} + \sum_{i<j}(-1)^{i+j}[\xi^{(j)}]^{(i)} \\
&= \sum_{i<j}(-1)^{i+j-1}[\xi^{(j)}]^{(i)} + \sum_{i<j}(-1)^{i+j}[\xi^{(j)}]^{(i)} \\
&= 0.
\end{aligned}$$

再由 $\partial$ 为同态立即知道 $\partial^2=\partial\circ\partial=0$. □

**定义 5.2.2** 由 $\partial^2=\partial\circ\partial=0$,我们得到**半正合序列**

$$\cdots \to C_{n+1}(M) \xrightarrow{\partial} C_n(M) \xrightarrow{\partial} C_{n-1}(M) \to \cdots$$

和 $M$ 的**整奇异链复形** $\{C(M),\partial\}$,有时简记为 $C(M)$.其中 Abel 群 $C(M)$ 是由 $C_n(M)$,$n\in\mathbf{Z}$ 的所有有限个元素的和组成的 Abel 群.

群 $C_n(M)$ 的元素称为 $M$ 的 $\boldsymbol{n}$ **维整奇异链**.如果 $\xi\in C_n(M)$,则 $\partial_n\xi\in C_{n-1}(M)$ 称为链 $\xi$ 的**边缘**.边缘算子

$$\partial_n: C_n(M) \to C_{n-1}(M)$$

的核

$$Z_n(M) = \mathrm{Ker}\partial_n = \{\xi\in C_n(M) \mid \partial_n\xi = 0\}$$

称为 $M$ 的 $\boldsymbol{n}$ **维整奇异闭链群**,$Z_n(M)$ 的元素称为 $M$ 的 $\boldsymbol{n}$ **维整奇异闭链**,简称为(**奇异**)**闭链**.边缘算子

$$\partial_{n-1}: C_{n+1}(M) \to C_n(M)$$

的像

$$B_n(M) = \mathrm{Im}\partial_{n+1} = \{\partial_{n+1}\xi \mid \xi\in C_{n+1}(M)\}$$

称为 $M$ 的 **$n$ 维整奇异边缘链群**，$B_n(M)$ 的元素称为 $M$ 的 **$n$ 维整奇异边缘链**，简称为（**奇异**）**边缘链**. 因为 $\{C(M),\partial\}$ 是半正合的，可见

$$B_n(M)\subset Z_n(M)\subset C_n(M).$$

称商群

$$H_n(M)=Z_n(M)/B_n(M)$$

为拓扑空间 $M$ 的 **$n$ 维整奇异同调群**.

**例 5.2.1** 设 $M=\{x_0\}$ 为单（独）点集，则 $M$ 的整奇异同调群 $H_n(M)\cong\begin{cases}\mathbf{Z}, n=0,\\ 0, n\neq 0.\end{cases}$

**证明** 显然，对 $n\geqslant 0$，只有唯一的 $n$ 维奇异单形 $s_n:\Delta_n\to M$，它是常值映射 $s_n(\Delta_n)=\{x_0\}$. 因此，$C_n(M)=\mathbf{Z}\,s_n$. 对 $n>0$，$i=0,1,\cdots,n$，$(s_n)^{(i)}=s_{n-1}$. 于是

$$\begin{aligned}\partial s_n&=\sum_{i=0}^{n}(-1)^i(s_n)^{(i)}=\sum_{i=0}^{n}(-1)^i s_{n-1}\\&=\begin{cases}0, & n\text{ 为奇数},\\ s_{n-1}, & n\text{ 为偶数},\end{cases}\\ Z_n(M)&=\begin{cases}C_n(M), & n\text{ 为奇数或零},\\ 0, & n\text{ 为偶数},\end{cases}\\ B_n(M)&=\begin{cases}C_n(M), & n\text{ 为奇数},\\ 0, & n\text{ 为偶数或零}.\end{cases}\end{aligned}$$

因此

$$H_n(M)\cong\begin{cases}\mathbf{Z}, & n=0,\\ 0, & n\neq 0.\end{cases}$$

□

**引理 5.2.3** 设 $U$ 为 $\mathbf{R}^m$ 中以原点 $0\in\mathbf{R}^m$ 为其中心的星形子空间（即 $\forall\, x\in U$，连接 $x$ 和 0 的闭线段包含在 $U$ 中），则对每个整数 $n\geqslant 0$，存在一个同态

$$K_n:C_n(U)\to C_{n+1}(U),$$

使得对每个 $n>0$ 有

$$\partial\circ K_n-K_{n-1}\circ\partial=(-1)^{n+1}\mathrm{Id}_{C_n(U)},$$

其中 $\mathrm{Id}_{C_n(U)}$ 为 $C_n(U)$ 上的恒同同态.

$$\begin{array}{ccccc} & & C_{n-1}(U) & & \\ & \overset{\partial}{\nearrow} & & \overset{K_{n-1}}{\searrow} & \\ C_n(U) & & \xrightarrow{\mathrm{Id}_{C_n(U)}} & & C_n(U)\\ & \underset{K_n}{\searrow} & & \underset{\partial}{\nearrow} & \\ & & C_{n+1}(U) & & \end{array}$$

**证明** 设 $n\geqslant 0$ 为任意整数.定义同伦算子 $K=\{K_n\}$,

$$K_n:C_n(U)\to C_{n+1}(U),$$
$$\xi\mapsto K_n(\xi),$$

其中 $\xi:\Delta_n\to U$ 为 $n$ 维奇异单形,而 $n+1$ 维奇异单形 $K_n(\xi):\Delta_{n+1}\to U$ 定义如下:

$$K_n(\xi)(x^1,\cdots,x^{n+1})=\begin{cases}(1-x^{n+1})\xi\left(\dfrac{x^1}{1-x^{n+1}},\cdots,\dfrac{x^n}{1-x^{n+1}}\right), & x^{n+1}\neq 0,\\ 0, & x^{n+1}=0.\end{cases}$$

则

$$\begin{aligned}
&\partial\circ K_n(\xi)(x^1,\cdots,x^n)\\
&=K_n(\xi)\left(1-\sum_{i=1}^n x^i,x^1,\cdots,x^n\right)\\
&\quad+\sum_{i=1}^n(-1)^iK_n(\xi)(x^1,\cdots,x^{i-1},0,x^i,\cdots,x^n)\\
&\quad+(-1)^{n+1}K_n(\xi)(x^1,\cdots,x^n,0)\\
&=(1-x^n)\xi\left(\frac{1-\sum\limits_{i=1}^n x^i}{1-x^n},\frac{x^1}{1-x^n},\cdots,\frac{x^{n-1}}{1-x^n}\right)\\
&\quad+\sum_{i=1}^n(-1)^i(1-x^n)\xi\left(\frac{x^1}{1-x^n},\cdots,\frac{x^{i-1}}{1-x^n},0,\frac{x^i}{1-x^n},\cdots,\frac{x^{n-1}}{1-x^n}\right)\\
&\quad+(-1)^{n+1}(1-0)\xi\left(\frac{x^1}{1-0},\cdots,\frac{x^n}{1-0}\right)\\
&=(1-x^n)\xi\left(1-\sum_{i=1}^{n-1}\frac{x^i}{1-x^n},\frac{x^1}{1-x^n},\cdots,\frac{x^{n-1}}{1-x^n}\right)\\
&\quad+(1-x^n)\sum_{i=1}^n(-1)^i\xi\left(\frac{x^1}{1-x^n},\cdots,\frac{x^{i-1}}{1-x^n},0,\frac{x^i}{1-x^n},\cdots,\frac{x^{n-1}}{1-x^n}\right)\\
&\quad+(-1)^{n+1}\xi(x^1,\cdots,x^n)\\
&=(1-x^n)\partial\xi\left(\frac{x^1}{1-x^n},\cdots,\frac{x^{n-1}}{1-x^n}\right)+(-1)^{n+1}\xi(x^1,x^2,\cdots,x^n)\\
&=K_{n-1}\circ\partial\xi(x^1,x^2,\cdots,x^n)+(-1)^{n+1}\xi(x^1,x^2,\cdots,x^n),
\end{aligned}$$

即

$$\partial\circ K_n-K_{n-1}\circ\partial=(-1)^{n+1}\mathrm{Id}_{C_n(U)}.$$ □

**定理 5.2.1** 设 $U$ 为 $\mathbf{R}^m$ 中以原点 $0\in\mathbf{R}^m$ 为其中心的星形子空间,则对每个 $n\in\mathbf{Z}$,

$$H_n(U)\cong\begin{cases}\mathbf{Z}, & n=0,\\ 0, & n\neq 0.\end{cases}$$

对于 $n<0$,因 $C_n(U)=0$,故

$$Z_n(U) = 0,\quad B_n(U) = 0,$$

$$H_n(U) = Z_n(U)/B_n(U) = 0.$$

**证明** (证法1)$S_0(M)$可以与 $U$ 相叠合,$S_1(M)$可以与 $U$ 中所有连续道路 $\xi:\Delta_1=[0,1]\to U$ 的空间相叠合.显然,$Z_0(U)=C_0(U)$.对 $\forall f,g:\Delta_0=\{0\}\to U,f(0)=p$,$g(0)=q$,因为 $U$ 为 $\mathbf{R}^m$ 中的星形子集,所以它是道路连通的,必有连接 $p$ 到 $q$ 的连续道路 $\xi:\Delta_1=[0,1]\to U$,使得 $\xi(0)=p,\xi(1)=q$.易见

$$\partial\xi = \xi^{(0)} - \xi^{(1)} = g - f.$$

因此,$f\sim g$($f$ 同调于 $g$),从而 $H_0(U)\cong\mathbf{Z}$.

对于 $n>0$,如果 $\xi\in Z_n(U)$,则由 $\partial\xi=0$ 和引理5.2.3得到

$$\begin{aligned}\partial(K_n(\xi)) &= (\partial\circ K_n - K_{n-1}\circ\partial)(\xi)\\ &= (-1)^{n+1}\mathrm{Id}_{C_n(U)}(\xi) = (-1)^{n+1}\xi,\end{aligned}$$

从而 $\xi=(-1)^{n+1}\partial(K_n(\xi))\in B_n(U),Z_n(U)=B_n(U)$和

$$H_n(U) = Z_n(U)/B_n(U) = 0.$$

因此

$$H_n(U)\cong\begin{cases}\mathbf{Z}, & n=0,\\ 0, & n\neq 0.\end{cases}$$

(证法2)$\mathbf{R}^m$ 中以0为中心的星形子空间 $U$ 与单点集$\{x_0\}$同伦等价,根据推论5.2.1与例5.2.1得到

$$H_n(U)\cong H_n(\{x_0\})\cong\begin{cases}\mathbf{Z}, & n=0,\\ 0, & n\neq 0.\end{cases}$$ □

**注5.2.1** 设 $U$ 为可缩空间,即 $U$ 与单点集$\{x_0\}$同伦等价(有相同的同伦型).也就是存在连续映射 $f:U\to\{x_0\}$与连续映射 $g:\{x_0\}\to U$,使得 $g\circ f\simeq 1_U:U\to U,f\circ g=1_{\{x_0\}}:\{x_0\}\to\{x_0\}$.根据推论5.2.1与例5.2.1得到

$$H_n(U)\cong H_n(\{x_0\})\cong\begin{cases}\mathbf{Z}, & n=0,\\ 0, & n\neq 0.\end{cases}$$

$\mathbf{R}^m$ 中的凸集,如单点集,直线上的区间,平面上的圆片、椭圆片、矩形片;三维 Euclid 空间中的球体、椭球体等都是可缩空间.它们的 $n$ 维整奇异同调群都与单点集的 $n$ 维整奇异同调群同构.

现在我们来研究实奇异上同调群.

**定义5.2.3** 设 $M$ 为拓扑空间,$\{C(M),\partial\}$为整奇异链复形.对每个整数 $n$,用

$$C^n(M;\mathbf{R}) = \mathrm{Hom}\{C_n(M),\mathbf{R}\}$$

表示从 $C_n(M)$ 到 Abel(加)群 $\mathbf{R}$ 的所有同态组成的 Abel(加)群,称它为 ***n* 维实奇异上链群**. $C^n(M;\mathbf{R})$ 的元素称为 $M$ 中的 ***n* 维实奇异上链**.

对于每个 $n<0$,因为 $C_n(M)=0$,故 $C^n(M;\mathbf{R})=0$;对于 $n\geqslant 0$,由于 $C_n(M)$ 是由 $M$ 中所有 $n$ 维奇异单形的集合 $S_n(M)$ 产生的自由 Abel 群,可见

$$\varphi \mapsto \varphi|_{S_n(M)}$$

定义了一个从 $\mathrm{Hom}\{C_n(M),\mathbf{R}\}$ 到 $S_n(M)$ 上的所有实值函数的 Abel(加)群 $\mathrm{Fun}\{S_n(M),\mathbf{R}\}$ 上的同构:

$$\theta:\mathrm{Hom}\{C_n(M),\mathbf{R}\} \to \mathrm{Fun}\{S_n(M),\mathbf{R}\}.$$

对于每个整数 $n$,定义一个同态

$$\delta = \delta_n : C^n(M;\mathbf{R}) \to C^{n+1}(M;\mathbf{R})$$

如下:

如果 $n<0$,则由 $C^n(M;\mathbf{R})=0$,定义 $\delta=0$;

如果 $n\geqslant 0$,设 $\varphi\in C^n(M;\mathbf{R})$,定义

$$\delta(\varphi) = \delta\varphi = \varphi\circ\partial: C_{n+1}(M) \to \mathbf{R}.$$

由于 $\partial: C_{n+1}(M)\to C_n(M)$ 和 $\varphi: C_n(M)\to\mathbf{R}$ 都为同态,从而 $\delta\varphi=\varphi\circ\partial$ 也为同态. 因此,$\delta\varphi\in C^{n+1}(M;\mathbf{R})$.

**引理 5.2.4** (1) 易证

$$\delta = \delta_n : C^n(M;\mathbf{R}) \to C^{n+1}(M;\mathbf{R}),$$
$$\varphi \mapsto \delta\varphi$$

为一个同态,称 $\delta_n$ 为**上边缘算子**.

(2)

$$(\delta\varphi)(\xi) = \sum_{i=0}^{n+1}(-1)^i\varphi[\xi^{(i)}], \quad \xi\in C_{n+1}(M;\mathbf{R}),$$

上式借助于内积记号可表示为

$$\langle\delta\varphi,\xi\rangle = \langle\varphi,\partial\xi\rangle.$$

由此将 $\delta$ 与 $\partial$ 可视作共轭算子.

(3) $\delta^2=\delta\circ\delta=0$.

**证明** (1) 设 $\varphi_1,\varphi_2\in C^n(M;\mathbf{R})$,则对 $\forall\,\xi\in C_{n+1}(M;\mathbf{R})$,有

$$\delta(\varphi_1+\varphi_2)(\xi) = (\varphi_1+\varphi_2)\circ\partial(\xi) = \varphi_1\circ\partial(\xi)+\varphi_2\circ\partial(\xi) = (\delta\varphi_1+\delta\varphi_2)(\xi),$$
$$\delta(\varphi_1+\varphi_2) = \delta\varphi_1+\delta\varphi_2,$$

即 $\delta=\delta_n$ 为一个同态.

(2) $$(\delta\varphi)(\xi) = \varphi\circ\partial(\xi) = \varphi\Big(\sum_{i=0}^{n+1}(-1)^i\xi^{(i)}\Big) = \sum_{i=0}^{n+1}(-1)^i\varphi[\xi^{(i)}].$$

(3) 如果 $n<1$,则 $C^{n-1}(M;\mathbf{R})=0$.因此,必有

$$\delta^2=\delta\circ\delta=0;$$

如果 $n\geqslant 1$,设 $\varphi\in C^{n-1}(M;\mathbf{R})$,则由 $\partial^2=\partial\circ\partial=0$,有

$$\begin{aligned}\delta^2(\varphi)&=(\delta\circ\delta)(\varphi)=\delta(\delta\varphi)=\delta(\varphi\circ\partial)=(\varphi\circ\partial)\circ\partial\\&=\varphi\circ(\partial\circ\partial)=\varphi\circ 0=0,\\ \delta^2&=\delta\circ\delta=0.\end{aligned}$$

□

**定义 5.2.4** 从 $\delta^2=\delta\circ\delta=0$ 立即得到一个半正合上序列

$$\cdots\to C^{n-1}(M;\mathbf{R})\xrightarrow{\delta}C^n(M;\mathbf{R})\xrightarrow{\delta}C^{n+1}(M;\mathbf{R})\to\cdots$$

和 $M$ 的实奇异上链复形$\{C^*(M;\mathbf{R}),\delta\}$,有时简记为 $C^*(M;\mathbf{R})$.其中 $C^*(M;\mathbf{R})$是由 $C^n(M;\mathbf{R}),n\in\mathbf{Z}$ 的所有有限个元素的和组成的 Abel 群.

对每个整数 $n$,上边缘算子

$$\delta=\delta_n:C^n(M;\mathbf{R})\to C^{n+1}(M;\mathbf{R})$$

的核 $Z^n(M;\mathbf{R})=\mathrm{Ker}\delta_n=\{\varphi\in C^n(M;\mathbf{R})\mid\delta_n\varphi=\varphi\circ\partial_n=0\}$称为 $M$ 的 ***n* 维实奇异上闭链群**. $Z^n(M;\mathbf{R})$中的元素称为 $M$ 的 ***n* 维实奇异上闭链**.另一方面,上边缘算子

$$\delta=\delta_{n-1}:C^{n-1}(M;\mathbf{R})\to C^n(M;\mathbf{R})$$

的像 $B^n(M;\mathbf{R})=\mathrm{Im}\delta_{n-1}=\{\delta_{n-1}\varphi\mid\varphi\in C^{n-1}(M;\mathbf{R})\}$称为 $M$ 的 ***n* 维实奇异上边缘链群**. $B^n(M;\mathbf{R})$中的元素称为 $M$ 的 ***n* 维实奇异上边缘链**.因为 $\delta^2=\delta\circ\delta=0$,故

$$B^n(M;\mathbf{R})\subset Z^n(M;\mathbf{R}).$$

而商群

$$H^n(M;\mathbf{R})=Z^n(M;\mathbf{R})/B^n(M;\mathbf{R})$$

称为 $M$ 的 ***n* 维实奇异上同调群**.

**例 5.2.1′** 设 $M=\{x_0\}$为单(独)点集,则 $M$ 的实奇异上同调群

$$H^n(M;\mathbf{R})\cong\begin{cases}\mathbf{R}, & n=0,\\ 0, & n\neq 0.\end{cases}$$

**证明** 当 $n<0$ 时,由于 $C_n(M)=0$,故

$$C^n(M;\mathbf{R})=\mathrm{Hom}\{C_n(M),\mathbf{R}\}=\mathrm{Hom}\{0,\mathbf{R}\}=0.$$

因此,$Z^n(M;\mathbf{R})=0$,从而

$$H^n(M;\mathbf{R})=Z^n(M;\mathbf{R})/B^n(M;\mathbf{R})=0.$$

此外,由例 5.2.1 知,$C_n(M)=\mathbf{Z}s_n,n\geqslant 0$.

设 $\varphi\in C^{n-1}(M;\mathbf{R})$,则

$$(\delta\varphi)(s_n)=\varphi(\partial s_n)=\varphi\Big(\sum_{i=0}^n(-1)^i(s_n)^{(i)}\Big)$$

$$= \sum_{i=0}^{n}(-1)^i\varphi((s_n)^{(i)}) = \begin{cases} 0, & n\text{ 为奇数}, \\ \varphi((s_n)^{(n)}), & n\text{ 为偶数}, n\geqslant 2. \end{cases}$$

于是

$$B^n(M;\mathbf{R}) = \begin{cases} 0, & n\text{ 为奇数}, \\ C^n(M;\mathbf{R}), & n\text{ 为偶数}, \end{cases}$$

$$Z^n(M;\mathbf{R}) \cong \begin{cases} 0, & n\text{ 为奇数}, \\ C^n(M;\mathbf{R}), & n\text{ 为偶数}, n\geqslant 2 \end{cases}$$

$$\cong \begin{cases} 0, & n\text{ 为奇数}, \\ \mathrm{Hom}\{C_n(M),\mathbf{R}\}, & n\text{ 为偶数}, n\geqslant 2 \end{cases}$$

$$\cong \begin{cases} 0, & n\text{ 为奇数}, \\ \mathrm{Hom}\{\mathbf{Z}s_n,\mathbf{R}\}, & n\text{ 为偶数}, n\geqslant 2 \end{cases}$$

$$\cong \begin{cases} 0, & n\text{ 为奇数}, \\ \mathbf{R}, & n\text{ 为偶数}, n\geqslant 2, \end{cases}$$

$$H^n(M;\mathbf{R}) = Z^n(M;\mathbf{R})/B^n(M;\mathbf{R}) = 0, \quad n\geqslant 1.$$

而当 $n=0$ 时，$B^0(M;\mathbf{R}) = \mathrm{Im}\delta_{-1} = 0$，$Z^0(M;\mathbf{R}) = C^0(M;\mathbf{R}) = \mathrm{Hom}\{C_0(M),\mathbf{R}\} = \mathrm{Hom}\{\mathbf{Z}s_n,\mathbf{R}\}\cong\mathbf{R}$，

$$H^0(M;\mathbf{R}) = Z^0(M;\mathbf{R})/B^0(M;\mathbf{R}) \cong \mathbf{R}/0 \cong \mathbf{R}.$$

这就证明了 $M$ 的实奇异上同调群为

$$H^n(M;\mathbf{R}) \cong \begin{cases} \mathbf{R}, & n=0, \\ 0, & n\neq 0. \end{cases}$$ □

**定理 5.2.1′** 设 $U$ 为 $\mathbf{R}^m$ 中以原点 $0\in\mathbf{R}^m$ 为其中心的星形子空间，则对每个 $n\in\mathbf{Z}$，

$$H^n(U;\mathbf{R}) \cong \begin{cases} \mathbf{R}, & n=0, \\ 0, & n\neq 0. \end{cases}$$

**证明** （证法 1）设 $n>0$，对 $\forall\varphi\in Z^n(U;\mathbf{R})$，有

$$\varphi: C_n(U)\to\mathbf{R}$$

为一个同态，且

$$\varphi\circ\partial = \delta\varphi = 0.$$

应用引理 5.2.3 中的同态 $K_{n-1}$ 得到同态

$$\psi = \varphi\circ K_{n-1}: C_{n-1}(U)\to\mathbf{R},$$

则 $\psi\in C^{n-1}(U;\mathbf{R})$。根据引理 5.2.3，我们有

$$\varphi = \varphi\circ\mathrm{Id}_{C_n(U)} = (-1)^{n+1}\varphi\circ(\partial\circ K_n - K_{n-1}\circ\partial)$$

$$= (-1)^{n+1}((\varphi \circ \partial) \circ K_n - (\varphi \circ K_{n-1}) \circ \partial)$$
$$= (-1)^{n+1}(0 \cdot K_n - \psi \circ \partial) = \delta((-1)^n \psi).$$

因此,$Z^n(U;\mathbf{R}) = B^n(U;\mathbf{R})$.这就证明了

$$H^n(U;\mathbf{R}) = Z^n(U;\mathbf{R})/B^n(U;\mathbf{R}) = 0.$$

设 $n<0$,则 $C^n(U;\mathbf{R}) = Z^n(U;\mathbf{R}) = B^n(U;\mathbf{R}) = 0$,从而

$$H^n(U;\mathbf{R}) = Z^n(U;\mathbf{R})/B^n(U;\mathbf{R}) = 0.$$

设 $n=0$,则 $B^0(U;\mathbf{R}) = \mathrm{Im}\delta_{-1} = 0$,且

$$\varphi \in Z^0(U;\mathbf{R})$$

$$\Leftrightarrow \quad \text{对 } \forall\, s_1 \in S_1(U), 0 = \delta\varphi(s_1) = \varphi(\partial s_1) = \varphi((s_1)^{(0)} - (s_1)^{(1)})$$
$$= \varphi((s_1)^{(0)}) - \varphi((s_1)^{(1)}), \text{即 } \varphi((s_1)^{(0)}) = \varphi((s_1)^{(1)})$$

$\overset{\text{由}M\text{连通}}{\Longleftrightarrow} \varphi$ 在$S_0(U)$上为常值映射.

由此立即推得

$$H^0(U;\mathbf{R}) = Z^0(U;\mathbf{R})/B^0(U;\mathbf{R}) = Z^0(U;\mathbf{R}) \cong \mathbf{R}.$$

综上所述,有

$$H^n(U;\mathbf{R}) \cong \begin{cases} \mathbf{R}, & n = 0, \\ 0, & n \neq 0. \end{cases}$$

(证法2)因为 $\mathbf{R}^m$ 中以 $O$ 为中心的星形子空间 $U$ 与单点集$\{x_0\}$同伦等价,根据下面的定理5.2.2与例5.2.1′得到

$$H^n(U;\mathbf{R}) \cong H^n(\{x_0\};\mathbf{R}) \cong \begin{cases} \mathbf{R}, & n = 0, \\ 0, & n \neq 0. \end{cases}$$ □

**定理 5.2.2** 设 $M$ 为非空的道路连通空间,则:

(1) $H_0(M) \cong \mathbf{Z}$;

(2) $H_0(M;\mathbf{R}) \cong \mathbf{R}$.

**证明** (1) 取定 $a_1 \in M$.对 $\forall\, a_i \in M$,由 $M$ 道路连通知,存在道路 $c_i$ 连接$a_1$ 与 $a_i$,则 $c_i \in C_1(M)$且 $a_i = a_1 + \partial c_i$.因此,奇异同调类$[a_i] = [a_1 + \partial c_i] = [a_1]$.于是,对 $\forall\, z = \sum\limits_{i=1}^{\alpha_0} g_i a_i \in Z_0(M)$,$[z] = \left[\sum\limits_{i=1}^{\alpha_0} g_i a_i\right] = \left(\sum\limits_{i=1}^{\alpha_0} g_i\right)[a_1]$,即

$$H_0(M) = Z_0(M)/B_0(M) = Z_0(M)/0 = Z_0(M) \cong Z[a_1].$$

下证 $g[a_1] = 0 \Leftrightarrow g = 0$,因而 $H_0(M)$为无限循环群,即

$$H_0(M) \cong \mathbf{Z}.$$

事实上,若 $g[a_1] = 0$,则 $\exists\, c \in C_1(M)$,使得 $ga_1 = \partial c$.由于任意1维单形 $\langle a_i, a_j \rangle$(连接 $a_i$ 与$a_j$ 的道路)必有 $\partial\langle a_i, a_j \rangle = a_j - a_i$,它在 $a_i$ 和$a_j$ 上的系数之和为0.因此,

若 $\partial c$ 表示成 $\partial c = \sum_{i=1}^{\beta_0} g_i a_i$，则有 $\sum_{i=1}^{\beta_0} g_i = 0$. 比较等式

$$ga_1 = \partial c = \sum_{i=1}^{\beta_0} g_i a_i$$

的两边，可得

$$g = g_1, \quad g_2 = \cdots = g_{\beta_0} = 0.$$

因此，$g = g_1 = \sum_{i=1}^{\beta_0} g_i = 0$，$H_0(M)$ 为无限循环群，即

$$H_0(M) \cong \mathbf{Z}.$$

(2) 设 $\varphi: C_0(M) \to \mathbf{R}$ 为同态，则

$$\begin{aligned}
&\varphi \in Z^0(M;\mathbf{R})\text{，即 } \delta\varphi = 0 \\
\Leftrightarrow\quad &\forall s_1 \in C_1(M), 0 = \delta\varphi(s_1) = \varphi(\partial s_1) = \varphi((s_1)^{(0)} - (s_1)^{(1)}) \\
&\qquad = \varphi((s_1)^{(0)}) - \varphi((s_1)^{(1)}) \\
\overset{M\text{道路连通}}{\Leftrightarrow}\quad &\varphi \text{ 在 } S_0(M) \text{ 上取常值} \\
\Leftrightarrow\quad &Z^0(M;\mathbf{R}) \cong \mathbf{R}.
\end{aligned}$$

由此推得

$$H^0(M;\mathbf{R}) \cong \mathbf{R}.$$ □

**定义 5.2.5** 设 $M$ 与 $N$ 为拓扑空间，$f: M \to N$ 为连续映射，则 $f$ 诱导一个同态 $f_{n\#}: C_n(M) \to C_n(N)$ 如下：当 $n<0$ 时，$C_n(M)=0$，故定义 $f_{n\#}=0$；当 $n \geqslant 0$ 时，$S_n(M) \ni \xi \mapsto f_{n\#}(\xi) = f\circ\xi \in S_n(N)$ 完全确定了一个同态 $f_{n\#} = C_n(f): C_n(M) \to C_n(N)$.

显然，$f_{n\#}$ 为**链映射**，即 $f_{n-1\#}\circ\partial_n = \partial_n \circ f_{n\#}$（见引理 5.2.5(1)）. 于是

$$f_{n\#}(Z_n(M)) \subset Z_n(N), \quad f_{n\#}(B_n(M)) \subset B_n(N).$$

$f$ 或 $f_{n\#}$ 诱导了 $n$ 维整奇异同调群 $H_n(M)$ 和 $H_n(N)$ 之间的一个同态

$$\begin{aligned}
&f_{n*} = H_n(f): H_n(M) = Z_n(M)/B_n(M) \to Z_n(N)/B_n(N) = H_n(N), \\
&[\xi] \mapsto f_{n*}([\xi]) = [f_{n\#}(\xi)].
\end{aligned}$$

这个同态称为连续映射 $f: M \to N$ 在 $n$ 维整奇异同调群上的**诱导同态**.

进一步，$f$ 诱导了一个同态

$$f_n^{\#} = C^n(f;\mathbf{R}): C^n(N;\mathbf{R}) \to C^n(M;\mathbf{R}).$$

当 $n<0$ 时，$C^n(M;\mathbf{R})=0$，故定义 $f_n^{\#}=0$；

当 $n \geqslant 0$ 时，对 $\forall\, \varphi \in C^n(N;\mathbf{R}) = \mathrm{Hom}\{C^n(N), \mathbf{R}\}$，我们定义

$$f_n^{\#}(\varphi) = \varphi \circ f_{n\#}: C_n(M) \to \mathbf{R}.$$

容易验证 $f_n^{\#}$ 为**上链映射**，即 $f_{n+1}^{\#}\circ\delta_n = \delta_n \circ f_n^{\#}$（引理 5.2.5(2)）. 因此

$$f_n^{\#}(Z^n(N;\mathbf{R}))\subset Z^n(M;\mathbf{R}),\quad f_n^{\#}(B^n(N;\mathbf{R}))\subset B^n(M;\mathbf{R}),$$

并且 $f$ 或$f_n^{\#}$ 诱导了实奇异上同调群$H^n(N;\mathbf{R})$和 $H^n(M;\mathbf{R})$之间的一个同态

$$f_n^* = H^n(f;\mathbf{R}):H^n(N;\mathbf{R})\to H^n(M;\mathbf{R}),\quad n\in \mathbf{Z}.$$

$$[\varphi]\mapsto f_n^*([\varphi]) = [f_n^{\#}(\varphi)],$$

这个同态称为连续映射 $f:M\to N$ 在 $n$ 维实奇异上同调群上的**诱导同态**.

**引理 5.2.5**　(1) $f_{n\#}$ 为链映射,即 $f_{n-1\#}\circ\partial_n=\partial_n\circ f_{n\#}$;

(2) $f^{\#}$ 为上链映射,即 $f_{n+1}^{\#}\circ\delta_n=\delta_n\circ f_n^{\#}$.

换言之,下列图表:

$$\begin{array}{ccc} C_n(M) & \xrightarrow{f_{n\#}} & C_n(N) \\ \partial_n\downarrow & & \downarrow\partial_n \\ C_{n-1}(M) & \xrightarrow{f_{n-1\#}} & C_{n-1}(N)\end{array}\qquad\qquad \begin{array}{ccc} C^n(N;\mathbf{R}) & \xrightarrow{f_n^{\#}} & C^n(M;\mathbf{R}) \\ \delta_n\downarrow & & \downarrow\delta_n \\ C^{n+1}(N;\mathbf{R}) & \xrightarrow{f_{n+1}^{\#}} & C^{n+1}(M;\mathbf{R})\end{array}$$

都是可交换的.

**证明**　(1) 对$\forall\,\xi\in S_n(M)$,有(为简便,省略下标)

$$\begin{aligned}(f_{\#}\circ\partial)(\xi) &= f_{\#}(\partial\xi) = f_{\#}\Big(\sum_{i=0}^{n}(-1)^i\xi^{(i)}\Big)\\ &= \sum_{i=0}^{n}(-1)^i f_{\#}(\xi^{(i)}) = \sum_{i=0}^{n}(-1)^i f\circ\xi^{(i)}\\ &= \sum_{i=0}^{n}(-1)^i f\circ(\xi\circ\kappa_i) = \sum_{i=0}^{n}(-1)^i(f\circ\xi)\circ\kappa_i\\ &= \sum_{i=0}^{n}(-1)^i f_{\#}(\xi)\circ\kappa_i = \sum_{i=0}^{n}(-1)^i[f_{\#}(\xi)]^{(i)}\\ &= \partial[f_{\#}(\xi)] = (\partial\circ f_{\#})(\xi).\end{aligned}$$

因此,$f_{\#}\circ\partial=\partial\circ f_{\#}$.

(2) 对$\forall\,\varphi\in C^n(M;\mathbf{R})$,有

$$\begin{aligned}(f^{\#}\circ\delta)(\varphi) &= f^{\#}(\delta\varphi) = \delta\varphi\circ f_{\#} = (\varphi\circ\partial)\circ f_{\#}\\ &= \varphi\circ(\partial\circ f_{\#}) = \varphi\circ(f_{\#}\circ\partial) = (\varphi\circ f_{\#})\circ\partial\\ &= f_{\#}(\varphi)\circ\partial = \delta(f^{\#}(\varphi)) = (\delta\circ f^{\#})(\varphi).\end{aligned}$$

因此,$f^{\#}\circ\delta=\delta\circ f^{\#}$.　□

关于 $f_{\#},f_*,f^{\#},f^*$ 有以下引理.

**引理 5.2.6**　设 $M,N$ 和$P$ 为拓扑空间,$f:M\to N,g:N\to P$ 为连续映射,则:

(1) $(\mathrm{Id}_M)_{\#}=\mathrm{Id}_{C_n(M)},(\mathrm{Id}_M)^{\#}=\mathrm{Id}_{C^n(M;\mathbf{R})}$;

(2) $(g\circ f)_{\#}=g_{\#}\circ f_{\#},(g\circ f)^{\#}=f^{\#}\circ g^{\#}$;

(3) $(\mathrm{Id}_M)_* = \mathrm{Id}_{H_n(M)}$，$(\mathrm{Id}_M)^* = \mathrm{Id}_{H^n(M;\mathbf{R})}$；

(4) $(g\circ f)_* = g_*\circ f_*$，$(g\circ f)^* = f^*\circ g^*$，即

$$H_n(g\circ f) = H_n(g)\circ H_n(f),\quad H^n(g\circ f;\mathbf{R}) = H^n(f;\mathbf{R})\circ H^n(g;\mathbf{R}).$$

**证明**　(1) 因为对 $\forall\,\xi\in C_n(M)$，有

$$(\mathrm{Id}_M)_\#(\xi) = \mathrm{Id}_M\circ\xi = \xi = \mathrm{Id}_{C_n(M)}(\xi),$$

所以

$$(\mathrm{Id}_M)_\# = \mathrm{Id}_{C_n(M)}.$$

因为对 $\forall\,\varphi\in C^n(M;\mathbf{R})$，有

$$(\mathrm{Id}_M)^\#(\varphi) = \varphi\circ(\mathrm{Id}_M)_\# = \varphi\circ\mathrm{Id}_{C_n(M)} = \varphi = \mathrm{Id}_{C^n(M;\mathbf{R})}(\varphi),$$

所以

$$(\mathrm{Id}_M)^\# = \mathrm{Id}_{C^n(M;\mathbf{R})}.$$

(2) 因为对 $\forall\,\xi\in C_n(M)$，有

$$\begin{aligned}(g\circ f)_\#(\xi) &= (g\circ f)\circ\xi = g\circ(f\circ\xi) = g_\#(f\circ\xi) = g_\#(f_\#(\xi))\\ &= g_\#\circ f_\#(\xi),\end{aligned}$$

所以

$$(g\circ f)_\# = g_\#\circ f_\#.$$

因为对 $\forall\,\varphi\in C^n(P;\mathbf{R})$，有

$$\begin{aligned}(g\circ f)^\#(\varphi) &= \varphi\circ(g\circ f)_\# = \varphi\circ(g_\#\circ f_\#) = (\varphi\circ g_\#)\circ f_\#\\ &= g^\#(\varphi)\circ f_\# = f^\#(g^\#(\varphi)) = f^\#\circ g^\#(\varphi),\end{aligned}$$

所以

$$(g\circ f)^\# = f^\#\circ g^\#.$$

(3) 因为对 $\forall\,\xi\in Z_n(M)$，有

$$\begin{aligned}(\mathrm{Id}_M)_*([\xi]) &= [(\mathrm{Id}_M)_\#(\xi)] = [\mathrm{Id}_{C_n(M)}(\xi)] = [\xi]\\ &= \mathrm{Id}_{H_n(M)}([\xi]),\end{aligned}$$

所以

$$(\mathrm{Id}_M)_* = \mathrm{Id}_{H_n(M)}.$$

因为对 $\forall\,\varphi\in Z^n(M;\mathbf{R})$，有

$$\begin{aligned}(\mathrm{Id}_M)^*([\varphi]) &= [(\mathrm{Id}_M)^\#(\varphi)] = [\mathrm{Id}_{C^n(M;\mathbf{R})}(\varphi)] = [\varphi]\\ &= \mathrm{Id}_{H^n(M;\mathbf{R})}([\varphi]),\end{aligned}$$

所以

$$(\mathrm{Id}_M)^* = \mathrm{Id}_{H^n(M;\mathbf{R})}.$$

(4) 因为对 $\forall\,\xi\in Z_n(M)$，有

$$(g\circ f)_*([\xi])=[(g\circ f)_\#(\xi)]=[g_\#\circ f_\#(\xi)]$$
$$=g_*([f_\#(\xi)])=g_*(f_*([\xi]))=g_*\circ f_*([\xi]),$$

所以

$$(g\circ f)_*=g_*\circ f_*.$$

因为对 $\forall\varphi\in Z^n(P;\mathbf{R})$,有

$$(g\circ f)^*([\varphi])=[(g\circ f)^\#(\varphi)]=[f^\#\circ g^\#(\varphi)]$$
$$=f^*([g^\#(\varphi)])=f^*(g^*([\varphi]))=f^*\circ g^*([\varphi]),$$

所以

$$(g\circ f)^*=f^*\circ g^*.$$

□

**定理 5.2.3**(奇异同调群的拓扑不变性) 设 $M$ 和 $N$ 为拓扑空间,$f:M\to N$ 为拓扑(或同胚)映射,则 $f_{n*}=H_n(f):H_n(M)\to H_n(N)$ 和 $f_n^*=H^n(f):H^n(N;\mathbf{R})\to H^n(M;\mathbf{R})$ 都为同构.

**证明** 因为 $f:M\to N$ 为拓扑映射,所以 $f$ 和 $f^{-1}:N\to M$ 都为一一连续映射.于是(省略下标)

$$\mathrm{Id}_{H_n(M)}=(\mathrm{Id}_M)_*=(f^{-1}\circ f)_*=(f^{-1})_*\circ f_*,$$
$$\mathrm{Id}_{H_n(N)}=(\mathrm{Id}_N)_*=(f\circ f^{-1})_*=f_*\circ(f^{-1})_*,$$

从而 $(f^{-1})_*=(f_*)^{-1}$ 为 $f_n^*:H_n(M)\to H_n(N)$ 的逆映射,$f^*$ 为一个同构.

类似地,有

$$\mathrm{Id}_{H^n(M;\mathbf{R})}=(\mathrm{Id}_M)^*=(f^{-1}\circ f)^*=f^*\circ(f^{-1})^*,$$
$$\mathrm{Id}_{H^n(N;\mathbf{R})}=(\mathrm{Id}_N)^*=(f\circ f^{-1})^*=(f^{-1})^*\circ f^*,$$

从而 $(f^{-1})^*=(f^*)^{-1}$ 为 $f_n^*:H^n(N;\mathbf{R})\to H^n(M;\mathbf{R})$ 的逆映射,$f^*$ 为一个同构. □

对于奇异同调群,读者已经看到,连续映射的同调性质及同调群的拓扑不变性几乎是定义的直接推论.这是奇异同调群(相对于单纯同调群等)的一大优点.

现在我们来着手证明同伦的映射诱导出相同的同调同态.由此得出奇异同调群的同伦(或伦型)不变性.利用的工具是奇异链上的柱形.

**定义 5.2.6** 设 $s_n$ 为拓扑空间 $M$ 上的 $n$ 维奇异单形,定义 $M\times[0,1]$ 上的一个 $n+1$ 维整奇异链 $P_n(s_n)$,称为 $s_n$ 上的**柱形**.

设 $[v_0v_1\cdots v_n]$ 为恒同映射 $1_{\Delta_n}:\Delta_n\to\Delta_n$ 表示的 $n$ 维线性奇异单形.对 $a_i\in M$(凸集),$i=0,1,\cdots,n$,我们定义

$$[a_0a_1\cdots a_n]:\Delta_n\to M,$$

使得 $[a_0a_1\cdots a_n](v_i)=a_i$,并线性扩张到 $\Delta_n$,称它为 $M$ 上的一个 **$n$ 维线性奇异单形**.

此时，$[a_0 a_1 \cdots a_n] \in S_n(M) \subset C_n(M)$. 显然

$$[a_0 a_1 \cdots a_n]^{(i)} = [a_0 a_1 \cdots a_n][v_0 \cdots \hat{v}_i \cdots v_n] = [a_0 \cdots \hat{a}_i \cdots a_n],$$

因此

$$\partial_n [a_0 a_1 \cdots a_n] = \sum_{i=0} (-1)^i [a_0 \cdots a_n]^{(i)} = \sum_{i=0}^{q} (-1)^i [a_0 \cdots \hat{a}_i \cdots a_n].$$

既然 $\Delta_n$ 上的 $[v_0 v_1 \cdots v_n]$ 可以看成 $n$ 维奇异单形的模型，我们先来定义

$$P_n [v_0 v_1 \cdots v_n].$$

在凸集 $\Delta_n \times [0,1] \subset \mathbf{R}^n \times \mathbf{R} = \mathbf{R}^{n+1}$，记 $(v_i, 0) = v_i'$，$(v_i, 1) = v_i''$. 我们规定

$$P_n [v_0 v_1 \cdots v_n] = \sum_{i=0}^{n} (-1)^i [v_0' \cdots v_i' v_i'' \cdots v_n''] \in C_{n+1}(\Delta_n \times [0,1]), \qquad (5.2.1)$$

图 5.2.2 给出了这个定义的直观背景.

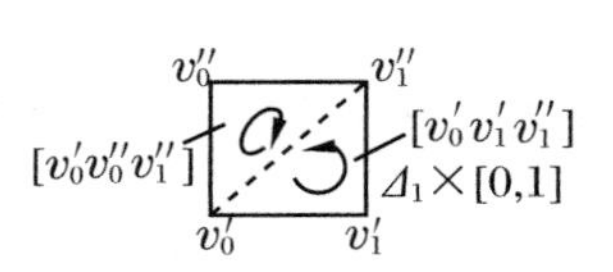


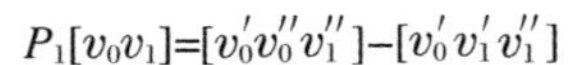
$P_1[v_0v_1]=[v_0'v_0''v_1'']-[v_0'v_1'v_1'']$

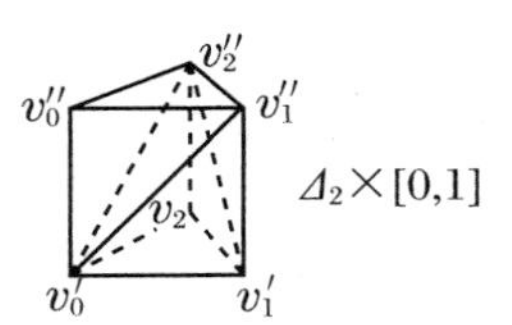


$P_2[v_0v_1v_2]=[v_0'v_0''v_1''v_2'']-[v_0'v_1'v_1''v_2'']+[v_0'v_1'v_2'v_2'']$

图 5.2.2

现在设 $s_n : \Delta_n \to M$ 为 $M$ 的任一 $n$ 维奇异单形，我们采用一种记号. 若 $f: M \to N$ 为连续映射，则以 $f \times [0,1]: M \times [0,1] \to N \times [0,1]$ 表示映射 $(x, t) \mapsto (f(x), t)$. 令

$$P_n s_n = (s_n \times [0,1])_{n+1\#} P_n [v_0 v_1 \cdots v_n] \in C_{n+1}(M \times [0,1]). \qquad (5.2.2)$$

再作线性扩张，我们就得到一个同态 $P_n : C_n(M) \to C_{n+1}(M \times [0,1])$，并称它为**柱形同态**. 容易看出下面图表是可交换的：

$$\begin{array}{ccc} C_n(\Delta_n) & \xrightarrow{P_n} & C_{n+1}(\Delta_n \times [0,1]) \\ \downarrow s_{n\#} & & \downarrow (s_n \times [0,1])_{n+1\#} \\ C_n(M) & \xrightarrow{P_n} & C_{n+1}(M \times [0,1]) \end{array}$$

**例 5.2.2** 设 $M$ 为 Euclid 空间的子空间，$[a_0 a_1 \cdots a_n]$ 为 $M$ 的一个 $n$ 维线性奇异单形. 在 $M \times [0,1]$ 中，记 $a_i' = (a_i, 0)$，$a_i'' = (a_i, 1)$，则根据式(5.2.1)与式(5.2.2)，

$$\begin{aligned} P_n [a_0 a_1 \cdots a_n] &= ([a_0 a_1 \cdots a_n] \times [0,1])_{\#} P_n [v_0 v_1 \cdots v_n] \\ &= ([a_0 a_1 \cdots a_n] \times [0,1])_{\#} \sum_{i=0}^{n} (-1)^i [v_0' \cdots v_i' v_i'' \cdots v_n''] \\ &= \sum_{i=0}^{n} (-1)^i ([a_0 a_1 \cdots a_n] \times [0,1])_{\#} [v_0' \cdots v_i' v_i'' \cdots v_n''] \end{aligned}$$

$$= \sum_{i=0}^{n}(-1)^i[a'_0\cdots a'_i a''_i\cdots a''_n],$$

其中最后一个等号是由于$[a_0a_1\cdots a_n]\times[0,1]:\Delta_n\times[0,1]\to M\times[0,1]$也为线性映射.

**引理 5.2.7** 设 $f:M\to N$ 为连续映射,则

$$P_nf_{n\#} = (f\times[0,1])_{n+1\#}P_n:C_n(M)\to C_{n+1}(N\times[0,1]),$$

即图表:

$$\begin{array}{ccc} C(M) & \xrightarrow{P_n} & C_{n+1}(M\times[0,1]) \\ \downarrow f_{n\#} & & \downarrow (f\times[0,1])_{n+1\#} \\ C_n(N) & \xrightarrow{P_n} & C_{n+1}(N\times[0,1]) \end{array}$$

可交换.

**证明** 因为对 $\forall\, s\in S_n(M)\subset C_n(M)$,有(省略映射复合号)

$$\begin{aligned} P_nf_{n\#}(s) &= P_n(fs)_n = (fs\times[0,1])_{n+1\#}P_n[v_0v_1\cdots v_n] \\ &= (f\times[0,1])_{n+1\#}(s\times[0,1])_{n+1\#}P_n[v_0v_1\cdots v_n] \\ &= (f\times[0,1])_{n+1\#}P_n(s), \end{aligned}$$

所以

$$P_nf_{n\#} = (f\times[0,1])_{n+1\#}P_n. \qquad \square$$

**引理 5.2.8** 设 $i',i'':M\to M\times[0,1]$,$i'(x)=(x,0)$,$i''(x)=(x,1)$,显然 $i'$与 $i''$都为连续映射,则对 $\forall\, s\in S_n(M)$,有

$$\partial_{n+1}P_ns + P_{n-1}\partial_ns = i''_\#(s) - i'_\#(s),$$

即

$$\partial_{n+1}P_n + P_{n-1}\partial_n = i''_\# - i'_\#.$$

**证明** 先考虑 $\Delta_n$ 上的线性奇异单形$[v_0v_1\cdots v_n]$,根据式(5.2.1)及定义 5.2.6,有

$$\begin{aligned} \partial_{n+1}P_n[v_0\cdots v_n] &= \partial_{n+1}\sum_{i=0}^{n}(-1)^i[v'_0\cdots v'_iv''_i\cdots v''_n] \\ &= \sum_{i=0}^{n}(-1)^i\Big\{\sum_{j=0}^{i-1}(-1)^j[v'_0\cdots\hat{v}'_j\cdots v'_iv''_i\cdots v''_n] \\ &\quad + (-1)^i[v'_0\cdots v'_{i-1}v''_i\cdots v''_n] + (-1)^{i+1}[v'_0\cdots v'_iv''_{i+1}\cdots v''_n] \\ &\quad + \sum_{j=i+1}^{n}(-1)^{j+1}[v'_0\cdots v'_iv''_i\cdots\hat{v}''_j\cdots v''_n]\Big\}. \end{aligned} \qquad (5.2.3)$$

式(5.2.3)中间一行里除去第一项与最末项

$$[v''_0\cdots v''_n] \quad 与 \quad -[v'_0\cdots v'_n]$$

外,其余诸项都成对地消去.另一方面,根据例 5.2.2,有

$$P_{n-1}\partial_n[v_0\cdots v_n]=P_{n+1}\sum_{j=0}^{n}(-1)^j[v_0\cdots v_{j-1}\hat{v}_jv_{j+1}\cdots v_n]$$
$$=\sum_{j=0}^{n}(-1)^j\left\{\sum_{i=0}^{j-1}(-1)^i[v_0\cdots v_i'v_i''\cdots\hat{v}_j''\cdots v_n'']\right.$$
$$\left.+\sum_{i=j+1}^{n}(-1)^{i-1}[v_0'\cdots\hat{v}_j'\cdots v_i'v_i''\cdots v_n'']\right\}. \tag{5.2.4}$$

比较式(5.2.3)的第一行与式(5.2.4)的第二行,以及比较式(5.2.3)的第三行与式(5.2.4)的第一行,正好它们都相差一个负号.所以

$$\partial_{n+1}P_n[v_0\cdots v_n]+P_{n-1}\partial_n[v_0\cdots v_n]=[v_0''\cdots v_n'']-[v_0'\cdots v_n']. \tag{5.2.5}$$

现在考虑一般情形,根据式(5.2.2)与式(5.2.5),对 $\forall\, s\in S_n(M)\subset C_n(M)$,有

$$\begin{aligned}\partial_{n+1}P_ns &\xlongequal{\text{式(5.2.2)}}\partial_{n+1}(s\times[0,1])_{n+1\#}P_n[v_0\cdots v_n]\\ &\xlongequal{\text{引理 5.2.5(1)}}(s\times[0,1])_{n\#}\partial_{n+1}P_n[v_0\cdots v_n]\\ &\xlongequal{\text{式(5.2.5)}}(s\times[0,1])_{n\#}\{[v_0''\cdots v_n'']-[v_0'\cdots v_n']-P_{n-1}\partial_n[v_0\cdots v_n]\}\\ &\xlongequal{\text{引理 5.2.7}}i''_{\#}s-i'_{\#}s-P_{n-1}s_{n-1\#}\partial_n[v_0\cdots v_n]\\ &\xlongequal{\text{引理 5.2.5(1)}}i''_{\#}s-i'_{\#}s-P_{n-1}\partial_ns_{n\#}[v_0\cdots v_n]\\ &\xlongequal{\qquad}(i''_{\#}-i'_{\#}-P_{n-1}\partial_n)s,\end{aligned}$$

$$\partial_{n+1}P_ns+P_{n-1}\partial_ns=i''_{\#}(s)-i'_{\#}(s),$$

即

$$\partial_{n+1}P_n+P_{n-1}\partial_n=i''_{\#}-i'_{\#}.$$ □

**定理 5.2.4**(同伦定理) 设连续映射 $f,g:M\to N$ 是**同伦**的(即存在连续映射 $H:M\times[0,1]\to N$,使得 $f=Hi'$, $g=Hi''$,称 $H$ 为连接 $f$ 与 $g$ 的一个**伦移**,并记 $f\overset{H}{\simeq}g$,或 $f\simeq g$),则 $f_{n\#}$ 与 $g_{n\#}$ 是**链同伦**的,即存在同态列 $D_n:C_n(M)\to C_{n+1}(N)$,满足

$$\partial D_n+D_{n-1}\partial=g_{n\#}-f_{n\#},$$

并称 $\{D_n\}$ 为连接 $f_{n\#}$ 与 $g_{n\#}$ 的**链伦移**.进而有

$$f_{n*}=g_{n*}:H_n(M)\to H_n(N),\quad \forall\, n\in\mathbf{Z}.$$

**证明** 对 $M$ 的任一奇异单形 $s:\Delta_n\to M$,根据引理 5.2.8,有

$$\begin{aligned}\partial H_{\#}P_ns+H_{\#}P_{n-1}\partial s&=H_{\#}(\partial P_n+P_{n-1}\partial)s\\ &\xlongequal{\text{引理 5.2.8}}H_{\#}(i''_{\#}-i'_{\#})s=(g_{n\#}-f_{n\#})s,\end{aligned}$$

$$\partial D_n+D_{n-1}\partial=g_{n\#}-f_{n\#},$$

其中 $D_n=H_{\#}P_n:C_n(M)\to C_{n+1}(N)$.从而 $\{D_n\}$ 为连接 $f_{n\#}$ 与 $g_{n\#}$ 的链伦移.

由以上讨论立即推得:对 $\forall z\in Z_n(M)$,有

$$(g_{n*}-f_{n*})([z])=[(g_{n\#}-f_{n\#})(z)]$$
$$=[(\partial D_n+D_{n-1}\partial)(z)]=[\partial D_n(z)+0]=[0],$$

故

$$g_{n*}=f_{n*},\quad \forall n\in\mathbf{Z},$$

$$g_{n*}=f_{n*}.$$ □

**定理 5.2.5**(整奇异同调群的同伦(伦型)不变性) 设拓扑空间 $M$ 与 $N$ **有相同的伦型**(或 $M$ 与 $N$ **同伦**,记 $M\simeq N$),即存在连续映射 $f:M\to N$ 与连续映射 $g:N\to M$,使得 $g\circ f\simeq \mathrm{Id}_M:M\to M$,$f\circ g\simeq \mathrm{Id}_N:N\to N$.我们称 $f$ 为一个**同伦等价**,$g$ 为 $f$ 的一个**同伦逆**.则

$$f_{n*}:H_n(M)\to H_n(N)$$

为同构,且 $f_{n*}^{-1}=g_{n*}$,$\forall n\in\mathbf{Z}$.

**证明** 由于 $g\circ f\simeq \mathrm{Id}_M$,根据定理 5.2.4 和引理 5.2.6,有

$$g_{n*}\circ f_{n*}=(g\circ f)_{n*}=(\mathrm{Id}_M)_{n*}=\mathrm{Id}_{H_n(M)}:H_n(M)\to H_n(M).$$

同理

$$f_{n*}\circ g_{n*}=\mathrm{Id}_{H_n(N)}:H_n(N)\to H_n(N).$$

因此,$f_{n*}$ 为同构,而 $f_{n*}^{-1}=g_{n*}$. □

**推论 5.2.1** 设 $M$ 为可缩空间(即 $M$ 与单(独)点集 $\{x_0\}$ 同伦),则

$$H_n(M)\cong\begin{cases}\mathbf{Z}, & n=0,\\ 0, & n\neq 0.\end{cases}$$

**证明** 这是定理 5.2.5 与例 5.2.1 的显然推论. □

根据奇异上同调理论,有下面定理.

**定理 5.2.4′**(同伦定理) 设连续映射 $f,g:M\to N$ 是同伦的,则

$$f_n^*=g_n^*:H^n(N;\mathbf{R})\to H^n(M;\mathbf{R}),\quad \forall n\in\mathbf{Z}.$$

**定理 5.2.5′**(实奇异上同调群的同伦(伦型)不变性) 设拓扑空间 $M$ 与 $N$ 有相同的伦型,连续映射 $f:M\to N$ 为同伦等价,连续映射 $g:N\to M$ 为其同伦逆,则

$$f_n^*:H^n(N;\mathbf{R})\to H^n(M;\mathbf{R})$$

为同构,且 $(f_n^*)^{-1}=g_n^*$.

**证明** 由于 $g\circ f\simeq \mathrm{Id}_M$,根据定理 5.2.4′和引理 5.2.6 有

$$f_n^*\circ g_n^*=(f\circ g)_n^*=(\mathrm{Id}_M)_n^*=\mathrm{Id}_{H^n(M;\mathbf{R})}:H^n(M;\mathbf{R})\to H^n(M;\mathbf{R}).$$

同理

$$g_n^*\circ f_n^*=\mathrm{Id}_{H^n(N;\mathbf{R})}:H^n(N;\mathbf{R})\to H^n(N;\mathbf{R}).$$

因此,$f_n^*$ 为同构,而 $(f_n^*)^{-1}=g_n^*$. □

**推论 5.2.1′** 设 $M$ 为可缩空间(即 $M$ 与单(独)点集$\{x_0\}$同伦),则

$$H^n(M;\mathbf{R}) \cong \begin{cases} \mathbf{R}, & n = 0, \\ 0, & n \neq 0. \end{cases}$$

**证明** 这是定理 5.2.5′与例 5.2.1′的显然推论. □

至此,5.1 节介绍了 de Rham 上同调群$\{H_{\mathrm{dR}}^n(M;\mathscr{D}),\mathrm{d}_n\}$,5.2 节介绍了整奇异同调群$\{H_n(M),\partial_n\}$与实奇异上同调群$\{H^n(M;\mathbf{R}),\delta_n\}$. 对 $m$ 维 $C^\infty$ 紧致流形 $M$,为证明 de Rham同构定理:

$$H_{\mathrm{dR}}^n(M;\mathscr{D}) \cong H_n(M;\mathbf{R}).$$

我们还需引入介于 de Rham 上同调群 $H_{\mathrm{dR}}^n(M;\mathscr{D})$与实奇异上同调群 $H^n(M;\mathbf{R})$之间的实小奇异上同调群 $H^n(M;\gamma,\mathbf{R})$(其中 $\gamma$ 为$M$ 的开覆盖),它是证明 de Rham 同构定理的桥梁.

**定义 5.2.7** 设 $M$ 为拓扑空间,$\gamma$ 为$M$ 的开覆盖. 一个奇异 $n$ 单形$\xi:\Delta_n\to M$,如果存在一个开集 $U\in\gamma$,使得 $\xi(\Delta_n)\subset U$,则称 $\xi$ 为(**关于 $\gamma$ 的)小奇异 $n$ 单形**.

对于 $n\geqslant 0$,$M$ 中的小奇异 $n$ 单形产生了 $C_n(M)$的子群 $C_n(M;\gamma)$. 显然,对每个 $n>0$,

$$\partial_n: C_n(M) \to C_{n-1}(M)$$

映 $C_n(M;\gamma)$到 $C_{n-1}(M;\gamma)$中. 为完全起见,对 $n<0$,我们也定义 $C_n(M;\gamma)=C_n(M)=0$. 从而 $\partial_n=0$. 由 $\partial^2=\partial\circ\partial=0$ 得到半正合序列

$$\cdots \to C_{n+1}(M;\gamma) \xrightarrow{\partial} C_n(M;\gamma) \xrightarrow{\partial} C_{n-1}(M;\gamma) \to \cdots$$

和 $M$ 的**整小奇异链复形**$\{C(M;\gamma),\partial\}$,有时简记为 $C(M;\gamma)$. 其中 Abel 群 $C(M;\gamma)$是由 $C_n(M;\gamma)$,$n\in\mathbf{Z}$ 的所有有限个元素之和组成的 Abel 子群. 并定义 **$n$ 维整小奇异闭链群**为

$$Z_n(M;\gamma) = \mathrm{Ker}\partial_n \big|_{C_n(M;\gamma)};$$

**$n$ 维整小奇异边缘链群**为

$$B_n(M;\gamma) = \mathrm{Im}\partial_{n+1} \big|_{C_{n+1}(M;\gamma)};$$

**$n$ 维整小奇异同调群**为

$$H_n(M;\gamma) = Z_n(M;\gamma)/B_n(M;\gamma).$$

**引理 5.2.9** 对于$\forall\, n\in\mathbf{Z}$,存在两个同态:

$$\tau_n: C_n(M) \to C_n(M;\gamma), \quad \Omega_n: C_n(M) \to C_{n+1}(M)$$

满足下面三个条件:

(1) 对$\forall\, n\in\mathbf{Z}$ 和 $\xi\in C_n(M)$,有

$$\partial(\tau_n(\xi)) = \tau_{n-1}(\partial\xi);$$

(2) 对 $\forall\, n\in\mathbf{Z}$ 和 $\forall\, \xi\in C_n(M;\gamma)$，有

$$\Omega_n(\xi) = 0;$$

(3) 对 $\forall\, n\in\mathbf{Z}$ 和 $\forall\, \xi\in C_n(M)$，有

$$\Omega_{n-1}(\partial\xi) + \partial(\Omega_n(\xi)) = \tau_n(\xi) - \xi.$$

**证明** 参阅文献[5]Chapter Ⅱ Lemma 4.3. □

**定理 5.2.6** 对 $\forall\, n\in\mathbf{Z}$，$H_n(M)\cong H_n(M;\gamma)$ 为同构.

**证明** 由引理 5.2.9(1)，

$$\tau_n(Z_n(M))\subset Z_n(M;\gamma),$$

$$\tau_n(B_n(M))\subset B_n(M;\gamma).$$

对 $\forall\, \xi\in Z_n(M;\gamma)$，由引理 5.2.9(2)和(3)得到

$$\begin{aligned}\tau_n(\xi) - \xi &\xlongequal{\text{引理 5.2.9(3)}} \Omega_{n-1}(\partial\xi) + \partial(\Omega_n(\xi))\\ &\xlongequal{\text{引理 5.2.9(2)}} \Omega_{n-1}(0) + \partial(0) = 0,\end{aligned}$$

$$\tau_n(\xi) = \xi.$$

这就证明了 $\tau_n$ 的诱导同态

$$\tau_{n*}: H_n(M)\to H_n(M;\gamma)$$

为满射.

设 $\xi,\eta\in Z_n(M)$，且

$$[\tau_n(\xi)] = \tau_{n*}([\xi]) = \tau_{n*}([\eta]) = [\tau_n(\eta)].$$

根据引理 5.2.9(3)，有

$$\partial(\Omega_n(\xi)) = \tau_n(\xi) - \xi - \Omega_{n-1}(\partial\xi) = \tau_n(\xi) - \xi,$$

$$\partial(\Omega_n(\eta)) = \tau_n(\eta) - \eta - \Omega_{n-1}(\partial\eta) = \tau_n(\eta) - \eta.$$

两式相减得到

$$\partial(\Omega_n(\xi)) - \partial(\Omega_n(\eta)) = [\tau_n(\xi) - \tau_n(\eta)] - \xi + \eta = \partial\theta - \xi + \eta,$$

这是因为 $[\tau_n(\xi) - \tau_n(\eta)] = 0$，所以 $\exists\, \theta\in C_n(M;\gamma)\subset C_n(M)$，使得 $\partial\theta = \tau_n(\xi) - \tau_n(\eta)$. 于是

$$\xi = \eta + \partial\theta + \partial(\Omega_n(\eta)) - \partial(\Omega_n(\xi))$$

和

$$[\xi] = [\eta]\in H_n(M).$$

这就证明了 $\tau_{n*}$ 为单射.

综上可知

$$\tau_{n*}: H_n(M)\to H_n(M;\gamma)$$

为同构. □

**定义 5.2.8** 设 $M$ 为拓扑空间,$C_n(M;\gamma)$为定义 5.2.7 中的关于 $M$ 的开覆盖$\gamma$的 $n$ 维小奇异链群.对$\forall\, n\in\mathbf{Z}$,我们定义 **$n$ 维实小奇异上链群**为

$$C^n(M;\gamma,\mathbf{R}) = \mathrm{Hom}\{C_n(M;\gamma),\mathbf{R}\}.$$

当 $n<0$ 时,由 $C_n(M;\gamma)=0$ 知 $C^n(M;\gamma,\mathbf{R})=0$;

当 $n\geqslant 0$ 时,$C^n(M;\gamma,\mathbf{R})$可以与 $M$ 中所有小奇异 $n$ 单形的集合$S_n(M;\gamma)$上的所有实值函数的 Abel 群相叠合.

因为对$\forall\, n\in\mathbf{Z}$,边缘算子 $\partial$ 将 $C_n(M;\gamma)$映入 $C_{n-1}(M;\gamma)$,我们可以定义一个同态

$$\delta=\delta_n: C^n(M;\gamma,\mathbf{R})\rightarrow C^{n+1}(M;\gamma,\mathbf{R}),$$

$$\varphi\mapsto\delta\varphi,$$

使得对$\forall\,\xi\in C_{n+1}(M;\gamma)$,有

$$(\delta\varphi)(\xi)=(\varphi\circ\partial)(\xi)=\varphi(\partial\xi).$$

使用内积符号可记为

$$\langle\delta\varphi,\xi\rangle=\langle\varphi,\partial\xi\rangle.$$

类似引理 5.2.4(3),$\delta^2=\delta\circ\delta=0$.因此,我们得到一个半正合上序列

$$\cdots\rightarrow C^{n+1}(M;\gamma,\mathbf{R})\xrightarrow{\delta} C^n(M;\gamma,\mathbf{R})\xrightarrow{\delta} C^{n-1}(M;\gamma,\mathbf{R})\rightarrow\cdots$$

和 $M$ 上的**实小奇异上链复形**$\{C^*(M;\gamma,\mathbf{R}),\delta\}$,有时简记为 $C^*(M;\gamma,\mathbf{R})$,其中 $C^*(M;\gamma,\mathbf{R})$是由 $C^n(M;\gamma,\mathbf{R})$,$n\in\mathbf{Z}$ 的所有有限个元素之和组成的 Abel 群.

对$\forall\, n\in\mathbf{Z}$,上边缘算子

$$\delta=\delta_n: C^n(M;\gamma,\mathbf{R})\rightarrow C^{n+1}(M;\gamma,\mathbf{R})$$

的核 $Z^n(M;\gamma,\mathbf{R})=\mathrm{Ker}\delta_n|_{C^n(M;\gamma,\mathbf{R})}$称为 $M$ 的 **$n$ 维实小奇异上闭链群**;而上边缘算子

$$\delta_{n-1}: C^{n-1}(M;\gamma,\mathbf{R})\rightarrow C^n(M;\gamma,\mathbf{R})$$

的像 $B^n(M;\gamma,\mathbf{R})=\mathrm{Im}\delta_{n-1}|_{C^{n-1}(M;\gamma,\mathbf{R})}$ 称为 $M$ 的 **$n$ 维实小奇异上边缘群**.因为 $C^*(M;\gamma,\mathbf{R})$是半正合的,故

$$B^n(M;\gamma,\mathbf{R})\subset Z^n(M;\gamma,\mathbf{R}).$$

而商群

$$H^n(M;\gamma,\mathbf{R})=Z^n(M;\gamma,\mathbf{R})/B^n(M;\gamma,\mathbf{R})$$

称为 $M$ 的 **$n$ 维实小奇异上同调群**.

在 5.3 节中,我们也将 $C^n(M;\gamma,\mathbf{R})$,$Z^n(M;\gamma,\mathbf{R})$,$B^n(M;\gamma,\mathbf{R})$,$H^n(M;\gamma,\mathbf{R})$分别记为 $C^n_{\mathbf{R}}(M;\gamma)$,$Z^n_{\mathbf{R}}(M;\gamma)$,$B^n_{\mathbf{R}}(M;\gamma)$,$H^n_{\mathbf{R}}(M;\gamma)$.

**引理 5.2.10** 对$\forall\, n\in\mathbf{Z}$,定义同态

$$j: C^n(M;\mathbf{R})\rightarrow C^n(M;\gamma,\mathbf{R}),$$

$$\varphi \mapsto j(\varphi) = \varphi|_{C^n(M;\gamma)},$$

则以下关系:

$$\begin{array}{ccc} C^n(M;\mathbf{R}) & \xrightarrow{\delta} & C^{n+1}(M;\mathbf{R}) \\ \downarrow j & & \downarrow j \\ C^n(M;\gamma,\mathbf{R}) & \xrightarrow{\delta} & C^{n+1}(M;\gamma,\mathbf{R}) \end{array}$$

是可交换的,即 $\delta\circ j = j\circ\delta$($j$ 为上链映射).

**证明** 设 $\varphi\in C^n(M;\mathbf{R})$,则 $\varphi: C^n(M)\to\mathbf{R}$ 为同态. 于是,对 $\forall\,\xi\in C_{n+1}(M;\gamma)$,有

$$\begin{aligned}((\delta\circ j)(\varphi))(\xi) &= \delta(j(\varphi))(\xi) = j(\varphi)(\partial\xi) \\ &= \varphi(\partial\xi) = (j(\varphi\circ\partial))(\xi) = (j\circ\delta(\varphi))(\xi),\end{aligned}$$

这就蕴涵着

$$(\delta\circ j)(\varphi) = (j\circ\delta)(\varphi),$$

$$\delta\circ j = j\circ\delta.$$

□

由引理 5.2.10,立即看出

$$j(Z^n(M;\mathbf{R}))\subset Z^n(M;\gamma,\mathbf{R}),\quad j(B^n(M;\mathbf{R}))\subset B^n(M;\gamma,\mathbf{R}).$$

因此,$j$ 诱导了一个同调群之间的同态

$$j^*: H^n(M;\mathbf{R})\to H^n(M;\gamma,\mathbf{R}).$$

**定理 5.2.7** $j^*: H^n(M;\mathbf{R})\to H^n(M;\gamma,\mathbf{R})$为一个同构.

**证明** 对 $\forall\, n\in\mathbf{Z}$,定义同态

$$k: C^n(M;\gamma,\mathbf{R})\to C^n(M;\mathbf{R}),$$

$$\varphi\mapsto k(\varphi) = \varphi\circ\tau_n: C_n(M)\to\mathbf{R},$$

其中 $\varphi: C_n(M;\gamma)\to\mathbf{R}$ 为同态,$\varphi\in C^n(M;\gamma,\mathbf{R})$;$\tau_n$ 如引理 5.2.9 所述. 因此,有 $\partial\circ\tau_n = \tau_{n-1}\circ\partial$,从而

$$\begin{aligned}(\delta\circ k)(\varphi) &= \delta(k(\varphi)) = k(\varphi)\circ\partial = (\varphi\circ\tau_n)\circ\partial \\ &= (\varphi\circ\partial)\circ\tau_{n+1} = k(\varphi\circ\partial) = k(\delta(\varphi)) = (k\circ\delta)(\varphi),\end{aligned}$$

$$\delta\circ k = k\circ\delta.$$

由此立即推得

$$k(Z^n(M;\gamma,\mathbf{R}))\subset Z^n(M;\mathbf{R}),\quad k(B^n(M;\gamma,\mathbf{R}))\subset B^n(M;\mathbf{R}).$$

所以,$k$ 诱导了一个同调群的同态

$$k^*: H^n(M;\gamma,\mathbf{R})\to H^n(M;\mathbf{R}).$$

对 $\forall\,\varphi\in Z^n(M;\mathbf{R})$和 $\forall\,\xi\in C_n(M)$, 我们定义 $\psi\in C^{n-1}(M;\mathbf{R})$,

$$\psi = \varphi\circ\Omega_{n-1}: C_{n-1}(M)\to\mathbf{R},$$

其中 $\Omega_{n-1}$为引理 5.2.9 中所述的同态. 由引理 5.2.9(3)以及 $\varphi\circ\partial = \delta(\varphi) = 0$ 得到

$$((k\circ j)(\varphi))(\xi)=k(j(\varphi))(\xi)=(j(\varphi)\circ\tau_n)(\xi)$$
$$=(\varphi|_{C_n(M;\gamma)})\circ\tau_n(\xi)=\varphi(\tau_n(\xi))$$
$$\xlongequal{\text{引理 5.2.9(3)}}\varphi(\xi+\Omega_{n-1}(\partial\xi)+\partial(\Omega_n(\xi)))$$
$$=\varphi(\xi)+(\varphi\circ\Omega_{n-1}\circ\partial)(\xi)+\varphi\circ\partial\circ\Omega_n(\xi)$$
$$=\varphi(\xi)+\psi\circ\partial(\xi)+0\circ\Omega_n(\xi)$$
$$=(\varphi+\psi\circ\partial)(\xi)=(\varphi+\delta\psi)(\xi),$$
$$(k\circ j)(\varphi)=\varphi+\delta\psi.$$

于是

$$k^*\circ j^*([\varphi])=(k\circ j)^*([\varphi])=[(k\circ j)(\varphi)]$$
$$=[\varphi+\delta\psi]=[\varphi]=\mathrm{Id}_{H^n(M;\mathbf{R})}([\varphi]),$$
$$k^*\circ j^*=\mathrm{Id}_{H^n(M;\mathbf{R})}.$$

另一方面,对 $\forall\varphi\in Z^n(M;\gamma,\mathbf{R})$ 和 $\forall\xi\in C_n(M;\gamma)$,根据引理 5.2.9(2)和(3),有

$$((j\circ k)(\varphi))(\xi)=(j\circ\varphi\circ\tau_n)(\xi)$$
$$\xlongequal{\text{引理 5.2.9(3)}}j\circ\varphi(\xi+\Omega_{n-1}(\partial\xi)+\partial(\Omega_n(\xi)))$$
$$=\varphi(\xi)+\varphi(\Omega_{n-1}(\partial\xi))+(\varphi\circ\partial)(\Omega_n(\xi))$$
$$\xlongequal{\text{引理 5.2.9(2)}}\varphi(\xi)+\varphi(0)+\varphi\circ\partial(0)=\varphi(\xi),$$
$$(j\circ k)(\varphi)=\varphi,\quad j\circ k=\mathrm{Id}_{Z^n(M;\gamma,\mathbf{R})},$$
$$j^*\circ k^*([\varphi])=(j\circ k)^*([\varphi])=[j\circ k(\varphi)]$$
$$=[\varphi]=\mathrm{Id}_{H^n(M;\gamma,\mathbf{R})}([\varphi]),$$
$$j^*\circ k^*=\mathrm{Id}_{H^n(M;\gamma,\mathbf{R})}.$$

综上所述,我们证明了 $j^*:H^n(M;\mathbf{R})\to H^n(M;\gamma,\mathbf{R})$ 为一个同构. □

**定义 5.2.9** 设$(M,\mathscr{D})$为 $m$ 维 $C^\infty$ 流形,其中 $\mathscr{D}$ 为 $M$ 上的 $C^\infty$ 微分构造. $M$ 中的一个 **$C^\infty$ $n$ 单形**是一个奇异 $n$ 单形 $\xi:\Delta_n\to M$,它可以扩张到 $C^\infty$ 映射 $\tilde{\xi}:U\to\mathbf{R}$,其中 $U$ 为包含 $\Delta_n$ 的 $\mathbf{R}^n$ 中的开子集. 设 $C_n(M;\mathscr{D})$为 $C_n(M)$中所有 $C^\infty$ $n$ 单形产生的子群. 易证边缘算子 $\partial_n:C_n(M)\to C_{n-1}(M)$映 $C_n(M;\mathscr{D})$到 $C_{n-1}(M;\mathscr{D})$中. 因此,可定义

$$H_n(M;\mathscr{D})=Z_n(M;\mathscr{D})/B_n(M;\mathscr{D}),$$

称它为$(M;\mathscr{D})$上的 **$n$ 维 $C^\infty$(光滑)同调群**.

**定义 5.2.10** 设$(M,\mathscr{D})$为 $m$ 维 $C^\infty$ 流形,$\mathscr{D}$ 为 $M$ 上的 $C^\infty$ 微分构造. $C_n(M;\mathscr{D})$为定义 5.2.9 中所述的 $C_n(M)$的子群. 设

$$C^n(M;\mathscr{D},\mathbf{R})=\mathrm{Hom}\{C_n(M;\mathscr{D}),\mathbf{R}\}.$$

对 $n\ \forall\in\mathbf{Z}$，我们定义同态

$$\delta=\delta_n:C^n(M;\mathscr{D},\mathbf{R})\to C^{n+1}(M;\mathscr{D},\mathbf{R}),$$

$$\varphi\mapsto\delta\varphi=\varphi\circ\partial:C_{n+1}(M;\mathscr{D})\to\mathbf{R},$$

即对 $\forall\ \xi\in C_{n+1}(M;\mathscr{D})$，有

$$(\delta\varphi)(\xi)=\varphi\circ\partial(\xi)=\varphi(\partial\xi),$$

$$\langle\delta\varphi,\xi\rangle=\langle\varphi,\partial\xi\rangle.$$

类似引理 5.2.4(3)的证明，有 $\delta^2=\delta\circ\delta=0$. 因此，它产生了$(M,\mathscr{D})$上的 **$n$ 维 $C^\infty$（光滑）上同调群**

$$H^n(M;\mathscr{D},\mathbf{R})=Z^n(M;\mathscr{D},\mathbf{R})/B^n(M;\mathscr{D},\mathbf{R}).$$

类似 $H^n(M;\gamma,\mathbf{R})$，可以证明同态

$$j:C^n(M;\mathbf{R})\to C^n(M;\mathscr{D},\mathbf{R}),$$

$$\varphi\mapsto j(\varphi)=\varphi|_{C_n(M;\mathscr{D})}$$

诱导了一个同构

$$j^*:H^n(M;\mathbf{R})\to H^n(M;\mathscr{D},\mathbf{R}).$$

**定义 5.2.11** 设$(M,\mathscr{D})$为 $m$ 维 $C^\infty$ 流形，$\mathscr{D}$ 为 $M$ 上的 $C^\infty$ 微分构造. $\omega$ 为 $M$ 上的 $C^\infty$ $n$ 形式. 对于 $M$ 中的任何 $C^\infty$ $n$ 单形 $\xi$，在 $\mathbf{R}^n$ 中的 $\Delta_n$ 的开邻域 $U$ 上选择一个 $C^\infty$ 扩张

$$\tilde{\xi}:U\to M,$$

并用

$$\omega_\xi=\tilde{\xi}^\#\omega=f_\xi\mathrm{d}x^1\wedge\cdots\wedge\mathrm{d}x^n$$

表示 $U$ 中诱导的 $C^\infty$ $n$ 形式，其中 $f_\xi:U\to\mathbf{R}$ 为 $C^\infty$ 函数. 显然，Riemann 积分

$$\langle\omega,\xi\rangle=\int_{\Delta_n}\tilde{\xi}^\#\omega=\int_{\Delta_n}f_\xi(x^1,\cdots,x^n)\mathrm{d}x^1\cdots\mathrm{d}x^n$$

不依赖于 $\xi$ 的 $C^\infty$ 扩张 $\xi$. 容易验证

$$\xi\mapsto\langle\omega,\xi\rangle$$

确定了一个同态

$$\omega^*:C_n(M;\mathscr{D})\to\mathbf{R},$$

$$\xi=\sum_{i=1}^k\alpha_i\xi_i\mapsto\omega^*(\xi)=\langle\omega,\xi\rangle=\left\langle\omega,\sum_{i=1}^k\alpha_i\xi_i\right\rangle=\sum_{i=1}^k\alpha_i\langle\omega,\xi_i\rangle,$$

其中 $\xi_i$ 为 $M$ 上的 $C^\infty$ $n$ 单形，$\alpha_i\in\mathbf{Z}$. 由定义，$\omega^*\in C^n(M;\mathscr{D},\mathbf{R})$，再由 Riemann 积分的线性性，对应

$$\omega\mapsto\omega^*$$

确定了一个同态

$$h_n: C_{\mathrm{dR}}^n(M;\mathscr{D}) \to C^n(M;\mathscr{D},\mathbf{R}).$$

借助 $\Delta_{n+1}$上的 Stokes 定理,在下面的引理 5.2.11 中我们证明了图表

$$\begin{array}{ccc} C_{\mathrm{dR}}^n(M;\mathscr{D}) & \xrightarrow{h_n} & C^n(M;\mathscr{D},\mathbf{R}) \\ \downarrow \mathrm{d} & & \downarrow \delta \\ C_{\mathrm{dR}}^{n+1}(M;\mathscr{D}) & \xrightarrow{h_{n+1}} & C^{n+1}(M;\mathscr{D},\mathbf{R}) \end{array}$$

中的交换关系 $\delta\circ h_n = h_{n+1}\circ\mathrm{d}$. 因此,$h_n$ 诱导了一个同态

$$h_n^*: H_{\mathrm{dR}}^n(M;\mathscr{D}) \to H^n(M;\mathscr{D},\mathbf{R}),$$

我们称它为 $H_{\mathrm{dR}}^n(M;\mathscr{D})$的 **de Rham 同态**.

**引理 5.2.11** $\delta\circ h_n = h_{n+1}\circ\mathrm{d}$.

**证明** 对任何 $C^\infty$ $n+1$ 单形 $\xi$ 和 $\forall\,\omega\in C_{\mathrm{dR}}^n(M)$,有

$$\begin{aligned}
(\delta\circ h_n(\omega))(\xi) &= \delta(h_n(\omega))(\xi) = (h_n(\omega)\circ\partial)(\xi) \\
&= \omega^*(\partial\xi) = \langle\omega,\partial\xi\rangle = \sum_{i=0}^{n+1}(-1)^i\langle\omega,\xi^{(i)}\rangle \\
&= \sum_{i=0}^{n+1}(-1)^i\int_{\Delta_n}(\xi^{(i)})^\#\omega = \sum_{i=0}^{n+1}(-1)^i\int_{\Delta_n}(\xi\circ\kappa_i)^\#\omega \\
&= \sum_{i=0}^{n+1}(-1)^i\int_{\Delta_n}(\kappa_i^\#\circ\xi^\#)\omega = \sum_{i=0}^{n+1}(-1)^i\int_{\Delta_n}\kappa_i^\#(\xi^\#\omega) \\
&= \sum_{i=0}^{n+1}(-1)^i\int_{\kappa_i(\Delta_n)}\xi^\#\omega = \sum_{i=0}^{n+1}(-1)^i\int_{\Delta_n^{(i)}}\xi^\#\omega \\
&= \sum_{i=0}^{n+1}\int_{\partial\Delta_{n+1}}\xi^\#\omega \xlongequal{\text{Stokes 定理}} \int_{\Delta_{n+1}}\mathrm{d}(\xi^\#\omega) \\
&= \int_{\Delta_{n+1}}\xi^\#(\mathrm{d}\omega) = \langle\mathrm{d}\omega,\xi\rangle = (\mathrm{d}\omega)^*(\xi) \\
&= h_{n+1}(\mathrm{d}\omega)(\xi) = (h_{n+1}\circ\mathrm{d})(\omega)(\xi),
\end{aligned}$$

$$\delta\circ h_n(\omega) = h_{n+1}\circ\mathrm{d}(\omega),$$

$$\delta\circ h_n = h_{n+1}\circ\mathrm{d}.$$

□

5.1 节中,从 $C^\infty$ 流形 $M$ 与 $C^\infty$ 映射 $f$ 的**范畴**$\{M,f\}$到 Abel 群 $C_{\mathrm{dR}}^*(M) = \sum_{k=0}^{n} C_{\mathrm{dR}}^k(M)$($C^\infty$ 微分形式)与同态 $C_{\mathrm{dR}}(f) = \{C_{\mathrm{dR}}^n(f)\} = \{f_n^\#\}$ 的范畴$\{C_{\mathrm{dR}}^*(M), C_{\mathrm{dR}}(f)\} = \{C_{\mathrm{dR}}^n(M), f_n^\# = C_{\mathrm{dR}}^n(f)\}$,有一个映射,称为**函子** $C_{\mathrm{dR}} = \{C_{\mathrm{dR}}^n\}$相联系着,并将它简记为

$$\{M,f\}\xrightarrow{C_{\mathrm{dR}}}\{C_{\mathrm{dR}}^*(M),C_{\mathrm{dR}}(f)\}.$$

由引理 5.1.2,有:

(1) $C_{\mathrm{dR}}^n(\mathrm{Id}_M)=\mathrm{Id}_{C_{\mathrm{dR}}^n(M)}$;

(2) $C_{\mathrm{dR}}^n(g\circ f)=C_{\mathrm{dR}}^n(f)\circ C_{\mathrm{dR}}^n(g)$.

故称 $C_{\mathrm{dR}}=\{C_{\mathrm{dR}}^n\}$为**逆变函子**,其"逆变"是由同态

$$C_{\mathrm{dR}}^n(M)\xleftarrow{C_{\mathrm{dR}}^n(f)}C_{\mathrm{dR}}^n(N)\xleftarrow{C_{\mathrm{dR}}^n(g)}C_{\mathrm{dR}}^n(P)\quad\text{(composite: } C_{\mathrm{dR}}^n(g\circ f)\text{)}$$

(其中 $f:M\to N$, $g:N\to P$ 都为 $C^\infty$ 映射)逆着而变得名的.

类似地,有逆变函子 $Z_{\mathrm{dR}}$, $B_{\mathrm{dR}}$, $H_{\mathrm{dR}}$:

$$\{M,f\}\xrightarrow{Z_{\mathrm{dR}}}\{Z_{\mathrm{dR}}^*(M),Z_{\mathrm{dR}}(f)\},$$

$$\{M,f\}\xrightarrow{B_{\mathrm{dR}}}\{B_{\mathrm{dR}}^*(M),B_{\mathrm{dR}}(f)\},$$

$$\{M,f\}\xrightarrow{H_{\mathrm{dR}}}\{H_{\mathrm{dR}}^*(M),H_{\mathrm{dR}}(f)\}.$$

5.2 节中,从拓扑空间 $M$ 与连续映射 $f$ 的范畴$\{M,f\}$到 Abel 群 $C(M)=\{C_n(M)\}$ 与同态 $C(f)=\{C_n(f)=f_{n\#}\}$的范畴$\{C(M),C(f)\}=\{C_n(M),C_n(f)=f_{n\#}\}$,有一个映射,称为函子 $C=\{C_{n\#}\}$相联系着,并将它简记为

$$\{M,f\}\xrightarrow{C}\{C(M),C(f)\}.$$

由引理 5.2.6,有:

(1) $C_n(\mathrm{Id}_M)=\mathrm{Id}_{C_n(M)}$;

(2) $C_n(g\circ f)=C_n(g)\circ C_n(f)$.

故称 $C=\{C_n\}$为**协变函子**,其"协变"是由同态

$$C_n(M)\xrightarrow{C_n(f)}C_n(N)\xrightarrow{C_n(g)}C_n(P)\quad\text{(composite: } C_n(g\circ f)\text{)}$$

(其中 $f:M\to N$, $g:N\to P$ 都为连续映射)顺着而变得名的.

类似地,有协变函子 $Z_n$, $B_n$, $H_n$:

$$\{M,f\}\xrightarrow{Z=\{Z_n\}}\{Z(M),Z(f)\}=\{Z_n(M),Z_n(f)\},$$

$$\{M,f\}\xrightarrow{B=\{B_n\}}\{B(M),B(f)\}=\{B_n(M),B_n(f)\},$$

$$\{M,f\}\xrightarrow{H=\{H_n\}}\{H(M),H(f)\}=\{H_n(M),H_n(f)\}.$$

进而,从拓扑空间 $M$ 与连续映射 $f$ 的范畴$\{M,f\}$到 Abel 群

$$C^*(M;\mathbf{R})=\{C^n(M;\mathbf{R})\}$$

与同态

$$C^*(f;\mathbf{R}) = \{C^n(f;\mathbf{R}) = f_n^\#\}$$

的范畴

$$\{C^*(M;\mathbf{R}), C^*(f;\mathbf{R})\} = \{C^n(M;\mathbf{R}), C^n(f;\mathbf{R})\},$$

有一个映射,称为函子 $C^* = \{C^n\}$ 相联系着,并将它简记为

$$\{M, f\} \xrightarrow{C^* = \{C^n\}} \{C^*(M;\mathbf{R}), C^*(f;\mathbf{R})\} = \{C^n(M;\mathbf{R}), C^n(f;\mathbf{R})\}.$$

由引理5.2.6,有:

(1) $C^n(\mathrm{Id}_M, \mathbf{R}) = \mathrm{Id}_{C^n(M;\mathbf{R})}$;

(2) $C^n(g \circ f, \mathbf{R}) = C^n(f;\mathbf{R}) \circ C^n(g;\mathbf{R})$.

故称 $C^* = \{C^n\}$ 为**逆变函子**.

类似地,有逆变函子 $Z^*, B^*, H^*$:

$$\{M, f\} \xrightarrow{Z^* = \{Z^n\}} \{Z^*(M;\mathbf{R}), Z^*(f;\mathbf{R})\} = \{Z^n(M;\mathbf{R}), Z^n(f;\mathbf{R})\},$$

$$\{M, f\} \xrightarrow{B^* = \{B^n\}} \{B^*(M;\mathbf{R}), B^*(f;\mathbf{R})\} = \{B^n(M;\mathbf{R}), B^n(f;\mathbf{R})\},$$

$$\{M, f\} \xrightarrow{H^* = \{H^n\}} \{H^*(M;\mathbf{R}), H^*(f;\mathbf{R})\} = \{H^n(M;\mathbf{R}), H^n(f;\mathbf{R})\}.$$

## 5.3 de Rham 同构定理

这一节我们建立著名的 de Rham 同构定理.

**定理 5.3.1**(de Rham 同构定理) 设$(M, \mathscr{D})$为 $m$ 维 $C^\infty$ 紧致流形,则对每个整数 $n$,$M$ 的 de Rham 上同调群 $H_{\mathrm{dR}}^n(M;\mathscr{D})$同构于 $M$ 的实奇异上同调群 $H^n(M;\mathbf{R})$,即

$$H_{\mathrm{dR}}^n(M;\mathscr{D}) \cong H^n(M;\mathbf{R}).$$

**注 5.3.1** de Rham 同构定理最早是由 E. Cartan 猜测的,并在 1931 年由 de Rham 完全证明的极其重要的一个定理.

$H_{\mathrm{dR}}^n(M;\mathscr{D})$由 $M$ 的 $C^\infty$ 微分构造 $\mathscr{D}$ 所决定,而 $H^n(M;\mathbf{R})$由 $M$ 的拓扑所决定,两者的同构在微分几何、微分拓扑与代数拓扑之间建立了密切的联系.

从 de Rham 同构定理还可看出,由同一个拓扑流形 $M$ 的两个不同微分构造 $\mathscr{D}_1$ 与 $\mathscr{D}_2$ 所决定的 de Rham 上同调群是同构的,即

$$H_{\mathrm{dR}}^n(M;\mathscr{D}_1) \cong H_{\mathrm{dR}}^n(M;\mathscr{D}_2).$$

为了证明 de Rham 同构定理,我们依次证明下面的一些引理.

**引理 5.3.1** 每个 $m$ 维 $C^\infty$ 紧致流形$(M, \mathscr{D})$有容许开覆盖 $\gamma$(即 $\gamma$ 为 $M$ 的有限开覆

盖,且只要$\{U_1,\cdots,U_k\}\subset\gamma$,$U_1\cap\cdots\cap U_k\neq\varnothing$,必有 $U_1\cap\cdots\cap U_k$ $C^\infty$ 微分同胚于 Euclid 空间 $\mathbf{R}^m$ 中的星形开子集).

**证明** 因为$(M,\mathscr{D})$紧致,故它有有限个连通分支.不失一般性,假设 $M$ 是连通的.

根据 Riemann 度量的存在性定理(定理 1.2.16),$(M,\mathscr{D})$上有 $C^\infty$ Riemann 度量 $g$,即$(M,g)$为 $C^\infty$ Riemann 流形.$g$ 决定了 $M$ 上的度量(距离)函数 $\rho:M\times M\to\mathbf{R}$,它诱导的拓扑 $\mathcal{T}_\rho$ 与$(M,\mathscr{D})$上已给定的拓扑相一致.

再根据文献[4]134 页,Ⅲ Theorem 6.5,$M$ 的每个点 $x$ 在 $M$ 中都有一个凸开邻域 $V_x$,使得 $V_x$ 的每个非空凸开子集 $C^\infty$ 微分同胚于 $\mathbf{R}^m$ 中的星形开子集.

紧致度量空间$(M,\rho)$的开覆盖 $\alpha=\{V_x\mid x\in M\}$有 Lebesgue 数 $\varepsilon>0$,即 $M$ 的每个直径小于$\varepsilon$ 的子集包含在$\alpha$ 的某个元素中.再一次应用文献[4]134 页,Ⅲ Theorem 6.5,得到:$\forall x\in M$,有 $x$ 在$M$ 中的凸开邻域 $U_x$,使得直径 $\operatorname{diam}U_x<\frac{\varepsilon}{2}$.因为 $M$ 紧致,所以 $M$ 的开覆盖$\beta=\{U_x\mid x\in M\}$有有限子覆盖 $\gamma$.

最后,我们证明 $\gamma$ 是$M$ 的一个容许开覆盖.设$\{U_1,\cdots,U_k\}\subset\gamma$,且 $Y=U_1\cap\cdots\cap U_k\neq\varnothing$.设 $W=U_1\cup U_2\cup\cdots\cup U_k$.因为 $Y\neq\varnothing$ 和 $\operatorname{diam}U_i<\frac{\varepsilon}{2}$,$i=1,2,\cdots,k$,则 $\operatorname{diam}W<\varepsilon$.根据 $\alpha$ 的 Lebesgue 数的定义,$\exists x\in M$,s. t. $W\subset V_x$.对于$\forall p,q\in Y$,因为 $Y\subset W\subset V_x$ 和 $V_x$ 是凸的,在 $V_x$ 中存在连接$p$ 到$q$ 的唯一的测地线$\sigma$,从 $Y\subset U_i\subset V_x$ 和 $U_i$ 是凸的,可见 $\sigma$ 在 $U_i(i=1,2,\cdots,k)$中,即 $\sigma$ 在 $Y$ 中.因为 $Y\subset V_x$,$\sigma$ 是 $Y$ 中连接 $p$ 到$q$ 的唯一测地线,所以 $Y$ 是 $V_x$ 中的凸开集.由 $V_x$ 的选取,$Y$ $C^\infty$ 微分同胚于 $\mathbf{R}^m$ 中的星形子集.

□

**定义 5.3.1** 设 $M$ 为$m$ 维 $C^\infty$ 流形,$\gamma=\{U_1,\cdots,U_l\}$为 $M$ 的容许开覆盖.$K$ 表示$\gamma$ 的**神经**,即 $K$ 是定义如下的一个抽象单纯复形.$K$ 中的单形指的是满足 $1\leqslant i_0<i_1<\cdots<i_q\leqslant l$ 和

$$U_{i_0}\cap\cdots\cap U_{i_q}\neq\varnothing$$

的

$$\sigma=\{U_{i_0},\cdots,U_{i_q}\}\subset\gamma.$$

整数 $q$ 称为$\sigma$ 的**维数**,$\sigma$ 称为$K$ 的 ***q* 维单形**.对于 $K$ 的每个 $q(>0)$维单形 $\sigma$ 和整数 $j=0,1,\cdots,q$,称 $q-1$ 维单形

$$\sigma^{(j)}=\{U_{i_0},\cdots,\hat{U}_{i_j},\cdots,U_{i_q}\}$$

为 $\sigma$ 的**第 *j* 个面**,其中$\hat{U}_{i_j}$表示删去$U_{i_j}$.

$M$ 上的一个**预层**是一个映射$\pi$,它对 $M$ 的每个开集$U$ 对应着一个 Abel 群(交换群)

$\pi(U)$和对 $M$ 的每对开集$(U,V)$，$U\subset V$，对应着一个同态

$$\pi_{(U,V)}:\pi(V)\to\pi(U),$$

满足下面两个性质：

($P_1$) 对 $M$ 的每个开集 $U$，$\pi_{(U,V)}=\mathrm{Id}_{\pi(U)}$.

($P_2$) 对 $M$ 的每个开集 $U$，$V$ 和 $W$，$U\subset V\subset W$，有

$$\pi_{(U,V)}\circ\pi_{(V,W)}=\pi_{(U,W)}.$$

因此，$M$ 的预层是从 $M$ 的所有开集和它们的包含映射的范畴 $\mathcal{A}$ 到所有 Abel 群和它们的同态的范畴 $\mathcal{B}$ 的逆变函子 $\pi:\mathcal{A}\to\mathcal{B}$.

**例 5.3.1** $M$ 上的预层例子.

(1) 常(值)预层.

设 $G$ 为任意 Abel 群，映射

$$\pi:\mathcal{A}\to\mathcal{B}$$

定义如下：对 $M$ 的每个开集 $U$，令 $\pi(U)=G$；对 $M$ 的每对开集$(U,V)$，$U\subset V$，令

$$\pi_{(U,V)}=\mathrm{Id}_G:\pi(V)=G\to\pi(U)=G.$$

显然，定义 5.3.1 中性质($P_1$)和($P_2$)是满足的，它是 $M$ 上的一个预层，称为 $M$ 上的**常(值)预层**.

(2) $C^\infty$ $n$ 形式的预层.

映射 $\pi:\mathcal{A}\to\mathcal{B}$ 定义如下：对于 $m$ 维 $C^\infty$ 流形$(M,\mathscr{D})$的每个开集 $U$，令 $\pi(U)=C_{\mathrm{dR}}^n(U,\mathscr{D}_U)$为所有 $C^\infty$ $n$ 形式的 Abel 群；对于每个从 $M$ 的开集 $U$ 到 $M$ 的开集 $V\supset U$ 中的包含映射 $i:U\to V$，令

$$\pi_{(U,V)}=C^n(i)=i^\#:C_{\mathrm{dR}}^n(V;\mathscr{D}_V)\to C_{\mathrm{dR}}^n(U;\mathscr{D}_U)$$

为由 $i$ 诱导的同态.清楚地，定义 5.3.1 中的($P_1$)和($P_2$)是满足的，它是 $M$ 上的一个预层，称为 $M$ 上的 **$C^\infty$ $n$ 形式的预层**，简记为 $C_{\mathrm{dR}}^n$.

类似可定义 $M$ 上的 **$C^\infty$ 闭 $n$ 形式的预层** $Z_{\mathrm{dR}}^n$ 和 $M$ 上的 **$C^\infty$ 恰当 $n$ 形式的预层** $B_{\mathrm{dR}}^n$.

(3) 实奇异 $n$ 上链的预层.

映射 $\pi:\mathcal{A}\to\mathcal{B}$ 定义如下：对于 $M$ 的每个开集 $U$，令 $\pi(U)=C^n(U;\mathbf{R})$为 $U$ 上所有实 $n$ 上链的 Abel 群；对于每个从 $M$ 的开集 $U$ 到 $M$ 的开集 $V\supset U$ 中的包含映射 $i:U\to V$，令

$$\pi_{(U,V)}=C^n(i;\mathbf{R})=i^\#:C^n(V;\mathbf{R})\to C^n(U;\mathbf{R})$$

为由 $i$ 诱导的同态.清楚地，定义 5.3.1 中的性质($P_1$)和($P_2$)是满足的，它是 $M$ 上的一个预层，称为 $M$ 上的**实奇异 $n$ 上链的预层**，简记为 $C_{\mathbf{R}}^n$.

类似可定义 $M$ 上的**实奇异 $n$ 上闭链的预层** $Z_{\mathbf{R}}^n$ 和 $M$ 上的**实奇异 $n$ 上边缘链的预

层 $B^n_{\mathrm{R}}$.

**定义 5.3.2** 设 $\pi:\mathcal{A}\to\mathcal{B}$ 为 $M$ 上的一个预层. 对复形 $K$ 中的每个单形 $\sigma=\{U_{i_0},\cdots,U_{i_q}\}$, $M$ 的非空开集 $|\sigma|=U_{i_0}\cap\cdots\cap U_{i_q}$ 称为**$\sigma$ 的支集**. **$K$ 在 $\pi$ 上的 $q$ 维上链**是一个映射 $\varphi:\sigma\mapsto\varphi(\sigma)\in\pi(|\sigma|)$(Abel 群),其中 $\sigma$ 为 $K$ 的 $q$ 维单形. 集合 $C^q(K;\pi)$ 为 $K$ 在 $\pi$ 上所有 $q$ 维上链所形成的 Abel 群. 其加法由

$$(\varphi+\psi)(\sigma)=\varphi(\sigma)+\psi(\sigma)$$

定义,这里 $\varphi,\psi\in C^q(K;\pi)$,而 $\sigma$ 为 $K$ 的任一 $q$ 维单形. 为完善起见,当 $K$ 中无 $q$ 维单形时,我们定义 $C^q(K;\pi)=0$.

在 $C^q(K;\pi)$ 上,定义一个**上边缘算子**

$$\delta: C^q(K;\pi)\to C^{q+1}(K;\pi),$$
$$\varphi\mapsto\delta(\varphi)=\delta\varphi,$$

使得对 $K$ 的每个 $q+1$ 维单形 $\sigma$,有

$$(\delta\varphi)(\sigma)=\sum_{j=1}^{n+1}(-1)^j\pi_{(|\sigma|,|\sigma^{(j)}|)}[\varphi(\sigma^{(j)})].$$

应用定义 5.1.5 中 $\delta^2=\delta\circ\delta=0$ 和引理 5.1.1 中 $\partial^2=\partial\circ\partial$ 的论证方法,我们有下面引理.

**引理 5.3.2** 设 $\delta$ 为 $C^q(K;\pi)$ 上的上边缘算子,则

$$\delta^2=\delta\circ\delta=0.$$

**证明**

$$\begin{aligned}
(\delta^2\varphi)(\sigma)&=[\delta\circ\delta(\varphi)](\sigma)=[\delta(\delta(\varphi))](\sigma)\\
&=\sum_{j=0}^{n+2}(-1)^j\pi_{(|\sigma|,|\sigma^{(j)}|)}[\delta\varphi(\sigma^{(j)})]\\
&=\sum_{j=0}^{n+2}\sum_{l=0}^{n+1}(-1)^{j+l}\pi_{(|\sigma|,|\sigma^{(j)}|)}\circ\pi_{(|\sigma^{(j)}|,|(\sigma^{(j)})^{(l)}|)}[(\varphi(\sigma^{(j)}))^{(l)}]\\
&=\sum_{j\leqslant l}(-1)^{j+l}\pi_{(|\sigma|,|(\sigma^{(j)})^{(l)}|)}[\varphi((\sigma^{(j)})^{(l)})]\\
&\quad+\sum_{j>l}(-1)^{j+l}\pi_{(|\sigma|,|(\sigma^{(j)})^{(l)}|)}[\varphi((\sigma^{(j)})^{(l)})]\\
&=\sum_{j<l}(-1)^{j+l-1}\pi_{(|\sigma|,|(\sigma^{(j)})^{(l-1)}|)}[\varphi((\sigma^{(j)})^{(l-1)})]\\
&\quad+\sum_{j<l}(-1)^{j+l}\pi_{(|\sigma|,|(\sigma^{(l)})^{(j)}|)}[\varphi((\sigma^{(l)})^{(j)})]\\
&=\sum_{j<l}(-1)^{j+l-1}\pi_{(|\sigma|,|(\sigma^{(l)})^{(j)}|)}[\varphi((\sigma^{(l)})^{(j)})]
\end{aligned}$$

$$+\sum_{j<l}(-1)^{j+l}\pi_{(|\sigma|,|(\sigma^{(l)})^{(j)}|)}[\varphi((\sigma^{(l)})^{(j)})]$$

$$=0,$$

由此推得 $\delta^2=\delta\circ\delta=0$. □

**定义 5.3.3** 从引理 5.3.2 立即得到一个半正合上序列

$$\cdots\rightarrow C^{q-1}(K;\pi)\xrightarrow{\delta}C^q(K;\pi)\xrightarrow{\delta}C^{q+1}(K;\pi)\rightarrow\cdots$$

和**$K$ 在 $\pi$ 上的上链复形**$\{C^*(K;\pi),\delta\}$,有时简记为 $C^*(K;\pi)$,其中 $C^*(K;\pi)$是由 $C^q(K;\pi)$,$q\in\mathbf{Z}$ 的所有有限和组成的 Abel 群.

对每个整数 $q$,上边缘算子

$$\delta_q:C^q(K;\pi)\rightarrow C^{q+1}(K;\pi)$$

的核 $Z^q(K;\pi)=\operatorname{Ker}\delta_q$ 称为**$K$ 在 $\pi$ 上的 $q$ 维上闭链群**和

$$\delta_{q-1}:C^{q-1}(K;\pi)\rightarrow C^q(K;\pi)$$

的像 $B(K;\pi)=\operatorname{Im}\delta_{q-1}$ 称为 **$K$ 在 $\pi$ 上的 $q$ 维上边缘链群**. 因为 $C^*(K;\pi)$是半正合的,故

$$B^q(K;\pi)\subset Z^q(K;\pi).$$

商群

$$H^q(K;\pi)=Z^q(K;\pi)/B^q(K;\pi)$$

称为**$K$ 在 $\pi$ 上的 $q$ 维上同调群**.

如果 $\pi$ 为 $M$ 上的常预层 $G$,则它简化为**单纯复形 $K$ 的具有系数在 Abel 群 $G$ 中的 $q$ 维上同调群** $H^q(K;G)$.

**引理 5.3.3** 设 $\pi$ 为 $m$ 维 $C^\infty$ 流形 $M$ 上 $C^\infty$ $n$ 形式的预层 $C^n_{\mathrm{dR}}$,则对每个整数 $q>0$,有

$$H^q(K;\pi)=0.$$

**证明** 显然,$H^q(K;\pi)=0\Leftrightarrow Z^q(K;\pi)=B^q(K;\pi)$. 又因 $B^q(K;\pi)\subset Z^q(K;\pi)$,故只需证明 $Z^q(K;\pi)\subset B^q(K;\pi)$. 为此,对 $\forall\varphi\in Z^q(K;\pi)$,$\delta\varphi=0$. 也就是,对 $K$ 的任意 $q+1$ 维单形 $\sigma$ 和 $\forall x\in|\sigma|$,有

$$0=[\delta\varphi(\sigma)](x)=\sum_{j=0}^{q+1}(-1)^j\pi_{(|\sigma|,|\sigma^{(j)}|)}[\varphi(\sigma^{(j)})](x)$$

$$=\sum_{j=0}^{q+1}(-1)^j[\varphi(\sigma^{(j)})](x).$$

根据定理 1.1.10,存在从属于 $M$ 的容许开覆盖 $\gamma$ 的 $C^\infty$ 单位分解$\{f_1,f_2,\cdots,f_l\}$,其中 $f_i:M\rightarrow\mathbf{R}$ 为 $C^\infty$ 函数,$\operatorname{supp}f_i\subset U_i$ 和 $\sum_{i=1}^{l}f_i(x)=1,\forall x\in M$.

对每个整数 $i=1,2,\cdots,l$,定义 $\varphi_i\in C^q(K;\pi)$使得

$$\varphi_i(\sigma)=(f_i|_{|\sigma|})\wedge\varphi(\sigma)\in C_{\mathrm{dR}}^n(|\sigma|),$$

其中 $\sigma$ 为$K$ 的$q$ 维单形,则

$$\varphi=\sum_{i=1}^{l}\varphi_i$$

和

$$\begin{aligned}[(\delta\varphi_i)(\sigma)](x)&=\sum_{j=0}^{q+1}(-1)^j[\varphi_i(\sigma^{(j)})](x)\\&=\sum_{j=0}^{q+1}(-1)^jf_i(x)[\varphi(\sigma^{(j)})](x)\\&=f_i(x)[(\delta\varphi)(\sigma)](x)=0,\end{aligned}$$

其中 $\sigma$ 为$K$ 的$q+1$ 维单形和 $x\in|\sigma|$.因此,$\delta\varphi_i=0,i=1,2,\cdots,l$.

为了证明 $\varphi\in B^q(K;\pi)$,我们构造 $\psi_i\in C^{q-1}(K;\pi)$,使得 $\varphi_i=\delta\psi_i,i=1,2,\cdots,l$.于是

$$\varphi=\sum_{i=1}^{l}\varphi_i=\sum_{i=1}^{l}\delta\psi_i=\delta\left(\sum_{i=1}^{l}\psi_i\right)\in B^q(K;\pi).$$

首先,考虑 $i=1$.我们定义 $q-1$ 维上链 $\psi_1\in C^{q-1}(K;\pi)$如下:设 $\sigma=\{U_{i_1},\cdots,U_{i_q}\}$为 $K$ 的任意$q-1$ 维单形.如果 $i_1=1$,令 $\psi_1(\sigma)=0$;如果 $i_1>1$ 与 $U_1\cap|\sigma|=\varnothing$,也令 $\psi_1(\sigma)=0$;如果 $i_1>1$ 与 $U_1\cap|\sigma|\neq\varnothing$,则 $\tau=\{U_1,U_{i_1},\cdots,U_{i_q}\}$为 $K$ 的$q$ 维单形和$\tau^{(0)}=\sigma$,

$$\tau^{(j)}=\{U_1,U_{i_1},\cdots,\hat{U}_{i_j},\cdots,U_{i_q}\},\quad j=1,2,\cdots,q.$$

在此情形下,定义 $\psi_1(\sigma)\in C_{\mathrm{dR}}^n(|\sigma|;\mathscr{D}_{|\sigma|})$使得

$$[\psi_1(\sigma)](x)=\begin{cases}[\varphi_1(\tau)](x), & x\in|\tau|,\\0, & x\in|\sigma|-|\tau|.\end{cases}$$

为了证明 $\varphi_1=\delta(\psi_1)$,设 $\tau=\{U_{i_0},U_{i_1},\cdots,U_{i_q}\}$为 $K$ 的任意$q$ 维单形和$x$ 为$|\tau|$的任一点.

如果 $i_0=1$,我们有

$$\begin{aligned}[(\delta\psi_1)(\tau)](x)&=\sum_{j=0}^{q}(-1)^j[\psi_1(\tau^{(j)})](x)\\&=[\psi_1(\tau^{(0)})](x)=[\varphi_1(\tau)](x);\end{aligned}$$

如果 $i_0>1$ 和 $x\notin U_1$,则

$$[(\delta\psi_1)(\tau)](x)=0=[\varphi_1(\tau)](x);$$

如果 $i_0>1$ 和 $x\in U_1$，则

$$\theta=\{U_1,U_{i_0},U_{i_1},\cdots,U_{i_q}\}$$

为 $K$ 的 $k+1$ 维单形.在此情形下，因为 $\delta\varphi_1=0$，所以

$$\begin{aligned}[(\delta\psi_1)(\tau)](x)&=\sum_{j=0}^{q}(-1)^j[\varphi_1(U_1,U_{i_0},\cdots,\hat{U}_{i_j},\cdots,U_{i_q})](x)\\&=[\varphi_1(\tau)](x)-[(\delta\varphi_1)(\theta)](x)\\&=[\varphi_1(\tau)](x),\end{aligned}$$

这就证明了 $\delta\psi_1=\varphi_1$.

从 $K$ 的定义容易看出，覆盖 $\gamma$ 中开集 $\{U_1,U_2,\cdots,U_l\}$ 的次序是非本质的，只是为了方便.因此，存在 $q-1$ 维上链 $\psi_i\in C^{q-1}(K;\pi)$ 使得 $\varphi_i=\delta\psi_i$，$i=1,2,\cdots,l$，从而完成了引理的证明. □

**引理 5.3.3′** 如果 $\pi$ 为 $M$ 上的实奇异 $n$ 上链的预层 $C_{\mathbb{R}}^n$，则对每个整数 $q>0$，有

$$H^q(K;\pi)=0.$$

**证明** 显然，$H^q(K;\pi)=0\Leftrightarrow Z^q(K;\pi)=B^q(K;\pi)$. 又因 $B^q(K;\pi)\subset Z^q(K;\pi)$，故只需证明 $Z^q(K;\pi)\subset B^q(K;\pi)$. 为此，对 $\forall\,\varphi\in Z^q(K;\pi)$，$K$ 的任意 $q+1$ 维单形 $\sigma$ 和奇异 $n$ 单形 $\xi:\Delta_n\to M$，$\xi(\Delta_n)\subset|\sigma|$，有

$$\begin{aligned}0=[(\delta\varphi)(\sigma)](\xi)&=\sum_{j=0}^{q+1}(-1)^j\pi_{(|\sigma|,|\sigma^{(j)}|)}[\varphi(\sigma^{(j)})](\xi)\\&=\sum_{j=0}^{q+1}(-1)^j[\varphi(\sigma^{(j)})](\xi).\end{aligned}$$

为证明 $\varphi\in B^q(K;\pi)$，我们构造 $\psi\in C^{q-1}(K;\pi)$ 使得 $\varphi=\delta\psi$. 设

$$\sigma=\{U_{i_1},\cdots,U_{i_q}\}$$

为 $K$ 的任意 $q-1$ 维单形和

$$\xi:\Delta_n\to|\sigma|\subset M$$

为 $|\sigma|$ 中的任意奇异 $n$ 单形，而 $i_0$ 为满足 $\xi(\Delta_n)\subset U_{i_0}$ 的最小整数，则 $i_0\leqslant i_1$. 如果 $i_0=i_1$，我们定义

$$[\psi(\sigma)](\xi)=0;$$

如果 $i_0<i_1$，则 $\tau=\{U_{i_0},U_{i_1},\cdots,U_{i_q}\}$ 为 $K$ 的 $q$ 维单形，且 $\xi(\Delta_n)\subset|\tau|$. 在此情形下，我们定义

$$[\psi(\sigma)](\xi)=[\varphi(\tau)](\xi).$$

这就完成了 $q-1$ 维上链 $\psi$ 的构造.

为了证明 $\varphi=\delta\psi$，令

$$\sigma = \{U_{i_0}, U_{i_1}, \cdots, U_{i_q}\}$$

为 $K$ 的任意 $q$ 维单形,而

$$\xi: \Delta_n \to |\sigma| \subset M$$

为 $|\sigma|$ 中的任意奇异 $n$ 单形.设 $i_*$ 为满足

$$\xi(\Delta_n) \subset U_{i_*}$$

的最小整数,则 $i_* \leqslant i_0$.如果 $i_* = i_0$,则

$$[\psi(\sigma^{(0)})](\xi) = [\varphi(\sigma)](\xi)$$

和

$$[\psi(\sigma^{(j)})](\xi) = 0, \quad j = 1, 2, \cdots, q.$$

从而

$$[(\delta\psi)(\sigma)](\xi) = \sum_{j=0}^{q}(-1)^j[\psi(\sigma^{(j)})](\xi) = [\varphi(\sigma)](\xi).$$

如果 $i_* < i_0$,则 $\tau = \{U_{i_*}, U_{i_0}, U_{i_1}, \cdots, U_{i_q}\}$为 $K$ 的$q+1$ 维单形,从而,由 $\delta\varphi = 0$ 得到

$$\begin{aligned}
[(\delta\psi)(\sigma)](\xi) &= \sum_{j=0}^{q}(-1)^j[\psi(\sigma^{(j)})](\xi) \\
&= \sum_{j=0}^{q}(-1)^j[\varphi(U_{i_*}, U_{i_0}, \cdots, \hat{U}_{i_j}, \cdots, U_{i_q})](\xi) \\
&= -\sum_{j=1}^{q+1}(-1)^j[\varphi(\tau^{(j)})](\xi) \\
&= [\varphi(\sigma)](\xi) - [(\delta\varphi)(\tau)](\xi) \\
&= [\varphi(\sigma)](\xi).
\end{aligned}$$

这就完成了 $\varphi = \delta\psi$ 的证明. □

**定义 5.3.4** 设 $\omega, \pi: \mathcal{A} \to \mathcal{B}$ 为两个预层.从 $\omega$ 到 $\pi$ 的一个**预层同态** $h: \omega \to \pi$ 指的是:对 $M$ 的每个开集 $U$,有一个同态

$$h_U: \omega(U) \to \pi(U),$$

使得对 $M$ 的每对开集$(U, V)$, $U \subset V$ 有交换关系:

$$h_U \circ \omega(U, V) = \pi_{(U,V)} \circ h_V,$$

即图表

$$\begin{array}{ccc}
\omega(V) & \xrightarrow{h_V} & \pi(V) \\
\downarrow{\scriptstyle \omega(U,V)} & & \downarrow{\scriptstyle \pi(U,V)} \\
\omega(U) & \xrightarrow{h_U} & \pi(U)
\end{array}$$

是可交换的.

对每个整数 $q$，$h$ 诱导了一个同态

$$h^{\#} = C^q(K;h):C^q(K;\omega) \to C^q(K;\pi),$$
$$\varphi \mapsto h^{\#}(\varphi),$$

使得对 $K$ 中任何 $q$ 维单形 $\sigma$ 有

$$[h^{\#}(\varphi)](\sigma) = h[\varphi(\sigma)].$$

容易验证

$$\delta \circ h^{\#} = h^{\#} \circ \delta$$

(即 $h^{\#}$ 为上链映射).事实上

$$\begin{aligned}
[\delta \circ h^{\#}(\varphi)](\sigma) &= \sum_{j=0}^{q}(-1)^j h^{\#}(\varphi)(\sigma^{(j)}) = \sum_{j=0}^{q}(-1)^j h(\varphi(\sigma^{(j)})) \\
&= h\Big(\sum_{j=0}^{q}(-1)^j \varphi(\sigma^{(j)})\Big) = h((\delta\varphi)(\sigma)) \\
&= (h^{\#}(\delta\varphi))(\sigma) = [(h^{\#} \circ \delta)(\varphi)](\sigma),
\end{aligned}$$

$$(\delta \circ h^{\#})(\varphi) = (h^{\#} \circ \delta)(\varphi),$$
$$\delta \circ h^{\#} = h^{\#} \circ \delta.$$

由此立即推得

$$h^{\#}(Z^q(K;\omega)) \subset Z^q(K;\pi), \quad h^{\#}(B^q(K;\omega)) \subset B^q(K;\pi),$$

从而，$h^{\#}$ 诱导了一个同态

$$h^* = H^q(K;h):H^q(K;\omega) \to H^q(K;\pi).$$

**$M$ 上预层的短正合序列**$(f,g)$指的是 $M$ 上预层的两个同态

$$\omega \xrightarrow{f} \pi \xrightarrow{g} \theta,$$

使得对 $M$ 的每个开集 $U$，

$$0 \to \omega(U) \xrightarrow{f_U} \pi(U) \xrightarrow{g_U} \theta(U) \to 0$$

为 Abel 群的短正合序列，即 $f_U$ 为单同态，$g_U$ 为满同态，且

$$\mathrm{Im} f_U = \mathrm{Ker} g_U.$$

对于上述的短正合序列$(f,g)$，由$(f_U,g_U)$的正合性和 $f^{\#}$，$g^{\#}$ 的定义，容易验证：对每个整数 $q$，

$$0 \to C^q(K;\omega) \xrightarrow{f^{\#}} C^q(K;\pi) \xrightarrow{g^{\#}} C^q(K;\theta) \to 0$$

为短正合序列，这个短正合序列又诱导了 **Bockstein 同态**

$$\beta:H^q(K;\theta) \to H^{q+1}(K;\omega),$$
$$\xi \mapsto \beta(\xi),$$

其中 $\xi\in H^q(K;\theta)$. 我们任选一个上闭链 $z\in Z^q(K;\theta)$ 为 $\xi$ 的代表元. 因为 $g^\#$ 为满同态,故存在上链 $y\in C^q(K;\pi)$,使得 $g^\#(y)=z$,考虑 $\delta y\in C^{q+1}(K;\pi)$,由于

$$g^\#(\delta y) = \delta[g^\#(y)] = \delta z = 0,$$

我们得到

$$\delta y \in \mathrm{Ker} g^\# = \mathrm{Im} f^\# .$$

因此,必有上链 $x\in C^{q+1}(K;\omega)$,使 $f^\#(x)=\delta y$. 从

$$f^\#(\delta x) = \delta(f^\#(x)) = \delta(\delta y) = 0$$

和 $f^\#$ 为单同态立即有 $\delta x=0$,即 $x\in Z^{q+1}(K;\omega)$. 应用图表追踪法容易验证由上闭链 $x$ 代表的 $\beta(\xi)\in H^{q+1}(K;\omega)$ 不依赖于 $z,y,x$ 的选取.

Bockstein 同态与 $f,g$ 的诱导同态

$$f^*:H^q(K;\omega)\to H^q(K;\pi),$$
$$g^*:H^q(K;\pi)\to H^q(K;\theta)$$

一起形成了一个 Abel 群和同态的序列

$$\cdots\to H^q(K;\omega)\xrightarrow{f^*}H^q(K;\pi)\xrightarrow{g^*}H^q(K;\theta)\xrightarrow{\beta}H^{q+1}(K;\omega)\to\cdots,$$

它被称为复形 $K$ 关于已给 $M$ 上预层的短正合序列 $(f,g)$ 的 **Bockstein 上同调序列**.

通过证明同调代数中类似定理的标准方法(参阅文献[3]Chapter Ⅰ,(6.9))可以建立下面的引理 5.3.4.

**引理 5.3.4**　复形 $K$ 关于 $M$ 上预层的短正合序列 $(f,g)$ 的 Bockstein 上同调序列是正合的.

**引理 5.3.5**　对于某个整数 $q$,如果 $H^q(K;\pi)=0$,$H^{q+1}(K;\pi)=0$,则 Bockstein 同态

$$\beta:H^q(K;\theta)\to H^{q+1}(K;\omega)$$

为同构,即 $H^q(K;\theta)\overset{\beta}{\cong}H^q(K;\omega)$.

**证明**　从

$$0 = H^q(K;\pi)\to H^q(K;\theta)\xrightarrow{\beta}H^{q+1}(K;\pi) = 0$$

即知,$\beta$ 既为单同态又为满同态,即 $\beta$ 为同构. □

**例 5.3.2**　作为 $M$ 上预层的短正合序列的第 1 个例子是预层的同态

$$Z^n_{\mathrm{dR}}\xrightarrow{i}C^n_{\mathrm{dR}}\xrightarrow{\mathrm{d}}B^{n+1}_{\mathrm{dR}}.$$

对于 $M$ 的每个开集 $U$,在 Abel 群的短正合序列

$$0\to Z^n_{\mathrm{dR}}(U)\xrightarrow{i_U}C^n_{\mathrm{dR}}(U)\xrightarrow{\mathrm{d}_U}B^{n+1}_{\mathrm{dR}}(U)\to 0$$

中,同态 $i_U$ 与 $\mathrm{d}_U$ 分别为包含同态与外微分运算. 显然,$i_U$ 为单射,$\mathrm{d}_U$ 为满射,且 $\mathrm{Im}i_U=$

$Z_{dR}^n(U)=\mathrm{Ker}d_U$. 因此，$(i,\mathrm{d})$为短正合序列.

**引理 5.3.6**　对整数 $n\geqslant 0$ 和 $q>0$，

$$\beta: H^q(K;B_{\mathrm{dR}}^{n+1})\to H^{q+1}(K;Z_{\mathrm{dR}}^n)$$

为同构，即 $H^q(K;B_{\mathrm{dR}}^{n+1})\overset{\beta}{\cong}H^{q+1}(K;Z_{\mathrm{dR}}^n)$.

**证明**　令 $\omega=Z_{\mathrm{dR}}^n,\pi=C_{\mathrm{dR}}^n,\theta=B_{\mathrm{dR}}^n,(f,g)=(i,\mathrm{d})$. 根据引理 5.3.3 与引理 5.3.5，可知

$$\beta: H^q(K;B_{\mathrm{dR}}^{n+1})\to H^{q+1}(K;Z_{\mathrm{dR}}^n)$$

为同构，即 $H^q(K;B_{\mathrm{dR}}^{n+1})\overset{\beta}{\cong}H^{q+1}(K;Z_{\mathrm{dR}}^n)$. □

**引理 5.3.7**　对整数 $n\geqslant 0$ 和 $q\geqslant 0$，有

$$H^q(K;B_{\mathrm{dR}}^{n+1}) = H^q(K;Z_{\mathrm{dR}}^{n+1}).$$

**证明**　设 $\sigma$ 为 $K$ 的任一 $q$ 维单形. 因为开覆盖 $\gamma$ 是容许的，所以 $\sigma$ 的支集 $|\sigma|$ 微分同胚于 Euclid 空间 $\mathbf{R}^m$ 中的星形子集. 根据定理 5.1.6 和 Poincaré 引理 5.1.2，有

$$H_{\mathrm{dR}}^{n+1}(|\sigma|) = 0,$$

即 $Z_{\mathrm{dR}}^{n+1}(|\sigma|)=B_{\mathrm{dR}}^{n+1}(|\sigma|),n=0,1,2,\cdots$.

因为上式对 $K$ 的每个 $q$ 维单形 $\sigma$ 都成立，故

$$C^q(K;B_{\mathrm{dR}}^{n+1}) = C^q(K;Z_{\mathrm{dR}}^{n+1}),$$

从而

$$H^q(K;B_{\mathrm{dR}}^{n+1}) = H^q(K;Z_{\mathrm{dR}}^{n+1}).$$ □

**引理 5.3.8**　对每个整数 $n>0$，有同构

$$H^1(K;Z_{\mathrm{dR}}^{n-1})\cong H^2(K;Z_{\mathrm{dR}}^{n-2})\cong\cdots\cong H^n(K;Z_{\mathrm{dR}}^0).$$

**证明**　由引理 5.3.6 与引理 5.3.7，我们得到

$$\begin{aligned}H^n(K;Z_{\mathrm{dR}}^0)&\cong H^{n-1}(K;B_{\mathrm{dR}}^1) = H^{n-1}(K;Z_{\mathrm{dR}}^1)\\&\cong H^{n-2}(K;B_{\mathrm{dR}}^2) = H^{n-2}(K;Z_{\mathrm{dR}}^2)\\&\cong\cdots = H^2(K;Z_{\mathrm{dR}}^{n-2})\\&\cong H^1(K;B_{\mathrm{dR}}^{n-1}) = H^1(K;Z_{\mathrm{dR}}^{n-1}).\end{aligned}$$ □

**引理 5.3.9**　对每个整数 $n>0$，有同构

$$H^1(K;Z_{\mathrm{dR}}^{n-1})\cong H_{\mathrm{dR}}^n(M)$$

和同构

$$H^n(K;Z_{\mathrm{dR}}^0)\cong H^n(K;\mathbf{R}).$$

从而

$$H_{\mathrm{dR}}^n(M)\cong H^n(K;\mathbf{R}).$$

**证明** (1) 由引理 5.3.3, $H^1(K;C_{\mathrm{dR}}^{n-1})=0$, 对短正合序列

$$0\to Z_{\mathrm{dR}}^{n-1}\xrightarrow{i}C_{\mathrm{dR}}^{n-1}\xrightarrow{\mathrm{d}}B_{\mathrm{dR}}^{n}\to 0,$$

有 $K$ 的 Bockstein 上同调序列的部分正合序列

$$H^0(K;C_{\mathrm{dR}}^{n-1})\xrightarrow{\mathrm{d}^*}H^0(K;B_{\mathrm{dR}}^{n})$$
$$\xrightarrow{\beta}H^1(K;Z_{\mathrm{dR}}^{n-1})\to H^1(K;C_{\mathrm{dR}}^{n-1})=0.$$

从正合性立即可见 $\beta$ 为满同态. 根据引理 5.3.7 和 $K$ 的 0 维上同调群的定义, 有

$$H^0(K;B_{\mathrm{dR}}^{n})\xlongequal{\text{引理 5.3.7}}H^0(K;Z_{\mathrm{dR}}^{n})\xlongequal{B^0(K;Z_{\mathrm{dR}}^{n})=0}Z^0(K;Z_{\mathrm{dR}}^{n})\xlongequal{\text{叠合}}Z_{\mathrm{dR}}^{n}(M),$$

$$H^0(K;C_{\mathrm{dR}}^{n-1})\xlongequal{B^0(K;C_{\mathrm{dR}}^{n-1})=0}Z^0(K;C_{\mathrm{dR}}^{n-1})\xlongequal{\text{叠合}}C_{\mathrm{dR}}^{n-1}(M).$$

在叠合下, 同态 $\mathrm{d}^*$ 成为外微分

$$\mathrm{d}:C_{\mathrm{dR}}^{n-1}(M)\to Z_{\mathrm{dR}}^{n}(M).$$

因此, $\mathrm{Imd}^*$ 可以与 $\mathrm{Imd}=B_{\mathrm{dR}}^{n}(M)\subset Z_{\mathrm{dR}}^{n}(M)$ 相叠合. 由于 $\mathrm{Ker}\beta=\mathrm{Imd}^*$, 故满同态 $\beta$ 诱导了同构

$$\beta^*:H_{\mathrm{dR}}^{n}(M)=Z_{\mathrm{dR}}^{n}(M)/B_{\mathrm{dR}}^{n}(M)=H^0(K;B_{\mathrm{dR}}^{0})/\mathrm{Imd}^*$$
$$=H^0(K;B_{\mathrm{dR}}^{0})/\mathrm{Ker}\beta\to H^1(K;Z_{\mathrm{dR}}^{n-1}),$$

即

$$H_{\mathrm{dR}}^{n}(M)\overset{\beta^*}{\cong}H^1(K;Z_{\mathrm{dR}}^{n-1}).$$

(2) 根据 $M$ 的容许开覆盖的定义, $K$ 中任何单形 $\sigma$ 的支集 $|\sigma|$ 为 $\mathbf{R}^m$ 中的星形开子集, 显然它是连通的. 因此, $Z_{\mathrm{dR}}^{0}(|\sigma|)\cong\mathbf{R}$, 从而

$$H^n(K;Z_{\mathrm{dR}}^{0})\cong H^n(K;\mathbf{R}).$$

(3) 我们有

$$H_{\mathrm{dR}}^{n}(M)\overset{(1)}{\cong}H^1(K;Z_{\mathrm{dR}}^{n-1})\overset{\text{引理5.3.8}}{\cong}H^n(K;Z_{\mathrm{dR}}^{0})\overset{(2)}{\cong}H^n(K;\mathbf{R}).\qquad\square$$

**例 5.3.3** 作为 $M$ 上预层的短正合序列的第 2 个例子是预层的同态

$$Z_{\mathbf{R}}^{n}\xrightarrow{i}C_{\mathbf{R}}^{n}\xrightarrow{\delta}B_{\mathbf{R}}^{n+1}.$$

对于 $M$ 的每个开集 $U$, 在 Abel 群的短正合序列

$$0\to Z^n(U;\mathbf{R})\xrightarrow{i_U}C^n(U;\mathbf{R})\xrightarrow{\delta_U}B^{n+1}(U;\mathbf{R})\to 0$$

中, 同态 $i_U$ 与 $\delta_U$ 分别为包含同态与上边缘算子. 正合性是显然的.

类似 $M$ 上预层的短正合序列的第 1 个例子(例 5.3.3)的引理 5.3.6～引理 5.3.9, 我们有下面的引理.

**引理 5.3.6′**　对整数 $n\geqslant 0$ 与 $q>0$，

$$\beta: H^q(K;B_{\mathbf{R}}^{n+1}) \to H^{q+1}(K;Z_{\mathbf{R}}^n)$$

为同构，即 $H^q(K;B_{\mathbf{R}}^{n+1})\overset{\beta}{\cong}H^{q+1}(K;Z_{\mathbf{R}}^n)$.

**证明**　令 $\omega=Z_{\mathbf{R}}^n,\pi=C_{\mathbf{R}}^n,\theta=B_{\mathbf{R}}^{n+1}$. 由引理 5.3.3′与引理 5.3.5，可知

$$\beta: H^q(K;B_{\mathbf{R}}^{n+1}) \to H^{q+1}(K;Z_{\mathbf{R}}^n)$$

为同构. □

**引理 5.3.7′**　对整数 $n\geqslant 0$ 与 $q\geqslant 0$，有

$$H^q(K;B_{\mathbf{R}}^{n+1}) = H^q(K;Z_{\mathbf{R}}^{n+1}).$$

**证明**　类似引理 5.3.7 的证明和定理 5.2.1′、定理 5.2.3，有

$$H_{\mathbf{R}}^{n+1}(|\sigma|;\mathbf{R}) = 0,$$

即 $Z_{\mathbf{R}}^{n+1}(|\sigma|;\mathbf{R})=B_{\mathbf{R}}^{n+1}(|\sigma|;\mathbf{R}),n=0,1,2,\cdots$.

因为上式对 $K$ 的每个 $q$ 维单形 $\sigma$ 都成立，故

$$C^q(K;B_{\mathbf{R}}^{n+1}) = C^q(K;Z_{\mathbf{R}}^{n+1}),$$

从而

$$H^q(K;B_{\mathbf{R}}^{n+1}) = H^q(K;Z_{\mathbf{R}}^{n+1}).$$

□

**引理 5.3.8′**　对每个整数 $n>0$，有同构

$$H^1(K;Z_{\mathbf{R}}^{n-1}) \cong H^2(K;Z_{\mathbf{R}}^{n-2}) \cong \cdots \cong H^n(K;Z_{\mathbf{R}}^0).$$

**证明**　由引理 5.3.6′和引理 5.3.7′，我们得到

$$\begin{aligned}H^n(K;Z_{\mathbf{R}}^0) &\cong H^{n-1}(K;B_{\mathbf{R}}^1) = H^{n-1}(K;Z_{\mathbf{R}}^1)\\ &\cong H^{n-2}(K;B_{\mathbf{R}}^2) = H^{n-2}(K;Z_{\mathbf{R}}^2)\\ &\cong \cdots = H^2(K;Z_{\mathbf{R}}^{n-2})\\ &\cong H^1(K;B_{\mathbf{R}}^{n-1}) = H^1(K;Z_{\mathbf{R}}^{n-1}).\end{aligned}$$

□

**引理 5.3.9′**　对每个整数 $n>0$，有同构

$$H^1(K;Z_{\mathbf{R}}^{n-1}) \cong H_{\mathbf{R}}^n(M;\gamma,\mathbf{R})$$

和同构

$$H^n(K;Z_{\mathbf{R}}^0) \cong H^n(K;\mathbf{R}).$$

从而

$$H_{\mathbf{R}}^n(M;\gamma,\mathbf{R}) \cong H^n(K;\mathbf{R}).$$

**证明**　(1) 由引理 5.3.3′，$H^1(K;C_{\mathbf{R}}^{n-1})=0$，对短正合序列

$$0 \to Z_{\mathbf{R}}^{n-1} \xrightarrow{i} C_{\mathbf{R}}^{n-1} \xrightarrow{\delta} B_{\mathbf{R}}^n \to 0,$$

有 $K$ 的 Bockstein 上同调序列的部分正合序列

$$H^0(K;C_{\mathbf{R}}^{n-1}) \xrightarrow{\delta^*} H^0(K;B_{\mathbf{R}}^n)$$

$$\xrightarrow{\beta} H^1(K;Z_{\mathbf{R}}^{n-1}) \to H^1(K;C_{\mathbf{R}}^{n-1}) = 0.$$

从正合性立即可见 $\beta$ 为满同态.根据引理 5.3.7′和 $K$ 的 0 维上同调群的定义,有

$$H^0(K;B_{\mathbf{R}}^n) \xlongequal{\text{引理 5.3.7}'} H^0(K;Z_{\mathbf{R}}^n) \xlongequal{B^0(K;Z_{\mathbf{R}}^n)=0} Z^0(K;Z_{\mathbf{R}}^n) \xlongequal{\text{叠合}} Z_{\mathbf{R}}^n(M;\gamma,\mathbf{R}),$$

$$H^0(K;C_{\mathbf{R}}^{n-1}) \xlongequal{B^0(K;C_{\mathbf{R}}^{n-1})=0} Z^0(K;C_{\mathbf{R}}^{n-1}) \xlongequal{\text{叠合}} C_{\mathbf{R}}^{n-1}(M;\gamma,\mathbf{R}).$$

在叠合下,同态 $\delta^*$ 成为

$$\delta: C_{\mathbf{R}}^{n-1}(M;\gamma,\mathbf{R}) \to Z^n(M;\gamma,\mathbf{R}).$$

因此,$\mathrm{Im}\delta^*$ 可以与 $\mathrm{Im}\delta = B_{\mathbf{R}}^n(M;\gamma) \subset Z^n(M;\gamma)$ 相叠合.由于 $\mathrm{Ker}\beta = \mathrm{Im}\delta^*$,故满同态 $\beta$ 诱导了同构

$$\begin{aligned}\beta^*: H_{\mathbf{R}}^n(M;\gamma,\mathbf{R}) &= Z_{\mathbf{R}}^n(M;\gamma,\mathbf{R})/B_{\mathbf{R}}^n(M;\gamma,\mathbf{R}) \\ &= H^0(K;B_{\mathbf{R}}^n)/\mathrm{Im}\delta^* \\ &= H^0(K;B_{\mathbf{R}}^n)/\mathrm{Ker}\beta \to H^1(K;Z_{\mathbf{R}}^{n-1}),\end{aligned}$$

即

$$H_{\mathbf{R}}^n(M;\gamma) \overset{\beta^*}{\cong} H^1(K;Z_{\mathbf{R}}^{n-1}).$$

(2) 根据 $M$ 的容许开覆盖的定义,$K$ 中任何单形 $\sigma$ 的支集 $|\sigma|$ 为 $\mathbf{R}^m$ 中的星形开子集,显然它是连通的.因此,$Z_{\mathbf{R}}^0(|\sigma|) \cong \mathbf{R}$,从而

$$H^n(K;Z_{\mathbf{R}}^0) \cong H^n(K;\mathbf{R}).$$

(3) 由引理 5.3.8′和上述(1)、(2)有

$$H_{\mathbf{R}}^n(M;\gamma,\mathbf{R}) \overset{(1)}{\cong} H^1(K;Z_{\mathbf{R}}^{n-1}) \overset{\text{引理5.3.8}}{\cong} H^n(K;Z_{\mathbf{R}}^0) \overset{(2)}{\cong} H^n(K;\mathbf{R}).$$ □

最后,我们来完成 de Rham 定理的证明.

**定理 5.3.1(de Rham)的证明**

如果 $n<0$,则 $H_{\mathrm{dR}}^n(M;\mathscr{D}) = 0 = H^n(M;\mathbf{R})$;

如果 $n=0$,则

$$H_{\mathrm{dR}}^0(M;\mathscr{D}) = \underbrace{\mathbf{R} \oplus \cdots \oplus \mathbf{R}}_{s\text{个}} \cong H^0(M;\mathbf{R}),$$

其中 $s$ 为 $M$ 的连通分支的个数;

如果 $n>0$,则由引理 5.3.9、引理 5.3.9′和定理 5.2.7 得到

$$H_{\mathrm{dR}}^n(M) \overset{\text{引理5.3.9}}{\cong} H^n(K;\mathbf{R}) \overset{\text{引理5.3.9}'}{\cong} H_{\mathbf{R}}^n(M;\gamma,\mathbf{R}) \overset{\text{定理5.2.7}}{\cong} H^n(M;\mathbf{R}).$$ □

# 参考文献

[1] Bott R, Tu L W. Differential forms in algebraic topology[M]. New York: Springer-Verlag, 1982.

[2] Hirsch M W. Differential topology[M]. New York: Springer-Verlag, 1976.

[3] Hu S T. Introduction to homological algebra[M]. San Francisco: Holden-Day, Inc., 1968.

[4] Hu S T. Differentiable manifolds[M]. Austin: Holt, Rinehart and Winston, Inc., 1969.

[5] Hu S T. Cohomology theory[M]. Chicago: Markham Publishing Company, 1968.

[6] Hu S T. On Singular homology in differentiable spaces[J]. Annals of Mathematics, 1949, 50: 266-269.

[7] Kervaire M. A manifold which does not admit any differentiable structure[J]. Commentarii Mathematici Helvetici, 1960, 34: 257-270.

[8] Kervaire M, Milnor J W. Groups of homotopy spheres: I[J]. Annals of Mathematics, 1963, 77(3): 504-534.

[9] Milnor J W, Stasheff J D. Characteristic classes[M]. Princeton: Princeton University Press, 1974.

[10] Milnor J W. Sommes de variétés différentiables et structures différentiables des sphéres[J]. Bulletin de la Société Mathématique de France, 1959, 87: 439-444.

[11] Milnor J W. On manifolds homeomorphic to the 7-sphere[J]. Annals of Mathematics, 1956, 64: 399-405.

[12] Milnor J W. Topology from the differentiable viewpoint[M]. Charlottesville: University Press of Virginia Charlottesville, 1965.

[13] Milnor J W. Morse theory[M]. Princeton: Princeton University Press, 1963.

[14] Munkers J R. Elementry differential topology[M]. Princeton: Princeton University Press, 1963.

[15] Munkers J R. Elements of algebraic topology[M]. Boston: Addison-Wesley Publishing Company, 1984.

[16] Smale S. Generalized Poincaré's conjecture in dimensions greater than four[J]. Annals of Mathematics, 1961, 74: 391-406.

[17] Spanier E H. Algebraic topology[M]. New York: McGraw-Hill, 1966.
[18] Whitney H. The self-intersections of a smooth $n$-manifold in $2n$-space[J]. Annals of Mathematics, 1944, 45: 220-246.
[19] Whitney H. A function not constant on a connected set of critical point[J]. Duke Mathematical Journal, 1935, 1: 514-517.
[20] Xu S L, Zhou J. $S^7$ without any construction of Lie group[J]. Journal of University of Science and Technology of China, 1990, 20(1): 1-7.
[21] 江泽涵.拓扑学引论[M].上海:上海科学技术出版社,1978.
[22] 徐森林.流形和 Stokes 定理[M].北京:高等教育出版社,1983.
[23] 徐森林,薛春华.流形[M].北京:高等教育出版社,1991.
[24] 李炯生,查建国.线性代数[M].合肥:中国科学技术大学出版社,1989.
[25] 徐森林.微分拓扑[M].天津:天津教育出版社,1997.
[26] 徐森林,胡自胜,金亚东,等.点集拓扑学[M].北京:高等教育出版社,2007.
[27] 菲赫金哥尔茨.微积分学教程[M].北京大学高等数学教研室,译.北京:人民教育出版社,1954.
[28] 尤承业.基础拓扑学讲义[M].北京:北京大学出版社,2003.